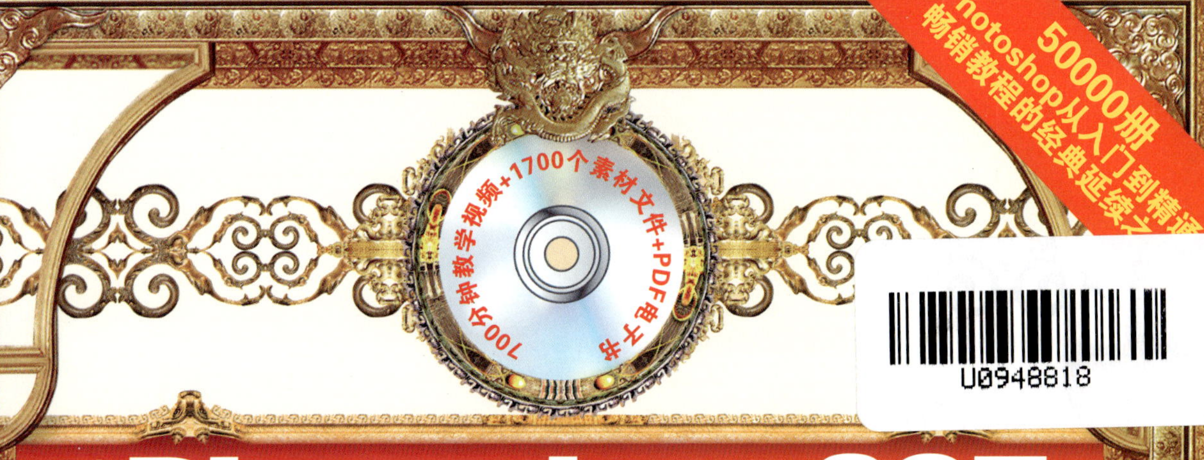

50000册
Photoshop从入门到精通
畅销教程的经典延续之

U0948818

中文版 Photoshop CS5 从入门到精通

思维数码 编著

优中选优的知识体系
本书根据作者十年Photoshop教学及使用经验，深入讲解了Photoshop CS5理论中最核心、实用的概念与功能，确保您将学习时间花在最有效的地方

寓学于练的讲解方式
Photoshop的各项功能均有其擅长的应用领域，为了使学习更具有实效性，本书将知识点介绍及应际实用技巧相结合，使您边学边练，快速掌握

别具一格的表现形式
本书在排式上一切从读者的角度出发，在目录中添加了版本标注和学习层级，使您通过浏览目录就能快速找到所需内容，并根据实际情况选择学习内容，以灵活安排学习进度和深度

制作巧妙的精美案例
本书提供了数十个案例，这些案例不仅在应用领域方面涵盖了照片处理、图像特效、广告设计等9大类设计领域，在软件技术方面也涵盖了图层、通道、蒙版、调色等多种技术，让您快速提高软件灵活运用能力

书盘互动的学习套装
本书光盘中附赠了PDF电子书和教学视频，对于学习中不明白之处，可以在光盘中快速找到相应的内容，从而使书盘互补，让您学习更加全面

附赠近700分钟的教学视频
每一段教学视频都与书中各章节内容相对应，对理论知识和各案例进行详细讲解，能够大幅提高您的学习效率，轻松解决学习疑难点

附赠500余个PS实用资源
包括动作、画笔、形状及样式4大类，您在学习时可以轻松导入Photoshop中使用

附赠4类近100个精美矢量花纹边框背景素材
包括花纹背景、精美画框、漂亮圆纹和矢量人物4大类，可为作品的背景添加纹理，使您的作品快速提升一个层次

附赠4类100余个边框素材
包括古典边框、精美边框、欧式边框和相框4大类，可以为自己的作品添加个性的边框元素

附赠近120个墨迹喷溅与线条素材
可为您的作品增添艺术气息，以丰富整体画面

附赠近450个PS设计超酷眩光素材
可用于制作各种特效作品，在效果上更具视觉冲击力

附赠PDF电子书
包括内置滤镜使用手册、外挂滤镜使用手册和色彩管理等内容

 科学出版社

北京希望电子出版社
Beijing Hope Electronic Press
www.bhp.com.cn

内 容 简 介

本书通过全新的写作手法和写作思路，使读者在阅读、学习本书之后能够快速掌握Photoshop的使用方法和应用技巧，真正成为Photoshop的行家里手。

本书系统、全面地讲解了中文版Photoshop CS5的软件功能，包括基础操作、图像及画布、选区操作、图像润饰与修复、调整图像颜色、绘制位图图像、路径与形状、图层、通道、蒙版、滤镜、文字、动作、脚本以及网页制作等，并且涵盖了照片处理、图像特效、广告设计等诸多应用领域。内容含量丰富，步骤讲解详细，案例效果精美，使读者能够真正解决实际工作和学习中遇到的难题。

本书配套光盘中内容包括学习过程中所需要的部分案例素材文件、最终效果文件，近700分钟的全方位视频教学以及超值附赠的大量实用资源，用户可以随时调用素材进行案例制作，或者跟随教学视频进行学习，以加深理解和记忆，提高学习效率，确保读者学起来轻松，用起来方便，从而达到事半功倍的学习目的，以将学习成果尽快应用到实际工作中。

本书适合广大Photoshop初、中级用户学习，如广告设计和图形图像处理等相关行业的从业人员自学使用，还可以作为电脑培训班及电脑学校的Photoshop教学用书。

需要本书或技术支持的读者，请与北京清河6号信箱（邮编：100085）发行部联系，电话：010-62978181（总机）转发行部、010-82702675（邮购），传真：010-82702698，E-mail：tbd@bhp.com.cn。

图书在版编目（CIP）数据

中文版Photoshop CS5从入门到精通/思维数码编著.—北京：科学出版社，2011.1

ISBN 978-7-03-029149-3

Ⅰ.①中… Ⅱ.①思… Ⅲ.①图形软件，Photoshop CS5 Ⅳ.①TP391.41

中国版本图书馆CIP数据核字（2010）第191632号

责任编辑：焦昭君　/责任校对：刘　伟
责任印刷：天　时　/封面设计：深度文化

科学出版社 出版
北京东黄城根北街16号
邮政编码：100717
http://www.sciencep.com

北京天时彩色印刷有限公司印刷

科学出版社发行　各地新华书店经销

*

2011年1月第1版　开本：787mm×1092mm 1/16
2011年1月第1次印刷　印张：35（14面彩插）
印数：1-4 000册　字数：818千字

定价：89.90元（配1张DVD光盘）

❶ 4.4.5 扭曲图像

❷ 4.4.8 再次变换图像

❸ 4.4.9 变形图像

❹ 4.4 变换图像效果

12:30
Sony Ericsson
music

❶	❷
❸	
❹	❺

❶ 5.3.1　使用套索工具
❷ 5.5.2　使用快速选择工具
❸ 5.6.1　“色彩范围”命令操作
❹ 5.9　增强型抠图圣手之“调整边缘”命令
❺ 5.15　自定义图案

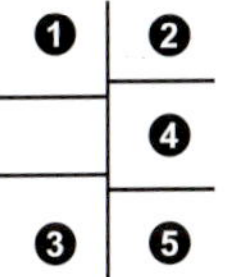

❶ 6.3.1 仿制图章工具效果
❷ 6.3.2 使用“仿制源”面板
❸ 6.4.2 污点修复画笔工具效果
❹ 6.4.3 修补工具效果1
❺ 6.4.3 修补工具效果2

❶ 7.2.2 使用“自动对比度” 命令
❷ 7.4.2 使用“曲线”命令
❸ 7.4.7 使用“色相/饱和度”命令
❹ 7.4.12 使用“HDR色调”命令素材

DRIVE INTO BETTER WORLD

DEPENDABILITY

腾致汽车

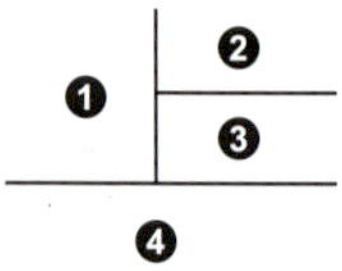

❶ 9.2.5　直线工具
❷ 10.3.4　复制图层
❸ 10.4.1　设置图层的不透明度属性
❹ 10.10.2　创建调整图层

Entre
el
MAR
YUNA
ROUND 6
LEO VS NATS

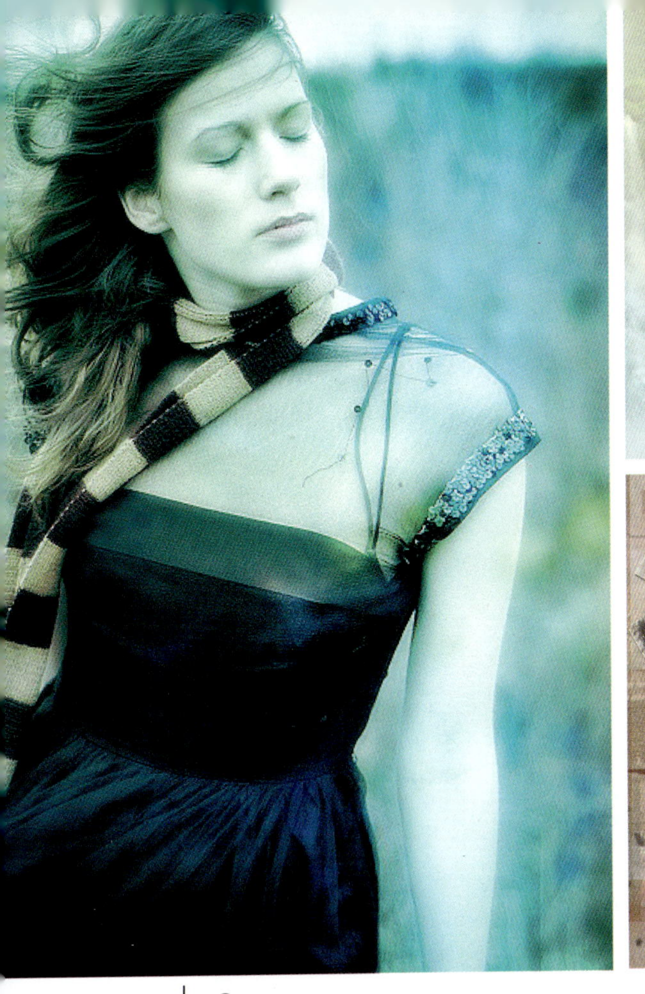

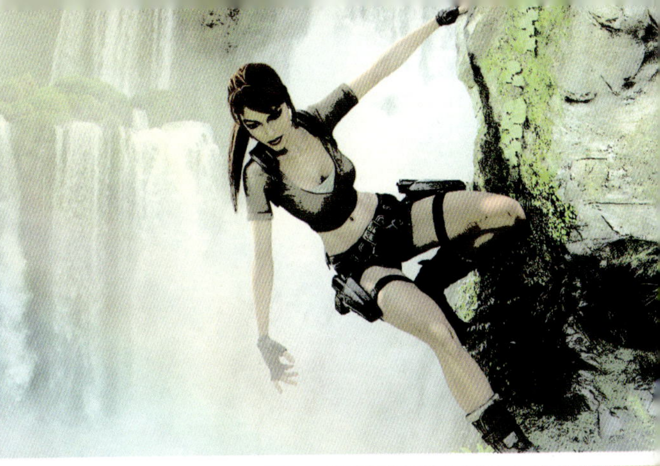

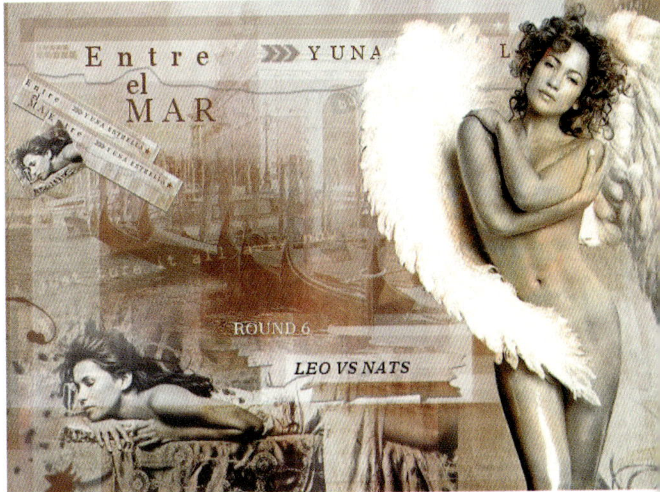

❶ 11.1.2 “叠加”混合模式效果
❷ 11.1.2 “明度”混合模式效果
❸ 11.1.2 “柔光”混合模式效果
❹ 11.3.10 应用、删除图层蒙版

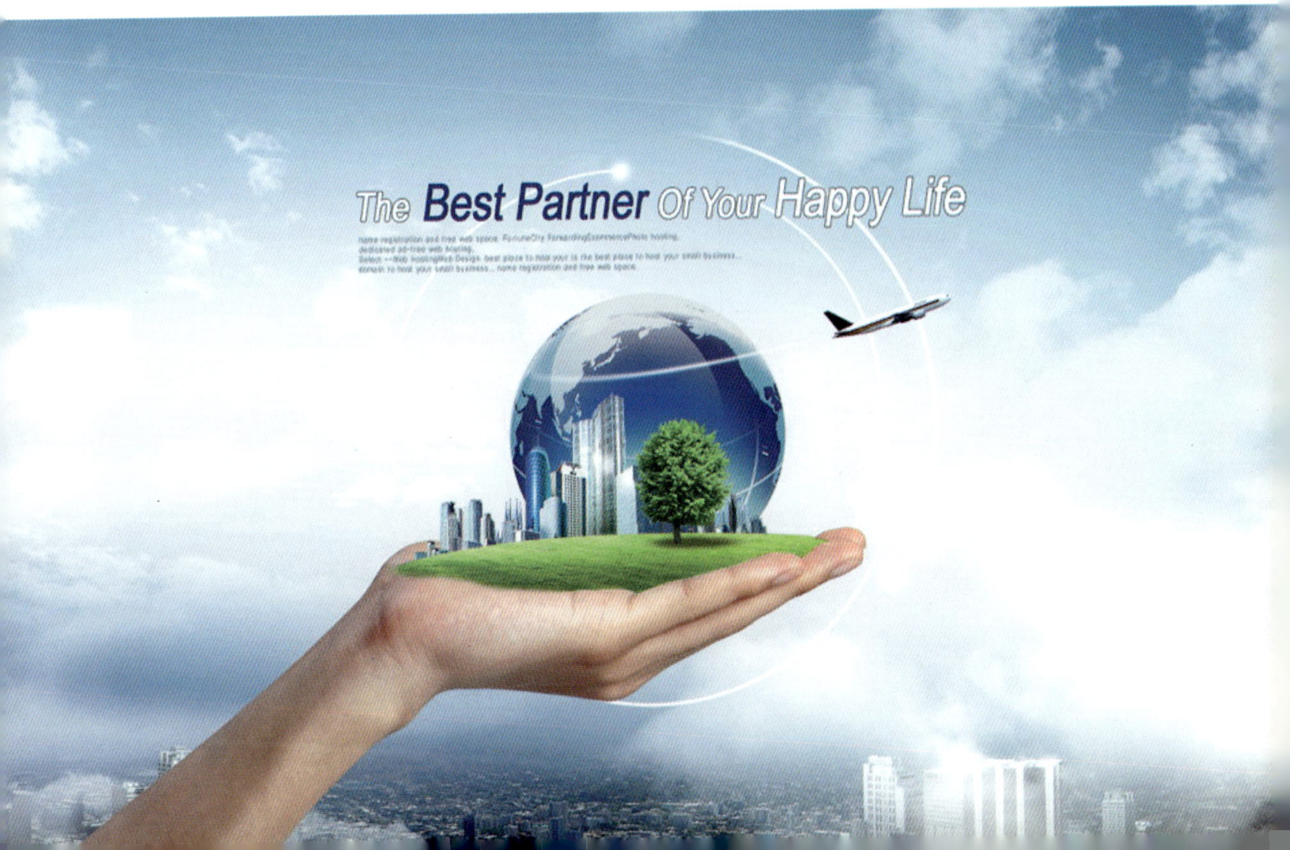
The Best Partner Of Your Happy Life

富贵
吉祥
CALENDAR EXQUISITE
FU GUI JIA XIANG
粉光深紫腻，肉色退红娇。
可怜零落蕊，收取作香烧。

The moon's light
月光爱人
Golden Memory
TENDER FEELINGS

THE GOLDEN COMPASS
黄金罗盘
奥斯卡最佳视觉效果奖　3月28日璀璨启航

拜年
福

贺年
真诚服务每

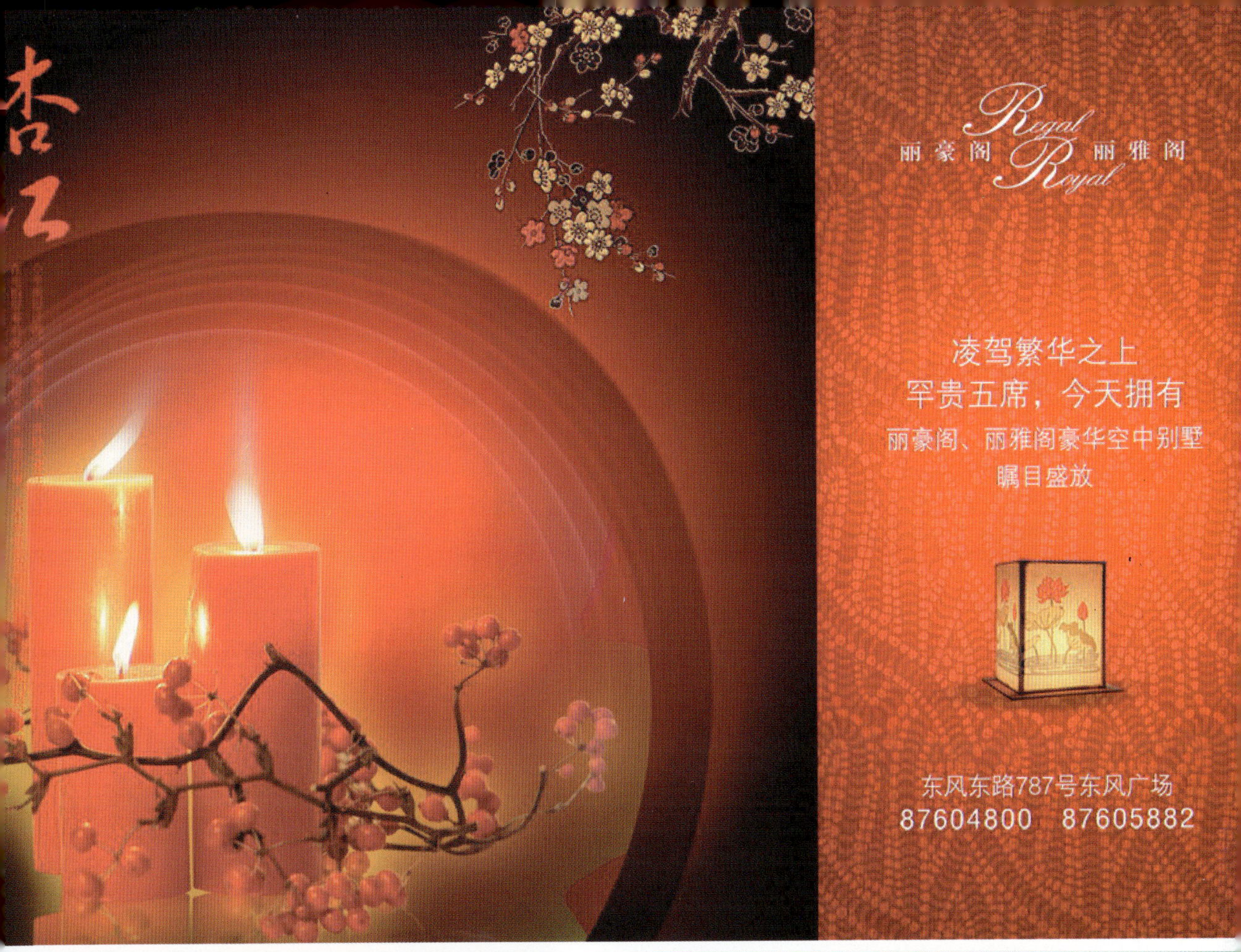

丽豪阁 Regal Royal 丽雅阁

凌驾繁华之上

罕贵五席，今天拥有

丽豪阁、丽雅阁豪华空中别墅

瞩目盛放

东风东路787号东风广场

87604800　87605882

2010 THE DREAM OF FAMILY

兑现关于一个家的梦想

❶ 14.2.3 制作倾斜排列的文字

❷ 14.2.5 创建文字型轮廓选区

❸ 14.2.7 输入段落文字

❹ 14.5.3 将文字转换成为路径

❺ 14.7.1 制作沿路径绕排文字的效果

❶ 15.3 消失点工具

❷ 15.5 “镜头校正”滤镜

❸ 16.2.5 创建凸纹模型

❹ 18.2.1 设计网页效果图

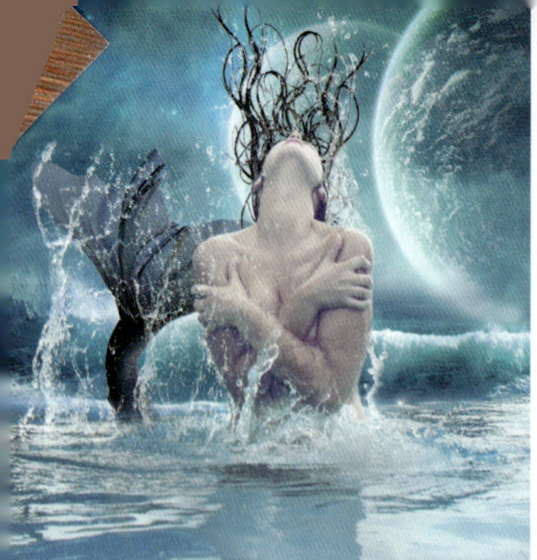

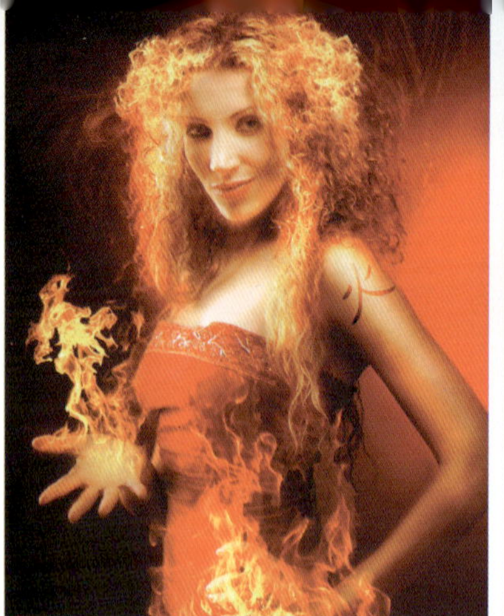

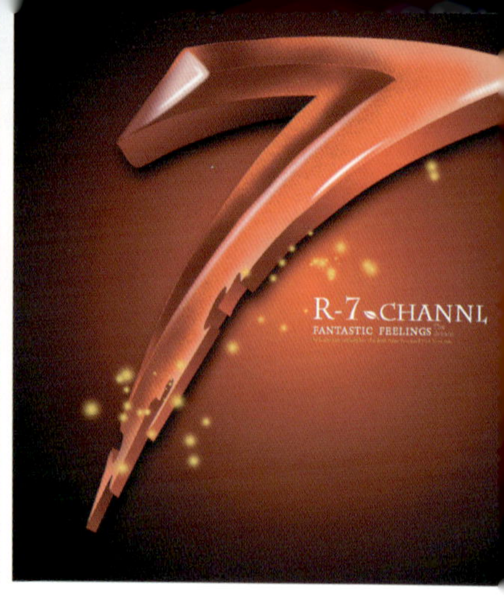

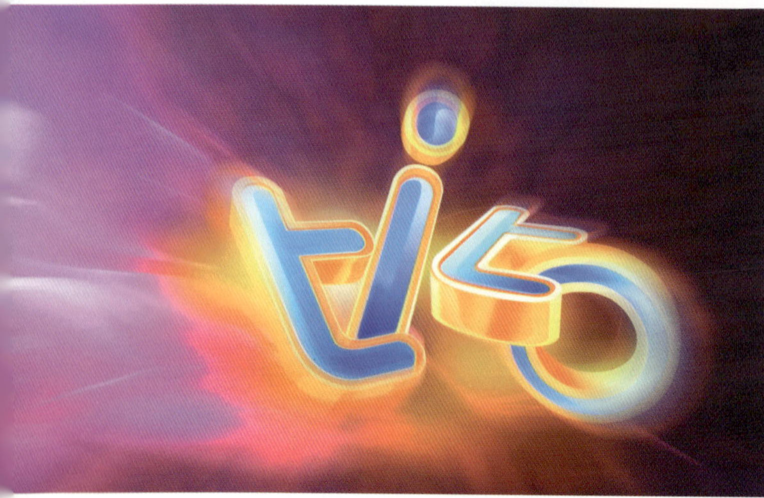

❶ ❷ ❸
❹
❺

❶ 19.1 精通蒙版技术——美人鱼照片合成
❷ 19.2 精通图像合成——烈焰女郎照片合成
❸ 19.3 精通文字变形——立体文字特效表现
❹ 19.5 精通特效文字——Vista风格立体文字特效表现
❺ 19.6 精通通道抠图——使用Alpha通道抠玻璃瓶

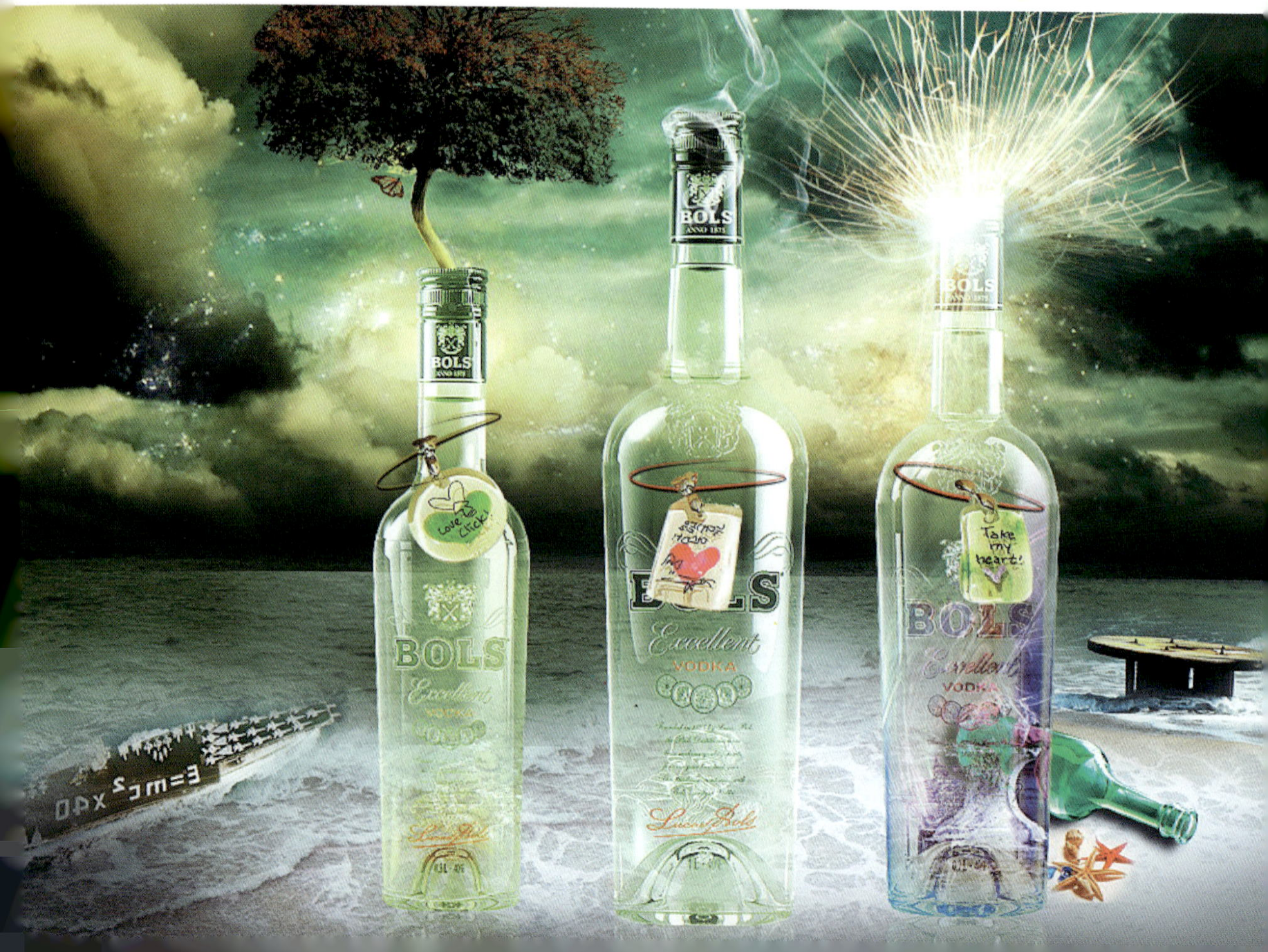

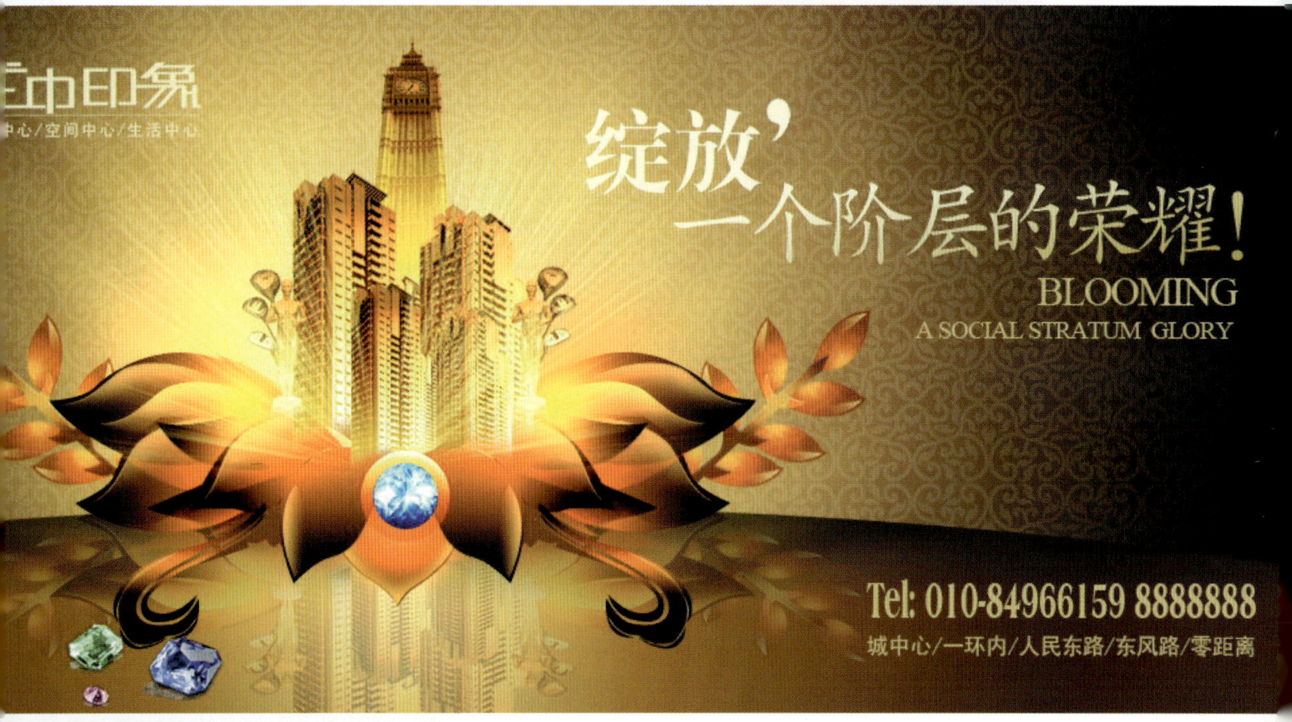

绽放，
一个阶层的荣耀！
BLOOMING
A SOCIAL STRATUM GLORY
中心/空间中心/生活中心
Tel: 010-84966159 8888888
城中心/一环内/人民东路/东风路/零距离

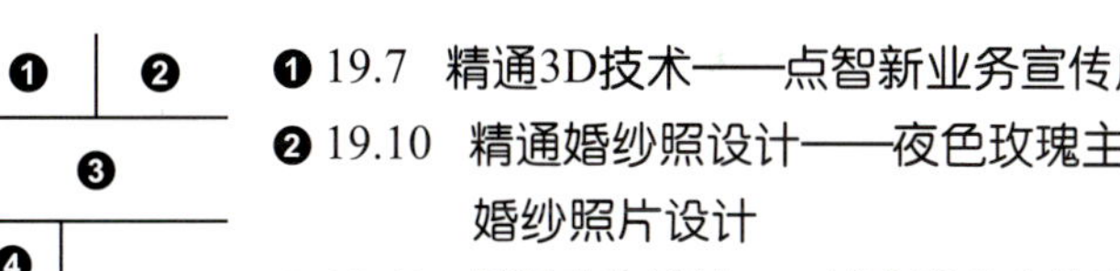

❶ 19.7 精通3D技术——点智新业务宣传广告设计
❷ 19.10 精通婚纱照设计——夜色玫瑰主题婚纱照片设计
❸ 19.11 精通广告设计——城中印象房地产广告设计
❹ 19.13 精通图像特效——飞蛾扑火创意表现
❺ 19.14 精通视觉表现——飞翔文字

配套超大容量DVD简介

本书光盘概览

本书附赠的光盘极具收藏价值，不仅有涉及本书案例的素材与最终效果文件，还附赠了作者经过多年积累得到的大量实用素材，希望这张光盘能够帮助各位读者在艺术设计的道路上一帆风顺！为了辅助读者更好地学习与使用本书光盘，下面详细介绍一下这张DVD光盘中的内容。

本光盘中包含了全书近百个案例的素材图片、画笔文件以及最终PSD格式文件；基础理论及案例的学习视频；4种实用PS资源，包括动作、画笔、形状及样式；4类精美矢量花纹边框背景素材，包括花纹背景、精美画框、漂亮圆纹以及矢量人物；4类边框素材，包括古典边框、精美边框、欧式边框及相框；墨迹喷溅与线条素材；PS设计超酷眩光素材；3个PDF文件，包括内置滤镜使用手册、色彩管理以及外挂滤镜使用手册。希望这些学习文件、视频、素材及PDF文件能够帮助读者掌握所学内容，从而加速提高艺术作品的设计水平。

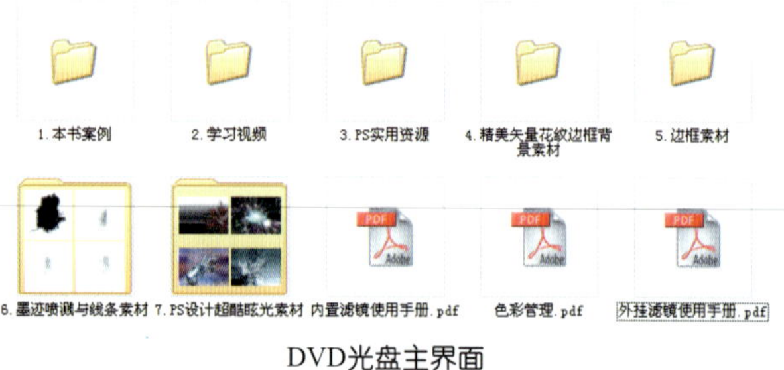

DVD光盘主界面

光盘中部分文件的使用方法如下。

1.学习视频文件：本书附赠的视频经过特殊压缩处理，需要使用最新的暴风影音软件播放，否则有可能出现只有画面没有声音，或只有声音没有画面的情况。

2.PS实用资源文件：在使用时，需要先将附赠的动作（或画笔、形状及样式）载入到Photoshop中、直接拖入到Photoshop界面中或像打开普通素材图片一样打开。在此以载入画笔文件为例讲解其载入过程，在工具箱中选择“画笔工具”，选择“窗口”|“画笔预设”命令，调出“画笔预设”面板，单击右上角的面板按钮❶，选择弹出菜单中的“载入画笔”命令❷，然后在弹出的对话框中选择要载入的画笔❸，单击“载入”按钮❹退出，在“画笔预设”面板中即可看到载入的画笔（一般在最后）❺。

3.PDF文件：在打开PDF文件前，需要安装Adobe Acrobat。

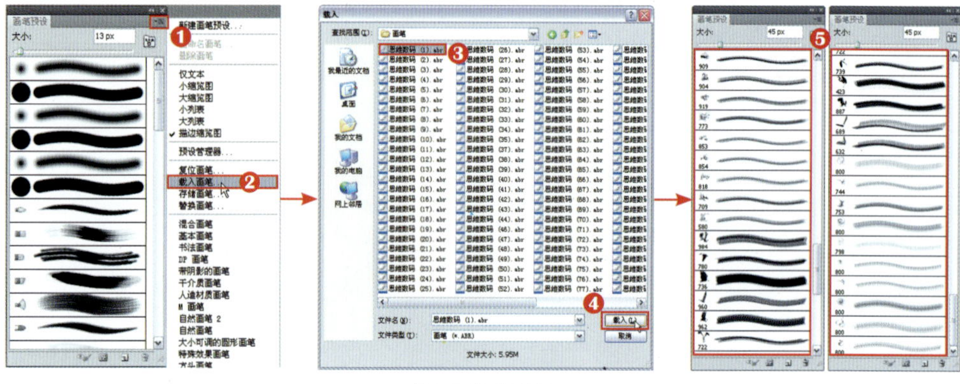

载入画笔的过程

配套超大容量DVD简介

素材及PSD源文件

附赠了第3~19章知识点及综合案例的素材及PSD格式效果文件，使读者在学习理论知识的同时亲自动手参与实际操作。

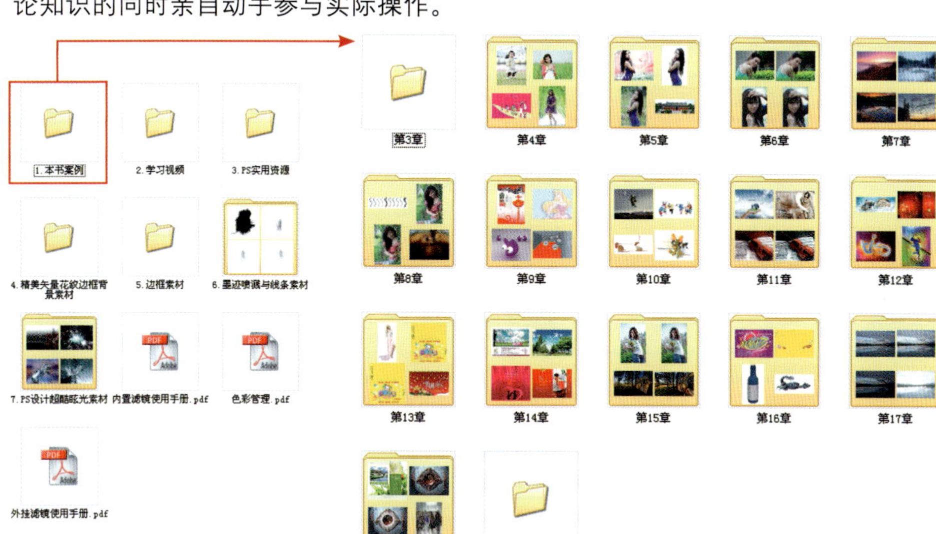

“1.本书案例”主界面

第4章文件

第5章文件

第6章文件

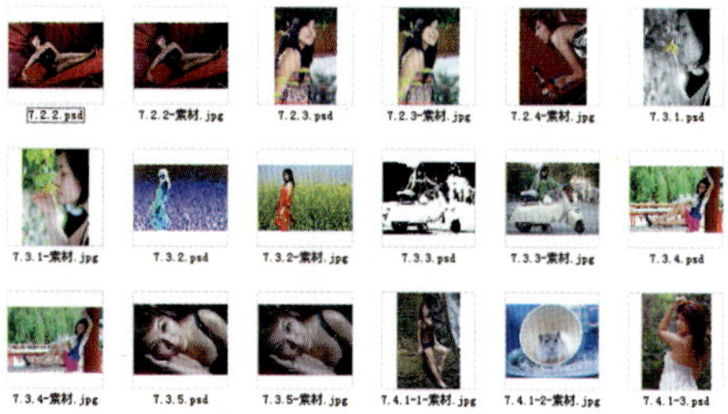

第7章文件

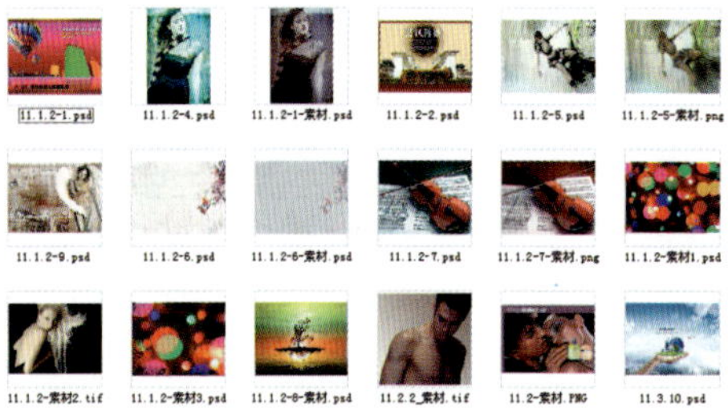

第11章文件

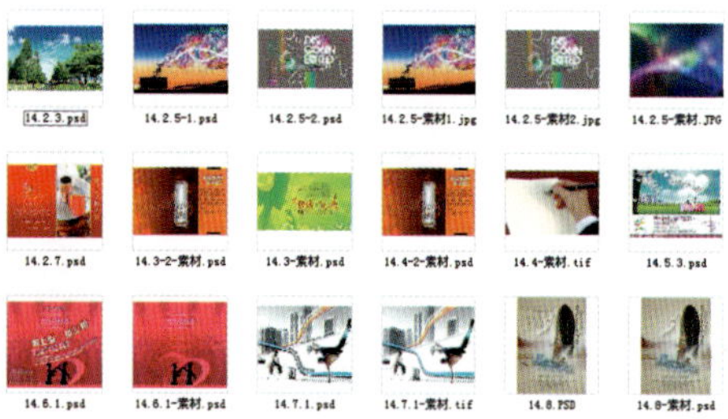

第14章文件

配套超大容量DVD简介

学习视频文件

附赠了第2~19章近660分钟学习视频文件，帮助读者降低学习难度并解决遇到的各种问题。

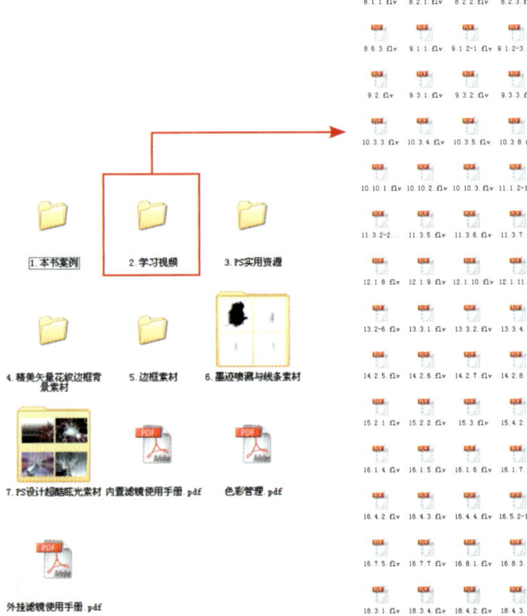

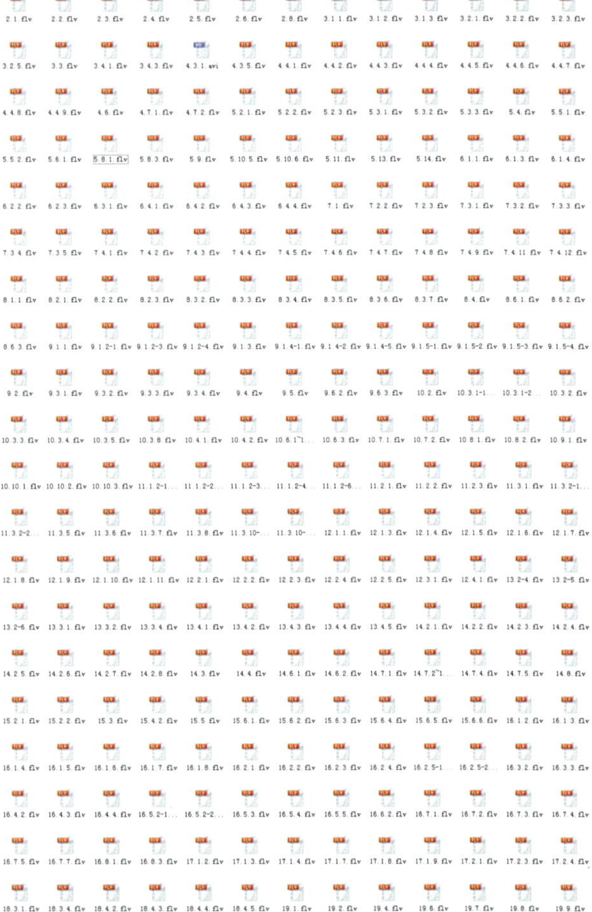

“2.学习视频”主界面

部分学习视频文件1

部分学习视频文件2

配套超大容量DVD简介

PS实用资源文件

附赠了527个作者精心制作的PS实用资源，包括350个动作、125个画笔、8个形状、44个样式文件，其中每个文件都包括不同数量的PS实用资源。

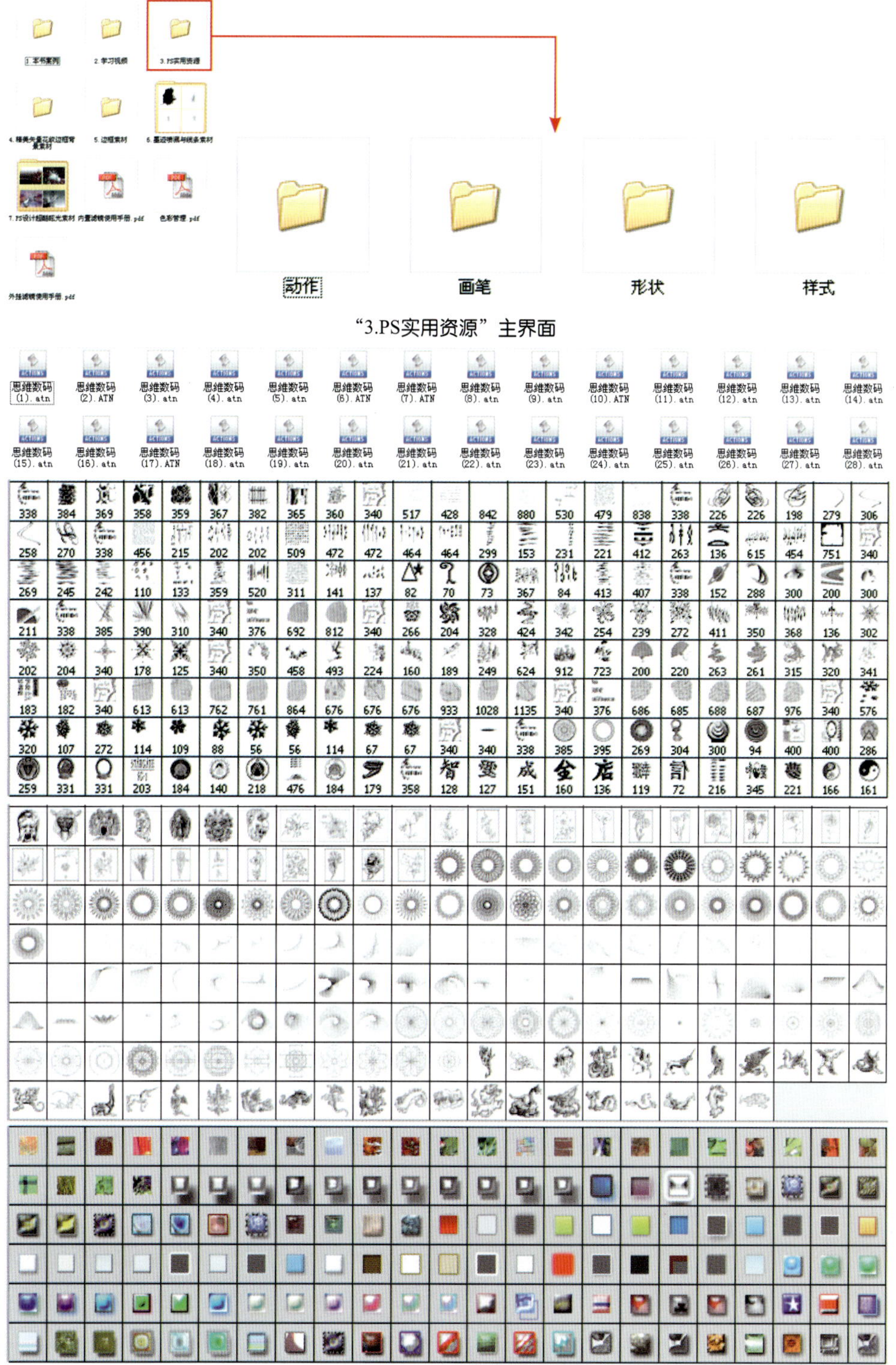

“3.PS实用资源”主界面

动作、画笔、形状及样式文件

配套超大容量DVD简介

花纹及边框素材

- 附赠了4类75个精美矢量花纹边框背景素材，包括36个花纹背景、17个精美画框、18个漂亮圆纹和4个矢量人物，用于为作品的背景添加纹理，使设计者的作品快速提升一个层次。

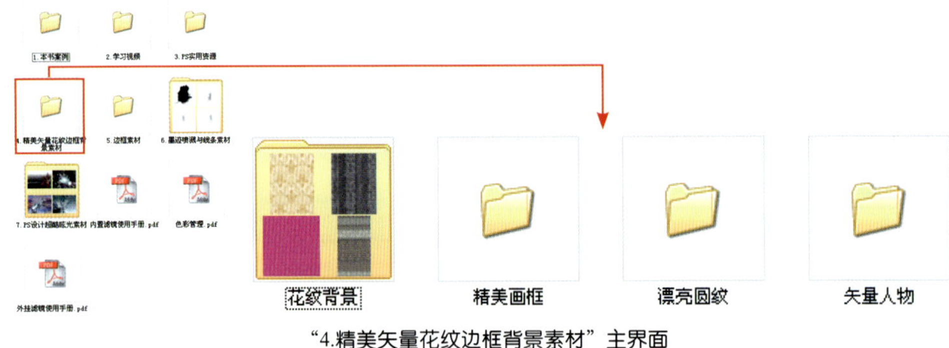

“4.精美矢量花纹边框背景素材”主界面

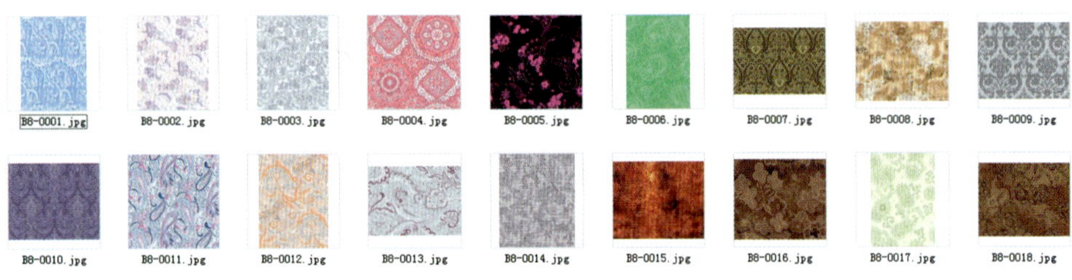
部分精美花纹背景文件展示

- 附赠了4类123个边框素材，包括15个古典边框、76个精美边框、28个欧式边框和4个相框。在这一系列比较另类、个性的图像边框中，可以放入自己的照片或者作品等进行展示。

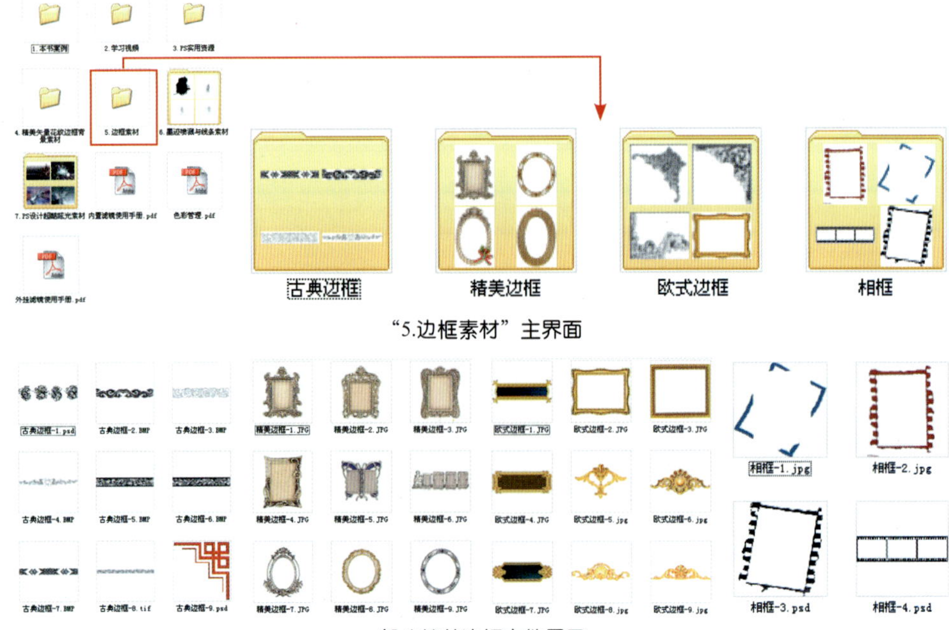

“5.边框素材”主界面

部分精美边框文件展示

配套超大容量DVD简介

素材及电子手册

附赠了112个墨迹喷溅与线条素材，这些带有墨迹效果的素材图像，非常适合用于具有中国古典气息的作品中。

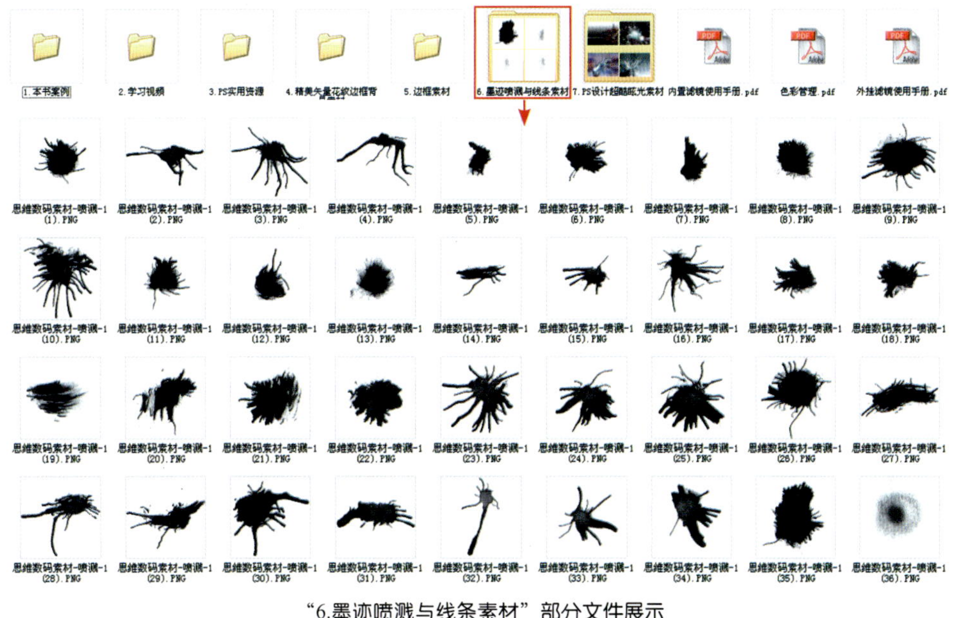

“6.墨迹喷溅与线条素材”部分文件展示

附赠了439个PS设计超酷眩光素材，这些不同形态的眩光及边缘素材，可以用于商业、视觉表现等领域。

“7.PS设计超酷眩光素材”部分文件展示

附赠了“内置滤镜使用手册”、“色彩管理”和“外挂滤镜使用手册”3个PDF文件。

内置滤镜使用手册.pdf

色彩管理.pdf

外挂滤镜使用手册.pdf

PDF文件

PREFACE 前言

◎ 何为“入门”与“精通”

“入门”是指掌握和学会了某一种知识或技能，Photoshop就是一个典型的入门容易的软件，掌握了基本的软件操作方法，软件界面上的工具、命令与面板基本上会用了，就可以算是入门了，因此从大部分大中专院校毕业的学生基本上都称自己会用Photoshop，实际上多数是处于入门这个阶段。

而“精通”的境界就比“入门”要高出不少了，“精”在某种程度上有“专”的意思，而“通”则有“全”的意思。仍以学习Photoshop为例，要达到精通的地步，不仅要通晓Photoshop的各方面理论，还需要能够熟练应用Photoshop的各类知识与技巧，以应对各类工作，从而做到以不变应万变。

因此，要达到精通的境界，非朝夕可至，最起码要经历了解软件性能——熟悉软件理论阶段——熟练应用软件功能三个阶段，不经过长时间、大量的练习，无法达到。

◎ 如何从“入门”到“精通”

如前所述，在学习Photoshop方面做到入门是很容易的，而要做到精通则有一定难度。为了帮助各位读者完成从入门到精通的学习过程，本书在目录中标注了要达到精通的程度，需要熟练掌握的技能及需要深入理解的理论知识，目录中没有进行任何标注的内容则是入门必学的知识。

这种分类标注的方法，如同将整个Photoshop需要学习的知识分成为两个不同的等级，以便于读者按自己的学习能力、工作需要、学习时间自主安排学习的进度，在“入门”级学习基础知识部分，而在时机成熟时学习有标注的“精通”级学习内容，不至于在学习时眉毛、胡子一把抓，失去了主次。

◎ 如何应对不断升级的软件

由于各种原因，许多大的软件公司都在频繁地升级软件，但如果在前一版本与下一版本之间对比许多软件，会发现升级更新的幅度远没有想象中大。

因此对于初学者而言，面对不断升级的软件，不必刻意追求最新的版本，选择一个成熟的版本基本上是能够解决生活或工作中所需要处理的问题的。

本书虽然是一本讲解Photoshop CS5的图书，但对于那些仍然在使用Photoshop CS2、CS3 、CS4版本的读者，本书实际上也适用，只是有些功能可能在低一些的版本中找不到，或无法实现，但对全局性的学习影响不大。

另外，如果读者希望在第一时间获得Photoshop最新版本的信息与相关知识，可浏览http://byzlps.blog.sohu.com/，笔者将会在新版本发布的第一时间，发送新版本的学习知识，以作为本书的增值服务内容。

◎ 本书的内容如何组织

本书可算是一本“大部头”，全书的页码近560页，这样的篇幅从一定程度上保证了阅读本书的读者能够真正从“入门”学起直至“精通”。另外本书还具有速查手册的功能，因为它基本上涵盖了绝大多数Photoshop的重要知识，在以后的工作学习中遇到不会的概念或功能，可以从本书中翻阅查找。

本书共分19章，从第1～18章属于理论章节，虽然这些章节以理论讲解为主，但几乎在每一个章节中都精心设计了若干案例，以佐证书中的理论，加深读者对理论的认识与理解。

第19章为案例学习章节，共讲解了15个不同的案例，这些案例都属于综合性案例，几乎每一个案例都有针对性地练习了Photoshop的文字、通道、蒙版、路径等功能，因此通过学习这些案例无疑能够起到融汇贯通Photoshop技术与理论的作用。

◎ 其他声明

本书在操作步骤、效果及表述方面定然存在不尽如人意之处，希望各位读者来信指正，笔者的邮件是bhpbangzhu@163.com。如果希望知悉图书的更多信息，请浏览北京希望电子出版社的网站www.bhp.com.cn。

本书是集体劳动的结晶，参与本书编写的包括以下人员：雷剑、吴腾飞、雷波、左福、范玉婵、刘志伟、李美、邓冰峰、詹曼雪、黄正、孙美娜、邢海杰、刘小松、陈红艳、徐克沛、吴晴、李洪泽、漠然、佟晓旭、江海艳、董文杰、张来勤、刘星龙、边艳蕊、马俊南、姜玉双、李敏、郜琳琳、李亚洲、卢金凤、李静、肖辉、寿鹏程、管亮、马牧阳、杨冲、张奇、陈志新、孙雅丽、孟祥印、李倪、潘陈锡、姚天亮等。

本书所有作品、素材仅供本书购买者练习使用，不得用做其他商业用途。

编者　于北京

CONTENTS 目录

Chapter 01 了解Photoshop基础

Chapter 02 熟悉Photoshop CS5软件界面

视频长度：00：41：33

Chapter 03 文件基础操作

视频长度：00：27：43

Chapter 04 图像及画布

视频长度：00：37：40

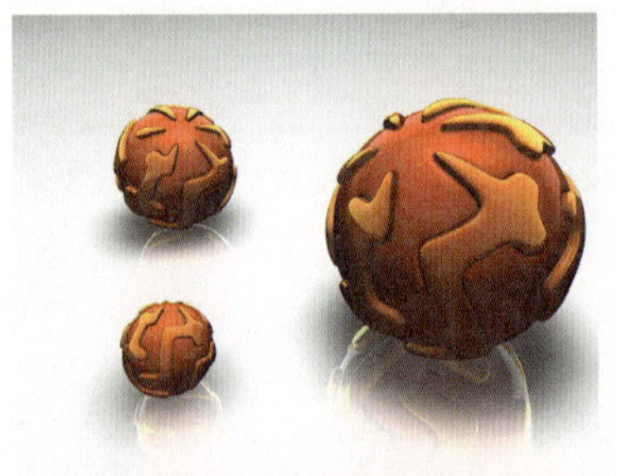

Chapter 05 选区操作

视频长度：00：58：36

Chapter 06 图像润饰与修复

视频长度：00：18：42

Chapter 07 调整图像颜色

视频长度：00：44：53

Chapter 08 绘制位图图像

视频长度：00：41：55

Chapter 09 路径与形状

视频长度：00：31：12

Chapter 10 图层基础

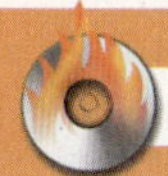
视频长度：00：37：18

Chapter 11 图层的混合功能

视频长度：00：28：33

Chapter 12 图层样式与智能对象图层

视频长度：00：25：20

Chapter 13 通道

视频长度：00：29：10

Chapter 14 文字

视频长度：00：24：39

Chapter 15 滤镜

视频长度：00：23：22

Chapter 16 3D功能

视频长度：01：15：55

Chapter 17 动作、自动化及脚本

视频长度：00：24：16

Chapter 18 网页设计

视频长度：00：15：40

Chapter 19 综合案例

视频长度：01：15：47

Chapter 01

了解Photoshop基础

Photoshop是美国Adobe公司开发的位图处理软件，在该软件十多年的发展历程中，始终以强大的功能、梦幻般的效果征服了一批又一批用户。现在，Photoshop已经成为全球专业图像设计人员必不可少的图像设计软件。

在本章中，笔者将带领大家一起走进Photoshop的世界，掌握如何安装Photoshop CS5及如何更好地学习此软件。

1.1 Photoshop基础概述

现代社会中，工作和生活节奏日益加快，人们常常会感到来自工作和生活的压力，越来越多的人意识到时间的宝贵，追求更有效率的工作方式，渴望自由随性的生活。学习知识，是每个人的迫切需要。除了自己的专业知识，更多人在不断地学习，以希望自我升值，让自己的工作和生活更轻松、更有效率，能够迎接更多挑战。随着数码时代的全面来临，Photoshop成为许多专业及非专业人员的学习选择之一。

Photoshop是一款能让日常工作变得更轻松、生活更精彩的平面设计软件。不仅仅是在专业的设计领域中，几乎在与图像相关的任何地方，都能够应用其强大的功能，以满足我们丰富的想象。在互联网上能够看到各种让人眼花缭乱的Photoshop 处理过的图片，那些近乎标准的人造美女、各种无厘头式的人物换位嫁接，还有前卫酷炫的艺术图片，令人目不暇接。图1.1为读者展示了一些优秀Photoshop作品。

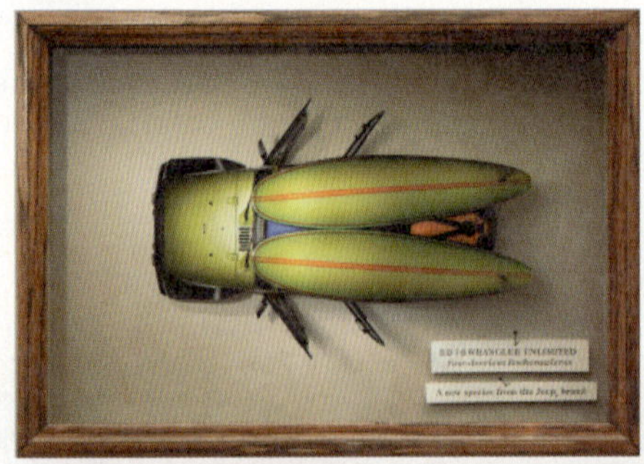

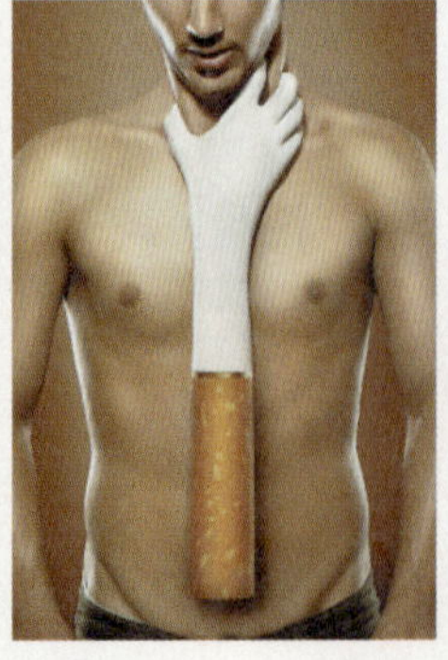

图1.1

除了上面展示的精彩作品，事实上，无论是平面广告、产品包装、书籍封面、婚纱摄影后期制作，还是网页设计、游戏美术、电子界面设计等工作，都或多或少可以用到Photoshop，这也正体现出了Photoshop的魅力——能够让一些富有创意的人创造出自己想要的作品，当然，前提条件是有足够成熟的Photoshop技术。

Chapter 01 了解Photoshop基础

1.2 Photoshop应用领域

Photoshop的应用领域非常广泛，为了帮助读者尽快找到自己最感兴趣而且最希望学习的领域，在此将Photoshop的各重要应用领域列举如下。

1.2.1 平面设计

毫无疑问，平面设计是Photoshop应用最为广泛的领域，无论是书籍的封面，还是在大街上看到的招贴、海报，这些具有丰富图像元素的平面印刷品，基本上都需要使用Photoshop这一软件对图像进行合成、处理以及修饰。如图1.2就是使用Photoshop制作的广告及电影海报。

图1.2

1.2.2 影像创意

影像创意是Photoshop的特长。通过Photoshop的处理，可以将原本风马牛不相及的对象组合在一起，也可以使用“狸猫换太子”的手法使图像发生翻天覆地的变化，如图1.3所示。

图1.3

1.2.3 概念设计

所谓概念设计，简单地说，就是对某一事物重新进行造型、质感等方面的定义，形成一个针对该事物的新标准，在产品设计的前期通常需要进行概念设计。除此之外，在许多电影及游戏中也都需要进行角色或者道具的概念设计。

图1.4所示为自行车的概念设计作品。图1.5所示为船体的概念设计作品。

图1.4

图1.5

1.2.4 游戏设计

游戏设计是近年来迅速成长起来的一种新兴行业，在游戏策划及开发阶段都需要大量使用Photoshop技术来设计游戏的人物、场景、道具、装备以及操作界面。图1.6所示为使用Photoshop设计的游戏角色造型。

图1.6

1.2.5 数码照片

随着电脑及数码设备逐渐走进越来越多人的生活，多数人已经不仅仅满足于拍摄的乐趣，更多的是DIY自己的照片，同时各大影楼也需要通过这些技术对照片进行美化和修饰。另外，对于追求唯美的数码婚纱照片设计，Photoshop也在起着举足轻重的作用。

图1.7所示为原图像，图1.8所示为使用Photoshop对皮肤及整体曝光进行处理后的效果。

图1.7

图1.8

图1.9所示为对风光照片进行HDR合成前后的素材及效果。

图1.9

1.2.6 插画绘制

插画绘制是近年来才慢慢走向成熟的行业，随着出版及商业设计领域的逐步细分，商业插画的需求不断扩大，从而使许多以前将插画绘制作为个人爱好的插画艺术家开始为出版社、杂志社、图片社、商业设计公司绘制插画，图1.10和图1.11所示为使用Photoshop完成的插画设计。

图1.10

图1.11

1.2.7 网页创作

网络的普及是更多人需要掌握Photoshop的重要原因之一。因为在制作网页时，Photoshop是必不可少的图像处理软件。图1.12所示为使用Photoshop制作的两种网页效果。

图1.12

1.2.8 界面设计

随着电脑硬件设备性能的不断更新和人们审美观念的不断提高，以往古板而单调的操作界面早已无法满足人们的需求。对于网页、应用软件或者游戏而言，界面设计得优秀与否，已经成为人们对其进行衡量的标准之一。在这个领域中，Photoshop也扮演着非常重要的角色，目前在界面设计领域，90%以上的设计师正在使用此软件进行设计。

图1.13所示为3款优秀的界面设计作品。

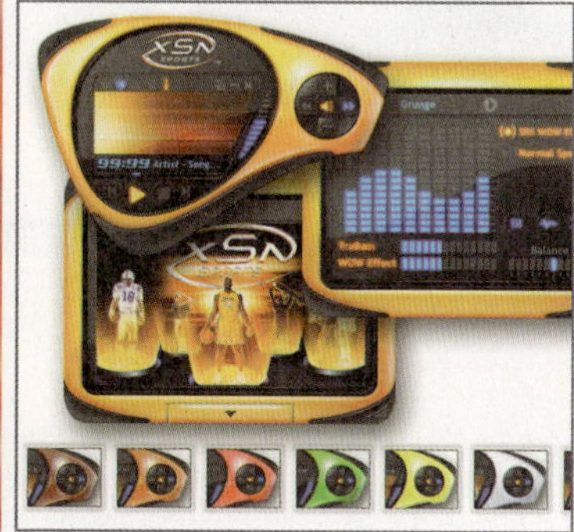

图1.13

以上是Photoshop的几个应用领域，实际上其应用远不止于此，正如一支笔在不同人的手中能够写出不同的字体一样。说到底，Photoshop也只是一个辅助工具，能否将其运用得很好，完全依赖于使用者个人的素质与水准。

1.2.9 艺术文字

利用Photoshop可以使原本普通、平常的文字发生各种各样的变化，并利用这些艺术化处理后的文字为图像添加效果，如图1.14所示。

图1.14

1.2.10 效果图后期调整

虽然大部分建筑效果都需要在3ds Max中制作，但其后期修饰则多数是在Photoshop中完成的。图1.15所示原室内效果图，图1.16所示为对室内效果图进行后期调整后的效果。

图1.15

图1.16

1.2.11 绘制或处理三维材质贴图

在三维软件中一般能够制作出精良的模型，但是如果无法为模型设置逼真的材质贴图，那么也就无法得到好的渲染效果。实际上，在制作材质贴图时，除了要依靠三维软件本身所具有的功能外，掌握在Photoshop中制作材质贴图的方法也非常重要。

图1.17

如图1.17所示为一个室内效果图线框模型，图1.18所示为使用在Photoshop中处理过的纹理图像为模型赋予材质贴图后进行渲染的效果（其中，磨砂玻璃及墙面的纹理效果均经过Photoshop处理）。

图1.18

1.3 Photoshop CS5的安装

1.3.1 如何安装Photoshop CS5

Photoshop CS5的安装方法比较简单，但需要提醒读者的是，在安装该软件之前，如果当前电脑中正在运行其他版本的相关软件，需要将运行的软件全部关闭。下面介绍安装的方法。

1 打开Photoshop CS5安装光盘，双击Setup.exe图标，如图1.19所示。

2 双击Setup.exe图标后，会弹出“Adobe 安装程序”对话框，对系统配置文件进行检查，如图1.20所示。

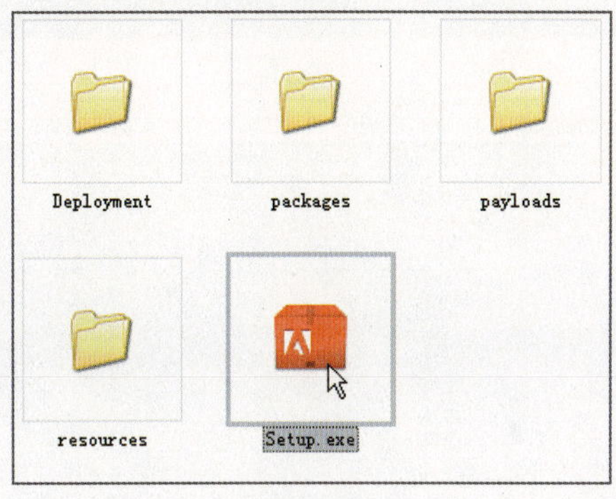

图1.19

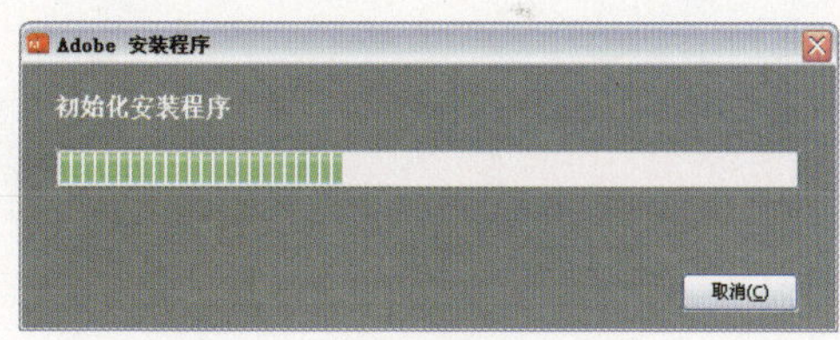

图1.20

3 初始化结束后，弹出“Adobe Photoshop CS5”对话框，如图1.21所示。在此，读者需要认真阅读软件许可协议，了解协议的相关内容。阅读完毕后单击“接受”按钮，进入下一步的安装过程。

4 进入“请输入序列号”界面。在“提供序列号”文本框中输入正确的序列号，如果是想试用，可以将“安装此产品的试用版”选项选中，然后在“选择语言”下拉列表中选择“简体中文”，如图1.22所示。

5 单击“下一步”按钮，进入“安装选项”界面。将“ADOBE PHOTOSHOP CS5”选项勾选，然后将右侧的“所有组件”选项选中，如图1.23所示。

6 单击“安装”按钮，进入“安装进度”界面。在其中可以查看安装的进度，如图1.24所示。

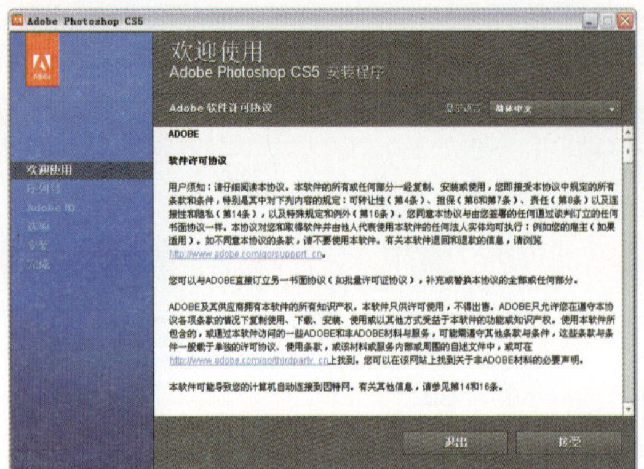

图1.21

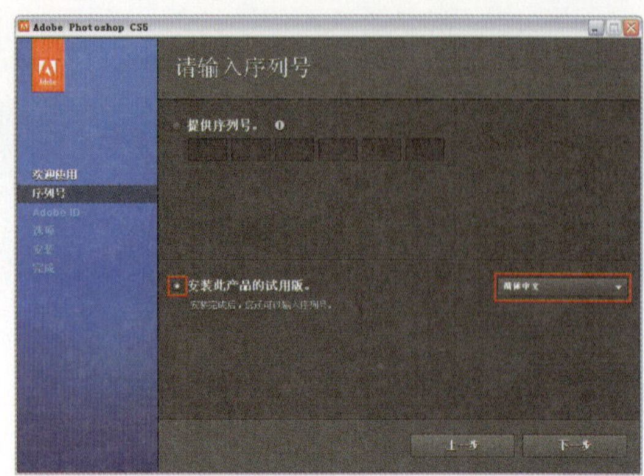

图1.22

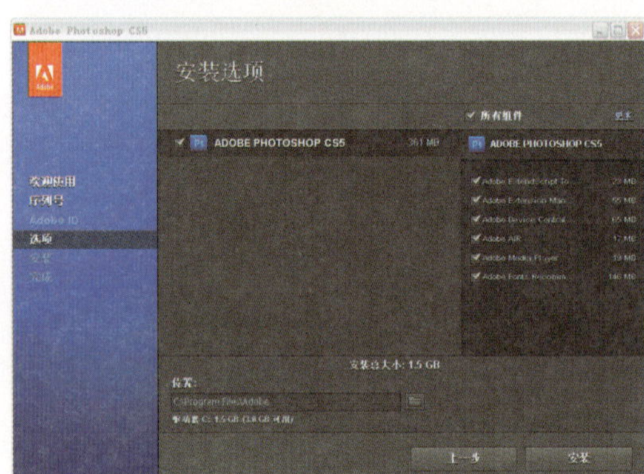

图1.23

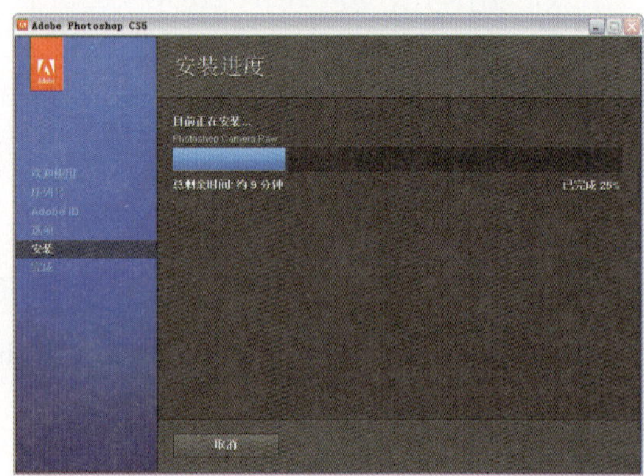

图1.24

7 安装完成后，弹出“谢谢”界面。单击“完成”按钮或右上角的“关闭”按钮退出对话框，如图1.25所示。完成Photoshop CS5的安装。

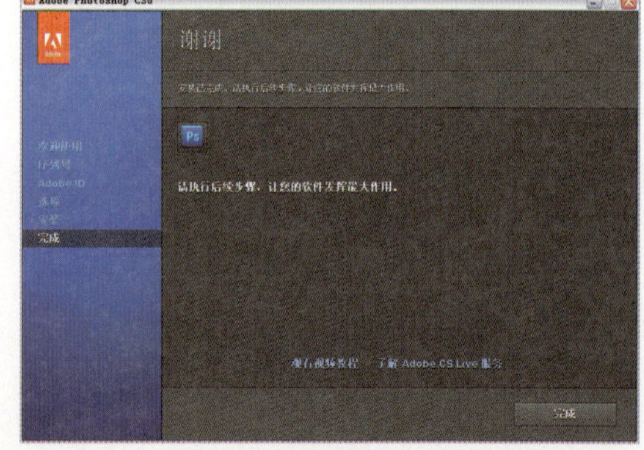

图1.25

1.3.2 如何在桌面上创建Photoshop CS5的快捷方式

在上一小节中介绍了如何安装Photoshop CS5，下面讲解如何在桌面上创建快捷方式以快速启动Photoshop CS5。

1 单击桌面左下角的“开始”按钮，将光标移至“所有程序”选项上，然后将光标移至“Adobe Photoshop CS5”选项上，在此选项上右击，在弹出的快捷菜单中选择“发送到”|“桌面快捷方式”命令，如图1.26所示。

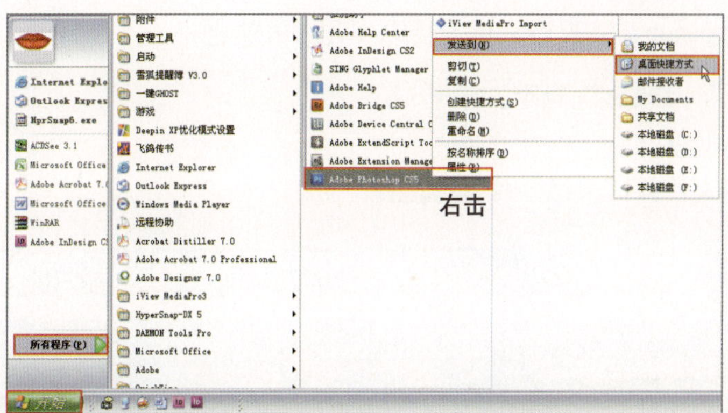

图1.26

2 返回到桌面，即可看到Photoshop CS5的桌面快捷方式图标，如图1.27所示。

图1.27

1.3.3 打开及退出Photoshop CS5

在上一小节中介绍了如何在桌面上创建Photoshop CS5的快捷方式，下面通过此快捷方式讲解如何打开并退出Photoshop CS5。

1 在桌面上双击PS的桌面快捷方式图标，系统开始运行Photoshop CS5程序，如图1.28所示。

2 程序启动完成后，进入Photoshop CS5工作界面，如图1.29所示。

图1.28

图1.29

3 若想退出Photoshop CS5程序，可选择以下几种方法之一。

- 选择“文件”|“退出”命令。
- 按快捷键Ctrl+Q。
- 单击窗口右上角的“关闭”按钮。

1.4 如何更好地学习Photoshop

既然是学习，当然就存在方法的问题。不同的人有不同的学习方法，有些人的学习方法有速成的功效，而有些人使用的方法可能事倍而功半。因此找到一种较好的学习方法，对于每一个Photoshop学习者而言都是非常重要的。

下面讲解两种不同的学习方法。

1.4.1 渐进式学习

这是大多数人使用的一种学习方法，虽然学习的速度不明显，但能够为学习者打下坚实的基础，使其具有精研Photoshop深层次知识的功底。

使用这种方法学习Photoshop，可以按照下面讲述的几个步骤进行。

 打基础

对于Photoshop而言，扎实的基础即娴熟的操作技术及技巧。深厚的技术功底是实现创意的基石，纵然有好的创意而苦于无法完全表达，那么一切也是枉然。因此，学习的第一阶段就是认真学习基础知识，打下坚实的基础，为以后的深入研究做准备。

 练习模仿

这一过程类似于“描红”，是任何类别的学习都必然经历的。在这个阶段需要进行大量练习，通过这些练习不仅能够熟悉并掌握软件的功能及命令的使用方法，而且还能够掌握许多通过练习才能掌握的操作技巧。

 积累表现技法

设计与创意中的许多表现技法是经过很多设计师积累经验总结出来的。这些技法对于一

个初学者而言是非常重要的，能够使其快速走上创作的道路。

要积累这样的表现技法，可以通过欣赏大量优秀的作品来实现，这些作品包括影视片头、广告、海报、招贴以及网页作品等。

通过欣赏这些作品，在仔细观察的基础上分析其美感的来源，并注意总结、积累以及灵活地运用，这样不仅能够提高自己的审美能力，而且还可以从中汲取到表现技法所必要的养分。

实践并创意

实践出真知，纸上谈兵必然打不好仗，因此在经过前面3个阶段的积累与沉淀之后，必须进行大量的实践创作，个人的风格才会逐步形成，对于作品创意的构思技巧也能够得到极大的锤炼。

1.4.2 逆向式学习

先学习理论知识然后实践的学习方法是多年来无数人在各个领域证明过的学习真理。时至今日，在计算机软件学习领域内，绝大多数人仍在按照此方法进行学习。但目前的现实是，包括Photoshop在内的许多计算机软件都推出了中文版本，这大大降低了学习的难度。此外，许多软件在功能设置方面越来越人性化，导致许多学习者改变了原有的学习习惯，采用了新的学习方法——逆向式学习方法。

初学者可以采取先用软件制作，在操作的过程中遇到不明白的地方再返回来查看帮助文件或者相关书籍的学习方法。

这种先实践后理论的学习方法可以大大提高初学者的学习效率，每一个问题都是初学者自己遇到的，因此在解决问题之后，印象也就格外深刻。

1.4.3 技术性软件的学习技术

无论是采用哪一种方法，许多人在学习了Photoshop后，即使完全掌握了所有工具及命令的使用，却发现自己仍然无法做出完整的作品，除非对照书中讲解的案例进行制作。

这涉及到练习与创作的问题，在学习阶段，初学者可按照书中的步骤进行练习，因此很容易见效，但如果为了练习而练习，则只能达到学习的第一层作用，这就很容易出现掌握了软件但无法创作出好作品的情况。

创作需要的不仅仅是熟练的技术，更强调想法、技法与创意，因此只掌握了技术的初学者就会产生茫然不知所措的现象，但对于那些在练习中注重技法积累、而且自身又具有一定创意（可能有些创意也属于借鉴与抄袭之类）的初学者而言，就突显出了优势。

无论对于哪一类初学者而言，需要记住的是，所有软件都只是工具，对于Photoshop 这样一个非常强调创意的软件而言，要掌握好软件功能并灵活地运用于各个领域，不仅需要具有扎实的基本操作功底，更应该具有丰富想象力的创意。

读书笔记

Chapter 02

熟悉Photoshop CS5 软件界面

在学习软件之前，对其工作环境进行了解是非常有必要的。本章将对Photoshop CS5的工作环境进行讲解，同时还将介绍在该版本中新增的界面功能以及一些常规的操作。

2.1 熟悉操作环境

启动Photoshop CS5以后，可以看到如图2.1所示的软件界面。

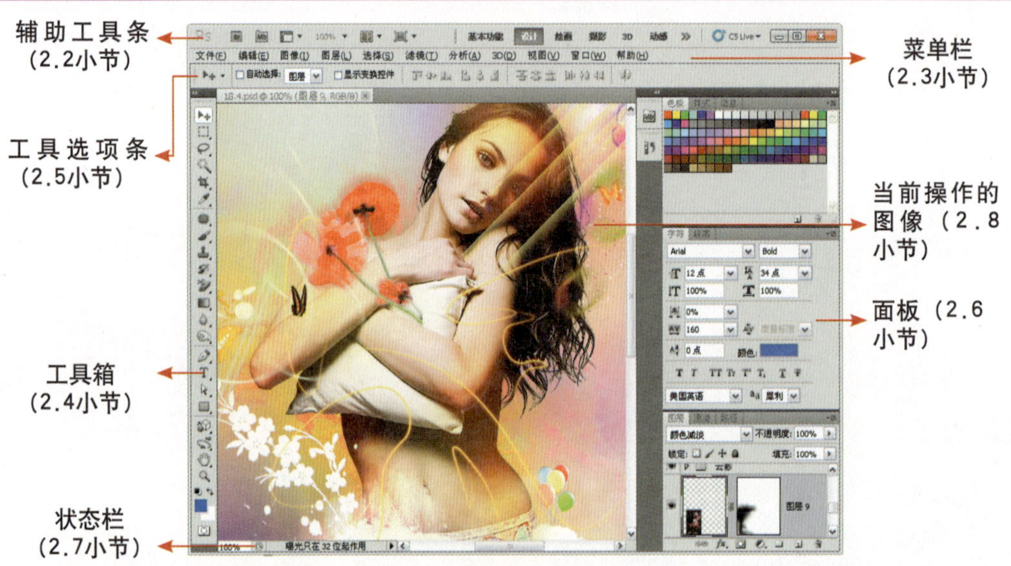

图2.1

软件界面内的各种组件摆放可以很灵活，但万变不离其宗，基本上都是由辅助工具条、菜单栏、工具箱、工具选项条、面板以及状态栏等元素构成。下面简单讲解界面的各个构成要素及其功能。

2.2 辅助工具条

在辅助工具条中，集成了视图及页面布局等功能，包括启动Bridge、缩放显示比例及屏幕模式等，如图2.2所示。

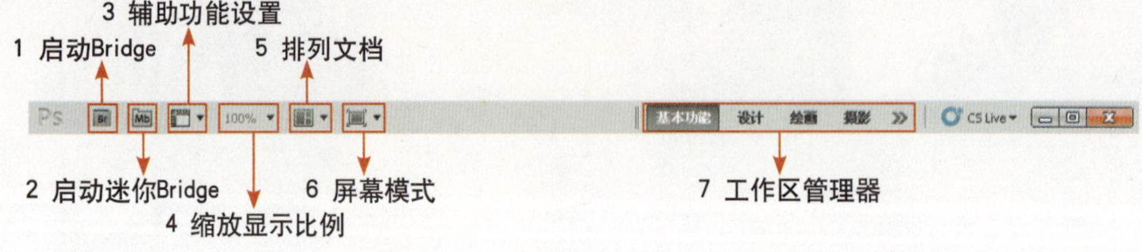

图2.2

启动Bridge

Adobe Bridge作为整个CS系列套件中的文件浏览与管理工具，可以完成浏览以及管理图像文件的操作，如搜索、排序、重命名、移动、删除和处理图像文件等。

单击辅助工具条中的启动按钮，即可启动Bridge。

启动迷你Bridge

单击辅助工具条上的“启动Mini Bridge”按钮，可调出CS5新增的Mini Bridge面板，如图2.3所示。

图2.3

Mini Bridge面板必须在Adobe Bridge打开的情况下才可以使用。

下面分别来介绍一下Mini Bridge面板的各部分功能。

- “返回”按钮、“前进”按钮：单击这两个按钮，可以向前或向后访问最近浏览过的文件夹。
- “转到父文件夹、近期项目或收藏夹”按钮：单击此按钮，可以显示父文件夹、近期浏览的文件夹以及收藏夹中的项目，选择相应的文件夹命令，即可快速访问。
- “主页”按钮：单击此按钮，可以切换至Mini Bridge面板的初始界面。
- “转到Adobe Bridge”按钮：单击此按钮后，可切换至Adobe Bridge CS5中进行更多的管理和编辑操作，如图2.4所示。

图2.4

- “面板视图”按钮：单击此按钮，在弹出的菜单中可以选择要显示的辅助项目，其中包括了“路径栏”、“导航区”和“预览区”3个命令。
- “搜索”按钮：单击此按钮，可以在弹出的对话框中输入搜索条件，以找到需要的图片或文件。
- “浏览文件”按钮：单击此按钮，可以展开相应的面板进行快速浏览，此时其中各部分的功能与Adobe Bridge的使用方法基本相同，请参考本书第3.5节的讲解。
- “更改Mini Bridge”按钮：单击此按钮，可分别选择不同的命令，对Mini Bridge的启动及外观等项目进行设置。

辅助功能设置

此处包括显示或隐藏网格、参考线以及标尺等辅助功能的控制。

缩放显示比例

此处显示了当前操作图像的显示比例，在此处输入数值或在下拉列表中选择一个数值，可以控制当前图像的显示比例。

排列文档

当打开多个文档时，在此处可以设置它们的排列方式，以便于快速进行文档的布局和查看。

屏幕模式

此处可以选择标准、全屏以及带有菜单栏的全屏共3种屏幕显示模式。

工作区管理器

在Photoshop中，不同用户可以按照自己的使用习惯布置工作区域，并将其保存为自定义的工作界面，如果在工作一段时间后工作区变得很零乱，可以选择调用自定义工作区的命令，将工作区恢复至自定义后的状态。

要保存自定义的工作区，可以先按照自己的爱好布置好工作区，然后单击工作区管理器最右侧的“显示更多的工作区和选项”按钮，在弹出的菜单中选择“新建工作区”命令，或选择“窗口”|“工作区”|“新建工作区”命令，在弹出的对话框中，如果要同时保存所设置的键盘及菜单快捷键，也可以在底部将这两个选项选中，然后输入自定义的名称，单击“存储”按钮即可，如图2.5所示。

要调用已保存的工作界面，可以直接在工作区管理器中单击其名称即可，如图2.6所示。

需要注意的是，在当前工作区下，所有的界面改动都会被Photoshop自动记录下来，比如在刚刚保存的moole工作区下，改变了界面的布局后，每次切换至该工作区时，仍然是最后一次改动的状态，此时要恢复到之前保存moole工作区时的状态，可以单击工作区管理器最右侧的“显示更多的工作区和选项”按钮»，在弹出的菜单中选择“复位moole”命令即可。

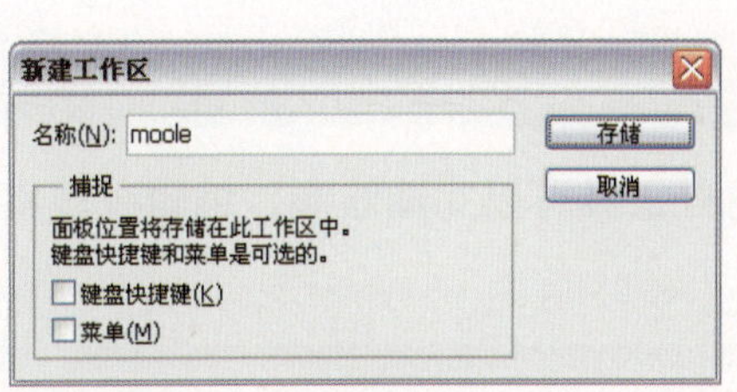

图2.5

图2.6

Chapter 02 熟悉Photoshop CS5 软件界面

2.3 菜单栏

菜单栏中共有11类近百个菜单命令，如图2.7所示。利用这些菜单命令，可以完成诸如“拷贝”、“粘贴”等基础操作，也可以完成诸如调整图像颜色、变换图像、修改选区、对齐分布链接图层、应用滤镜等较为复杂的操作。

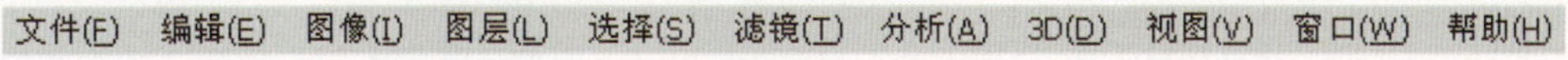

文件(F) 编辑(E) 图像(I) 图层(L) 选择(S) 滤镜(T) 分析(A) 3D(D) 视图(V) 窗口(W) 帮助(H)

图2.7

- “文件”菜单：集成了文件操作命令。
- “编辑”菜单：集成了图像处理过程中使用较多的编辑类操作命令。
- “图像”菜单：集成了图像大小、画布及图像颜色操作命令。
- “图层”菜单：集成了各类图层操作命令。
- “选择”菜单：集成了有关选区操作命令。
- “滤镜”菜单：集成了大量滤镜命令。
- “分析”菜单：集成了用于测量图像、数据分析的命令。
- “3D”菜单：集成了用于创建和编辑3D对象的命令。
- “视图”菜单：集成了对当前操作图像的视图进行操作的命令。
- “窗口”菜单：集成了显示或隐藏不同面板命令。
- “帮助”菜单：集成了各类帮助信息。

2.4 工具箱

工具箱中共有上百个工具可供选择，使用这些工具可以完成绘制、编辑、观察、测量等操作。

2.4.1 了解工具箱

将Photoshop功能以小图标的形式汇集在一起，就形成了工具箱，其中比较形象的如“画笔工具”、“橡皮擦工具”、“横排文字工具”、“缩放工具”，让人一看图标就能知道工具的作用，如图2.8所示。

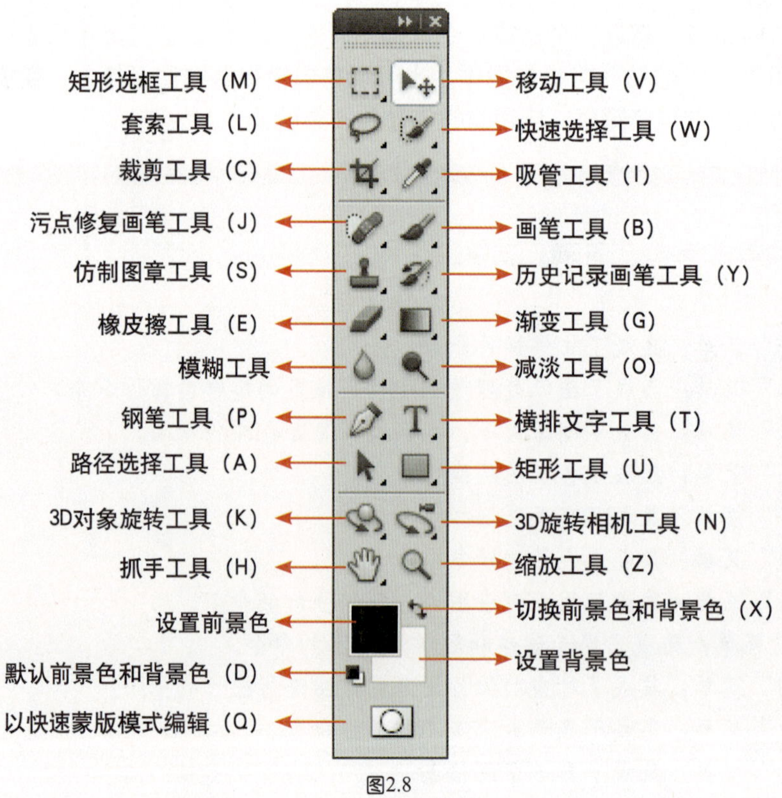

图2.8

2.4.2 启用工具箱中的隐藏工具

在工具箱中可以看到，部分工具图标的右下角有个小三角，表示该工具组中还有隐藏的工具未显示。直接在该图标上右击，即可调出该工具组的工具列表，此时选择需要的工具即可，操作流程如图2.9所示。

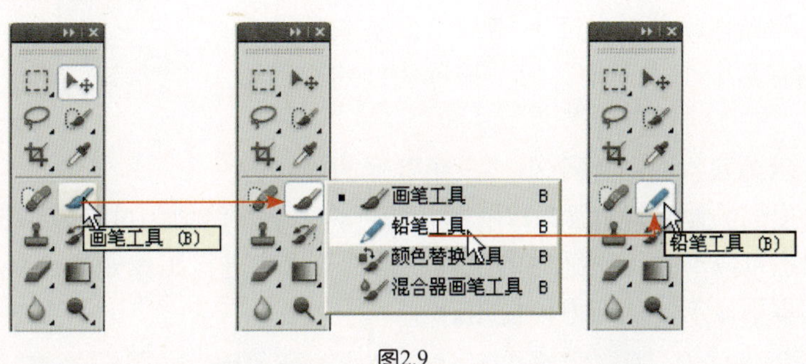

图2.9

工具箱中的其他隐藏工具如图2.10所示。另外，若要按照软件默认的顺序来切换某工具组中的工具，可以按住Alt键，然后单击该工具组中的图标。

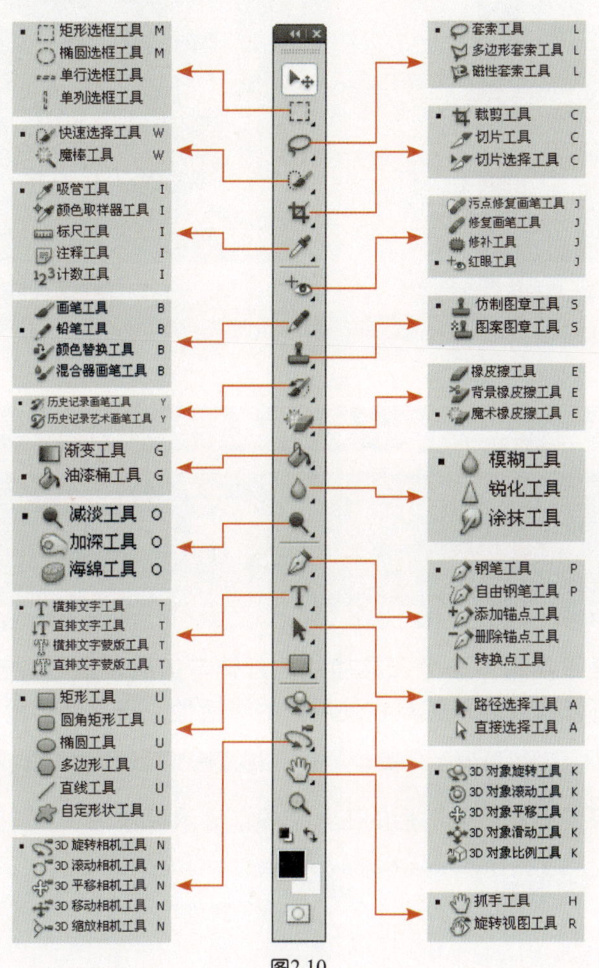

图2.10

2.4.3 伸缩工具箱

为了使操作界面更加人性化、便捷化，Photoshop CS5中的工具箱被设计成能够进行灵活伸缩的状态，用户可以根据操作需求将工具箱改变为单栏或双栏显示。

控制工具箱伸缩性功能的是工具箱最上面呈灰色显示的区域，其左侧有两个小“三角”形，被称为伸缩栏，如图2.11所示。

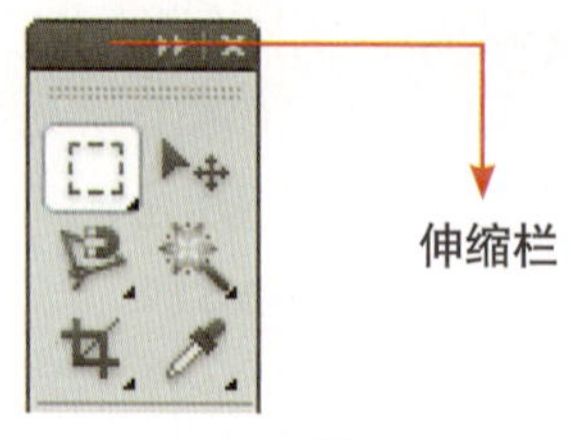

图2.11

当工具箱显示为双栏时，两个小“三角”形的显示方向为左侧，单击顶部的伸缩栏如图2.12所示，即可将工具箱转换为单栏显示状态。

单栏显示状态可以节省工作区中的空间，以利于用户进行图像处理；双栏显示状态能使工具箱中的工具集中显示，从而方便使用。

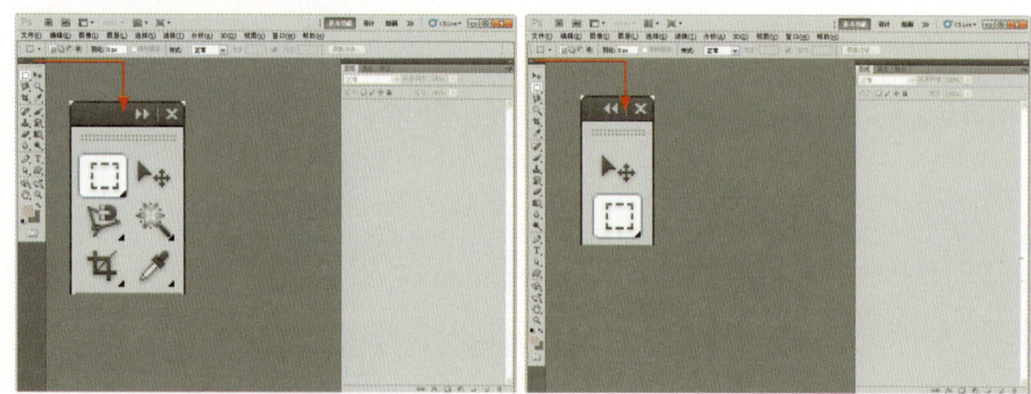

图2.12

2.5 工具选项条

工具选项条是工具箱中各个工具功能的延伸与扩展，通过适当设置工具选项条中的选项，不仅可以有效增加工具在使用时的灵活性，而且能够提高工作效率。

图2.13所示为激活“裁剪工具”后的工具选项条显示状态。

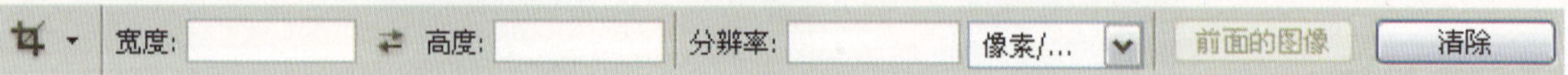

图2.13

Chapter 02 熟悉Photoshop CS5 软件界面

2.6 面板

利用Photoshop中的面板，可进行显示信息、控制图层、调整动作、控制历史记录等操作。面板是Photoshop中非常重要的组成部分。

2.6.1 了解Photoshop CS5中的24个面板

Photoshop CS5具有24个面板，每个面板都有其各自不同的功能。掌握各个面板的用法，就能够完成工作中大量的操作任务，从而提高工作效率。要显示这些面板，可以在“窗口”菜单中寻找相应的命令。

3D面板

3D面板中会显示每一个选中的3D图层中3D模型的网格、材质和光源，如图2.14所示。还可以在此对这些属性进行灵活的控制。

图2.15展示了分别单击“网格”按钮、“材质”按钮和“光源”按钮后3D面板的状态。

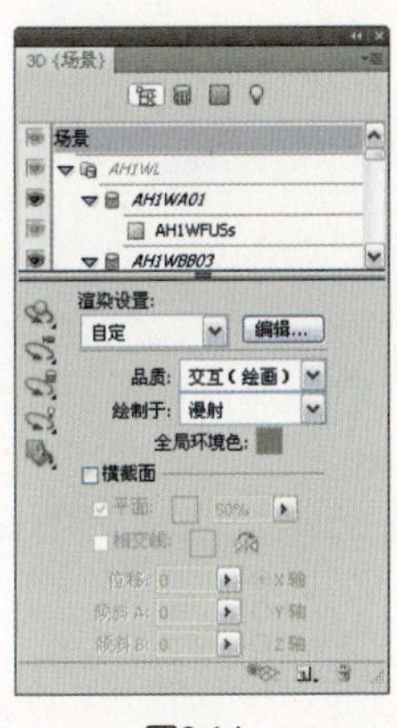

图2.14

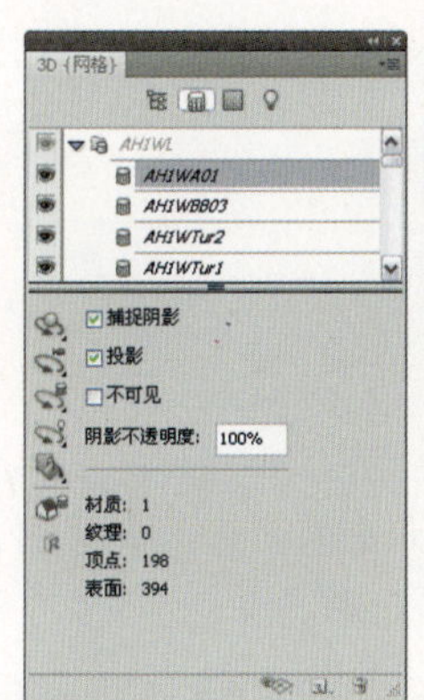

图2.15

“测量记录”面板

“测量记录”面板可以用来记录在图像中所进行的测量工作类型及测量结果，该面板的状态如图2.16所示。

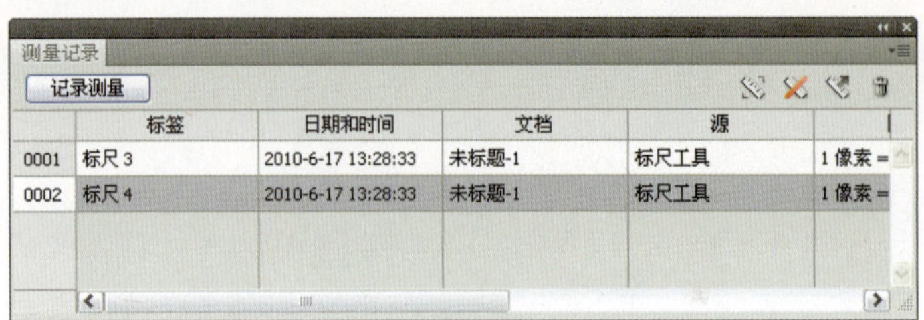

图2.16

“导航器”面板

利用“导航器”面板，可以快速放大、缩小图像的观察比例，而且可以移动图像的观察区域，如图2.17所示。但如果想要操作更为快捷，笔者建议使用相关快捷键。

“调整”面板

“调整”面板的作用就是在创建调整图层时，将不再通过调整对话框设置参数，而是转为在此面板中进行，如图2.18所示。

图2.17

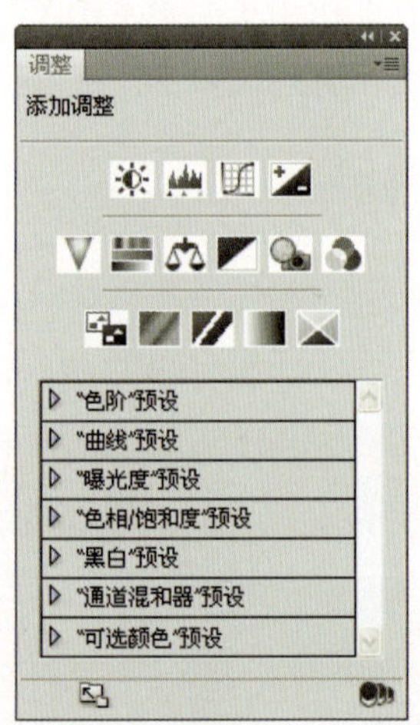

图2.18

“动画”面板

使用如图2.19所示的“动画”面板可以快速创建GIF动画，通过此功能，使用户不必切换至ImageReady软件中即可设计、输出GIF动画。

图2.19

“动作”面板

使用如图2.20所示的“动作”面板，能够保存、创建、编辑、删除动作，本书第17.1节将详细讲解如何使用“动作”面板提高操作效率。

“段落”面板

使用如图2.21所示的“段落”面板，能够控制文字的段落对齐状态及段间距等段落属性。关于此面板的详细使用方法，请参阅本书第14.4节。

“仿制源”面板

“仿制源”面板可以用来记录用户在使用图像修饰工具时所定义的源图像，以避免执行重复的定义源图像操作，该面板的状态如图2.22所示。

图2.20

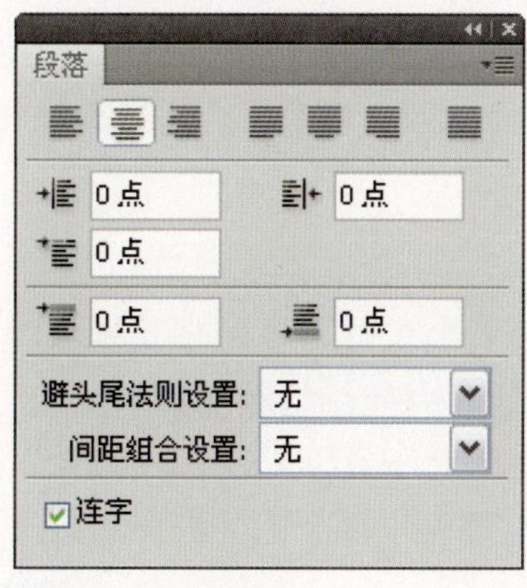

图2.21

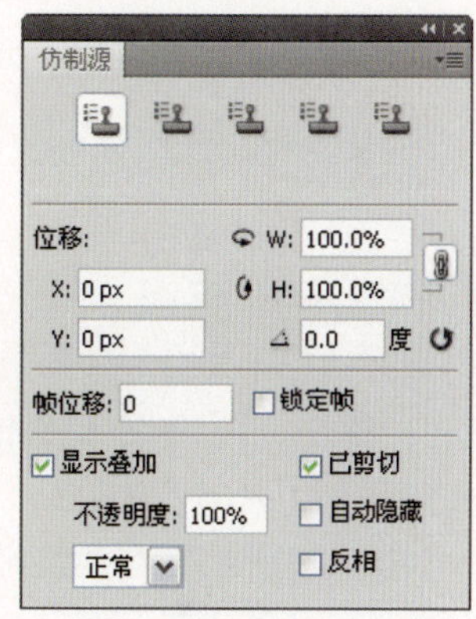

图2.22

“工具预设”面板

“工具预设”面板中保存了所有系统默认的以及用户自定义的预设工具。若要取得这些工具的预设，只需在如图2.23所示的面板中单击要调用预设的工具图标，即可将工具选项条改变为此工具所保存的预设值。

“画笔”面板

Photoshop中的许多工具都需要使用“画笔”面板，如图2.24所示。关于此面板的详细使用方法，可以参阅本书第8.3节。

“画笔预设”面板

“画笔预设”面板是Photoshop CS5中新增的一个面板，与上一版本相比，其大部分功能并没有什么特殊之处，无非就是将CS4版本中置于“画笔”面板中的预设管理功能剥离出来，形成一个独立的面板，如图2.25所示。

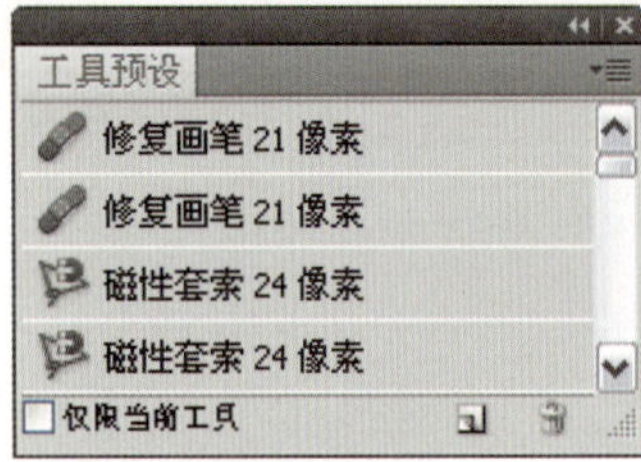

图2.23

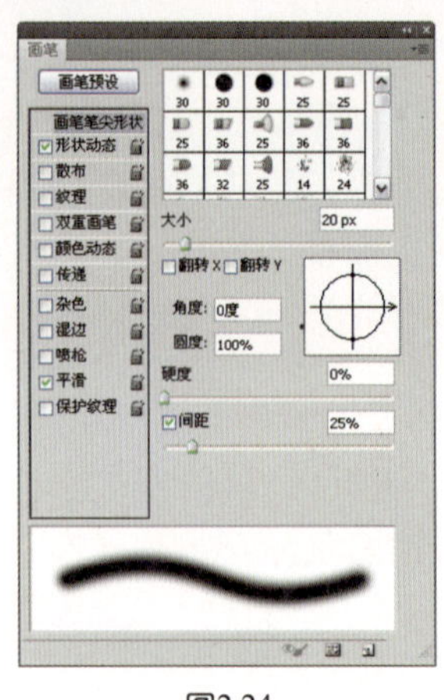

图2.24

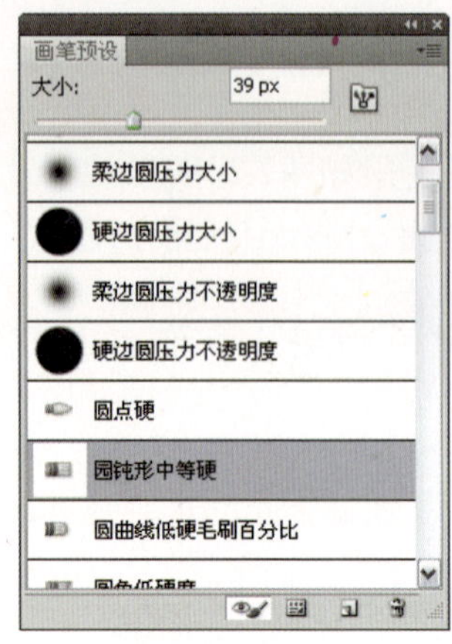

图2.25

“历史记录”面板

使用如图2.26所示的“历史记录”面板，可以清晰地观察到用户对图像操作的历史记录，并可以退回至某一个历史控制状态。如果配合历史画笔功能，能够使图像的局部退回至某一历史状态。

“路径”面板

使用路径可以制作精确的选区，并能够绘制复杂的矢量图形，路径的重要性与图层、通道相比虽然并不十分突出，但也绝对不可以忽视。“路径”面板用于保存、删除、复制路径，如图2.27所示。有关路径及“路径”面板的详细使用方法，请参考本书第9.3节。

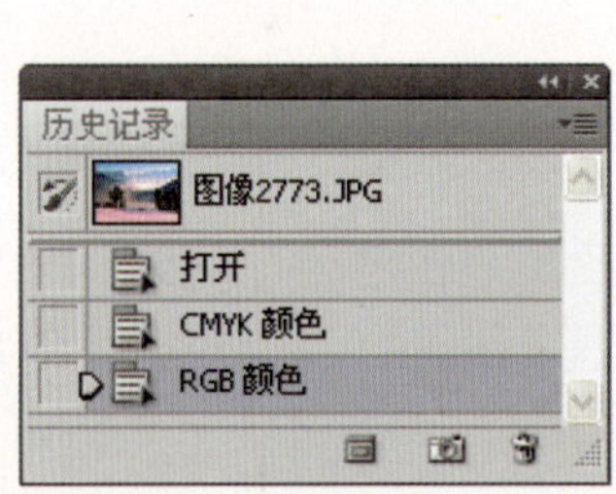

图2.26

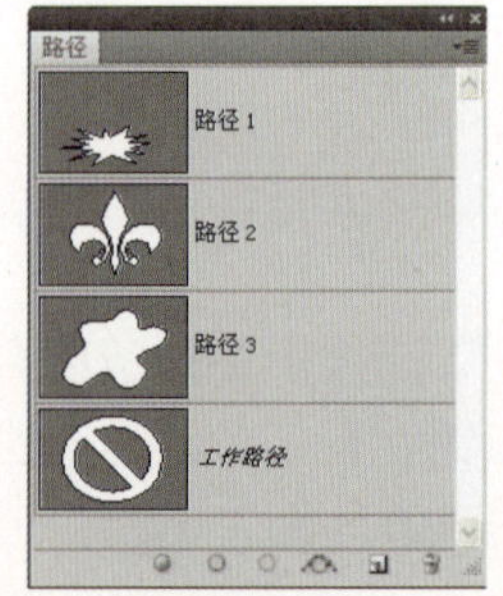

图2.27

“蒙版”面板

“蒙版”面板专用于对蒙版（主要指图层蒙版及矢量蒙版）进行控制，以便于我们修改其不透明度、羽化等属性。选择“窗口”|“蒙版”命令，弹出如图2.28所示的“蒙版”面板。

“色板”面板

使用“色板”面板，能够选择默认的颜色并保存自定义的颜色，如图2.29所示。

“通道”面板

“通道”面板用于保存图像的颜色信息及选择区域信息，与图层一样，通道也是Photoshop的几大精华功能之一，关于通道及其面板的详细介绍，可以参考本书的第13.2节。图2.30所示是打开一幅RGB图像所显示的“通道”面板。

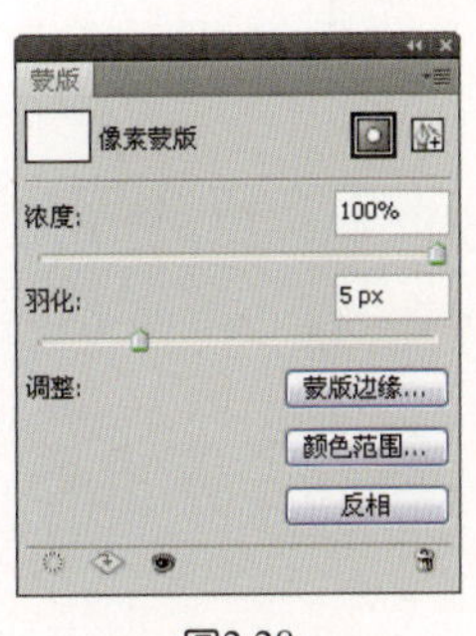

图2.28

图2.29

图2.30

“图层”面板

“图层”面板是Photoshop的精华功能之一，通过此面板几乎能够应用所有图层控制功能，作为重点内容，本书第10.2节对其进行了详细而深入的讲解。图2.31是一般情况下的“图层”面板。

“图层复合”面板

可以简单地将图层复合功能理解为“图层”面板状态的快照，此功能为用户展示使用Photoshop设计的作品提供了很大的方便。选择“窗口” | “图层复合”命令，可显示如图2.32所示的“图层复合”面板。

“信息”面板

“信息”面板能够为用户提供距离、角度及颜色信息，例如使用“测量工具”时，在此面板中将显示角度与距离，而使用“滴管工具”则显示精确的RGB或CMYK数值，其面板如图2.33所示。

图2.31

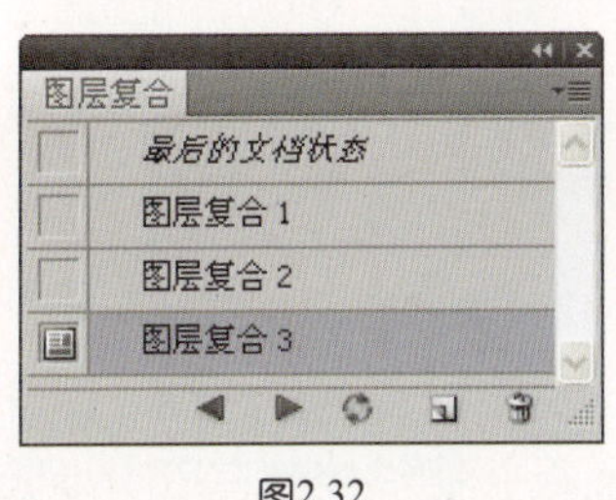

图2.32

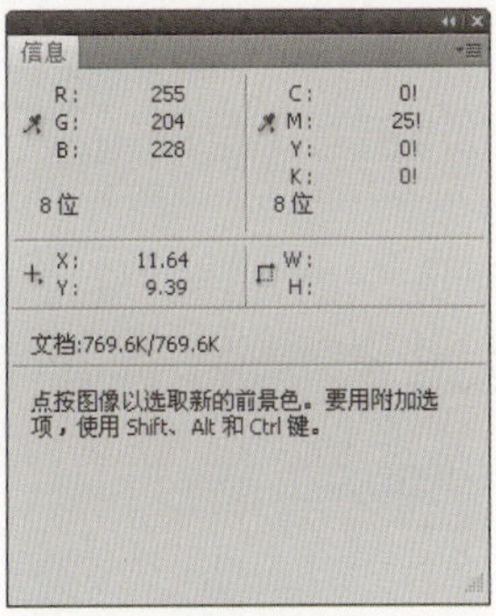

图2.33

“颜色”面板

使用“颜色”面板，可以非常方便地用数种颜色模式设置前景色和背景色，图2.34所示是两种颜色模式下的“颜色”面板。

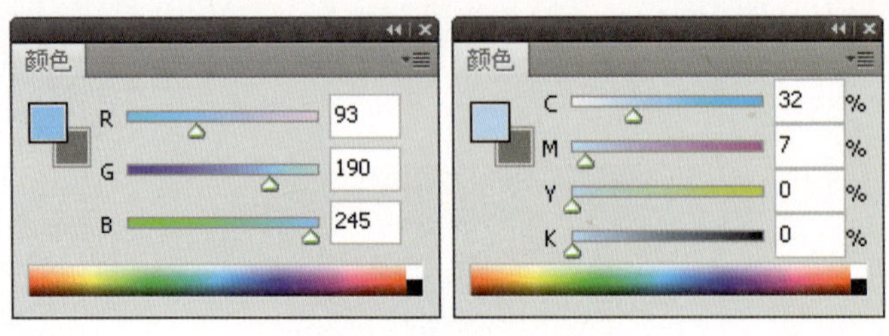

图2.34

“样式”面板

“样式”面板用于保存已完成设置的图层样式组，在此面板中单击任何一个样式，都可以为当前图层赋予样式所定义的效果，除了在此选择系统默认的样式类型，还可以保存自定义的样式，从而创建属于自己的样式库。“样式”面板如图2.35所示。

“直方图”面板

使用“直方图”面板可以让用户方便地观察图像中亮调、中间调以及暗调区域的分布情况，它以256条垂直线来显示图像的色调范围，这些线从左到右延伸，分别代表最暗到最亮的每一个色调，每条线的高度指示图像中该特殊色调有多少像素，该面板的状态如图2.36所示。

图2.35

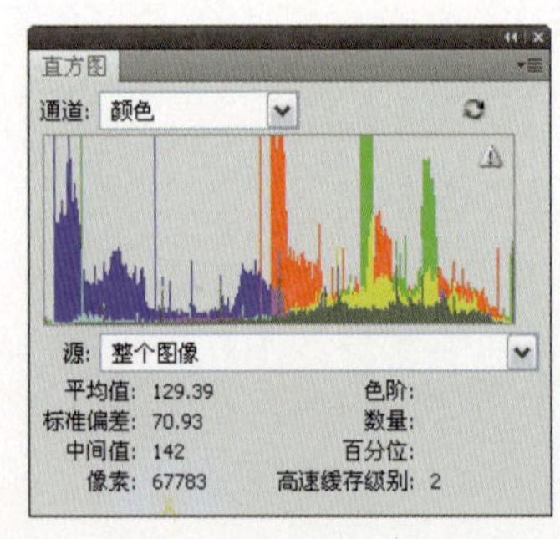

图2.36

“注释”面板

使用“注释工具”在图像中添加注释时，可在此面板中进行统一查看和编辑。选择“窗口”|“注释”命令，弹出如图2.37所示的“注释”面板。

“字符”面板

使用如图2.38所示的“字符”面板，能够控制在Photoshop中所输入文字的字体、字号、行距、字宽、字高等属性，关于此面板的详细的使用方法，可参阅本书第14.3节。

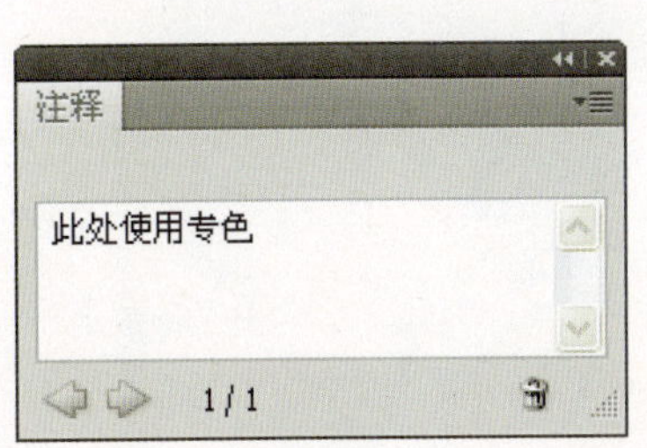

图2.37

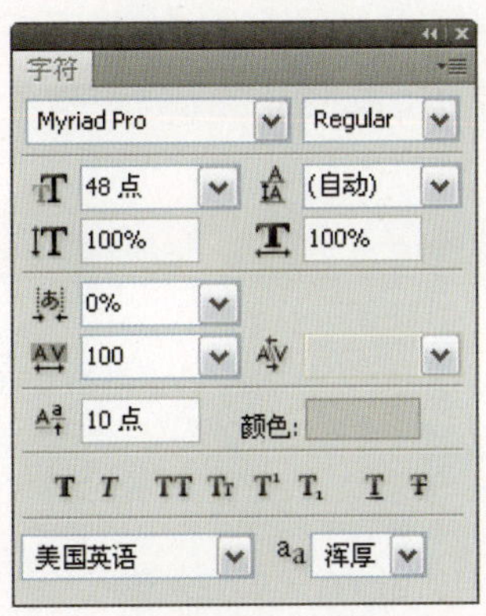

图2.38

2.6.2 收缩与扩展面板

与工具箱一样，面板也同样可以进行伸缩，这一功能大大增强了界面操作的灵活性。

对于最右侧已展开的一栏面板，单击其顶部的伸缩栏，可以将其收缩成为图标状态，如图2.39所示。反之，如果单击未展开的伸缩栏，则可以将该栏中的面板全部展开，如图2.40所示。

图2.39

图2.40

如果要切换至某个面板，可以直接单击其标签名称；如果要隐藏某个已经显示出来的面板，则可以双击其标签名称。

展开所有的面板后可以看出，虽然右侧罗列了很多个面板，但却被很规则地分为两栏，这也是Photoshop默认情况下的面板栏数量。当然，如果有需要，也可以再增加更多个面板栏，这将在后面的章节中进行讲解。

2.6.3 设置面板栏的宽度

无论是展开或未展开的面板栏，都可以对其宽度进行调整。方法就是将鼠标指针置于某个面板伸缩栏左侧的边缘位置上，此时鼠标指针变为↔形状，如图2.41所示。

向左侧拖动，即可增加本栏面板的宽度，如图2.42所示，反之则减少宽度。

图2.41

图2.42

受面板装载内容的限制，每个面板都有其最小的宽度设定值，当面板栏中的某个面板已经达到最小宽度值时，该栏宽度将无法再减少。

2.6.4 拆分面板

当要单独拆分出一个面板时，可以选中对应的图标或标签并按住鼠标左键，然后将其拖动至工作区中的空白位置，如图2.43所示。如图2.44所示就是被单独拆分出来的面板。

图2.43

图2.44

2.6.5 组合面板

组合面板可以将两个或多个面板合并到一个面板中，当需要调用其中某个面板时，只需单击其标签名称即可，否则，如果每个面板都单独占用一个窗口，用于进行图像操作的空间就会大大减少，甚至会影响到正常的工作。

要组合面板，可以拖动位于外部的面板标签至想要的位置，直至该位置出现蓝色反光时，如图2.45所示，释放鼠标左键后，即可完成面板的拼合操作，如图2.46所示。通过组合面板的操作，用户可以将软件的操作界面布置成自己习惯或喜爱的状态，从而提高工作效率。

图2.45

图2.46

2.6.6 创建新的面板栏

除了Photoshop默认的面板外，也可以根据自己的需要增加更多栏，操作方法如下。

首先，拖动一个面板至原有面板栏的最左侧边缘位置，其边缘会出现灰蓝相间的高光显示条，如图2.47所示，释放鼠标即可创建一个新的面板栏，如图2.48所示。

图2.47

图2.48

2.6.7 面板弹出菜单

每一个面板除了窗口中显示的参数选项外，单击其右上角的面板按钮▾☰，即可弹出面板的命令菜单，如图2.49所示。利用这些命令，可增强面板的功能。

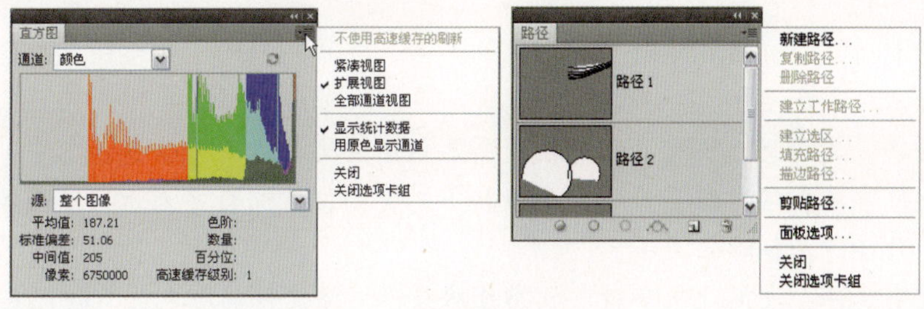

图2.49

2.6.8 隐藏/显示面板

在Photoshop中，按Tab键可以隐藏工具箱及所有已显示的面板，再次按Tab键可以全部显示。如果仅隐藏所有面板，则可按Shift+Tab键；同样，再次按Shift+Tab键可以全部显示。

2.7 状态栏

状态栏位于窗口最底部，如图2.50所示。它能够提供当前文件的显示比例、文件大小、内存使用率、操作运行时间、当前工具等提示信息。

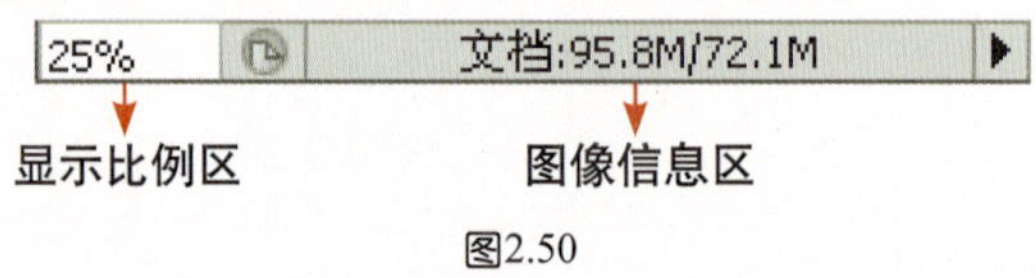

图2.50

2.7.1 显示比例区

在显示比例区的文本框中输入数值，可改变图像窗口的显示比例。例如，图2.51表示图像的显示大小为原图的66.67%。

图2.51

2.7.2 图像信息区

状态栏的中间部分可显示图像文件信息的区域，在其右边的三角按钮上按住鼠标左键不放，可显示如图2.52所示的信息分类菜单。

- 文档大小：选用此选项时，状态栏中将显示图像文件大小的信息。其中，左侧的数字表示图像在不含任何图层和通道等数据下的大小，右侧数字表示当前图像包含图层、通道、路径等数据时的大小。
- 文档配置文件：选用此选项时，状态栏将显示图像文件的颜色配置情况。

- 文档尺寸：选用此选项时，状态栏将显示图像文件的大小尺寸。
- 暂存盘大小：选用此选项时，状态栏将显示当前图像的虚拟内存大小。右侧数字代表当前计算机中可供给Photoshop使用的内存大小，左侧数字则代表当前图像所占内存空间。
- 效率：选用此选项时，状态栏将显示代表Photoshop工作效率的百分数，此数值低于100%，表示Photoshop正在使用虚拟内存。
- 计时：选用此选项时，状态栏将显示执行上一次操作所消耗的时间。
- 当前工具：选择此选项时，状态栏将显示当前正在使用的工具名称。

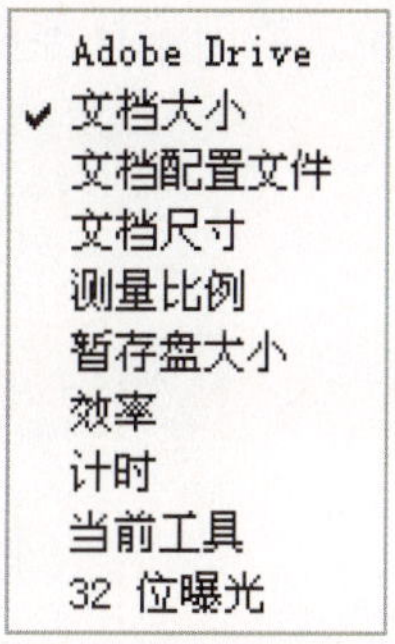

Adobe Drive
✔ 文档大小
文档配置文件
文档尺寸
测量比例
暂存盘大小
效率
计时
当前工具
32 位曝光

图2.52

Chapter 02　熟悉Photoshop CS5 软件界面

2.8 当前操作的图像

当前操作的图像为将要或正在用Photoshop进行处理的对象。

2.8.1 显示方法

只打开一幅图像文件时，它总是被默认为当前操作的图像；打开多幅图像时，如果要将某个图像文件激活为当前操作的对象，则可以执行下面的操作之一。

- 在图像文件的标题栏或图像上单击即可切换至该图像，并将其设置为当前操作的图像。
- 按Ctrl+Tab键可以在各个图像文件之间进行切换，并将其激活为当前操作的图像，但该操作的缺点就是在图像文件较多时，操作起来较为烦琐。
- 选择“窗口”菜单命令，在菜单的底部将出现当前打开的所有图像的名称，此时选择需要激活的图像文件名称，即可将其设置为当前操作的图像。

2.8.2 管理方法

在Photoshop CS5中，是以选项卡的形式排列当前打开的文件，其优点在于让用户在打开多个图像后能够一目了然，并快速通过单击所打开的图像文件的选项卡名称将其选中。

如果打开了多个图像文件，可以单击选项卡式文档窗口右上方的展开按钮，在弹出的下拉列表中选择要操作的文件，如图2.53所示。

图2.53

TIP

按Ctrl+Tab键，可以在当前打开的所有图像文件中从左向右依次进行切换；如果按Ctrl+Shift+Tab键，可以逆向切换这些图像文件。

使用这种选项卡式文档窗口管理图像文件，可以使用户进行如下各项操作，以更加快捷、方便地对图像文件进行管理。

- 改变图像的顺序：用鼠标点按住某图像文件的选项卡不放，将其拖动至一个新的位置再释放，可以改变该图像文件在选项卡中的顺序。
- 取消图像文件的叠放状态：用鼠标点按住某图像文件的选项卡不放，将其从选项卡中拖出来，如图2.54所示，可以取消该图像文件的叠放状态，使其成为一个独立的窗口，如图2.55所示。再次点按图像文件的名称，将其拖回选项组，可以使其重回叠放状态。

图2.54

图2.55

Chapter 03

文件基础操作

在使用Photoshop进行图像处理或者绘画的过程中，首先面临的问题是对图像文件的基础操作，例如，通过“新建”命令可以创建一个新的图像文件，再进行绘制或者其他处理；也可以使用“打开”命令打开以前的图像继续进行编辑；使用“保存”命令保存新文件或者保存对老文件所做的修改等。

本章将详细讲解新建图像、打开图像、保存图像等基础操作，以及使用Adobe Bridge浏览及管理图片的方法。

3.1 图像文件基本操作

3.1.1 创建新图像文件

这是Photoshop默认的创建新文件的方式。选择“文件”|“新建”命令，可以直接打开“新建”对话框，如图3.1所示。

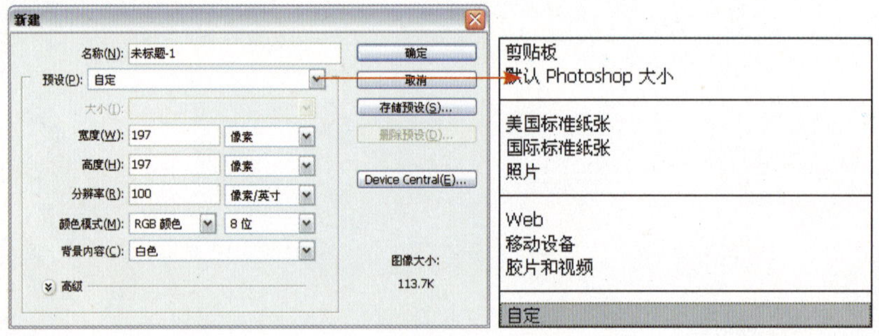

图3.1

- 预设：在此下拉列表中已经预设好了创建文件的常用尺寸，以方便用户操作。
- 宽度/高度：在此输入新文件所需的宽度/高度，并在其后面的下拉列表中为宽度尺寸选择单位。
- 分辨率：根据新文件图像的用途设置合适的分辨率值，并选择合适的单位。通常情况下，用于计算机屏幕显示用72dpi，用于报纸类纸质品印刷用125dpi，用于精细印刷品用300dpi。
- 颜色模式：在此下拉列表中选择新文件的颜色模式，其中有RGB、CMYK和灰度。通常情况下，用于计算机观看选择RGB模式，用于印刷选择CMYK模式，特殊情况用灰度模式。
- 背景内容：即新文件画布的颜色。默认为白色，也可以在下拉列表中选择另外的颜色。

TIP

如果在新建文件之前曾执行“拷贝”操作，则对话框中的宽度及高度数值自动匹配所拷贝的图像的高度与宽度尺寸。

TIP

如果执行“拷贝”操作而又不希望此对话框自动匹配所拷贝图像的高度与宽度尺寸，可以选择“文件”|“新建”命令时按住Alt键，此时Photoshop将自动使用上一次创建新图像文件时使用的图像文件尺寸。

许多初学者在绘图时会发现自己使用拾色器设置了许多丰富的色彩，然而却无法使用或者说无法填充，如图3.2所示。事实上并不是软件出现了问题或初学者在设置色彩的时候出现了问题，而是要仔细检查一下新建文件时所选择的色彩模式，极有可能“颜色模式”选项被设置成了“灰度”模式。

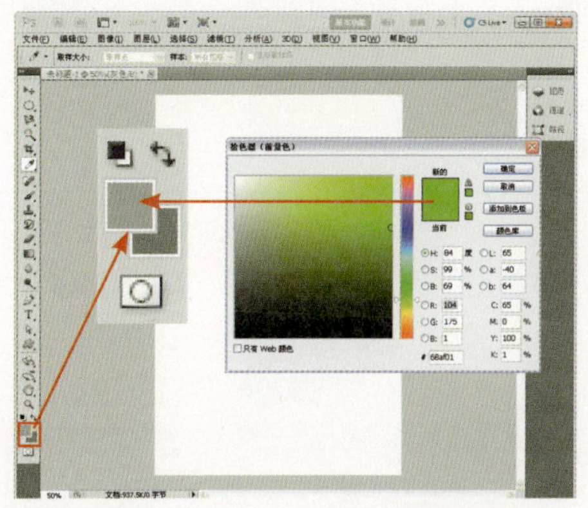

模式为“灰度”时选择前景色的状态

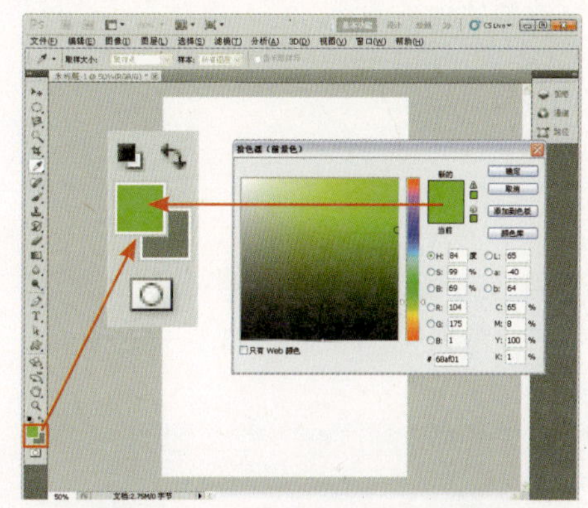

模式为“RGB”时选择前景色的状态

图3.2

有些初学者在刚刚一开始绘图的时候，就发现系统弹出如图3.3所示的提示对话框，这时候不要盲目地认为是电脑的问题，应该仔细检查所新建的文件宽度和高度的单位与数值是否恰当，通常应该以“像素”为单位，而许多初学者习惯性地使用了“厘米”，那么这样两种不同单位的文件即使数值大小相同，差距却非常大，从而导致机器出现“暂存盘已满”这样的提示。

其实初学者可以注意一下，如果新建的文件已经在电脑上以几乎全屏的状态显示了，但其显示比例仍然只有5%或者更小的比例，如图3.4所示，这就说明了该文件其实是相当大，那么就要重新回到“新建”对话框去找原因了。如图3.5展示的“新建”对话框就是一个练习中创建错误大小文件的典型实例，使用图中的数值所创建的文件将有200多MB，对于练习而言很显然太大了。

图3.3

图3.4

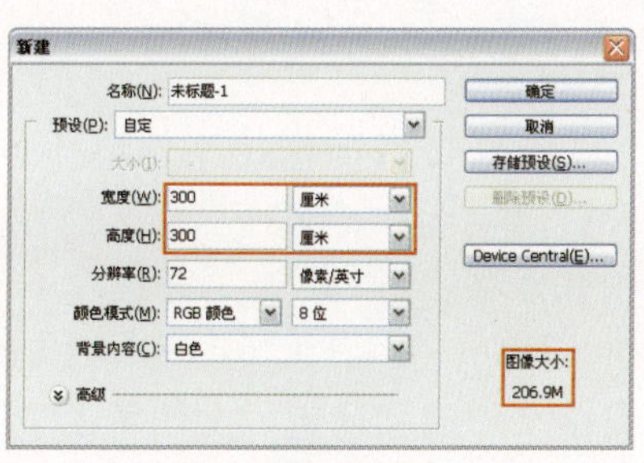

图3.5

3.1.2 直接保存图像文件

若想要保存当前操作的文件，选择“文件”|“储存”命令，弹出如图3.6所示的“存储为”对话框。

TIP

只有当前操作的文件具有通道、图层、路径、专色、注解，只有在“格式”下拉列表中选择支持保存这些信息的文件格式时，对话框中的“Alpha通道”、“图层”、“注解”、“专色”选项才会被激活，可以根据需要选择是否需要保存这些信息。否则“存储为”对话框将如图3.7所示。

TIP

另外提醒各位读者注意养成随时保存文件的好习惯，仅是举手之劳，但在很多时候可能挽回不必要的损失，此操作的快捷键是Ctrl+S。

图3.6

图3.7

3.1.3 另存图像文件

若要将当前操作文件以不同的格式、或不同名称、或不同存储“路径”再保存一份，可以选择“文件”|“存储为”命令，在弹出的“存储为”对话框中根据需要更改选项并保存。

例如，要将Photoshop中制作的产品宣传册通过电子邮件给客户看小样，因其结构复杂、有多个图层和通道，文件所占空间很大，通过E-mail很可能传送不过去，此时，就可以将PSD格式的原稿另存为JPEG格式的副本，让客户能及时又准确地看到宣传册效果。

初学者在直接打开图片并对其进行修改的时候，最好能在第一时间先对其使用“另存为”命令，并在后面的操作过程中随时保存。这样做既可以保存我们的操作，又不会覆盖素材原文件。

3.1.4 关闭图像文件

按理说关闭文件应该是最简单的操作，直接单击图像窗口右上角的关闭图标，或选择“文件”|“关闭”命令，或直接按Ctrl+W键即可。

但对于Photoshop这样的图像处理软件来说，关闭文件即表示确认了图像效果，这样不可以再使用“历史记录”面板或按Ctrl+Z键查看前面的操作步骤了，因此，关闭前要确定是自己所要的效果。

对于操作完成后没有保存的图像，执行关闭文件操作后，会弹出提示框，询问用户是否需要保存，可以根据需要选择其中一个选项。

另外，除了关闭文件外，还有“文件”|“退出”这样一个命令，此命令不仅会关闭图像文件，同时将退出Photoshop软件系统。也可以直接使用快捷键Ctrl+Q退出。

3.1.5 打开图像文件

要在Photoshop中打开图像文件时，可以按照下面的方法操作。

- 选择“文件”|“打开”命令。
- 按Ctrl+O键。
- 双击Photoshop操作空间的空白处。

使用以上3种方法，都可以在弹出的对话框中选择要打开的图像文件，然后单击“打开”按钮即可。

另外，直接将要打开的图像拖至Photoshop工作界面中也可以打开，但需要注意的是，从Photoshop CS5开始，必须置于当前图像窗口以外，如菜单区域、面板区域或软件的空白位置等，如果置于当前图像的窗口内，会创建为智能对象。

3.1.6 导入与导出图像

“文件”|“导入”命令的子菜单如图3.8所示，在此处选择不同的命令，可以导入不同的操作对象，如视频帧、注释等。

“文件”|“导出”命令的子菜单如图3.9所示，在此处选择不同的命令，可以导出不同的操作对象，如可以导出当前图像中的路径至Illustrator中，如果要将编辑好的视频导出成为可播放的文件，也可以在此处选择“渲染视频”命令完成。

变量数据组(V)...
视频帧到图层(F)...
注释(N)...
WIA 支持...

图3.8

数据组作为文件(D)...
Zoomify...
将视频预览发送到设备
路径到 Illustrator...
视频预览
渲染视频...

图3.9

3.2 观察图像与图像导航控制

3.2.1 放大镜工具

选择工具箱中的“放大镜工具”，在当前图像文件中单击，即可增加图像的显示倍率，按住Alt键，利用“放大镜工具”在图像中单击，图像文件的显示倍率被缩小。

在Photoshop CS5中，选中缩放工具选项条上的“细微缩放”复选框，此时使用“缩放工具”在画布中向左侧拖动，即可缩小显示比例，而向右侧拖动即可放大显示比例，这是一项非常方便的功能。

另外，在没有选择“细微缩放”复选框的情况下，如果使用“放大镜工具”在图像文件中拖动出一个矩形框，则矩形框中的图像部分将被放大显示在整个画布的中间，如图3.10所示。

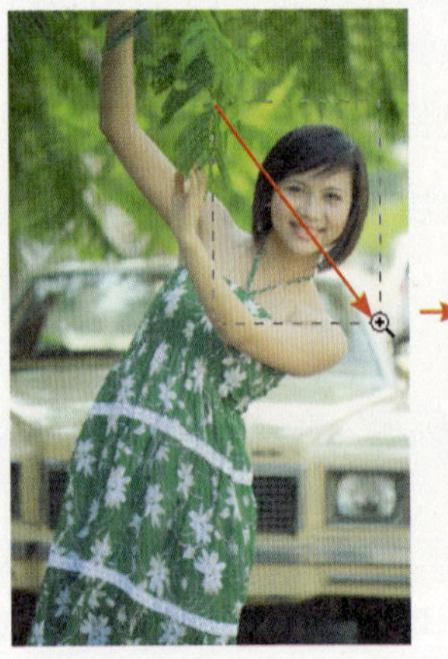

图3.10

3.2.2 缩放命令

选择“视图”|“放大”命令，可增大当前图像的显示倍率。

选择“视图”|“缩小”命令，可缩小当前图像的显示倍率。

选择“视图”|“按屏幕大小缩放”命令，可满屏显示当前图像。

选择“视图”|“实际像素”命令，当前图像以100%倍率显示。

3.2.3 快捷键

配合以下快捷键，可以更快速地完成对图像显示比例的放大与缩小操作。

- 按Ctrl+“+”键可以放大图像的显示比例。
- 按Ctrl+“-”键可以缩小图像的显示比例。
- 在按Ctrl+“+”或“-”键缩放图像显示比例时，如果同时按下Alt键，可以使画布与窗口同时缩放。
- 双击“抓手工具”或者按Ctrl+0键，可以按屏幕大小进行缩放。
- 双击“缩放工具”、按Ctrl+Alt+0键或按Ctrl+1键，可以快速切换至100%的显示比例。
- 按Ctrl +空格键，可切换到“缩放工具”的放大模式。
- 按Alt +空格键，切换到“缩放工具”的缩小模式。

3.2.4 “导航器”面板

执行“窗口”|“导航器”命令，弹出“导航器”面板，其中显示有当前图像文件的缩览图，如图3.11所示。利用此面板，可以非常直观地控制图像的显示状态。例如，放大图像的显示比例或者缩小图像的显示比例等。

图3.11

拖动“导航器”面板下方的滑块，其左侧的数值将发生变化，当前图像的显示状态也会发生变化。向左拖动滑块，可以减小图像的显示比例；向右拖动滑块，可以放大图像的显示比例。单击左侧的按钮，可缩小图像的显示比例；单击右侧的按钮，可放大图像的显示比例。

3.2.5 抓手工具

如果放大后的图像大于画布的尺寸，或图像的显示状态大于当前的视屏，可以用“抓手工具”在画布中拖动，以观察图像的各个位置。

在使用其他工具时，按住键盘上的空格键，可暂时将其他的工具切换为“抓手工具”（“文字工具”除外）。

Chapter 03 文件基础操作

3.3 使用命令进行快速纠错

在“编辑”菜单中提供了一些快速纠错的命令，可帮助用户轻松完成撤销和还原等操作。

在执行某一错误操作后，如果要返回这一错误操作步骤之前的状态，可以选择“编辑”|“还原”命令。如果在后退之后，又需要重新执行这一命令，则可以选择“编辑”|“重做”命令。

用户不仅能够回退或重做一个操作，如果连续选择“后退一步”命令，还可以连续向前回退，如果在连续执行“编辑”|“后退一步”命令后，再连续选择“编辑”|“前进一步”命令，则可以连续重新执行已经回退的操作。

Chapter 03 文件基础操作

3.4 使用“历史记录”面板进行纠错

使用“编辑”菜单中的“还原”、“后退一步”和“前进一步”命令，可以在上一步、下一步或连续操作步骤内实现向前或向后的转换，这与Word、Illustrator等大多数软件相同。但在Photoshop中，可以利用“历史记录”面板，更为直观地执行回退或前进操作。

选择“窗口”|“历史记录”命令，可以打开如图3.12所示的“历史记录”面板。

“历史记录”面板中记录着当前图像的所有可记录操作步骤，从而为后退一步或前进一步操作提供了直观的视觉依据。例如，对于图3.12中所展示的面板而言，可以非常直观地看到在当前图像被打开后，执行了绘制渐变、用铅笔绘图以及修补图像等多步操作。

下面分别对“历史记录”面板及其相关的操作进行讲解。

图3.12

3.4.1 使用面板执行回退操作

在进行一系列操作后，如果需要后退至某一个历史状态，则直接在历史记录列表区中单击该历史记录的名称，即可使图像的操作状态返回至此，此时在所选历史记录后面的操作都将灰度显示。例如，要回退至“混合选项”的状态，可以直接在此面板中单击“混合选项”历史记录，如图3.13所示。

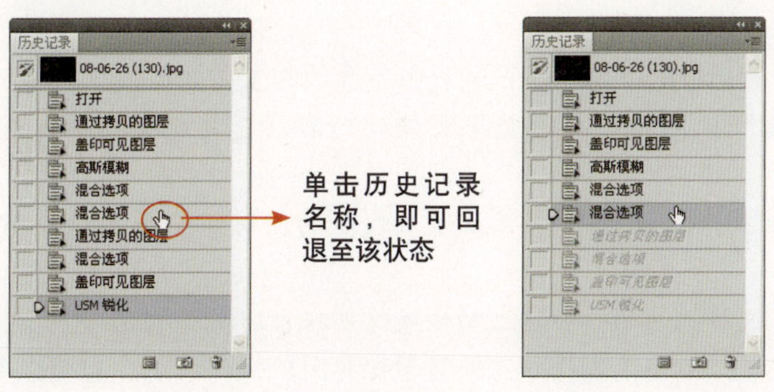

图3.13

3.4.2 修改历史记录的步骤数

默认状态下，“历史记录”面板只记录最近20步的操作，要改变记录步骤，可选择“编辑”|“首选项”|“性能”命令或按Ctrl+K键，在弹出的“首选项”对话框中改变默认参数值，如图3.14所示。

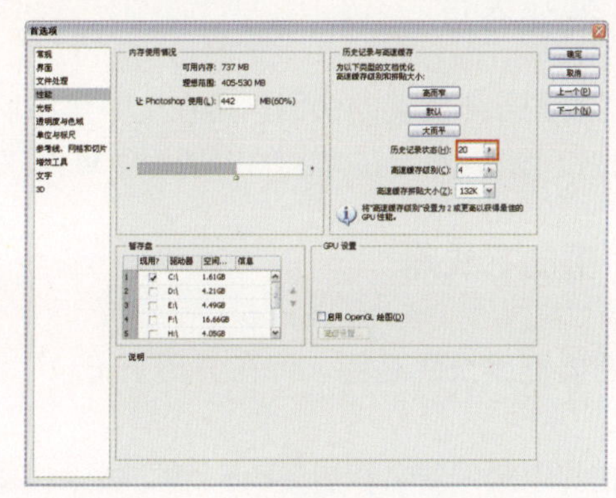

图3.14

3.4.3 快照功能

除了直接利用“历史记录”面板的回退功能外，“快照”也是一项常用功能。

使用快照功能，用户可以在编辑图像的过程中，将某一操作状态保存起来，以方便在需要时进行恢复，快照能够保存的当前状态包括选区、图层、通道、路径等各种信息。

建立快照

要建立快照，只需单击“历史记录”面板底部的“创建新快照”按钮，即可按照默认状态创建一个新的快照，或者按住Alt键单击“创建新快照”按钮，设置如图3.15所示的对话框后，单击“确定”按钮，即可创建一个新快照。

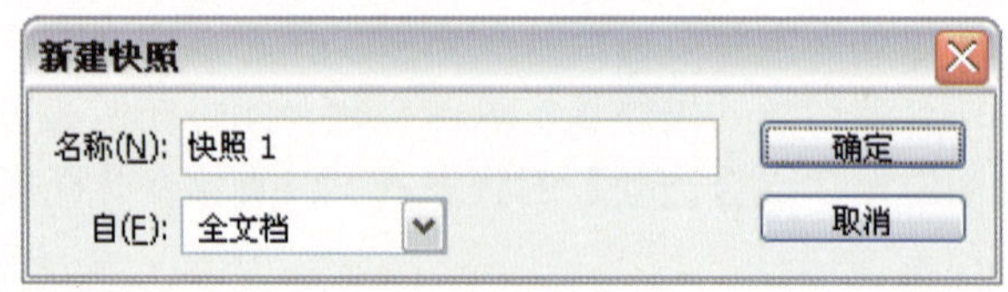

图3.15

“新建快照”对话框的“自”下拉列表中各选项的含义如下。

- 全文档：选择此选项，将为整个文件的内容（包括所有图层、通道、路径）建立快照。
- 合并的图层：选择此选项，将在建立快照的同时，合并图像中除隐藏图层外的所有层。
- 当前图层：选择此选项，所建立的快照仅包括当前图层的状态。

使用快照不仅可以从当前操作状态恢复至保存时的操作状态，也可以更容易地对比不同操作状态下的图像差异。

用户只需要将图像的不同效果保存为不同的快照，并在这些快照之间相互切换，就可以查看不同操作状态下图像的差异了。

删除快照

若要删除不需要的快照，可在选中快照后，单击“历史记录”面板底部的“删除当前状态”按钮，然后在弹出的对话框中单击“是”按钮。

重命名快照

若要更改快照名称，可在“历史记录”面板中双击要改名的快照，名称处即显示为文本框。

在其中输入新名称后按Enter键，或单击文本框以外的其他任意地方即可。

Chapter 03 文件基础操作

3.5 使用Adobe Bridge

3.5.1 选择文件夹进行浏览

若要查看某一文件夹，可以在如图3.16所示的“文件夹”面板中单击要浏览的文件夹所在的盘符，并在其中找到要查看的文件夹，这一操作与使用Windows的资源浏览器相似。

与使用“文件夹”面板一样，也可以使用“收藏夹”面板浏览某些文件夹中的图片，在默认情况下，“收藏夹”面板中仅有“我的电脑”、“桌面”、“My Documents”等几个文件夹，但可以通过下面所讲述的操作步骤，将自己常用的文件夹保存在“收藏夹”面板中。

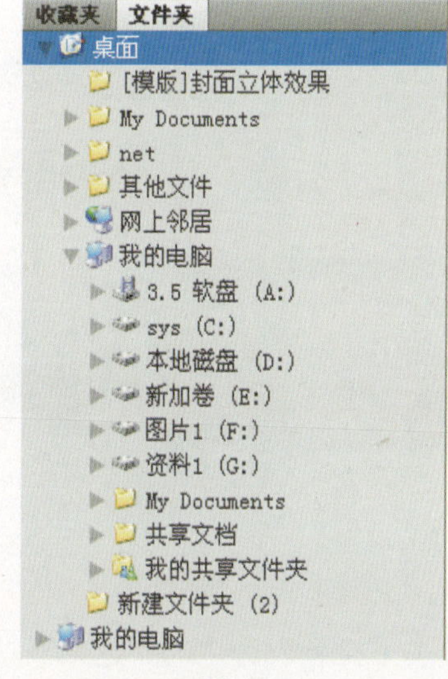

图3.16

1 选择“窗口”|“文件夹面板”命令，显示“文件夹”面板；选择“窗口”|“收藏夹面板”命令，显示“收藏夹”面板。

2 通过拖动“文件夹”面板的名称，使其在窗口中与“收藏夹”面板上下摆放，如图3.17所示。

3 在“文件夹”面板中选择要保存在“收藏夹”面板中的文件夹。

4 将被选择的文件夹直接拖动至“收藏夹”面板中，直至出现一个粗直线，如图3.18所示。

5 在“收藏夹”面板中可看到上一步操作拖动的文件夹，这样就能够直接在该面板中快速选中常用的文件夹了，如图3.19所示。

TIP

如果要从“收藏夹”面板中去除某一个文件夹，可以在其名称上右击，在弹出的快捷菜单中选择“从收藏夹中移去”命令。

除上述方法外，还可以在窗口上方单击下拉列表按钮，然后在弹出的下拉列表中选择“收藏夹”面板中的文件夹与最近访问过的文件夹，如图3.20所示。

图3.17

图3.18

图3.19

图3.20

单击下拉列表旁边的“返回”按钮或“前进”按钮，如果单击“转到父文件夹或收藏夹”按钮，可以在菜单中选择并访问当前文件夹的父级文件夹。

3.5.2 改变Adobe Bridge窗口显示状态

Bridge提供了多种窗口显示方式，以适用不同的工作状态，例如可以在查找图片时采取能够显示大量图片的窗口显示方式，在观赏图片时采用适宜展示图片的幻灯片显示状态。

要改变Adobe Bridge CS5的窗口显示状态，可以在窗口的上部单击用于控制显示模式的按钮 必要项 胶片 元数据 输出 关键字 预览 看片台 文件夹 。图3.21展示了4种不同的窗口显示状态。

预览模式

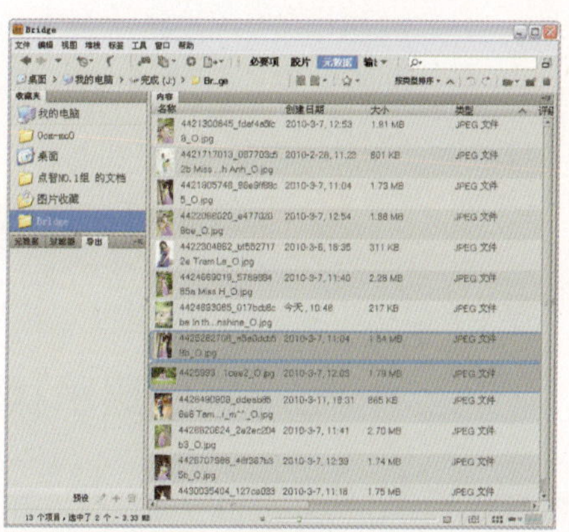
元数据模式

输出模式

看片台模式

图3.21

3.5.3 改变图片预览模式

选择“视图”菜单下的命令，可以改变图片的预览状态。图3.22所示为选择“视图”|“全屏预览”命令时图片的预览效果；选择“视图”|“审阅模式”命令，可以获得类似于3D式的图片预览效果，如图3.23所示。

图3.22

图3.23

TIP

进入全屏、幻灯片或审阅模式状态后，可以按H键显示操作帮助信息，要退出显示模式可以按Esc键。

3.5.4 改变“内容”窗口显示状态

在窗口右下角直接单击相应的按钮，即可使Bridge改变“内容”窗口显示状态。图3.24所示为分别单击这4个按钮后的显示状态。

网络显示模式

缩览图模式

详细信息模式

列表显示模式

图3.24

3.5.5 修改缩览图的大小

要改变“内容”窗口的缩览图尺寸，可拖动窗口下方的滑块。图3.25所示为不同的滑块位置改变缩览图尺寸的状态。

图3.25

3.5.6 对文件进行排序显示的方法

在预览某一文件夹中的图像文件时，Bridge CS5可以按照多种模式对这些图像文件进行排序显示，从而使浏览者快速找到自己需要的图像文件。

要为文件排序，可以在Bridge CS5窗口的右上方单击下三角按钮，在弹出的菜单中选择一种适当的排序方式，如图3.26所示。

图3.26

单击“按类型排序”选项右侧的向下箭头按钮，可以降序排列文件；单击向上箭头按钮，可以升序排列文件。

3.5.7 查看照片元数据

使用Bridge CS5可以轻松查看数码照片的拍摄数据，这对于希望通过拍摄元数据学习摄影的爱好者而言很有帮助。图3.27所示为笔者分别选择不同照片时显示的拍摄元数据，通过此面板，可以清晰地了解到该照片在拍摄时所采用的光圈、快门时间、白平衡及ISO数据。

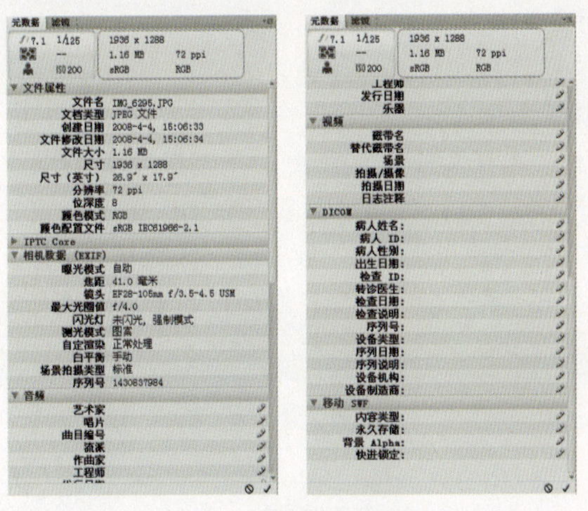

图3.27

3.5.8 在Photoshop或Camera RAW中打开图片

将Adobe Bridge中的图片导入到Photoshop中，可以使用以下几种方法中的一种。

- 直接在Adobe Bridge中双击图片。
- 将图片从Adobe Bridge拖至Photoshop中。
- 在图片上右击，在弹出的快捷菜单中选择“打开”命令。
- 如果希望在Camera RAW中打开照片（无论此照片是否是RAW格式），可以选择照片，在对话框顶部单击按钮，或者在照片上右击，在弹出的快捷菜单中选择“在Camera RAW中打开”命令。

3.5.9 管理文件

在某些方面，用户可以像使用Windows的资源管理器那样使用Adobe Bridge管理文件，例如，可以很容易地拖放文件、在文件夹之间移动文件、复制文件。

下面分别讲解不同操作的具体方法。

- 复制文件：选择文件，然后选择“编辑”|“复制”命令，也可以选择“文件”|“复制到”级联菜单中的命令，将当前选中的图像复制到指定的位置。
- 粘贴文件：选择“编辑”|“粘贴”命令。
- 将文件移动到另一个文件夹：选择文件，然后将该文件拖移到另一个文件夹中。
- 重命名文件：单击文件名称，键入新名称，并按 Enter 键。
- 将文件置入应用程序：选择文件，然后选择“文件”|“置入”级联菜单中的应用程序名称。
- 将文件从Bridge中拖出：选择文件，然后将其拖移到桌面上或另一个文件夹中，则该文件会被复制到桌面或该文件夹中。
- 将文件拖入Bridge中：在桌面上、文件夹中，或支持拖放的另一个应用程序中，选择一个或多个文件，然后将其拖到Bridge显示窗口中，则这些文件会从当前文件夹移动到Bridge中显示的文件夹中。
- 删除文件或文件夹：选择文件或文件夹，并单击“删除项目”按钮，或在文件上右击，在弹出的快捷菜单中选择“删除”命令。
- 复制文件和文件夹：选择文件或文件夹，并选择“编辑”|“复制”命令，或者按住Ctrl 键并拖动文件或文件夹，将其移至另一个文件夹。
- 创建新文件夹：单击“创建新文件夹”按钮，或选择“文件”|“新建文件夹”命令。
- 打开最新使用的文件：单击按钮，在弹出的菜单中进行选择。

3.5.10 旋转图片

可直接在Adobe Bridge中对图像进行旋转操作，单击窗口上方的或按钮，即可将图像按顺时针或逆时针方向旋转90°。

图3.28所示为旋转前的状态，图3.29所示为旋转后的状态。

图3.28

图3.29

3.5.11 标记文件

Bridge的实用功能之一是使用颜色标记文件，采用这种方法对文件进行标记后，可以使文件显示为某一种特定的颜色，从而直接区别不同的文件。

图3.30所示为经过标记后的文件，可以看出经过标记后，不同的文件即可一目了然。

图3.30

- 若要标记文件，首先选择文件，然后从“标签”菜单中选择一种标签类型，或在文件上右击，在弹出的快捷菜单中的“标签”子菜单中进行选择。
- 若要从文件中去除标签，选择“标签”|“无标签”命令。

3.5.12 为文件标星级

为文件标定星级同样是Bridge提供的一种实用功能，Bridge提供了从一星到五星的5级星级，图3.31所示为经过标级后的文件。

许多摄影爱好者都有大量自己拍摄的照片，使用此功能，可以对这些照片进行评级，查看和操作时分级进行，以便于对不同品质的照片进行不同的操作。

要对文件进行标级，可以先选择一个或多个文件，然后进行下列任意一种操作。

- 单击 按钮，在“详细信息”显示模式下，单击代表要赋予文件星数的点。

- 从“标签”菜单中选择星级。
- 要添加一颗星，选择“标签”|“提升评级”命令。要去除一颗星，选择“标签”|“降低评级”命令。
- 要去除所有的星，选择“标签”|“无评级”命令。

选择“视图”|“排序”菜单下的命令，或选择“未筛选”下拉列表中的星级名称，就可以方便地根据文件的评级进行查看了。

图3.31

3.5.13 筛选文件

对文件进行标记与分级后，可非常方便地对这些文件进行选择与显示，例如可以只显示一星的图像，或标定为“重要”的图像。

进行筛选操作时，可选择“窗口”|“过滤器”命令，以显示“过滤器”面板，在该面板中通过单击“标签”或“评级”下方的选项，即可使窗口只显示符合需要的图像。

例如，图3.32所示的“过滤器”面板，显示了标定为2星和4星的所有图像文件。

另外，也可以在工具栏中单击“按评级筛选项目”按钮，在弹出的菜单中选择合适的命令进行筛选，如图3.33所示。

图3.32

图3.33

3.5.14 在Bridge中运行自动化任务

在“工具”|“Photoshop”菜单下有各个Photoshop自动化任务命令，在显示窗口中选择图像文件后，可以直接选择这些命令，以运行指定的自动化任务。

3.5.15 批量重命名文件

批量重命名功能是Adobe Bridge提供的非常实用的一项功能，使用此功能能够一次性重命名一批文件，操作步骤如下。

1 在Adobe Bridge中，选择“工具”|“批重命名”命令，弹出如图3.34所示的对话框。

2 在“目标文件夹”选项组中选择一个选项，以确定是在同一个文件夹中进行重命名操作，还是将重命名的文件移至不同的文件夹中。

3 在“新文件名”选项组确定重命名后，确定文件名命名的规则，如果规则项不够用，可以单击+按钮以增加规则；反之，可以单击−按钮以减少规则。

4 观察“预览”选项组命名前后文件名的区别，并对文件名的命名规则进行调整，直至得到满意的文件名，例如图3.35展示的就是一个典型的命名实例。

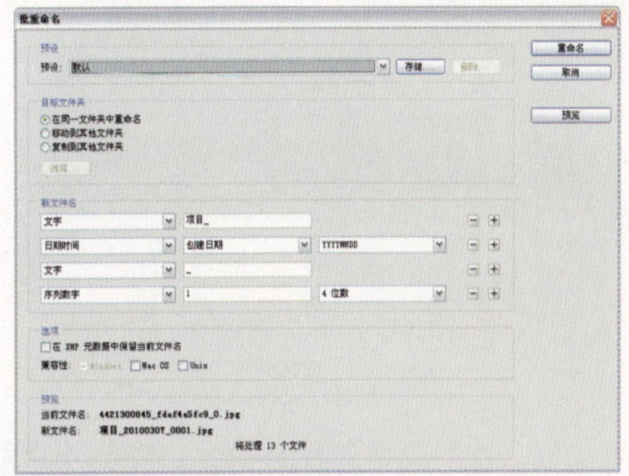

图3.34

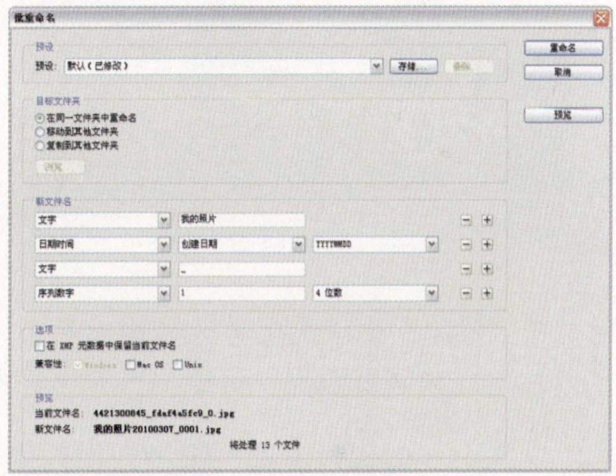

图3.35

5 单击“重命名”按钮，即开始重命名操作，完成命名操作的图像文件如图3.36所示。

6 如果希望保存该命令规则，可以单击“存储”按钮，将其保存成为一个“我的批重命名.设置”命令。

7 如果希望调用已经设置好的文件名命名规则，可以在“预设”下拉列表中选择相应的选项。

图3.36

3.5.16 输出照片为PDF或Web画廊

利用“输出照片”功能，可以轻松地将所选择的照片输出成为一个PDF文件或Web画廊，操作步骤如下。

1 单击“输出”窗口模式菜单名称，此时Bridge窗口显示如图3.37所示。

2 选择要输出的照片，此时“预览”面板中将显示所有被选中的照片，如图3.38所示。

图3.37

图3.38

3 在“输出”面板的上方选择输出类型，如果要输出成为PDF文件，可单击 PDF 按钮；要输出成为网页照片，可单击 Web 画廊 按钮。

4 设置Bridge窗口右侧“输出”面板中的具体参数，这些参数都比较简单，在此不再赘述，各位读者稍加尝试就能够了解各个参数的意义。

5 单击“刷新预览”按钮，在“输出预览”面板中预览输出的效果，如图3.39所示。

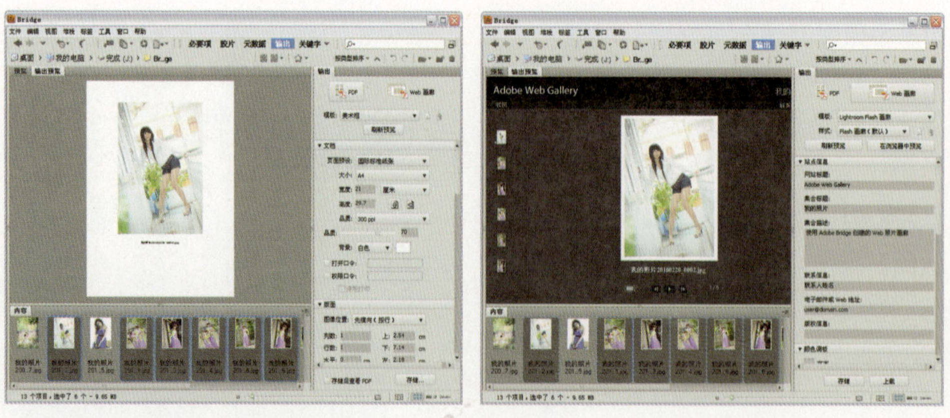

图3.39

6 完成所有设置后，在“输出”面板的最下方单击“存储”按钮，保存输出内容的位置。

Chapter 04

图像及画布

本章将讲解Photoshop较为重要的理论知识，包括位图与矢量图的概念与区别，分辨率、图像尺寸以及插值等的作用，还有图像的各种颜色模式及其工作原理、转换方法等。

另外本章还将讲解一些关于图像及画布的知识，包括变换图像、改变画布大小、变换画布以及裁切图像等。

4.1 位图图像与矢量图形

位图图像和矢量图形是计算机图形图像的两种主要形式，理解两者之间的区别对深入掌握图形图像类的软件，尤其是对深入学习和灵活使用Photoshop十分有帮助。

4.1.1 位图图像

位图图像也叫做栅格图像，这是由于位图图像用像素来表现图像，在放大到一定程度时，此类图像表现出明显的栅格化现象。大量不同位置和颜色值的像素构成了完整的图像，此类图像在放大观察时，都能够看到清晰的方格形像素，如图4.1所示。

使用任何一种选择工具制作选择区域时，都应该理解其选择的形状实际上是由细小的方格所构成的，如图4.2所示。

图4.1

图4.2

位图图像的不足之处在于，因为每一幅图像包含固定的像素信息，因此无法通过处理得到更多细节，而且要得到的图像品质越高，文件的大小就越大，一个优秀的作品其文件大小高达数百兆也是正常的。

4.1.2 矢量图形

矢量图形是另一类图像的表现形式，矢量图形是以数学公式的方式记录图形的，因此在缩放时没有失真现象，而且文件较小。

如图4.3中左图所示为100%显示状态下的矢量图形，右图为放大至1200%时的效果，可以看出构成图形的线条仍然非常光滑。

图4.3

矢量图形的优点是与分辨率无关，可以根据需要进行缩放，不会遗漏任何细节或降低其清晰度。

矢量图形常用于表现具有大面积色块的插画或LOGO，如图4.4所示。

清怡花苑
QINGYI GARDEN
江境·天境·心境

图4.4

在Photoshop中使用“钢笔工具”及“形状工具”绘制的路径属于矢量图形的范畴。

Chapter 04 图像及画布

4.2 了解尺寸与分辨率

在通常情况下，图像尺寸即图像的宽度与高度的大小。在Photoshop中，图像的大小还与分辨率值相关。

对于使用Photoshop进行设计的专业人士而言，理解分辨率的概念非常重要，因为不同的工作种类需要使用大小不同的分辨率，因此工作过程中必须要适当把握分辨率的大小，使用过小的分辨率在打印图像时会导致输出的图像显示出粗糙的像素效果，而使用太大的分辨率会增加文件大小，并降低图像的输出速度。

要确定图像的分辨率，首先必须考虑图像的最终用途，例如，对于只需要显示在屏幕上观看的图像，只要满足屏幕显示的分辨率即可，通常是72dpi或96dpi。

4.2.1 分辨率的分类及其简介

屏幕分辨率

屏幕分辨率就是Windows桌面的大小，是初学者最先接触的一类分辨率。

屏幕分辨率常见的设定有640×480、800×600、1024×768等，以17"的屏幕为例，若图像呈现在屏幕上的尺寸是800×600，由于特定屏幕的显示尺寸是固定的，当用户将屏幕分辨率由800×600调整成1280×1024时，17"的屏幕上单位面积的像素点增加了，所以，原先的图像看起来就细腻了很多，但尺寸则缩小为不到桌面的40%。

同样，对于如图4.5所示的一张图像尺寸为1280×1024的壁纸图像而言，如果电脑桌面的显示分辨率同样是1280×1024，则能够全部显示，如图4.6所示。

图4.5

图4.6

但如果将显示分辨率分别设置为800×600、1024×768，则由于电脑屏幕尺寸固定，显示屏在宽度与高度方向上显示的像素量少了，因此无法显示全部的壁纸，如图4.7所示。

分辨率为1024×768时的效果

分辨率为800×600时的效果

图4.7

各位读者可以自己验证这种效果，应该将壁纸的设置模式修改为“居中”。

图像分辨率与打印机分辨率

图像分辨率一般不会影响屏幕显示的质量，但会影响到打印出来的图像品质。在制作过程中，它的大小可以通过PhotoImpact、Photoshop、Illustrator等图像处理软件来改变。

例如，有一幅图像的分辨率为100 dpi，大小为 1800×1000 像素，这表示打印时，每一英寸图像要用100个点（Dot）来表现，所以打印出来的图像尺寸大约是 18"×10" 的大小。

如果通过图像处理软件把它的分辨率提高到200dpi，但物理尺寸不变，将图像打印出来后，由于1英寸图像用200个点（Dot）来表现，所以打印出来的物理尺寸只有9"×5" 大小，是原来尺寸的 1/4，但由于打印时单位面积的墨点数目提高了，因此打印出来的图像也更加细腻了。

所以，从打印设备的角度而言，图像的分辨率越高，打印出来的图像质量也就越细腻、越真实。

有时我们会听到这样的说法，图像的分辨率越高，表示它的成像品质越好，这样说是很片面的，因为图像的品质主要取决于输入阶段（即扫描阶段或创建新文件时的尺寸），而打印的分辨率起不到对图像本身改变的作用，严格地说提高图像分辨率，影响的是打印的品质及输出大小，关于这一点在后面有更加详细的讲解。

TIP

许多初学者在创建新文件时设置的文件尺寸较小，在完稿后试图通过调大文件的分辨率来提高图像的打印尺寸。虽然，这样操作能够提高图像的打印尺寸，但由于Photoshop将对图像进行插值运算，因此得到的效果一定没有未插值前的清晰。

数码相机分辨率

数码相机分辨率取决于数码相机的像素量，而我们平时所听到的1800万像素、1230万像素，通常都是指相机的有效像素。

以尼康数码单反相机D90为例，其有效像素为1230万像素，而佳能卡片相机PowerShort SX210 IS，有效像素为1440万，如图4.8所示。

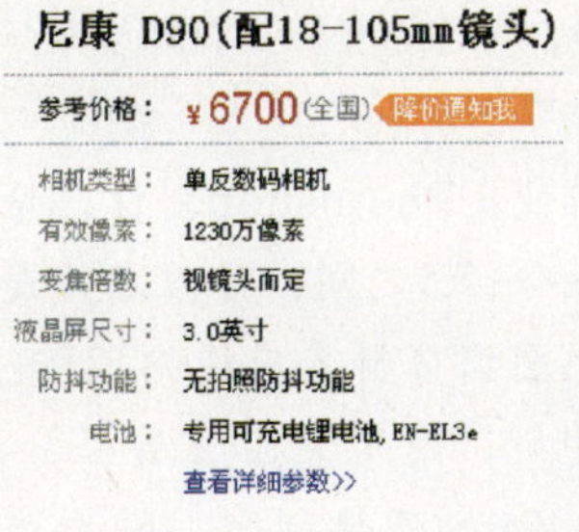

图4.8

数码相机的有效像素是决定图片质量的关键，此数值将决定相机所拍摄照片的最终打印尺寸。例如，如果一个相机未经插值时成像的分辨率是2000×1600，则其总的像素量是2000×1600＝320万像素，若是以 100 dpi 的分辨率打印图像，可以打印出 20"×16" 的成品，若是以 200dpi 的分辨率打印，则可打印出10"×8" 的成品。

其计算的方法很简单，具体如下。

宽：2000Pixels / 200 dpi= 10"

高：1600 Pixels / 200 dpi= 8"

许多初学者使用能够拍照的手机或摄像头进行自拍，然后试图加以修改，但大多数情况下多数人对得到的效果非常失望，这并不是因为初学者们在操作中出现了什么问题，而是所拍摄照片的分辨率过低，不足以满足我们修改的要求。

印刷分辨率

在印刷时往往使用线屏（lpi）而不是分辨率来定义印刷的精度，在数量上线屏是分辨率的2倍，了解这一点有助于用户在知道图像的最终用途后，确定图像在扫描或制作时的分辨率数值。

线屏（lpi）以每英寸上等距离排列多少条网线表示。在传统商业印刷制版过程中，制版时要在原始图像前加一个网屏，这一网屏由呈方格状的透明与不透明部分相等的网线构成。这些网线也就是光栅，其作用是切割光线、解剖图像。由于光线具有衍射的物理特性，因此光线通过网线后，形成了反映原始图像影像变化的大小不同的点，这些点就是半色调点。一个半色调点最大不会超过一个网格的面积，网线越多，表现图像的层次越多，图像质量也就越好。因此商业印刷行业中采用了lpi表示分辨率。

例如，如果一个出版物以线屏175做印刷，则意味着出版物中的图像分辨率应该是具有350dpi，换言之，在扫描或制作图像时，应该将分辨率定为350dpi或者更高一些。

通过上面的讲述应该知道，分辨率并不是越大越好，而应该是以够用为原则，例如普通印刷用的图像的分辨率为350dpi即可，即使图像的分辨率再高，对于印刷机也不能印刷出更加精细的效果，因此对于初学者而言把握够用原则很重要。

下面是一些常见图像应该使用的分辨率，记住这些数据有助于减少工作错误。

- 名片通常使用矢量软件制作，但如何使用Photoshop制作，分辨率要不低于300，最好达到450，长度一般为9厘米，宽度在4～5.5之间，标准名片是5.5厘米。
- 报纸印刷用网屏为85lpi，因此报纸用图像分辨率应该为125～170dpi。
- 杂志印刷通常以用133或150lpi进行印刷，因此杂志/宣传品分辨率为300dpi。
- 大多数精美的书籍印刷时用175～200lpi的网屏印刷，因此高品质书籍分辨率为350～400dpi。

- 对于远观的大幅面图像（如大海报、展会背景板、易拉宝、文件板等），由于观看的距离非常远，因此可以采用较低的分辨率，例如72～150dpi，甚至更低。

 扫描仪分辨率

扫描仪分辨率标定了扫描仪辨识图像细节的能力，例如1200 dpi 分辨率的扫描仪，可以在每英寸内清楚地分辨出1200个像素。

扫描仪的分辨率有光学分辨率和软件分辨率之分，其中，软件分辨率使用的是数学上的外插运算法，以放大既有的扫瞄影像，实际上对提升图像品质的影响并不大。

光学分辨率才是扫描仪真正的扫描能力，扫描仪的分辨率根据扫描文件的不同可以有所调整。例如，扫瞄印刷品时可以设定为600 dpi，再进行去网点、缩小尺寸的处理。扫描相片时可以使用 300 dpi 的设置，再予以调正、缩小尺寸的处理。

扫描正片时，如果光学分辨率足够高，可以将其设置在 1200 dpi 以上 。

扫描时原稿的质量也是影响图像清晰度的一个很重要的原因，如果原稿的品质很精致，扫描仪的光学分辨率也较高，则可以得到较好的图像。

相反，使用粗糙模糊的原稿，即使提高扫描分辨率也不会得到很满意的效果。

许多普通消费者在购买扫描仪时迷信于最高分辨率，但实际上商家宣传的最大分辨率就是软件插值后的分辨率，这一数值对于扫描仪品质影响不大。

4.2.2 图像插值法

如果在2与4之间取一个数，我们很可能选3，如果混合红色与蓝色，就得到了紫色，这种在两个事物之间进行估计的数学方法就是插值，在需要对图像的像素进行重新分布，或改变像素数量的情况下，Photoshop可使用插值的方法对像素进行重新“安排”。

从数学的角度上说，插值是在离散数据之间补充一些数据，使这组离散数据符合某个连续函数。插值是函数逼近理论中的重要方法，利用它可通过函数在有限个点处的取值状况，估算该函数在别处的值，即通过有限的数据得出完整的数学描述。早在公元6世纪，中国的刘焯已将等距二次插值法用于天文计算，17世纪牛顿和格雷果黎建立了等距结点上的一般插值公式，18世纪拉格朗日给出了更一般的非等距结点上的插值公式。在近代，插值法是观测数据处理和函数制表所常用的工具，又是导出其他许多数值方法（例如数值积分、非线性方程求根、微分方程数值解等）的依据。

对于Photoshop而言，如果要在黑色和白色之间确定一个中间颜色值，Photoshop可能选择灰色，但它可能是50%的灰色，也可能是其他的灰色。

如图4.9所示为一个宽度与高度尺寸只有2个像素大小的图像，如果将此图像文件的宽度与高度数值提高至6个像素大小，Photoshop将重新分布图像的像素并通过插值得到新的像素，其效果如图4.10所示，可以看出在黑与白之间出现了第三种颜色的像素即灰色，这充分证明了插值的作用。

Photoshop提供了5种插值运算方法，可以在“图像大小”对话框中的“重定图像像素”下拉列表中选择这些插值运算方法，如图4.11所示。

图4.9

图4.10

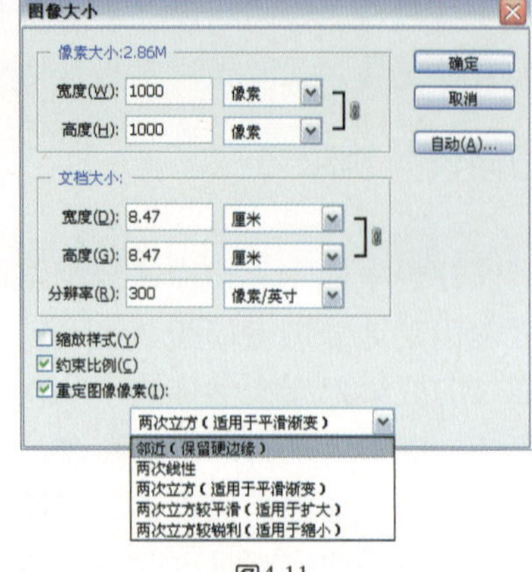

图4.11

在这5种插值运算方法中，“两次立方”是最通用的一种，其他插值方法也各有其不同的特点，适用于不同的工作情况中。

- 邻近（保留硬边缘）：此插值运算方法适用于有矢量化特征的位图图像。
- 两次线性：对于要求速度、不太注重运算后质量的图像，可以使用此方法。
- 两次立方（适用于平滑渐变）：最通用的一种运算方法，在对其他方法不够了解的情况下，最好选择此种运算方法。
- 两次立方较平滑（适用于扩大）：适用于放大图像时使用的一种插值运算方法。
- 两次立方较锐利（适用于缩小）：适用于缩小图像时使用的一种插值运算方法，但有时可能会使缩小后的图像过锐。

4.2.3 分辨率与图像清晰度之间的关系

通过前面所讲述的插值理论可以看出，提高图像的分辨率时，Photoshop是通过插值的方法得到更多的像素，这些像素由于出自图像原有的像素，因此并不能提高图像的清晰度。如图4.12所示是一个分辨率为72dpi的图像，通过提高分辨率的方法将其分辨率提高到300dpi时，其效果如图4.13所示。通过对比，可以看出来300dpi的图像并不比72dpi的图像清晰。

图4.12

图4.13

恰恰相反，对于一幅原本清晰的图像，如果通过插值的方法提高其分辨率，反而可能使图像更加模糊，如图4.14左图所示为笔者所截取的一幅图片，其分辨率为72dpi，右图所示为放大到300%的倍率下观察的效果。

图4.14

当通过提高分辨率的方法将其分辨率提高到300dpi后，其效果如图4.15左图所示，右图所示为放大后在300%显示比例下看到的图像效果，可以看出来图像的清晰度反而降低了。

TIP

观察提高分辨率前后的图像，提高分辨率前的图像虽然在放大观察状态下有马赛克现象，但仍然是清晰的，但提高分辨率后的图像在放大的状态下观察就会发现，图像已经模糊了，这与马赛克的状态完全不同。

图4.15

这是因为Photoshop在原本清晰锐利的像素旁边重新生成了新的像素，为了使这些像素与原图像中的像素过渡自然、平滑，Photoshop让其与原来的像素发生了混叠，这反而导致图像在较锐利清晰的边缘处出现模糊现象。

4.2.4 图像大小

图像尺寸是在创建时所设置的，在对图像的再编辑过程中，可以根据需要调整它们的大小，但在调整图像大小时一定要注意文档宽、高度值与分辨率值的关系，否则，改变大小后的图像其效果质量也会发生变化。

选择“图像”|“图像大小”命令，弹出如图4.16所示的“图像大小”对话框。

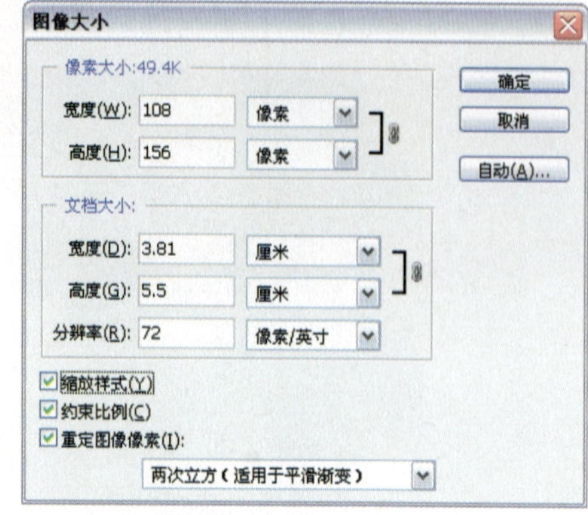

图4.16

修改图像尺寸通常存在以下两种情况。

- 第一种是在保持像素总量不变的情况下，通过缩小图像的物理尺寸来提高图像的分辨率，或通过降低图像分辨率的方法提高图像的物理尺寸。
- 第二种是在图像的像素总量发生变化的情况下，改变图像的分辨率或物理尺寸。

下面分别讲解在上述两种情况下如何改变图像物理尺寸的操作。

在像素总量不变的情况下改变图像物理尺寸

在像素总量不变的情况下改变图像尺寸的操作方法如下所述。

1 在“图像大小”对话框中，取消选择“重定图像像素”复选框，此时“文档大小”选项组的3个数据值被链接，如图4.17所示。在此情况下，在任何一个数字输入框中输入数值，其他两个数字输入框中的值将自动更改为合适的数值。

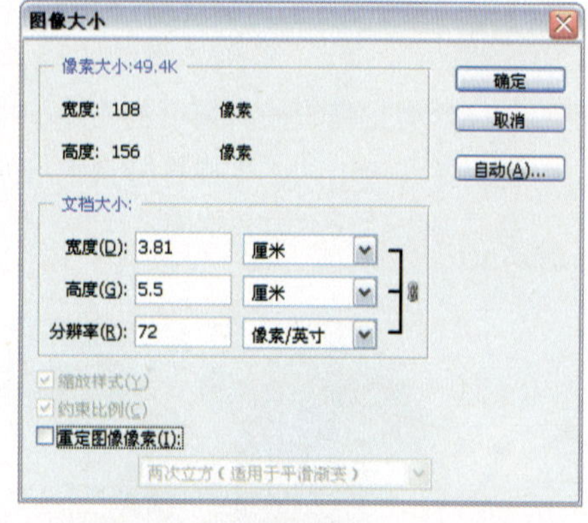

图4.17

2 在对话框的“宽度”、“高度”数值输入框右侧选择合适的单位。

3 分别在对话框的“宽度”或“高度”两个数值输入框中输入小于原值的数值，以降低图像的尺寸，此时图像的分辨率值自动增大；反之，如果输入了大于原值的数值，则图像的分辨率将降低，但两种操作都不会影响图像的像素总量，因此对话框上方的“像素大小”数值不会变化。

在这种情况下，图像不会发生插值，因此图像的总像素量不会发生变化。

在像素总量变化的情况下改变图像的尺寸

在像素总量变化的情况下改变图像尺寸的操作方法如下所述。

1 保持“图像大小”对话框中“重定图像像素”复选框处于选中状态。

2 在“宽度”、“高度”数值输入框右侧选择合适的单位，并在对话框的“宽度”、“高度”两个数值输入框中输入不同的数值，如图4.18所示。

3 也可以在“分辨率”数值输入框中输入一个新的分辨率数值，以修改当前图像的分辨率数值，如果输入的数值大于原分辨率数值，则Photoshop将增加图像的像素，反之

Photoshop将减少图像的像素总量。

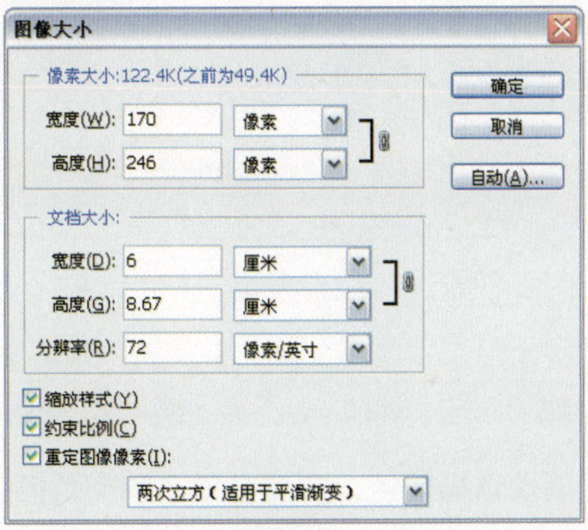

图4.18

TIP

此时对话框上方“像素大小”处将显示两个数值，前一数值为以当前输入的数值计算时图像的大小，后一数值为原图像大小。如果前一数值大于后一数值，表明图像经过了插值运算，像素量增多了；如果前一数值小于原数值，表明图像经过了插值运算，总像素量减少了。

许多初学者会频繁修改图像的大小，但由于Photoshop无法找回由于插值引起的图像细节损失，因此如果在像素总量发生变化的情况下，将图像的尺寸变小，然后以同样的方法将图像的尺寸放大，损失的图像细节不会再次出现。

如图4.19所示为原图像，如图4.20所示为在像素总量发生变化的情况下，将图像的尺寸变为原大小的25%的效果，如图4.21所示为以同样的方法将尺寸恢复为原大后的效果，比较缩放前后的图像，可以看出恢复为原来的图像没有原图像清晰。

图4.19

图4.20

图4.21

4.3 常用的图像颜色模式

4.3.1 位图模式
4.3.2 RGB模式
4.3.3 CMYK模式
4.3.4 Lab模式
4.3.5 转换颜色模式

要在Photoshop中正确地选择颜色，首先必须了解颜色模式。正确的颜色模式可以提供将颜色转换为数字数据的方法，从而使颜色在多种操作平台或者媒介中得到一致的描述。

不同的人对颜色的感觉可能不太一致，这依赖于每个人的视觉系统及心理因素。对于有红绿色盲的人来说，可能无法区分红色和绿色；而当提到墨绿色时，由于不同人具有对此颜色的不同感受，因此在表现此颜色时也不尽相同。如果要在不同人中协同工作，必须要将每一种颜色量化，从而使这种颜色在任何时间、任何情况下都显示为相同的颜色。仍以墨绿色为例，如果以（R:34、G:112、B:11）来定义此颜色，则即使使用不同平台且由不同人操作，也仍然可以得到一致的效果。只是由于不同的人所使用的软件或显示器不同，这种颜色看上去可能会不太相同，但如果排除这些客观因素，这种由数据定义颜色的方法保证了不同的人有可能得到相同的颜色这一结果。

在Photoshop中这一点通过定义颜色模式来实现。Photoshop支持各种颜色模式，例如，常见模式包括HSB（色相、饱和度、亮度）、RGB（红、绿、蓝）、CMYK（青、洋红、黄、黑）等。下面分别讲解各种颜色的基本概念。

4.3.1 位图模式

位图（Bitmap）模式的文件只使用两种颜色值（即黑色和白色）表示图像中的颜色，因此位图模式下的图像也叫做黑白图像或者1位图像。此类图像要求的存储空间很少，但由于无法表现颜色丰富的画面，因此仅用于一些黑白对比强烈的图像。

要将图像转换成为位图模式，首先需要选择“图像”|“模式”|“灰度”命令，将其转换为灰度模式，然后再选择“图像”|“模式”|“位图”命令，在弹出的对话框中进行适当的参数设置即可，以图4.22左图所示的原图像为例，如图4.22右图所示为只能显示黑色和白色的位图图像。

图4.22

4.3.2 RGB模式

自然界中的各种颜色都可以在电脑中显示，但其实现方法却非常简单。正如大多数人所知道的，颜色是由红色、绿色和蓝色3种基色构成，电脑也正是通过调和这3种颜色来表现其他成千上万种颜色的。

电脑屏幕上的最小单位是像素点，每个像素点的颜色都由这3种基色来决定。通过改变每个像素点上每种基色的亮度，可以实现不同的颜色。例如，将3种基色的亮度都调整为最大就形成了白色；将3种基色的亮度都调整为最小就形成了黑色；如果某一种基色的亮度最大，而其他两种基色的亮度最小，可以得到基色本身；而如果这些基色的亮度不是最大也不是最小，则可以调和出其他成千上万种颜色。

这种基于三原色的颜色模式被称为RGB模式。RGB模式分别是红色、绿色和蓝色这3种颜色英文的首字母缩写。由于RGB颜色模式为图像中每个像素的R、G、B颜色值分配一个0～255范围内的强度值，因此可以生成超过1670万种颜色。图4.23所示为RGB颜色模式的原理。

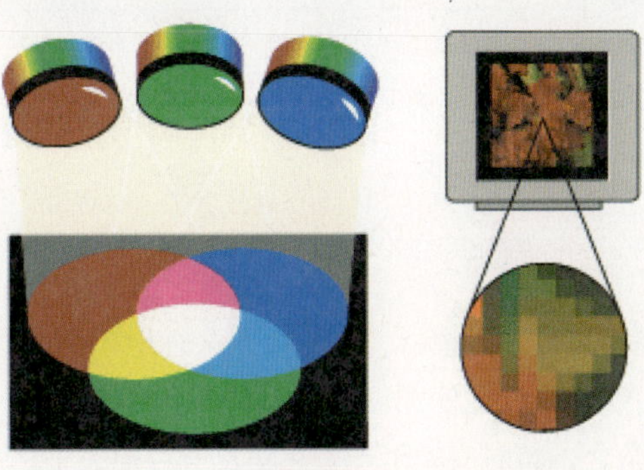

图4.23

4.3.3 CMYK模式

CMYK颜色模式以打印在纸张上的油墨的光线吸收特性为理论基础，是一种印刷所使用的颜色模式，由分色印刷时所使用的青色（C）、洋红（M）、黄色（Y）和黑色（K）这4

种颜色组成。由于这4种颜色能够通过合成得到可以吸收所有颜色的黑色，因此使用CMYK生成颜色的模式也被称为减色模式。

虽然在理论上C、M、Y这3种颜色等量混合应该产生黑色，但由于所有打印油墨都会包含一些杂质，因此这3种油墨进行混合实际上产生的是一种土灰色，必须与黑色（K）油墨相混合才能产生真正的黑色，四色印刷色也正是由此而得名。

4.3.4 Lab模式

Lab颜色模式是Photoshop在不同颜色模式之间转换时所使用的内部格式。例如，当Photoshop从RGB 颜色模式转换为CMYK 颜色模式时，它首先会把RGB 颜色模式转换为Lab 颜色模式，再从Lab 颜色模式转换为CMYK 颜色模式。

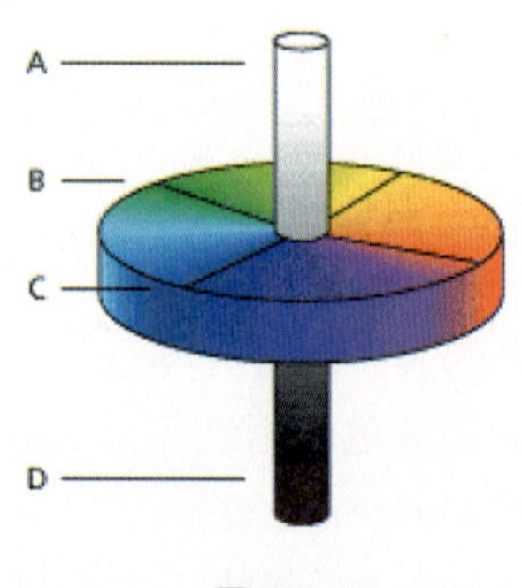

图4.24

Lab 颜色模式的图像有3个通道，一个是亮度通道，还有两个是色彩通道，分别被指定为通道a（从绿色到洋红）和通道b（从蓝色到黄色）。图4.24所示为Lab模式的原理。

如果只需要改变图像的亮度而不影响其他颜色值，可以将图像转换为Lab 颜色模式，然后在L通道中进行操作。

Lab颜色模式最大的优点是与设备无关的特性，无论使用什么设备（如显示器、打印机、电脑或者扫描仪）制作或者输出图像，这种颜色模式产生的颜色都可以保持一致。

4.3.5 转换颜色模式

因为不同颜色模式具有不同色域及表现特点，因此在实际工作中，将图像从一种颜色模式转换为另一种颜色模式的操作非常常见。

TIP

将图像从一种模式转换为另一种模式，可能会永久性地损失某些图像中的颜色值。例如，将RGB模式的图像转换为CMYK模式的图像时，CMYK色域之外的RGB颜色值会在经过调整之后落入CMYK色域内，换言之，其对应的RGB颜色信息有可能丢失。

在转换图像前应该执行以下操作，以阻止转换颜色模式所引起的不必要的损失。

- 在图像原来的颜色模式下进行尽可能多的编辑工作，然后再进行颜色模式的转换。
- 在转换颜色模式之前保存备份。
- 在转换颜色之前拼合图层，因为当颜色模式更改时，图层间的混合模式相互影响有可能导致效果发生改变。

当前图像不可使用的颜色模式，在菜单命令中以灰色显示为不可激活。

4.4 变换图像操作

变换图像针对的是某个图层或选择区域中的图像，可以进行缩放、倾斜、旋转、翻转或扭曲等操作。

要用变换命令变换图像，可以按照下述步骤操作。

1 打开随书所附光盘中的文件“第4章\4.4-素材.psd”，使用任意一种选择工具，选择需要进行变换的图像。

2 在“编辑”|“变换”子菜单命令中选择需要使用的变换命令，此时被选择图像四周出现变换控制框，其中包括8个控制句柄以及一个控制中心点，如图4.25所示。

3 拖动8个控制句柄中的任意一个，即可对图像进行变换。

4 得到需要的效果后，在变换控制框中双击鼠标以确定变换效果，如果要在操作中取消变换操作，则按Esc键直接退出变换操作。

5 在操作中可以移动变换控制中心点，以改变变换控制基准点。

图4.25

4.4.1 缩放图像

要缩放图像可以按照如下所述进行操作。

1 选中要缩放的图像，选择“编辑”|“变换”|“缩放”命令或按Ctrl+T键调出自由变换控制框。

2 将鼠标指针放至变换控制框中的变换控制句柄上，当光标变为双箭头形状⟷时拖动鼠标，即可改变图像的大小。其中拖动左侧或右侧的控制句柄，可以在水平方向改变图像大小；拖动上方或下方的控制句柄，可以在垂直方向上改变图像大小；拖动角部控制句柄，可以同时在水平或垂直方向改变图像大小。

3 得到需要的效果后释放鼠标，并双击变换控制框以确认缩放操作。如图4.26显示水平缩放图像的操作实例。

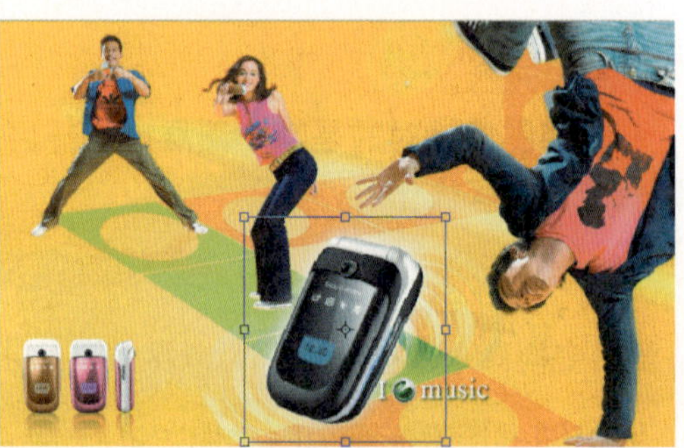

图4.26

TIP

按住Shift键拖动控制框句柄，可以按比例缩放图像。

4.4.2 旋转图像

要旋转图像可以按照下面所述步骤进行操作。

1 选中要旋转的图像，选择“编辑”|“变换”|“旋转”命令或按Ctrl+T键。

2 将鼠标指针移至变换控制框附近，当光标变为一个弯曲箭头↷时拖动鼠标，即可以中心点为基准旋转图像。

3 得到需要的效果后释放鼠标，并双击变换控制框以确认旋转操作。

TIP

如果需要按15°的倍数旋转图像，可以在拖动鼠标的时候按住Shift键，得到需要的效果后，双击变换控制框即可。

- 如果要将图像旋转180°，可以选择“编辑”|“变换”|“旋转180度”命令。
- 如果要将图像顺时针旋转90°，可以选择“编辑”|“变换”|“旋转90度（顺时

针）”命令。

- 如果要将图像逆时针旋转90°，可以选择“编辑”|“变换”|“旋转90度（逆时针）”命令。

如图4.27所示为旋转图像实例，其中笔者将变换控制中心点移至右下角处。

图4.27

4.4.3 斜切图像

要斜切图像可以按照如下所述进行操作。

1 选中要斜切的图像，选择“编辑”|“变换”|“斜切”命令。

2 将鼠标指针移至变换控制框附近，当光标变为一个箭头形状时拖动鼠标，即可使图像在光标移动的方向上发生斜切变形。

3 得到需要的效果后释放鼠标，并双击变换控制框以确认斜切操作。

如图4.28所示为斜切图像操作实例。

图4.28

4.4.4 水平、垂直翻转图像

翻转图像操作包括将水平翻转和垂直翻转两种，操作如下所述。

- 如果要水平翻转图像，可以选择“编辑”|“变换”|“水平翻转”命令。
- 如果要垂直翻转图像，可以选择“编辑”|“变换”|“垂直翻转”命令。

如图4.29所示为水平翻转和垂直翻转图像的操作实例。

图4.29

很多读者对于翻转图像与翻转画布的概念不是很清楚，事实上它们有着本质的区别。翻转图像仅针对当前所选中图层中的图像进行操作，而翻转画布则是对当前所有的图像进行翻转处理。例如图4.30所示为原图像，在选择“图层1”的情况下，选择“编辑”|“变换”|“垂直翻转”命令，将得到如图4.31所示的效果，如果此时选择的是“图像”|“旋转画布”|“垂直翻转”命令，那么得到的将是如图4.32所示的效果。

图4.30

图4.31

图4.32

4.4.5 扭曲图像

扭曲图像是应用非常频繁的一类变换操作，通过此类变换操作，可以使图像在任意一个控制句柄处发生变形，其操作方法如下所述。

1 打开随书所附光盘中的两个文件“第4章\4.4.5-素材1.jpg”和“第4章\4.4.5-素材2.psd”，如图4.33所示，选择“编辑”|“变换”|“扭曲”命令。

图4.33

2 将鼠标指针移至变换控制框附近或控制句柄上，当光标变为一个箭头形状▶时拖动鼠标，即可使图像发生拉斜变形。

3 得到需要的效果后释放鼠标，并双击变换控制框以确认扭曲操作。

如图4.34所示为通过对处于选择状态的图像执行扭曲操作的过程，如图4.35所示则是对图像进行一些亮度调整等处理后得到的最终整体效果。

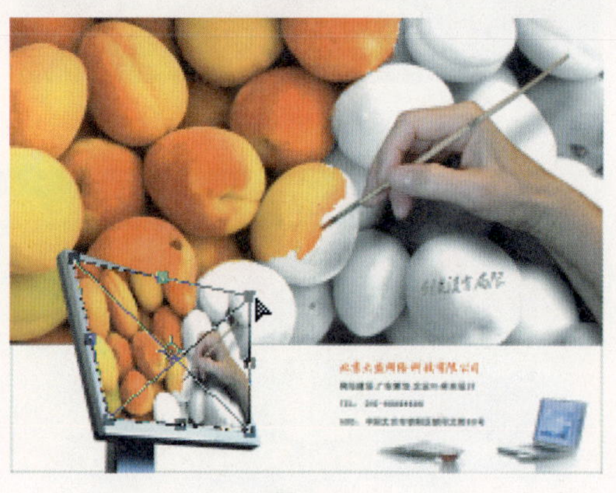

图4.34

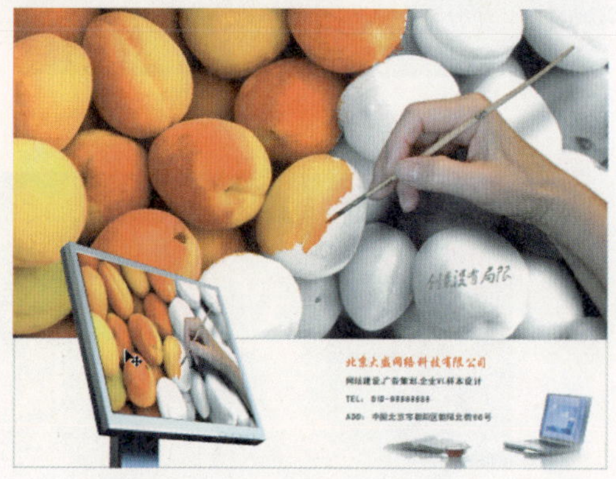

图4.35

4.4.6 透视图像

通过对图像应用透视变换命令，可以使图像获得透视效果，其操作方法如下所述。

1 打开随书所附光盘中的文件“第4章\4.4.6-素材.psd”，如图4.36所示。选择“编辑”|“变换”|“透视”命令，进行透视操作。新建图层，得到“图层1”，选择“编辑”|“填充”命令，设置弹出的对话框如图4.37所示，单击“确定”按钮退出对话框，得到如图4.38所示的效果。

2 将鼠标指针移至变换控制句柄上，当光标变为一个箭头形状▶时拖动鼠标，即可使图像发生透视变形。

3 得到需要的效果后释放鼠标，并双击变换控制框以确认透视操作。

如图4.39所示效果为使用此命令并结合图层操作制作出的具有空间透视效果的图像，如图4.40所示为在变换时的自由变换控制框状态及设置图层混合模式后的效果。

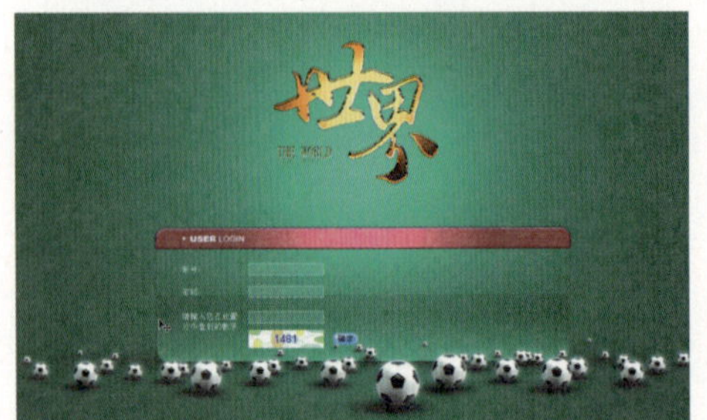

图4.36

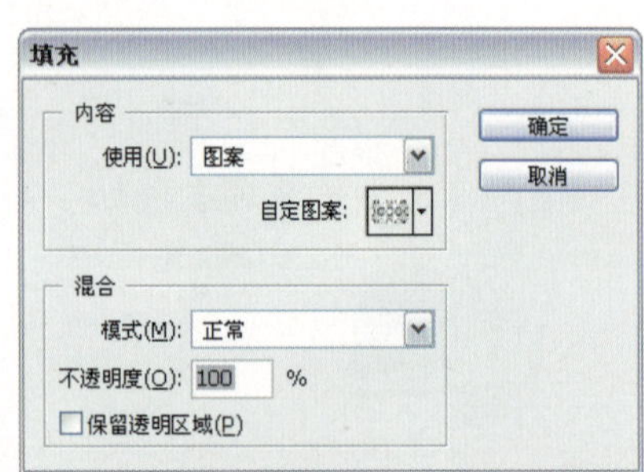

图4.37

图4.38

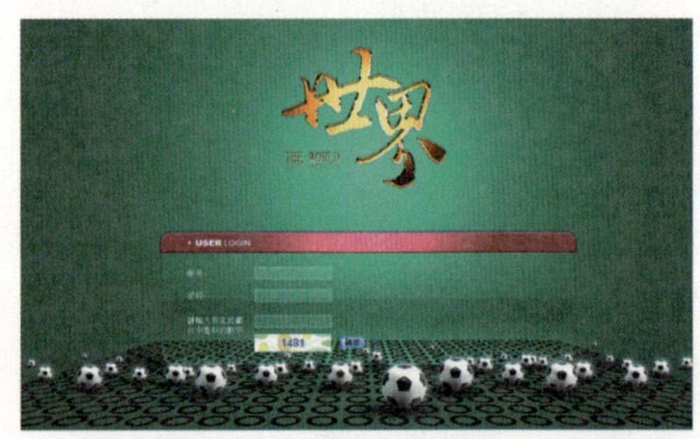

图4.39

图4.40

TIP

执行此操作时，应该尽量缩小图像的观察比例，尽量多显示一些图像外周围的灰色区域，以便于拖动控制句柄。

4.4.7 精确变换

通过以上所述的各种变换操作，可以对图像进行粗放型变换，如果要对图像进行精确变换操作，则需要使用变换工具选项条中的参数项。

要对图像进行精确变换操作，可以按下述操作指导进行操作。

1 选中要执行精确变换的图像，按Ctrl+T键调出自由变换控制框。

2 在其工具选项条中设置如图4.41所示的变换工具选项条中的参数项。

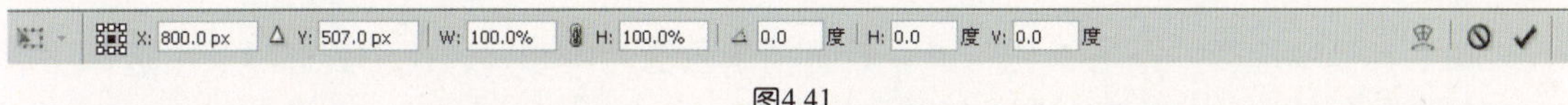

图4.41

工具选项条中的各项参数如下所述。

- 使用参考点：在使用工具选项条对图像进行精确变换操作时，可以使用工具条中的图标确定操作参考点，在其中用户可以确定9个参考点位置。例如，要以图像的左上角点为参考点，单击使其显示为形即可。
- 精确移动图像：要精确改变图像的水平位置，分别在X、Y数值输入框中输入数值。
- 如果要定位图像的绝对水平位置，直接输入数值即可；如果要使填入的数值为相对于原图像所在位置移动的一个增量，应该单击△按钮，使其处于被按下的状态。
- 精确缩放图像：要精确改变图像的宽度与高度，可以分别在W:、H:数值输入框中输入数值。
- 如果要保持图像的宽高比，应该单击按钮，使其处于被按下的状态。
- 精确旋转图像：要精确改变图像的角度，需要在数值输入框中输入角度数值。
- 精确斜切图像：要改变图像水平及垂直方向上的斜切变形，可以分别在H:、V:数值输入框中输入角度数值。在工具选项条中完成参数设置后，可以单击✓按钮确认，如果要取消操作可以单击⊘按钮。

4.4.8 再次变换图像

如果已进行过任何一种变换操作，可以选择“编辑”|“变换”|“再次”命令，以相同的参数值再次对当前操作图像进行变换操作，使用此命令可以确保两次变换操作效果相同。例如，如果上一次变换操作为将操作图像旋转90°，选择此命令则可以对任意操作图像完成旋转90°的操作。

如果在选择此命令的时候按住Alt键，则可以对被操作图像进行变换的同时进行复制，如果要制作多个副本连续变换操作效果，此操作非常见效，下面通过一个小实例讲解此操作。

1 打开随书所附光盘中的文件“第4章\4.4.8-素材1.psd”，如图4.42所示。此时的“图层”面板如图4.43所示。

图4.42

图4.43

2 在工具箱中选择“钢笔工具”，设置前景色值为fbed9e，在工具选项条中选择“形状图层”按钮，绘制如图4.44所示的形状。

3 按Ctrl+Alt+T键，将旋转变换的中心点移至辅助线相交的位置，按住Shift键将图像旋转至如图4.45所示的位置，按Enter键确认变换操作。

图4.44

图4.45

4 按住Alt键，选择“编辑”|“变换”|“再次”命令，得到如图4.46所示的效果。

5 按住Alt+Ctrl+Shift+T键（“编辑”|“变换”|“再次”命令的快捷键）若干次，得到如图4.47所示的完整效果，此时的“图层”面板如图4.48所示。

图4.46

图4.47

如图4.49为添加图层蒙版后的效果。

图4.48

图4.49

图4.50所示为复制到当前操作的图像中，得到如图4.51所示的完整海报效果。

图4.50

图4.51

如果旋转的角度不同，经上面的步骤操作后，得到的效果也不同，如图4.52所示是旋转角度为-45° 时的效果。

如果在执行第2步操作时，对操作图像同时进行旋转与缩放操作，则可以得到如图4.53所示的效果，此效果各位读者可以自己尝试操作。

图4.52

图4.53

4.4.9 变形图像

使用变形功能，可以对图像进行更为灵活和细致的变形操作，选择“编辑”|“变换”|“变形”命令，即可调出变形网格，同时工具选项条将变为如图4.54所示的状态。

图4.54

在调出变形控制框后，可以采用两种方法对图像进行变形操作。

- 直接在图像内部、节点或控制句柄上拖动，直至将图像变形为所需的效果。
- 在工具选项条上的“变形”下拉列表中选择合适的形状，如图4.55所示。

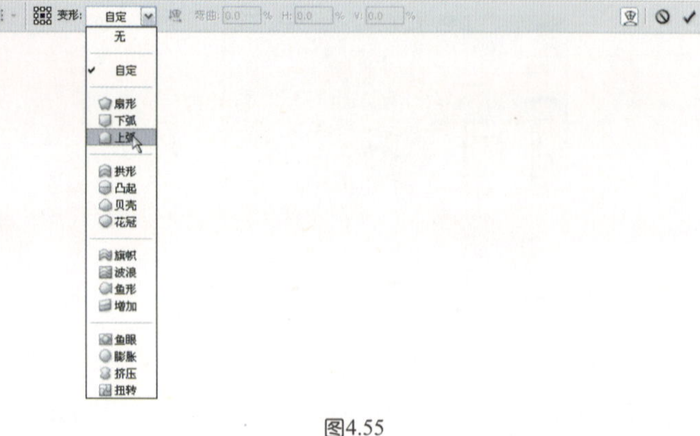

图4.55

变形工具选项条上的各个参数解释如下。

- 变形：在该下拉列表中可以选择15种预设的变形选项，如果选择自定选项，则可以随意对图像进行变形操作。

TIP

在选择了预设的变形选项后，则无法再随意地对图形控制框进行编辑，需要在“变形”下拉列表中选择“自定”选项后才可以继续编辑。

- “更改变形方向”按钮：单击该按钮，可以改变图像变形的方向。
- 弯曲：在此输入正或负值，可以调整图像的扭曲程度。
- H、V输入框：在此输入数值，可以控制图像扭曲时在水平和垂直方向上的比例。

下面将以一个实例讲解变形控制框的使用方法。

1 打开随书所附光盘中的文件“第4章\4.4.9.psd”，如图4.56所示。在本例中，将利用变形功能对一系列的路径线进行变形，从而得到一组韵律曲线，以增加整体的装饰效果。

2 选择“钢笔工具”，并在其工具选项条上选择“路径”按钮，然后沿一定的倾斜角度绘制一条路径，如图4.57所示。

3 按Ctrl+Alt+T键调出自由变换并复制控制框，然后向下移动该控制框一定的距离，如图4.58所示，按Enter键确认变换操作。

图4.56

图4.57

图4.58

4 连续按Ctrl+Alt+Shift+T键执行连续变换并复制操作多次，直至得到如图4.59所示的效果。

5 按Ctrl+T键调出自由变换控制框，在控制框内部右击，在弹出的快捷菜单中选择“变形”命令，分别拖动各个控制句柄，使这些路径看起来更有韵律一些，如图4.60所示。按Enter键确认变换操作，此时路径的状态如图4.61所示。

图4.59

图4.60

图4.61

6 下面再来复制一些路径线。使用“路径选择工具”选中所有的路径线，按Ctrl+Alt+T键调出自由变换并复制控制框，按住Shift键缩小图像，并选择“编辑”|“变换路径”|“水平翻转”命令，然后调整路径至如图4.62所示的位置，按Enter键确认变换操作。

7 再使用“路径选择工具”选中所有的路径线，按Ctrl+Alt+T键调出自由变换并复制控制框，水平翻转，按住Shift键缩小路径并置于红色飘带的底部位置，如图4.63所示。

图4.62

图4.63

8 在控制框内部右击，在弹出的快捷菜单中选择“变形”命令，按照本例步骤5的方法对路径进行变形处理，直至得到如图4.64所示的效果，按Enter键确认变换操作，此时路径的状态如图4.65所示。

9 在制作完成路径线以后，下面来描边路径以获取韵律线条。在“图层”面板中新建一个图层，得到“图层1”，设置前景色为白色，选择“画笔工具”并设置画笔大小为尖角1px，切换至“路径”面板中，在底部单击“用画笔描边路径”按钮，再单击面板中的空白位置以隐藏“路径”，得到如图4.66所示的效果。

10 设置“图层1”的混合模式为“叠加”，此时将得到如图4.67所示的效果。

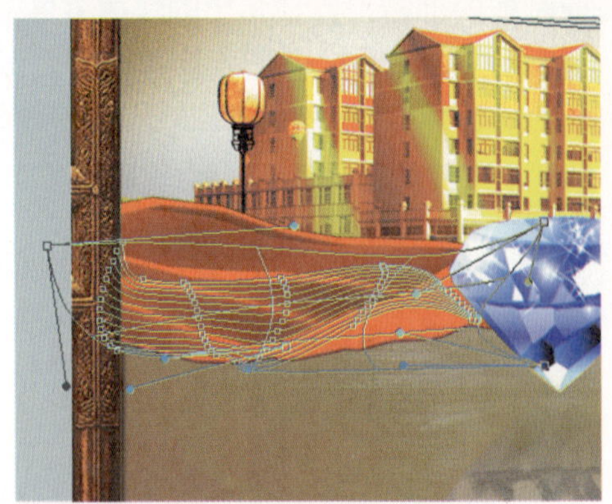

图4.64

图4.65

图4.66

图4.67

11 在“图层”面板底部单击“添加图层蒙版”按钮为“图层1”添加蒙版，设置前景色为黑色，选择“画笔工具”并设置此工具的“不透明度”为20%左右，然后在线条上进行涂抹，使整体具有若隐若现的效果，尤其对于线条的两端，更要尽量将其隐藏，得到如图4.68所示的效果，此时蒙版中的状态如图4.69所示。

图4.68

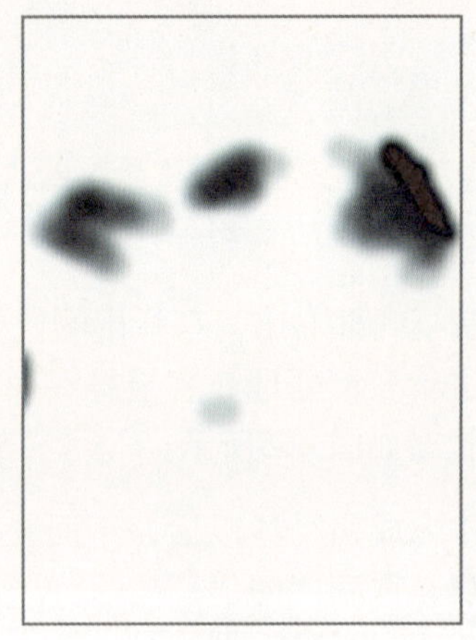

图4.69

TIP

在上面步骤10和11的操作中涉及到了混合模式及图层蒙版两项新知识，本书将在第11章中讲解相关内容，如果读者在此处无法制作出最终效果，也可以暂时先停留在步骤9的操作，待学习了后面的功能后，再来继续完成步骤10和11的工作，这样也可以算上是一次练习了。

另外，虽然在本案例中笔者所变形的对象是路径，但其操作原理与操作方法实际上与变换图像相同。

TIP

在对图像进行自由变换操作时，推荐可以使用Ctrl+T键，首先这样在操作时比较方便，另外自由变换命令在操作中比较灵活，可以自由应用缩放、斜切等命令，而不会像变换命令中那么单一。

4.5 使用内容识别比例变换图像

使用内容识别比例变换功能对图像进行缩放处理，可以在不更改图像中重要可视内容（如人物、建筑、动物等）的情况下调整图像大小。

如图4.70所示为原素材，如图4.71所示为使用常规变换缩放操作的结果，如图4.72所示为使用内容识别比例变换对图像进行水平放大操作后的效果，可以看出来原图像中的人物基本没有受到影响。

图4.70

图4.71

图4.72

TIP

此功能不适用于处理调整图层、图层蒙版、各个通道、智能对象、3D图层、视频图层、图层组，或者同时处理多个图层。

此功能的使用方法如下所述。

1 选择要缩放的图像后，选择“编辑”|“内容识别比例”命令。

2 在如图4.73所示的工具选项条中设置相关选项。

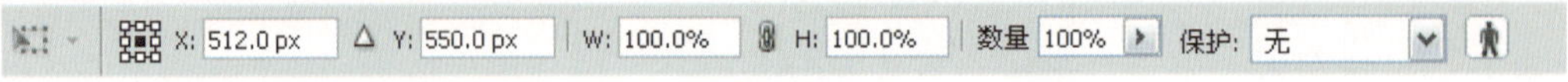

X: 512.0 px
Y: 550.0 px
W: 100.0%
H: 100.0%
数量 100%
保护: 无

图4.73

- 数量：在此可以指定内容识别缩放与常规缩放的比例。
- 保护：如果要使用Alpha通道保护特定区域，可以在此选择相应的Alpha 通道。
- “保护肤色”按钮：如果试图保留含肤色的区域，可以单击选中此按钮。

3 拖动围绕在被变换图像周围的变换控制框，则可得到需要的变换效果。

Chapter 04 图像及画布

4.6 更精细的变形处理方案——操控变形

在Photoshop CS5中，又增加了一个对图像进行变形处理的功能，即操控变形命令，它以更细腻的网格、更自由的编辑方式，提供了极为强大的图像变形处理功能。下面通过一个简单的案例来讲解此命令的使用方法。

1 打开随书所附光盘中的“第4章\4.6-素材.jpg”，如图4.74所示。在本例中，将使用操控变形功能，将人物的裙子变形为花朵形状。

2 使用“磁性套索工具”绘制选区，将人物裙子的下半部分选中，如图4.75所示。

3 按Ctrl+J键将选区中的图像复制到新图层中，得到“图层1”，以便于下面单独对其中的图像进行处理。

4 选择“编辑”|“操控变形”命令，可调出如图4.76所示的变形网格，此时的选项条参数如图4.77所示。

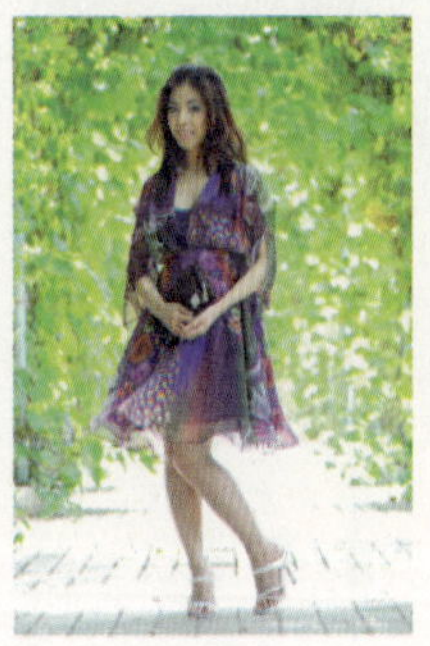

图4.74

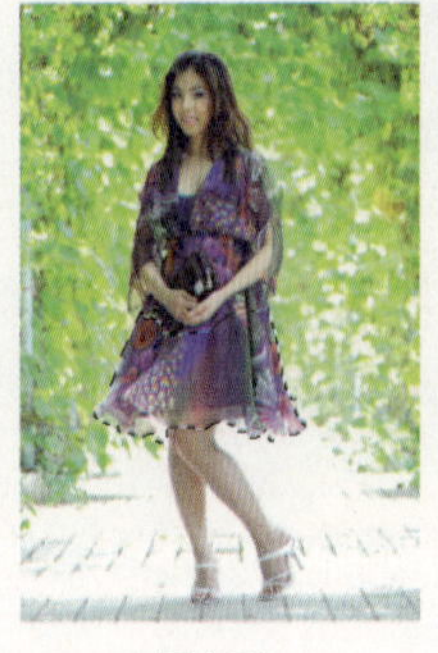

图4.75

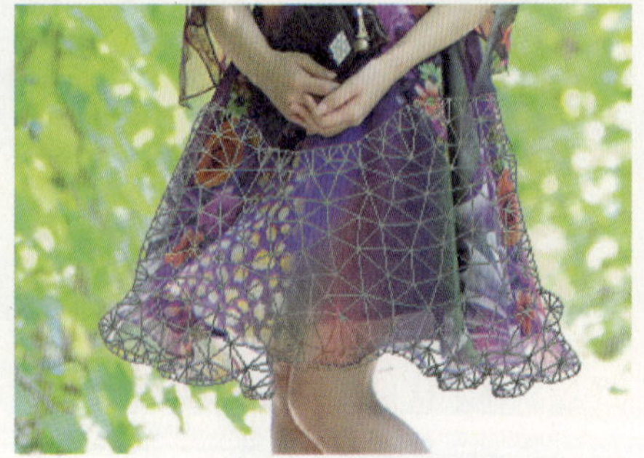

图4.76

图4.77

"操控变形"命令选项条的参数介绍如下。

- 模式：在此下拉列表中选择不同的选项，变形的程度也各不相同。例如图4.78所示是分别选择不同选项，将人物手臂拖至相同位置时的不同变形效果。

图4.78

- 浓度：在此可以选择网格的密度。越密的网格占用的系统资源就越多，但变形也越精确，在实际操作时应注意根据情况进行选择。
- 扩展：在此输入数值，可以设置变形风格相对于当前图像边缘的距离，该数值可以为负数，即可以向内缩减图像内容。
- 显示网格：选中此选项时，将在图像内部显示网格，反之则不显示网格。
- "将图钉前移"按钮：单击此按钮，可以将当前选中的图钉向前移一个层次。
- "将图钉后移"按钮：单击此按钮，可以将当前选中的图钉向后移一个层次。
- 旋转：在此下拉列表中选择"自动"选项，则可以手工拖动图钉以调整其位置，如果在后面的输入框中输入数值，则可以精确地定义图钉的位置。
- "移去所有图钉"按钮：单击此按钮，可以清除当前添加的图钉，同时还会复位当前所做的所有变形操作。

5 在调出变形网格后，光标将变为状态，此时在变形网格内部单击即可添加图钉，用于编辑和控制图像的变形，如图4.79所示。此处添加的图钉主要是用于固定裙子图像的位置，以避免下面对其他裙子图像变形时，整体都发生变化。

6 按照上一步的方法，继续在要变形的位置添加图钉，并拖动图钉以变形裙子图像，直至得到如图4.80所示的效果。

图4.79

图4.80

7 确认变形完成之后，可以按Enter键确认操作，得到如图4.81所示的最终效果。

图4.81

TIP

在进行操控变形时，可以将当前图像所在的图层转换成为智能对象图层，这样所做的操控变形就可以记录下来，以供下次继续进行编辑。

4.7 画布操作

画布，简单地说就是指当前操作图像的“背景”图层，因此当有关“画布”的参数如宽度、高度发生变化时，只会影响到当前图像中的背景图层。

需要特别指出的是改变画布角度的操作，例如将画布旋转90°，将影响当前制作图像的所有图层。

4.7.1 使用裁剪工具改变画布尺寸

改变画布的大小及方向，最简单有效的方法是使用“裁剪工具”来完成操作。要改变画布的大小，只需在工具箱中选择“裁剪工具”，然后在图像上拖动，以得到一个裁剪框，此时其工具选项条变为如图4.82所示的状态。

图4.82

在裁剪工具选项条中，Photoshop CS5提供了裁剪框内部的网格控制，在“裁剪参考线叠加”下拉列表中，可以选择显示网格的方式。

- 无：在裁剪框中不显示网格。
- 三等分：在控制框中始终显示3×3的网格。
- 网格：在控制框中显示固定大小的网格，裁剪框越大，则其中的网格就越多。

例如图4.83所示是裁剪过程中的状态，通过拖动裁剪框上的控制句柄来改变裁剪框的大小，然后按Enter键或在裁剪框内双击，即可得到裁剪后的图像，效果如图4.84所示。

图4.83

图4.84

如果在得到裁剪框后需要取消裁剪操作，则可以按Esc键。

4.7.2 使用“画布大小”命令改变画布尺寸

修改画布尺寸可能发生在下面两种情况下。

- 图像中存在多余的区域，这些区域可以通过修改画布尺寸的方法去除。例如图4.85所示为原图像，图像分不出重点，通过修改画布的尺寸，可以去除多余的图像，如图4.86所示。

图4.85

图4.86

- 图像中没有空余的区域放置需要增加的图像或文字。例如图4.87所示为原图像，如果要为其添加标题文字，会发现没有空余区域，此时也可以通过修改画布的尺寸来解决，如图4.88所示。

修改画布尺寸的操作包括两种：一种是缩小画布尺寸；另一种是扩展画布尺寸。要完成这两项任务，都可以选择“图像”|“画布大小”命令，在弹出的快捷菜单中选择“画布大小”命令，设置如图4.89所示的对话框。

图4.87

图4.88

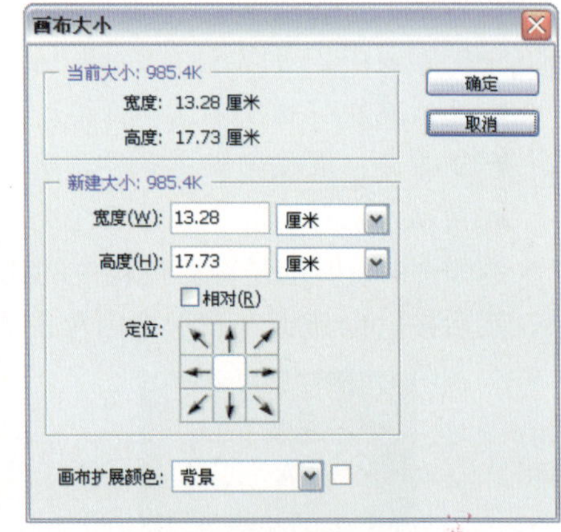

图4.89

此对话框的重要参数解释如下。

- 当前大小：在此区域显示图像当前的大小、宽度及高度。
- 新建大小：在文本框中输入图像文件的新大小。刚打开“画布大小”对话框时，此区域的值与“当前大小”区域的值一样。
- 相对：选中此复选框，在“宽度”和“高度”文本框中显示图像新尺寸与原尺寸的差值。
- 定位：单击定位框中的箭头，可以设置新画布尺寸相对于原尺寸的位置，其中的空白方框为缩放的中心点，如图4.90所示为原图像，如图4.91所示为不同定位点对于扩展画布的影响。

图4.90

图4.91

- 画布扩展颜色：单击其右侧的按钮，在弹出的下拉列表中可以选择扩展画布后新画布的颜色，也可以单击其右侧的色块，在弹出的“选择画布扩展颜色”对话框中选择一种颜色，以为扩展后的画布设置扩展区域的颜色。

4.7.3 改变画布方向

图像旋转，就是旋转整个图像文件，使其在方向上发生变化。文件中每个图层的图像也会随之发生变换，旋转画布的命令集中在“图像”|“图像旋转”子菜单中，例如旋转180°、90°（顺时针）、90°（逆时针）、水平翻转画布及垂直翻转画布，如果要随意控制画布角度，则可以选择“任意角度”命令。

需要注意的是，旋转画布与前面讲解的变换图像中的旋转功能有着诸多的相似之处，但二者的操作对象有本质上的区别。旋转画布是针对当前图像中所有的图层、路径及通道对象，而变换图像（也包括变换路径及选区等对象）时，只针对当前所选图层中的图像进行处理。

以图4.92所示的图像为例，图4.93所示是使用“图像”|“图像旋转”|“水平翻转画布”命令进行处理后的效果。可见，当前文件所有图层中的图像都发生了水平翻转的变化，而此时选中人物所在的图层再应用“编辑”|“变换”|“水平翻转”命令，将得到如图4.94所示的效果，可以看出，只有选中的人物图像发生了变化。

图4.92

图4.93

图4.94

读书笔记

Chapter 05

选区操作

在Photoshop中，“选区”起着举足轻重的作用。在对图像进行处理时，需要通过选区限制要调整的图像区域，从而避免对其他图像执行误操作。甚至可以说，如果没有正确的“选区”操作，无论多么强大的图像处理及混合功能，都会由于没有恰当的操作对象而变得没有任何意义。

5.1 选区概述

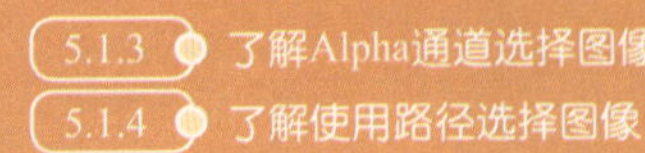

选区是Photoshop的核心功能之一，如果没有选区，许多优秀的创意可能都无法顺利地完成。在讲解各种选区创建操作之前，先来了解选区的基本概念。

5.1.1 关于选区

简单地说，选区就是对当前图像进行各种操作前，用于限定操作范围的一种操作。图5.1为原图像，图5.2是在没有任何选区的情况下，使用“胶片颗粒”滤镜对图像进行处理后的效果，可以看出，整个图像都被该滤镜进行了处理。

如果此时我们只想对人物图像进行滤镜处理，就需要使用选区。图5.3是通过绘制及简单地编辑后得到的选区状态，该选区选择了人物区域，也就是说，在使用滤镜对其进行处理时，处理的范围将被限制在该选区范围内。如图5.4所示是再次应用“胶片颗粒”滤镜进行处理后的效果，可以看出，人物以外的区域并没有被处理。

正因为选区对操作范围界定具有无比的重要性，因此应该养成操作前精确创建选区的好习惯。

图5.1

图5.2

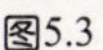

图5.3

图5.4

5.1.2 选区的外观

选区是由黑白浮动的线条所围绕的区域，由于这些浮动的线形像一队蚂蚁在走动，如图5.5所示，因此围绕选区的线条也被称为“蚂蚁线”，图5.6也是一个选区，只是这个选区选中了图像。

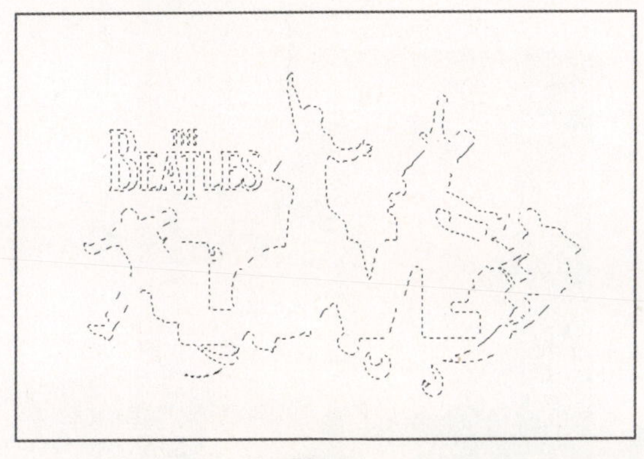

图5.5

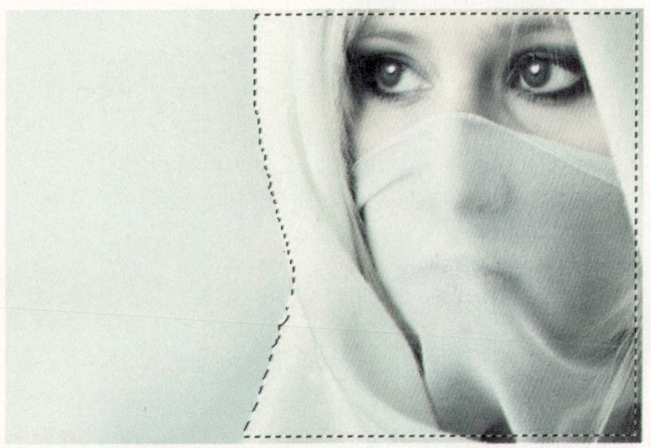

图5.6

如前所述，由于操作仅被限制在选区的内部，因此对这些图像进行操作时不会影响图像的其他区域。

5.1.3 了解Alpha通道选择图像

Alpha通道是一种高级的选区保存与编辑方式，可以利用Alpha通道来制作各类选区。如图5.7所示为原图像，图5.8所示是使用Alpha通道将烟雾选择出来并应用在新背景上的效果。

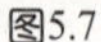

图5.7

图5.8

5.1.4 了解使用路径选择图像

路径能够被转换成为与其形状相同的选区。由于Photoshop中的路径具有矢量特性，所以使用路径选择的图像具有非常平滑的边缘。使用路径是在选择边缘较为规则的图像时最常用的方式。

例如图5.9所示是沿人物身体边缘绘制路径以将其选中的状态，图5.10所示是将选出的人物图像应用于视觉作品后的效果。

图5.9

图5.10

TIP

由于在使用路径选择图像时，通常都是手动进行选择的，所以此选择方法不适用于选择边缘较琐碎的图像。

5.2 制作基本形态的规则型选区

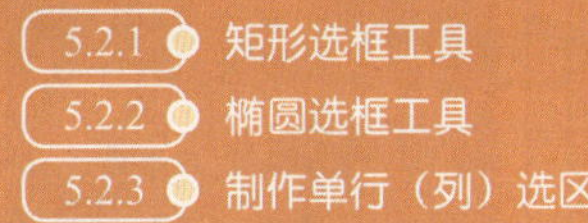

在Photoshop中，简单规则的选区包括矩形选区、圆形选区等常见形状的选区，要制作这些简单的规则选区，可以使用工具箱中的“矩形选框工具”及“椭圆选框工具”。

5.2.1 矩形选框工具

使用“矩形选框工具”能建立矩形选区，要选择一个矩形对象，使用此工具是最方便、最简单的方法，其工具选项条如图5.11所示。

图5.11

在矩形选框工具选项条中，主要参数解释如下。

- 选区运算模式：在此处选择不同的按钮，可以设置在绘制选区时与原选区之间的不同运算方法。关于此功能的讲解，请参见第5.4.1节的讲解。
- 羽化：该参数是“矩形选框工具”、“椭圆选框工具”及“套索工具”都有的参数，其作用是使选区边缘的像素分散（或称混淆），使选区具有柔和的边缘。数值越大，选择区域的柔和程度越大，边缘越不明显。
- 样式：在此下拉列表中共包括了3种选区样式。选择“固定比例”样式，则后面的“宽度”和“高度”文本框将被激活，在其中输入数值可以固定选区“高度”与“宽度”的比例，此时利用“矩形选框工具”可以创建大小不同但比例相同的选区；选择“固定大小”样式，在“宽度”和“高度” 文本框中输入选区所需要的高、宽值，用“矩形选框工具”在图像中单击，可创建大小固定的选区；选择“正常”样式，则可以随意地根据需要绘制矩形选区。
- 调整边缘：在当前已经存在选区的情况下，此按钮将被激活，单击即可弹出“调整边缘”对话框，以调整选区的状态。关于此命令的讲解，请参见第5.9节的讲解。

要使用此工具创建矩形选区，只要选择该工具后，直接在图像中拖动即可。图5.12就是利用此工具将左侧大幅作品图像选中后的状态。

图5.12

5.2.2 椭圆选框工具

若要制作圆形选区，可使用工具箱中的“椭圆选框工具”，在默认状态下此工具并未显示，要显示并选择此工具，可以在工具箱中单击“矩形选框工具”时，显示与其同处一组的隐藏工具，在其中选择“椭圆选框工具”即可。

此工具的使用方法与“矩形选框工具”相同，不再重述，图5.13为使用此工具所创建的圆形选区。

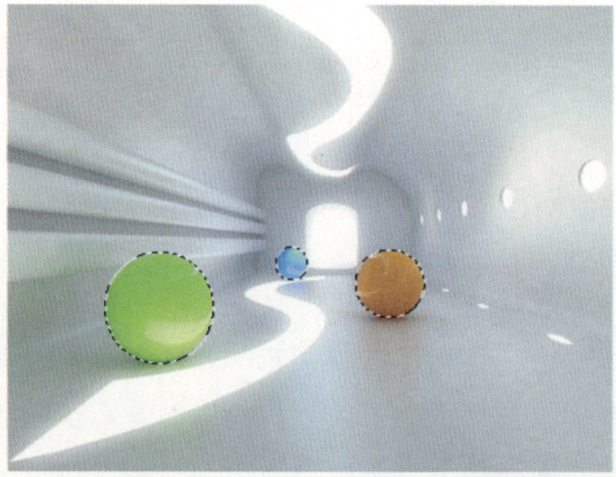

图5.13

5.2.3 制作单行（列）选区

使用“单行选框工具”或者“单列选框工具”，可以得到单行或者单列选区，这两个工具使用时直接单击即可。

使用这两个工具制作选区后并填充颜色，可以快速得到直线。

Chapter 05 选区操作

5.3 使用套索工具组创建不规则选区

利用“套索工具”、“多边形套索工具”等能自由地选择所需区域。下面来详细讲解各种套索工具的用法。

在Photoshop中的不规则选区有两类，一类是使用“套索工具”创建的手绘式无规则选区，如图5.14所示；另一类是使用“多边形套索工具”创建的具有直边的选区，如图5.15所示。

图5.14

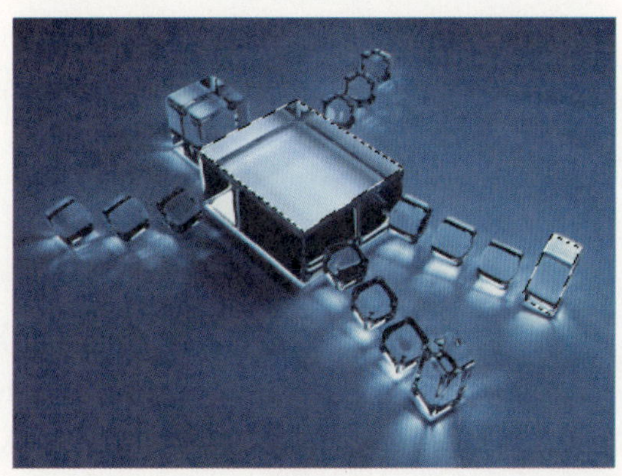

图5.15

5.3.1 使用套索工具

可以使用“套索工具”创建不规则选区，其工作模式类似于使用“铅笔工具”来描绘被选择的区域，自由度非常大，但由于是手动拖移鼠标来创建选区，所以稍有不慎就达不到理想的选择效果，因此只有熟练操作且注意力高度集中时才能创建精度很高的选区。当然，由于要创建的选区通常是灵活多样的，因此也不必将使用此工具创建高精度选区作为练习的重点。

使用“套索工具”创建选区的操作步骤如下。

1 选择“套索工具”，并在其工具选项条中设置适当的参数。

2 围绕需要选择的图像拖动光标。

3 释放鼠标左键即可闭合选区。

在实际操作中，通常用“套索工具”来创建精度不高的选区，如大面积的云彩、光影等效果以及对轮廓要求不高的形体，如图5.16所示。

图5.16

TIP

在很多时候，用户对所选择图像边缘的要求并不高，但至少边缘要看起来有一定的过渡，以便于很好地与背景图像融合起来，此时利用“套索工具”并设置适当的“羽化”参数进行处理，就是一个非常不错的选择。

如图5.17所示为选择“套索工具”并在其工具选项条中设置了一定“羽化”参数后创建的选区，可以看出，创建得到的选区非常圆滑，而不是通常手绘得到的边缘非常生硬的选区，这也说明所设置的“羽化”参数已经起到了作用。如图5.18所示是将该图像拖动至一幅背景图像后的效果，可以看出，由于边缘存在柔和的过渡，所以叠加的效果还不错。如图5.19所示则是通过对图像的一些色彩调整并设置混合模式后得到的效果。

图5.17

图5.18

图5.19

TIP

很多读者习惯用“套索工具”来选择边缘较为精细的图像，这是一种错误的方法。因为“套索工具”完全通过感应鼠标的移动轨迹而产生选区，也就是说，鼠标的任何一点移动都会被记录成为选区，这样导致了选区的边缘极易出现锯齿，所以该工具仅适用于非常粗略地选择图像，或创建一个大致轮廓的选区。

5.3.2 使用多边形套索工具

使用“多边形套索工具”创建选区时，只需要在图像上单击，两点之间即可生成直线。当选区闭合后，所有直线自动变换为选区，这是创建多边形式不规则选区的最佳工具。

使用“多边形套索工具”创建不规则选区的操作步骤如下。

1 选择“多边形套索工具”，并在其工具选项条中设置适当的参数。

2 在图像中单击以设置选区的起始点。

3 围绕需要选择的图像，不断单击以确定节点，节点与节点之间将自动连接成为选择线。

4 如果在操作时出现误操作，按Delete键可删除最近确定的节点。

5 若要闭合选择区域，可将光标放在起点上，此时光标旁边会出现一个闭合的圆圈，单击即可闭合选区。如果光标在其他位置，双击也可以闭合选区。

如图5.20所示为使用“多边形套索工具”创建的具有直边的选区。

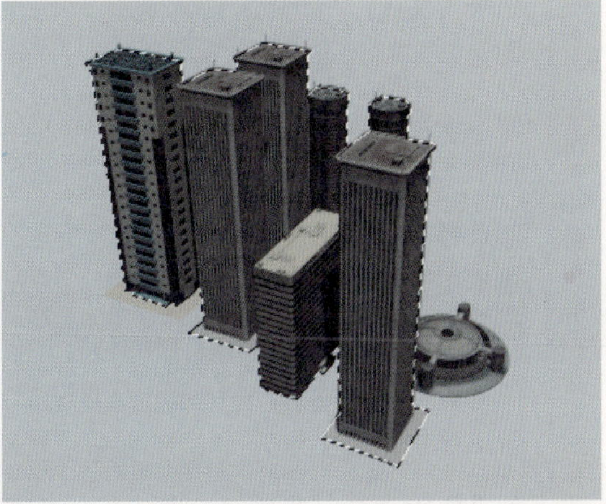

图5.20

5.3.3 使用磁性套索工具

“磁性套索工具”与“套索工具”的区别在于它可以根据图像的对比度自动跟踪图像的边缘，并沿图像的边缘生成选区。

“磁性套索工具”特别适合于选择背景较复杂、选择的区域与背景有较高对比度的图像。如图5.21所示的图像由于具有很高的对比度，因此使用“磁性套索工具”创建选区是比较理想的方法，如图5.22所示为创建的选区。

图5.21

图5.22

使用此工具创建选区的操作步骤如下。

1 选择“磁性套索工具”，设置其工具选项条如图5.23所示。

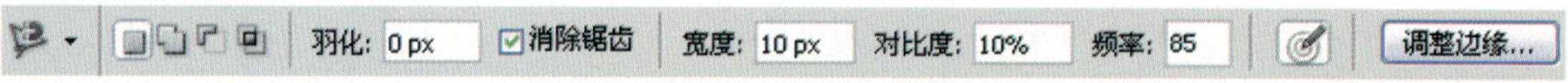

羽化: 0 px ☑消除锯齿 宽度: 10 px 对比度: 10% 频率: 85 调整边缘...

图5.23

2 如果要设置“套索工具”探索图像的宽度范围，在“宽度”文本框中输入数值即可。

3 如果要设置边缘的对比度，在“对比度”文本框中输入数值即可。数值越大，“磁性套索工具”对颜色对比反差的敏感程度越低。

4 如果要设置“磁性套索工具”在定义选择边界线时插入节点的数量，在“频率”文本框中输入数值即可。数值越高，插入的定位节点越多，得到的选区也越精确。

5 在图像中单击设置开始选择的位置，然后围绕需要选择图像的边缘移动光标。使用此工具进行工作时，Photoshop会自动插入定位节点，但如果希望手动插入定位节点，也可以单击完成操作。

6 如果要手动绘制线段，应将光标沿需要跟踪的边缘移动。移动光标时选择线会自动贴紧图像中对比最强烈的边缘。

7 如果出现错误操作，按Delete键删除最近绘制的线段和节点即可。

8 双击即可闭合选区。

TIP

在使用“磁性套索工具”时，如果要暂时切换为“多边形套索工具”，可按住Alt键，然后在图像上单击。如果要切换至“套索工具”，按住Alt键按套索方式创建选区即可。

在使用“磁性套索工具”的过程中，如果希望向前删除已确定下来的锚点，可以按Backspace键。

“磁性套索工具”对于边缘对比度强烈的图像效果比较好，因此在操作时注意当前操作的图像是否有良好的对比度。

这两种套索工具在创建不规则选区时都非常方便有效，只要注意区分要操作的图像更适用于哪种套索工具，就可以迅速地创建出更合乎要求的选区。

TIP

许多初学者在使用“磁性套索工具”时觉得不好控制和把握，因为该工具会自动进行选择来完成选区的创建，但如果用户谨记在色彩差别或者边缘不明显的地方可以切换使用“套索工具”或“多边形套索工具”，通过单击的方式来确定节点的位置，而不是完全依赖“磁性套索工具”，就能够获得令人满意的选区。

在较大的画面上进行选区的创建时，常常会遇到这样的问题：缩小画面将无法看清楚图像细节从而无法精确选择，而放大画面却看不到完整的图像。对于这种情况，可以在放大图像以观察图像细节的状态下，按住空格键切换为“磁性套索工具”，使用此工具即可移动画面，释放空格键后又可以再次切换为“套索工具”继续创建选区。

但是，如果使用“磁性套索工具”，则切记不要释放鼠标左键，否则系统就会自动完成选区的创建，而所创建出来的选区事实上并不是所希望得到的效果。

Chapter 05 选区操作

5.4 选区模式的操作

5.4.1 选区工作模式

在工具箱中选择任意一种选择工具，工具选项条上都将显示4个选区工作模式按钮。选区模式是指在制作选区时加、减、交的操作，根据当前已存在的选择区域选择不同的选区模式，能够得到不同的选区。

下面分别讲解这4个按钮的作用。

"新选区"模式

单击"新选区"按钮，在工作界面中进行操作，可以创建新的选区，在创建新选区时，原选区被替换。

"添加到选区"模式

单击"添加到选区"按钮，在工作界面中进行操作，可以创建多个选区。换言之，当此按钮被按下时，原选区仍然被保留，而同时也能创建新的选区，其作用类似于按住Shift键进行选择。

如图5.24所示为原选区，如图5.25所示为在此选区模式下得到的新选区。

图5.24

图5.25

"从选区减去"模式

单击"从选区减去"按钮，在工作界面中进行操作，可以从已存在的选区中减去当前绘制选区与原选区重合的部分，下面通过一个小实例来讲解。

1 打开随书所附光盘中的文件"第5章\5.4.1-1-素材.jpg"，如图5.26所示。使用"磁性套索工具"创建一个如图5.27所示的选区。

图5.26

图5.27

2 在其工具选项条中单击"添加到选区"按钮，创建一个如图5.28所示的选区以将红球选取。

3 选择“矩形选框工具”，并在其工具选项条中单击“从选区减去”按钮，此时光标变为如图5.29所示的状态，并创建一个如图5.30所示的选区，如图5.31所示为相减后的选区。

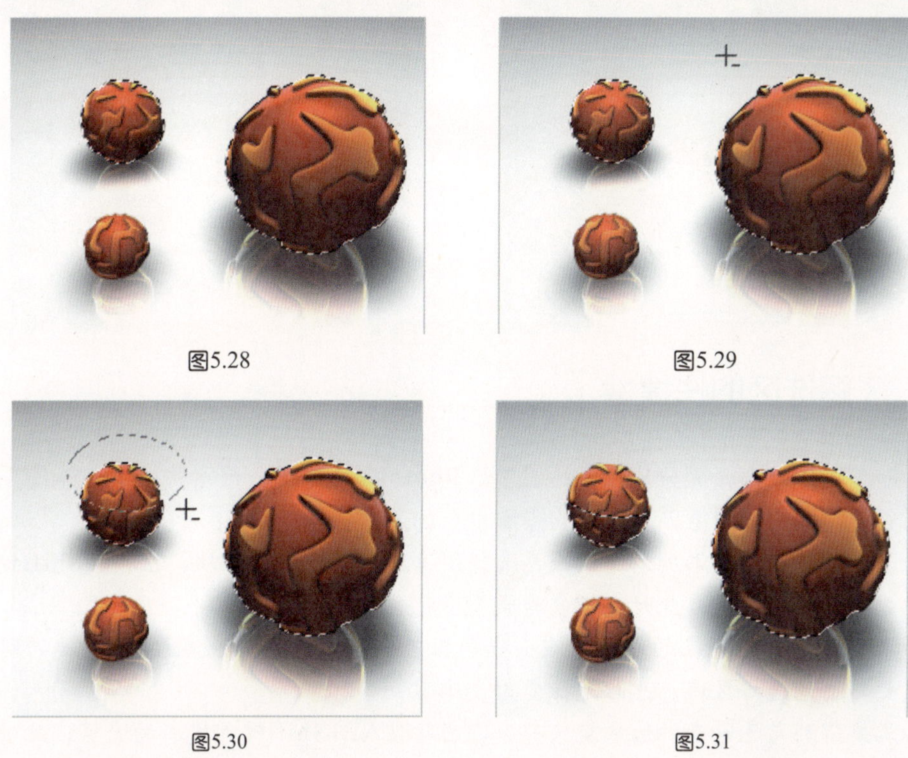

图5.28

图5.29

图5.30

图5.31

“与选区交叉”模式

单击“与选区交叉”按钮，在工作界面中进行操作，可以得到所创建选区与原选区相交叉重合部分的新选区。

1 打开随书所附光盘中的文件“第5章\5.4.1-2.png”，使用“椭圆选框工具”创建一个如图5.32所示的选区，在其工具选项条中单击“与选区交叉”按钮，此时的光标变为如图5.33所示的状态。

图5.32

图5.33

2 再次使用“椭圆选框工具”，从上至下绘制一个如图5.34所示的椭圆，得到如图5.35所示的交叉后的效果。

图5.34

图5.35

5.4.2 了解选区的快捷键

为了提高工作效率，充分应用左手功能，Photoshop提供了很多快捷键，能使左右手配合，从而更便捷地处理图像，对选区的操作也有如下一些快捷键。

- 如果要将一个区域添加到选区或再选择图像中的另外一个区域，应按住Shift键后再创建需要增加的选区，此时光标变为十₊形状。
- 如果要从一个已存在的选区中减去一个正在创建的选区，应在按住Alt键的同时再创建要减去的选择区域，此时光标变为十₋形状。
- 如果要得到与已存在的选区交叉部分，应按住Alt+Shift键创建新的选区，此时光标变为十ₓ形状。

TIP

当选择“新选区”按钮时，按住Shift键拖动矩形或“椭圆选框工具”时，创建的第一个选区为正方形或者正圆形，但从第二个选区开始即为添加的新选区。

TIP

在创建选区时，首先可以按住Shift键添加选区，待拖动鼠标绘制出选区后，不要松开鼠标左键，释放Shift键并再次按下，此时就可以绘制正方形或正圆形的选区了。

5.5 使用魔棒工具组依据颜色创建选区

通过前面的章节已经学过了创建规则选区和几种不规则选区的方法，应该已经明白了选区的创建方法是多种多样的，没有一个硬性规定来将它框住。

事实上，在实际操作中也能够清楚地认识到，创建选区应该视实际情况来具体分析，从而选择最适合、最方便的创建工具。

之前介绍过的几种创建方法大多是依据图形的外轮廓以及色彩对比，下面讲解如何根据图像的色彩创建选区。

5.5.1 使用魔棒工具

“魔棒工具”是依据图像的颜色分布来创建选区的，只需要在想选择的区域单击即可选择这些对象。“魔棒工具”的参数对选区有很大的控制作用，因此，设置合适的参数是创建选区的基础。选择“魔棒工具”后，其工具选项条如图5.36所示。

容差: 32 消除锯齿 连续 对所有图层取样 调整边缘...

图5.36

魔棒工具选项条的使用

通过灵活调整此工具的“容差”值并配合“选区工作模式”按钮，能够较好地将需要选择的图像从整个图像中选择出来，其操作步骤如下。

1 在工具箱中选择“魔棒工具”，并在其工具选项条中设置适当的参数值。

2 在“容差”文本框中输入0～255之间的一个像素值。如果在“容差”文本框中输入较低的数值，可以选择与单击像素非常相似的颜色；输入较高的数值，可以获得较大的颜色范围，从而扩大选择范围。如图5.37所示为原图像，如图5.38所示为设置“容差”数值为20时的效果，如图5.39所示为设置“容差”数值为60时的效果。

图5.37

图5.38

图5.39

3 勾选“消除锯齿”复选框，以得到平滑的选区边缘。

4 如果要选择使用所有可见图层中数据的颜色，应勾选“对所有图层取样”复选框，否则“魔棒工具”仅从当前图层中选择颜色。

5 如果希望连续选择，应勾选“连续”复选框，否则应取消其勾选状态。如图5.40所示为勾选“连续”复选框时，单击色块所得到的选区；如图5.41所示为未勾选该复选框时，单击同一位置所得到的选区，可以看到不相邻的颜色值在“容差”范围内的图像也会被同时选中。

图5.40

图5.41

6 配合使用Shift键与Alt键可增加或减少选区，直至得到需要的选区。

“魔棒工具”应用实例

“魔棒工具”与“套索工具”通常是相结合使用的，下面通过一个简单的实例来讲解。

1 打开随书所附光盘中的文件“第5章\5.5.1-素材.jpg”，如图5.42所示。在本例中将把图像中的人物选择出来。

2 在工具箱中选择“魔棒工具”，并在其工具选项条中设置适当的参数值。

3 在工具选项条中单击“添加到选区”按钮，单击人物内部区域，得到如图5.43所示的选区。

图5.42

图5.43

4 选择“套索工具”，将人物以内的部分全部选取，如图5.44所示。

5 仍然选择“套索工具”，在工具选项条中单击“从选区中减去”按钮，将人物以外的部分减选，如图5.45所示。

图5.44

图5.45

6 修整后得到如图5.46所示的效果，可以看出人物已被完全选中。

7 对人物图像执行“描边”命令，并按Ctrl+D键取消选区，得到如图5.47所示的效果。

图5.46

图5.47

TIP

“魔棒工具”是一个争议比较大的工具，原因就在于使用此工具创建出的选区极易带有锯齿边缘，导致选择出来的图像边缘非常粗糙，这也是很多人放弃使用此工具的原因之一，甚至在有些设计公司中，明令禁止使用该工具选择图像。

但是任何一个工具的存在都有着其不可替代的作用，“魔棒工具”在选择边缘清楚、背景简单的图像时，其速度之快，简直可以说无可出其右者，这对于提高用户的工作效率有极大的帮助。而对于选出图像后有杂边的问题，可以试着将选区收缩1像素（视杂边的大小而定）左右，然后将选区以外的图像删除（反选原选区按Delete键），这样就可以简单、快速地选择出需要的图像。

当然，这样选择出来的图像通常仅适用于要求不太严格的设计作品中，笔者建议使用“钢笔工具”、“通道”等命令，来进行精细的图像选择操作。

5.5.2 使用快速选择工具

“快速选择工具”最大的特点就是可以像使用“画笔工具”绘图一样来创建选区，其工具选项条如图5.48所示。

图5.48

快速选择工具选项条中的参数解释如下。

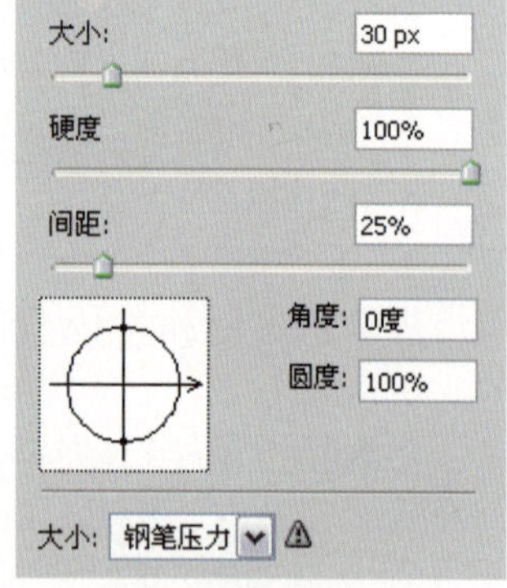

图5.49

- 选区运算模式：限于该工具创建选区的特殊性，所以它只设定了3种选区运算模式，即“新选区”、“添加到选区”和“从选区减去”。
- 画笔：此参数定义了“快速选择工具”工作区域的大小。单击右侧的三角按钮，可弹出如图5.49所示的画笔参数设置框，在此可以对涂抹时的画笔属性进行设置。在涂抹过程中，可以设置画笔的硬度，以便创建具有一定羽化边缘的选区。
- 对所有图层取样：勾选该复选框后，将不再区分当前选择了哪个图层，而是将所有用户看到的图像视为在一个图层上，然后来创建选区。
- 自动增强：勾选该复选框后，可以在创建选区的过程中，自动增加选区的边缘。
- 调整边缘：使用“调整边缘”功能可以对现有的选区进行更深入的修改，从而帮助用户得到更精确的选区。

下面通过一个简单的实例，来讲解此工具的使用方法。

1 打开随书所附光盘中的文件“第5章\5.5.2-素材.jpg”，在本例中需要将图像中的人物选择出来。

2 在工具选项条中设置适当的参数及画笔大小。

3 在人物以外的左上方区域，按住鼠标左键并向下拖动，在拖动过程中就能够得到如图5.50所示的选区。

4 在下面的操作中，如果要选择更多的图像，则需要在其工具选项条中单击“添加到选区”按钮，或在拖动涂抹前按住Shift键进行操作。如图5.51所示就是按照此方法，将人物以外的图像选中时的状态。

5 如果发现有多选中的选区，可以按住Alt键暂时切换至减选选区模式（即“从选区减去”模式），然后通过单击或涂抹操作去除多余的选区，直至将人物完全选中，如图5.52所示就是将人物左侧被选中的区域减去后的状态。

6 由于要选中的是人物以外的区域，所以需要按Ctrl+Shift+I键将选区反选，从而真正地将人物图像选中。如图5.53所示是直接对选中的背景图像应用“海洋波纹”滤镜，并按Ctrl+D键取消选区后的效果。

图5.50

图5.51

图5.52

图5.53

通过上面的实例可以看出，“快速选择工具”主要通过两种方式创建选区，一种是拖动涂抹，另外一种是单击。

在选择大范围的图像内容时，可以利用拖动涂抹的方式进行处理；而添加或减少小范围的选区时，则可以考虑使用单击的方式进行处理。

TIP

在操作中，可以通过按[键来缩小或按]键来加大此工具的画笔直径，从而改变操作后所得到的选区区域。

TIP

此工具的操作结果即所获得的选区大小，在很大程度上受到“画笔”的影响。由于在静态情况下，笔者很难展示影响的方式与效果，因此建议读者调整不同的画笔参数，在不同的参数状态下创建选区。

5.6 使用“色彩范围”命令创建选区

使用“色彩范围”命令也可以依据颜色分布情况创建选区，但其操作比5.5节所讲述的操作更灵活、复杂。

5.6.1 “色彩范围”命令操作方法

使用“色彩范围”命令创建选区的操作步骤如下。

1 打开随书所附光盘中的文件“第5章\5.6.1-素材.jpg”，如图5.54所示。选择“选择”|“色彩范围”命令，弹出如图5.55所示的“色彩范围”对话框。

图5.54

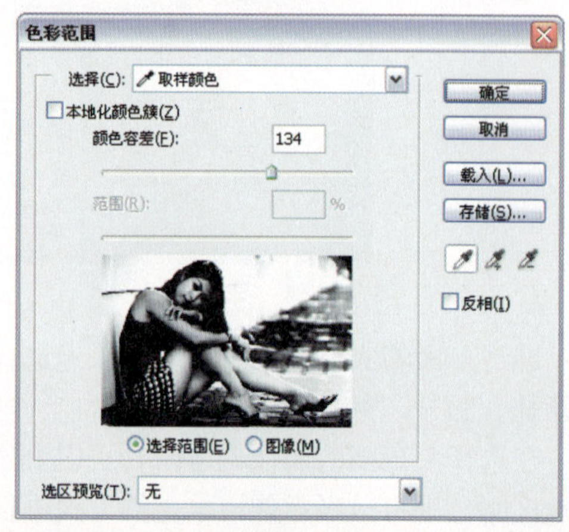

图5.55

2 确定需要选择的图像部分，如果要选择图像中的红色，可在“选择”下拉列表中选择“红色”选项。在大多数情况下用户若要自定义要选择的颜色，应该在“选择”下拉列表中选择“取样颜色”选项，默认情况下即使用此选项进行选择，此时用户可以在要选择的位置单击以吸取颜色。

3 选择“选择范围”单选按钮，使对话框预览窗口中显示当前选择的图像范围。

4 在对话框中选择“吸管工具”，在需要选择的图像部分单击，观察预览窗口中图像的选择情况，白色代表已被选择的部分，白色区域越大表明选择的图像范围越大。例如在本例中，要选中人物的皮肤，即可在适当的位置单击，直至得到如图5.56所示的状态。

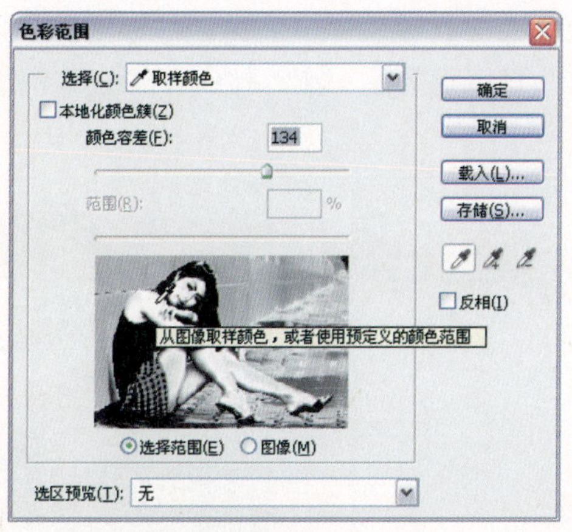

图5.56

5 拖动“颜色容差”滑块，直至所有需要选择的图像都在预览窗口中显示为白色（即处于被选中的状态）。

6 如果需要添加另一种颜色的选择范围，在对话框中选择“添加到取样”按钮，并用其在图像中要添加的颜色区域单击；如果要减少某种颜色的选择范围，在对话框中选择“从取样中减去”按钮，在图像中单击即可。

TIP

按住Shift键可以切换为以增加颜色；按住Alt键可以切换为以减去颜色；颜色可从对话框预览窗口或图像中用吸管来拾取。

7 如果要保存当前设置，单击“存储”按钮将其保存为.axt文件。如图5.57所示为调整后的“色彩范围”对话框，单击“确定”按钮后得到的选区如图5.58所示。

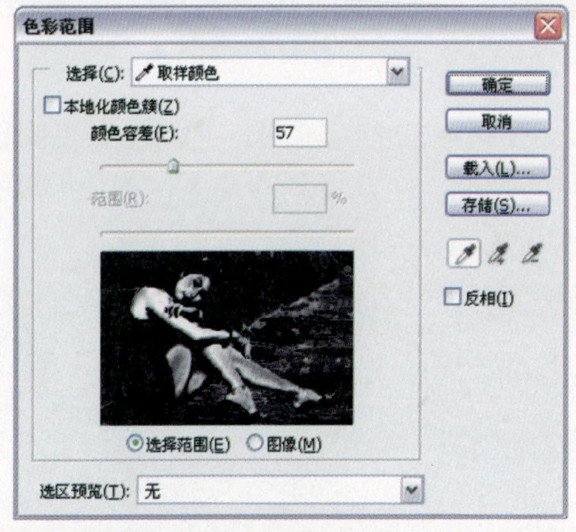

图5.57

图5.58

8 此时，可以利用得到的选区对人物的皮肤进行美化。选择“选区”|“修改”|“羽化”命令，在弹出的对话框中设置“羽化半径”数值为25，单击“确定”按钮退出对话框。

9 选择“编辑”|“填充”命令，设置弹出的对话框如图5.59所示，单击“确定”按钮退出对话框，按照此方法再填充选区一次，按Ctrl+D键取消选区，得到如图5.60所示的效果。

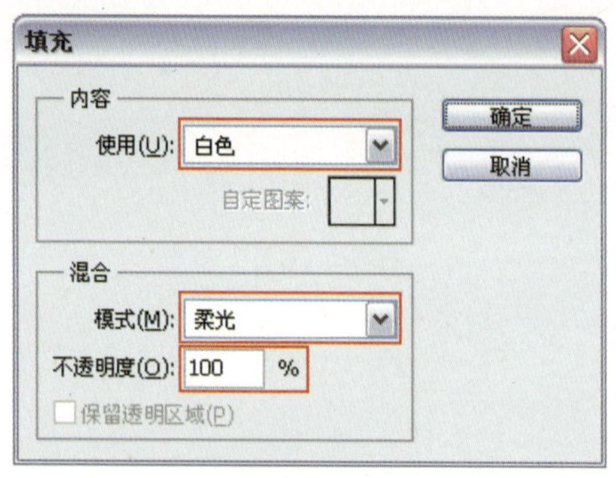

图5.59

图5.60

10 在步骤7创建选区并退出对话框以前，如果希望精确控制选区的大小，可勾选“本地化颜色簇”复选框，“范围”滑块将被激活。

11 在对话框的预览窗口中通过单击来确定选区的中心位置，如图5.61所示的预览状态表明选区位于图像的左下方，如图5.62所示的预览状态表明选区位于图像的右上方。

图5.61

图5.62

12 通过拖动“范围”滑块可以改变对话框预览窗口中的光点范围，光点越大表明选区越大，如图5.63所示为“范围”值为26%时的光点大小及得到的选区，如图5.64所示为“范围”值为65%时的光点大小及得到的选区。

图5.63

图5.64

5.6.2 选择不同色调范围图像

“色彩范围”命令区别于“魔棒工具”与“快速选择工具”的一大特点是能够选择出图像的高光、中色调与暗调部分。

要完成这种选择，只需要在“色彩范围”对话框的“选择”下拉列表中选择“高光”、“中色调”或“阴影”选项即可。以如图5.65所示的图像为例，选择“高光”选项得到的选区如图5.66所示。

图5.65

图5.66

对于许多仅需要简单调整的图像而言，使用此命令选择图像的“高光”、“阴影”选项，再使用后面章节中将要学到的“色阶”、“曲线”命令就能够得到不错的调整效果。

如图5.67所示为在选择“中间调”选项得到的选区基础上，对图像进行提亮调整后得到的图像效果。在此基础上选择“高光”选项得到选区，对图像再次进行提亮调整，得到的图像效果如图5.68所示。

图5.67

图5.68

两次操作前，笔者都对选区进行了20像素的羽化操作，以确保操作后没有明显的边缘。

5.7 使用快速蒙版创建选区

快速蒙版是一种在操作上非常灵活，作用却非常强大的选区制作功能，常用于制作边缘比较复杂的选区，在原理上虽然快速蒙版与Alpha通道非常类似，但在操作方法方面却更加简单易懂。

下面通过选择图5.69中的卡通人物，讲解如何使用快速蒙版制作选择区域。

1 打开随书所附光盘中的文件“第5章\5.7-素材.tif”，如图5.69所示。选择“套索工具”，绘制一个任意的选择区域，如图5.70所示。

图5.69

图5.70

2 在工具箱中单击“以快速蒙版模式编辑”按钮，进入快速蒙版模式编辑状态；双击“以快速蒙版模式编辑”按钮，设置弹出的“快速蒙版选项”对话框如图5.71所示，自定义其颜色和透明度，为了和卡通人物的颜色形成对比，在此将其设置为青色，其效果如图5.72所示，可以看到在此模式下除当前选择区域外的其他区域被一层淡淡的青色覆盖。

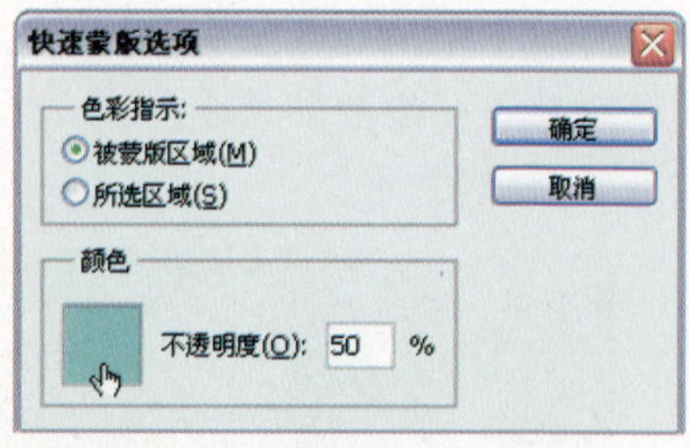

图5.71

3 设置前景色为白色，选择“画笔工具”，并在其工具选项条中设置适当的画笔大小，在卡通人物上进行绘制，以消除其他区域所覆盖的青色，此步操作的目的在于通过消除青色增大选择区域，其效果如图5.73所示。

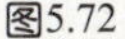

图5.72

图5.73

4 选择“画笔工具”，并在其工具选项条中设置一个较小的画笔，沿着卡通人物边缘进行绘画，从而去除绘画处的青色，在需要的情况下应该放大图像进行绘制，其效果如图5.74所示。

5 如果在绘画过程中消除不应该去除的青色，可以设置前景色填充为黑色，在不需要显示出来的多余位置进行绘画，从而再次以青色覆盖这些区域。

6 继续进行绘画，直到卡通人物的所有区域包括卡通人物边缘细节部分的青色都被去除，其效果如图5.75所示。

图5.74

图5.75

7 在工具箱中单击“以标准模式编辑”按钮，退出快速蒙版模式编辑状态，得到精确的选择区域，如图5.76所示。

图5.76

TIP

在快速蒙版模式下，几乎可以使用任何制图手段进行绘画，但其原则是要增加选择区域，可用白色作为前景色进行绘画，要去除选择区域，可用黑色作为前景色进行绘画。

TIP

如果使用介于黑色与白色间的任何一种具有不同灰色的颜色进行绘图，可以得到具有不同透明度值的选择区域；使用画笔工具在要选择对象的边缘处进行绘画时，可以得到具有羽化值的选择区域。

虽然，在本例中笔者仅使用“画笔工具”进行操作，但是各位读者也可以尝试使用其他工具与命令，例如“套索工具”、填充命令，甚至可以尝试使用滤镜命令。

5.8 调整选择区域

多数情况下，用户无法一次性得到满意而复杂的选区，对于这样的选区，可以先创建一个基本选区，再对选区进行一定程度上的调整，以得到最终所需要的选区。本节将来了调整选区常用的知识与技巧。

5.8.1 平滑选区

当制作的选区要求精确度不高时，可以利用“平滑”命令对选区的锯齿或琐碎边缘进行处理。打开随书所附光盘中的文件“第5章\5.8.1-素材.tif”，如图5.77所示就是利用“魔棒工具”创建的带有锯齿边缘的选区，如图5.78所示是选择“选择”|“修改”|“平滑”命令，并在弹出的对话框中设置参数为6时得到的选区。

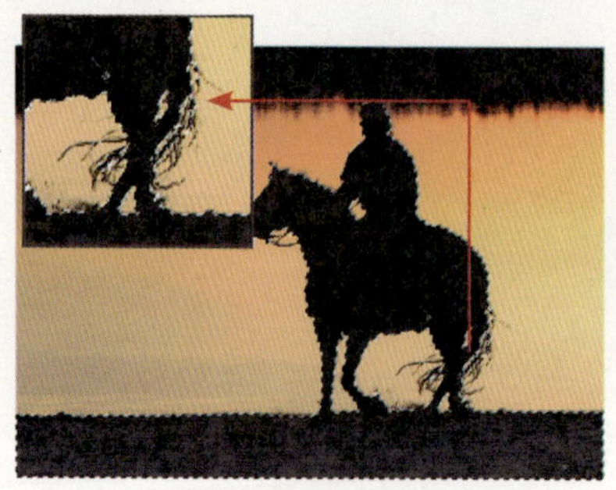
图5.77

图5.78

5.8.2 扩大或缩小选区

利用“收缩”或“扩展”命令，可以在选区原形状的基础上，将其缩小或放大一定的像素值。方法是根据选区的需要（是收缩还是扩展），选择“选择”|“修改”|“收缩”或“扩展”命令，在弹出的对话框中设置适当的参数值，单击“确定”按钮退出对话框后，即可对选区进行收缩或扩展。

由于用户只能对收缩或扩展的数值进行目测，因此可能无法一次性得到满意的选区，此时需要撤销上一次操作，然后重新进行选区的收缩或扩展，直至得到满意的效果。

5.8.3 羽化选区

选择“选择”|“修改”|“羽化”命令，可以将生硬边缘的选区处理得更加柔和，选择该命令后弹出的对话框如图5.79所示，设置的参数越大，选区的效果越柔和。

下面将通过制作晕边图像的实例来理解羽化值的作用，操作步骤如下。

1 打开随书所附光盘中的文件“第5章\5.8.3-素材.psd”，如图5.80所示。在本例中将为该图像制作一个晕边艺术照片效果。

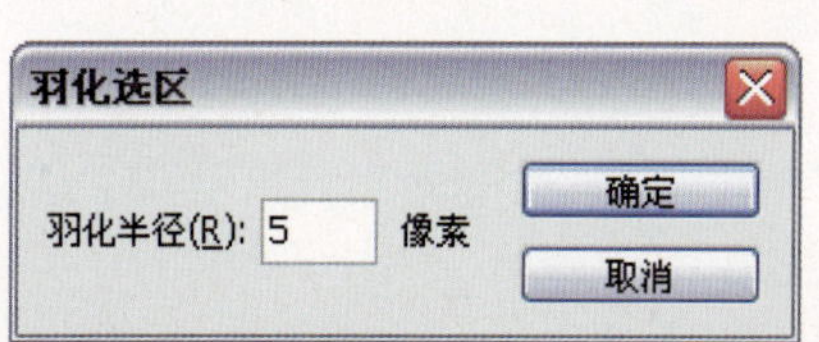

图5.79

图5.80

2 选择“多边形套索工具”，在图像中大致绘制一个如图5.81所示的选区，以将人物主体图像选中。

3 按Shift+F6键或选择“选择”|“修改”|“羽化”命令，打开“羽化选区”对话框，参数设置为10左右，单击“确定”按钮退出对话框，得到如图5.82所示的选区。

图5.81

图5.82

4 由于需要在画布周围制作晕边效果，因此选区应该是选择相反的范围。按Ctrl+Shift+I键执行“反向”命令，此时选区的状态如图5.83所示。

5 设置前景色为白色，按Alt+Delete键填充选区，按Ctrl+D键取消选区，得到如图5.84所示的效果。

图5.83

图5.84

实际上，除了使用“羽化”命令来柔化选区外，各个选区创建工具中也同样具备了羽化功能，例如“矩形选框工具”和“椭圆选框工具”，在这两个工具的工具选项条中都有一个非常重要的参数即“羽化”，如图5.85所示为矩形选框工具选项条，如图5.86所示为椭圆选框工具选项条。

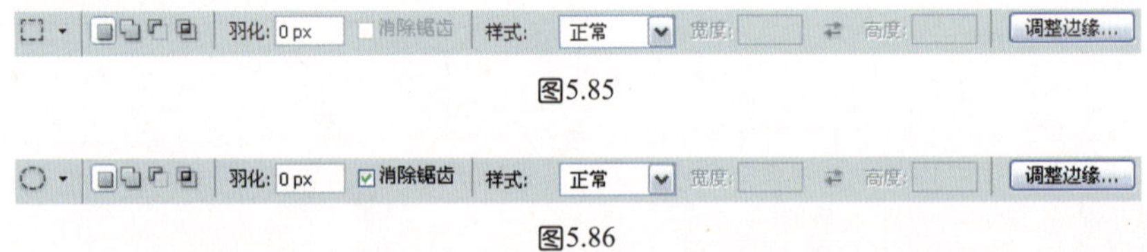

图5.85

图5.86

另外，像“套索工具”、“多边形套索工具”、“磁性套索工具”等，都在其工具选项条中带有“羽化”参数，这里就不一一列举了。

需要注意的是，如果要使“选择工具”的“羽化”值有效，必须在绘制选区前在工具选项条中输入数值。即如果在创建选区后在“羽化”文本框中输入数值，该选区不会受到影响。

Chapter 05 选区操作

5.9 增强型抠图圣手之“调整边缘”命令

在Photoshop CS5中，“调整边缘”命令最大的特色就在于，它加入了“边缘检测”功能，并配合“调整半径工具”及“抹除调整工具”，对抠选的图像边缘进行较为精细的调整，从而在快速抠选半透明物品、头发等图像时更具实用性，从实际的应用效果上来看，虽然不能与使用通道等高级功能抠选出的结果相媲美，但在抠选的实用、方便程度上却非常突出。

创建一个选区，选择“选择”|“调整边缘”命令，或在各个选区绘制工具的工具选项条

上单击“调整边缘”按钮，即可调出其对话框，如图5.87所示。

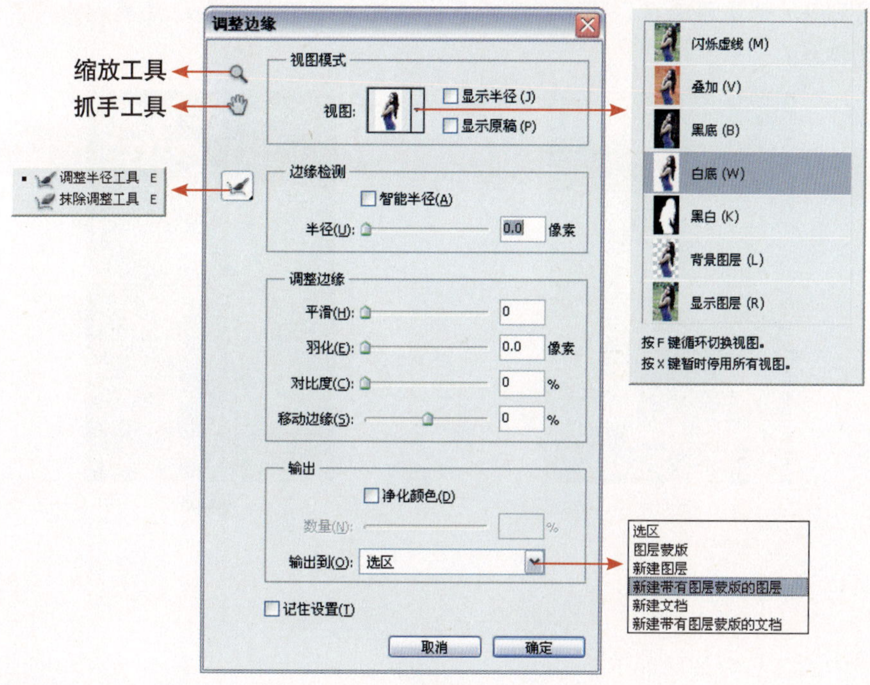

图5.87

下面分别来讲解一下“调整边缘”对话框中各个参数的含义。

 视图模式

此区域中的各参数解释如下。

- 视图列表：在此列表中，Photoshop依据当前处理的图像，生成了实时的预览效果，以满足不同的观看需求。根据此列表底部的提示，按F键可以在各个视频之间进行切换，按X键即只显示原图。
- 显示半径：选中此复选框后，将根据下面所设置的“半径”数值，仅显示半径范围以内的图像，如图5.88所示。

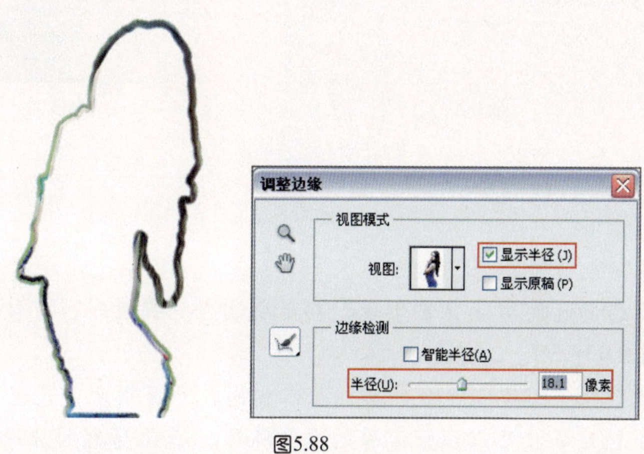

图5.88

● 显示原稿：选中此复选框后，将依据原选区的状态及所设置的视图模式进行显示。例如图5.89所示是原选区，图5.90所示是选中此复选框并设置预览模式为“黑底”时的预览状态。

图5.89

图5.90

边缘检测

此区域中的各参数解释如下。

● 半径：此处可以设置检测边缘时的范围。

● 智能半径：选中此复选框后，将依据当前图像的边缘自动进行取舍，以获得更精确的选择结果。

以图5.91所示的参数进行设置后，图5.92所示是预览得到的结果。

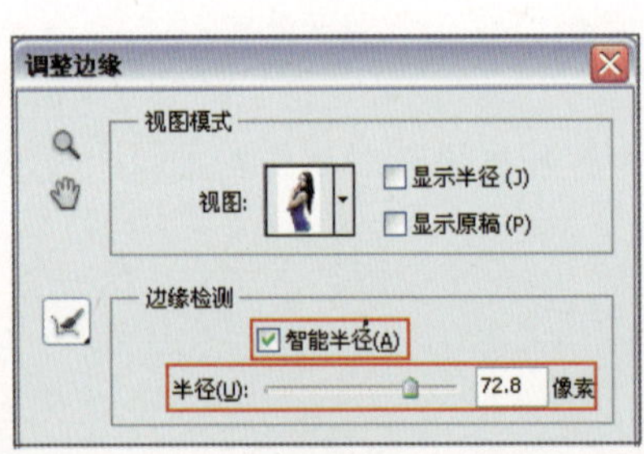

图5.91

图5.92

调整边缘

此区域中的各参数解释如下。

● 平滑：当创建的选区边缘非常生硬，甚至有明显的锯齿时，可使用此选项来进行柔化处理，如图5.93所示。

● 羽化：此参数与“羽化”命令的功能基本相同，都是用来柔化选区边缘的。

● 对比度：设置此参数可以调整边缘的虚化程度，数值越大则边缘越锐化。通常可以帮助用户创建比较精确的选区，如图5.94所示。

图5.93

图5.94

- 移动边缘：该参数与“收缩”和“扩展”命令的功能基本相同，向左侧拖动滑块可以收缩选区，而向右侧拖动则可以扩展选区。

 输出

此区域中的各参数解释如下。

- 净化颜色：选择此复选框后，下面的“数量”滑块被激活，拖动调整其数值，可以去除选择后的图像边缘的杂色。例如图5.95所示就是选择此选项并设置适当参数后的效果对比，可以看出，处理后的结果被过滤掉了原有的诸多绿色杂边。

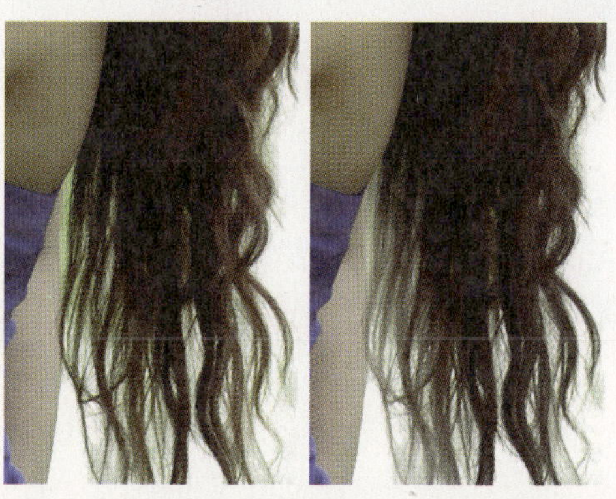

图5.95

- 输出到：在此下拉列表中，可以选择输出的结果。

 工具

此区域中的各参数解释如下。

- 缩放工具：使用此工具可以缩放图像的显示比例。
- 抓手工具：使用此工具可以查看不同的图像区域。
- 调整半径工具：使用此工具可以编辑检测边缘时的半径，以放大或缩小选择的范围。
- 抹除调整工具：使用此工具可以擦除部分多余的选择结果。当然，在擦除过程中，Photoshop仍然会自动对擦除后的图像进行智能优化，以得到更好的选择结果。图5.96

所示就是擦除前后的效果对比。

图5.96

图5.97所示是继续执行了细节修饰后的抠图结果及将其应用于写真模板后的效果。

图5.97

需要注意的是，“调整边缘”命令相对于通道或其他专门用于抠图的软件及方法，其功能还是比较简单的，因此无法苛求它能够抠出高品质的图像，通常可以作为在要求不太高的情况下，或图像对比非常强烈时使用，以快速达到抠图的目的。

5.10 选区的相关操作

通过前面的讲解，读者已经了解了一些常用的选区创建方法，下面介绍一些与选区相关的基本操作。

5.10.1 选择所有像素

所谓的选择所有像素，即指将画布中所有的图像内容都选中，这也是Photoshop中创建选区最为简单的一种方式。

要选择图像中的所有内容，可以按Ctrl+A键或选择“选择”|“全部”命令。

5.10.2 反向选择

如果选择“选择”|“反向”命令或按Ctrl+Shift+I键，可以选择当前选区以外的区域，如图5.98所示为原选择区域，执行反选操作后，则可以选择鸽子图像外部的区域，如图5.99所示。

图5.98

图5.99

5.10.3 取消选择区域

创建选区后，选择“选择”|“取消选择”命令或按Ctrl+D键，可取消选区。

5.10.4 再次选择选区

得到刚取消了的选区时，可以按Ctrl+Shift+D键或选择“选择”|“重新选择”命令。

5.10.5 移动选区

图5.100所示为原选区的状态，此时若要移动选区，可以按下述步骤进行操作。

1 在工具箱中选择一种选择工具。

2 将鼠标指针放在选区内。

3 待鼠标指针的形状变为▷时，用鼠标指针拖动选区，如图5.101所示。

图5.100

图5.101

5.10.6 移动选区中的图像

移动选区与移动选区中的图像是两个较容易混淆的概念，因此在此一并讲解。

从概念上说，“移动选区”是指选区被移动，而“移动选区中的图像”是指选区中的图像像素被移动。从效果上说，上一小节中讲解的是移动选区，而如果是移动选区中的图像，则是使用“移动工具”将选区中的图像移走，如图5.102所示。可以看出选区中的图像被移动后，要么显示背景色，要么显示透明背景，此操作对于图像而言是具有破坏性的。

图5.102

要移动选区中的图像可以使用“移动工具”，其操作步骤如下。

1 使用任意一种选择工具选择要移动区域中的图像。

2 选择“移动工具”，将鼠标指针放在选区内。

3 按住鼠标拖动选区，则选区中的图像随之移动，移动后的图像原区域将填充背景色。

Chapter 05 选区操作

5.11 变换选区

通过对选区进行缩放、旋转、镜像等操作，可以对现存选区二次利用，得到新的选区，从而大大降低制作新选区的难度。

变换选区的步骤如下。

1 执行“选择”|“变换选区”命令。

2 选区周围会出现变换控制框，如图5.103所示。

3 拖动控制框的控制句柄即可完成调整选区的操作，如图5.104所示为顺时针旋转20°后的状态。

如果在变换控制框上右击，可以在弹出的快捷菜单中选择相应的变换命令，如图5.105所示。

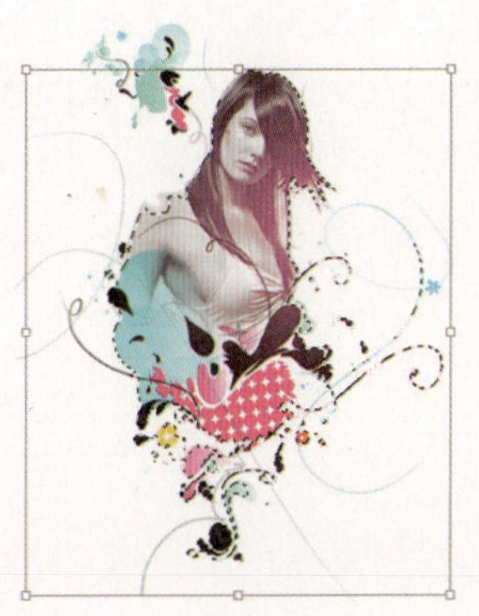

图5.103

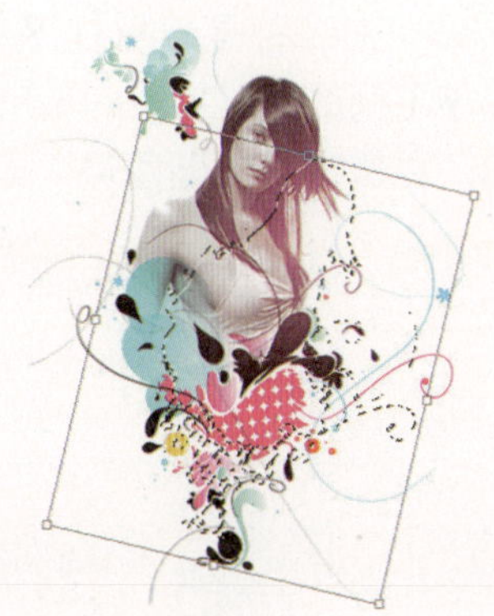

图5.104

自由变换
缩放
旋转
斜切
扭曲
透视
变形
内容识别比例
旋转 180 度
旋转 90 度(顺时针)
旋转 90 度(逆时针)
水平翻转
垂直翻转

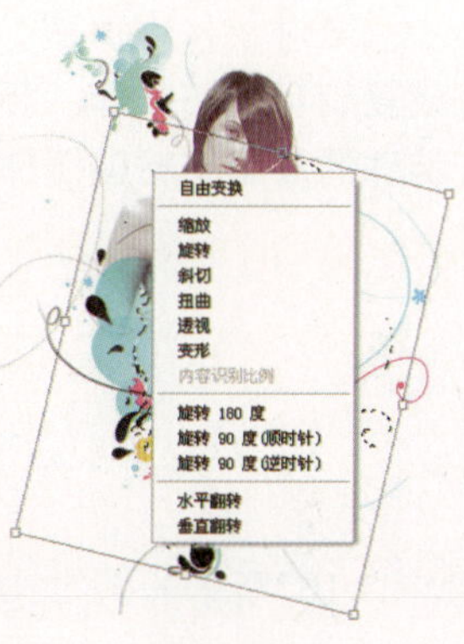

图5.105

TIP

按住Shift键拖动控制句柄，可以保持选区边界的宽高比例；若旋转选区的同时按住Shift键，可以按15°的增量旋转选区。

如果要精确控制选区，可以在控制句柄存在的情况下，在如图5.106所示的工具选项条中设置参数。

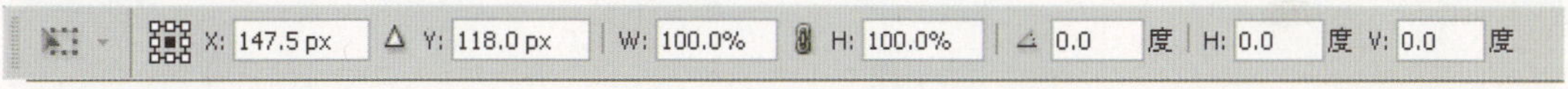
X: 147.5 px
Y: 118.0 px
W: 100.0%
H: 100.0%
0.0
度
H: 0.0
度
V: 0.0
度

图5.106

工具选项条各参数如下。

- 使用工具选项条中的图标可以确定操作参考点的位置。例如，要以选区左上角的点为参考点，单击图标使其显示为即可。

- 如果要精确改变选区的位置，可以分别在X、Y数值框中键入数值。
- 如果要使键入的数值为相对于原选区所在位置移动的一个增量，单击“使用参考点相关定位”按钮，使其处于被按下的状态。
- 如果要精确改变选区的宽度与高度，可以分别在W、H数值框中键入数值。
- 如果要保持选区的宽高比，应该单击“保持长宽比”按钮，使其处于被按下的状态。
- 如果要精确改变选区的角度，需要在“旋转”数值框中键入角度数值。
- 如果要改变选区水平及垂直方向上的斜切变形度，可分别在H、V数值框中键入角度数值。在工具选项条中完成参数设置后，可以单击“进行变换”按钮确认；如果要取消操作，可以单击“取消变换”按钮。

5.12 拷贝、剪切与粘贴

“拷贝”、“剪切”与“粘贴”命令都是应用程序中最普通的命令，用它们可以完成复制与粘贴操作。与其他程序不同的是，在Photoshop中还可以对选区内的图像进行特殊的复制与粘贴操作，例如，在选区内粘贴图像，或者清除选区内的图像。

5.12.1 拷贝、剪切

如图5.107所示为带有选区的图像，执行“编辑”|“拷贝”命令，或按Ctrl+C键，可以将当前选择的图像复制到剪贴板中，画面的内容保持不变；执行“编辑”|“剪切”命令，或按Ctrl+X键，则可以将所选图像内容从画面中剪切到剪贴板中，此时，选区范围将自动以默认的背景色填充（当前默认为白色），如图5.108所示。

图5.107

图5.108

5.12.2 4种粘贴操作方法

 粘贴

将图像拷贝或剪切到剪贴板后，选择“编辑”|“粘贴”命令，或按Ctrl+V键，可以将剪贴板中的图像粘贴到当前文档中。

 原位粘贴

选择“编辑”|“原位粘贴”命令，可以将创建的复制对象放置于被拷贝对象的正上方，其位置与原被拷贝对象的位置完全相同。如图5.109所示为带有选区的图像以及执行“原位粘贴”命令后的图像状态。

图5.109

贴入

如果在文档中存在选区，选择“编辑”|“贴入”命令，可以将剪贴板中的图像粘贴到选区内。如图5.110所示为一幅人物图像和一幅风景图像，且在风景图像中创建了椭圆选区，如图5.111所示为将人物图像贴入到选区后的效果。

图5.110

图5.111

粘贴到外部

粘贴到外部和贴入的功能恰好相反，如果在文档中存在选区，选择“编辑”|“外部粘贴”命令，可以将剪贴板中的图像粘贴到选区的外部。仍以“贴入”中的素材图像为例，如图5.112所示为将人物图像粘贴到选区外部的效果。

图5.112

Chapter 05 选区操作

5.13 为选区中的图像描边

当存在选区的状态下，选择“编辑”|“描边”命令，弹出如图5.113所示的“描边”对话框。利用此对话框，可以根据需要对选区进行描边操作，在此可以控制描边的宽度、颜色、不透明度、位置等属性。

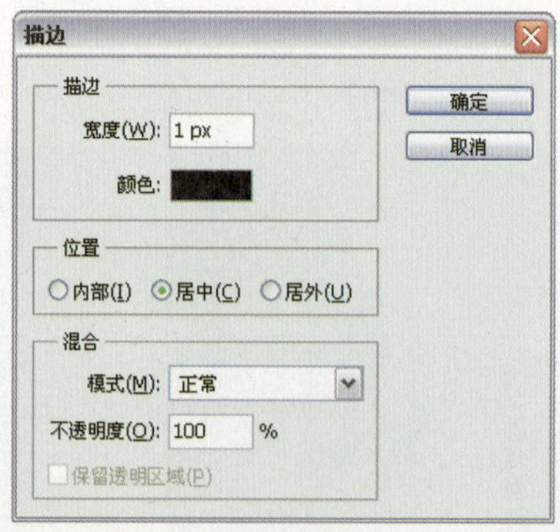

图5.113

- 宽度：在此文本框中输入数值，以设置描边线条的宽度，数值越大线条越宽。
- 颜色：单击色块，在弹出的对话框中为描边线条选择一种合适的颜色。
- 位置：此区域中的3个选项，可以设置描边线条相对于选择区域的位置，其中包括内部、居中和居外。如图5.114所示分别为原图像及选择3个选项后所得的描边效果。

原图像

选择“居内”选项

选择“居中”选项

选择“居外”选项

图5.114

在“描边”对话框中，“混合”区域中的选项与“填充”对话框中对应部分的含义相同，在此不再赘述。

如图5.115所示为原选区及进行描边操作后的效果。

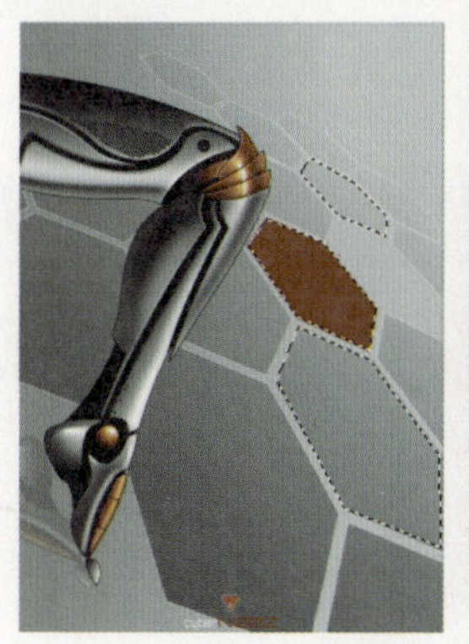

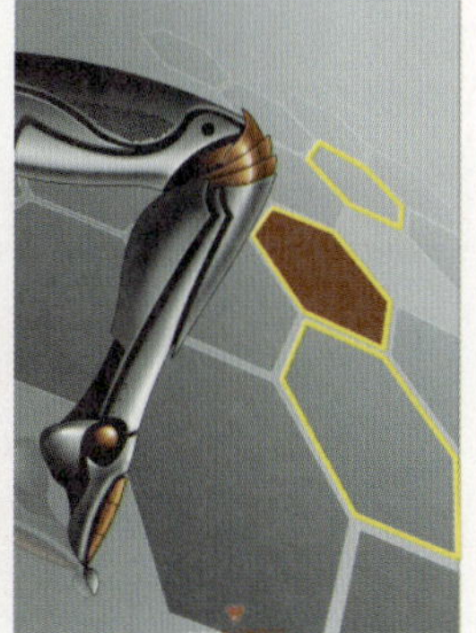

图5.115

TIP

读者可以尝试先对选区进行不同程度的羽化操作，再执行描边操作，并观察不同的羽化数值对描边操作的影响。

5.14 为选区填充图像

如前面所述，对选区内部可以填充前景色或背景色，而利用“填充”命令还可以选择更多的填充效果。

在存在选区的状态下，选择“编辑”|“填充”命令，将弹出如图5.116所示的“填充”对话框。

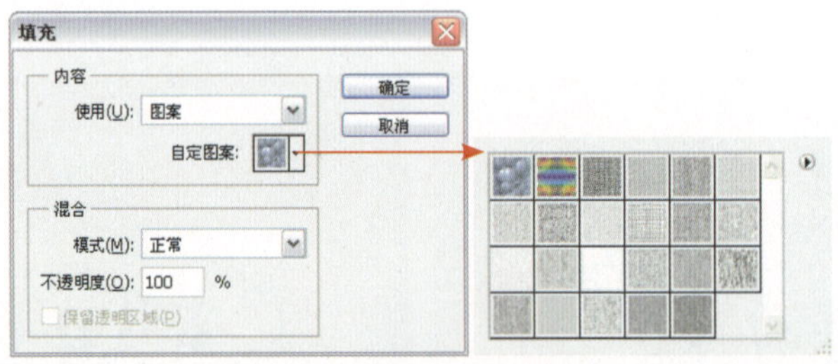

图5.116

- 内容：在“使用”下拉列表中可以选择填充的类型，其中包括前景色、背景色、颜色、内容识别、图案、历史记录、黑、50%灰色和白色9种类型。当选择“前景色”或“背景色”选项时，可在选区内相应填充为前景色或背景色。当选择“图案”选项时，其下面的“自定图案”选项被激活，单击右侧的三角按钮，在弹出的下拉列表中选择一种图案进行填充。
- 模式：在此选择填充对象与背景的混合模式，其中的混合模式效果与图层混合模式相同。
- 不透明度：设置填充效果的不透明度。
- 保留透明区域：选中此复选框，可以保证在有透明区域的图层中填充时，保留图层中的透明区域不被填充。

选择一种填充方式并设置混合效果后单击“确定”按钮，即可完成填充操作。如图5.117所示为笔者制作的选择区域，如图5.118所示为填充默认图案后的效果，如图5.119所示则是笔者在填充时将混合模式设置为“叠加”后得到的填充结果。

图5.117

图5.118

图5.119

TIP

要快速调出“填充”对话框，应按Shift+Backspace键；要为选区填充前景色，应按Alt+Delete键；要为选区填充背景色，应按Ctrl+Delete键。

在Photoshop CS5中，“填充”的“使用”下拉列表中新增了一个名为“内容识别”的智能填充方式，即在填充选定的区域时，可以根据所选区域周围的图像进行修补，甚至可以在一定程度上“无中生有”。从实际的使用效果上来说，也确实为用户的图像处理工作提供了一个更智能、更有效率的解决方案。

下面通过一个简单的实例，讲解一下此功能的使用方法。

1 打开随书所附光盘中的文件“第5章\5.14-2-素材.jpg”，如图5.120所示。在本例中，将修除画面中多余的一只手。

2 使用“多边形套索工具”绘制选区，以将要修除的手图像选中。在绘制选区时，可尽量地精确一些，这样填充的结果也会更加准确，但也不要完全贴着手的边缘绘制，这样可能会让填充后的图像产生杂边，如图5.121所示。

图5.120

图5.121

3 按Shift+Backspace键或选择“编辑”|“填充”命令，设置弹出的对话框如图5.122所示。

4 单击“确定”按钮退出对话框后，按Ctrl+D键取消选区，将得到如图5.123所示的填充结果。可以看出，多余的手臂图像已经基本被修除，除了中心位置还留有一些痕迹，其他区域已经基本替换成为较接近的图像内容。

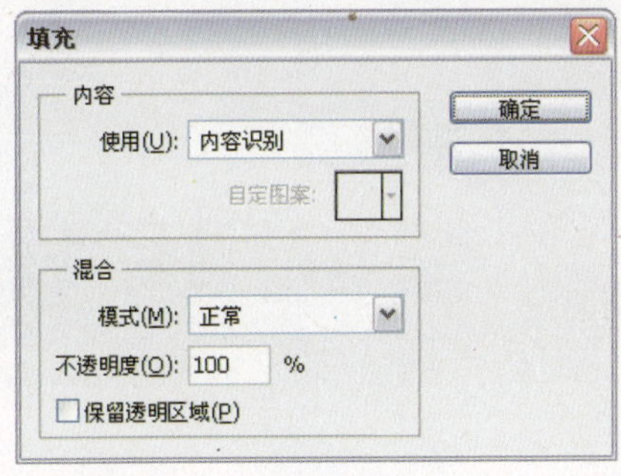

图5.122

图5.123

5 如果效果不满意的话，可以使用“修补工具”或“仿制图章工具”，将残留的痕迹修补干净，得到如图5.124所示的效果，图5.125所示是本例的整体效果。

图5.124

图5.125

另外，在拼合全景图像时，常常会在图像四周出现大量的空白，如图5.126所示。此时可以尝试使用前面讲解的“内容识别”选项进行填充，以恢复更多的图像内容。例如图5.127所示就是将空白的位置选中，为了避免填充后产生杂边，还将选区扩展了2px，然后进行“内容识别”填充后的结果，可以看出，画面中还是有相当一部分内容恢复得不错。

图5.126

图5.127

图5.128所示是对边缘进行深入地修饰及润色等处理后的结果。

图5.128

关于拼合全景图的讲解，请参见本书第17.2.3 节的内容。

Chapter 05 选区操作

5.15 自定义图案

在5.14节所讲的“填充”对话框中读者已经初步认识了图案，Photoshop虽然自带了一些图案，然而这些图案在很多时候并不能满足需求，这时可以通过操作来创建图案，以实现自己创作的目的，这样就为用户提供了更自由和更广阔的空间。

定义图案的操作步骤如下。

1 打开随书所附光盘中的文件“第5章\5.15.psd”，如图5.129所示。

2 在工具箱中选择“矩形选框工具”，并在其工具选项条中设置“羽化”值为0。

3 在打开的图像文件中，框选区域作为图案的局部图像，如图5.130所示。

图5.129

图5.130

4 选择“编辑”|“定义图案”命令，打开如图5.131所示的“图案名称”对话框，在“名称”文本框中输入图案的名称后单击“确定”按钮，完成自定义图案操作。这样即可在以后的操作中从“图案选择”列表框中选择自定义的图案进行操作，如图5.132所示。

图5.131

如图5.133所示为一幅图案图像，如图5.134所示为原图像，如图5.135所示为在背景中填充了该图案并设置适当混合模式后的效果。

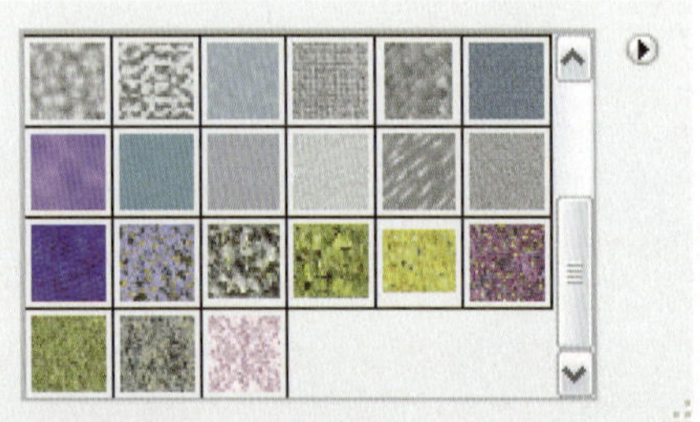

图5.132

图5.133

图5.134

图5.135

TIP

很多初学者常常犯以下两个错误：第一，不知道一定要用“矩形选框工具”创建选区；第二，在用“矩形选框工具”创建选区时，在其工具选项条中设置了“羽化”数值，即使只设成1像素的羽化，也无法完成定义图案的操作。所以遇到此问题时，一定要注意两点：第一，必须用“矩形选框工具”；第二，“矩形选框工具”的羽化值必须为0像素。

TIP

此节所讲述的自定义图案的方法，对于使用“图案图章工具”，以及后面将要学习到的“图案填充”有重要的意义。

Chapter 06

图像润饰与修复

Photoshop的强大功能之一就是对图像的修饰与修复。灵活运用Photoshop中的工具可以修复破损的照片，使模糊的图片变得清晰，还可以克隆图像的局部、修复面部的斑点、去除红眼以及擦除图像等。本章将讲解用于修饰、复制及修改图像的工具。

6.1 图像简单修饰操作

Photoshop提供了多种对图像进行细微调整的工具，它们各自拥有非常突出的功能，例如模糊图像、锐化图像、加深图像等，本节将讲解上述工具的使用方法。

6.1.1 锐化工具

“锐化工具”可以提高图像的清晰程度，以校正模糊的照片或将不太明显的细节显示出来，但在使用时要注意的是，如果锐化过度，会使画面出现较强的白线型印记，非常影响画面的美观程度。

例如图6.1所示是对人物的头发及面部进行锐化处理前后的效果对比，为了让皮肤保持比较柔嫩的状态，因此锐化强度较低，而对眼睛及头发处理时，为了显示出更多的细节，锐化的强度较高，尤其眼睛显得更加明亮。

图6.1

6.1.2 模糊工具

利用“模糊工具”在图像中操作，可以使操作部分的图像变得模糊，以更加突出清晰的局部，其工具选项条如图6.2所示。

图6.2

模糊工具选项条中的重要参数解释如下。

- 模式：在此下拉列表中选择操作时的混合模式，它的意义与图层混合模式相同。
- 强度：设置此文本框中的百分数，可以控制"模糊工具"操作时笔画的压力值，百分数值越大，一次操作得到的效果越明显。
- 对所有图层取样：选中此复选框，将使"模糊工具"的操作应用于图像中的所有可见图层，否则该工作仅对当前操作的图层起作用。

如图6.3右图所示为使用此工具模糊图像中人物的下半身图像后所得到的景深照片效果，与左图相比，很明显，这样的照片看上去重点更加突出。

图6.3

6.1.3 减淡工具

"减淡工具"又被称为"提亮工具"，主要用于提高图像局部的亮度，其工具选项条如图6.4所示。

图6.4

- 在此工具选项条中的"范围"下拉列表中分别选择不同的选项，可以控制该工具在提亮图像时的处理区域，例如选择"高光"选项，则对图像中的高光范围进行处理。
- 如果希望在操作后图像的色调不发生变化，可选择"保护色调"复选框。

如图6.5所示为原图像，此照片由于拍摄原因导致人物主体的曝光不足，如图6.6所示就是对人物的高光区域、中间调区域以及阴影区域进行提亮处理，增强图像的亮度、对比度后的效果。

图6.5

图6.6

6.1.4 加深工具

"加深工具"与上面讲解的"减淡工具"功能相反，此工具用于使图像中被操作的区域变暗，以如图6.7所示的图像为例，画面中的光线使得人物图像上有一些“浮光”，整体看来显得对比度不足。图6.8所示就是使用此工具分别在画面中进行涂抹后的结果。

图6.7

图6.8

对于“加深”和“减淡”这一对工具，除了用于提亮和降暗图像外，还广泛地应用于绘画中，如图6.9所示就是典型的使用这两个工具绘制得到的作品。

图6.9

6.2 擦除图像操作

利用“橡皮擦工具”可以擦除图像像素，使擦除部位显示为背景色或者透明状态。在Photoshop中有3种橡皮擦工具，包括“橡皮擦工具”、“背景橡皮擦工具”和“魔术橡皮擦工具”。每一类工具的擦除效果都各不相同，下面分别进行介绍。

6.2.1 橡皮擦工具

"橡皮擦工具"和现实生活中的橡皮擦的作用是相同的，使用此工具在图像中拖动，即可擦除拖动操作所掠过的区域，此工具选项条如图6.10所示。

图6.10

此工具的各参数含义如下。

- 画笔：使用"橡皮擦工具"进行擦除操作前，首先需要在"画笔"下拉列表中选择笔刷，以确定在擦除时拖动一次所能擦除区域的大小，选择的笔刷越大，一次操作所能擦除的区域也越大。
- 模式：在"模式"下拉列表中，可选择不同的橡皮擦工作方式，以创建不同的擦除效果。
- 喷枪工具：单击此按钮，将以"喷枪工具"的方式进行擦除。
- 抹到历史记录：在此复选框被选中的情况下，配合"历史记录"面板，可以在使用"橡皮擦工具"进行擦除时，将擦除的图像恢复至某一擦除前的状态。

6.2.2 背景橡皮擦工具

利用"背景橡皮擦工具"可以直接擦除当前操作区域的像素，使该区域变为透明状态。选择"背景橡皮擦工具"后，工具选项条显示如图6.11所示。

图6.11

- 限制：在此下拉列表中可以选择要擦除图像的颜色范围。选择"不连续"选项，可擦除不连续的像素；选择"连续"选项，可以擦除连续的像素；选择"查找边缘"选项，则保留图像边缘。
- 容差：在此键入数值或拖动其滑块，可以设置擦除图像或者选区的颜色容差范围。
- 保护前景色：选择此复选框，在擦除时图像中与前景色相同的区域将不会被擦除。
- 取样：单击"取样：连续"按钮，拖动鼠标左键时连续采集色样，可以擦除颜色不同的相邻区域；单击"取样：一次 "按钮，只擦除第一个包含取样点的颜色区域，使用此选项可以擦除实色区域，也可以擦除在图像的多个不连续区域内出现的单个颜色；单击"取样：背景色板"按钮，只擦除包含背景色的图像区域。

如图6.12所示为原图像。如图6.13所示为在"限制"下拉列表中选择"查找边缘"选项、在工具选项条中单击"取样：一次"按钮后，先使用"背景橡皮擦工具"单击画布中的白色区域，然后使用此工具在画布中拖动后所得到的效果，可以看出图像中较为明显的边缘都被保留了下来。

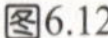

图6.12

图6.13

6.2.3 魔术橡皮擦工具

使用“魔术橡皮擦工具”，可以一次完成使用“魔棒工具”选择相同的颜色再将其擦去的操作，其工具选项条如图6.14所示。

图6.14

此工具的各参数含义如下。

- 容差：此数值用于控制擦除颜色的区域，数值越大能擦除的颜色范围越大。
- 消除锯齿：选中该复选框，可擦除不同颜色区域边缘处的杂色，因此将操作后的图像放在另外一种颜色的背景上，不会出现杂色边缘效果。
- 连续：未选中该复选框，能一次擦除颜色值在“容差”范围内的所有像素。选中该复选框，只能一次性擦除颜色值在“容差”范围内的连续的像素。图6.15所示为选中与未选中此项所得到的不同效果。
- 对所有图层取样：选中该复选框，使选择擦除颜色区域的操作应用在所有图层中。

原图

未选“连续”复选框

选中“连续”复选框

图6.15

Chapter 06 图像润饰与修复

6.3 仿制复制图像

6.3.1 仿制图章工具

“仿制图章工具”是图像中对象复制操作时非常适用的工具，利用它可以将想复制的对象原封不动地复制一个或多个。选择“仿制图章工具”后，其工具选项条如图6.16所示。

图6.16

下面讲解其中几个重要选项的含义。

- 对齐：选择该复选框，整个取样区域仅应用一次，即使操作由于某种原因而停止，再次使用“仿制图案工具”进行操作时，仍可从上次结束操作时的位置开始。反之，如果未选择该复选框，则每次停止操作再继续绘画时，都将从初始参考点位置开始应用取样区域。因此在操作过程中，参考点之间的位置与角度关系处于变化之中，该选项对于在不同的图像上应用图像同一部分的多个副本时很有用。
- 样本：在此下拉列表中，用户可以选择定义源图像时所选取的图层范围，其中包含“当前图层”、“当前和下方图层”及“所有图层”3个选项，从其名称上便可以轻松理解在定义样式时所使用的图层范围。
- “忽略调整图层”按钮：在“样本”下拉列表中选择“当前和下方图层”或“所有图层”选项时，该按钮将被激活，按下以后将在定义源图像时忽略图层中的调整图层。

下面讲解如何使用“仿制图章工具”，其操作方法如下。

1 打开随书所附光盘中的文件“第6章\6.3.1-素材.jpg”，如图6.17所示。在此照片中，背景墙上的一些饰品使照片整体显得有些杂乱，本例就来讲解一下使用“仿制图章工具”将其修除的操作方法。

2 选择“仿制图章工具”，在其工具选项条中选择合适的笔刷，设定“模式”、“不透明度”参数，选择“对齐”选项。

3 按住Alt键（此时光标变为⊕形状），单击女孩头部右侧的相框下方，以定义源图像，如图6.18所示。

4 释放Alt键，在要得到复制图像的区域按住鼠标左键并拖动鼠标，此时图像中将出现十字光标与圆圈光标两个光标，其中十字光标为取样点，而圆圈光标为复制处，调整适当的画笔大小并摆放至要修除的位置，注意对齐位置，此时画笔内部将显示预览图像，如图6.19所示。

图6.17

图6.18

5 不断在新的位置拖动光标，即可复制取样处的图像，得到如图6.20所示的效果。

6 按照步骤3～5的方法，继续在其他多余图像的部位定义源图像，并进行擦除，直至得到如图6.21所示的效果。

图6.19

图6.20

图6.21

TIP

进行复制操作时，如果按住Shift键，将会使橡皮图章以直线方式复制图像。多数初学者不会在开始使用“仿制图章工具”时选择“对齐”选项，因此在操作时切记不要在完成仿制前释放鼠标按键，这样会重新开始一个新的仿制操作。当然在工具选项条中选择“对齐”选项，可以避免此类错误的发生。

TIP

笔者在教学过程中，经常发现初学者在进行仿制操作时，不能得到大面积的仿制图像，其原因就是没有在工具选项条中设置恰当的“画笔”参数，实际上这一参数的设置与画笔类型的选择决定着是否能够得到令人满意的仿制效果。

6.3.2 使用“仿制源”面板

认识仿制源

“仿制源”面板能够十分灵活地进行复制。与使用图章工具组进行仿制相比，“仿制源”面板不仅能够自由地对仿制出的图形大小、旋转角度等进行改变，而且可以设置多个仿制源点来进行仿制，并且在仿制时旋转、缩放被仿制的图像，从而为仿制工作增加了更多的灵活性。下面详细讲解“仿制源”面板中的参数。

执行“窗口”|“仿制源”命令，即可显示如图6.22所示的“仿制源”面板。

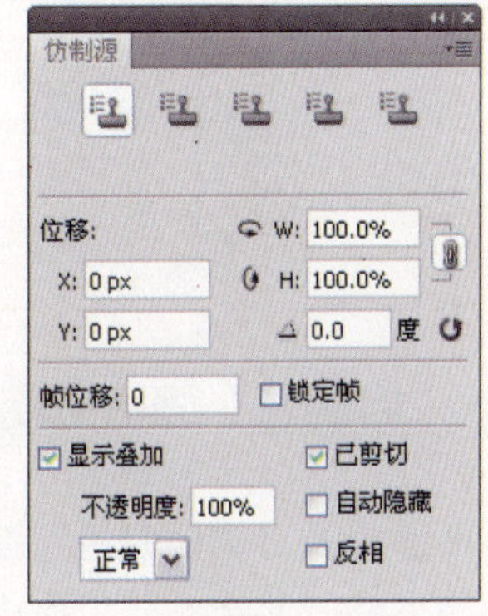

图6.22

下面分别讲解“仿制源”面板中用于定义仿制时显示效果的若干参数的意义。

- 定义仿制源区：该区域包括5个仿制图章工具图标，分别单击各图标，然后定义源图像时，会在所选图标上记录下定义的源图像信息。例如，定义的位置、图像文件及图层的名称等。要定义多个仿制源，可以选择不同的仿制源图标，然后按照定义源图像的方法进行操作，即可将定义的源图像记录在所选的图标中。
- 位移：此处包含了“X”和“Y”两个参数，表示仿制源图像在画布中的位置。需要注意的是，该位置不是按住Alt键单击定义仿制源图像时的位置，而是定义了仿制源图像后第一次在图像中单击时的位置。
- 缩放：此处包含了“W”和“H”两个参数，当定义了仿制源后，在复制图像时得到的图像大小与仿制源图像是完全相同的，但如果在此处设置一定的参数，则可以改变这种情况。在“保持长宽比”按钮被按下的情况下，在“W”和“H”任意一个数值框中键入数值，都可以对仿制源进行等比例的缩放，否则将分别对仿制源的宽度和高度进行缩放。
- 旋转仿制源：在此处可以设置仿制源的旋转角度，这对于在仿制具有一定旋转角度的图像时非常有用。
- 复位变换：单击此按钮，则所有对仿制源的参数设置都将恢复到默认的状态。
- 显示叠加：选择此复选框，可以在仿制操作中显示预览效果，从而避免错误操作。
- 不透明度：用于制作叠加预览图像的不透明度显示效果。数值越大，显示效果越清晰。
- 自动隐藏：选择此复选框，在按住鼠标左键进行仿制操作时，叠加预览图像将暂时处于隐藏状态，不再显示。
- 为叠加设置混合模式：在此下拉列表中可以设置叠加预览图像与原始图像的叠加模式，如图6.23所示为模式下拉列表。
- 反相：选择此复选框，叠加预览图像呈反相显示状态。
- 已剪切：此复选框及“显示叠加”复选框被选中的情况下，Photoshop将操作中的预览区域的大小剪切为画笔大小，图6.24所示为选中此复选框前后的效果对比。

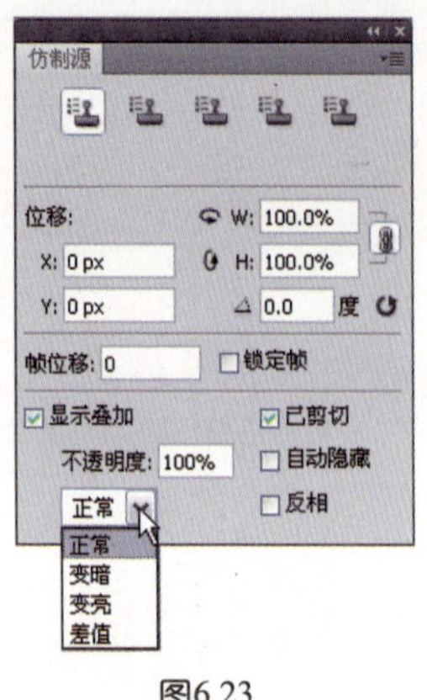

图6.23

图6.24

“仿制源”面板应用实例

前面已经对“仿制源”面板做了简单的介绍。下面通过实例使读者了解“仿制源”面板的使用方法及其在实际工作中的应用。

1 打开随书所附光盘中的文件“第6章\6.3.2-素材.psd”，如图6.25所示，其对应的“图层”面板如图6.26所示。

TIP

本例为了更好、更方便地进行仿制操作，将利用图层功能来进行制作。

2 将“图层1”拖动到“创建新图层”按钮上复制图层，得到“图层1副本”，配合自由变换控制框将“图层1副本”中的图像调整到画布的左下角位置，“图层1副本”中的图像状态如图6.27所示。

图6.25

图6.26

图6.27

3 在工具箱中选择“仿制图章工具”，其工具选项条参数设置如图6.28所示。

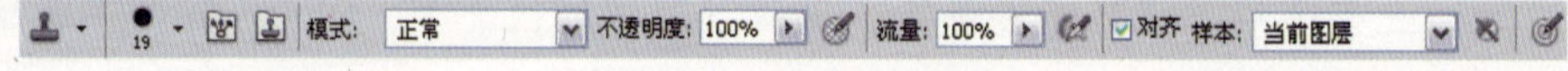

图6.28

4 选择“图层1”，将“仿制图章工具”拖动到“图层1”中电池图像上如图6.29中红色圆圈所示的位置，按住Alt键单击鼠标左键，以创建一个仿制源点，此时的“仿制源”面板如图6.30所示，其中红色框内的文字代表当前的文件名称，而蓝色框内的文字则代表当前定义源图像的图层名称。

TIP

由于当前还没有使用此源图像进行图像的复制操作，所以在“位移”区域中显示的数值都为0。

5 由于在后面需要复制得到略小且带有一定角度的电池图像，所以需要按照如图6.31所示的参数进行设置，同时选择“显示叠加”选项来显示出调整后的状态，设置参数后的图像效果如图6.32所示。

图6.29

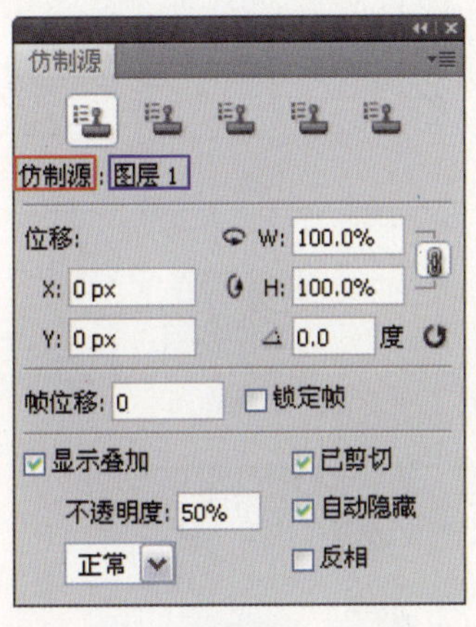

图6.30

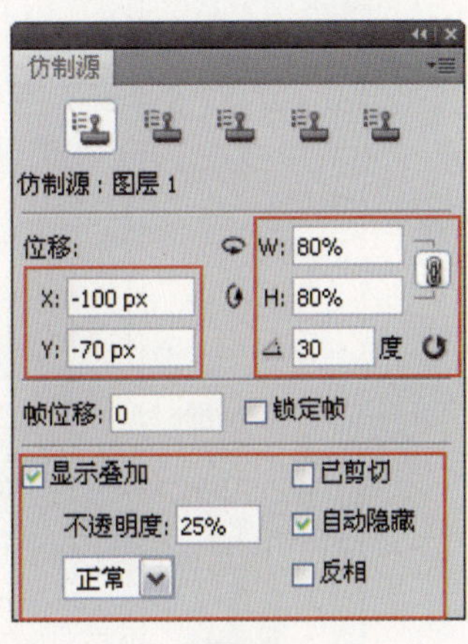

图6.31

6 单击“仿制源”面板的第2个仿制源点（如图6.33所示），选择“图层1副本”，将“仿制图章工具”拖动到画布左下角的电池图像上，效果如图6.34所示，按Alt键单击，定义仿制源点。

7 在“仿制源”面板中设置参数如图6.35所示，此时的图像效果如图6.36所示。

图6.32

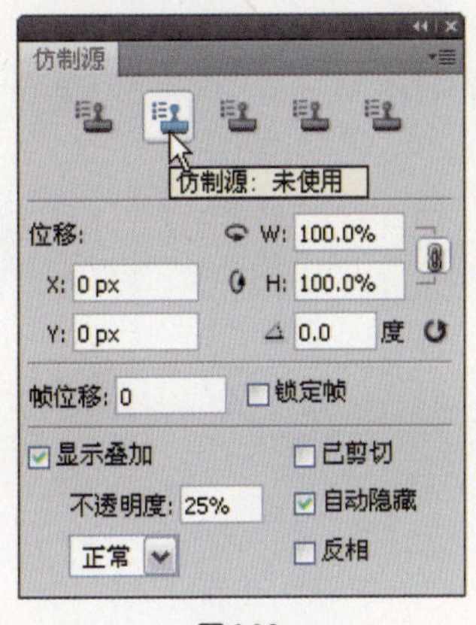

图6.33

图6.34

8 在“仿制源”面板中选择第1个仿制源点，选择“图层1”，按住Ctrl键单击“图层1”的图层缩览图，以载入该图层中图像的选区，然后按Shift+Ctrl+I键反选选区。

9 使用“仿制图章工具” 在电池图像后面的虚影上进行涂抹，效果如图6.36所示，继续在后面的虚影上进行涂抹，效果如图6.37所示。

10 在“仿制源”面板中选择第2个仿制源点，选择“图层1副本”，按住Ctrl键单击“图层1 副本”的图层缩览图，以载入该图层中图像的选区，按Shift+Ctrl+I键反选选区，然后在电池图像后面进行涂抹，效果如图6.38所示。如图6.39所示为取消选区后的效果，如图6.40所示为此时“图层”面板的显示状态。

当然，也可以通过修改“仿制源”面板中的参数，制作得到如图6.41所示的效果，读者可以自行尝试。

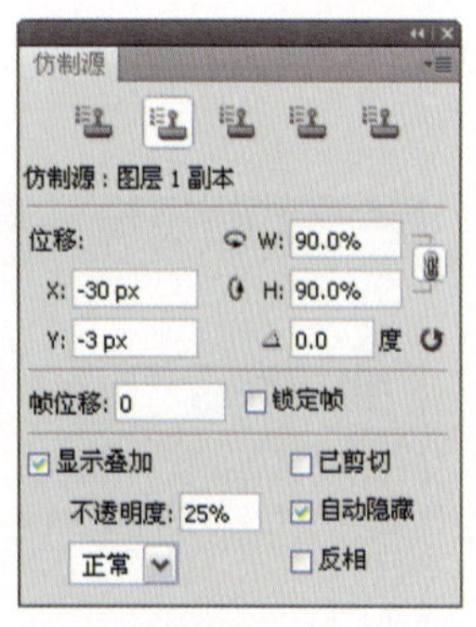

图6.35

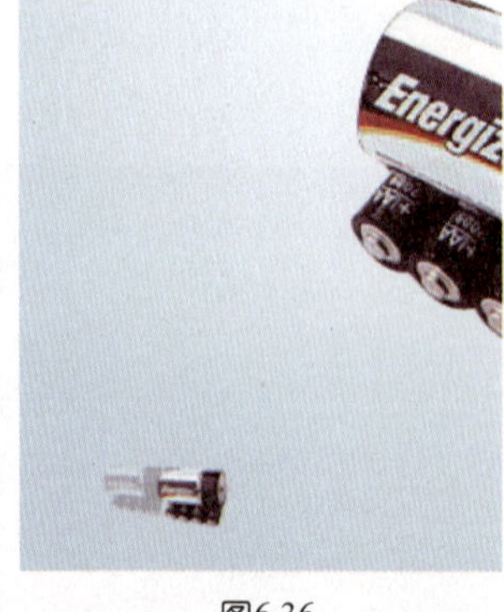

图6.36

图6.37

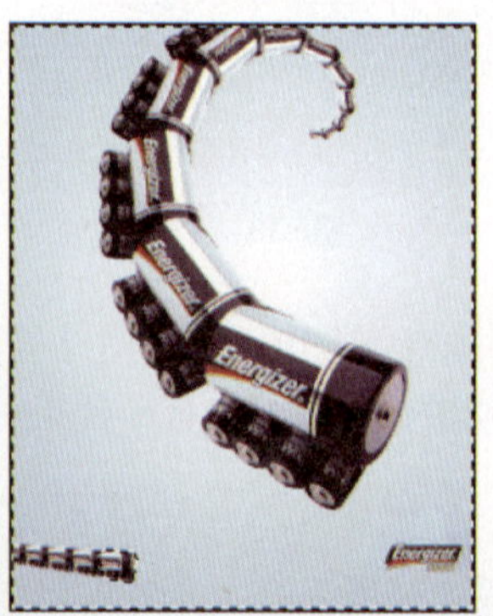

图6.38

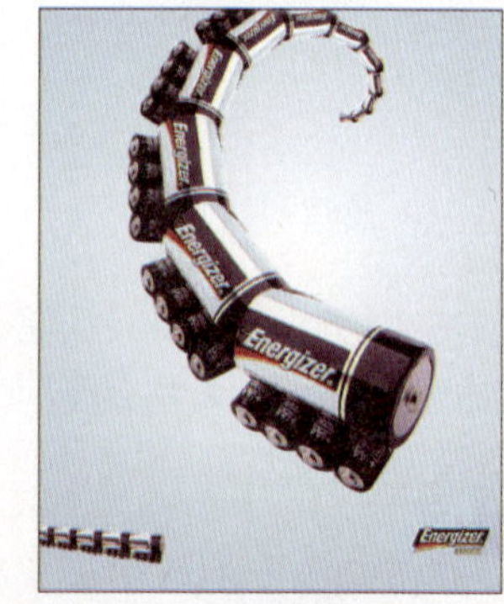

图6.39

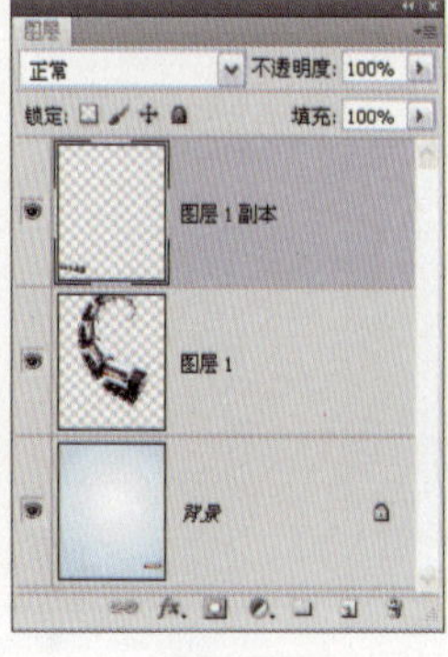

图6.40

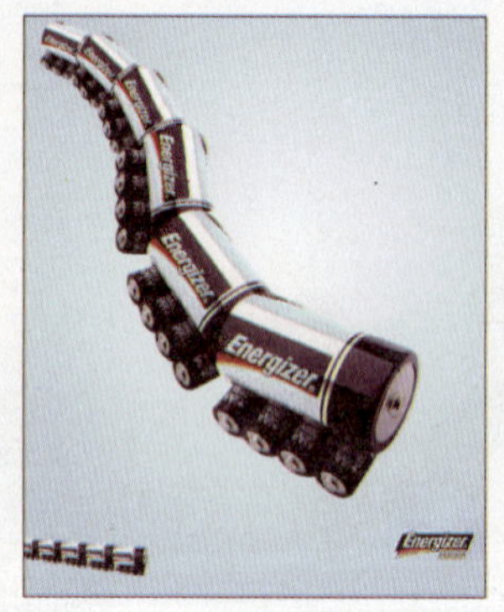

图6.41

Chapter 06 图像润饰与修复

6.4 修复图像操作

6.4.1 修复画笔工具

"修复画笔工具"是选取图像中的"好"区域来修复"不好"的区域，并使整幅图像保持完好的状态。利用"修复画笔工具"修复图像的具体操作步骤如下。

1 打开随书所附光盘中的文件"第6章\6.4.1-素材.jpg"，如图6.42所示。

图6.42

2 在工具箱中选择"修复画笔工具"，并在其工具选项条中进行如图6.43所示的设置。

修复画笔工具选项条中的重要参数的含义如下。

- 取样：用取样区域的图像修复需要改变的区域。
- 图案：用图案修复需要改变的区域。
- 样本：在此下拉列表中，读者可以选择定义源图像时所选取的图层范围，其中包含"当前图层"、"当前和下方图层"以及"所有图层"3个选项。
- "忽略调整图层"按钮：在"样本"下拉列表中选择"当前和下方图层"或"所有图层"选项时，该按钮将被激活，按下以后将在定义源图像时忽略图层中的调整图层。

图6.43

3 按住Alt键在背部的其他完好区域取样，在有图案的区域进行涂抹，其效果如图6.44所示，操作过程如图6.45所示。按照此方法去除其他位置的文字，得到如图6.46所示的效果。

4 按住Alt键，继续在背部皮肤肌理较好的区域进行取样，然后在需要加强皮肤质感的区域进行涂抹，即可得到如图6.47所示的最终效果。

在使用"修复画笔工具"时，十字点为取样点，小圆圈区域为当前涂抹区域。

图6.44

图6.45

图6.46

图6.47

6.4.2 污点修复画笔工具

“污点修复画笔工具”可以用于去除照片中的杂色或污斑，此工具与前面讲解到的“修复画笔工具”非常相似，但不同的是使用方法。

使用此工具时不需要进行采样操作，只需要用此工具在图像中有杂色或污斑的地方单击，即可去除此处的杂色或污斑，这是由于Photoshop能够自动分析单击处图像的不透明度、颜色与质感，从而进行自动采样，最终完美地去除杂色或污斑。

如图6.48所示为素材图像及局部细节效果，如图6.49所示为使用“污点修复画笔工具”去除处色斑后的效果。

图6.48

图6.49

在Photoshop CS5中，新增了一项“内容识别”选项，选中此选项后，可以在修复时依据周围的场景进行智能化的修复处理。以图6.50所示的原图像为例，图6.51所示是选择此选项进行涂抹时的状态，图6.52所示是自动修复后的效果（修复后的边缘有些瑕疵，可使用“仿制图章工具”进行修除），可以看出，Photoshop根据周围的图像，自动填充了原来人物手中的笔所在的区域。

如果不是使用“内容识别”功能，那么很可能得不到这么完美的修复结果，例如图6.53所示就是在其工具选项条上选择“近似匹配”选项后的修复结果。

图6.50

图6.51

图6.52

图6.53

6.4.3 修补工具

修补工具的使用方法

“修补工具”用于将图像中所需要的部分选择并移动到需要覆盖的区域，类似于现实生活中的植皮术，且Photoshop能将移植过来的部分图像与该区域中的原图像很好地融合在一起。

在此以一个实例来讲解“修补工具”的使用方法，其操作步骤如下。

1 打开随书所附光盘中的文件“第6章\6.4.3-1-素材.jpg”，如图6.54所示。选择“修补工具”，并在其工具选项条中进行如图6.55所示的参数设置。

图6.54

图6.55

2 使用“修补工具”选择人像脸部的痣点，其使用方法与“套索工具”类似，图6.56所示是将要修补的匹配选中后的状态。

3 将鼠标置于选择区域内，将选区拖动至如图6.57所示的位置，释放鼠标并按Ctrl+D键取消选区，得到如图6.58所示的效果。

图6.56

图6.57

TIP

在使用“修补工具”时，也可以使用其他选择工具制作一个精确的选区，然后选择“修补工具”，将选区拖动至无瑕疵的图像上，以便更好地对图像进行完善。

4 按Ctrl+D键取消选区，得到如图6.59所示的最终效果。如图6.60所示为修补前后的对比效果。

图6.58

图6.59

图6.60

利用“透明”选项实现半透明效果

利用修补工具选项条上的“透明”选项，可以在修复图像的基础上实现半透明效果。下面以一个简单的实例来讲解此选项的功能。

1 打开随书所附光盘中的文件“第6章\6.4.3-2-素材2.jpg”，如图6.61所示。选择“修补工具”，并按照人物嘴巴的轮廓创建选区，如图6.62所示。

图6.61

图6.62

2 设置修补工具选项条中的各项参数，如图6.63所示。

图6.63

3 直接将选区拖至眼角的部位，按Ctrl+D键取消选区，得到如图6.64所示的效果。

4 为了突出对比效果，按Ctrl+Z键回退一步，在修补工具选项条中取消“透明”复选框的勾选，重复步骤3的操作，得到如图6.65所示的效果。

图6.64

图6.65

通过对比两幅图像，相信读者能够看出“透明”选项的功能。

6.4.4 红眼工具

经常拍照的人都知道，夜晚拍照很容易出现红眼。虽然当前的数码相机大都具有去除红眼功能，但仍然有许多以前拍摄的照片带有红眼。如果想去掉这些红眼，可以使用“红眼工具”。红眼工具选项条如图6.66所示。

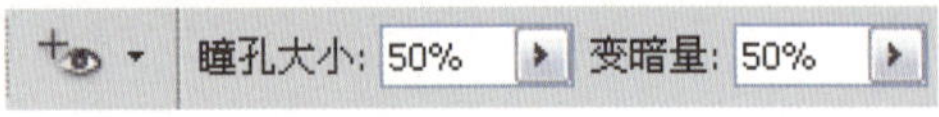

瞳孔大小: 50% 变暗量: 50%

图6.66

下面用一个实例来讲解其具体的操作方法。

1 打开随书所附光盘中的文件“第6章\6.4.4-1-素材.jpg”，如图6.67所示。选择“红眼工具”，并在其工具选项条中设置“瞳孔大小”、“变暗量”参数。

2 在人物眼睛上拖动鼠标绘制一个类似选区的选框以将眼睛选取，即可得到如图6.68所示的黑眼睛效果。

图6.67

图6.68

TIP

“红眼工具”可以说是专门为去除照片中的红眼而设立的，但需要注意的是，这并不代表该工具仅能对照片中的红眼进行处理，对于其他较为细小的东西，同样可以使用该工具来修改其色彩，如图6.69所示为原图像，如图6.70所示为将红色装饰物修饰后的效果。

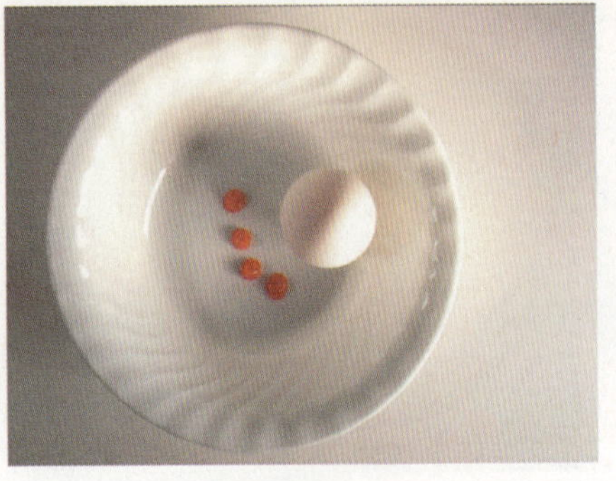

图6.69

图6.70

Chapter 07

调整图像颜色

Photoshop提供了很多用于调整图像颜色的命令，可以根据需要对图像中的颜色进行色相、饱和度及亮度等多方面的调整。例如，可以统一图像色调的“匹配颜色”命令，既能减少颜色也能叠加颜色的“色彩平衡”命令，以及“去色”、“反相”及“色调均化”等命令可以快速编辑图像颜色的命令。本章将对Photoshop中的图像颜色调整命令及工具逐一进行详细的讲解和剖析。

7.1 用直方图评估图像的色调

“对症下药”这个词不仅适用于现实生活中，对于使用Photoshop调整颜色也同样适用，不过其含义已经变为针对不同图像的色调使用不同的调整命令与方法。

要了解图像的色调类型，可以在图像处于打开的状态下时（如图7.1所示），执行“窗口”|“直方图”命令，打开“直方图”面板，如图7.2所示，可以看出其中包含一个直方图。

图7.1

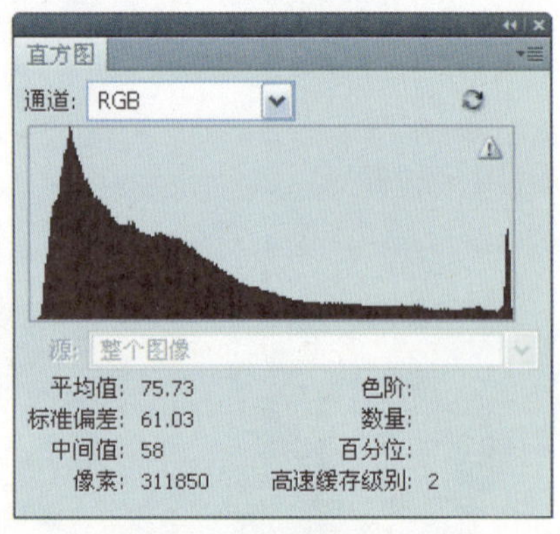

图7.2

直方图以256条垂直线来显示图像的色调范围。这些线从左向右延伸，分别代表从最暗到最亮的每一个色调。每条线的高度指示图像中该特殊色调具有多少像素。

通过观察图像的直方图，可以了解图像每个亮度色阶所含像素的数量及各种像素在图像中的分布情况，从而识别图像的色调类型并确定调整图像时的方式及方法。

有关当前图像的像素亮度值的统计信息出现在“直方图”面板的下方，释义如下。

- 平均值：表示平均亮度值。
- 标准偏差：表示亮度值的变化范围。
- 中间值：表示亮度值范围内的中间值。
- 像素：表示用于计算直方图的像素总数。
- 色阶：表示指针位置的亮度级别。
- 数量：表示相当于指针位置亮度级别的像素总数。
- 百分位：显示指针位置所处的级别或者该级别以下的像素累计数。该数值表示为图像中所有像素的百分数，从最左侧的0%到最右侧的100%。
- 高速缓存级别：表示图像高速缓存的设置。

除了按默认情况下的设置查看全部图像的亮度、RGB数值，也可以在面板的下拉列表中选择某一个通道，如“红”、“绿”等，以查看单通道图像的直方图。

要查看直方图中特定的色调信息，可以将鼠标指针放置在该点上，如图7.3所示。如果要查看某一特定范围内的色调信息，可以在直方图中拖动鼠标指针以突出显示该范围，如图7.4所示为查看红色通道中色调级数在56～170之间的像素信息。

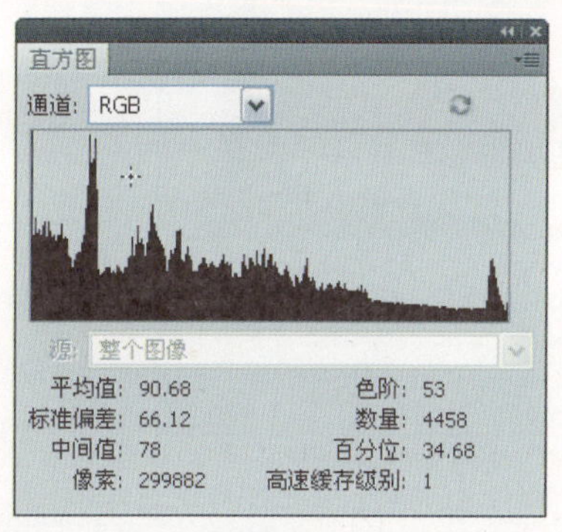

图7.3

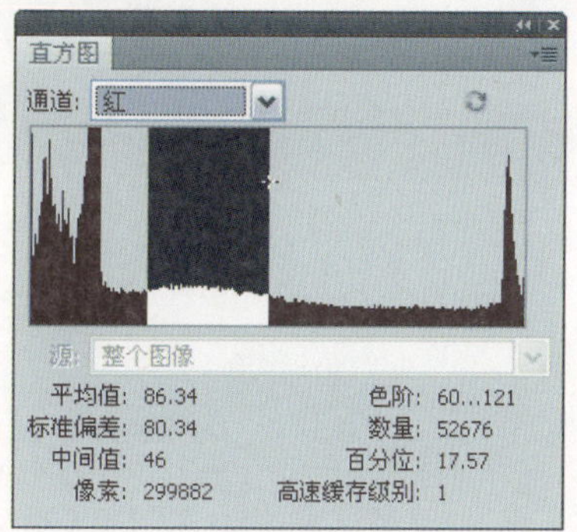

图7.4

TIP

单击“直方图”面板右上角的面板按钮，在弹出的菜单中选择“用原色显示通道”命令，这样在查看红色通道信息时，其直方图显示为红色。

要显示图像某部分的直方图信息，先使用任意一种选择方法选择该部分。在默认情况下，直方图显示整个图像的色调范围。

对于暗色调图像，直方图将显示有过多像素集中在阴影处（即水平轴的左侧），如图7.5所示，而且其中间值偏低，对于此类图像应该根据像素的总量适当地调亮暗部区域。

图7.5

对于亮色调图像，直方图将显示有过多像素集中在高光处（即水平轴的右侧），如图7.6所示，对于此类图像应该根据像素的总量适当地调暗亮部区域。

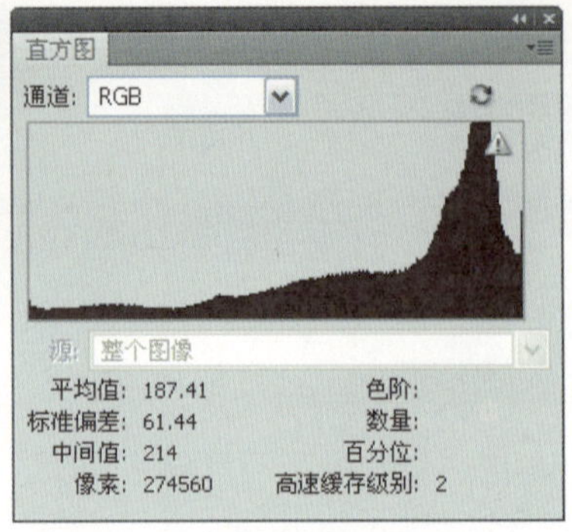

图7.6

对于色调均匀且连续的图像，直方图将像素均匀地显示在图像的中间调处（即水平轴的中央位置），如图7.7所示，此类图像基本无需调整。

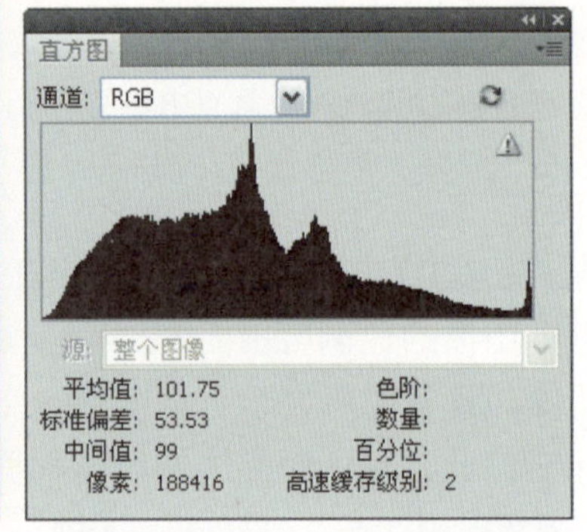

图7.7

以上所述的各种图像类型及调整方法并非绝对，因为在某些情况下由于构图（如夜景或者雪地等）原因，图像中存在大面积阴影及高光，同样会导致直方图的像素在水平轴的一侧大量聚集，但这样的图像可能无需调整。

如图7.8所示为暗调图像，因为图像本身表现的是夜景。图7.9所示为高调图像，因为图像背景有大面积白色的区域。

图7.8

图7.9

7.2 自动调色功能

自动调色是Photoshop默认的自动调整图像色调的功能，就像“傻瓜”相机一样，只需按一个“喀嚓”按钮即可。3个自动调色命令也是只需要选择它们，Photoshop即会根据运算得到电脑分析的最佳效果。

7.2.1 使用“自动色调”命令

“自动色调”是调整图像明暗度最常用的命令之一。使用“图像”|“自动色调”命令，Photoshop将自动设置当前图像的亮部与暗部，并将每个颜色通道中最亮和最暗的像素定义为白色和黑色，然后按比例重新分布中间像素值，以改变图像的显示效果。

由于此命令会单独调整每个颜色通道，因此可能将导致图像偏色。

如图7.10所示为一幅原色调较亮并偏色的图像，如图7.11所示为应用此命令后的效果，可以看出经过Photoshop自动调整，图像的整体亮度及颜色有很大提高。

图7.10

图7.11

7.2.2 使用“自动对比度”命令

“自动对比度”命令用于调整图像所有颜色所表现的对比效果。选择“图像”|“自动对比度”命令，Photoshop将自动对图像的对比度进行判断，并进行简单调整，即将图像中的最亮和最暗像素映射为白色和黑色，从而使高光显得更亮而阴影显得更暗，从而加强其对比度。

由于此命令不会对通道进行一一调整，因此不会出现偏色情况。如图7.12所示为一幅原色调较亮的图像，如图7.13所示为应用此命令后的效果。

图7.12

图7.13

TIP

此命令对单个通道不起作用，建议不要用于高端输出，因为此命令会导致图像细节的丢失。

7.2.3 使用“自动颜色”命令

“自动颜色”命令用于调整图像颜色的偏差，选择“图像”|“自动颜色”命令，Photoshop将自动对图像的色相进行判断并进行简单调整，最终使整幅图像的色相均匀。

如图7.14所示为一幅原色调偏红的图像，如图7.15所示为应用此命令调整后的效果。仔细观察此图像可以看出，经过调整红色得到修正，人物的脸上显示得白里透红，感觉比较健康。

TIP

如果单纯使用“自动颜色”命令得到的效果不够理想，可以再选择“编辑”|“渐隐”命令，此命令用于去除上一次操作对图像的影响，其重要的控制参数是“不透明度”与“模式”，前者控制了对图像进行消除操作的影响，后者则控制消除后与原图像的混合方式，是一个非常强大而且有效的控制命令。

图7.14

图7.15

7.2.4 自动调整功能的辩证应用

很多读者对软件提供的自动功能都非常青睐，认为它们调整出来的效果是非常准确的，也是非常贴近现实的。但需要注意的是，在不同的情况下，我们所需要的图像色彩、对比度等方面并不相同，所以使用自动功能处理得到的效果并不一定就能满足我们的需要，甚至有些图像经过自动功能处理后，反而在色彩、对比度方面变得不合理。

例如图7.16所示为原图像，其暖色色调刚好可以用来渲染暧昧、感性的味道。图7.17所示是使用“自动颜色”命令处理后的效果，可以看出，整体色调已经变得比较平庸了，所以是不可取的。

另外，图7.18所示是利用“自动色调”命令处理后的图像效果，仔细观察能够看出，人物上偏绿色的情况好多了，就是说这次的“自动色阶”命令是运用得比较准确的，综合上面两种处理结果，就可以证明自动命令并非总是能处理得到正确的结果，所以读者在使用自动调整命令时，一定要明确自己的处理目的，不要盲目相信自动调整命令。

图7.16

图7.17

图7.18

7.3 快速调整图像色彩

Photoshop提供了一些简单、方便的图像调整命令，以方便处理一些特殊的图像效果，例如去除图像的色彩、反相图像色彩等，下面将分别对这些命令进行讲解。

7.3.1 去色——去除图像色彩

选择“图像”|“调整”|“去色”命令，作用就是将图像中的色彩完全去除，只剩下灰色。有些情况下，这种无色彩的图像甚至比色彩斑斓的图像更具有美感和表现力。选择“去色”命令去除图像色彩的操作很简单，下面将讲解一个简单的实例。

1 打开随书所附光盘中的文件“第7章\7.3.1-素材.jpg”，如图7.19所示。保留人物嘴部前面花朵的色彩，而将其以外的图像全部变为灰度图像，即完全地去除其颜色。

2 使用“快速选择工具”将人物嘴部前面的花朵选中，如图7.20所示。

3 按Ctrl+Shift+I键执行“反向”操作，使选区反向选择图像。

4 选择“图像”|“调整”|“去色”命令或按Ctrl+Shift+U键对选区中的图像进行去色。

5 按Ctrl+D键取消选区，得到如图7.21所示的效果。

图7.19

图7.20

图7.21

7.3.2 反相——反相图像色彩

选择“图像”|“调整”|“反相”命令，可将反相图像的色彩，即将图像中的颜色改变为其补色，此命令没有参数和选项可设置。如图7.22所示是反相图像色彩前后的效果。

图7.22

当然，如果当前图像存在选区，可以仅反相选区中图像的色彩。

7.3.3 阈值——制作黑白调图像

黑白图像不同于灰度图像，灰度图像有黑、白及黑到白过渡的256级灰，而黑白图像仅有黑色和白色两个色调。

要将一幅图像转换成为黑白色调图像，可以选择“图像”|“调整”|“阈值”命令，在弹出的如图7.23所示的对话框中拖动滑块以定义阈值。滑块越向右偏移，“阈值色阶”数值越大，所得到的图像中黑色区域越大；反之得到的图像中白色区域越大。

如图7.24所示是原图像的状态，如图7.25所示是分别设置不同的“阈值色阶”数值时，两种不同的黑白图像效果。

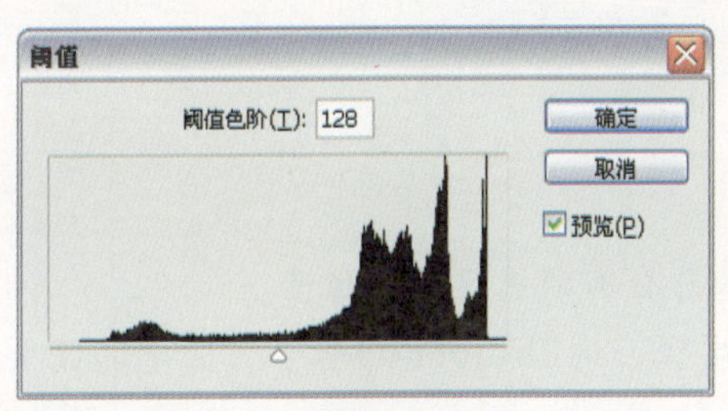

图7.23

图7.24

图7.25

7.3.4 色调均化——简化图像色彩

应用"图像"|"调整"|"色调均化"命令，可以按亮度重新分布图像的像素，使其更均匀地分布在整个图像上。

使用此命令时，Photoshop要先查找图像最亮及最暗处像素的色值，然后将最暗的像素重新映射为黑色，最亮的像素映射为白色。然后，Photoshop对整幅图像进行色调均化，即重新分布处于最暗与最亮的色值中间的像素。

如图7.26所示为原图，如图7.27所示为使用此命令后的效果。

图7.26

图7.27

如果在执行此命令前存在一个选择区域，选择此命令后将弹出如图7.28所示的对话框。

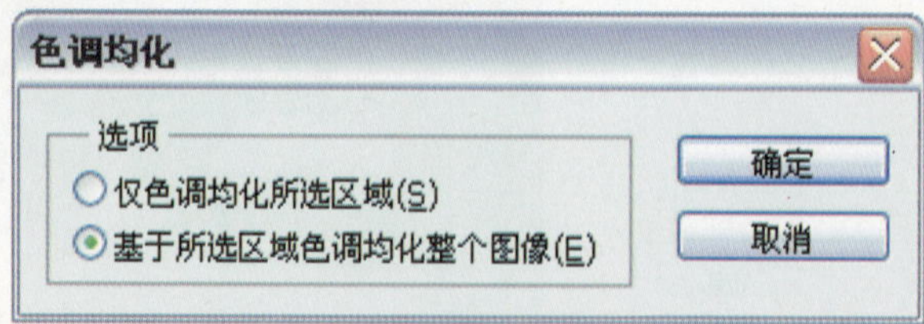

图7.28

- 选择"仅色调均化所选区域"单选按钮，将仅均匀分布所选区域的像素。
- 选择"基于所选区域色调均化整个图像"单选按钮，则Photoshop基于选区中的像素的色调明暗程度来均匀分布图像的所有像素。

7.3.5 亮度/对比度——调整图像亮度及对比度

“亮度/对比度”命令是一个非常简单易用的命令，使用它可以方便快捷地调整图像明暗度，选择该命令后，弹出的对话框如图7.29所示。

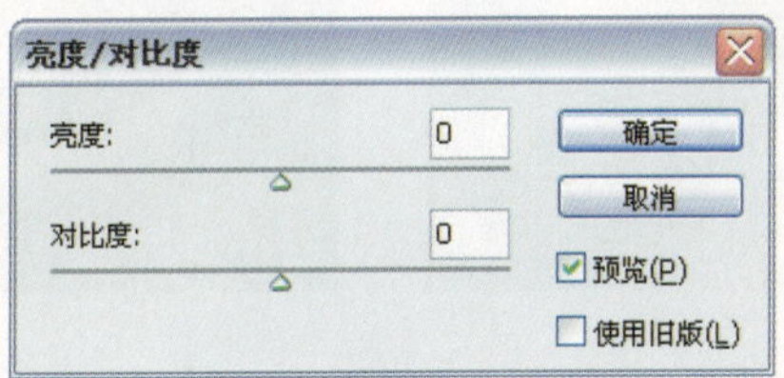

图7.29

在“亮度/对比度”对话框中，各参数的解释如下。

- 亮度：用于调整图像的亮度。数值为正时，增加图像的亮度；数值为负时，降低图像的亮度。
- 对比度：用于调整图像的对比度。数值为正时，增加图像的对比度；数值为负时，降低图像的对比度。
- 使用旧版：选中此复选框，可以使用早期版本的“亮度/对比度”命令来调整图像，而默认情况下，则使用新版的功能进行调整。在调整图像时，新版命令将仅对图像的亮度进行调整，而色彩的对比度保持不变。

下面将通过一个简单的实例，来讲解使用“亮度/对比度”命令调整图像的方法。

1 打开随书所附光盘中的文件“第7章\7.3.5-素材.jpg”，如图7.30所示。选择“图像”|“调整”|“亮度/对比度”命令，弹出“亮度/对比度”对话框。

2 拖动对话框中的各个滑块进行调整，对于本例的图像，笔者所使用的参数如图7.31所示。

图7.30

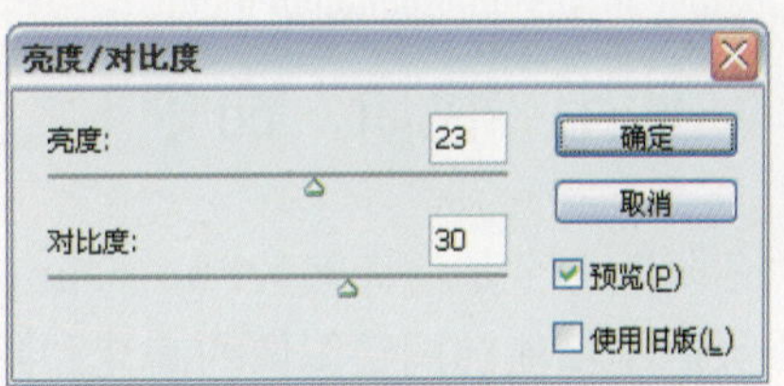

图7.31

3 设置参数后，单击“确定”按钮，图像明暗度会发生相应的改变，如图7.32所示。

如果选中“使用旧版”复选框，并按照上面对话框中的参数进行设置，将得到如图7.33所示的效果，可以明显地看出，图像的色彩也发生了变化，由此可以证明新、旧版软件之间的区别。

图7.32

图7.33

7.4 高级调色功能

“去色”、“色调分离”等都是对图像色彩所做的一些简易的操作，并没有过多的选项来调节图像局部细节，往往不能满足用户对图像处理效果的要求。而利用以下将要讲述的命令，则可以使图像彻底改头换面，使每个颜色细节都更加完美。

7.4.1 使用“色阶”命令

“色阶”命令是绝大多数Photoshop使用者调整图像色调时最常用的命令之一，其功能非常强大，不仅能够调整图像的高光和阴影显示，还可以通过改变黑白场的形式修改图像色调。选择“图像”|“调整”|“色阶”命令，可弹出如图7.34所示的“色阶”对话框。

使用此命令调整图像的准则如下所述。

- 如果要对图像的全部色调进行调节，在“通道”下拉列表中选择“RGB”选项，否则仅选择其中之一，以调节该色调范围内的图像。
- 如果要增加图像的对比度，可拖动“输入色阶”下方的滑块；如果要减少图像的对比度，可拖动“输出色阶”下方的滑块。

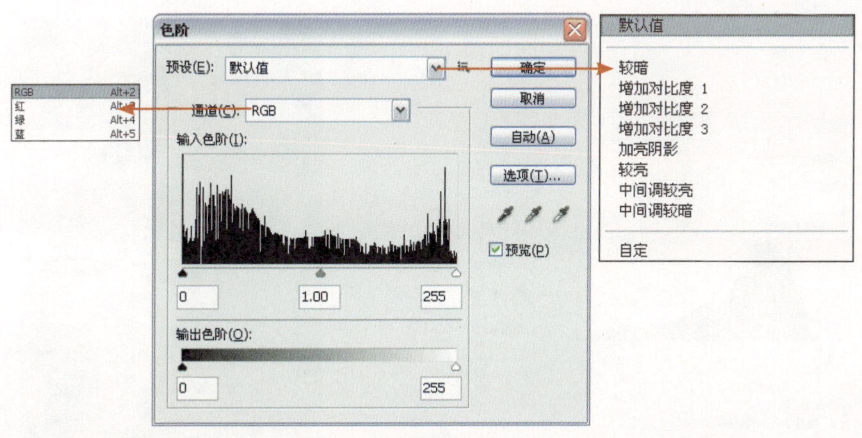

图7.34

- 拖动“输入色阶”下方的白色滑块可将图像加亮。图7.35所示为原图像，图7.36所示为拖动对话框的白色滑块时的“色阶”对话框，图7.37所示为加亮后的效果。
- 拖动“输入色阶”下方的黑色滑块可将图像变暗。图7.38所示为拖动对话框的黑色滑块时的“色阶”对话框，图7.39所示为变暗后的效果。

图7.35

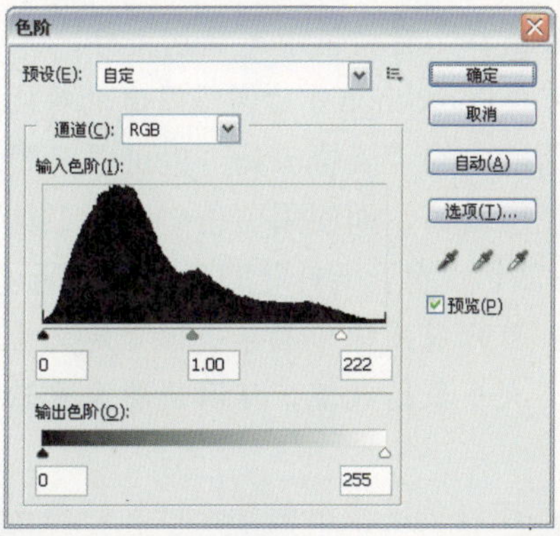

图7.36

图7.37

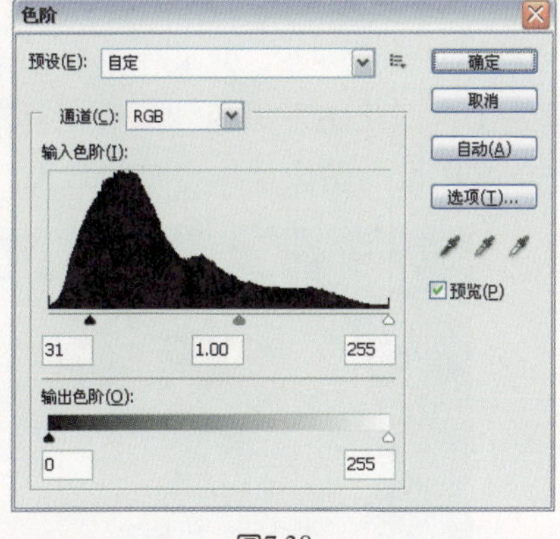

图7.38

图7.39

- 拖动“输入色阶”下方的灰色滑块，可以使图像像素重新分布，其中向左拖动使图像变亮，向右拖动使图像变暗。图7.40所示为向左拖动灰色滑块时的“色阶”对话框，图7.41所示为拖动灰色滑块后的效果。

图7.40

图7.41

- 如果需要将对话框中的设置保存为一个文件，在以后的工作中使用，可以单击“预设选项”按钮，选择“存储预设”，在弹出的对话框中输入文件名称。
- 如果要调用“色阶”命令的设置文件，可以单击“预设选项”按钮，选择“载入预设”，在弹出的“文件选择”对话框中选择该文件。
- 单击“自动”按钮，可使Photoshop自动调节图像的对比度及明暗度。

除上述方法外，利用对话框中的“滴管工具”也可以对图像的明暗度进行调节，其中使用黑色“滴管工具”可以使图像变暗，而使用白色“滴管工具”可以加亮图像，灰色“滴管工具”用于去除图像的偏色，3个“滴管工具”的功用如下所述。

- 黑色“滴管工具”：可以将图像中的单击位置定义为图像中最暗的区域，从而使图像的明阴影重新分布，大多数情况下，可以使图像更暗一些，此操作即为重新定义黑场。
- 灰色“滴管工具”：可以将图像中的单击位置的颜色定义为图像的偏色，从而使图像的色调重新分布，用于去除图像的偏色情况。
- 白色“滴管工具”：可以将图像中的单击位置定义为图像中最亮的区域，从而使图像的明阴影重新分布，大多数情况下，可以使图像更亮一些，此操作即为重新定义白场。

如图7.42所示为原图像及“色阶”对话框处于打开状态下黑色“滴管工具”所在的位置，如图7.43所示为使用黑色“滴管工具”单击图像后图像整体变暗的效果。

图7.42

图7.43

如图7.44所示为原图像及“色阶”对话框处于打开状态下使用白色“滴管工具”所在的位置，如图7.45所示为使用白色“滴管工具”单击图像后图像整体变亮的效果。

图7.44

图7.45

如图7.46所示为原图像，如图7.47所示为“色阶”对话框处于打开状态下，使用灰色滴管在图像中辅助线相交位置进行单击后的效果，可以看出由于去除了部分黄色像素，图像中的人像面部呈现出红润的颜色。

图7.46

图7.47

在“色阶”对话框顶部的“预设”下拉列表中，提供了一些常用的预设调整方案，以如图7.48所示的原图像为例，如图7.49所示是分别选择不同的预设时得到的不同调整效果。

图7.48

图7.49

7.4.2 使用“曲线”命令

利用“曲线”命令可以精确调整图像高光、阴影和中间调区域中任意一点的色调与明暗。其调整图像的原理与“色阶”调整方法基本一样，只是调整会更加精细。

选择“图像”|“调整”|“曲线”命令，将显示如图7.50所示的“曲线”调整对话框。

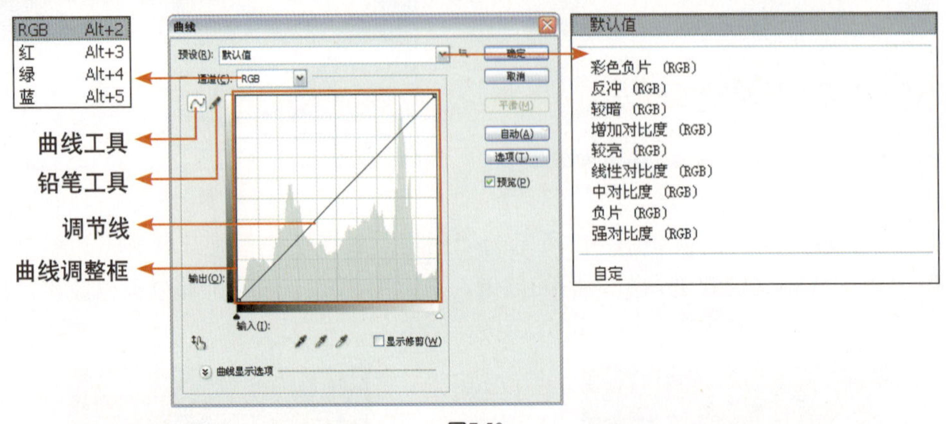

图7.50

“曲线”对话框中的参数含义

在“曲线”对话框中，比较特殊的参数含义如下。

- 预设：在此下拉列表中，可以选择一个预设的调整方案，以快速调整图像效果。
- 通道：在此处可以选择要调整的通道对象，根据图像颜色模式的不同，此处所列的项目也不尽相同。
- 曲线调整框：该区域用于显示当前对曲线所进行的修改，按住Alt键在该区域中单击，可以增加网格的显示数量，从而便于对图像进行精确的调整。
- 明暗度显示条：即曲线调整框左侧及底部的渐变条。横向的显示条为图像在调整前的明暗度状态，纵向的显示条为图像在调整后的明暗度状态，图7.51所示为向下拖动节点时，调整前后的对应关系。
- 调节线：在该直线上可以添加最多不超过14个节点，当鼠标置于节点上并变为✥状态时，就可以拖动该节点对图像进行调整。
- “曲线工具”：使用该工具可以在调节线上添加控制点，并以曲线方式调整调节线。
- “铅笔工具”：使用该工具可以使用手绘方式在曲线调整框中绘制曲线。
- 平滑：当使用“铅笔工具”绘制曲线时，该按钮才会被激活，单击该按钮可以让所绘制的曲线变得更加平滑。

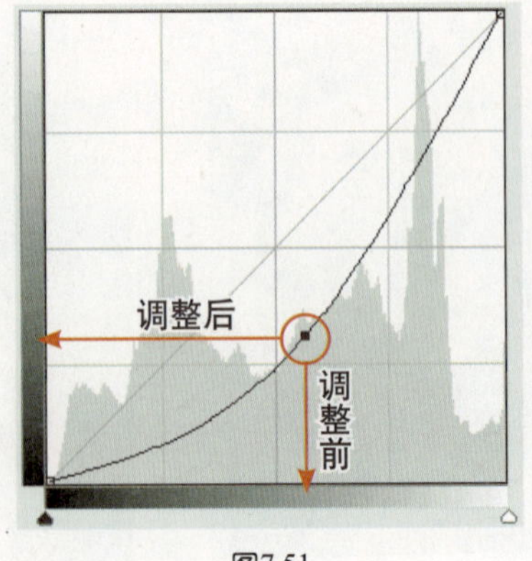

图7.51

TIP

如果需要使对话框中的网格更加精细，可以按住Alt键单击网格，此时对话框如图7.52所示，再次按住Alt键单击网格可使其恢复至原状态。

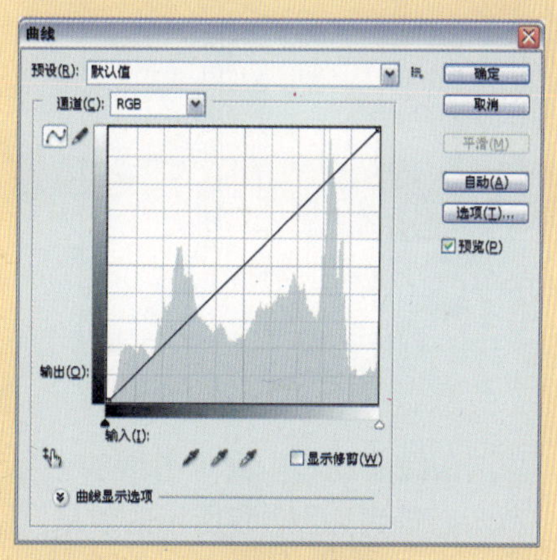

图7.52

在此对话框中最重要的工作是调节曲线，曲线的水平轴表示像素原来的色值，即输入色阶；垂直轴表示调整后的色值，即输出色阶。

TIP

对于RGB图像对话框显示的是从0～255间的亮度值，其中阴影（数值为0）位于左边，而对于CMYK图像对话框显示的是0～100间的百分数，高光（数值为0）在左边。但点按曲线下面的双箭头可以反转亮部与暗的分布顺序。

手工编辑曲线以调整图像

使用此命令调整图像，可以按照下述步骤操作。

图7.53

1 打开随书所附光盘中的文件“第7章\7.4.2-1-素材.jpg”，如图7.53所示。在此图像中需要将暗部区域适当加亮。

2 选择“图像”|“调整”|“曲线”命令，显示“曲线”对话框，如图7.54所示。

3 由于本例需要调整整幅图像的暗部，因此在“通道”下拉列表中选择“RGB”选项，然后在调节线的右上方单击以添加一个节点，并向右上方拖动，以提亮图像整体，如图7.55所示。

图7.54　　图7.55

4 在调节线曲线右上方单击增加一个节点（最多可以添加14个点），并向上拖动如图7.56所示，得到如图7.57所示的效果。

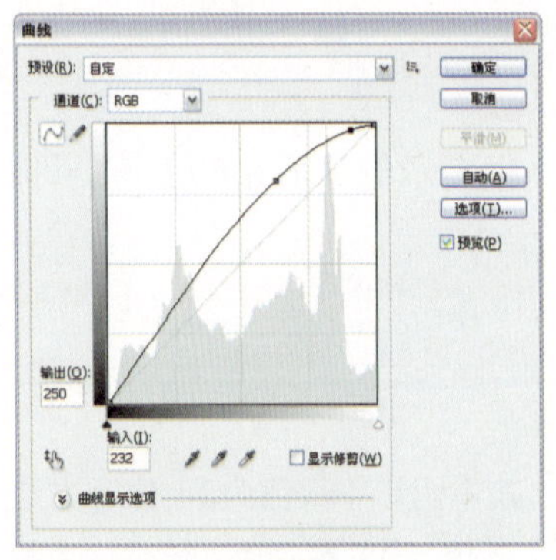

图7.56

图7.57

5 为了保持一定的对比度，在曲线下方增加一个节点并向上拖动，效果如图7.58所示，最终得到的图像效果如图7.59所示。

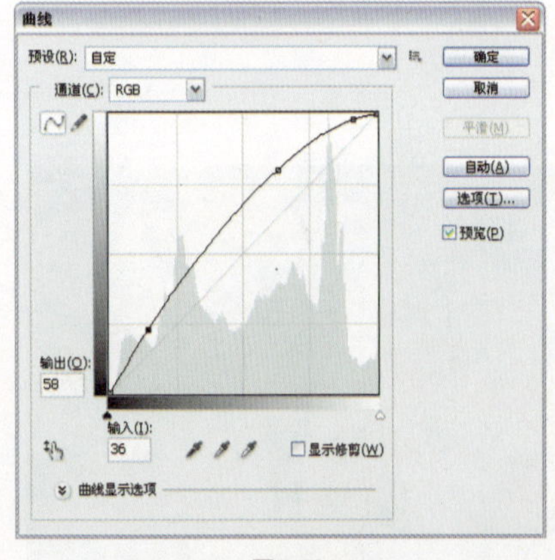

图7.58

图7.59

很多读者曾经遇到过这样的情况，即在“曲线”对话框中向上拖动曲线以调亮图像时，结果图像却变暗了，而向下拖动曲线时图像反而变亮了，实际上，这个问题主要是出在图像的颜色模式上，对于RGB模式图像来说，向上拖动曲线则调亮图像，在本书所有的图片示例中，除特别强调外，都是使用RGB模式的图像进行展示的；而对于CMYK模式的图像来说，则刚好与之相反，所以就出现了上述操作时的问题。

 手工绘制曲线以调整图像

调整曲线的第二种方法是使用铅笔绘制曲线，然后通过平滑曲线来达到调节图像的目的，其操作步骤如下。

1 单击“曲线”对话框底部的“铅笔”按钮。

2 拖动鼠标，在“曲线”图表区绘制需要的曲线。

3 单击“平滑”按钮以平滑曲线，此操作使图像的色调由于剧烈而频繁的变化而光怪陆离，如图7.60所示的原图像，如图7.61所示为使用此方法调整后的效果。

图7.60

图7.61

 使用预设调整图像

除了用手工编辑曲线来调整图像外，还可以单击“预设选项”按钮，直接选择一个Photoshop自带的调整方案。

例如图7.62所示是原图像，如图7.63、如图7.64和如图7.65所示则是分别设置为“反冲”、“负片”和“强对比度”以后的效果。

对于那些不需要得到较精确的调整效果的用户而言，此功能大大简化了操作步骤。

图7.62

图7.63

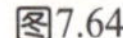

图7.64

图7.65

 使用在图像中拖动的方式调整图像

“曲线”命令可以在图像中通过拖动的方式快速调整图像的色彩及亮度。例如图7.66所示是选择拖动调整工具后在要调整的图像位置摆放光标时的状态，如图7.67所示，由于当前摆放光标的位置显得曝光不足，所以将向上拖动光标以提亮图像，此时的“曲线”对话框如图7.68所示。

图7.66

图7.67

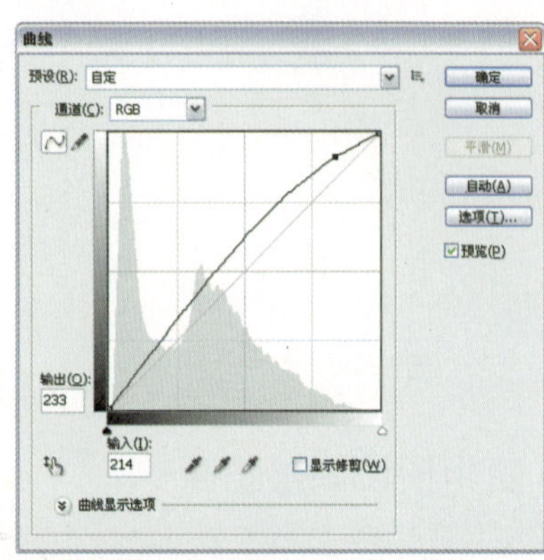

图7.68

在前面处理的图像基础上，再将光标置于阴影区域要调整的位置，如图7.69所示，按照前面所述的方法，向下拖动鼠标以调整阴影区域，如图7.70所示，此时的“曲线”对话框如图7.71所示。

图7.69

图7.70

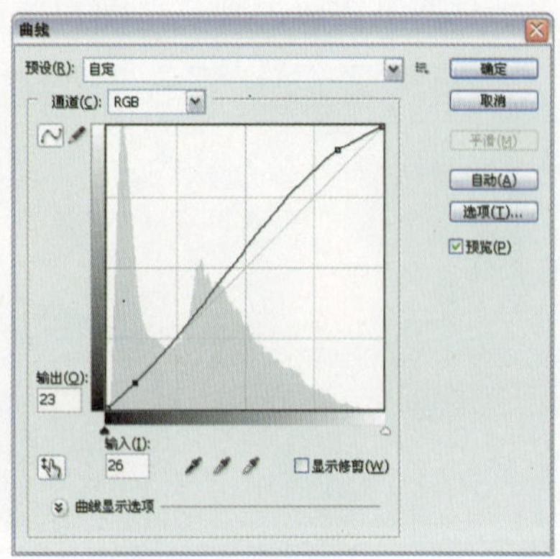

图7.71

经过上面的实例可以看出，实际上拖动调整工具只不过是在操作方法上有所不同，而在调整原理上是没有任何变化的，就像刚才的实例中，只是利用了S形曲线增加图像的对比度，而这种形态的曲线也完全可以在“曲线”对话框中通过编辑曲线的方式创建得到，所以读者在实际运用过程中，可以根据自己的喜好，选择使用何种方式来调整图像。

7.4.3 使用“黑白”命令

“黑白”命令可以将图像处理成为灰度图像效果，也可以选择一种颜色，将图像处理成为单一色彩的图像。选择“图像”|“调整”|“黑白”命令，即可弹出如图7.72所示的对话框。

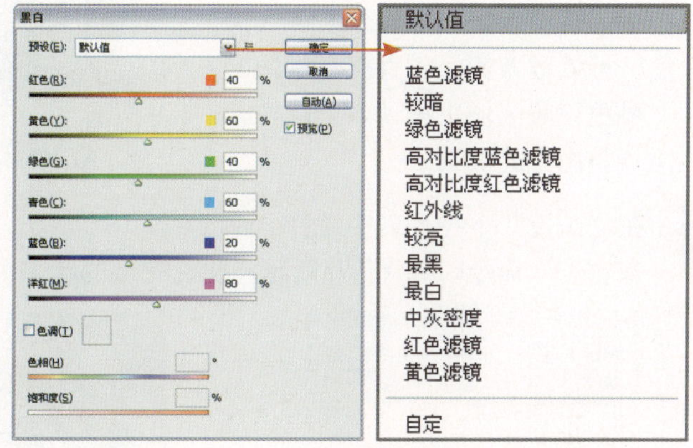

图7.72

在“黑白”对话框中，各参数的解释如下。

- 预设：在此下拉列表中，可以选择Photoshop自带的多种图像处理方案，从而将图像处理成不同程度的灰度效果。
- 颜色设置：在对话框中间的位置存在6个滑块，拖动各个滑块，即可对原图像中相应色彩的图像进行灰度处理。
- 色调：选中该复选框后，对话框底部的两个色条及右侧的色块将被激活，如图7.73所示。其中两个色条分别代表了“色相”与“饱和度”，在其中调整出一个要叠加到图像上的颜色，即可轻松地完成对图像的着色；另外，也可以直接单击右侧的颜色块，在弹出的“选择目标颜色”对话框中选择一种需要的颜色即可。
- 预设管理：要将对话框中的参数设置保存为一个设置文件，以备在日后的工作中使用，可以单击按钮，在弹出的菜单中选择“存储预设”命令，然后在弹出的对话框中输入文件名称。如果要调用参数设置文件，可以单击按钮，在弹出的菜单中选择“载入预设”命令，在弹出文件选择对话框中选择该文件。

TIP

在Photoshop中，还有很多命令都支持预设的管理功能，但操作方法与此处讲解的完全相同，将不再重述。

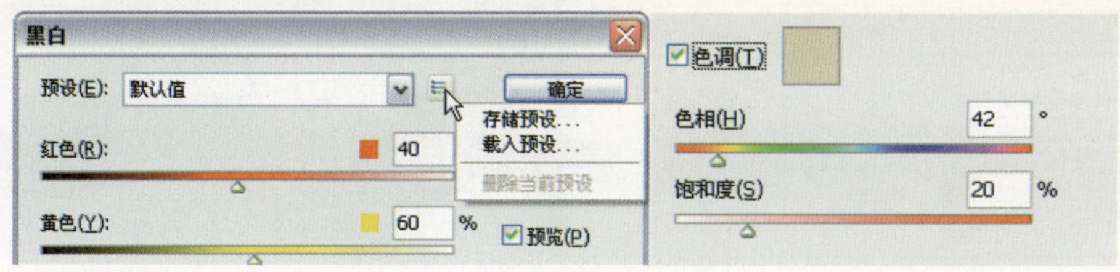

图7.73

下面将通过一个实例，讲解一下如何使用“黑白”命令。先制作灰度图像，再为图像叠加颜色，从而处理得到艺术化的摄影效果。

1 打开随书所附光盘中的文件“第7章\7.4.3-素材.jpg”，如图7.74所示。

图7.74

2 选择“图像”|“调整”|“黑白”命令，在弹出的对话框中，可以在“预设”下拉列表中选择一种处理方案，或直接在中间的颜色设置区域中拖动各个滑块，调整图像的效果。

3 在“预设”下拉列表中选择“中灰密度”命令，如图7.75所示，此时图像的状态如图7.76所示。

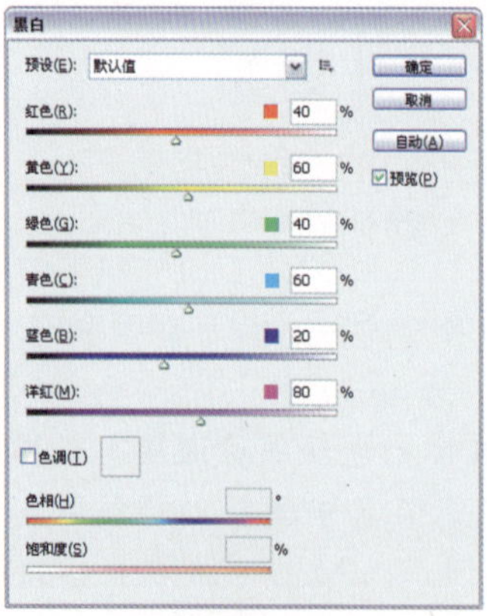

图7.75

图7.76

4 由于图像中主要是由红、黄和绿色构成，因此在对话框中分别拖动这3个对应的滑块，直至恢复人物面部的细节，并将背景调亮为止。如图7.77所示是笔者所设置的参数，图像的效果如图7.78所示。

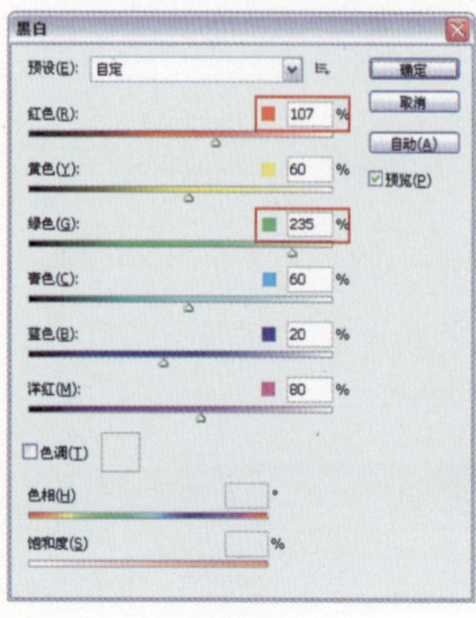

图7.77

图7.78

5 至此，已经将图像处理成满意的灰度效果了，下面将在此基础上为图像叠加一种艺术化的色彩。选中对话框底部的“色调”复选框，此时下面的颜色设置区域将被激活，分别拖动“色相”及“饱和度”滑块，同时预览图像的效果，直至效果满意为止。如图7.79所示是笔者所调整的颜色参数，如图7.80所示是得到的图像效果。

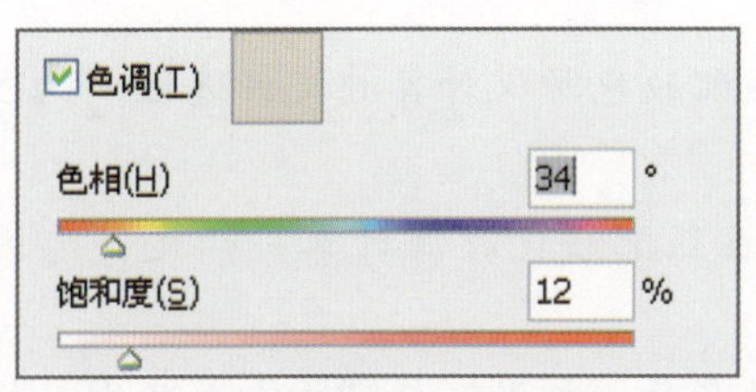

图7.79

图7.80

除了上面讲解的为图像叠加橙红色以外，还可以调整其他不同的颜色，如图7.81所示就是笔者分别为图像叠加了青色和绿色后得到的效果。

图7.81

7.4.4 使用“匹配颜色”命令

“匹配颜色”命令是一个具有较高智能化的命令，此命令可以在相同的或不同的图像之间进行颜色的匹配，也就是使一幅图像（目标图像）具有另外一幅图像（源图像）的色调。选择“图像”|“调整”|“匹配颜色”命令后弹出如图7.82所示的对话框。

图7.82

“匹配颜色”对话框中的各参数解释如下。

- 目标：在该项后面显示了当前操作的图像文件名称、图层名称及颜色模式。
- 明亮度：此参数调整得到的图像亮度，数值越大，得到的图像亮度也越高，反之则越低。

- 颜色强度：此参数调整得到的图像颜色的饱和度，此数值越大，则得到的图像所匹配的颜色饱和度越大，反之则越低。
- 渐隐：此参数控制了得到的图像颜色与图像的原色相近的程度，此数值越大则得到的图像越接近于颜色匹配前后的效果，反之，匹配的效果越明显。
- 中和：选择该复选框可自动去除目标图像中的色痕。
- 应用调整时忽略选区：如果目标图像中存在选区，则此复选框将被激活，此时可以忽略选区对操作的影响。
- 使用源选区计算颜色：选择此复选框，在匹配颜色时仅计算源文件选区中的图像，选区外图像的颜色不计算入内。
- 使用目标选区计算调整：选择此复选框，在匹配颜色时仅计算目标文件选区中的图像，选区外图像的颜色不计算入内。
- 源：在该下拉列表中可以选择源图像文件的名称。如果选择“无”选项则目标图像与源图像相同。
- 图层：在该下拉列表中将显示源图像文件中所具有的图层。如果选择“合并的”选项，则将源图像文件中的所有图层合并起来，再进行匹配颜色。

“匹配颜色”命令可以很方便地在两个图像文件之间进行颜色匹配，下面同样通过一个实例来展示如何使两幅图像具有相同的色调，其操作步骤如下。

1 打开随书所附光盘中的文件“第7章\7.4.4-1-素材1.jpg”和“第7章\7.4.4-1-素材2.jpg”，如图7.83和图7.84所示，从左至右依次为源图像和目标图像。在下面的操作中，会将目标图像的暖色调调整成为与源图像相同的正常光照效果。

图7.83

图7.84

2 确定目标图像为当前操作的图像文件，选择“图像”|“调整”|“匹配颜色”命令，在弹出对话框底部的“源”下拉列表中选择源图像的名称，此时的“匹配颜色”对话框如图7.85所示，预览的图像效果如图7.86所示。

3 在“匹配颜色”对话框中拖动各个参数的滑块，或在对应的数值输入框中输入数值，设置对话框如图7.87所示。

4 参数设置完毕后，单击“确定”按钮退出对话框，得到如图7.88所示的效果。

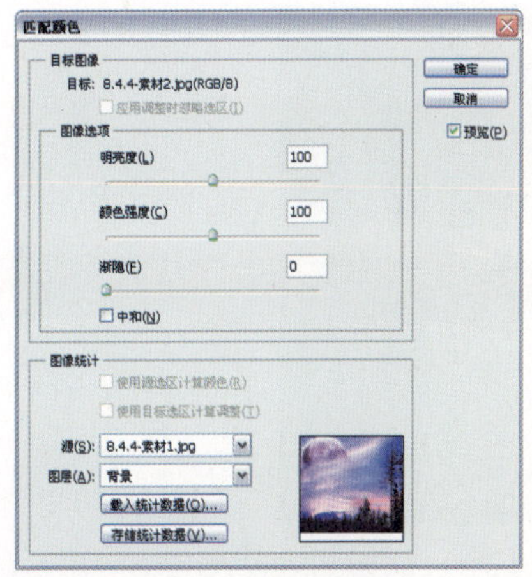

图7.85

图7.86

图7.87

图7.88

当然，有的时候，使用“匹配颜色”命令处理的结果并非都如我们想象的那样。以图7.89所示的两幅图像为例，原本是想让左图拥有右侧那样的冷色调，但简单设置参数后才发现，得到了如图7.90所示的效果，虽然并没有得到冷色调效果，但却得到了一种非主流的色调，而且效果还不错。

图7.89

图7.90

7.4.5 使用“渐变映射”命令

利用“渐变映射”命令可以将渐变效果作用于图像，此命令将图像的灰度范围映射为指定的渐变填充色。

例如，如果指定了一个双色渐变，则图像中的阴影映射到渐变填充的一个端点颜色，高光映射到另一个端点颜色，中间调映射到两个端点间的层次。

选择“图像”|“调整”|“渐变映射”命令，弹出如图7.91所示的“渐变映射”对话框。

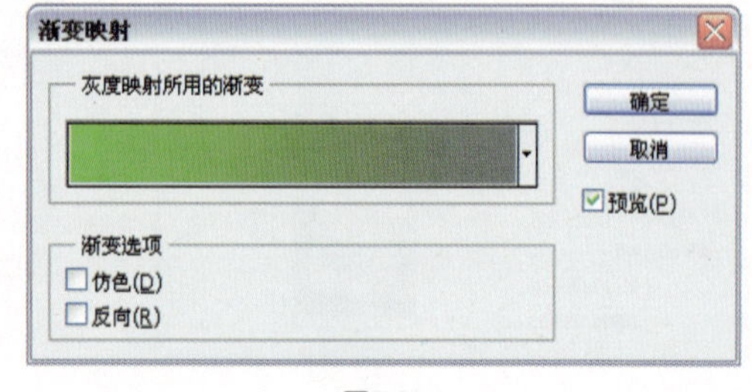

图7.91

“渐变映射”对话框中的各参数解释如下。

- 灰度映射所用的渐变：在该区域中单击渐变类型选择框，即可弹出“渐变编辑器”对话框，然后自定义要应用的渐变类型。也可以单击右侧的三角按钮，在弹出的渐变预设框中选择一个预设的渐变。
- 仿色：选择该复选框后添加随机杂色，以平滑渐变填充的外观并减少宽带效果。
- 反向：选择该复选框后，会按反方向映射渐变。

下面就以一个实例来讲解“渐变映射”命令的操作方法，其操作步骤如下。

1 打开随书所附光盘中的文件“第7章\7.4.5-素材.jpg”，如图7.92所示。

2 选择“图像”|“调整”|“渐变映射”命令。

3 在弹出的“渐变映射”对话框中，可执行下面的操作之一。

- 单击对话框中的渐变类型选择框，在弹出的“渐变编辑器”对话框中自定义渐变的类型。
- 单击渐变类型选择框右侧的三角按钮，在弹出的“渐变预设框”中选择一种预设的渐变。

4 根据需要选择“仿色”、“反向”复选框后，单击“确定”按钮退出对话框即可。

如图7.93所示为应用不同的渐变映射后的效果。

图7.92

图7.93

7.4.6 使用“色彩平衡”命令

利用“色彩平衡”命令，可以在图像或选择区中增加或减少处于高亮度色\中间色以及阴影色区域中特定的颜色，适用于调整图像中大面积区域的情况。

选择“图像”|“调整”|“色彩平衡”命令，弹出如图7.94所示的对话框。

在“色彩平衡”对话框中，有如下选项可调整图像的颜色平衡。

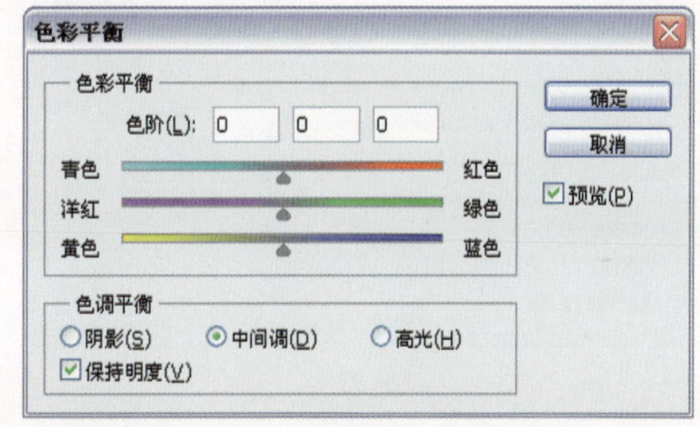

图7.94

- 颜色调节滑块：颜色调节滑块区显示互补的CMYK和RGB色。在调节时可以通过拖动滑块增加该颜色在图像中的比例，同时减少该颜色的补色在图像中的比例。例如，要减少图像中的蓝色，可以将“蓝色”滑块向“黄色”方向拖动。
- 阴影、中间调、高光：选中对应的单选按钮，然后拖动滑块可以调整图像中这些区域的颜色值。
- 保持明度：选中该复选框，可以保持图像的亮调，即在操作时只有颜色值可被改变，像素的亮度值不可改变。

使用“色彩平衡”命令调整图像的操作步骤如下所述。

1 打开随书所附光盘中的文件“第7章\7.4.6-素材.jpg”，如图7.95所示。在此需要将偏冷的图像色调调整成为偏暖的感觉。

2 选择“图像”|“调整”|“色彩平衡”命令，在打开的对话框中选择“阴影”单选按钮，设置对话框中的参数如图7.96所示。

TIP

对于这项调整任务，实际上完成的方法有很多，在此笔者仅展示了其中一种，在本章学习结束后，各位读者可以尝试使用不同的方法进行调整，并在调整时进行对比，以加深对调整命令的理解。

图7.95

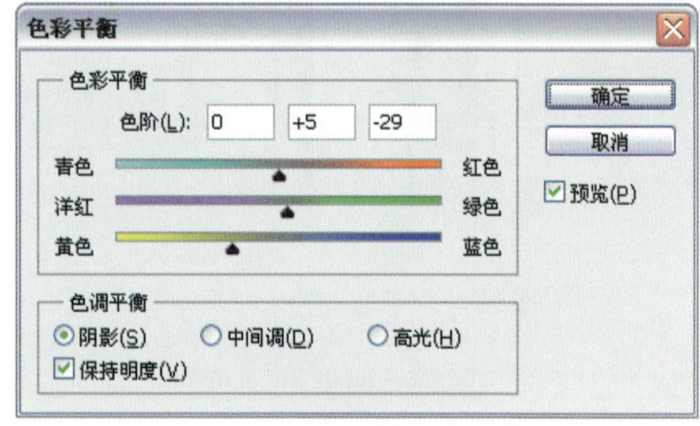

图7.96

3 再选择“中间调”单选按钮，设置对话框中的参数如图7.97所示。

4 单击“确定”按钮退出对话框，得到如图7.98所示的效果。

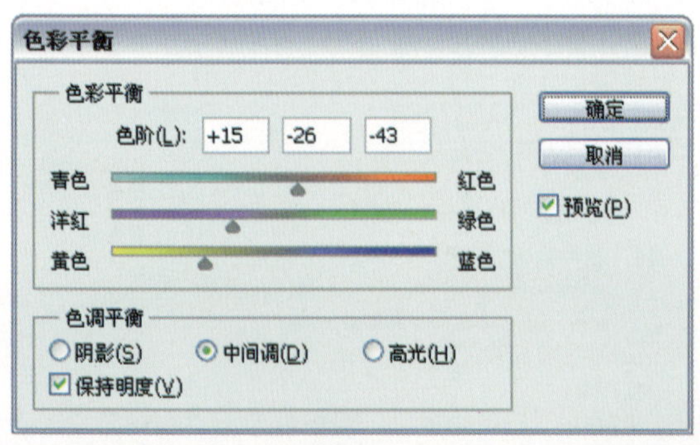

图7.97

图7.98

采用同样的方法，还可以将图像调整成为如图7.99所示的色调效果。

图7.99

7.4.7 使用“色相/饱和度”命令

利用“色相/饱和度”命令可以调节图像或选区的色相、饱和度以及亮度，此命令的特点在于可以根据需要调整某一个色调范围内的颜色。

选择“图像”|“调整”|“色相/饱和度”命令，显示如图7.100所示的“色相/饱和度”对话框。

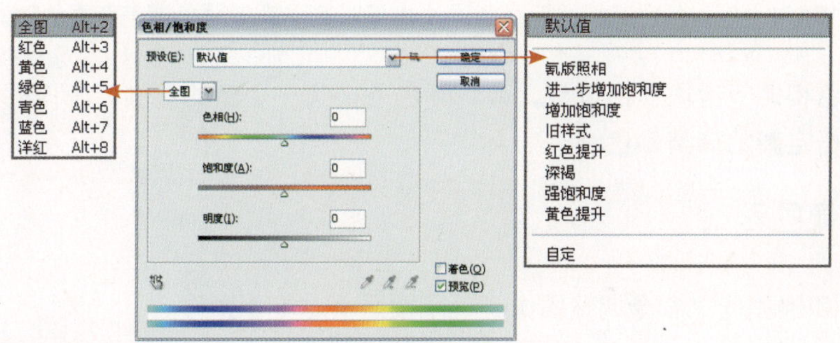

图7.100

此对话框中各参数及选项的意义如下所述。

- 编辑区：在对话框的弹出菜单中选择“全图”选项，可以同时调节图像中所有的颜色，或者选择某一颜色成分单独调节。
- “吸管工具”：用于选择图像颜色并修改颜色范围。使用“吸管加工具”可以扩大范围；使用“吸管减工具”可以减小范围。

可以在选择吸管时按住Shift键加大范围，按住Alt键减少范围。

- 色相：使用“色相”调节滑块可以调节图像的色调，无论向左拖动滑块还是向右拖动，都可以得到一个新的色相。
- 饱和度：使用“饱和度”调节滑块可以调节图像的饱和度。向右拖动增加饱和度，向左拖动减少饱和度。
- 明度：使用“明度”调节滑块可调节像素的亮度，向右拖增加亮度，向左拖减少亮度。
- 颜色条：在对话框的底部显示有两个颜色条，代表颜色在颜色轮中的次序及选择范围。上面的颜色条显示调整前的颜色，下面的颜色条显示调整后的色相。
- 着色：此复选框用于将当前图像转换成为某一种色调的单色调图像。
- “拖动调整工具”：在对话框中单击选中此工具后，在图像中单击某一种，并在图像中向左或向右拖动，可以减少或增加包含所单击像素的颜色范围的饱和度；如果在执行此操作时按住了Ctrl键，则左右拖动可以改变相对应区域的色相。与前面讲解的“曲线”对话框中的拖动调整工具类似，此处的工作也是不同操作方式、但调整原理相同的一个替代功能，读者可以在后面学习此命令基本的颜色调整方法后，再尝试使用此工具对图像颜色进行调整。

如果在颜色选择下拉列表中选择的不同是“全图”选项，颜色条则显示对应的颜色区域，如图7.101所示。

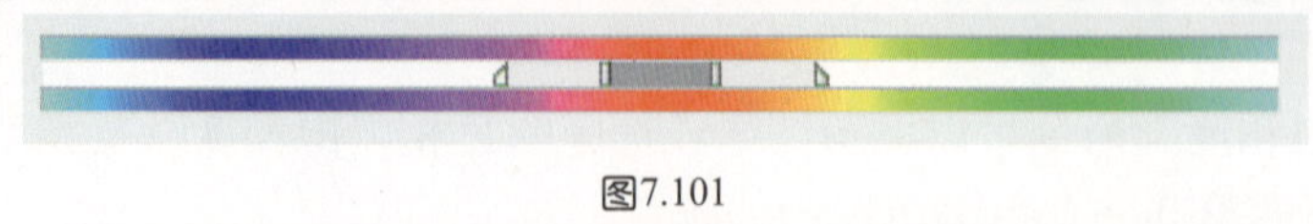

图7.101

在图7.101中，拖动颜色条间的深灰色区域也可以实现确定颜色调整范围的功能。

如果使用色相调节滑块作出调整，并将颜色条拖到一个新的范围，下面的色条则会在色盘中移动，以标定新的调整颜色。

改变图像色彩

使用“色相/饱和度”命令调整图像，可以按照下述步骤操作。

1 打开随书所附光盘中的文件“第7章\7.4.7-1-素材.jpg”，如图7.102所示。在本例中，将要改变人物的衣服色彩，但衣服的绿色与背景中的植物绿色相重合，为避免不必要的调整，可以使用“磁性套索工具”将衣服选中，如图7.103所示。

图7.102

图7.103

2 按Ctrl+U键或选择“图像”|“调整”|“色相/饱和度”命令，以调出其对话框。

3 由于人物的衣服表现为绿色，所以要先对图像中的绿色进行调整。在“编辑”下拉列表中选择“绿色”选项，然后拖动“色相”及“饱和度”滑块至如图7.104所示的状态，以将图像中的绿色转换成为紫色，如图7.105所示。

4 通过上一步的调整，发现调整绿色后对衣服颜色的影响并不大，此时更容易看出的是，衣服中带有的青色更多一些，因此下面在“编辑”下拉列表中选择“青色”选项，调整颜色并提高其饱和度，如图7.106所示，得到如图7.107所示的效果。

5 确认调整完毕后，单击“确定”按钮退出对话框即可。图7.108所示是按Ctrl+D键取消选区后，并使用“自然饱和度”命令对照片整体色彩进行调整的结果，关于此命令的讲解，请参见本章第7.4.8节。

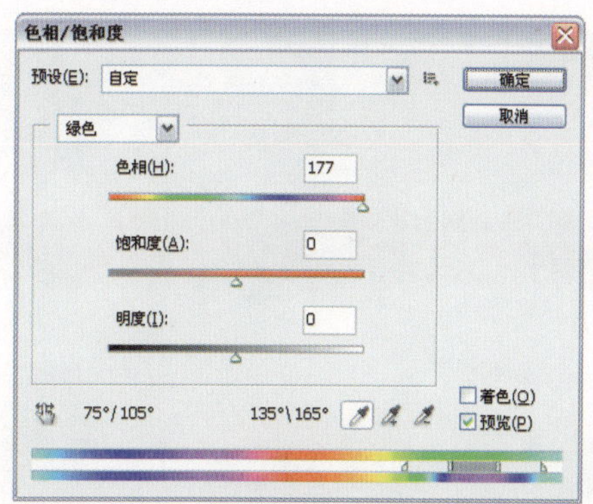

图7.104

图7.105

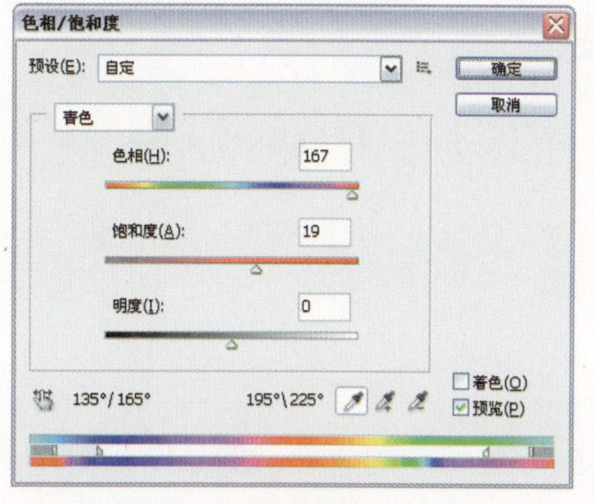

图7.106

图7.107

图7.108

★ 为图像叠加单色

利用“色相/饱和度”命令可以为图像叠加颜色，从而处理得到艺术化的摄影图像效果。下面可以用一个简单的实例来讲解其操作。

1 打开随书所附光盘中的文件“第7章\7.4.7-2-素材.jpg”，如图7.109所示。

2 按Ctrl+U键或选择“图像”|“调整”|“色相/饱和度”命令，打开相应的对话框，选择“着色”复选框，如图7.110和如图7.111所示。

图7.109

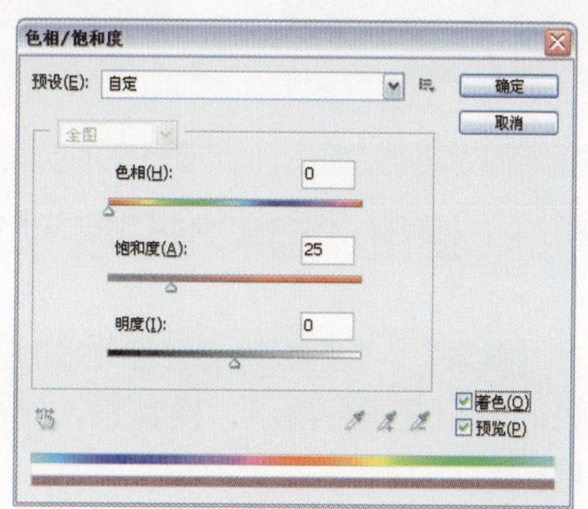

图7.110

3 拖动滑块调节图像的色相及饱和度，得到如图7.112所示的效果。

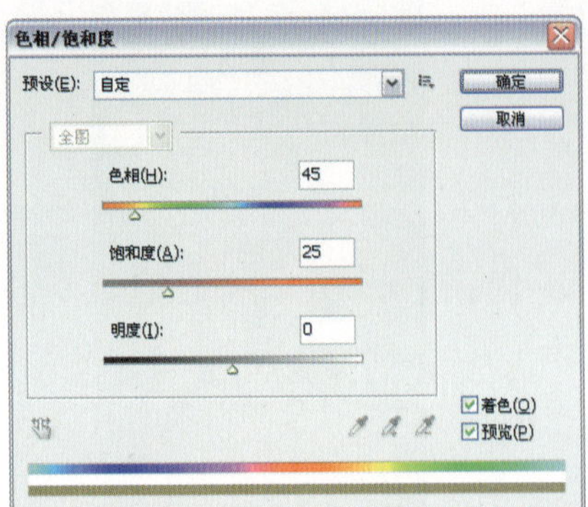

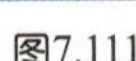
图7.111

图7.112

利用“色相/饱和度”命令的着色功能，可以在广告摄影中使只有一种色调的物体通过着色表现出丰富的颜色。

★ 使用预设调整图像

使用“色相/饱和度”命令的预设，能够快速得到一些特殊的效果，例如以如图7.113所示的图像为例，如图7.114所示是使用其中不同预设所调整得到的效果。

图7.113

图7.114

7.4.8 使用“自然饱和度”命令

“图像”|“调整”|“自然饱和度”命令用于调整图像饱和度，使用此命令可以使图像颜色的饱和度不会溢出，换言之，此命令仅调整与已饱和的颜色相比那些不饱和颜色的饱和度。

“自然饱和度”对话框如图7.115所示。

- 拖动“自然饱和度”滑块，可以调整那些与已饱和的颜色相比不饱和颜色的饱和度，从而获得更加柔和自然的图像饱和度效果。
- 拖动“饱和度”滑块，可以调整图像中所有颜色的饱和度，使所有颜色获得等量饱和度调整，因此使用此滑块可能导致图像的局部颜色过度饱和。

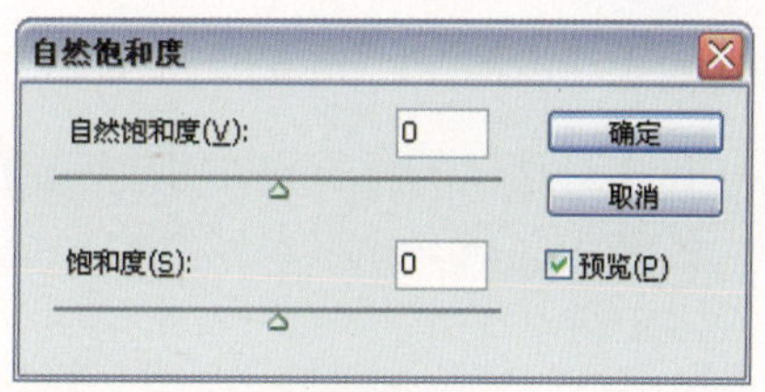

图7.115

使用此命令调整人像照片时，可以防止人像的肤色过度饱和。图7.116所示是原图像，选中人脸以外的区域进行色彩调整，图7.117所示是使用此命令调整后的效果，图7.118所示则是使用“色相/饱和度”命令提高图像饱和度时的效果，经过对比可以看出，此命令在调整颜色饱和度方面的优势。

图7.116

图7.117

图7.118

7.4.9 使用“替换颜色”命令

利用“替换颜色”命令可以将选中的图像颜色用另外的颜色替换。用户可以在图像中基于特定颜色创建暂时的选区，以调整该区域的色相、饱和度及亮值，从而以自己需要的颜色替换图像中不需要的颜色。如果有其他颜色改变的区域，可以使用“历史画笔工具”将其消除。

如果在图像中选择多个颜色范围，则应该选择“本地化颜色簇”复选框，以得到更加精确的选择范围。

选择“图像”|“调整”|“替换颜色”命令后，打开如图7.119所示的对话框。

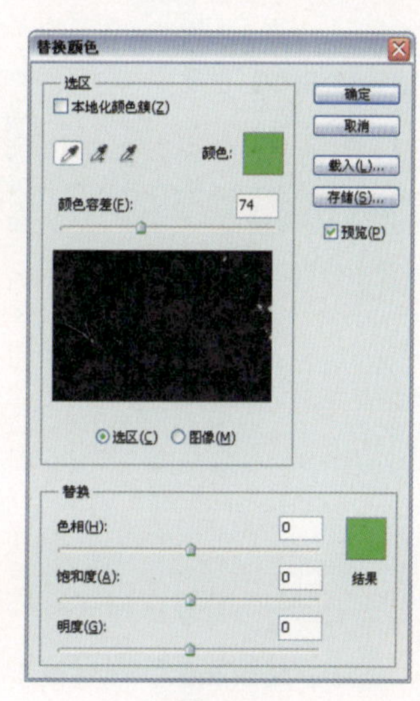

图7.119

“替换颜色”命令的操作方法如下所述。

1 打开随书所附光盘中的文件“第7章\7.4.9-素材.jpg”，如图7.120所示。在此需要将广告中的黄色瓶调整为紫红色。

2 选择“图像”|“调整”|“替换颜色”命令，打开“替换颜色”对话框。

3 在该对话框的预览框中用“吸管工具” 单击需要调整的区域，在此笔者单击瓶子上的黄色区域，此时对话框的预览区域如图7.121所示。

图7.120

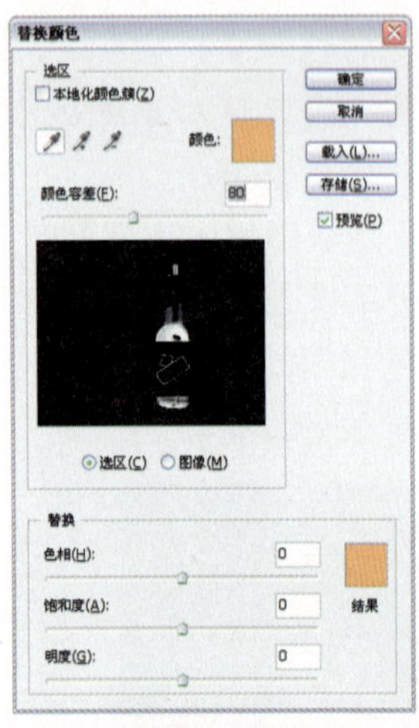

图7.121

TIP

如果要增加颜色区域，可以按住Shift键单击，或使用“添加到取样工具” 单击要添加的区域；要减少颜色选区可按住Alt键单击，或使用“减少取样工具” 单击要减少的区域。

4 向右拖动“颜色容差”滑块调整所选区域，直至预览区域如图7.122所示。

5 拖移“色相”、“饱和度”、“明度”滑块，直至将所选的颜色区域改变为青色，此时对话框如图7.123所示，改变后的图像如图7.124所示。

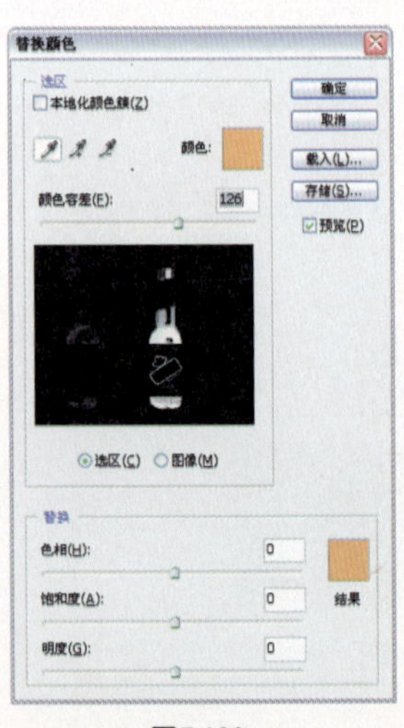

图7.122

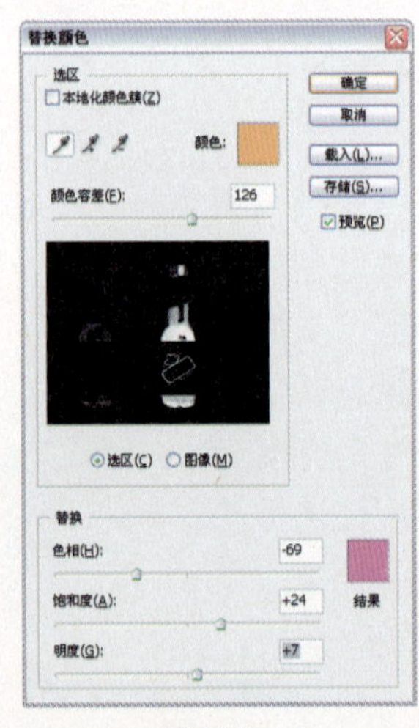

图7.123

图7.124

TIP

在“替换颜色”对话框中可以通过按住Ctrl键，然后在预览区域切换“选区”、“图像”显示模式。

7.4.10 使用“可选颜色”命令

除三原色外的其他颜色都是由两种或几种颜色混合而成的。例如，橙色就可以用纯黄色和少量的红色混合得到。如果需要将橙色中的红色完全去掉，可以利用“可选颜色”命令来完成，同时又不会影响其他颜色中混合的红色。

利用该命令进行色彩校正，也是高端扫描仪和分色程序所使用的一项技术，它通过在图像中每个加色和减色的原色分量中增加和减少印刷色用量来改变图像色调，但保证在调整的同时不会影响到任何其他颜色。

选择“图像”|“调整”|“可选颜色”命令，打开如图7.125所示的“可选颜色”对话框。

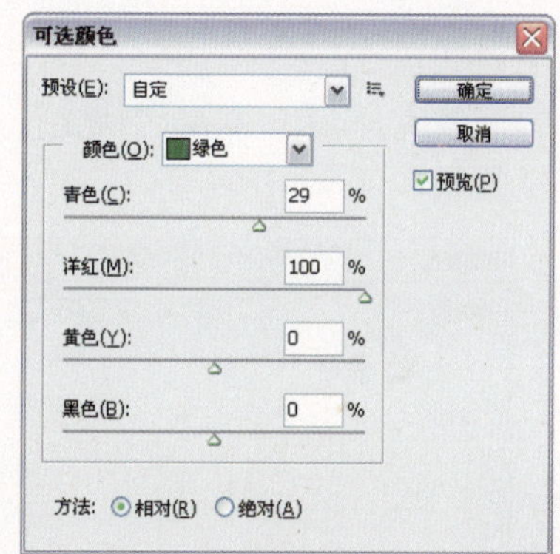

图7.125

“可选颜色”对话框中的参数如下。

- 颜色：在该下拉列表中可以选择要调整的颜色。
- 青色、洋红、黄色、黑色：分别拖动各自的滑块或者在其对应的数值框中键入数值，就可以增加或减少其在图像中的占有量。
- 相对：单击此单选按钮后，将按照总量的百分比来更改颜色。例如，将30%的红色减少20%，则红色的总量减少为30%×20%＝6%，结果就是红色的像素总量变为24%。

TIP

单击“相对”单选按钮后，无法对白色进行调整，因为它不包含任何颜色成分。

- “绝对”：单击此单选按钮后，所做的调整是按照相加或相减的方式来进行累积的。例如，将30%的红色减少20%，结果就是红色的像素总量变为10%。

下面讲解如何利用“可选颜色”命令调整混合色中的一种颜色，其操作步骤如下。

1 打开随书所附光盘中的文件“第7章\7.4.10-素材.jpg”，如图7.126所示。

图7.126

2 确定要调整的对象之后，可以执行下面的操作之一。

- 如果要调整的图像处于同一个图层之上，可以选择“图像”|“调整”|“可选颜色”命令。
- 如果要调整的图像位于多个图

层上，可以利用调整图层来对这些图层中的图像进行统一的调整，方法是选择“图层”|“新建调整图层”|“可选颜色”命令，在弹出的“新建图层”对话框中单击“确定”按钮。

TIP

添加可选颜色的调整图层和直接应用该命令得到的效果是相同的，但利用调整图层可以反复地进行修改，甚至在不需要时可以直接将其删除，所以笔者建议在操作的过程中使用调整图层。

3 在“可选颜色”对话框的“颜色”下拉列表中选择需要调整的颜色选项。例如，在本例中需要调整人物衣服的绿色，所以在此下拉列表中选择“绿色”选项，并设置其参数如图7.127所示。

4 调整完毕后，单击“确定”按钮退出对话框，如图7.128所示是调整后得到的图像效果。

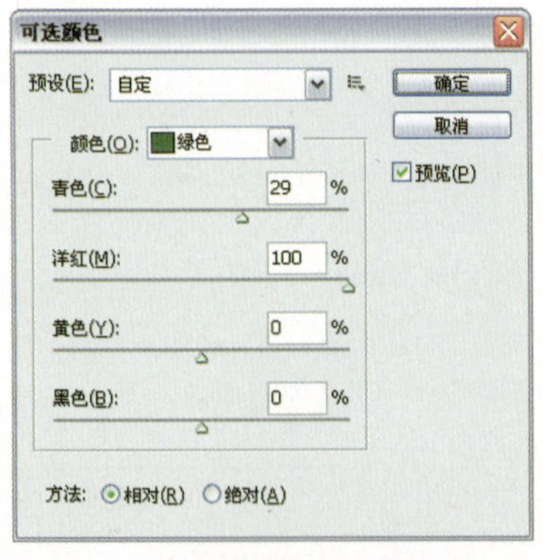

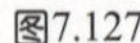
图7.127

图7.128

7.4.11 使用“照片滤镜”命令

选择“图像”|“调整”|“照片滤镜”命令，用于模拟传统光学滤镜特效，能够使照片呈现暖色调、冷色调及其他颜色的色调，其对话框如图7.129所示。

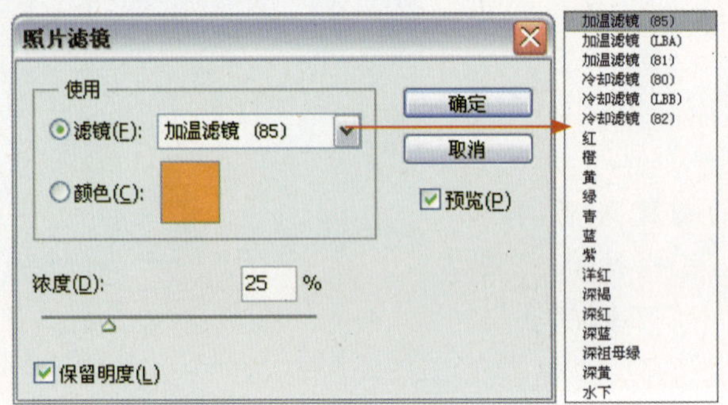

图7.129

下面介绍此对话框中较为重要的参数。

- 滤镜：在“滤镜”下拉列表中选择相应的选项，可以按照所选选项改变照片的色调，其中比较重要的选项如下。
  - 暖调滤镜（85）和冷调滤镜（80）：这些滤镜用来调整图像中白平衡的颜色转换滤镜。如果图像是使用色温较低的光（微黄色）拍摄的，则冷调滤镜 (80) 使图像的颜色更蓝，以便补偿色温较低的环境光。相反，如果照片是用色温较高的光（微蓝色）拍摄的，则暖调滤镜（85）会使图像的颜色更暖，以便补偿色温较高的环境光。
  - 暖调滤镜（81）和冷调滤镜（82）：这些滤镜是光平衡滤镜，它们适用于对图像的颜色品质进行较小的调整。暖调滤镜（81）使图像变暖（变黄），冷调滤镜（82）使图像变冷（变蓝）。
- 颜色：如果希望照片呈现其他颜色的色调，可在“滤镜”下拉列表中选择相应的颜色选项，例如“红”、“黄”等，也可以选中“颜色”单选按钮，并单击其右侧的色块，在弹出的“拾色器”对话框中选择一种颜色。
- 浓度：通过调整滑块或在此文本框中输入数值，可以调整照片色调的浓淡度，此数值越大，照片具有的目标色调的浓度也越大。

图7.130所示为原图像，图7.131所示为经过调整后照片色调偏暖的效果，图7.132所示为经过调整后照片色调偏冷的效果。

图7.130

图7.131

图7.132

7.4.12 使用“HDR色调”命令

HDR是近年来一种极为流行的摄影表现手法，或者更准确的说，它是一种后期图像处理技术，而所谓的HDR，英文全称为High-Dynamic Range，指“高动态范围”，简单来说，就是让照片无论高光还是阴影部分细节都很清晰。

Photoshop提供的这个“HDR色调”命令，其实并非具有真正意义上的HDR合成功能，而是在同一张照片中，通过对高光、中间调及暗调的分别处理，模拟得到类似的效果，当然在细节上不可能与真正的HDR照片作品相提并论，但其最大的优点就是在只使用一张照片的情况下，就可以合成得到不错的效果，因而具有比较高的实用价值。

选择“图像”|“调整”|“HDR色调”命令，即可调出其对话框，如图7.133所示。

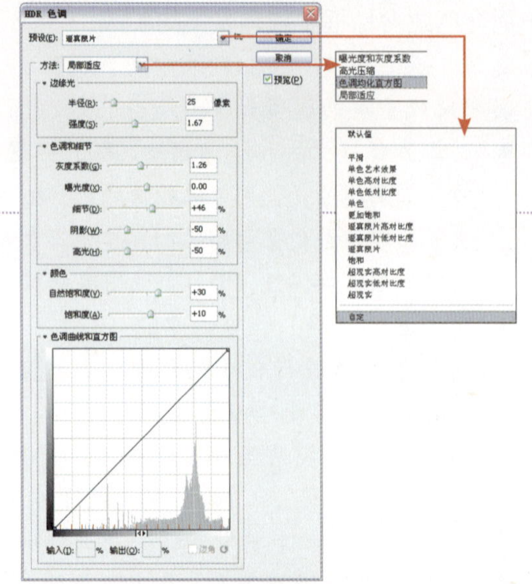

图7.133

预设

与其他大部分图像调整命令相似，此命令也提供了预设调整功能，选择不同的预设能够调整得到不同的HDR照片结果。以图7.134所示的原图像为例，图7.135～图7.137所示就是几种不同的调整结果。

图7.134

图7.135

图7.136

图7.137

局部适应

这是“HDR色调”命令默认情况下选择的处理方法，使用此方法时可控制的参数也最多，如前面的图7.133所示。下面来分别讲解一下此命令中各参数的功能。

在“边缘光”区域中的参数用于控制图像边缘的发光及其对比度，各参数的具体解释如下。

- 半径：此参数可控制发光的范围。图7.138所示就是分别设置不同数值时的对比效果。

图7.138

- 强度：此参数可控制发光的对比度。图7.139所示就是分别设置不同数值时的对比效果。

图7.139

在“色调和细节”区域中的参数用于控制图像的色调与细节，各参数的具体解释如下。

- 灰度系数：此参数可控制高光与暗调之间的差异，其数值越大（向左侧拖动）则图像的亮度越高，反之则图像的亮度越低，如图7.140所示。

图7.140

- 曝光度：控制图像整体的曝光强度，也可以将其理解成为亮度，如图7.141所示。
- 细节：数值为负数时（向左侧拖动）画面变得模糊，反之，数值为正数（向右侧拖动）时，可显示出更多的细节内容，如图7.142所示。

图7.141

图7.142

- 阴影/高光：这两个参数用于控制图像阴影或高光区域的亮度，图7.143所示就是分别设置不同数值时的效果对比。

图7.143

在“颜色”区域中的参数用于控制图像的色彩饱和度，各参数的具体解释如下。

- 自然饱和度：拖动此滑块可以使Photoshop调整那些与已饱和的颜色相比不饱和颜色的饱和度，从而获得更加柔和自然的图像饱和度效果。
- 饱和度：拖动此滑块可以使Photoshop调整图像中所有颜色的饱和度，使所有颜色获得等量饱和度调整，因此使用此滑块可能导致图像的局部颜色过度饱和。

图7.144所示是设置不同的“自然饱和度”及“饱和度”参数后的效果。

在“色调曲线和直方图”区域中的参数用于控制图像整体的亮度，其使用方法与编辑“曲线”对话框中的曲线基本相同，单击其右下角的“复位曲线”按钮，可以将曲线恢复到初始状态。

图7.144

例如图7.145所示是初始状态的图像效果，图7.146所示是调整的曲线状态，图7.147所示是得到的相应效果。

图7.145

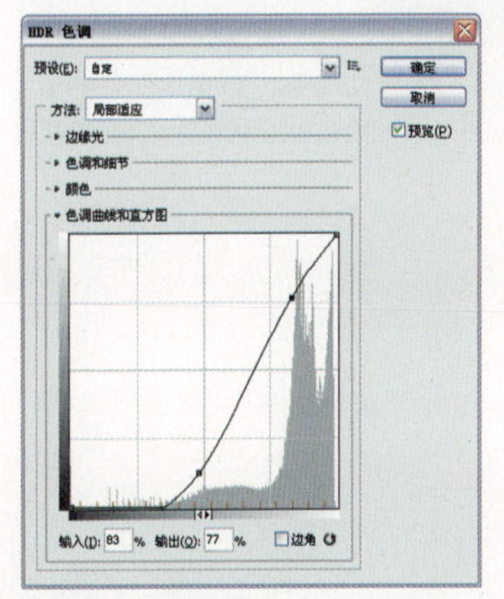

图7.146

图7.147

★ 曝光度和灰度系数

选择此方法后，对话框将变为如图7.148所示的状态。

分别调整“曝光度”和“灰度系数”两个参数，可以改变照片的曝光等级以及灰度的强弱，图7.149所示是调整前后的效果对比。

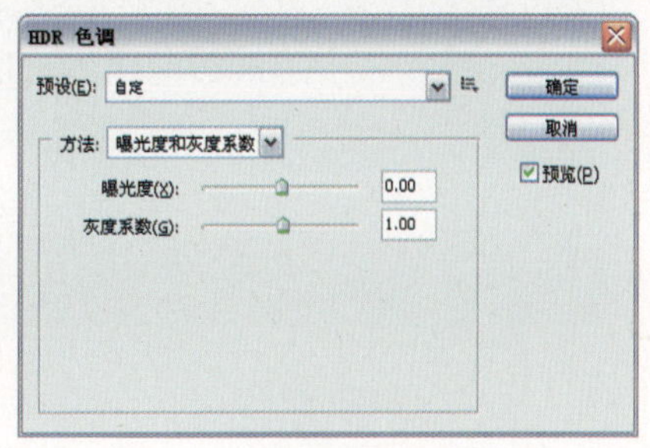

图7.148

图7.149

高光压缩

选择此方法后，会对照片中的高光区域进行降暗处理，从而调节得到比较特殊的效果，如图7.150所示。

图7.150

色调均化直方图

选择此方法后，将对画面中的亮度进行平均化处理，对于低调照片有强烈的提亮作用。图7.151所示是调整前后的效果对比。

图7.151

Chapter 08

绘制位图图像

Photoshop所提供的绘图功能十分出色，可以满足制作各种商业及视觉类作品所需要进行的简单绘图，也可以直接绘制十分精美的CG作品。正因为如此，Photoshop逐渐成为受许多插画师及CG爱好者所青睐的软件。本章将对Photoshop中所提供的绘图功能进行详细的讲解。

8.1 选择颜色

在使用Photoshop的绘图工具进行绘图时，选择正确的颜色至关重要，本节就来讲解一下在Photoshop中选择颜色的各种方法。在实际工作过程中，可以根据需要选择不同的方法。

8.1.1 设置前景色与背景色

前景色又被称为作图色，背景色则被称为画布色。工具箱下方的颜色选择区由前景色色块、背景色色块、切换前景色与背景色转换按钮，以及默认前景色/背景色按钮组成，如图8.1所示。

- “切换前景色与背景色转换”按钮：单击该按钮或按X键，可以交换前景色和背景色的颜色。
- “默认前景色/背景色”按钮：单击该按钮或按D键，可恢复前景色为黑色、背景色为白色的默认状态。

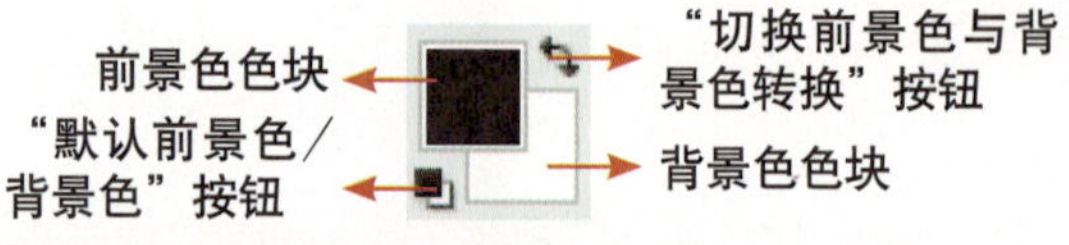

前景色色块
“默认前景色/背景色”按钮
“切换前景色与背景色转换”按钮
背景色色块

图8.1

8.1.2 “颜色”面板

使用“颜色”面板可以定义颜色，选择“窗口”|“颜色”命令或按F6键可弹出如图8.2所示的“颜色”面板。使用此面板，可以非常容易地在各种不同模式下选择前景色与背景色，或选择能够在各种网络环境下可显示的网络安全色。

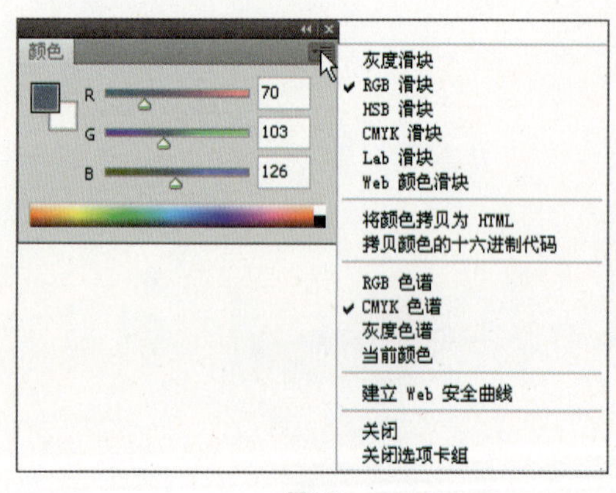

图8.2

8.1.3 “色板”面板

使用“色板”面板不仅能够直观地选择合适的颜色，还可以保存用户自定义的颜色，或将“色板”面板中的所有颜色保存为一个文件，在其他工作环境中使用。

选择“窗口”|“色板”命令可弹出“色板”面板，在默认情况下，“色板”面板显示如图8.3所示。要在色板中选择颜色，只需移动鼠标指针至面板的色样方格中，此时鼠标指针变成吸管形状，单击即可选定该色，如图8.4所示。

图8.3

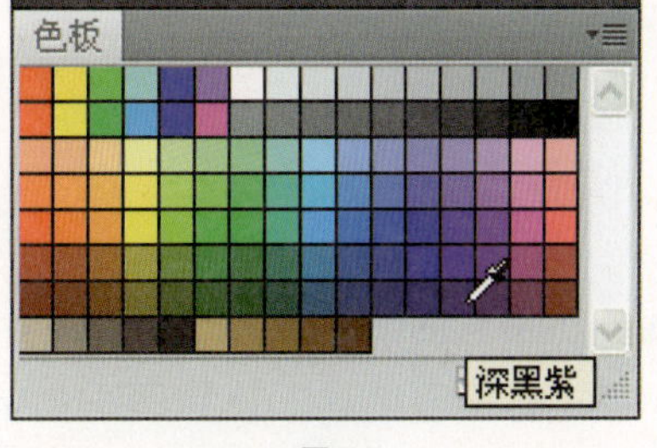

图8.4

8.1.4 吸管工具

除了自己定义颜色外，也可以直接使用图像中存在的颜色，其方法是使用“吸管工具”在图像中单击，从而将前景色转换成为单击处的像素颜色，如果是按住Alt键单击，则吸取的颜色将设置成为背景色。

在此工具被选中的情况下，其工具选项条如图8.5所示。

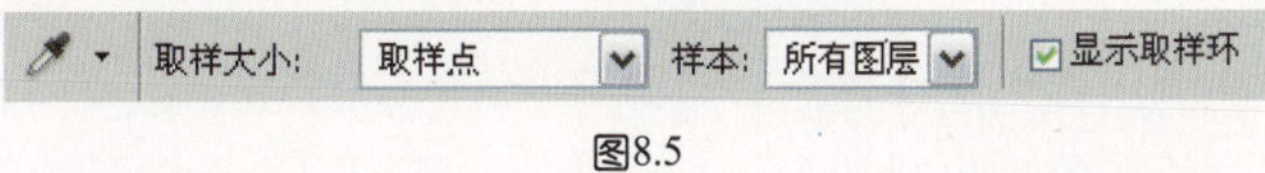

图8.5

- 取样大小：如果选择“3×3平均”选项，则可以取得在单击处周围3×3个像素的平均色值，如图8.6所示；同理，选择“5×5平均”选项，则可以取得在单击处周围5×5个像素的平均色值，如图8.7所示。

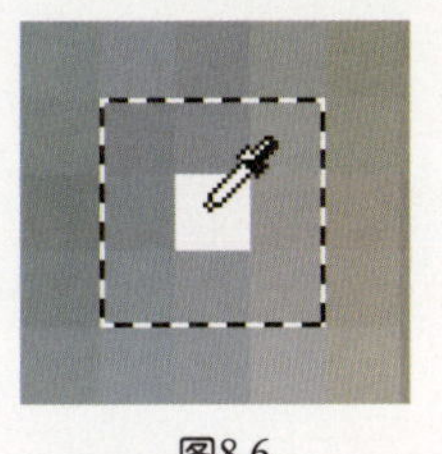

图8.6

图8.7

- 样本：在此下拉列表中，可以选择“所有图层”和“当前图层”选项，即将吸取颜色的范围设置为所有图层或限制为当前所选图层。
- 显示取样环：在选择此复选框后，使用此工具吸取颜色时，将显示一个取样环，如图8.8所示。其中内圆环的上半部分显示的是本次吸取的颜色，而下半部分显示的是当前的前景色。

图8.8

8.1.5 快速选择颜色

在Photoshop CS5中，除了在使用绘图工具（如“画笔工具”、“铅笔工具”等）时，按住Alt键切换至“吸管工具”以吸取当前图像中的颜色外，还可以按住Alt+Shift键，在画面中按住鼠标右键，将调出如图8.9所示的颜色选择器，在左侧区域中移动光标，即可选择当前色彩在不同亮度及饱和度时的颜色，如图8.10所示。而在右侧的竖条中可以选择不同色相的色彩，如图8.11所示。

图8.9

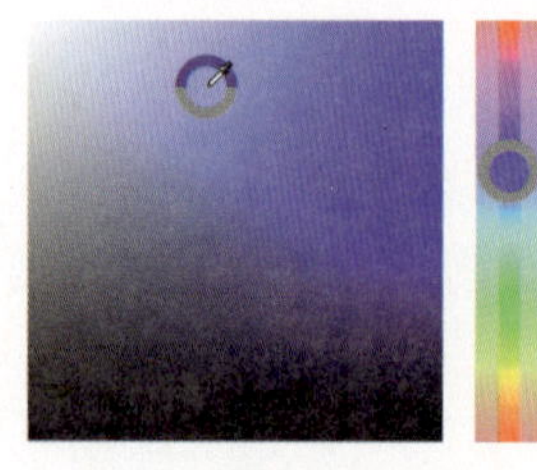
图8.10

图8.11

值得一提的是，在调出颜色选择器后，可以释放Alt+Shift键，但要一直保持鼠标右键的按下状态，直至选择满意的颜色后再释放。该方法在使用红眼以及颜色替换等工具时同样适用。

8.2 绘图工具组

在Photoshop中最常用的绘图工具有“画笔工具”和“铅笔工具”，使用它们可以像使用传统手绘的画笔一样。但比传统手绘更为灵活的是，在Photoshop中可以随意替换画笔大小和绘图前景色。

8.2.1 画笔工具

“画笔工具”是绘制图形时使用最多的工具之一，利用“画笔工具”可以绘制边缘柔和的线条，且画笔的大小、边缘柔和的程度都可以灵活调节。

选择工具箱中的“画笔工具”，在如图8.12所示的画笔工具选项条中设置相关参数，即可进行绘图操作。

图8.12

- 画笔：在此下拉列表中选择一个合适的画笔。
- 模式：在此下拉列表中选择用“画笔工具”绘图时的混合模式。
- 不透明度：此数值用于设置绘制效果的不透明度，其中100%表示完全不透明，而0则表示完全透明，不同“透明度”值的对比效果如图8.13所示。可以看出不透明度数值越大，绘画后前景色的覆盖力越强，反之越弱。

图8.13

- 流量：此选项可以设置绘图时的速度，数值越小，用笔刷绘图的速度越慢。
- “喷枪”按钮：如果在工具选项条中单击“喷枪”按钮，可以用“喷枪”模式工作。
- “绘图板压力控制画笔尺寸”按钮：在使用绘图板进行涂抹时，选中此按钮后，将可以依据给予绘图板的压力控制画笔的尺寸。
- “绘图板压力控制画笔透明”按钮：在使用绘图板进行涂抹时，选中此按钮后，将可以依据给予绘图板的压力控制画笔的不透明度。

8.2.2 铅笔工具

“铅笔工具”的使用方法与“画笔工具”相似，可以绘制自由手画线式线条。在工具箱中选择“铅笔工具”后，将显示如图8.14所示的工具选项条，铅笔工具选项条中的选项大部分与画笔工具选项条中的相同。部分选项的含义如下。

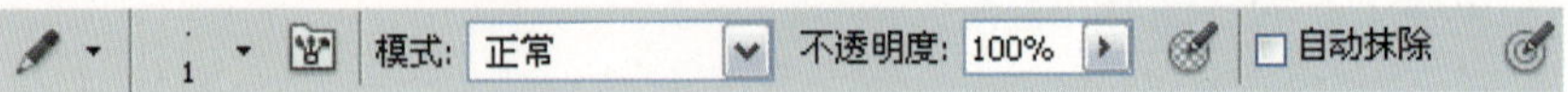

图8.14

- 画笔：在此下拉列表中可以选择画笔的形状，如果画笔全部是硬边效果，绘制的线条也是硬边效果，其绘制效果如图8.15所示（笔者在此使用与图8.13相同的画笔及设置）。

图8.15

TIP

许多初学者发现在绘画时无法得到柔和的图像边缘，这是因为选择了“铅笔工具”而不是“画笔工具”。

- 自动抹除：选择此复选框后，在利用“铅笔工具”绘图时，当光标的起点单击在以前使用“铅笔工具”绘制的线条上时，可以将光标经过的地方填充背景色。

如图8.16所示，前景色为红色，背景色为黄色。勾选“自动抹除”复选框，绘制两条平行线，线条颜色为红色，得到如图8.17所示的效果。

在第2条线的终点上再绘制第3条线，因为第3条线的起点与第2条线的终点重合，所以第3条线的颜色为背景色，如图8.18所示。

使用“铅笔工具”在第2条线上进行绘制，则Photoshop将使用背景色黄色覆盖红色，如图8.19所示。

图8.16

图8.17

图8.18

图8.19

通常在选择不同的工具时，光标都会随之发生变化，当选择“画笔工具”以及其他类似于画笔的工具，如仿制图章以及加深、减淡等工具时，光标通常随画笔笔尖样式的变化而变化，并且随画笔大小的变化而放大或缩小。但有些时候却并非如此，光标会呈现出十字线光标状态，这是由于在操作中按了Caps Lock键，只需再次按Caps Lock键即可。

8.2.3 混合器画笔工具

Photoshop CS5新增了一个可用于绘图的“混合器画笔工具”，更准确地说，它可以模拟绘画的笔触进行艺术创作，如果配合手写板进行操作，将会变得更加自由、更像在自己的画板上绘画，其工具选项条如图8.20所示。

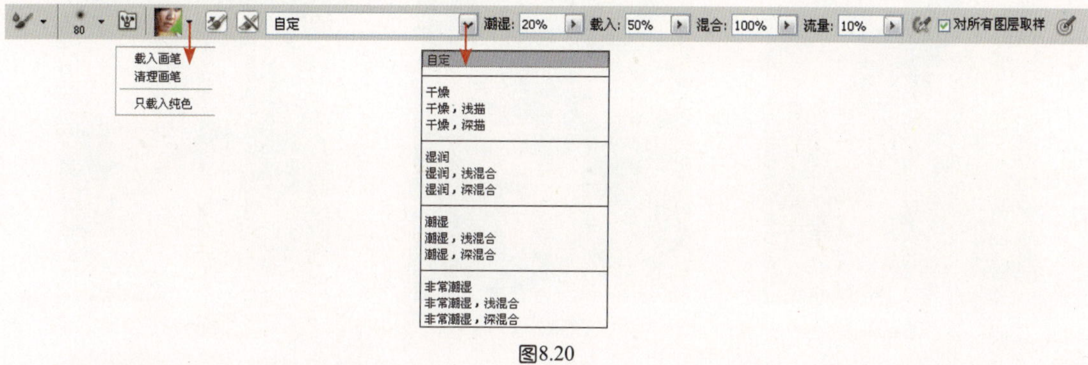

图8.20

下面来讲解一下各参数的含义。

- 当前画笔载入：在此可以重新载入或者清除画笔。在此下拉列表中选择“只载入纯色”命令，此时按住Alt键将切换至“吸管工具”，吸取要涂抹的颜色，如果没有选中此命令，则可以像“仿制图章工具”一样，定义一个图像作为画笔进行绘画。直接单击此缩览图，可以调出“选择绘画颜色”对话框，选择一个要绘画的颜色。
- “每次描边后载入画笔”按钮：选中此按钮后，将可以自动载入画笔。
- “每次描边后清理画笔”按钮：选中此按钮后，将可以自动清理画笔，也可以将其理解成为画家绘画一笔之后，是否要将画笔洗干净。
- 画笔预设：在此下拉列表中可选择多种预设的画笔，选择不同的画笔预设，可自动设置后面的“潮湿”、“载入”以及“混合”等参数。
- 潮湿：此参数可控制绘画时从画布图像中拾取的油彩量。例如图8.21所示是原始图像，图8.22所示是分别设置此参数为10和100时的不同涂抹效果。
- 载入：此参数可控制画笔上的油彩量。
- 混合：此参数可控制色彩混合的强度，数值越大混合得越多。

图8.21

图8.22

例如图8.23所示为原图像，图8.24所示是使用“混合器画笔工具” 涂抹后的效果，图8.25所示是仅显示涂抹内容时的状态。

图8.23

图8.24

图8.25

8.3 “画笔”面板

Photoshop的画笔功能在CS5版本中得到了空前的扩展，在“画笔”面板的参数区，可以控制画笔的“形状动态”、“散布”、“颜色动态”、“传递”、“杂色”、“湿边”等数种动态属性参数，组合这些参数，可以得到千变万化的效果。

要使用好“画笔工具” ，掌握如图8.26所示的“画笔”面板是必要条件之一，在该面板中不仅有很多不同类型的画笔，还有许多工具共用该面板。

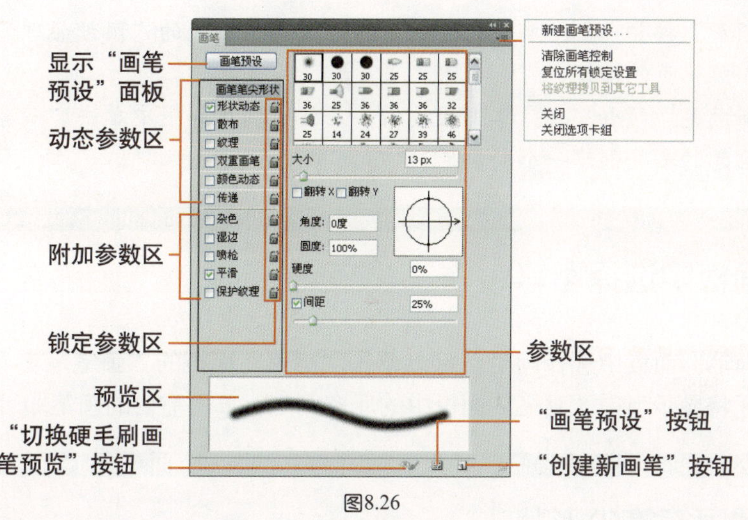

图8.26

下面对“画笔”面板中各区域的作用进行简单的介绍。

- “画笔预设”按钮：单击该按钮可以调出Photoshop CS5中新增的“画笔预设”面板，以管理画笔预设。
- 动态参数区：在该区域中列出了可以设置动态参数的选项，其中包含“画笔笔尖形状”、“形状动态”、“散布”、“纹理”、“双重画笔”、“颜色动态”和“传递”7个选项。
- 附加参数区：在该区域中列出了一些选项，选择它们可以为画笔增加杂色及湿边等效果。
- 锁定参数区：在该区域中单击锁形图标使其变为状态，就可以将该动态参数所做的设置锁定起来，再次单击锁形图标使其变为状态即可解锁。
- 参数区：该区域中列出了与当前所选的动态参数相对应的参数，在选择不同的选项时，该区域所列的参数也不相同。
- 预览区：在该区域可以看到根据当前的画笔属性生成的预览图。
- “切换硬毛刷画笔预览”按钮：选中此按钮后，默认情况下将在画布的左上方显示笔刷的形态，如图8.27所示。需要注意的是，读者必须启用OpenGL才能使用此功能。

TIP

要启用OpenGL功能，可选择“编辑”|“首选项”|“性能”命令，在弹出对话框的右下角位置进行选择，如图8.28所示，此功能需要显卡支持。

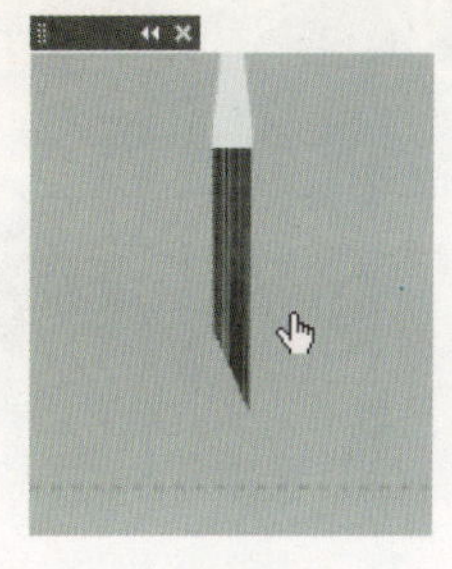

图8.27

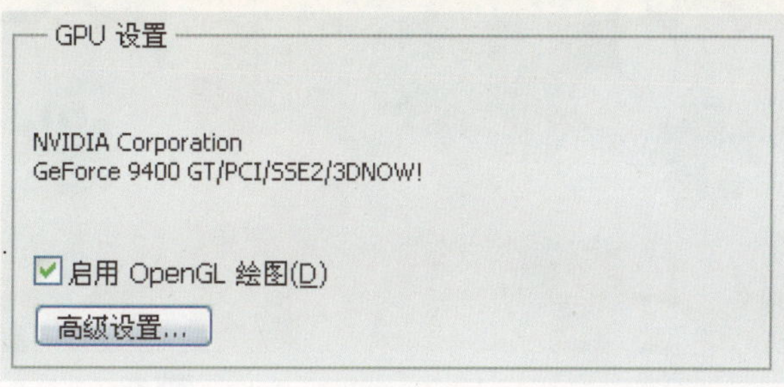

图8.28

- "画笔预设"按钮：单击此按钮，将可以调出画笔的"预设管理器"对话框，用于管理和编辑画笔预设。
- "创建新画笔"按钮：单击此按钮，在弹出的对话框中单击"确定"按钮，按当前所选画笔的参数创建一个新画笔。

8.3.1 在面板中选择画笔

若要在"画笔"面板中选择画笔，可以单击"画笔"面板的"画笔笔尖形状"选项，此时在画笔显示区将显示当前"画笔"面板中的所有画笔，单击需要的画笔即可。

8.3.2 设置画笔笔尖形状

"画笔"面板中的每一种画笔都有数种基本属性可以编辑，包括"大小"、"角度"、"间距"、"圆度"等，对于圆形画笔，还可对其"柔和度"参数进行编辑。

要编辑上述常规参数，可以单击"画笔"面板参数区的"画笔笔尖形状"选项，此时"画笔"面板如图8.29所示，上述参数均显示在参数显示区。

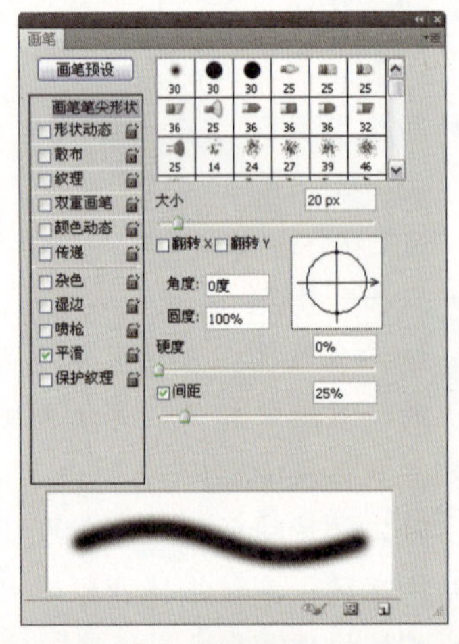

图8.29

若要编辑上述参数，拖动相应的滑块或在文本框中输入数值即可，在调节的同时，可在预览区观察调节后的效果。例如，图8.30所示为调整"大小"参数为不同数值时的效果，图8.31所示为调整"硬度"参数为不同数值时的效果。

在"间距"文本框中输入数值或调节滑块，可以设置绘图时组成线段的两点间的距离，数值越大间距越大。为画笔的间距设置不同的数值，则可以得到不同的效果，如图8.32所示。

图8.30

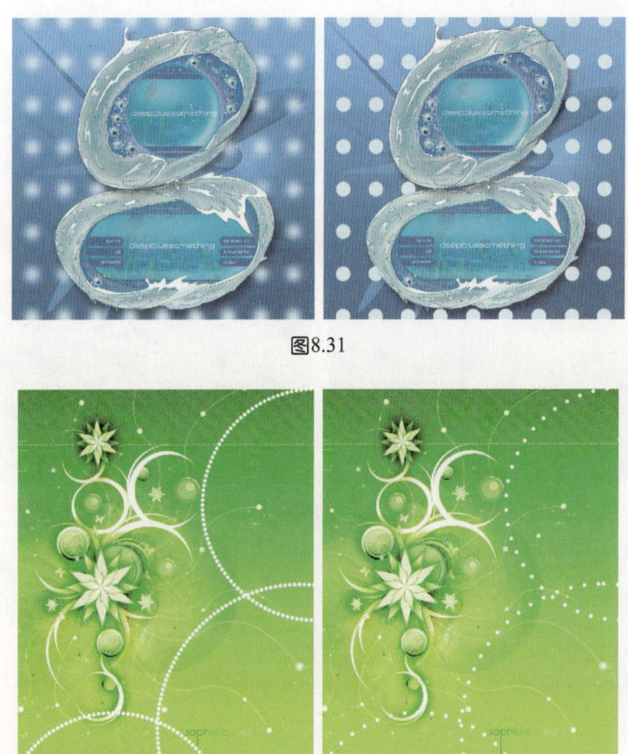

图8.31

图8.32

8.3.3 形状动态参数

通过在“画笔”面板上选中“形状动态”选项，可以进入画笔的动态形状参数设置区，此时面板如图8.33所示，通过设置这些参数，可使画笔在大小、角度及圆度方面发生变化。

- 大小抖动：此参数控制画笔在绘制过程中尺寸上的抖动幅度，其数值越大，抖动的幅度也越大，如图8.34左图所示是此数值为50%时的画笔效果，如图8.34右图所示是数值为100%时的画笔效果。

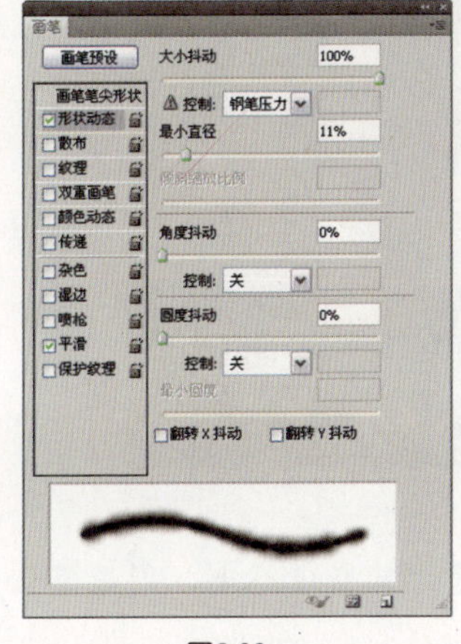

图8.33

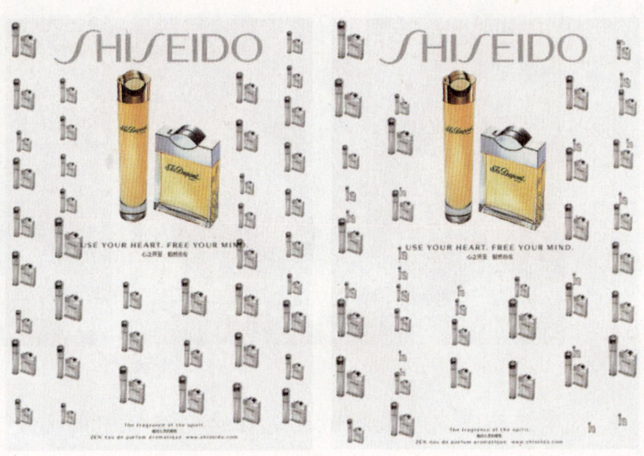

图8.34

- 控制：该下拉列表中的选项控制抖动发生的方式，其中有“关”、“渐隐”、“钢笔压力”、“钢笔斜度”和“光笔轮”5种方式可选。比较常用的是“渐隐”选项，选择此选项后，其右侧将激活一个文本框，在此输入数值可以改变渐隐步长，如图8.35所示。

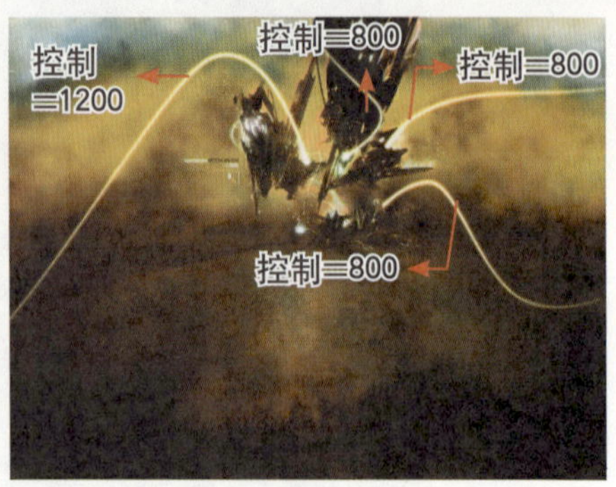

图8.35

通过上面标示出的参数可以看出，在画笔大小相同的情况下，“渐隐”数值越大，则画笔从初始大小渐隐到无的长度就越大，反之则越小，这就可以帮助读者在一定程度上理解其作用，并能够在以后的设计过程中应用到实处。

- 最小直径：此数值控制在画笔尺寸发生抖动时画笔的最小尺寸值，此数值越大，则发生抖动的范围越小，抖动的幅度也会相应变小。如图8.36所示是此数值为0%和50%时的画笔对比效果，可以看出当数值越大时，画笔尺寸的抖动变化幅度越不明显。

图8.36

- 角度抖动：此参数可以控制画笔在绘制过程中角度上的抖动幅度，其数值越大，则角度变化的幅度也越大，如图8.37所示是此数值为15%和85%时的画笔效果。

图8.37

- 圆度抖动：此参数控制画笔在绘制过程中的圆度抖动幅度，其数值越大，则画笔圆度变化范围就越大。

8.3.4 散布参数

通过设置画笔的“散布”参数，可以控制画笔偏离画笔路径线的程度。在“散布”参数选项被选中的情况下，“画笔”面板如图8.38所示。

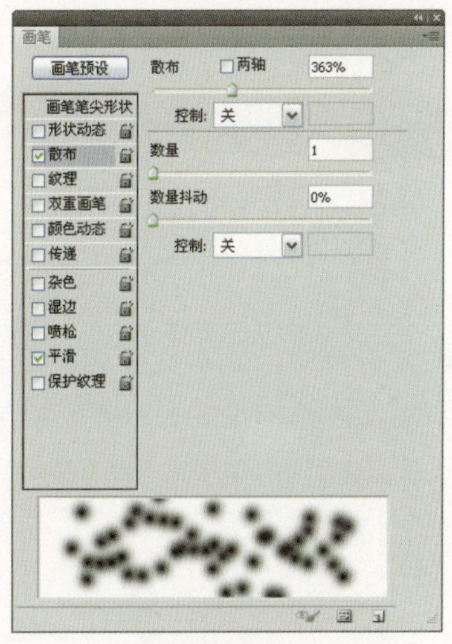

图8.38

- 散布：此参数控制组成线条的点在绘制时距离画笔所掠过的路径的离散度。此数值越大，则绘画时画笔偏离绘制路径的程度越大。如图8.39所示是此数值为200%和700%时绘制的不同效果。
- 两轴：在此复选框被选中的情况下，画笔点在x、y两个轴向上发生分散，否则仅在一个方向上发生分散，如图8.40所示。

图8.39

图8.40

- 数量：此参数控制构成的点在绘制时的数量，此数值越大，则有越多的画笔点聚集在一起。如图8.41所示是此数值为1和3时的画笔效果，如果此参数设置得越小，则绘制时所得到的点越少；反之如果此参数设置得越大，则得到的点越多。

图8.41

- 数量抖动：此参数控制构成线条的点在绘制时的抖动幅度，此数值越大，则得到的画笔效果越不规则，如图8.42所示。

图8.42

8.3.5 颜色动态参数

在“画笔”面板上选中“颜色动态”选项时，“画笔”面板如图8.43所示，可以动态地改变画笔颜色效果。

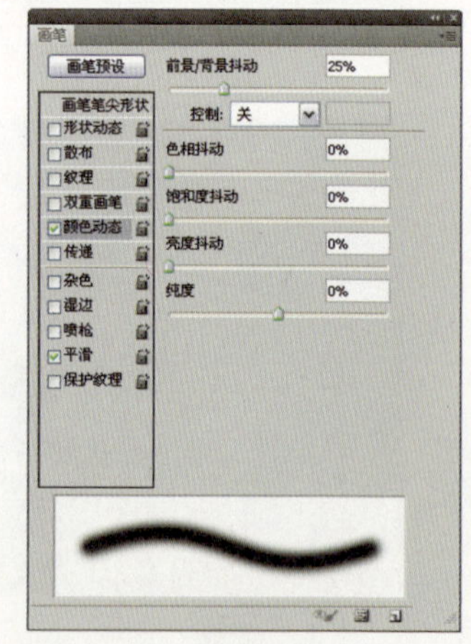

图8.43

选中“颜色动态”选项后，“画笔”面板中重要的参数解释如下。

- 前景/背景抖动：在此输入数值或拖动滑块，可以在应用画笔时控制画笔的颜色变化情况。数值越大，画笔的颜色发生随机变化时，越接近于背景色，反之数值越小，画笔的颜色发生随机变化时，越接近于前景色，图8.44为使用“前景/背景抖动”不同数值时的前后效果对比。
- 色相抖动：此选项用于控制画笔色调的随机效果，数值越大，画笔的色调发生随机变化时，越接近于背景色；反之数值越小，画笔的色调发生随机变化时，越接近于前景色，图8.45为设置不同数值的“色相抖动”效果。

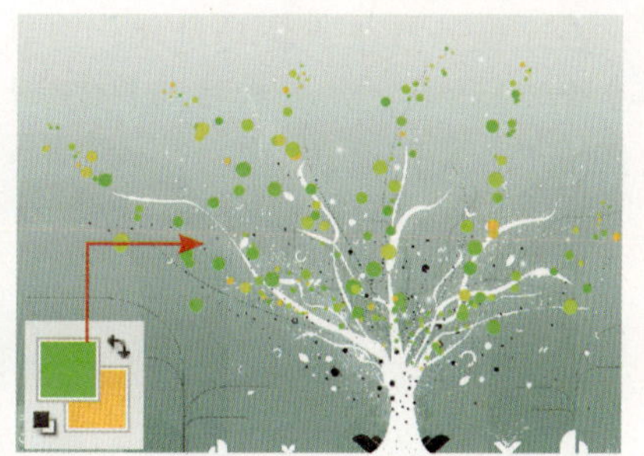

图8.44

图8.45

- 饱和度抖动：此选项用于控制画笔饱和度的随机效果，数值越大，画笔的饱和度发生随机变化时，越接近于背景色的饱和度；反之数值越小，画笔的饱和度发生随机变化时，越接近于前景色的饱和度。图8.46为设置不同数值的“饱和度抖动”效果。

图8.46

- 亮度抖动：此选项用于控制画笔亮度的随机效果，数值越大，画笔的亮度发生随机变化时，越接近于背景色亮度；反之数值越小，画笔的亮度发生随机变化时，越接近于前景色亮度，图8.47为设置不同数值的“亮度抖动”效果。

图8.47

- 纯度：在此输入数值或拖动滑块，可以控制笔画的纯度，数值为-100%时，笔画呈现饱和度为0的效果；反之数值为100%时，笔画呈现完全饱和的效果。图8.48为设置不同数值的“纯度”效果。

图8.48

8.3.6 传递参数

“传递”动态参数的前身即Photoshop CS4中的“其它动态”，在CS5中，除了在名称上的变化外，其中的参数也从原来的“不透明度抖动”与“流量抖动”两个主要参数，增加了“湿度抖动”与“混合抖动”两个参数，其对话框如图8.49所示。

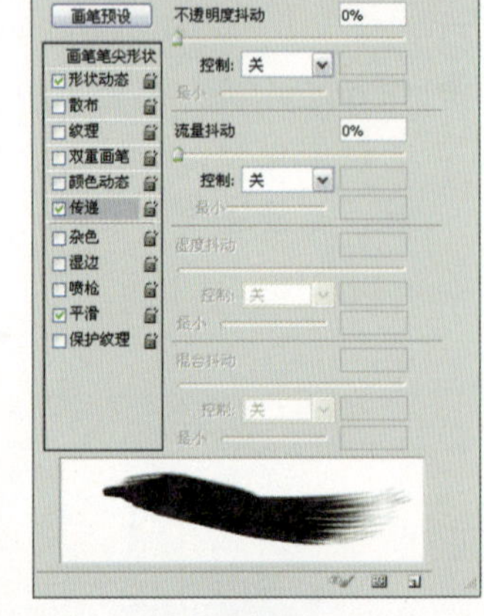

图8.49

TIP

“湿度抖动”与“混合抖动”参数主要是针对CS5新增的“混合器画笔工具”使用的。

- 不透明度抖动：在此输入数值或拖动滑块，可以在应用画笔时控制画笔的不透明变化情况，如图8.50、图8.51所示为数值分别设置为10%和100%时的效果。
- 流量抖动：此选项用于控制画笔速度的变化情况。
- 湿度抖动：在混合器画笔工具选项条上设置了“潮湿”参数后，在此处可以控制其动态变化。
- 混合抖动：在混合器画笔工具选项条上设置了“混合”参数后，在此处可以控制其动态变化。

图8.50

图8.51

8.3.7 硬毛刷画笔设置

在Photoshop CS5中，提供了一些新的画笔类型，即硬毛刷画笔，它可以控制硬毛刷上硬毛的数量，以及硬毛的长度等，从而改变绘画的效果。默认情况下，在“画笔”面板中就已经显示了一部分该画笔，选择此画笔后，会在“画笔笔尖形状”区域中显示相应的参数控制，如图8.52所示。

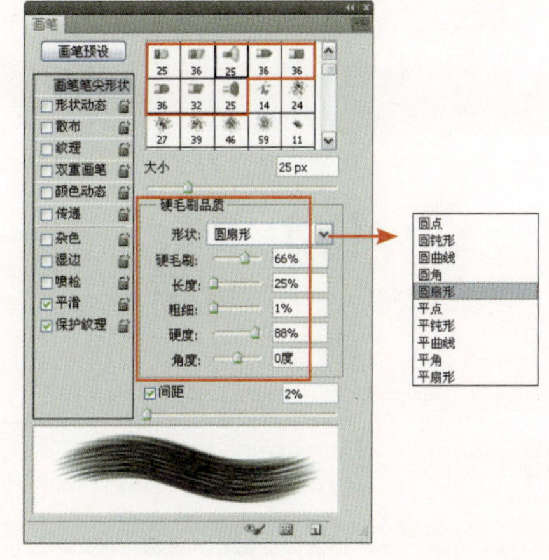

图8.52

下面分别介绍一下关于硬毛刷画笔的相关参数功能。

- 形状：在此下拉列表中可以选择硬毛刷画笔的形状，图8.53所示是在其他参数不变的情况下，分别设置其中10种形状后得到的绘画效果。

图8.53

- 硬毛刷：此参数用于控制当前笔刷硬毛的密度。
- 长度：此参数用于控制每根硬毛的长度。
- 粗细：此参数用于控制每根硬毛的粗细，最终决定了整个笔刷的粗细。
- 硬度：此参数用于控制硬毛的硬度。越硬则绘画得到的结果越淡、越稀疏，反之则越深、越浓密。
- 角度：此参数用于控制硬毛的角度。

8.3.8 锁定画笔参数

如果将当前画笔设置的参数应用给其他画笔，可以在“画笔”面板中单击该参数右侧的🔒形标志，使其成为锁定状态。例如，笔者为当前所使用的画笔设置了形状动态及散布参数，当锁定这两个参数后，在画布中右击，从弹出的“画笔”面板中选择其他画笔，则被选择的画笔将自动具有这些参数设置。

如图8.54所示为笔者为蝴蝶画笔设置了形状动态、散布、颜色动态和传递参数，锁定形状动态、散布两种参数的状态。如图8.55所示为笔者右击选择另一种画笔时的状态。

图8.54

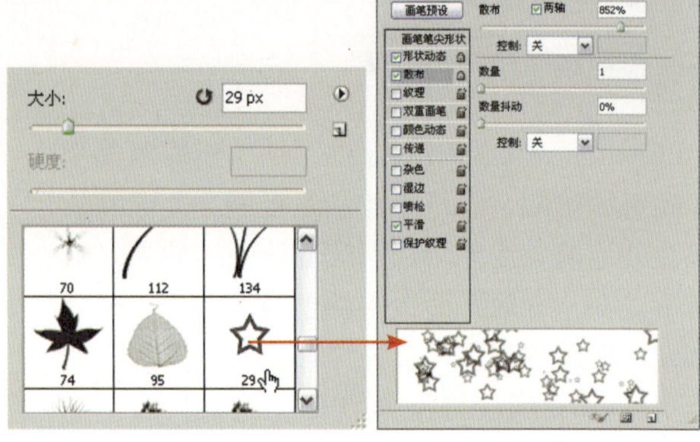

图8.55

可以看出，此时未被锁定的参数已被新画笔默认的参数所替代，但被锁定的参数则自动应用于新的画笔。

8.3.9 新建画笔

在实际工作过程中，“画笔”面板所列的画笔远远不能满足各种任务的需要，因此必须掌握创建新画笔的方法。Photoshop定义画笔的方法非常灵活，其操作步骤如下所述。

1 绘制所需要的画笔形状。

2 用任何一种选择工具选中步骤1中绘制的画笔形状。

3 选择“编辑”|“定义画笔”命令，在弹出的“画笔名称”对话框中输入画笔名称。

除了通过绘制新图像得到画笔外，还可以将一个素材图像定义为画笔。

例如，图8.56所示为一幅素材图像，在选中后选择“编辑”|“定义画笔预设”命令，在弹出的对话框中输入新画笔的名称，然后单击“确定”按钮后，即可在“画笔”面板中找到使用素材图像定义的画笔，如图8.57所示。图8.58所示就是利用刚刚定义的画笔来装饰图像后得到的效果。

图8.56

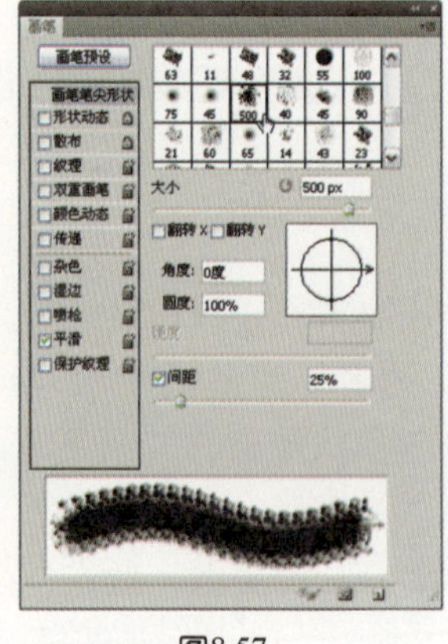

图8.57

图8.58

8.3.10 清除画笔控制

要将某一个设置了特殊参数的画笔属性恢复至默认的状态，可以单击“画笔”面板右上角的面板按钮，在弹出的菜单中选择“清除画笔控制”命令。

需要注意的是，如果当前的“画笔”面板中锁定了某个动态参数，则选择此命令后，将隐藏该动态选项，并复位所有的动态参数，但其锁定状态仍然保留，直至手工将其取消为止。

8.4 使用“画笔预设”面板管理预设画笔

在Photoshop CS5中，原来“画笔”面板中用于管理画笔预设的功能，被集成至一个新的面板中，即“画笔预设”面板，如图8.59所示。

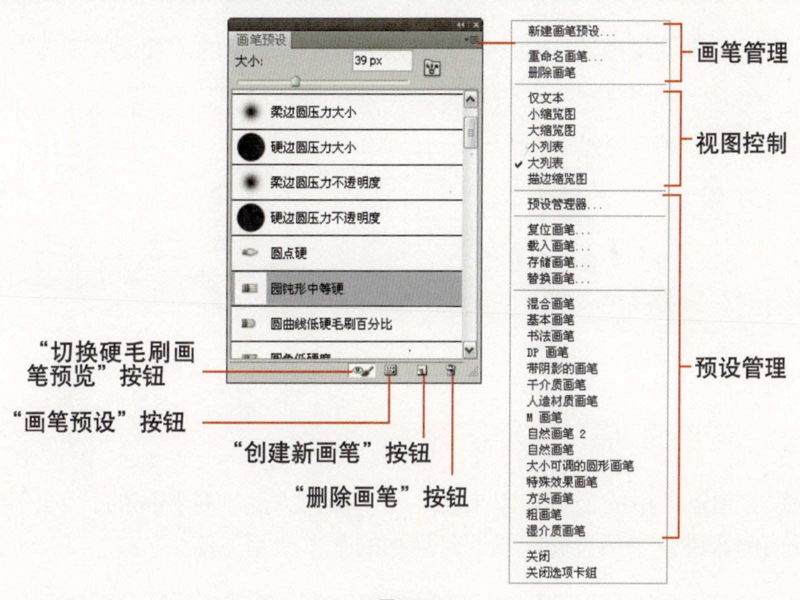

图8.59

“画笔预设”面板及其面板菜单中的参数解释如下。

- 画笔管理：在此区域可以创建、重命名及删除画笔。
- 视图控制：此处可以设置画笔显示的缩览图状态。
- 预设管理：在此区域可以进行载入、存储等画笔管理操作。
- “切换硬毛刷画笔预览”按钮：选中此按钮后，默认情况下将在画布的左上方显示笔刷的形态，必须启用OpenGL才能使用此功能。

- “画笔预设”按钮：单击该按钮，将可以调出画笔的“预设管理器”对话框，用于管理和编辑画笔预设。
- “创建新画笔”按钮：单击该按钮，在弹出的对话框中单击“确定”按钮，按当前所选画笔的参数创建一个新画笔。
- “删除画笔”按钮：在选择“画笔预设”选项的情况下，选择了一个画笔后，该按钮就会被激活，单击该按钮，在弹出的对话框中单击“确定”按钮即可将该画笔删除。

8.5 使用“预设管理器”管理各种预设

“预设管理器”是管理画笔、色板、渐变、样式、图案、等高线、自定形状和工具等所有预设的功能，使用它可以完成更改当前的预设项目集、创建新库等操作。

选择“编辑”|“预设管理器”命令后，显示如图8.60所示的“预设管理器”对话框。

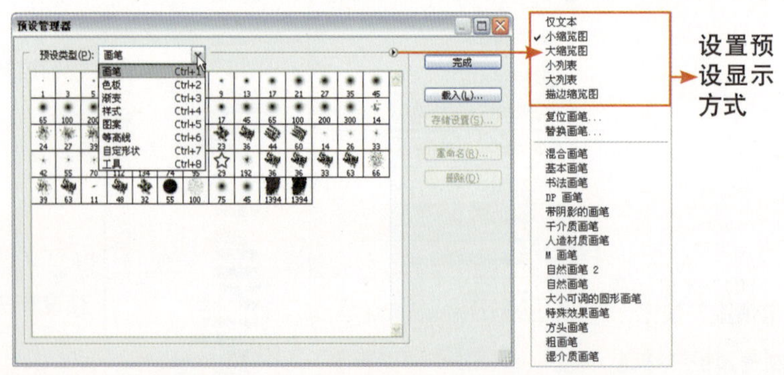

图8.60

对于“预设管理器”中的所有对象来说，基本操作方法都是相同的，下面将以“画笔工具”的预设为例，讲解“预设管理器”对话框的基本使用方法。

8.5.1 载入预设项目库

在“预设管理器”对话框中，要载入预设项目库，可以执行以下操作之一。

- 从“预设管理器”选项框底部选择一个库文件，在随后弹出的对话框中单击“确定”按钮，替换当前列表，或单击“追加”按钮，将预设项目追加到当前列表。
- 要将外部或自定义的项目库添加到当前列表中，可以单击预设管理器右侧的“载入”

按钮，在弹出的对话框中选择要添加的库文件，然后单击“载入”按钮，即可将所选的项目追加至当前列表中。

- 要用其他库替换当前列表，可从“预设管理器”选项框中选择“替换预设类型”，选择要使用的库文件，然后单击“载入”按钮。

另外，对于不同的预设类型，Photoshop都提供了不同的预设，以“画笔工具”为例，在此对话框中就可以看到如图8.61所示的一系列预设，选择各个预设命令，将弹出提示框，单击“确定”按钮，则使用所选的预设替换当前的预设，单击“追加”按钮，则在当前预设的基础上添加所选的预设。

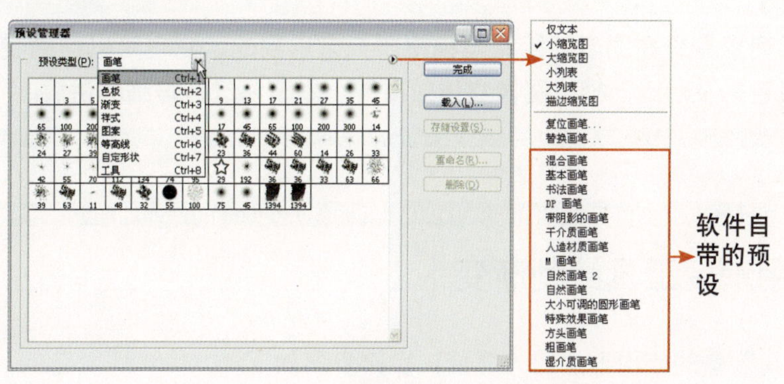

图8.61

8.5.2 重命名预设项目

要为预设项目重命名，可以执行以下操作之一。

- 选择一个需要重命名的预设项目，单击“预设管理器”对话框右侧的“重命名”按钮，在弹出的对话框中输入新名称，单击“确定”按钮即可。
- 在需要重命名的预设项目上右击，在弹出的快捷菜单中选择“重命名”命令，在弹出的对话框中输入新名称，单击“确定”按钮即可。
- 如果当前的显示方式被设置为小缩览图、大缩览图或描边缩览图（限“画笔工具”），双击需要重命名的预设项目缩览图，在弹出的对话框中输入新名称，单击“确定”按钮即可。
- 如果当前的显示方式被设置为纯文本、小列表或大列表，则双击预设项目的名称，然后直接输入新名称，按Enter键确认即可。

8.5.3 删除预设项目

要删除预设项目，可以按照以下方法之一进行操作。

- 选择需要删除的预设项目，单击“预设管理器”右侧的“删除”按钮即可。
- 在需要删除的预设项目上右击，在弹出的快捷菜单中选择“删除预设”命令即可。
- 按住Alt键单击要删除的项目。

8.6 渐变工具

渐变系列工具是在图像的绘制与模拟时经常用到的，它也可以帮助我们绘制作品的基本背景色彩及明暗、模拟图像立体效果等，本节将进行详细的讲解。

8.6.1 使用渐变工具绘制渐变

"渐变工具"的使用方法较为简单，操作步骤如下。

1 选择"渐变工具"，在工具选项条上所示的5种渐变类型中选择合适的类型。

2 单击渐变效果框右侧的下拉列表按钮，在弹出的如图8.62所示的渐变类型面板中选择合适的渐变效果。

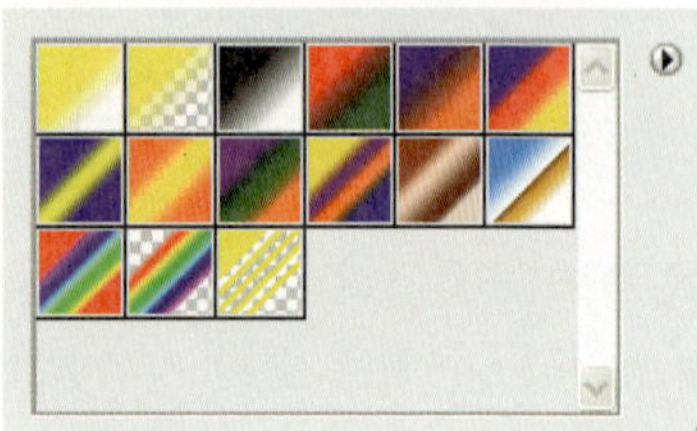

图8.62

3 设置渐变工具选项条中的其他选项。

4 在图像中拖动"线性渐变工具"，即可创建渐变效果。拖动过程中，拖动的距离越长渐变过渡越柔和，反之过渡越急促。

8.6.2 创建实色渐变

单击工具选项条中的渐变效果显示框，将弹出"渐变编辑器"对话框。使用此对话框，可以修改当前渐变的颜色设置，并创建新的渐变效果。

虽然Photoshop自带的渐变类型足够丰富，但在有些情况下，还是需要自定义新渐变，以配合图像的整体效果。

要创建实色渐变，可按下述步骤操作。

1 在渐变工具选项条中选择任意一种渐变工具。

2 单击渐变类型选择框，如图8.63所示，打开如图8.64所示的"渐变编辑器"对话框。

图8.63

图8.64

3 单击“预设”区域中的任意一种渐变，以基于该渐变来创建新的渐变。

4 在“渐变类型”下拉列表中选择“实底”选项，如图8.65所示。

5 单击起点颜色色标，使该色标上方的三角形变黑，以将其选中，如图8.66所示。

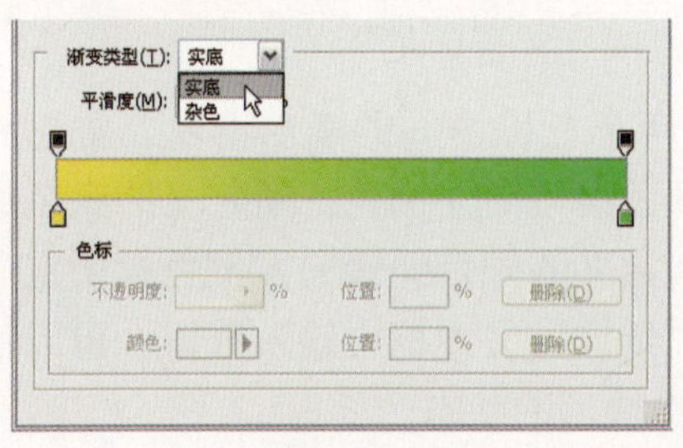

图8.65

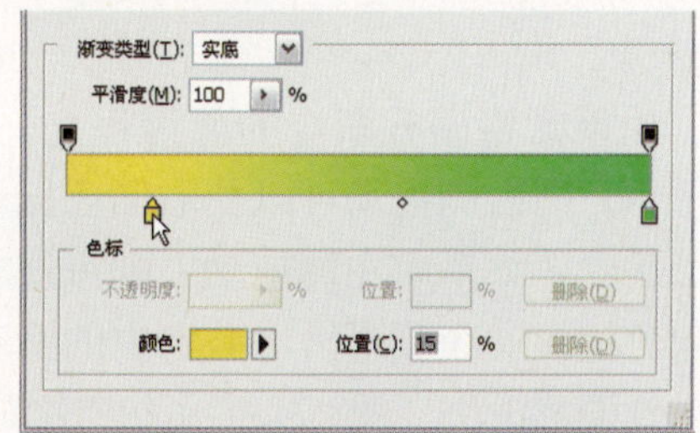

图8.66

6 单击对话框底部“颜色”右侧的三角按钮▶，会弹出选项菜单，该菜单中各选项的含义如下。

- 前景：选择该选项可以将选中的色标定义为前景色，色标所定义的颜色将随前景色的变化而变化。
- 背景：选择该选项可以将选中的色标定义为背景色，色标所定义的颜色将随背景色的变化而变化。
- 用户颜色：如果需要选择其他颜色来定义选中的色标，可选择“用户颜色”选项或双击色标，在弹出的“选择色标颜色”对话框中选择颜色。

7 按照本实例步骤5、6中所述的方法为其他色标定义颜色。

8 如果需要在起点与终点色标中添加色标，以将该渐变类型定义为多色渐变，可以直接在渐变条下面的空白处单击，如图8.67所示，然后按照步骤5、6中所述的方法定义该色标的颜色。

9 若要调整色标的位置，可以按住鼠标左键将色标拖动到目标位置，如图8.68所示，或在色标被选中的情况下，在“位置”文本框中输入数值，以精确定义色标的位置。图8.69所示为改变色标位置后的状态。

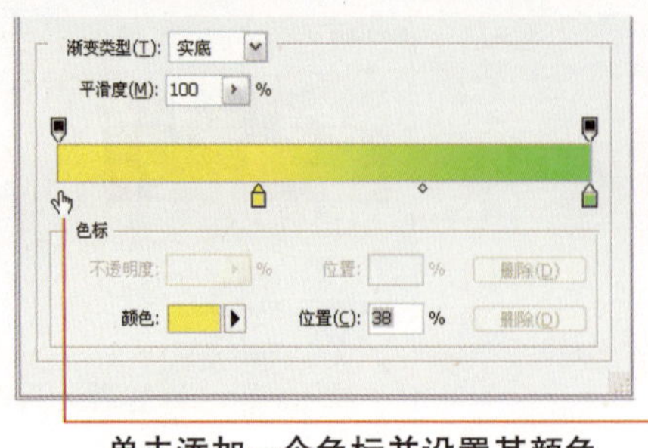

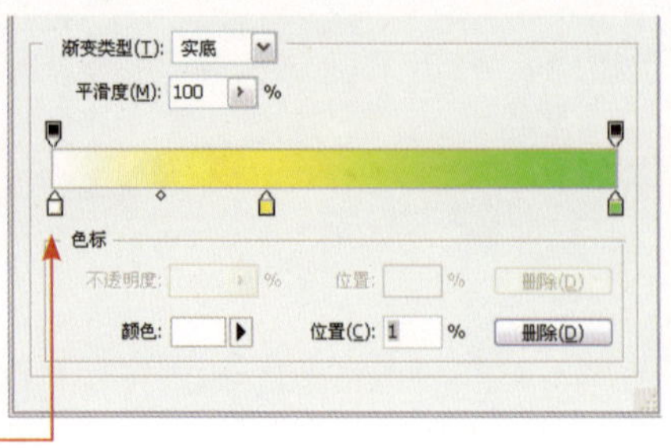

单击添加一个色标并设置其颜色

图8.67

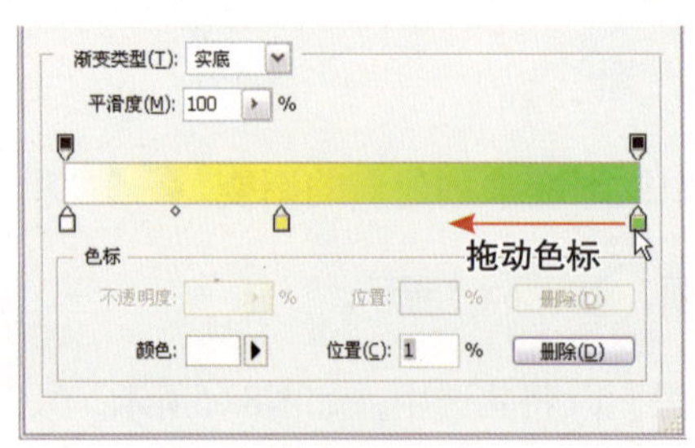

图8.68

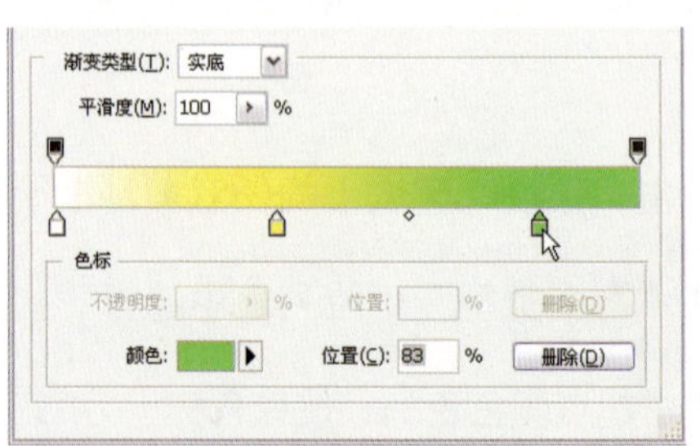

图8.69

10 如果需要调整渐变的急缓程度，可以拖动两个色标中间的菱形滑块，如图8.70所示。向右侧拖动可以使右侧色标所定义的颜色缓慢向左侧色标所定义的颜色过渡；反之，如果向左侧拖动，则可使右侧色标所定义的颜色缓慢向左侧色标所定义的颜色过渡。在菱形滑块被选中的情况下，在“位置”文本框中输入数值，可以精确定位菱形滑块。图8.71所示为向右侧拖动菱形滑块后的状态。

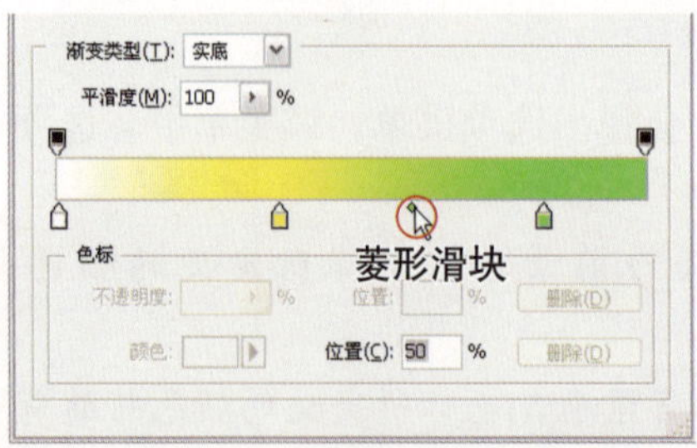

图8.70

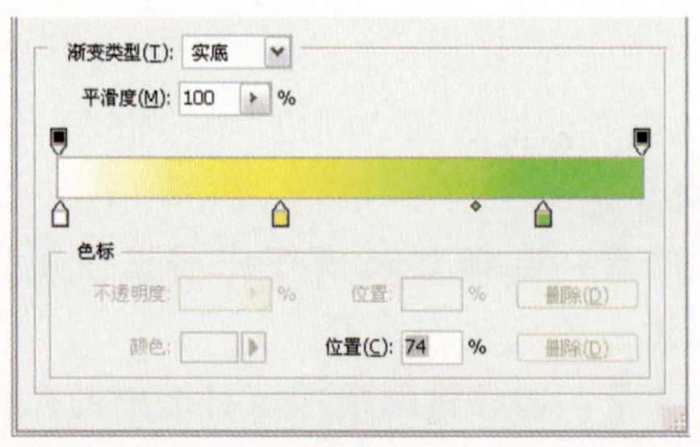

图8.71

11 如果要删除处于选中状态下的色标，可以直接按Delete键，或者按住鼠标左键向下拖动，直至该色标消失为止。如图8.72所示为将色标删除后的状态。

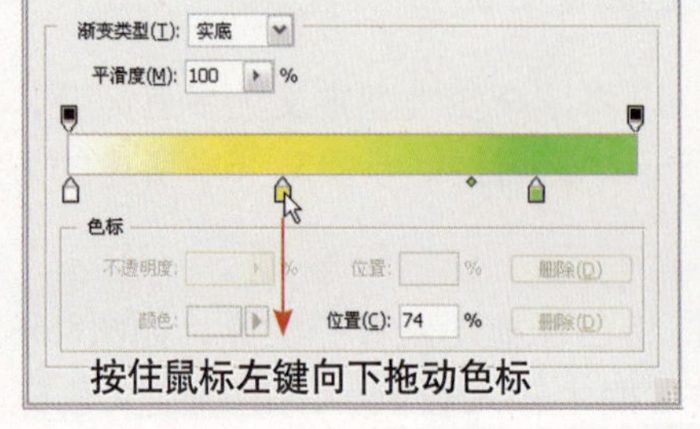

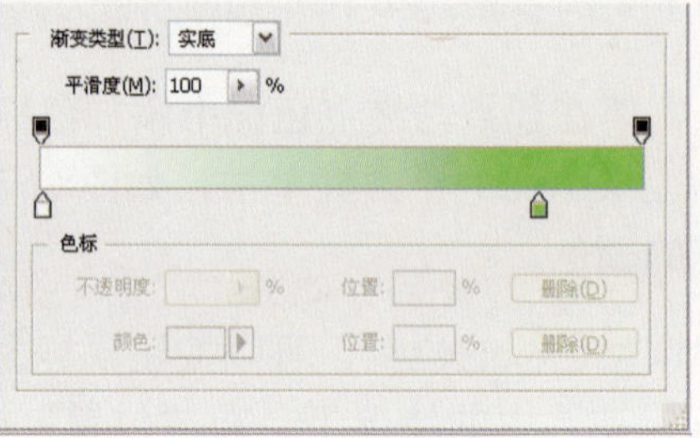

图8.72

12 拖动菱形滑块定义该渐变的平滑程度。

13 完成渐变颜色设置后，在“名称”文本框中输入该渐变的名称。

14 如果要将渐变存储在“预设”区域中，单击“新建”按钮即可。

15 单击“确定”按钮退出“渐变编辑器”对话框，新创建的渐变默认处于被选中状态。

8.6.3 创建透明渐变

在Photoshop中，用户除了可以创建不透明的实色渐变外，还可以创建具有透明效果的渐变。创建具有透明效果的渐变时，可以按下述步骤操作。

1 按照创建实色渐变的方法创建一个实色渐变。

2 在渐变条上方需要产生透明效果处单击，以增加一个不透明色标，如图8.73所示。

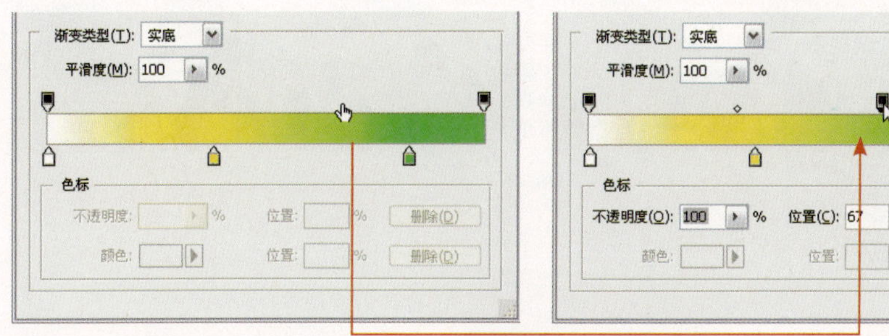

图8.73

3 在该透明色标处于被选中状态时，在“不透明度”数值框中输入数值以定义其透明度。

4 如果需要在渐变条的多处产生透明效果，可以在渐变条上多次单击，以增加多个不透明色标。

5 如果需要控制由两个不透明色标所定义的透明效果间的过渡效果，可以拖动两个色标中间的菱形滑块。

如图8.74所示为一个非常典型的具有多个不透明色标的透明渐变，如图8.75所示为原图像，如图8.76所示为应用此渐变后的效果，如图8.77所示为另外两种效果。

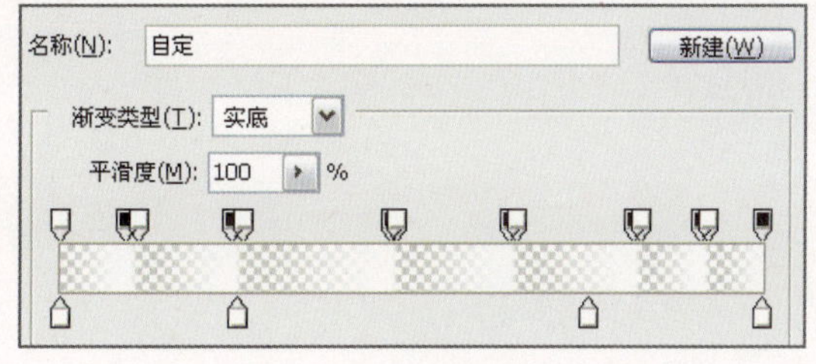

图8.74

图8.75

图8.76

图8.77

Chapter 09

路径与形状

在Photoshop软件操作中，路径及形状是非常重要的技术，其特点是可以自由绘制，不受图像的影响，比如图像纹理、图像大小等。同样在可编辑性上也具有相当大的空间，绘制完的路径或形状可以自由修改外形，此功能是选区不可及的。本章将详细讲解关于路径及形状的绘制、编辑等。

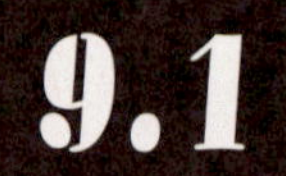

9.1 认识路径

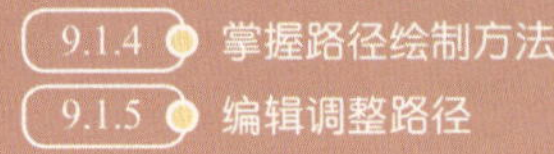

9.1.1 路径的基本概念

路径是基于贝赛尔曲线建立的矢量图形，所有使用矢量绘图软件或矢量绘图工具制作的线条，原则上都可称为路径。

一条完整的路径由锚点、控制句柄、路径线构成，如图9.1所示。锚点与锚点之间的相对位置关系，决定了两个锚点间路径线段的位置，当锚点发生变化时，锚点间的路径线也将发生变化，如图9.2所示。

锚点两侧的控制句柄控制该锚点两端路径线的曲率及方向，当控制句柄发生变化时，路径线的曲率及方向也将发生变化，如图9.3所示。

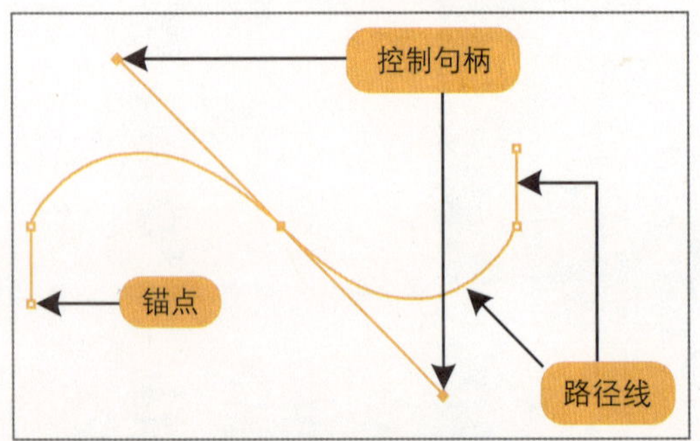

图9.1

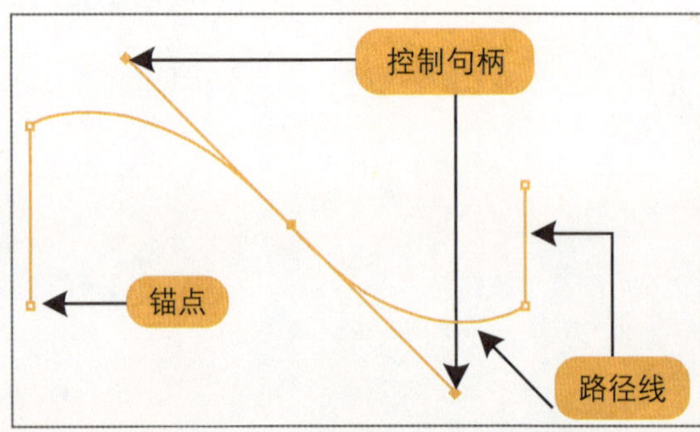

图9.2

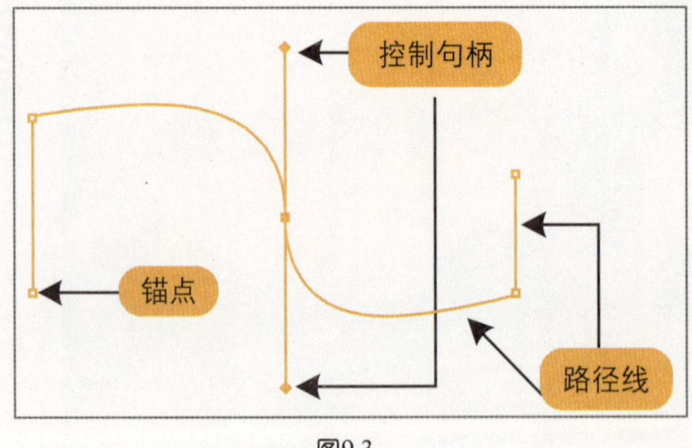

图9.3

9.1.2 绘制路径工具

在绘制路径的过程中，经常会遇到开放路径（如图9.4所示）、闭合路径（如图9.5所示）、直线形路径（如图9.6所示）和曲线形路径（如图9.7所示）。

这些不同类型的路径在绘制时方法也各不相同，但无论使用哪一种方法绘制路径，使用的工具都基本上是相同的，下面将详细讲解各类绘制路径的工具。

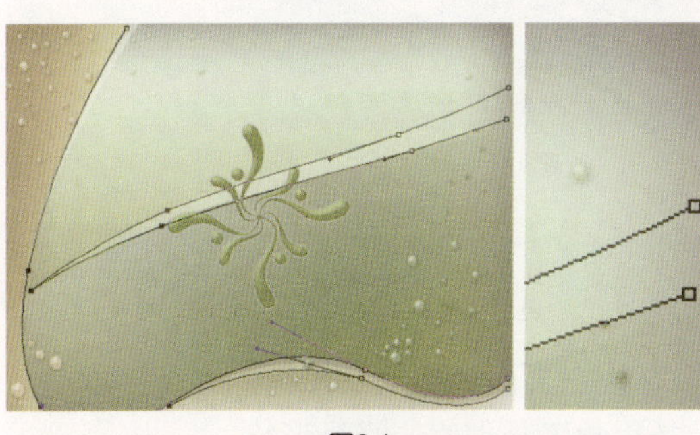
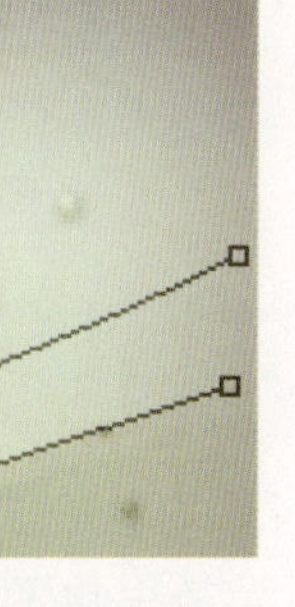

图9.4

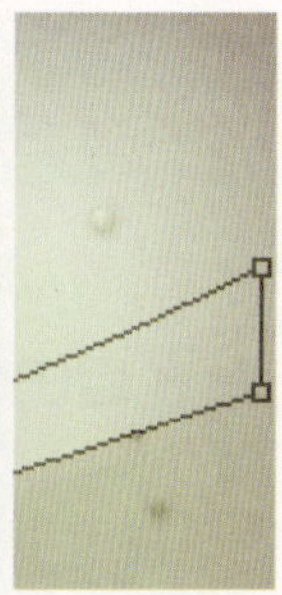

图9.5

Photoshop工具箱的路径工具组共包括5个工具，如图9.8所示，这些工具分别用于完成绘制路径，增加、删除锚点及转换锚点等工作。

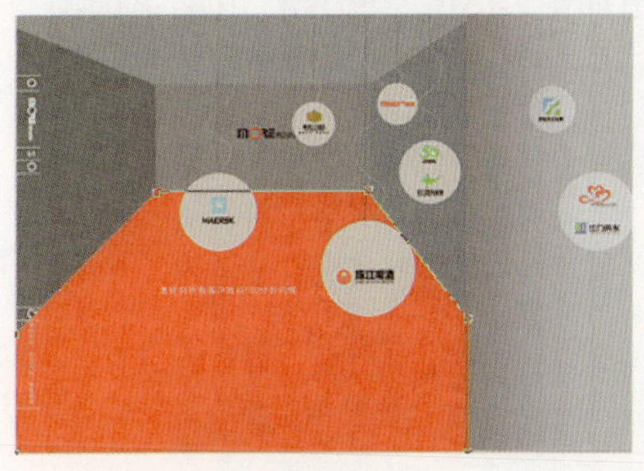

图9.6

图9.7

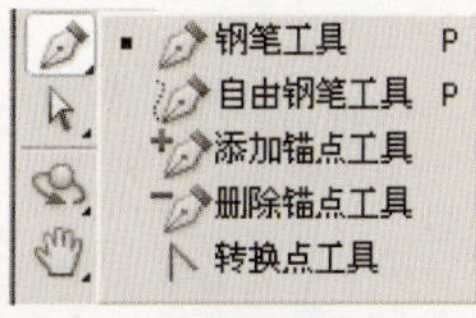

图9.8

下面分别介绍各个工具的作用。

钢笔工具

创建路径最常用的是“钢笔工具”，使用“钢笔工具”在画布中单击确定第一点，然后在另一位置单击，在两点之间创建一条直线路径；如果在单击另一点时拖动鼠标指针，则可以得到一条曲线路径。

选择“钢笔工具”后，其工具选项条如图9.9所示。

图9.9

单击工具选项条上的“路径”按钮，可以用“钢笔工具”在画布中创建路径。

单击工具选项条中的下三角按钮，弹出如图9.10所示的“钢笔选项”面板。

“钢笔选项”面板中的参数解释如下。

橡皮带：在选中此复选框的情况下，绘制路径时可以依据锚点与钢笔光标间的线段，标识出下一段路径线的走向，如图9.11所示。

图9.10

图9.11

自由钢笔工具

使用“自由钢笔工具”绘制路径非常随意，直接在页面中拖动鼠标指针即可，创建的路径形状则是鼠标指针拖动的轨迹。如图9.12所示是用此工具创建的路径形状。

要得到闭合路径，将鼠标指针放在起点上，当鼠标指针下面显示一个小圆时单击即可，也可以在页面中双击以闭合路径。

单击工具选项条上的工具选项面板下三角按钮，弹出如图9.13所示的“自由钢笔选项”面板。

图9.12

图9.13

“自由钢笔选项”面板中的重要参数解释如下。

- 曲线拟合：此参数控制绘制路径时对鼠标指针移动的敏感性，输入的数值越高，所创建的路径锚点越少，路径也越光滑。
- 磁性的：在自由钢笔工具选项条中选中“磁性的”复选框，可以激活“磁性钢笔工具”方法，其使用方法与“磁性套索工具”相同，故不再重述。
- 宽度：在此文本框中可以输入一个像素值，用于定义磁性钢笔探测的距离，此数值越大，磁性钢笔探测的距离越大。
- 对比：在此可以输入一个数值，用于定义边缘像素间的对比度。
- 频率：在此文本框中可以输入一个数值，用于定义当钢笔在绘制路径时锚点的密度，此数值越大，得到路径上的锚点数量越多。

 添加、删除锚点

要为路径添加锚点，可选择“添加锚点工具”，将鼠标指针放在需要添加锚点的路径上，当鼠标指针变为添加锚点钢笔图标时单击一下，如图9.14所示。

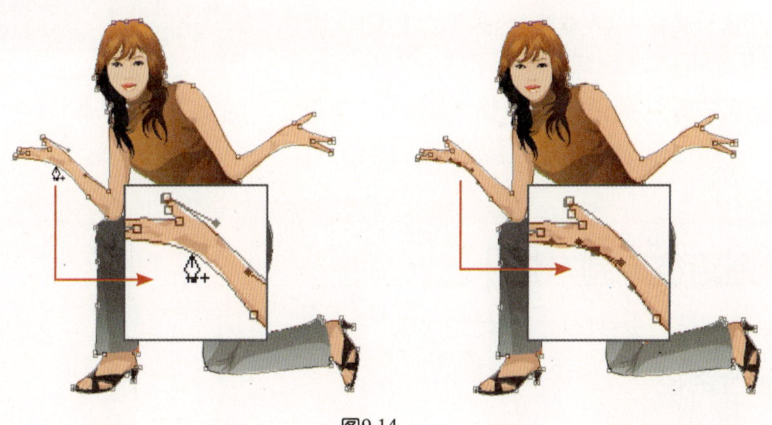

图9.14

 转换锚点

利用“转换点工具”可以将直角型锚点、光滑型锚点与拐角锚点进行相互转换。

将光滑型锚点转换为直线型锚点时，使用“转换锚点工具”单击此锚点即可。

使用此工具单击锚点，可以将具有控制句柄的锚点改变为无控制句柄的锚点，如图9.15所示。如果当前锚点无控制句柄，则用此工具在锚点上拖动，可以将该锚点改变为有控制句柄的锚点，如图9.16所示。

图9.15

图9.16

9.1.3 选择路径

在实际工作中，除了使用上述5个工具外，还经常使用两个用于选择路径或路径锚点的工具，如图9.17所示。

图9.17

“路径选择工具”用于选择整条路径，“直接选择工具”则用于选择路径线或路径上的锚点。

9.1.4 掌握路径绘制方法

绘制闭合路径

要绘制闭合路径，必须使路径的最后一个锚点与第一个锚点相重合。在绘制结束时，如果将鼠标指针置于路径第一个锚点处，在鼠标指针的右下角会显示一个小圆圈，如图9.18所示，此时单击该处即可使路径闭合。

图9.18

绘制开放路径

如果需要绘制一条开放路径，可以在路径终点切换为“直接选择工具”，然后在工作页面上单击，放弃对路径的选定。

也可以在完成对开放路径的绘制后，再随意向下绘制一个锚点，然后按Delete键删除该锚点。

绘制直线型路径

最简单的路径是直线型路径，在绘制时将鼠标指针放在要绘制直线路径的开始点，单击以定义第1个锚点，在直线结束的位置再次单击，定义第2个锚点的位置，两个锚点之间将创建一条直线型路径。如果在单击确定第2个锚点的同时按住Shift键，则可绘制出水平、垂直或45° 角的直线路径。

绘制曲线型路径

曲线路径的线条有一定的曲率，路径中的锚点两侧最少有一个控制句柄，如图9.19所示。

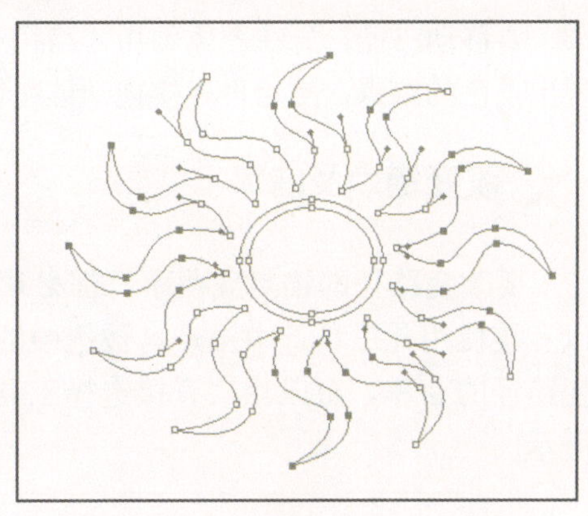

图9.19

曲线型路径的绘制工作并不复杂，要绘制曲线型路径，可以按下述步骤操作。

1 在绘制时将“钢笔工具”的笔尖放在要绘制路径的开始点位置，单击以定义第1个点作为起始锚点。

2 单击确定第2个锚点的同时，按住鼠标左键不放并向某方向拖动，直到路径线出现合适的曲率，在绘制第2点时，控制句柄的拖动方向及长度决定了曲线段的方向及曲率，按此方法不断绘制，即可以绘制出一段段相连接的曲线路径。

在曲线段后绘制直线

要在曲线段后绘制直线，可以按下述方法操作。

1 按通常绘制路径的方法定义第2个锚点（此锚点具有2个控制句柄）。

2 按住Alt键单击此锚点中心，取消一侧的控制句柄。

3 继续向下绘制直线路径。

图9.20显示了如何使用此方法进行操作。

图9.20

9.1.5 编辑调整路径

移动路径

要移动路径，先在图像中用“路径选择工具” 选中需要移动的路径，被选中的路径显现出黑色的锚点，然后再直接拖动该路径至新位置即可。

改变锚点及曲率

要改变路径的锚点或曲率，都必须使用“直接选择工具” 。要改变路径的锚点，可以直接使用此工具选中锚点，被选中的锚点呈黑色显示，然后再拖动锚点至新位置。要改变路径的曲率，可以用“直接选择工具” 移动锚点两侧的控制句柄，操作过程如图9.21所示。

图9.21

连接路径

在绘制路径的过程中，经常会遇到连接两条非封闭路径的情况，如图9.22所示为两条开放路径，需要通过连接操作将两条路径连接成为一条闭合路径，如图9.23所示。

要连接两条开放路径，可以使用“钢笔工具” 单击开放路径的最后一个锚点，然后单击另一条路径的最后一个锚点，在操作中如果钢笔定位正确，鼠标指针将转换为图9.24所示的连接鼠标指针。

图9.22

图9.23

图9.24

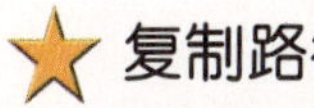

复制路径

如果要在图像内复制路径，可用“路径选择工具”将路径选中，然后按住Alt键拖动鼠标指针（此时鼠标指针右下方显示一个小+号）即可，操作过程如图9.25所示。

图9.25

变换路径

在当前工作页面中有操作路径的状态下，选择“编辑”|“自由变换路径”命令或选择“编辑”|“变换路径”子菜单下的命令，可以对当前路径进行变换，变换路径操作和变换选区一样，包括缩放、旋转、自由扭曲等。

被变换的路径周围有一个变换控制框，表明处于变换状态中，对路径进行缩放、旋转或拉斜变形，得到满意的效果后，直接双击变换控制框即可。

Chapter 09 路径与形状

9.2 使用形状工具绘制路径

9.2.1 矩形工具

“矩形工具”用于在各类设计作品中创建正方形及矩形，如图9.26所示。

单击“形状工具”右侧的三角按钮，打开如图9.27所示的“矩形选项”面板，在其中可以设置与此工具相关的选项。

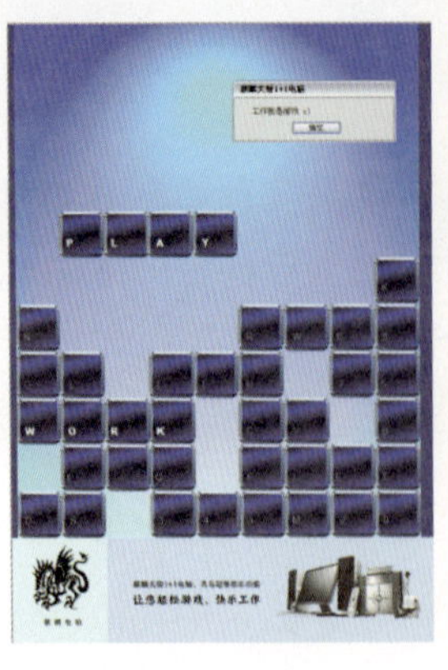

图9.26

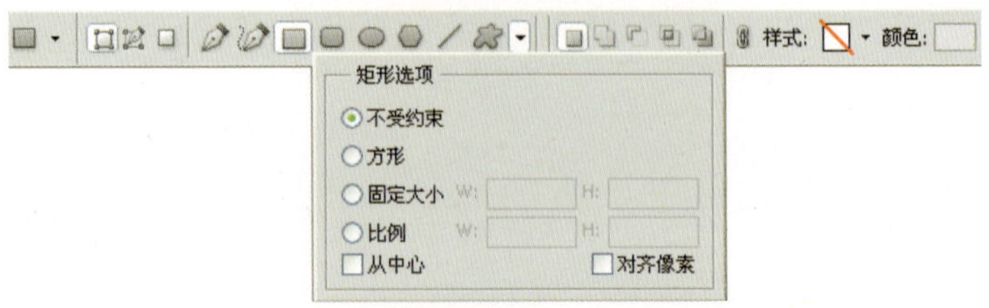

图9.27

9.2.2 圆角矩形工具

与"矩形工具"不同，此工具所创建的矩形具有圆角，这在一定程度上消除了矩形坚硬、方正的感觉，使矩形具有光滑及时尚感，此工具的应用实例如图9.28所示。

图9.28

在工具箱中选择"圆角矩形工具"，可以绘制圆角矩形，其工具选项条与"矩形工具"的相似，选项设置与"矩形工具"的完全一样，如图9.29所示。

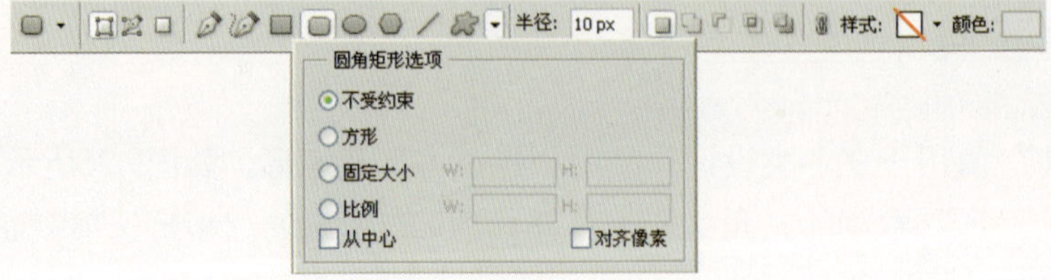

图9.29

与“矩形工具” 不同的是，该工具多了一个“半径”选项，在该文本框中输入数值，可以设置圆角的半径值，数值越大，角度越圆滑。

9.2.3 椭圆工具

使用此工具能够绘制圆形或椭圆形，应用实例如图9.30所示。

图9.30

在工具箱中选择“椭圆工具” ，可以绘制圆和椭圆，该工具的使用方法及其工具选项条选项设置与“矩形工具” 的基本相同，如图9.31所示，故不再重述。

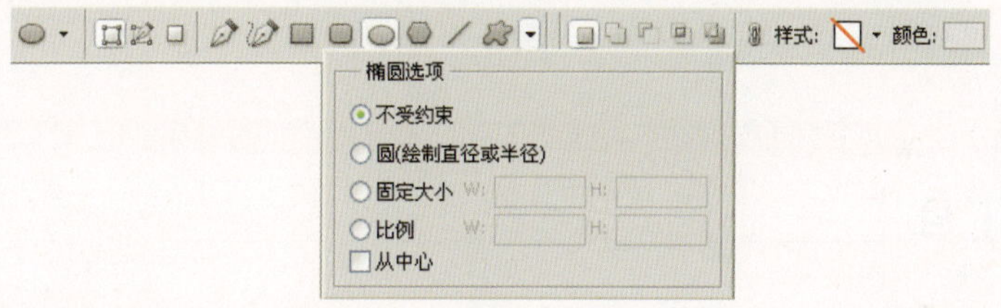

图9.31

9.2.4 多边形工具

“多边形工具” 应用很广泛，因为使用此工具既能够绘制星形，也能够绘制多边形，此工具的应用实例如图9.32所示。

图9.32

在工具箱中选择“多边形工具”，可绘制不同边数的多边形，其工具选项条及选项面板如图9.33所示。

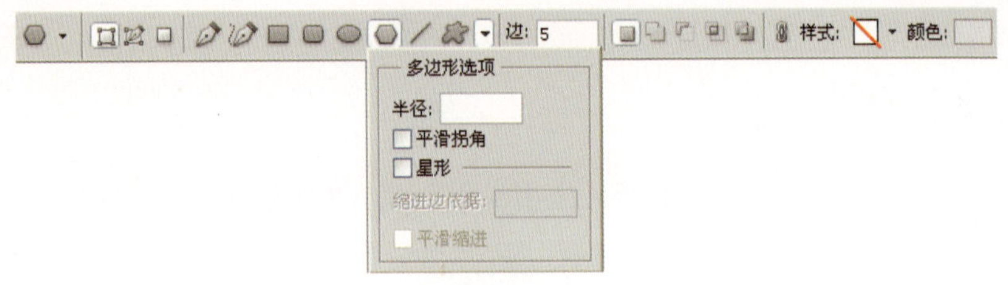

图9.33

在工具选项条的“边”文本框中输入数值，以设置多边形或星形的边数，边数范围在3～100之间。如图9.34所示的三角形和六边形都可以使用此工具绘制。

图9.34

9.2.5 直线工具

直线是设计元素中很重要的一种，在各类设计作品中直线的应用非常频繁，如图9.35所示的设计作品中均使用了直线。

图9.35

在工具箱中选择“直线工具”，可以绘制不同形状的直线，根据需要还可以为直线增加箭头，其工具选项条及选项面板如图9.36所示。

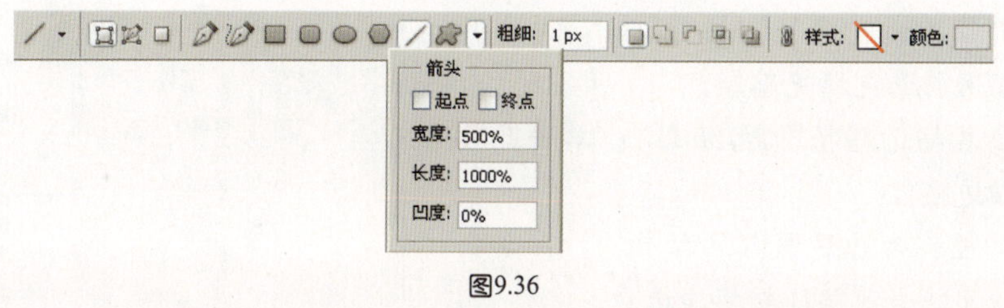

图9.36

9.2.6 自定形状工具

与上述形状工具有确定的形状这一特点不同，“自定形状工具”是一种形状不确定的工具，使用此工具可以创建多种多样的形状，如图9.37所示。

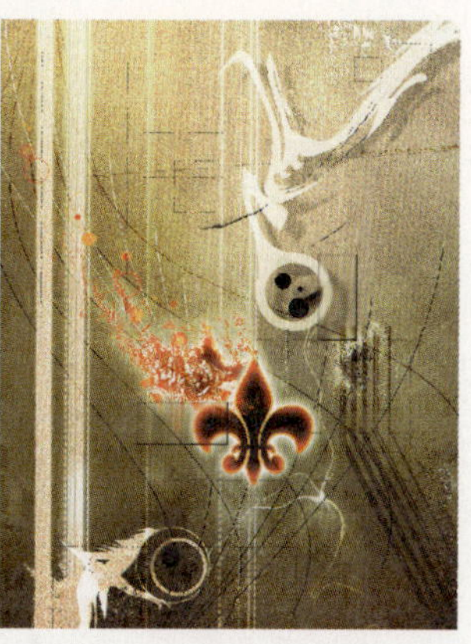

图9.37

单击工具选项条“形状”右侧的下三角按钮，在弹出的形状列表中可以选择许多形状来创建所需要的效果。

Chapter 09 路径与形状

9.3 “路径”面板

与“钢笔工具”配合使用的是“路径”面板，每一条路径都会显示在“路径”面板中，利用“路径”面板可以对路径进行填充、勾勒等操作，还可以新建、删除路径。

通常“路径”面板与“图层”、“通道”面板同时显示，如图9.38所示。

此面板底部的各个按钮含义如下。

- “用前景色填充路径”按钮：单击此按钮可用前景色填充路径。
- “用画笔描边路径”按钮：单击此按钮可描边路径。
- “将路径作为选区载入”按钮：单击此按钮可将当前路径转换为选区。
- “从选区生成工作路径”按钮：单击此按钮可从选区建立工作路径。
- “创建新路径”按钮：单击此按钮新建路径。
- “删除当前路径”按钮：单击此按钮删除路径。

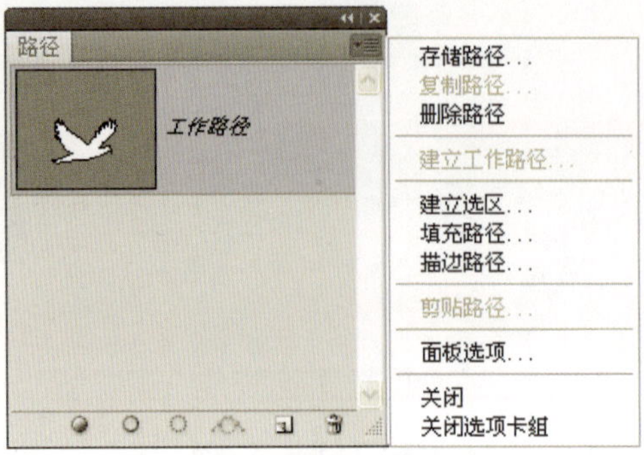

图9.38

下面讲解有关“路径”面板的重要概念。

9.3.1 新建路径

单击“路径”面板底部的“创建新路径”按钮，可以建立空白路径项，通常路径项被命名为“路径1”，如图9.39所示。以后所绘制的每一条路径均被保存在此路径项中，如图9.40所示。

图9.39

图9.40

如果希望新绘制的路径保存在不同的路径项中，可以创建多个路径项，并绘制不同的路径，如图9.41所示。如果“路径”面板中保存有多个路径项，则在同一时间内仅能选择一个路径项，以显示该路径项中保存的路径。

要选择路径项，可在“路径”面板中单击该路径项的名称，使其处于选中状态，则同时该路径项保存的全部路径都会被显示在图像中，如图9.42所示。

图9.41

图9.42

9.3.2 隐藏路径线

在通常状态下，我们绘制的路径将以黑色线显示于当前图像中，这种显示状态会影响其他大多数操作。因此，可以通过按Esc键隐藏路径来隐藏路径线，去除这种干扰因素。

9.3.3 删除路径

“删除路径”的目的是删除路径项中保存的所有路径，在“路径”面板中选择某一路径后，直接单击面板底部的“删除当前路径”按钮，在弹出的对话框中单击“是”按钮，即可删除路径项。

如果需要删除某一条路径，可以用“路径选择工具”选择该路径后，然后按Delete键。

9.3.4 复制路径

“复制路径”的目的是为了更快地得到一个与原路径相同的路径，在“路径”面板中选择某一路径后，将其拖动至“路径”面板底部的“创建新路径”按钮上，即可复制一条与原路径相同的路径。

如果需要复制某一条路径，可以用“路径选择工具”选择该路径后，按住Alt键拖动路径，即可复制该路径。

9.4 路径运算

路径运算是一项强大的功能，如果当前图像中已经存在一条被选中的路径，则再次绘制路径时，工具选项条中的运算按钮将被激活，如图9.43所示。通过单击这些按钮，可确定新绘制的路径与原路径之间的运算关系，从而通过运算得到新的路径。

需要说明的是，路径（包括后面讲解的形状）运算是一个比较抽象的概念。在本次讲解中，我们采用一种逆向的学习方法，下面将通过一个典型的实例，先来实际体验一下路径运算的功能，如图9.44所示，后面讲解形状工具时，再详细讲解各个运算按钮的功能。

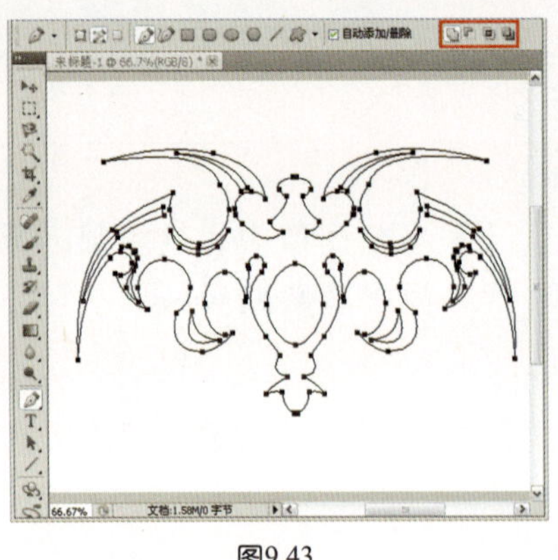

图9.43

图9.44

1 绘制一条如图9.45所示的基本形状路径。

2 在工具箱中选择“椭圆工具”，在工具选项条中单击“绘制路径”按钮，并单击“选择添加到路径区域”按钮，绘制如图9.46所示的7条圆形路径。

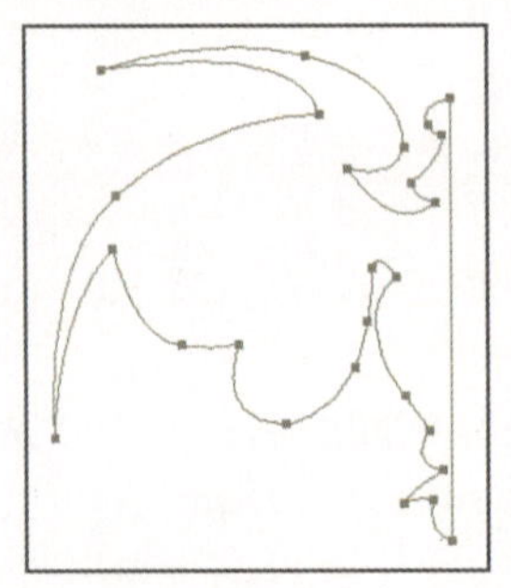

图9.45

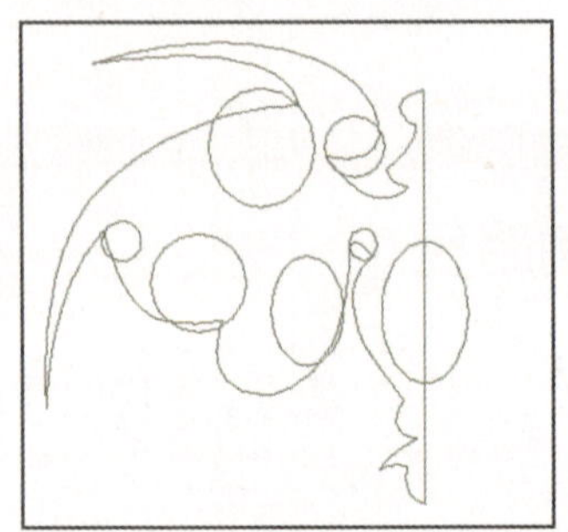

图9.46

3 使用“路径选择工具”选择全部路径，单击工具选项条中的“组合”按钮，得到如图9.47所示的路径。

4 在工具箱中选择“钢笔工具”，然后在工具选项条中单击“选择从路径形状区域中减去”按钮，绘制如图9.48所示的被选中的路径。

图9.47

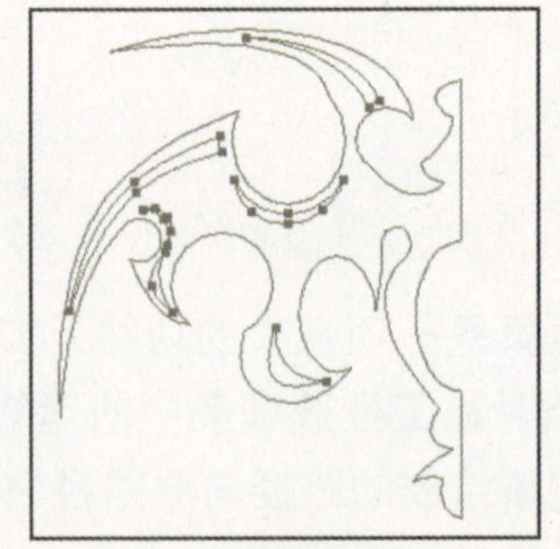

图9.48

5 使用“路径选择工具”选择全部路径，单击工具选项条中的“组合”按钮。

6 使用“路径选择工具”选择全部路径，执行复制并水平翻转的操作，直至得到如图9.49所示的效果。

7 使用“直接选择工具”选择两条路径中间位置的垂直路径线段，并相向拖动直至相互重叠，得到如图9.50所示的效果。

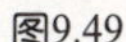

图9.49

图9.50

8 使用“路径选择工具”选择全部路径，单击工具选项条中的“组合”按钮，得到如图9.51所示的效果，如图9.52所示为填充效果。

图9.51

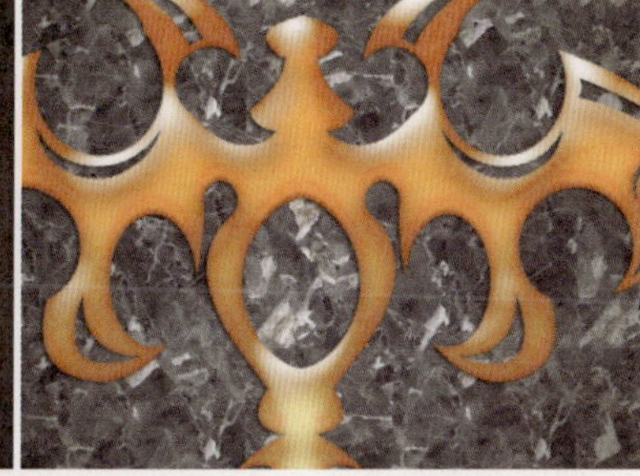

图9.52

Chapter 09 路径与形状

9.5 填充路径

路径内部能够进行填充。选择需要进行填充的路径，然后单击“路径”面板中的“填充路径”按钮，即可为路径填充前景色。为路径填充颜色前后的对比效果如图9.53所示。

如果要控制“填充路径”的参数及样式，可以按住Alt键单击“用前景色填充路径”按钮，或单击“路径”面板右上角的面板按钮，在弹出的菜单中选择“填充路径”命令，设置弹出的如图9.54所示的“填充路径”对话框中的参数。

图9.53

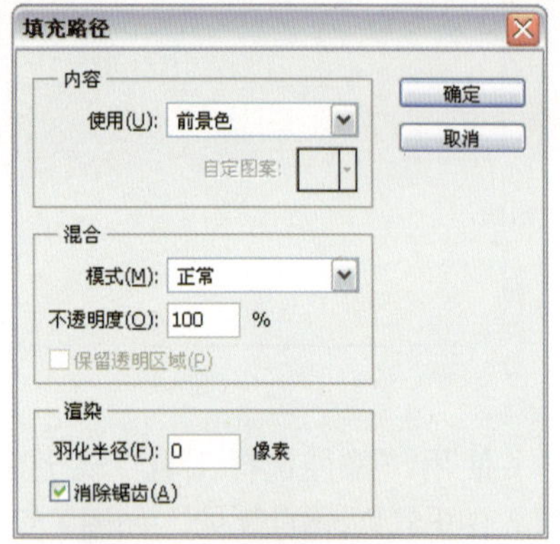

图9.54

此对话框的上半部分与“填充”对话框相同，其参数的作用和应用方法也相同，在此不再赘述。其他选项的含义如下。

- 羽化半径：使用此选项可控制填充的效果。在“羽化半径”文本框中输入一个大于0的数值，可以使填充具有柔边效果，如图9.55所示是将“羽化半径”数值设置为6时填充前景色的效果。
- 消除锯齿：勾选该复选框，可以消除填充时的锯齿。

图9.55

填充路径时，如果当前图层处于隐藏状态，则“用前景色填充路径”按钮及“填充路径”命令均不可用。

9.6 形状、路径及选区之间的关系

形状、路径及选区之间具有紧密的联系，下面首先讲解路径与形状之间的关系，再分别讲解如何将选区转换成为路径、如何将路径转换成为选区。

9.6.1 路径与形状的关系

路径与形状之间是可以相互转换的，下面分别讲解转换方式。

由路径得到形状

在绘制一条路径并将其选中的情况下，可以选择“编辑”|“定义自定形状”命令，在弹出的对话框中单击“确定”按钮，将其定义为形状。

需要使用该形状时，只要选择“自定形状工具”，在其工具选项条上单击右侧的下三角按钮，即可在弹出的下拉列表中选择刚定义的形状，进行绘制形状操作。

由形状图层得到路径

在“图层”面板上选择一个形状图层后，切换至“路径”面板，双击“形状X的矢量蒙版”的缩览图，在弹出的对话框中单击“确定”按钮，可从形状图层中得到路径，并将其保存起来。

使用形状工具绘制路径

在使用形状工具时，如果在其工具选项条中单击“路径”按钮，则可以直接绘制路径。

9.6.2 将选择区域转换为路径

在理论上可以应用“钢笔工具”或其他形状工具绘制出任何形状的路径，但在某些情况下，这并不是最简捷的方法。例如，绘制围绕某图层非透明区域的路径，这时可以由选区直接得到路径。

要由选区生成路径，可以按下述步骤操作。

1 按住Ctrl键单击某一个图层，调出其非透明的选区，或使用工具箱中的选框工具来创建一个选区。

2 单击“路径”面板底部的“从选区生成工作路径”按钮，或者单击“路径”面板右上角的面板按钮，在弹出的菜单中选择“建立工作路径”命令，此时将弹出如图9.56所示的对话框。

- 容差：容差值决定路径所包括的定位点数，默认的容差值为两个像素，可指定的容差值范围是0.5个像素到10个像素。如果输入一个较高的容差值，用于定位路径形状的锚点就较少，得到的路径就较平滑。如果选用一个较低的容差值，则可用的定位点就较多，产生的路径也就不平滑。如图9.57所示是原选区，如图9.58所示是分别使用容差值为0.5与2时生成的路径。

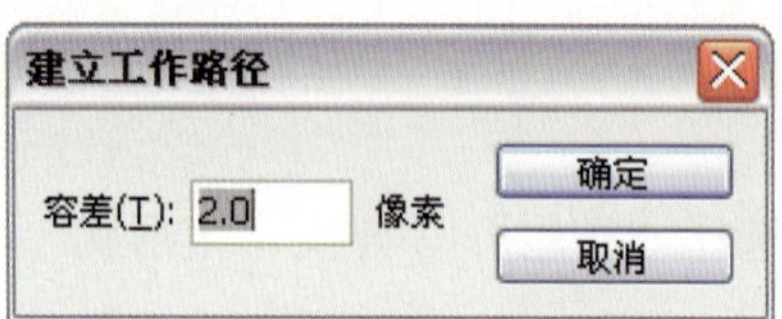

图9.56

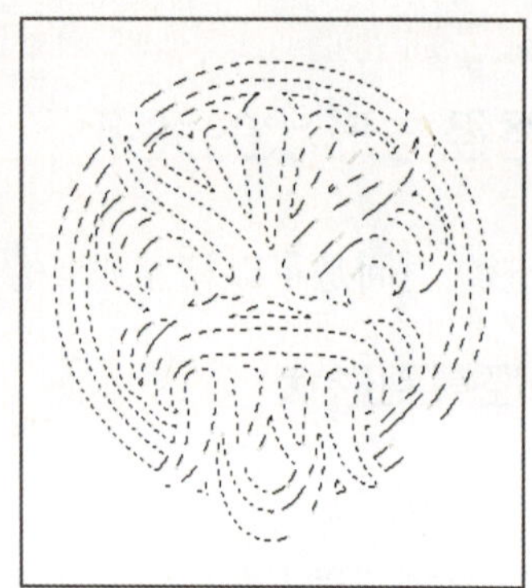

图9.57

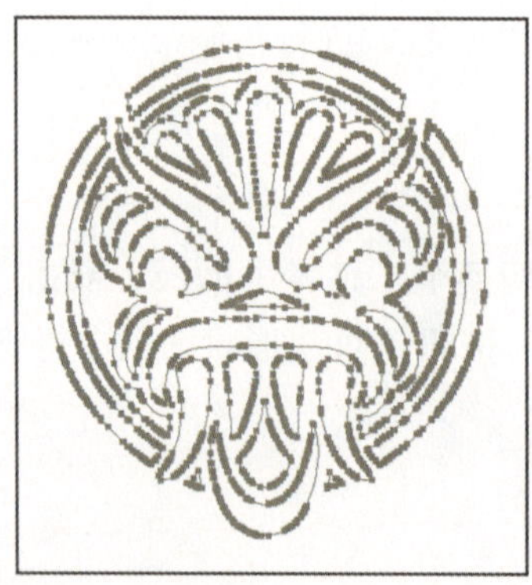

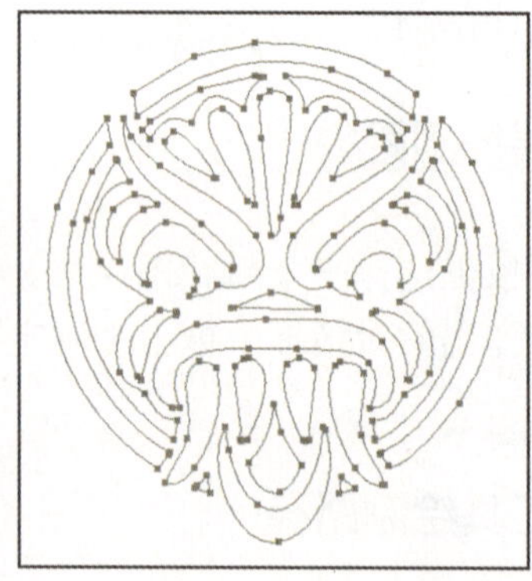

图9.58

9.6.3 将路径转换为选择区域

在本书第9.1.2节已经详细讲解了如何使用“钢笔工具”创建自己所需要的路径，按所讲述的方法进行操作，得到围绕选择对象的路径后，再使用将路径转换为选区的方法，即可获得令人满意的选择区域。

图9.59为使用路径进行选择后得到的透明背景图像及局部放大图像，图9.60为使用“套索工具”、“魔棒工具”等选择得到的透明背景图像，可以看出使用路径进行选择，边缘会更加精确一些。

图9.59

图9.60

例如，图9.61所示为用于选择鸽子的路径，图9.62所示为转换路径后得到的选区。

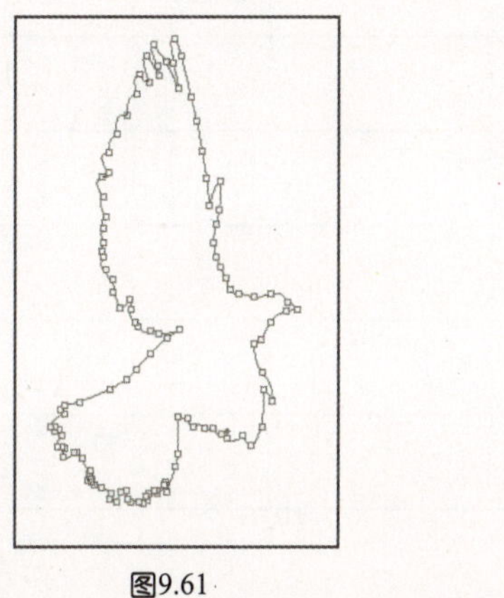

图9.61

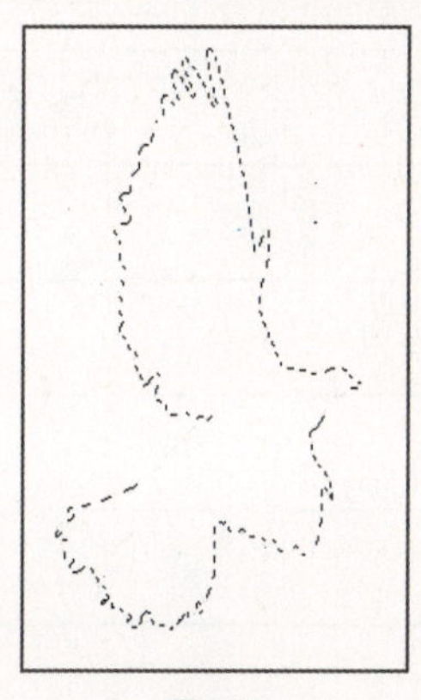

图9.62

要将路径转换为选区，可以单击“路径”面板底部的“将路径作为选区载入”按钮 ，或单击“路径”面板右上角的面板按钮 ，在弹出的菜单中选择“建立选区”命令。

9.6.4 形状与位图之间的关系

通过对形状图层执行“图层”|“栅格化”|“形状”命令，可以将形状图层转换成为位图图层，这样就无法再修改其形状，但可以对其应用图像调整命令及滤镜等功能。

读书笔记

Chapter 10

图层基础

简单地说，任何一件作品都是图像与图像之间搭配处理的结果。图层的出现，为这种搭配处理提供了更广阔的平台，从而可以获得更多、更炫丽的效果。可以这样说，如果没有图层，很难甚至不可能完成各种图像的合成工作。

10.1 了解图层特性

简单地说，每一个图层都可以看做是一张透明的胶片，将图像分类绘制在不同的透明胶片上，最后将所有胶片按顺序叠加起来观察，便可以看到完整的图形。在Photoshop中胶片实际上就是“图层”，而存放胶片的地方就是“图层”面板，通过图10.1可以看到，图层、胶片及最终合成图像之间的关系。

通过使用图层来管理图像，不仅能够分别处理不同图层上的不同图像，而且不会影响位于其他图层上的图像，除此之外，图层之间还具有上下次序，相互之间具有覆盖关系。

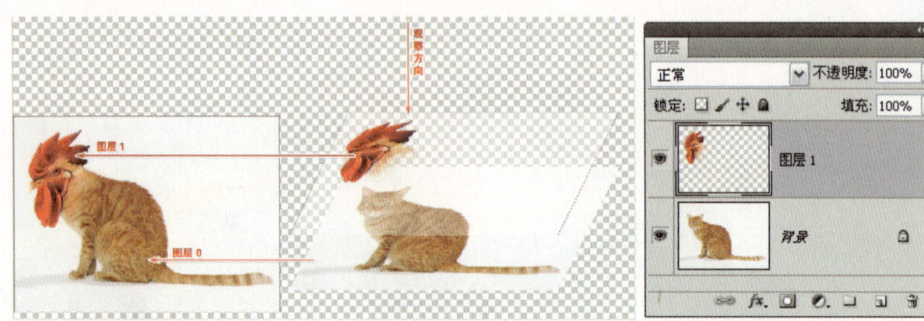

图10.1

观察如图10.1所示的图像，可以看出最上层的图像将遮住下层同一位置的图像，而在其透明区域（即灰白相间的网格区域），则可以看到下层的图像。

实际上，分层显示只是使用图层进行工作的一个优点。以分层形式进行工作，便于用户分层编辑，并可为图层设置不同的混合模式及透明度。由于各个图层图像的相对独立性及可移动性，用户还可以向上或向下移动各个图层，从而改变图层相互覆盖关系，得到各种不同效果的图像。

10.2 “图层”面板

Photoshop中的所有图层都被保存在“图层”面板中，因此对图层进行的各种操作也基本上都在“图层”面板中完成。例如，选择图层进行分层编辑、创建新图层、删除图层、隐藏图层等操作。使用“图层”面板可以方便地控制图层、组或图层效果的显示与隐藏状态，并进行新建、删除、改变图层透明度、改变图层混合模式、设置图层显示颜色等方面的操作。

选择“窗口”|“图层”命令，则可以显示如图10.2所示的“图层”面板。

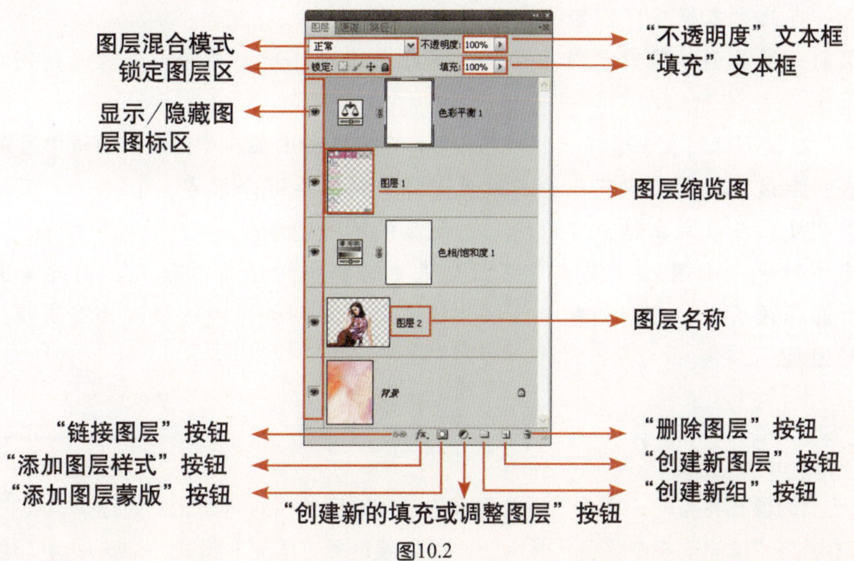

图10.2

Chapter 10 图层基础

10.3 图层基本操作

10.3.1 5种新建图层的方法

创建新图层的操作方法如下。

通过命令菜单创建图层

选择“图层”|“新建”|“图层”命令，即可弹出如图10.3所示的“新建图层”对话框。

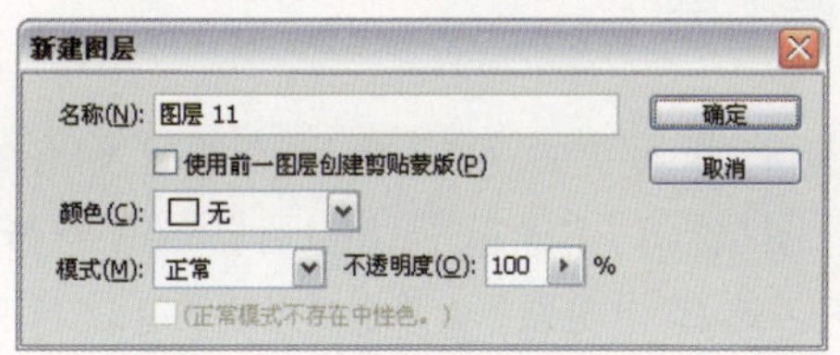

图10.3

“新建图层”对话框中各参数的含义如下。

- 名称：在此文本框中可以输入新图层的名称。
- 使用前一图层创建剪贴蒙版：如果选择此复选框，新图层将与当前选择图层形成剪贴蒙版组。
- 颜色：在该下拉列表中选择一种颜色名称，以定义新图层在“图层”面板中显示的颜色。
- 模式：在该下拉列表中可以为新图层选择一种图层混合模式。
- 不透明度：在该文本框中可以输入新图层的不透明度。
- 填充中性色：如果在“模式”下拉列表中选择一种适当的模式，则此复选框可被激活。选择该项后，可以创建一个以“模式”下拉列表中所选模式为图层模式并填充灰色的图层。

TIP

此选项的模式将与在“模式”下拉列表中选择的模式相同，因此如果选择“变亮”模式，则此选项名为“填充变亮中性色（黑）”，而如果选择“柔光”模式，则选项为“填充柔光中性色（50%灰）”。

设置“新建图层”对话框中的选项后，单击“确定”按钮，即可创建一个新图层。

通过面板菜单创建图层

单击“图层”面板右上角的面板按钮，在弹出的菜单中选择“新建图层”命令，就会弹出“新建图层”对话框，然后按照第一种方法对该对话框进行设置即可。

使用按钮创建图层

单击“图层”面板底部的“创建新图层”按钮，可直接创建一个Photoshop默认值的新图层，这也是创建新图层最常用的方法。

TIP

按此方法创建新图层时如果需要改变默认值，可以按住Alt键单击“创建新图层”按钮，然后在弹出的对话框中进行修改；按住Ctrl键的同时单击“创建新图层”按钮，则可在当前图层下方创建新图层。

通过拷贝和剪切创建图层

如果当前存在选区，还有两种方法可以从当前选区中创建新的图层，即选择“图层”|“新建”|“通过拷贝的图层”、“通过剪切的图层”命令新建图层。

- 在选区存在的情况下，选择“图层”|“新建”|“通过拷贝的图层”命令，可以将当前选区中的图像拷贝至一个新的图层中，该命令的快捷键为Ctrl+J。

- 在没有任何选区的情况下，选择“图层”|“新建”|“通过拷贝的图层”命令，可以复制当前选中的图层。
- 在选区存在的情况下，选择“图层”|“新建”|“通过剪切的图层”命令，可以将当前选区中的图像拷贝至一个新的图层中，该命令的快捷键为Ctrl+Shift+J。

例如，图10.4所示为原图像及其“图层”面板，在图像中绘制一个选区，并选择“通过拷贝的图层”命令，此时的“图层”面板如图10.5所示。而如果选择“通过剪切的图层”命令，则“图层”面板如图10.6所示。可以看到，由于执行了剪切操作，背景图层上的图像被删除并使用当前所设置的背景色进行填充（笔者当前所设置的背景色为白色）。

图10.4

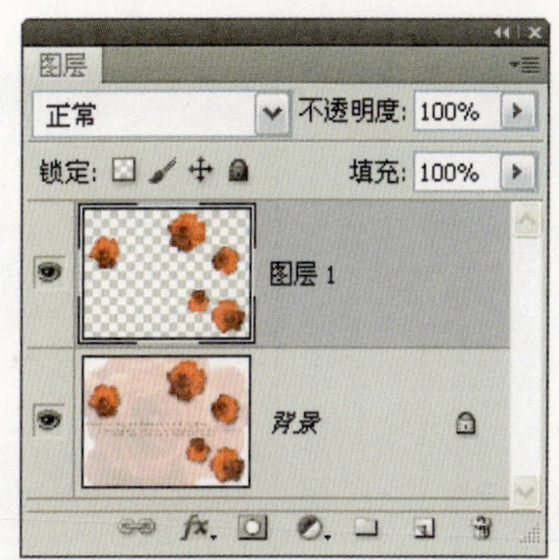

图10.5

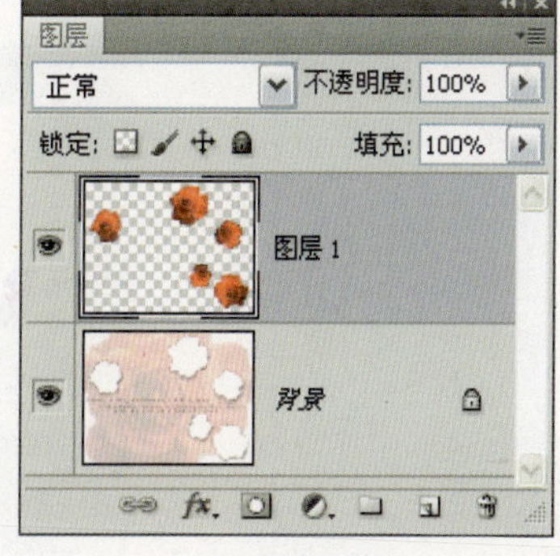

图10.6

使用快捷键新建图层

使用快捷键新建图层，可以执行以下操作之一。

- 按Ctrl+Shift+N键，则弹出“新建图层”对话框，设置适当的参数，单击“确定”按钮即可在当前图层上新建一个图层。
- 按Ctrl+Alt+Shift+N键即可在不弹出“新建图层”对话框的情况下，在当前图层上方新建一个图层。

10.3.2 选择图层

当前操作图层必须是被选择的图层，只有图层被选中后，才能对其中的图像进行编辑。

TIP

不同的图层具备不同的特性，例如，对文字图层、调整图层无法使用“画笔工具”及滤镜命令编辑，因此，在操作时需确定要操作图层是否被选中且处于显示状态，否则就可能会出现各种错误和问题。

★ 选择某一个图层

要选择某一图层，只需在“图层”面板中单击需要操作的图层即可，如图10.7所示。处于选择状态的图层与普通图层有一定的区别，即被选择的图层以灰底显示。

★ 同时选择多个图层

可以同时选择多个图层进行操作，其方法如下。

- 如果要选择连续的多个图层，在选择一个图层后，按住Shift键在“图层”面板中单击另一图层的名称，则两个图层间的所有图层都会被选中，如图10.8所示。
- 如果要选择不连续的多个图层，在选择一个图层后，按住Ctrl键在“图层”面板中单击另一图层的名称，如图10.9所示。

图10.7

图10.8

图10.9

在按住Ctrl键选择多个图层时，注意一定要单击图层的名称区域，这样才可以达到选择该图层的目的，如果是在某图层、图层蒙版或矢量蒙版的缩览图上单击，那么得到的就是该图层的选区了。

★ 从图像中选择图层

除了在“图层”面板中选择图层外，还可以直接在图像中使用“移动工具”来选择图层，其方法如下。

- 选择“移动工具”，直接在图像中按住Ctrl键单击要选择的图层中的图像，如果已经在此工具的选项条中选择了“自动选择图层”复选框，则不必按住Ctrl键。
- 如果要选择多个图层，可以按住Shift键，直接在图像中单击要选择的其他图层中的图像，则可以选择多个图层。

更快捷的选择图层方法是选择“移动工具”并在图像中右击，在弹出的快捷菜单中选择希望选中的图层名称，如图10.10所示。

图10.10

TIP

很多初学者有过这样的疑惑，在使用“移动工具”时明明已经在“图层”面板中选择了要移动的图层，但是在实际操作中被移动的却并不是所希望的图层，感觉就像选中了的图层会自动跑掉一样。此时可以在移动工具选项条中检查，看是否勾选了“自动选择”复选框和选择了“图层”选项，如图10.11所示。

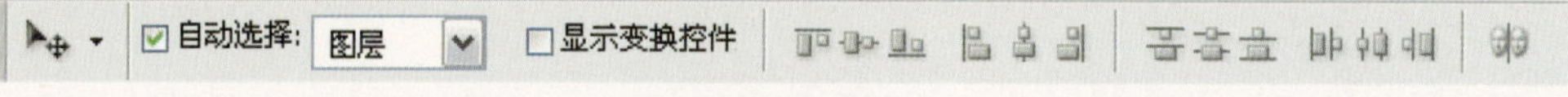

图10.11

使用“自动选择”复选框除了可以自动选择图层外，还可以设置为自动选择图层组。当选择“图层”选项时，可以自动选择图像文件中的任意图层；在选择“组”选项的情况下，用光标在图像上进行选择时，会一次性选择整个图层组中的全部图层。用户可以根据实际情况对工具选项条中的选项进行设置。勾选“自动选择”复选框和选择“组”选项的工具选项条如图10.12所示。

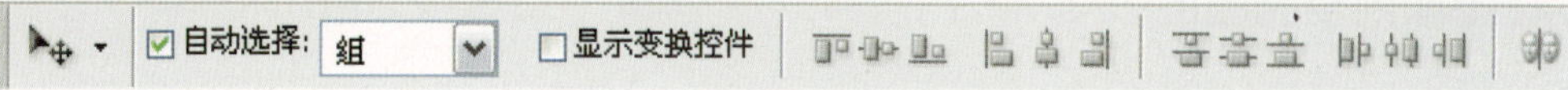

图10.12

10.3.3 显示或隐藏图层

由于在Photoshop中图层的排列顺序是自上而下层叠式的，因此对于一幅图像而言，最终看到的是所有已显示图层的最终叠加效果。通过显示或隐藏某些图层，可以改变这种叠加效果，从而只显示某些特定的图层。

在“图层”面板中单击图层左侧的眼睛按钮即可隐藏此图层，再次单击可重新显示该图层，如图10.13所示。

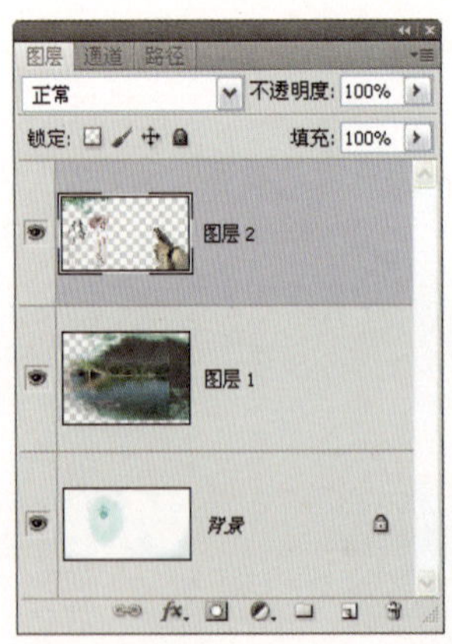

图10.13

TIP

要只显示某一个图层隐藏其他多个图层，可以按住Alt键单击此图层的眼睛按钮。再次单击则可重新显示所有图层。

TIP

在按住Alt键单击某图层的眼睛按钮以显示或隐藏其他图层后，如果还希望通过再次按住Alt键单击该区域返回之间的图层显示或隐藏状态，那么在此期间就不能再显示或隐藏其他的任意一个图层，否则便无法返回之前的图层显示状态了。

10.3.4 复制图层

复制图层的方法有若干种，下面分别讲解几种不同的方法，读者可以根据当前操作环境选择一种最为快捷有效的操作方法。

★ 在图像内复制图层

在同一图像中复制图层的操作方法如下。

1 在“图层”面板中选择需要复制的图层。

2 将图层拖动到“图层”面板底部的“创建新图层”按钮 上即可创建新图层。也可以选择“图层”|“复制图层”命令，或在“图层”面板菜单中选择“复制图层”命令，设置弹出的“复制图层”对话框，如图10.14所示。

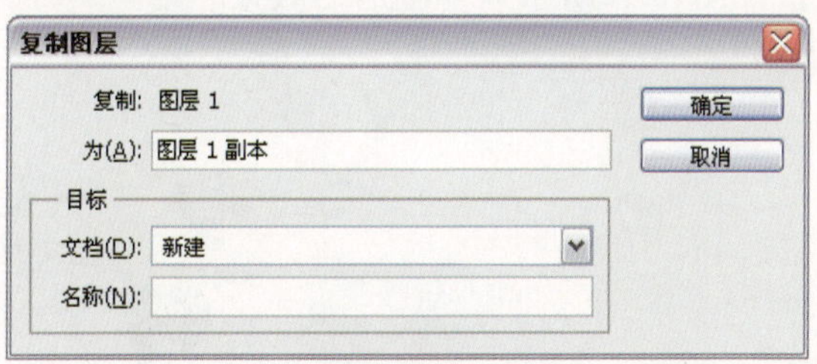

图10.14

TIP

在Photoshop CS5中，可以直接按住Alt键拖动某图层至一个位置，如图10.15所示，以达到复制图层的目的，如图10.16所示。

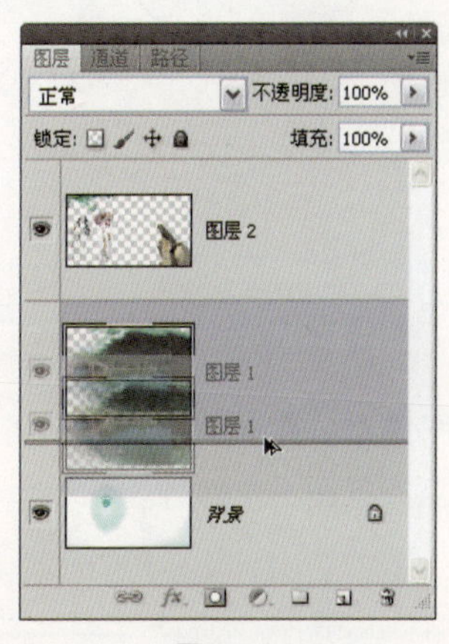

图10.15

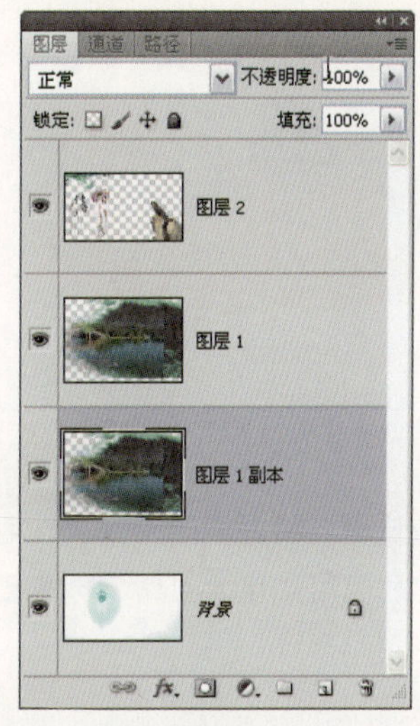

图10.16

TIP

如果在“复制图层”对话框的“文档”下拉列表中选择“新建”选项，并在“名称”文本框中输入一个文件名称，可以将当前图层复制为一个新的文件。

★ 在图像间复制图层

在两个图像间复制图层的操作方法如下。

1 在源图像的“图层”面板中选择要复制的图层。

2 选择“选择”|“全选”命令，按Ctrl+C键执行复制操作。

3 选择目标图层，按Ctrl+V键执行粘贴操作。

也可以并列两个图像文件，使用“移动工具”从源图像中拖动需要复制的图层到目标图像中，如图10.17所示，如图10.18所示为复制后的效果。

图10.17

图10.18

TIP

使用此方法可以将多个图层一次性地复制至另一图像中。首先按住Ctrl键逐个选择要复制的多个图层，然后使用“移动工具”拖动选中的图层至目标图像中即可。

TIP

若在执行拖动操作时按住了Shift键，如果源图像与目标图像的文件大小相同，被拖动的图层会被置于与源图像中相同的位置；如果源图像与目标图像的大小不同，则被置于目标图像的中间位置。

10.3.5 删除图层

删除某个图层的操作将删除该图层中的所有图像，根据操作的需要可以有多种删除图层的方法。

删除可见图层

要删除某个图层，可以按下述方法中的某一种进行操作。

- 选择需要删除的图层，单击“图层”面板底部的“删除图层”按钮，在弹出的对话框中直接单击“是”按钮，即可删除被选择的图层。
- 选择需要删除的图层，选择“图层”|“删除”|“图层”命令，在弹出的对话框中直接单击“是”按钮，即可删除被选择的图层。
- 选择需要删除的图层，选择“图层”面板菜单中的“删除图层”命令，在弹出的对话框中直接单击“是”按钮，即可删除被选择的图层。

TIP

按住Alt键单击“图层”面板底部的“删除图层”按钮，可以跳过弹出对话框而直接删除被选择的图层。

删除隐藏图层

如果需要删除的图层处于隐藏状态，可以选择“图层”|“删除”|“隐藏图层”命令或选择“图层”面板菜单中的“删除隐藏图层”命令，在弹出的对话框中直接单击“是”按钮。

一次删除多个图层

在Photoshop中可以一次删除多个图层，其方法如下。

1 使用任意一种方法，选择需要删除的多个图层。

2 单击“图层”面板底部的“删除图层”按钮，在弹出的对话框中直接单击“是”按钮，即可删除被选择的多个图层。

TIP

在选择“移动工具”，且当前画布中不存在任何选区的情况下，直接按Delete键或Backspace键也可以删除图层。但如果当前画布中存在路径，则优先删除路径，之后才会删除图层。

10.3.6 重命名图层

要重命名图层，可以右击需要改变名称的图层，在弹出的快捷菜单中选择“图层属性”命令，弹出如图10.19所示的“图层属性”对话框，在“名称”文本框中输入名称即可。

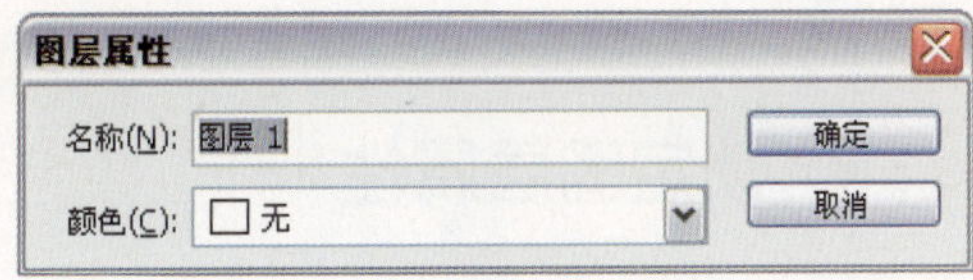

图10.19

TIP

双击面板中某一图层的名称，可将其名称改变为文本输入状态，在此输入新的图层名称，即可重命名图层。

10.3.7 改变图层次序

如前所述，由于上下图层间具有相互覆盖的关系，因此在必要的情况下可以改变其上下次序，从而改变上下覆盖的关系，以得到图像的最终视觉效果。

要改变图层次序，可在“图层”面板中选择需要移动的图层，选择“图层”|“排列”子菜单中的命令，其中各命令的功能如下。

- 选择“置为顶层”命令可将该图层移至所有图层的上方，成为最顶层。
- 选择“前移一层”命令可将该图层上移一层。
- 选择“后移一层”命令可将该图层下移一层。
- 选择“置为底层”命令可将该图层移至除背景层外所有图层的下方，成为最底层。
- 选择“反向”命令可以逆序排列当前选择的多个图层。如图10.20所示为选择此命令的前后效果。

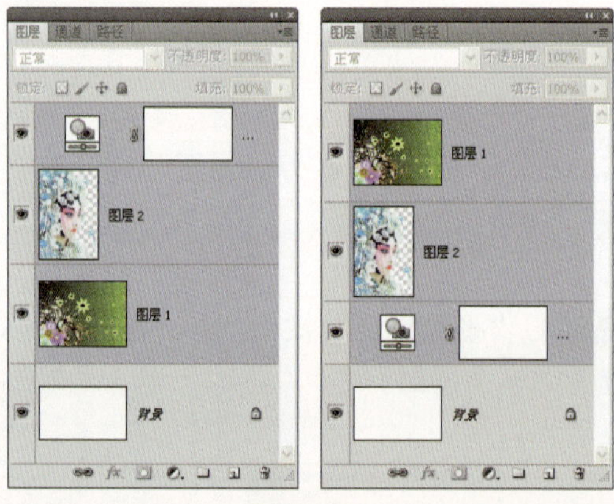

图10.20

也可以在“图层”面板中直接用鼠标拖动图层，以改变其顺序，当高亮线出现时释放鼠标按键，即可将图层置于新的图层顺序中，从而改变图层次序。

TIP

按Ctrl+]键可以将选择的图层上移一层，按Ctrl+[键可将选择的图层下移一层，按Ctrl+Shift+]键将当前图层置为最顶层，按Ctrl+Shift+[键将当前图层置为底层。

10.3.8 锁定图层属性

通过锁定图层可以使该图层的不透明度或位置等属性不可被编辑，从而防止一些误操作而影响图像效果。锁定图层通过“图层”面板中的按钮设置。

锁定透明区域

在“图层”面板中单击“锁定透明像素”按钮以锁定图层的透明区域，使其不可被编辑。

锁定图像

在“图层”面板中单击“锁定图像像素”按钮以锁定图层，从而使其不可被编辑。

锁定位置

在“图层”面板中单击“锁定位置”按钮以锁定图层位置，使其不可被移动。

全部锁定

在“图层”面板中单击“锁定全部”按钮以锁定图层的全部属性。

TIP

如果读者发现无法在某一个图层上进行有效操作，此时应该首先想到检查当前图层的某些属性是否被锁定。

Chapter 10 图层基础

10.4 图层不透明度与填充透明度

在各类平面或影像作品中经常可以看到朦胧的图像叠加效果，这种效果的创建方法有很多种，其中比较常用的是使用图层的不透明度及填充透明度，下面对这两个概念做对比讲解。

10.4.1 设置图层的不透明度属性

通过设置图层的不透明度数值，可以改变图层的透明度。当图层不透明度为100%时，当前图层完全遮盖下方图层；而当不透明度小于100%时，可以隐约显示下方图层的图像。

图10.21所示为由不透明度数值等于100%的普通图层及一个背景图层组成的图像，可以看到由于不透明度数值是100%，浮城图像将完全遮盖其后面的背景。如果将浮城图像所在的图层不透明度降低为40%，则可以得到如图10.22所示的透过浮城图像显示底层图像的朦胧效果。

图10.21

图10.22

10.4.2 设置填充透明度

与图层的不透明度不同，“填充透明度”仅改变在当前图层上使用绘图类、文字类工具得到的图像的不透明度，不会影响图层样式的透明效果。有关图层样式的讲解请参阅第12章。

如图10.23所示为填充不透明度等于100%时的效果，如图10.24所示为填充不透明度为0%的效果。可以看出在改变填充不透明度后，图层样式的效果没有受到影响，但龙纹本身的透明度降低了，能够透过龙纹看到其下方的图像。

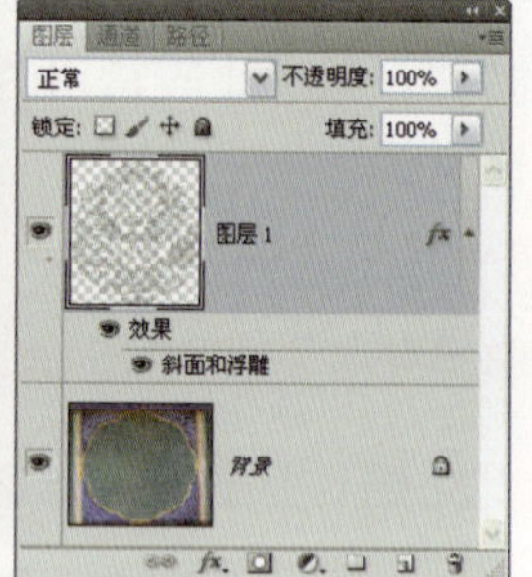

图10.23

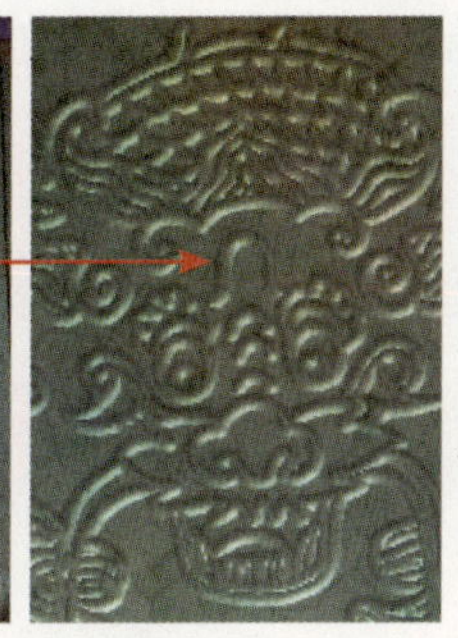
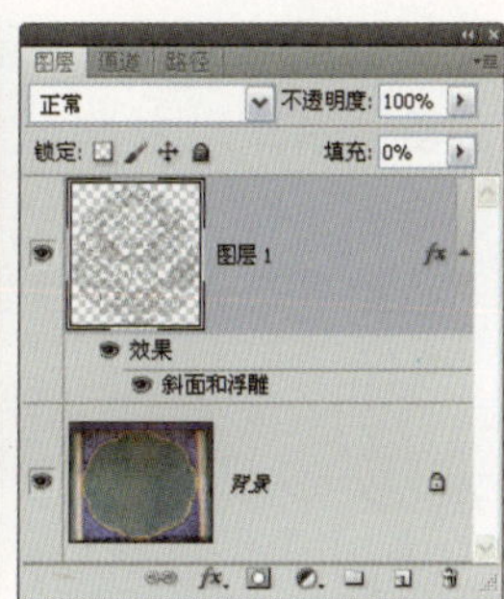

图10.24

10.4.3 同时改变多个图层的属性

在Photoshop CS5中，选中多个图层时，也可以在“图层”面板中设置“不透明度/填充不透明度”数值，如果被选中的图层分别具有不同的“不透明度/填充不透明度”数值，那么将以本次的设定为准。

Chapter 10 图层基础

10.5 对齐与分布图层

使用对齐与分布功能，可以将图像以某种方式为准进行对齐或分布操作，以便于精确地编辑图像位置，下面分别讲解它们的操作方法。

10.5.1 对齐与自动对齐图层

选择“图层”|“对齐”命令下的子菜单命令，可以将所有选中图层的内容相互对齐。图10.25为未对齐前的图层效果及“图层”面板，图10.26为“水平居中”对齐效果，图10.27为“垂直居中”对齐效果。

“图层”|“对齐”子菜单下的各个命令意义如下。

- 选择“左边”命令，可将链接图层的最左端像素与当前图层的最左端像素对齐。
- 选择“水平居中”命令，可将链接图层水平方向的中心像素与当前图层水平方向的中心像素对齐。
- 选择“右边”命令，可将链接图层最右端的像素与当前图层最右端的像素对齐。

- 选择“顶边”命令，可将链接图层的最顶端像素与当前图层的最顶端像素对齐。
- 选择“垂直居中”命令，可将链接图层垂直方向的中心像素与当前图层垂直方向的中心像素对齐。
- 选择“底边”命令，可将链接图层最底端的像素与当前图层最底端的像素对齐。

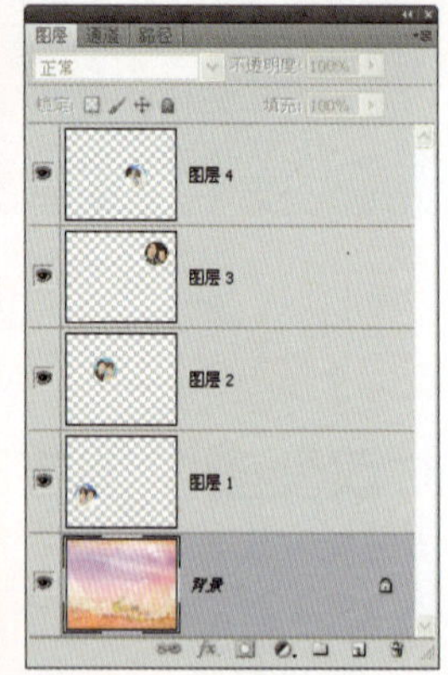

图10.25

图10.26

图10.27

除了可以使用上述命令操作外，还可在选中“移动工具”的情况下，利用如图10.28所示工具选项条中的按钮进行操作。

图10.28

其中按钮分别为“顶对齐”、“垂直居中对齐”、“底对齐”、“左对齐”、“水平居中对齐”和“右对齐”。

10.5.2 分布图层

选择“图层”|“分布”子菜单下的命令，可以平均分布链接图层。如图10.29所示为选择“顶边”命令，按顶部平均分布后的效果，如图10.30所示为选择“右边”命令，按右边平均分布后的效果。

图10.29

图10.30

“图层”|“分布”子菜单下的各个命令意义如下。

- 顶边：按每个图层的顶端像素，以平均间隔分布。
- 垂直居中：将图层对象在垂直方向的中心与当前图层在垂直方向的中心对齐。
- 底边：将图层对象的最底端与当前图层的最底端对齐。
- 左边：将链接图层的最左端与当前图层的最左端对齐。
- 水平居中：将链接图层水平方向的中心与当前图层的水平方向的中心对齐。
- 右边：将链接图层的最右端与当前图层的最右端对齐。

同样除了可以使用“图层”|“分布”子菜单下的命令进行操作外，还可在工具箱中选择“移动工具”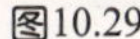，利用工具选项条进行操作。

其中，按钮分别为“按顶分布”、“垂直居中分布”、“按底分布”、“按左分布”、“水平居中分布”和“按右分布”。

Chapter 10 图层基础

10.6 图层组及嵌套图层组

使用图层组可以在很大程度上充分利用“图层”面板的空间，更重要的是，可以对一个图层组中的所有图层进行一致的控制，图层与图层组的概念有些类似于文件与文件夹的概念。

10.6.1 新建图层组

单击“图层”面板底部的“创建新组”按钮，可以创建默认选项的图层组。

除了使用上述方法创建新图层组外，还可以从链接的图层中创建图层组。在完成链接图层的操作后，选择“图层”|“新建”|“从图层建立组”命令或单击“图层”面板右上角的按钮，在弹出的菜单中选择“从图层新建组”命令即可。

10.6.2 将图层移入或移出图层组

可以将普通图层拖至图层组中，从而将此图层加至图层组，如图10.31所示为操作过程及操作结果。

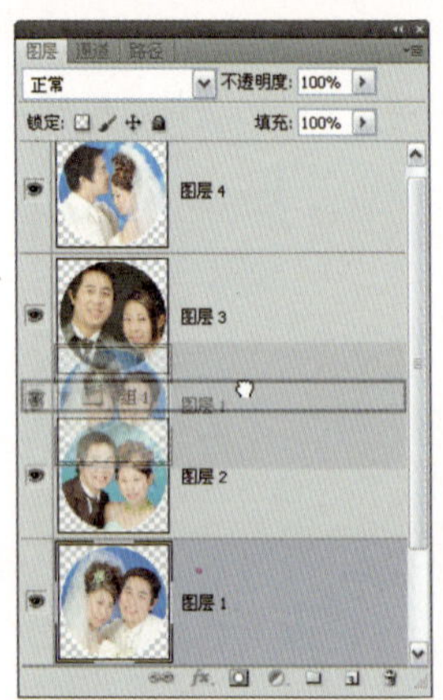

图10.31

将图层拖出图层组可以使该图层脱离图层组，操作时只需在“图层”面板中选择图层，并将其拖至图层组文件夹或图层组名称上，当图层组文件夹或名称高光显示时，释放鼠标左键即可。

10.6.3 复制与删除图层组

要复制图层组，可以按下述方法中的一种操作。

- 在图层组被选中的情况下，选择“图层”|“复制组”命令。
- 单击“图层”面板右上角的面板按钮，在弹出菜单中选择“复制组”命令，即可复制当前图层组。
- 将图层组拖至“图层”面板底部的“创建新图层”按钮上，待高光显示线出现时释放鼠标左键，即可以复制该图层组。

如果需要删除图层组，将目标图层组拖移至“图层”面板底部的“删除图层”按钮上，待高光显示线出现时释放鼠标左键即可。

在图层组被选中的情况下，单击“图层”面板右上角的面板按钮，在弹出菜单中选择“删除组”命令，然后在弹出的如图10.32所示的对话框中单击“仅组”按钮，则仅删除图层组，该图层组中的图层将全部被移出。如果单击“组和内容”按钮，则可以删除图层组及其中的所有图层。

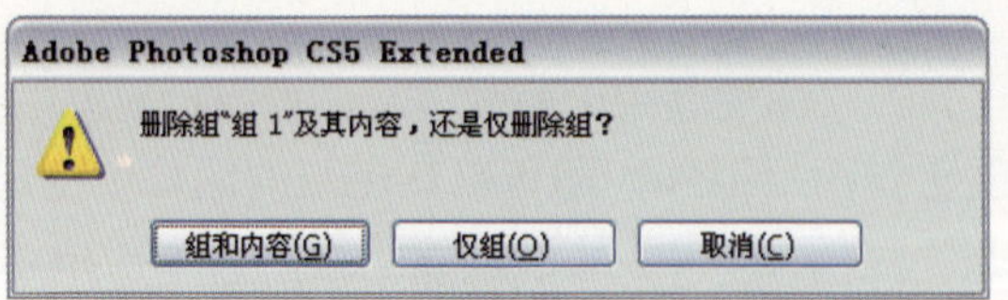

图10.32

10.6.4 使用嵌套图层组

在Photoshop CS5版本中，可使用嵌套组管理组，从而更好地实现对组的控制。

要创建具有嵌套关系的组，首先需要创建这些图层组，然后将要嵌套的图层组拖至另一个图层组中相应的位置，将二者相互嵌套起来，其操作如图10.33所示。

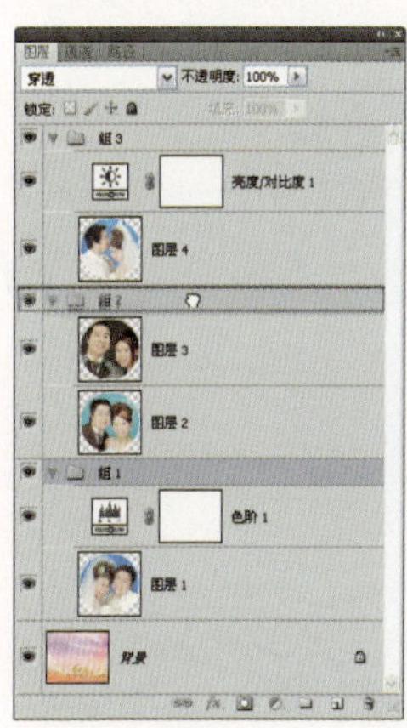
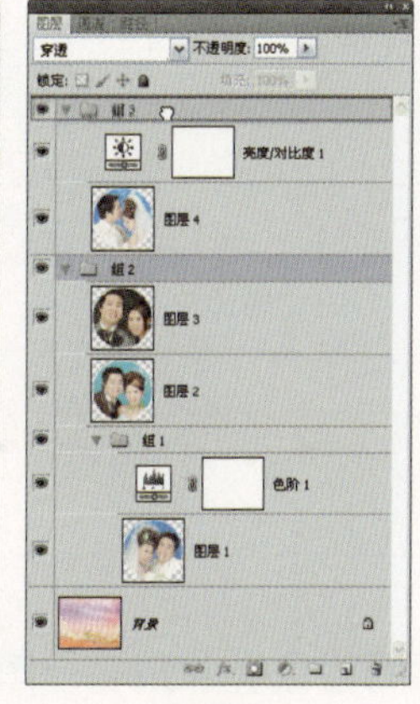
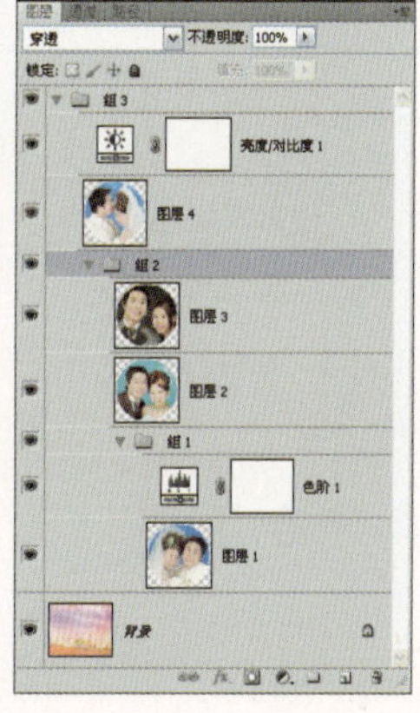

图10.33

除了通过拖动图层组的方法创建嵌套图层组，也可以在创建一个图层组后，通过创建新图层组的方法创建嵌套图层组，各位读者可以自行尝试。

Chapter 10 图层基础

10.7 合并图层操作

图像所包含的图层越多，所占用的计算机空间就越大。因此，当图像的处理基本完成时，可以将各个图层合并起来以节省系统资源。当然，对于需要随时修改的图像最好不要合并图层，或者保留副本文件再进行合并操作。

10.7.1 合并任意多个图层

合并任意多个图层与图层的选择有关，按住Ctrl或Shift键在“图层”面板中选择要合并的多个图层，选择“图层”|“合并图层”命令，或者选择“图层”面板菜单中的“合并图层”命令即可。合并操作如图10.34所示。

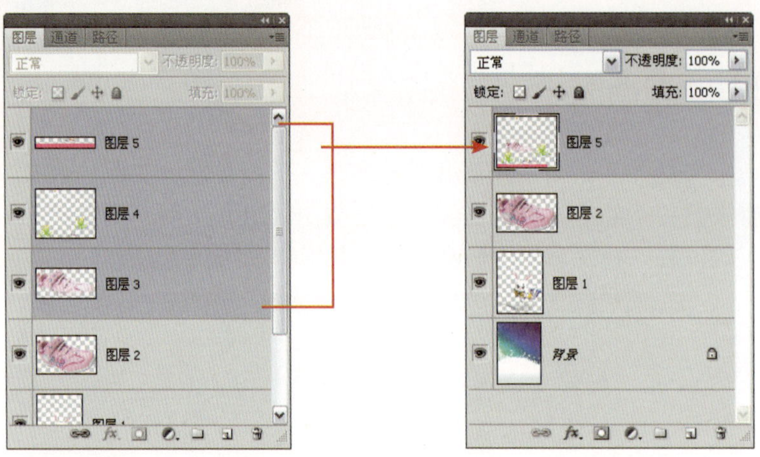

图10.34

10.7.2 合并所有图层

若要将经过处理的具有多个图层的图像合并到一个图层，可以直接选择“图层”|“拼合图像”命令，或者选择“图层”面板菜单中的“拼合图像”命令，这时，所有可见图层合并到背景图层中。

对于合并以前有透明区域的图层，选择“拼合图像”命令后，Photoshop将使用白色填充透明区域。如图10.35所示为一幅具有透明区域的图像，如图10.36所示为合并所有图层后的效果，可以看出此操作使透明区域转换成了白色。

图10.35

图10.36

TIP

如果当前图像存在隐藏图层，将弹出如图10.37所示的提示对话框询问用户是否删除隐藏图层。

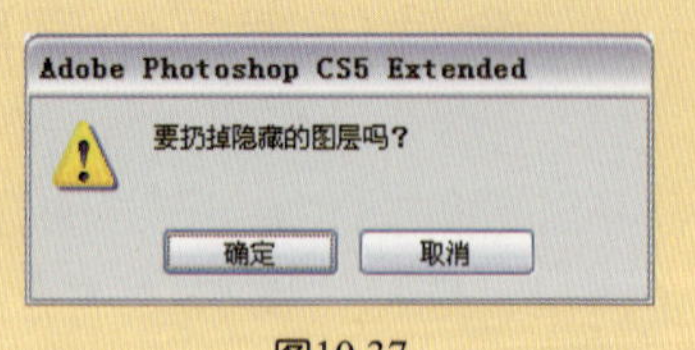

图10.37

10.7.3 向下合并图层

确保想要合并的两个图层都可见的情况下，在“图层”面板中选择两个图层中处于上方的图层，选择“图层”|“向下合并”命令，或者选择“图层”面板菜单中的“向下合并”命令，可以合并两个相邻的图层。向下合并操作如图10.38所示。

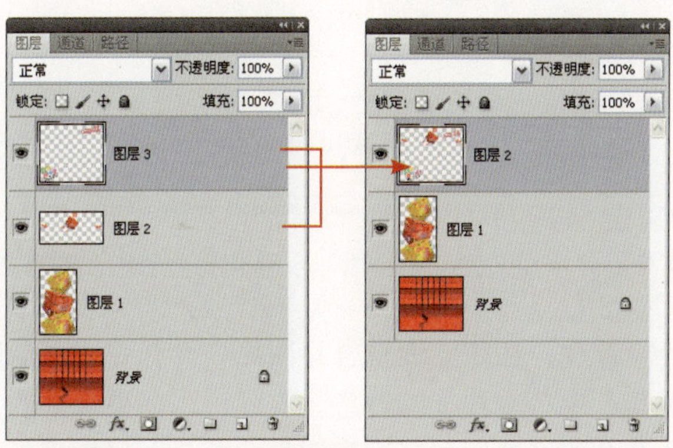

图10.38

10.7.4 合并可见图层

确保想要合并的所有图层都可见，选择“图层”|“合并可见图层”命令，或选择“图层”面板菜单中的“合并可见图层”命令，可以将所有可见图层合并为一个图层。合并所有可见图层的操作如图10.39所示。

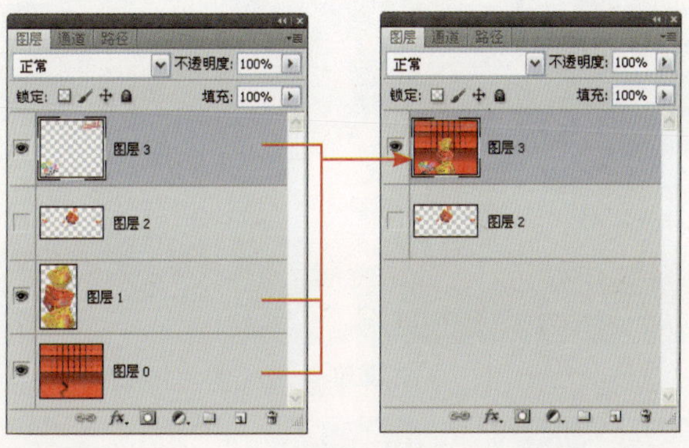

图10.39

10.7.5 合并图层组

位于一个图层组中的图层可以全部合并于图层组中，通过此操作可以减少文件大小。要合并某一个图层组，只需要在“图层”面板中将其选中，选择“图层”|“合并组”命令即可。合并图层组的操作如图10.40所示。

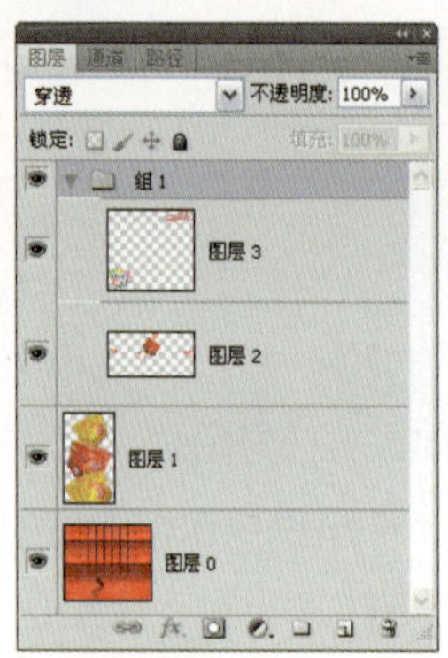

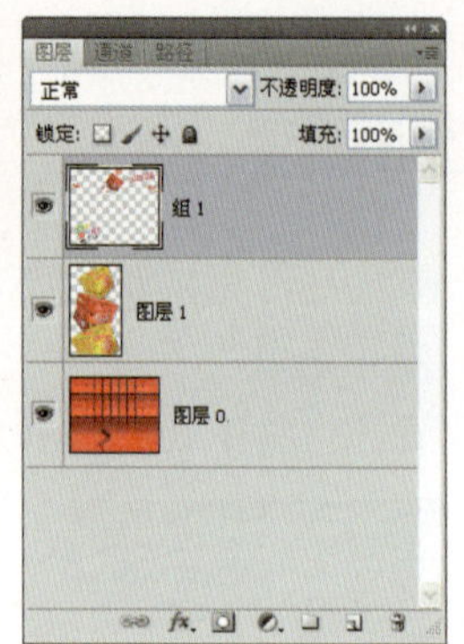

图10.40

TIP

由于调整图层本身不会增加文件大小，所以没有必要为节省空间合并调整图层。

许多初学者由于经验较少，往往会大量合并图层，而合并图层后图像效果发生变化的情况不在少数，从而导致其产生一定程度的疑惑。实际上，如果合并的几个图层分别被设置了不同的混合模式，或所合并的多个图层分别带图层蒙版、图层样式，则很容易使合并后的图像效果发生变化，此时最好不要合并图层。

如图10.41所示为原图像及对应的“图层”面板，此时，“图层3”和“图层3副本”的混合模式分别为“深色”和“明度”，将它们选中并合并后，其效果就会发生很大的变化，如图10.42所示。简单来说，当这两个带有混合模式的图层合并后，已经被转换成为了“正常”混合模式，即与下面图像的混合方式发生了转换，所以导致合并图层后图像的混合效果发生了变化。

图10.41

图10.42

Chapter 10 图层基础

10.8 使用形状图层

通过在图像中创建形状图层，能够在图像中得到填充有前景色的几何体形状。

由于形状图层实际上是具有矢量蒙版的实色填充图层，因此其具有矢量特性，这种特性使对图像大小进行变化时，仍然能够得到边缘光滑自然的形状。

要创建形状图层，可以按下述步骤操作。

1 在工具箱中选择任意一种形状工具或选择“钢笔工具”。

2 单击工具选项条中的“形状图层”按钮。

3 设置前景色为希望得到的填充色。

4 拖动形状工具或“钢笔工具”进行绘制，即可得到形状图层。

通过以上操作，即可创建一个新的形状图层，此时“图层”面板将显示一个名称为“形状X”（X为一个整数）的图层，如图10.43所示。

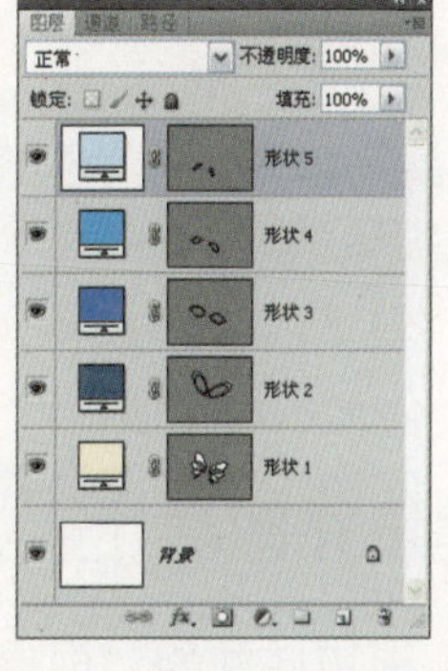

图10.43

10.8.1 编辑形状图层

下面讲解对形状图层进行的两种编辑操作。

改变形状图层填充颜色

双击形状图层前面的方形图标，在弹出的“拾取实色”对话框中选择另外一种颜色，即可改变形状图层的填充颜色。

改变形状图层的形状

如果要改变形状图层的形状和位置，可以在工具箱中选择“路径选择工具”，选择形状并拖动。

如果要改变形状图层中形状的锚点，可以在工具箱中选择“直接选择工具”，选择图层中形状的锚点并拖动。

除此之外，还可以用“添加锚点工具”、“删除锚点工具”为形状添加锚点或删除锚点，也可以使用“转换点工具”转换节点的类型。

10.8.2 栅格化形状图层

由于形状图层具有矢量特性，因此在此图层中无法进行像素级别的编辑，例如，用画笔绘制线条、选择“滤镜”菜单中的命令。

要去除形状图层的矢量特性，使其像素化，可以选择“图层”|“栅格化”|“形状”命令。

Chapter 10 图层基础

10.9 使用填充图层

填充图层是一类非常简单的图层，使用此类图层，可以创建填充实色、渐变或图案的图层。

10.9.1 创建填充图层

单击“图层”面板底部的“创建新的填充或调整图层”按钮，在其下拉菜单中选择一种填充类型，设置弹出的面板，即可在目标图层上创建一个填充图层。

颜色填充图层

单击“创建新的填充或调整图层”按钮后，在弹出的菜单中选择“纯色”命令，在弹出的“拾取实色”对话框中选择一种填充颜色，即可创建实色填充图层。

渐变填充图层

单击“创建新的填充或调整图层”按钮后，在弹出的菜单中选择“渐变”命令，在弹出的对话框中选择一种渐变，即可得到渐变填充图层。

 图案填充图层

单击“创建新的填充或调整图层”按钮后，在弹出的菜单中选择“图案”命令，在弹出的对话框中选择一种图案，即可得到图案填充图层。

上面介绍的3种填充图层的效果及其“图层”面板分别如图10.44、图10.45和图10.46所示。

图10.44

图10.45

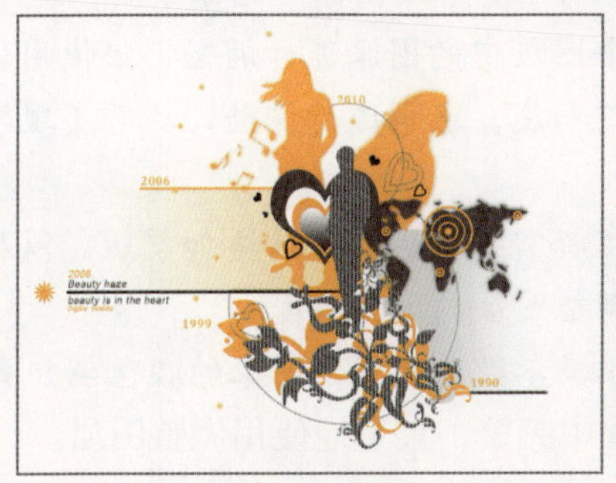

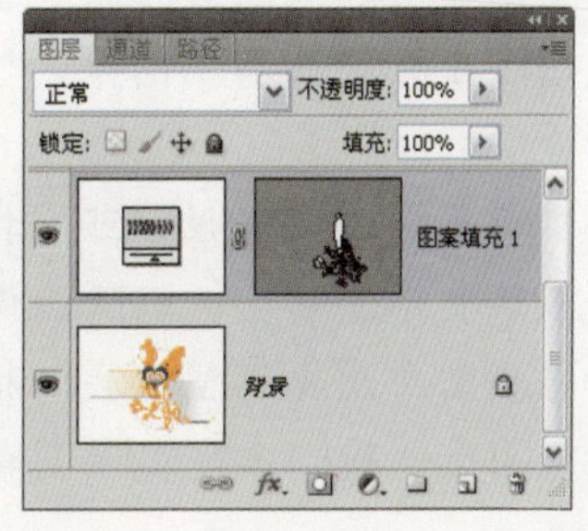

图10.46

10.9.2 栅格化填充图层

由于上述3种填充图层是不同于普通图层的一类特殊图层，当在这些图层上执行绘画或应用滤镜命令时，只能在该图层的图层蒙版中进行操作。

要将填充图层转换成为普通图层，可以在该图层被选中的情况下，选择“图层”|“栅格

化”|“填充内容”命令，或在“图层”面板中该图层名称上右击，在弹出的快捷菜单中选择“栅格化图层”命令。

如图10.47所示为转换前的“图层”面板，如图10.48所示为转换后的“图层”面板。

由于填充图层在本质上与普通图层无太大区别，因此也可以通过改变图层的混合模式、不透明度，为图层增加蒙版，或将其应用于剪切图层等，以获得不同的效果。对于这些操作，各位读者可以自行尝试。

图10.47

图10.48

10.10 使用调整图层

调整图层是一种能够同时调整多个图层颜色的特殊图层，使用它可以方便地对图层进行各种类型的调整。

调整图层的优点具有以下4个方面。

- 可以对图像的颜色或色调进行调整，而不会修改图像中的像素。
- 通常在调整图像时，仅能够对某一个图层中的图像进行调整，但使用调整图层命令，可以对该图层下方所有层中图像的饱和度、色调进行调整，从而实现跨越图层调整图像的目的。
- 调整图层具有很强的灵活性，可以根据需要为调整图层增加蒙版，以屏蔽对某些区域的调整，或调整不透明度，以降低调整图层的调整强度。
- 可以随时根据需要改变调整图层的相关参数，从而使图像的颜色调整更加灵活。

正是基于以上四点，我们才在实际工作中频繁、大量地使用调整图层。

10.10.1 了解“调整”面板

“调整”面板的作用就是在创建调整图层时，将不再通过调整对话框设置参数，而是转为在此面板中。

在没有创建或选择任意一个调整图层的情况下，选择“窗口”|“调整”命令，将调出如图10.49所示的“调整”面板。

在此状态下，该面板底部有2个功能按钮，其功能解释如下。

- “扩展视图”按钮：单击此按钮，可以放大调整的工作空间，以更好地查看、选择各个调整图层。
- “返回调整状态”按钮：如果在初始状态下选中了一个调整图层，则面板左下角将显示此按钮，单击此按钮，可以切换至与所选调整图层相对应的参数设置状态。

在选中或创建了调整图层后，则根据其不同，在面板中显示出对应的参数，如图10.50所示是在选择了“黑白”调整图层时的面板状态。

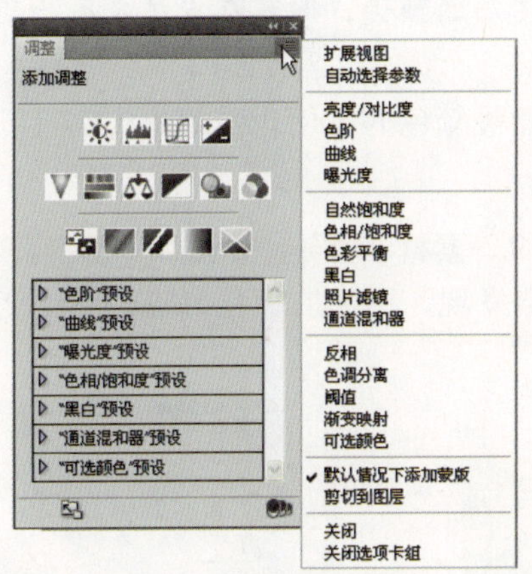

图10.49

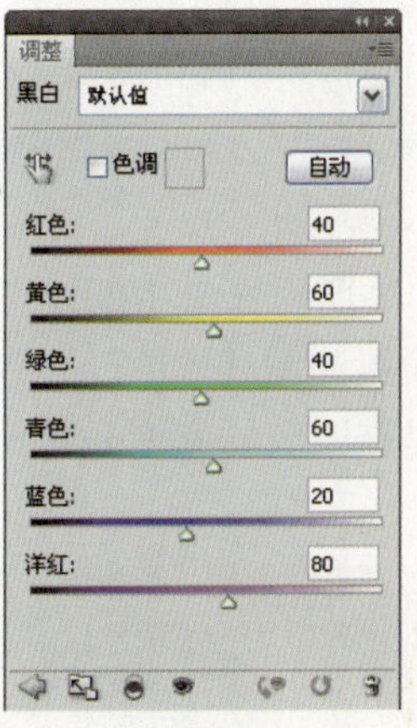

图10.50

在此状态下，面板底部的按钮中，“扩展视图”按钮的功能在前面已经有过讲解，故不再重述，其他按钮的功能解释如下。

- “返回初始状态”按钮：单击此按钮，可以返回“调整”面板的初始状态，以继续创建其他的调整图层。
- “创建剪贴蒙版”按钮：单击此按钮，可以在当前调整图层与下面的图层之间创建剪贴蒙版，再次单击则取消剪贴蒙版。
- “图层可见性”按钮：单击此按钮，可以控制当前所选调整图层的显示状态。
- “预览最近一次调整结果”按钮：按住此按钮，可以预览本次编辑调整图层参数时，最初始与刚刚调整完参数时的状态对比。
- “复位”按钮：该按钮的功能分为两部分，当之前已经编辑过调整图层的参数，再次（即切换至其他图层后，重新选择此调整图层）编辑此调整图层时，按钮将变为状态，单击此按钮可以复位至本次编辑时的初始状态，同时该按钮也变为状态，再次单击此按钮，则完全复位到该调整图层默认的参数状态。
- “删除调整图层”按钮：单击此按钮，并在弹出的对话框中单击“是”按钮，则可以删除当前所选的调整图层。

10.10.2 创建调整图层

在Photoshop CS5中，可以采用以下方法创建调整图层。

- 选择“图层”|“新建调整图层”子菜单中的命令，此时将弹出如图10.51所示的对话

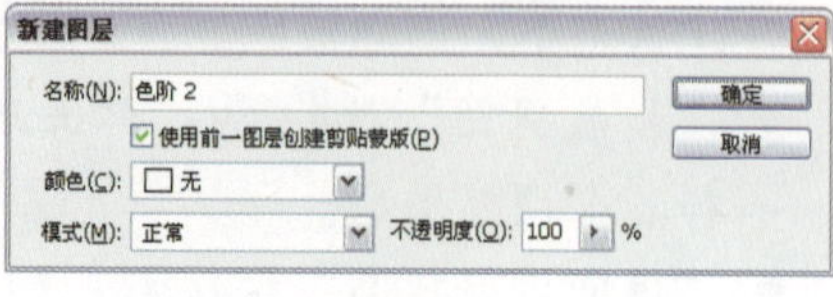

图10.51

框，这与创建普通图层时的“新建图层”对话框基本相同，单击“确定”按钮退出对话框，即可得到一个调整图层。

- 单击“图层”面板底部的“创建新的填充或调整图层”按钮，在弹出的菜单中选择需要的命令，然后在“调整”面板中设置参数即可。
- 在“调整”面板中单击上半部分的各个图标，即可创建对应的调整图层。
- 在“调整”面板下半部分中，各个调整图层的预设，即可在直接应用此预设的同时创建得到对应的调整图层。

下面要讲解一个通过创建调整图层来调整图像颜色的实例，希望此实例可以加深读者对调整图层的了解。

1 打开随书所附光盘中的文件“第10章\10.10.2-素材.psd”，如图10.52所示，此时的“图层”面板如图10.53所示，观察整幅图像会发现，图像的颜色偏暗，对比度也不强，所以先提高图像的亮度和对比度。

图10.52

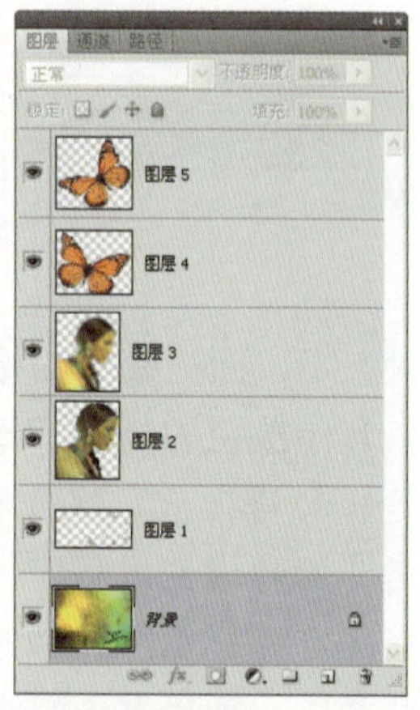

图10.53

2 选中“图层2”，单击“图层”面板底部的“创建新的填充或调整图层”按钮，在弹出的菜单中选择“色阶”命令，设置弹出的“色阶”参数如图10.54所示，得到如图10.55所示的效果，同时得到图层“色阶 1”，此时的“图层”面板如图10.56所示。

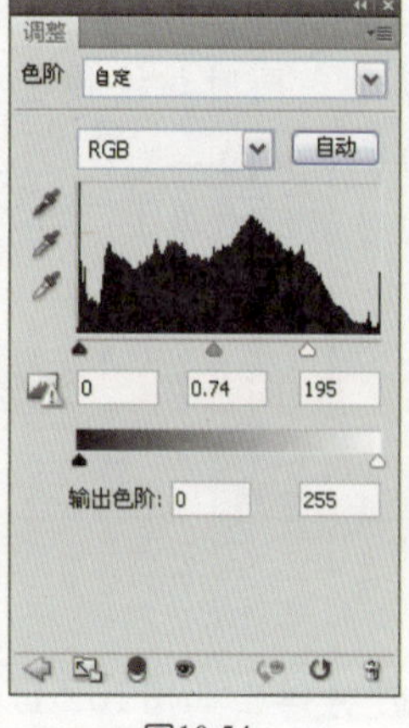

图10.54

图10.55

3 下面要调整“蝴蝶”的颜色，选中“图层 1”，单击“图层”面板底部的“创建新的填充或调整图层”按钮 ，在弹出的菜单中选择“色彩平衡”命令，设置弹出的“色彩平衡”参数如图10.57、图10.58所示，得到如图10.59所示的效果，同时得到图层“色彩平衡1”。

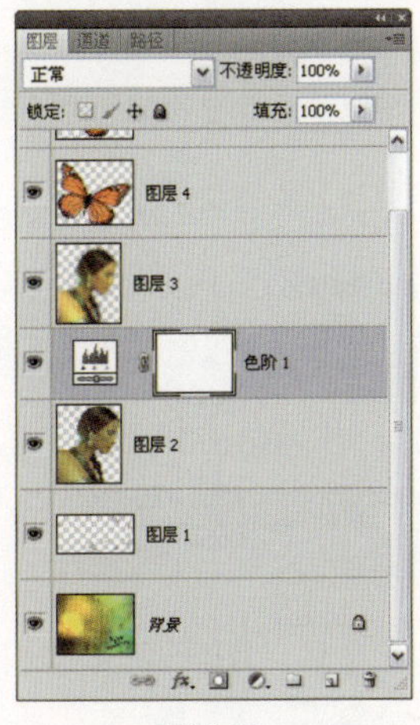

图10.56

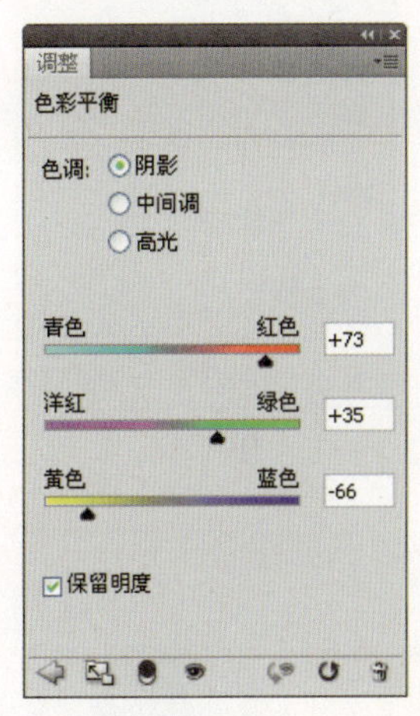

图10.57

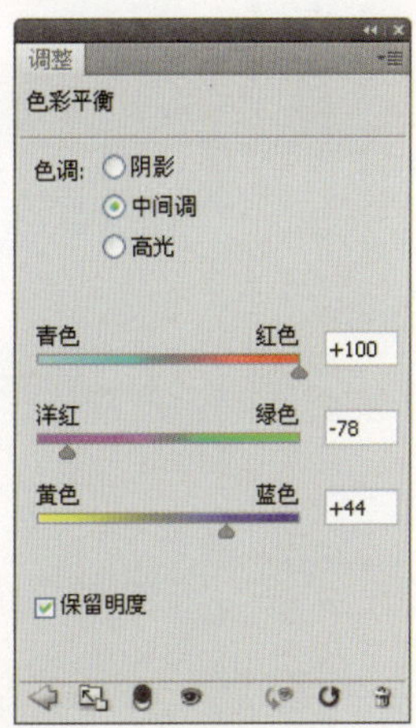

图10.58

4 观察图像发现“蝴蝶”和背景的颜色都变化了，因为调整图层可以跨越图层调整图像，这时只要按Ctrl+Alt+G键执行“创建剪贴蒙版”命令，就可以使创建的调整图层只对“蝴蝶”起作用，得到如图10.60所示的效果，此时的“图层”面板如图10.61所示。

图10.59

图10.60

5 下面对人物图像进行调整，按住Ctrl键并单击“图层 2”的图层缩览图，载入其选区，选中图层“色阶1”，单击“图层”面板底部的“创建新的填充或调整图层”按钮 ，在弹出的菜单中选择“色彩平衡”命令，设置弹出的“色彩平衡”参数如图10.62和图10.63所示，得到如图10.64所示的最终效果，同时得到图层“色彩平衡 2”，此时的“图层”面板如图10.65所示。

6 观察“图层”面板可以发现图层“色彩平衡 2”自动生成了一个图层蒙版，屏蔽对人物以外其他区域的调整。

可以看出，创建调整图层的过程主要是调整相关颜色命令的参数，因此如果要使调整图层发挥较好的作用，就需要先熟悉对应的图像调整命令。

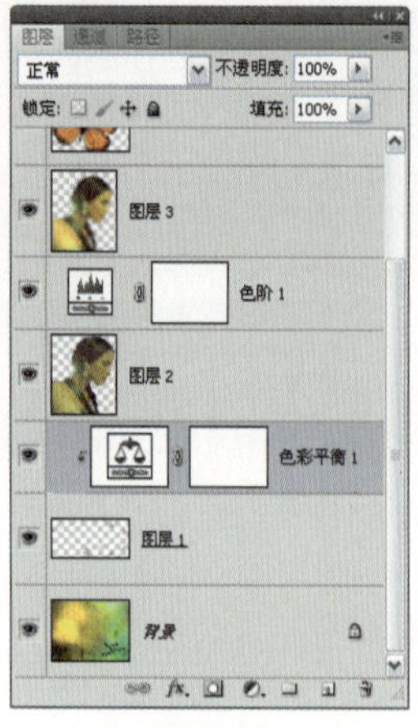

图10.61

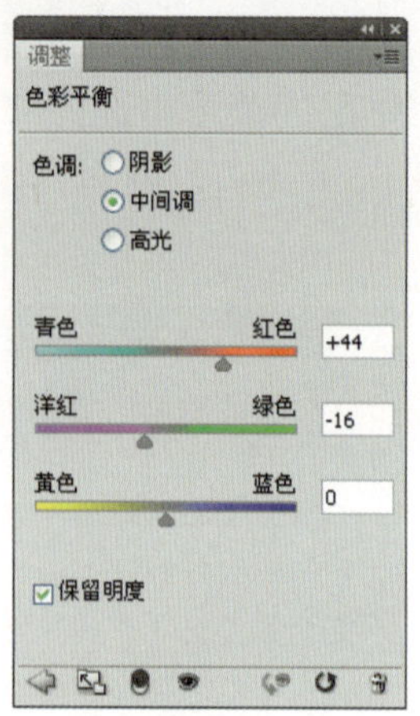

图10.62

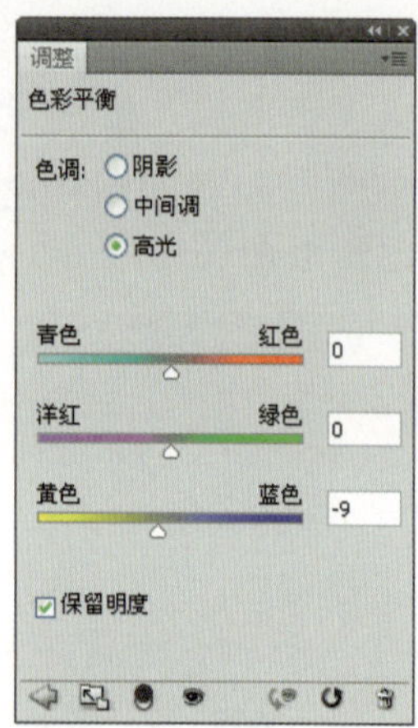

图10.63

图10.64

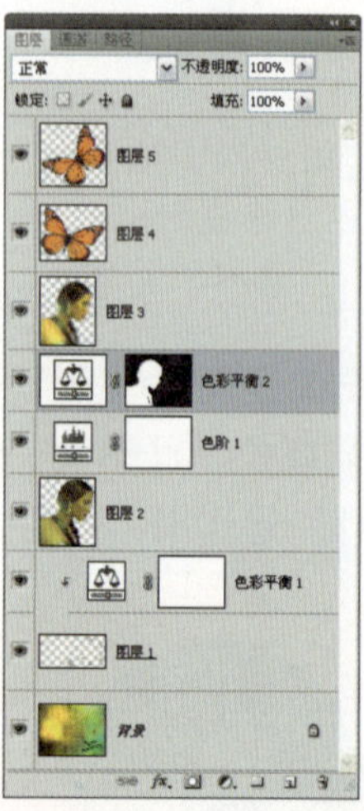

图10.65

10.10.3 编辑调整图层

在创建了调整图层后，如果对当前的调整效果不满意，可以对其进行修改，直至满意为止，这也是调整图层的优点之一。

★ 重新设置调整参数

重新设置调整图层中所包含的命令参数，可以先选择要修改的调整图层，再执行以下操作之一。

- 执行“图层”|“图层内容选项”命令，即可在“调整”面板中调整其参数。
- 双击调整图层的图层缩览图，即可在“调整”面板中调整其参数。

★ 改变调整图层的不透明度

降低调整图层的不透明度，可以降低调整图层对图层的调整强度。因此，在需要的情况下，可以通过改变调整图层的不透明度改变调整强度。

Chapter 11

图层的混合功能

在Photoshop中，不透明度、蒙版（含剪贴蒙版、图层蒙版和矢量蒙版）及混合模式等功能最常见的用途是对图像之间进行融合处理。本章将主要讲解合成处理中的几种常用方法，例如如何设置混合模式、创建剪贴蒙版、添加图层蒙版、添加矢量蒙版以及设置混合颜色带。

11.1 通过混合模式混合图像

图层的混合模式是与图层蒙版同等重要的核心功能。在Photoshop中，提供了多达27种图层混合模式，下面就对各个混合模式及相关操作进行讲解。

11.1.1 认识混合模式

在Photoshop中，混合模式知识非常重要，几乎每一种绘画与编辑调整工具都有混合模式选项，而在“图层”面板中，混合模式更占据着重要的位置。正确、灵活地运用混合模式，往往能够创造出丰富的图像效果。

由于工具箱中的绘图工具如“画笔工具”、“铅笔工具”、“仿制图章工具”等，与编辑类工具如“加深工具”、“减淡工具”所具有的混合模式选项，与图层混合模式选项完全相同，且混合模式在图层中的应用非常广泛，故在此重点讲解混合模式在图层中的应用。

单击图层混合模式右边的下三角按钮，将弹出混合模式下拉列表，其中有27种不同效果的混合模式，如图11.1所示。

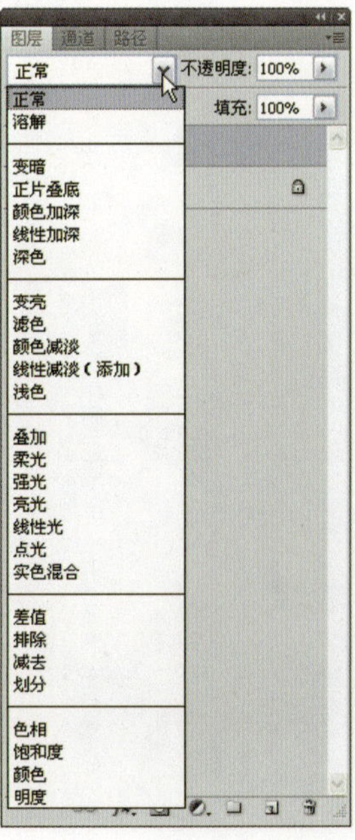

图11.1

11.1.2 各混合模式详解

由于混合模式用于控制上下两个图层叠加时的效果，通常在上方图层的混合模式下拉列表中选择合适的混合模式，故在此以上下两个图层相叠加、上方图层的“不透明度”等以100%为例，简单解释各混合模式的含义。

组合模式组

此类混合模式包括“正常”和“溶解”两种混合模式，其共同点就在于，都是利用图层的“不透明度”及“填充不透明度”来控制与下面的图像进行混合。这两种不透明度的数值越低，就越能看到更多下面的图像。下面来分别讲解一下其特性。

- 正常：选择该命令，上方图层完全遮盖下方图层。
- 溶解：如果上方图像具有柔和的半透明边缘，则选择该模式选项可创建像素点状效果。

例如图11.2所示的作品就是将多幅图像摆放在一起组成的，且各图层的混合模式均为“正常”，其中的“图层1副本”就是依靠设置“不透明度”属性完成了与下面图像的混合，从而模拟出淡淡的倒影效果。

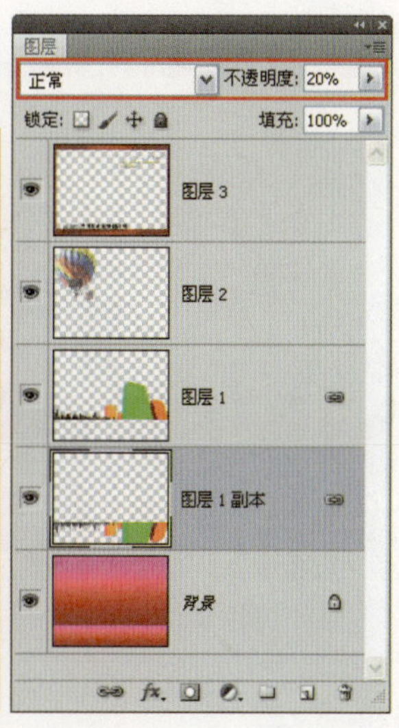

图11.2

加深模式组

使用这一组混合模式得到的效果通常会使图像变暗，这些混合模式包括变暗、正片叠底、颜色加深、线性加深及深色，下面来分别讲解一下其特性。

- 变暗：选择此命令，将以上方图层中的较暗像素代替下方图层中与之相对应的较亮像素，且以下方图层中的较暗区域代替上方图层中的较亮区域，因此叠加后整体图像呈暗色调。

- 正片叠底：此模式可以在整体效果上显示由上方图层及下方图层的像素值中较暗的像素合成的图像效果。
- 颜色加深：此模式与颜色减淡模式相反，通常用于创建非常暗的阴影效果。
- 线性加深：查看每一个颜色通道的颜色信息，加暗所有通道的基色，并通过提高其他颜色的亮度来反映混合颜色，此模式对于白色无效。
- 深色：此模式可以依据图像的饱和度，用当前图层中的颜色，直接覆盖下方图层中的暗调区域的颜色。

图11.3为原图像，图11.4、图11.5和图11.6所示是分别设置混合模式为“正片叠底”、“颜色加深”及“线性加深”时的效果。

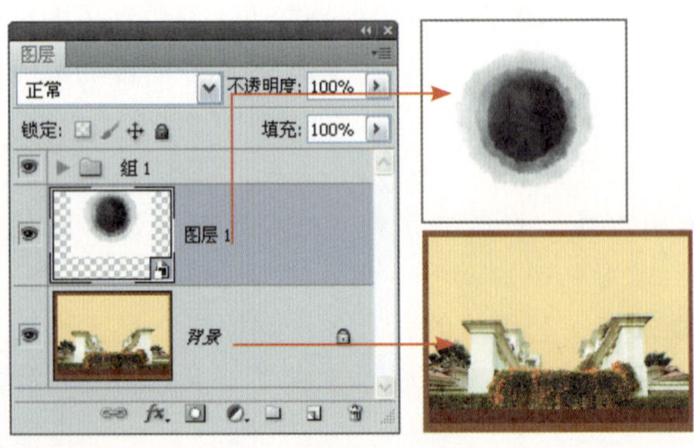

图11.3

图11.4

图11.5

图11.6

减淡模式组

这属于变亮型混合模式，使用这一组混合模式得到的效果通常会使图像变亮，这些混合模式包括变亮、滤色、颜色减淡、线性减淡及浅色，下面来分别讲解一下其特性。

- 变亮：此模式与变暗模式相反，在Photoshop中以上方图层中较亮像素代替下方图层中与之相对应的较暗像素，且以下方图层中的较亮区域代替上方图层中的较暗区域，因此叠加后整体图像呈亮色调。
- 滤色：此模式与正片叠底相反，在整体效果上显示由上方图层及下方图层的像素值中较亮的像素合成的图像效果，通常能够得到一种漂白图像中的颜色效果。

- 颜色减淡：选择此命令可以生成非常亮的合成效果，其原理为上方图层的像素值与下方图层的像素值采取一定的算法相加，此模式通常被用来创建光源中心点极亮效果。
- 线性减淡（添加）：查看每一个颜色通道的颜色信息，加亮所有通道的基色，并通过降低其他颜色的亮度来反映混合颜色，此模式对于黑色无效。
- 浅色：选择此命令，可以依据图像的饱和度，用当前图层中的颜色，直接覆盖下方图层中的高光区域颜色。

图11.7为原图像，图11.8、图11.9和图11.10是分别设置混合模式为“滤色”、“颜色减淡”和“线性减淡（添加）”时的效果。

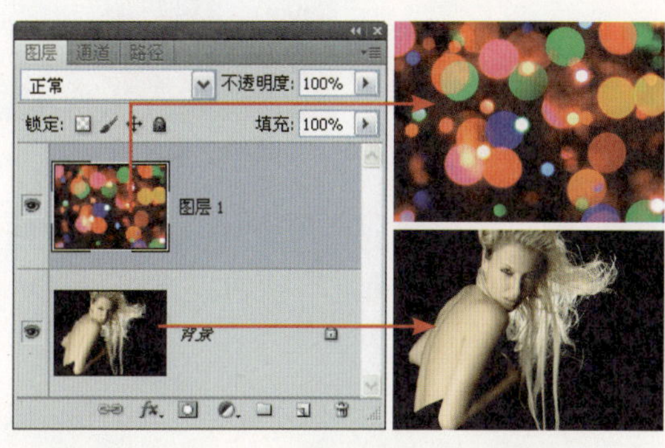

图11.7

图11.8

图11.9

图11.10

融合模式组

使用这一组混合模式得到的效果通常会使混合后图像的变亮效果增强，这些混合模式包括叠加、柔光、强光、亮光、线性光、点光、实色混合，下面来分别讲解一下其特性。

- 叠加：选择此命令，图像最终的效果取决于下方图层。但上方图层的明暗对比效果也将直接影响到整体效果，叠加后下方图层的亮度区与阴影区仍被保留。

下面将通过一个简单的实例，来讲解“叠加”模式的使用方法。

1 打开随书所附光盘中的文件“第11章\11.1.2-4-素材.psd”，如图11.11所示。在本例中，将结合混合模式及一些简单的滤镜命令，制作一幅艺术照片效果。

2 下面来针对图像阴影区域过暗的问题进行处理。选择“图像”|“调整”|“阴影/高光”命令，设置弹出的对话框如图11.12所示，得到如图11.13所示的效果。

图11.11

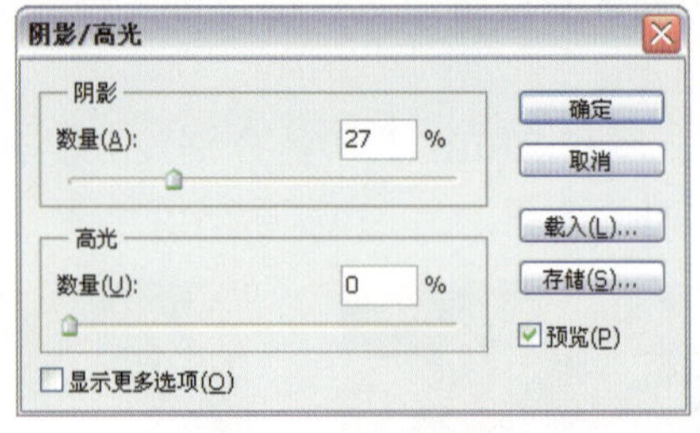

图11.12

图11.13

3 按Ctrl+J键复制“背景”图层得到“图层1”。选择“滤镜”|“模糊”|“高斯模糊”命令，在弹出的对话框中设置数值为4px，单击“确定”按钮退出对话框，得到如图11.14所示的效果。

4 在“图层”面板中设置“图层1”的混合模式为“滤色”，“不透明度”为60%，以提亮图像并使其具有柔光效果，如图11.15所示。

5 复制“图层1”得到“图层1副本”，然后修改其混合模式为“叠加”，其他参数保持不变，以提高图像的对比度，如图11.16所示。

图11.14

图11.15

图11.16

至此，已经完成了对图像进行提亮、提高对比度以及增加柔光效果的操作，下面来对图像的色彩进行处理。

6 在“图层”面板底部单击“创建新的填充或调整图层”按钮，在弹出的菜单中选择“纯色”命令，然后在弹出的对话框中设置其颜色值为00ac9a，单击“确定”按钮退出对话框，得到图层“颜色填充1”。

7 设置"颜色填充1"的混合模式为"叠加"，得到如图11.17所示的效果。

TIP

下面来对图像进行清晰化处理，使其显示出更多的细节，从而使照片看起来品质更佳。

8 在"图层"面板中选择"图层1副本"，然后按Ctrl+Alt+Shift+E键执行"盖印"操作，从而创建得到"图层2"。

9 在选中"图层2"的情况下，选择"滤镜"|"锐化"|"USM锐化"命令，设置弹出的对话框如图11.18所示，得到如图11.19所示的最终效果。

图11.17

图11.18

图11.19

- 柔光：使颜色变亮或变暗，具体取决于混合色。如果上方图层的像素比50%灰色亮，则图像变亮；反之，则图像变暗。

下面将通过一个简单的实例，来讲解"柔光"模式的使用方法。

1 打开随书所附光盘中的文件"第11章\11.1.2-2-素材.png"，如图11.20所示。

2 在"图层"面板底部单击"创建新的填充或调整图层"按钮，在弹出的菜单中选择"阈值"命令，设置弹出的面板如图11.21所示，得到如图11.22所示的效果，同时得到图层"阈值1"。

图11.20

图11.21

图11.22

3 设置“阈值1”的混合模式为“柔光”，得到如图11.23所示的效果。

图11.23

- 强光：此模式的叠加效果与柔光类似，但其加亮与变暗的程度较柔光模式大许多。
- 亮光：如果混合色比50%灰度亮，图像通过降低对比度来加亮图像，反之通过提高对比度来使图像变暗。
- 线性光：如果混合色比50%灰度亮，则图像通过提高对比度来加亮图像，反之则使图像变暗。
- 点光：此模式通过置换颜色像素来混合图像，如果混合色为比50%灰度亮，比源图像暗的像素则会被置换，而比源图像亮的像素无变化；反之，比源图像亮的像素则会被置换，而比源图像暗的像素无变化。
- 实色混合：选择此混合模式，可以创建一种具有较硬边缘的图像效果，类似于多块实色相混合。

下面将通过一个简单的实例，来讲解“实色混合”模式的使用方法。

1 打开随书所附光盘中的文件“第11章\11.1.2-6-素材.psd”，如图11.24所示。

图11.24

2 下面来提亮一下背景图像。在“图层”面板中复制“背景”图层得到“背景副本”，设置其混合模式为“实色混合”，再修改其“填充”数值为15%，得到如图11.25所示的效果。

TIP

关于“填充”数值的讲解，请参见本书11.3节的讲解。

3 下面来对右侧的花枝图像进行处理。复制“图层1”得到“图层1副本”，设置其混合模式为“实色混合”，“填充”数值为30%，得到如图11.26所示的效果。

图11.25

图11.26

4 复制“图层1副本”得到“图层1副本2”，设置其混合模式为“线性加深”，“填充”数值恢复为100%，得到如图11.27所示的最终效果。

图11.27

★ 对比模式组

使用这一组混合模式得到的效果通常会使混合后的图像呈现异像显示，这些混合模式包括差值、排除、减去和划分，下面来分别讲解一下其特性。

- 差值：此模式可在上方图层中减去下方图层相应处像素的颜色值，通常用于使图像变暗并取得反相效果。
- 排除：选择此命令，可创建一种与差值模式相似，但对比度较低的效果。
- 减去：使用此混合模式，可以使用上方图层中亮调的图像隐藏下方的内容。
- 划分：使用此混合模式，可以在上方图层中加上下方图层相应处像素的颜色值，通常用于使图像变亮。

色彩模式组

使用这一组混合模式图像在混合时以图像自身的色相、饱和度、亮度进行混合，这些混合模式包括色相、饱和度、颜色、明度，下面来分别讲解一下其特性。

- 色相：选择此命令，最终图像的像素值由下方图层的亮度与饱和度值及上方图层的色相值构成。

下面将通过一个简单的实例来讲解“色相”模式的使用方法。

1 打开随书所附光盘中的文件“第11章\11.1.2-4-素材.png”，如图11.28所示。在本例中，需要将琴以外的图像处理成为冷色调。

2 选择“磁性套索工具”，沿着琴的边缘位置绘制选区，再配合“魔棒工具”将琴弦等区域选中，如图11.29所示。按Ctrl+Shift+I键执行“反向”操作，从而让选区选中琴以外的图像。

图11.28

图11.29

3 在“图层”面板底部单击“创建新的填充或调整图层”按钮，在弹出的菜单中选择“纯色”命令，然后设置其颜色值为00ffff，单击“确定”按钮退出对话框，创建得到“颜色填充1”，如图11.30所示。

4 设置“颜色填充1”的混合模式为“色相”，使下面的图像具有当前图层中的色彩，如图11.31所示。

图11.30

图11.31

5 观察图像可以看出，图像有些过于偏青，此时可以降低一些图层“颜色填充1”的不透明度，得到如图11.32所示的效果。

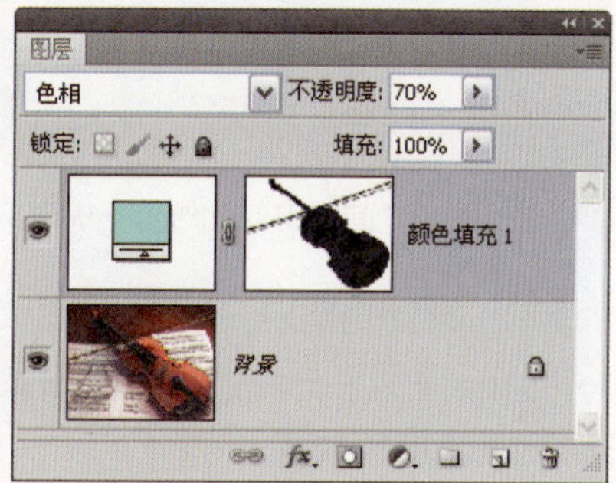

图11.32

- 饱和度：选择此命令，最终图像的像素值由下方图层的亮度和色相值及上方图层的饱和度值构成。
- 颜色：选择此命令，最终图像的像素值由下方图层的亮度及上方图层的色相及饱和度值构成。

图11.33为原图像及对应的“图层”面板，图11.34是将上方图层的混合模式设置成为“颜色”后得到的效果，可以看出，上方图像的色相已经和下方图像的色相融合在一起。

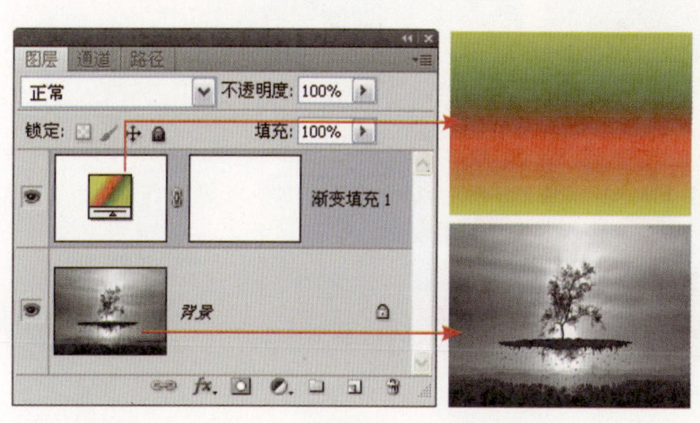

图11.33

图11.34

- 明度：选择此命令，最终图像的像素值由下方图的色相/饱和度值及上方图层的亮度构成。例如图11.35所示为原图像，图11.36所示是设置此模式后的效果。

图11.35

图11.36

11.2 通过剪贴蒙版混合图像

Photoshop提供了一种被称为剪贴蒙版的技术，来创建以一个图层控制另一个图层显示形状及透明度的效果。

如图11.37所示为具有3个图层的图像及对应的“图层”面板，如图11.38所示为将“图层2”与“图层1”组成为剪贴蒙版后的效果及对应的“图层”面板，可以看出上方“图层2”中显示的图像区域被下方“图层1”中的文字所限制，此时这两个具有剪贴关系的图层即被称为“剪贴蒙版”，而在一个剪贴蒙版中，位于剪贴蒙版最底部的图层被称为“基层”，剪贴蒙版中的其他所有图层都被称为“内容层”，也就是说，在一个剪贴蒙版中，内容层可以有很多个，基层却只有一个。

图11.37

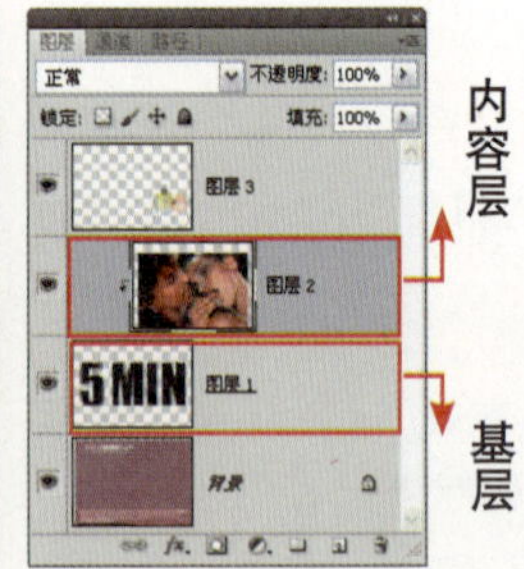

图11.38

11.2.1 创建剪贴蒙版

要创建剪贴蒙版，可以执行下面的操作方法之一。

- 在“图层”面板中选择要创建为剪贴蒙版的两个图层中位于上方的图层，选择“图层”|“创建剪贴蒙版”命令。
- 按住Alt键，将鼠标指针放在“图层”面板中分隔两个图层的实线上（鼠标指针将会变为两个交叉的圆圈），此时单击即可。
- 选择处于上方的图层，按Ctrl+Alt+G键。
- 如果要在多个图层间创建剪贴蒙版，可以选中内容图层并确认该图层位于基层的上方，按照上述方法执行“创建剪贴蒙版”命令即可。

11.2.2 剪贴蒙版的图层属性

对于一个剪贴蒙版而言，处于上方的图层的混合模式及不透明度将受到下方图层的影响，了解这一点能够使用户在制作较复杂的案例时，正确地设置剪贴蒙版的混合模式及不透明度数值。

以图11.39所示的原图像为例，如果将处于下方的“图层1”的“不透明度”设置为20%，则可以得到如图11.40所示的效果及其“图层”面板。

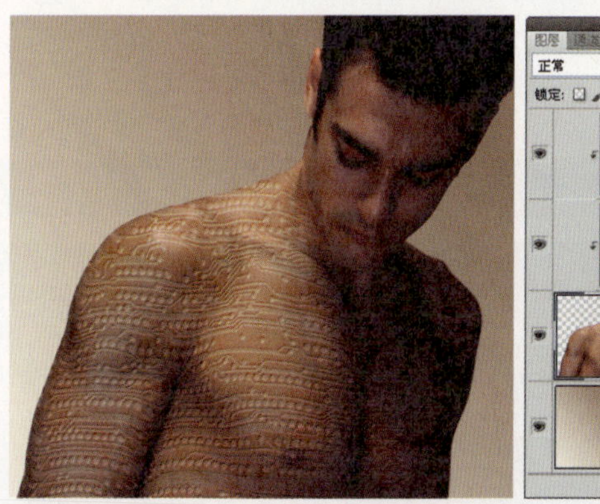
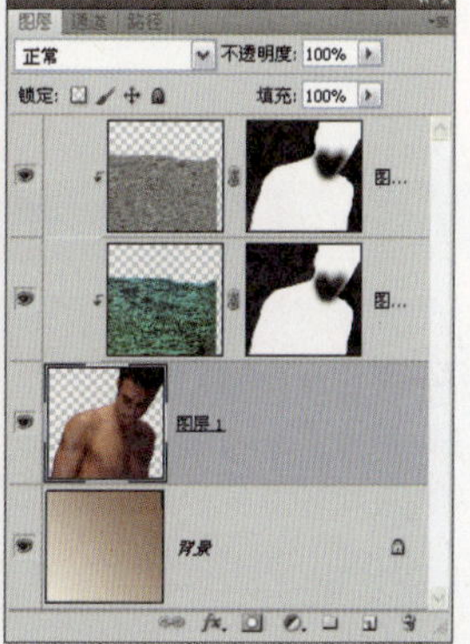

图11.39

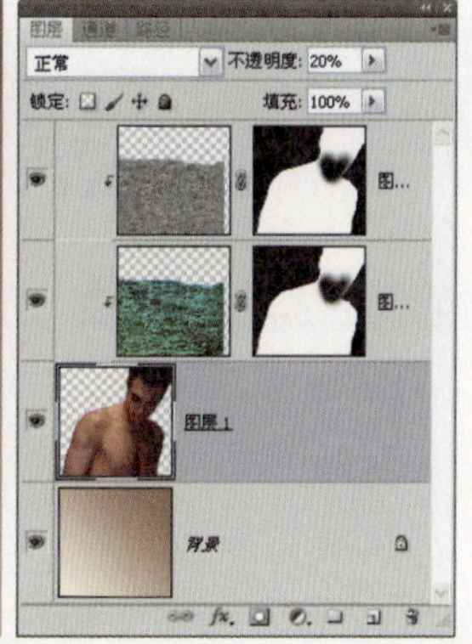

图11.40

同样，如果改变处于下方的“图层1”的混合模式，也将会改变剪贴蒙版最终呈现的效果。例如，如果将“图层1”的混合模式改变为“叠加”，则得到如图11.41所示的效果。

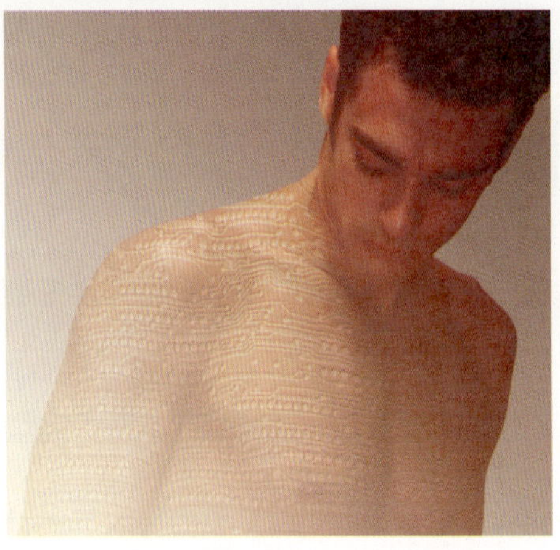
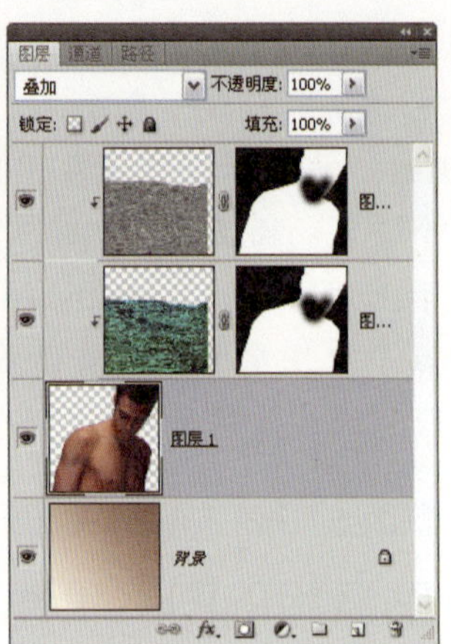

图11.41

11.2.3 取消剪贴蒙版

如果要取消剪贴蒙版，可在剪贴蒙版组中选择基层，然后选择“图层”|“释放剪贴蒙版”命令，或按Ctrl+Alt+G键。

Chapter 11 图层的混合功能

11.3 使用图层蒙版混合图像

11.3.1 认识“蒙版”面板

在Photoshop CS5中，“蒙版”面板主要用于控制图层蒙版及矢量蒙版，以便于修改其不透明度、羽化等属性。选择“窗口”|“蒙版”命令，弹出如图11.42所示的“蒙版”面板。

下面将在讲解图层蒙版（包括后面要讲解的矢量蒙版）功能的过程中，逐步讲解“蒙版”面板的使用方法。

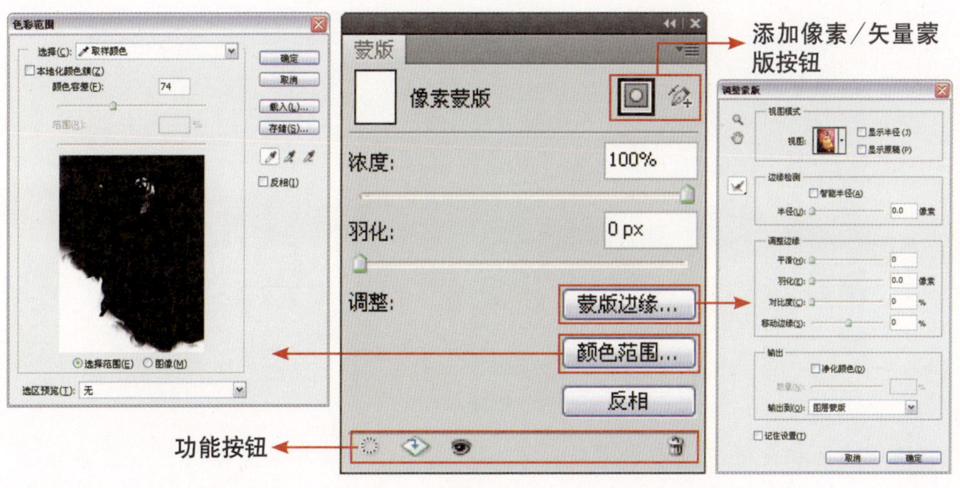

图11.42

11.3.2 添加图层蒙版

为图层添加图层蒙版是创造图层蒙版效果的第一步，根据当前操作状态，可以选择下述两种情况中的任意一种为当前图层添加蒙版。

在当前没有任何选区的情况下，可以按照下述方法直接添加图层蒙版。

- 选择要添加图层蒙版的图层，单击“图层”面板底部的“添加图层蒙版”按钮，或在“蒙版”面板中单击“添加像素蒙版”按钮，可以为图层添加一个默认填充为白色的图层蒙版，即显示全部图像。
- 如果在执行上述添加蒙版操作时按住Alt键，即可为图层添加一个默认填充为黑色的图层蒙版，即隐藏全部图像。

在当前存在选区的情况下，可以按照下述方法直接添加图层蒙版。

- 依据选区范围添加蒙版：选择要添加图层蒙版的图层，在“蒙版”面板中单击“添加像素蒙版”按钮，或在“图层”面板中单击“添加图层蒙版”按钮，即可依据当前选区的选择范围为图像添加蒙版。以如图11.43所示的选区状态为例，添加蒙版后的状态如图11.44所示。

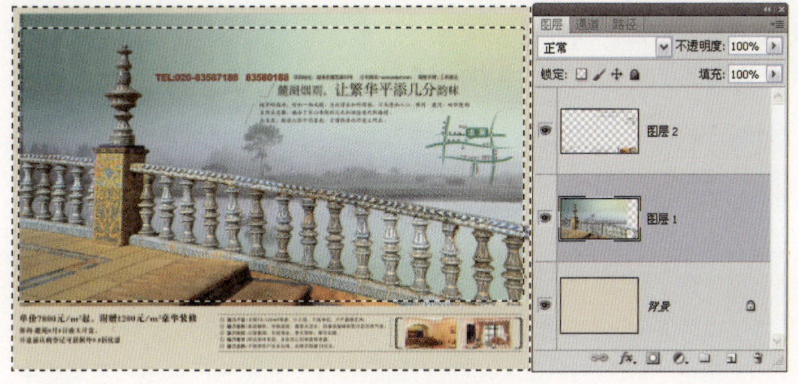

图 11.43

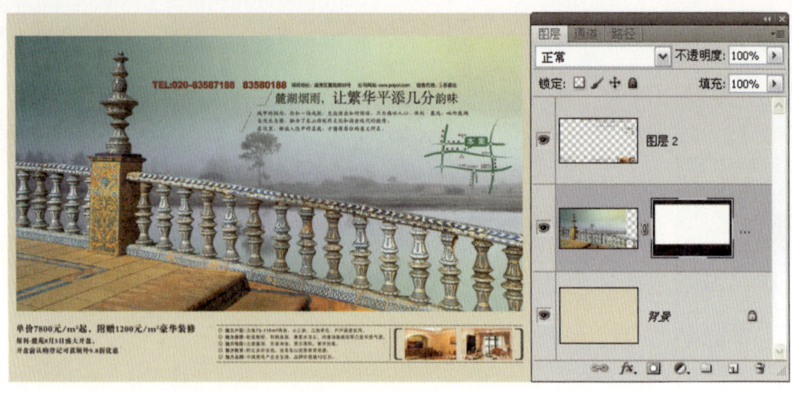

图 11.44

- 依据与选区相反的范围添加蒙版：在按照上一种方法添加蒙版时，如果在单击“添加像素蒙版”按钮时按住Alt键，即可依据与当前选区相反的范围为图层添加蒙版，即先对选区执行“反向”操作，然后再为图层添加蒙版。

11.3.3 编辑图层蒙版

添加图层蒙版只是完成了应用图层蒙版的第一步，要使用图层蒙版还必须对图层蒙版进行编辑，这样才能取得所需的效果。编辑图层蒙版的操作步骤如下。

1 单击“图层”面板中的图层蒙版缩览图以将其激活。

TIP

虽然步骤1看上去非常简单，但却是初学者甚至是Photoshop老手在工作中最容易犯错的地方，如果没有激活图层蒙版，则当前操作就是在图层图像中，在这种状态下无论是使用黑色还是白色进行涂抹操作，对于图像本身都是破坏性操作。

2 选择任何一种编辑或绘画工具，按照下述准则进行编辑。

- 如果要隐藏当前图层，用黑色在蒙版中绘图。
- 如果要显示当前图层，用白色在蒙版中绘图。
- 如果要使当前图层部分可见，用灰色在蒙版中绘图。

3 如果要编辑图层而不是编辑图层蒙版，单击“图层”面板中该图层的缩览图以将其激活。

TIP

如果要将一幅图像粘贴至图层蒙版中，按住Alt键单击图层蒙版缩览图，以显示蒙版，然后选择“编辑”|“粘贴”命令或按Ctrl+V键执行粘贴操作，即可将图像粘贴至蒙版中。

11.3.4 隐藏图层蒙版

在图层蒙版存在的状态下，只能观察到未被图层蒙版隐藏的部分图像，因此不利于对图像进行编辑。在此情况下，可以执行下面的操作之一，完成停用或启用图层蒙版的操作。

- 在“蒙版”面板中单击底部的“停用/启用蒙版”按钮，此时该图层蒙版缩览图中将出现一个红色的“×”，如图11.45所示，再次单击该按钮即可重新启用蒙版。
- 按住Shift键单击图层蒙版缩览图，暂时停用图层蒙版效果，再次按住Shift键单击图层蒙版缩览图，即可重新启用蒙版效果。

图11.45

TIP

通过频繁显示与隐藏图层蒙版，能够清晰观察出图层蒙版的添加效果。

11.3.5 取消图层与图层蒙版的链接

在默认情况下，图层与其蒙版是处于链接状态的，此时“图层”面板中两者的缩览图之间有一个链接图标。

在此状态下，如果用“移动工具”移动图层中的图像与图层蒙版中任何一个图像时，图层中的图像与图层蒙版将一起移动，如图11.46所示。

要改变这种状态，可以单击链接图标，以取消图层和图层蒙版的链接，此时可以单独移动图层中的图像或图层蒙版，如图11.47所示。

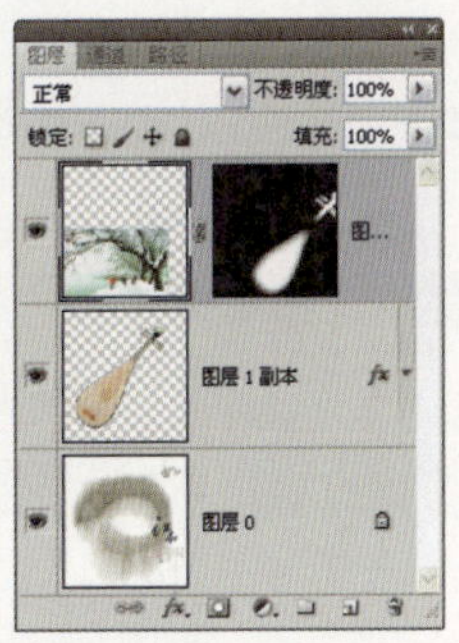

图11.46

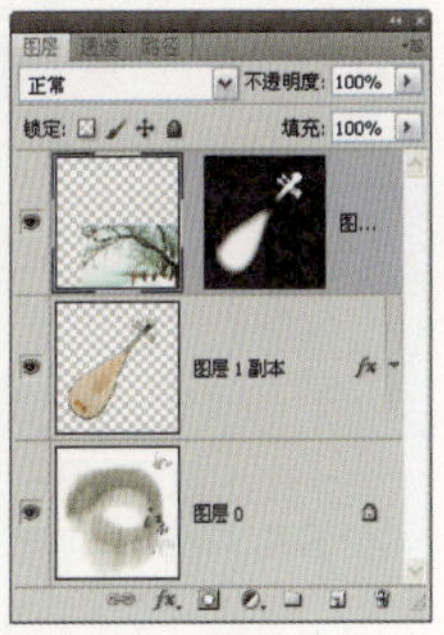

图11.47

上面所讲述的知识点很好地解释了为什么很多初学者在移动带有图层蒙版的图层时，图像的显示会发生变化，这是因为取消了图层蒙版与图层之间的链接关系。要重新建立链接，只需单击图层缩览图和图层蒙版缩览图之间的链接图标即可。

TIP

图层图像与图层蒙版不总是应该处于链接状态。因为当图层与蒙版处于链接状态时，对图层进行模糊操作或者应用其他的滤镜命令时，会明显地发现其蒙版也随之发生了变化，即此操作对图层中的图像与图层蒙版同时发挥作用。因此要解决或避免这样的问题，应该取消图层图像与蒙版间的链接关系。

11.3.6 更改图层蒙版的浓度

“蒙版”面板中的“浓度”滑块可以调整选定的图层蒙版或矢量蒙版的不透明度，其使用步骤如下。

1 在“图层”面板中，选择包含要编辑蒙版的图层。

2 单击“蒙版”面板中的“添加像素蒙版”按钮或“添加矢量蒙版”按钮将其激活。

3 拖动“浓度”滑块，当其数值为100%时，蒙版将完全不透明并遮挡图层下面的所有区域。此数值越低，蒙版下的更多区域变得可见。

如图11.48所示为原图像，如图11.49所示为在“蒙版”面板中将“浓度”数值降低时的效果，可以看出由于蒙版中的黑色变成了灰色，因此被隐藏图层中的图像也开始显现出来。

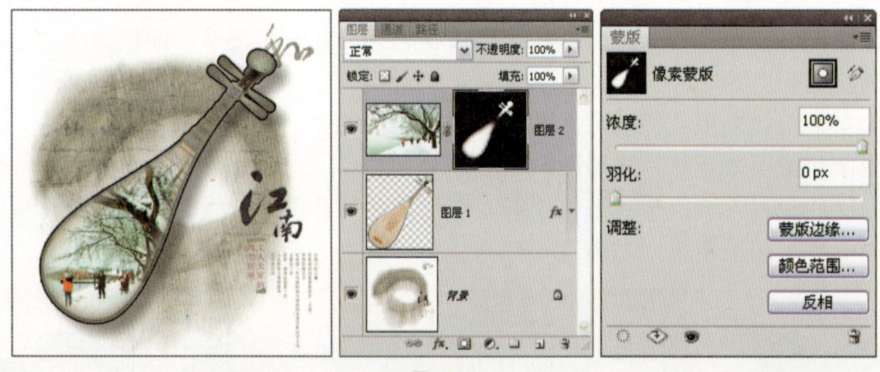

图11.48

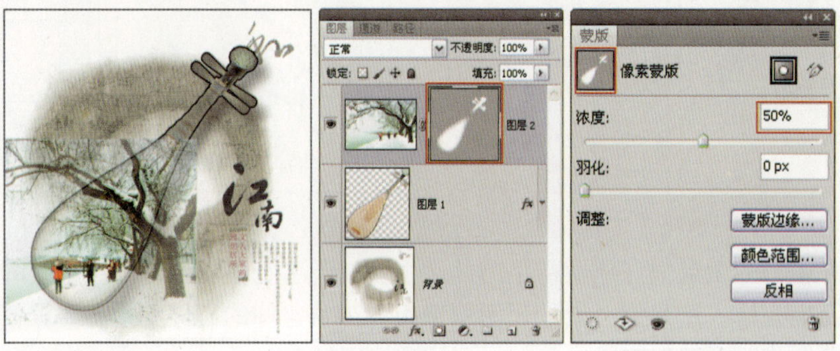

图11.49

11.3.7 羽化蒙版边缘

可以使用“蒙版”面板中的“羽化”滑块直接控制蒙版边缘的柔化程度，而无需像以前一样再使用。其操作步骤如下。

1 在“图层”面板中，选择包含要编辑蒙版的图层。

2 单击“蒙版”面板中的“添加像素蒙版”按钮或“添加矢量蒙版”按钮将其激活。

3 在“蒙版”面板中拖动“羽化”滑块，以将羽化效果应用至蒙版的边缘，使蒙版边缘以在蒙住和未蒙住区域之间创建较柔和的过渡。

如图11.50所示为原图像及对应的“图层”面板，如图11.51所示为在“蒙版”面板中将“羽化”数值提高时的效果，可以看出蒙版的边缘发生了柔化。

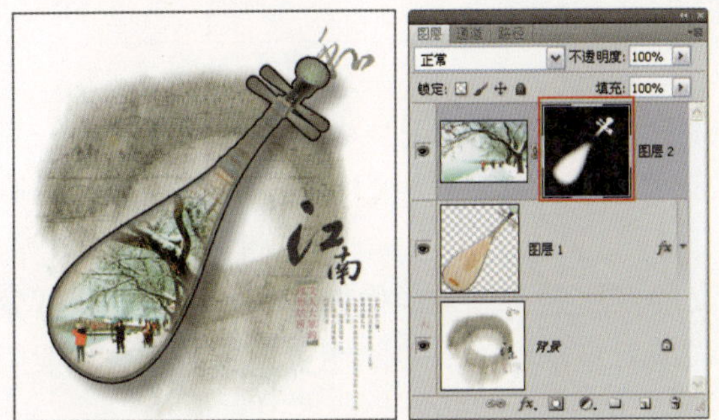

图11.50

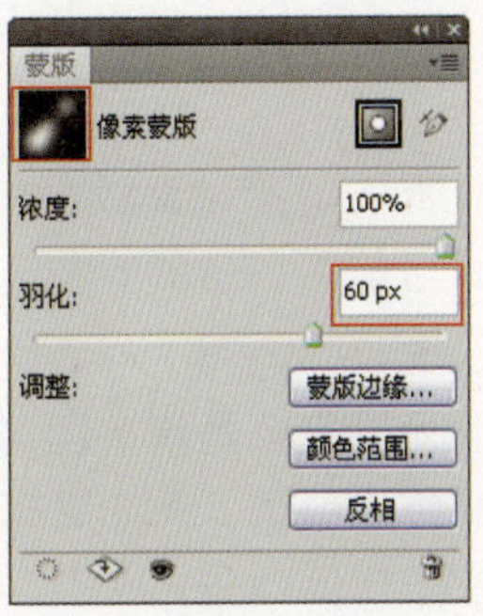

图11.51

11.3.8 调整蒙版边缘

在“蒙版”面板中单击“蒙版边缘”按钮，将弹出“调整蒙版”对话框，此对话框的功能及使用方法等同于“调整边缘”对话框，使用此命令可以对蒙版进行平滑、羽化、对比度等操作。

如图11.52所示是以前面的图像为例，调出“调整蒙版”对话框并设置其参数。如图11.53所示是创建得到的图像效果及对应的“图层”面板，可以看出，图像效果及蒙版状态同时发生了变化。

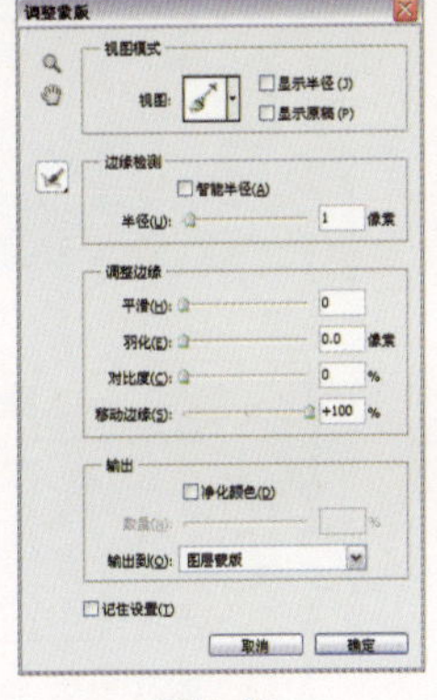

图11.52

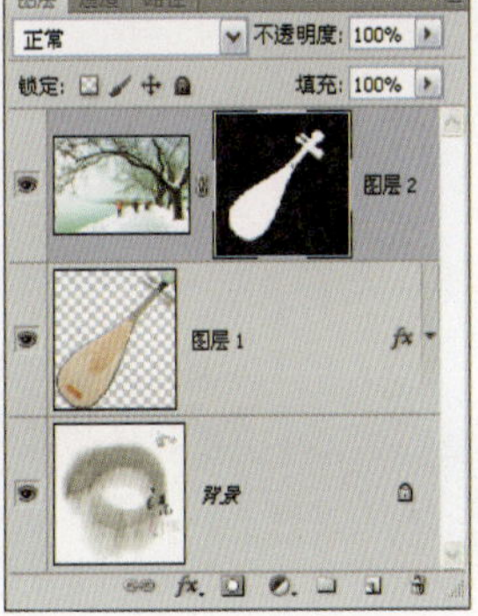

图11.53

11.3.9 调整蒙版色彩范围操作

在“蒙版”面板中单击“颜色范围”按钮，将弹出“色彩范围”对话框，在此对话框中可以更好地在蒙版中进行选择操作，调整得到的选区可直接应用于当前的蒙版中。

如果当前编辑的是图层组的蒙版，则调出的“色彩范围”对话框仅可以在蒙版范围内创建选区，且不会自动应用于蒙版中。

另外，同样情况下（当前编辑的是图层组的蒙版），可以在“通道”面板中单击选中顶部的复合通道（例如RGB颜色模式的图像就可以选择RGB复合通道），然后再单击“颜色范围”按钮，在弹出的“色彩范围”对话框中即可对图像整体创建选区，但不会直接应用当前的蒙版。

11.3.10 应用、删除图层蒙版

如前所述，图层蒙版利用黑、白、灰3种颜色来控制图层中对象的显示状态，黑色区域表示隐藏当前图层中的对象，白色区域表示显示当前图层中的对象，灰度区域显示则表示图像若隐若现。

应用图层蒙版是指按图层蒙版所定义的灰度定义图层中像素分布的情况，保留蒙版中白色区域对应的像素，删除蒙版中黑色区域所对应的像素。删除图层蒙版是指去除蒙版，不考虑其对于图层的作用。

由于图层蒙版实质上是以暂存的Alpha通道的状态存在的，因此删除无用的蒙版有助于减小文件大小。要应用图层蒙版可以执行以下操作之一。

- 在“蒙版”面板中单击“应用蒙版”按钮。
- 选择“图层”|“图层蒙版”|“应用”命令。
- 在图层蒙版缩览图上右击，在弹出的快捷菜单中选择“应用图层蒙版”命令。

如图11.54所示为应用图层蒙版前的图像与其“图层”面板，如图11.55所示为应用后的“图层”面板状态。

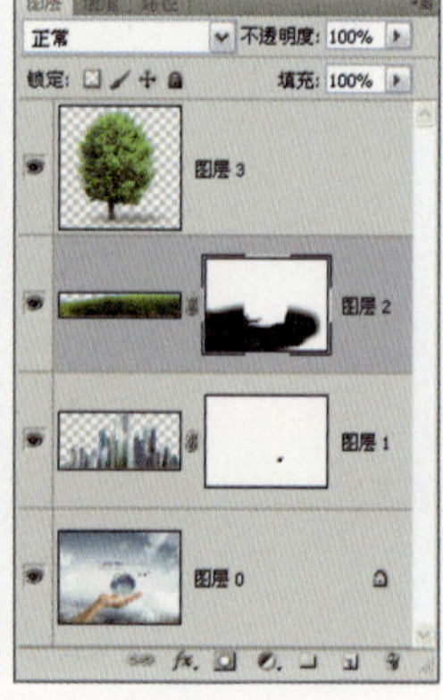

图11.54

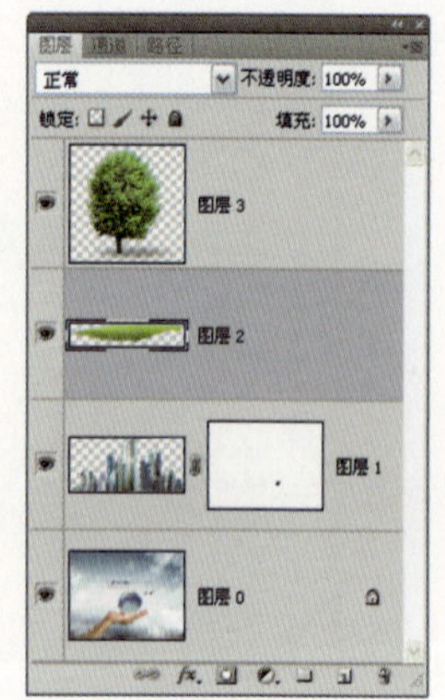

图11.55

TIP

如果希望将某个图层的图层蒙版复制到另外一个图层上，只要直接拖动该图层蒙版至另外的图层上即可，如图11.56所示。

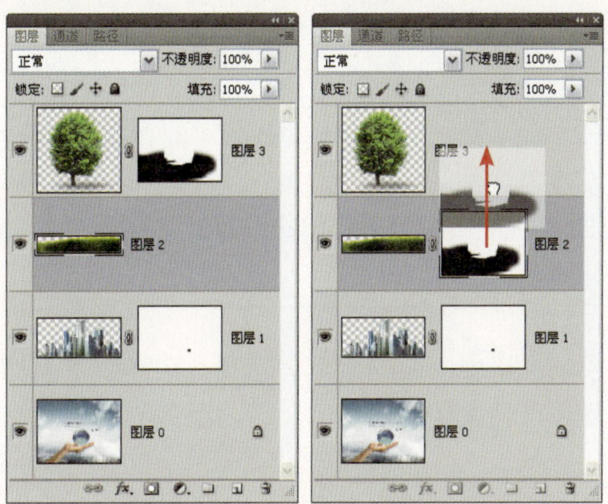

图11.56

TIP

如果希望将某个图层的图层蒙版复制到另外一个图层上，可以按住Alt键拖动该图层蒙版至另外的图层上，操作过程如图11.57所示。

图11.57

如果不想对图像进行任何修改，而直接删除图层蒙版，可以执行以下操作之一。

- 单击“蒙版”面板中的“删除蒙版”按钮 。
- 选择“图层”|“图层蒙版”|“删除”命令。
- 在图层蒙版缩览图上右击，在弹出的快捷菜单中选择“删除图层蒙版”命令。

11.4 使用矢量蒙版混合图像

11.4.1 了解矢量蒙版

矢量蒙版可以用来控制图层中图像的显示与隐藏，在许多方面都与图层蒙版非常相似，不同的是，矢量蒙版是依靠路径来控制图像的显示与隐藏的，因此它创建的蒙版都具有较规则的边缘。

另外，因为图层矢量蒙版是通过钢笔或形状工具所创建的矢量图形，因此在输出时矢量蒙版的光滑程度与分辨率无关，能够以任意一种分辨率进行输出。如图11.58所示为增加图层矢量蒙版后的图像效果及对应的“图层”面板。

图11.58

由于图层矢量蒙版在本质上仍然是一种蒙版，具有与图层蒙版相同的特点，因此上面章节中讲述的关于图层蒙版的操作方法对于矢量蒙版同样有效。

11.4.2 添加矢量蒙版

与添加图层蒙版相似，添加矢量蒙版也可采用多种方法进行操作。下面将分别对其操作方法进行讲解。

 直接添加矢量蒙版

要添加显示全部图层的矢量蒙版，可在“图层”面板中选中要添加图层矢量蒙版的图

层，选择“图层”|“矢量蒙版”|“显示全部”命令，或在“蒙版”面板中单击“添加矢量蒙版”按钮。如图11.59所示为应用此命令添加矢量蒙版后的“图层”面板。

要添加隐藏全部图层的矢量蒙版，可在“图层”面板中选中要添加图层矢量蒙版的图层，选择“图层”|“矢量蒙版”|“隐藏全部”命令，在“蒙版”面板中按住Alt键单击“添加矢量蒙版”按钮即可。如图11.60所示为应用此命令添加矢量蒙版后的“图层”面板。

图11.59

图11.60

添加矢量蒙版后，通过使用各类工具在矢量蒙版中绘制路径，即可获得矢量蒙版的显示与隐藏效果。

当使用绘制路径的各类工具在矢量蒙版中绘制路径后，并没有获得所希望得到的显示或隐藏图像的效果，可以检查当前绘制工具的路径运算模式按钮是否选择正确。

★ 依据路径添加矢量蒙版

也可以直接使用目前已存在的路径来创建矢量蒙版，方法是先在“路径”面板中选择用于创建矢量蒙版的路径，然后在“图层”面板中选中要创建矢量蒙版的图层，直接执行“图层”|“矢量蒙版”|“当前路径”命令，或在“蒙版”面板中单击“添加矢量蒙版”按钮即可。

如图11.61所示为原图像及对应的“图层”面板，如图11.62所示为利用当前路径创建矢量蒙版后的效果及对应的“图层”面板。

图11.61

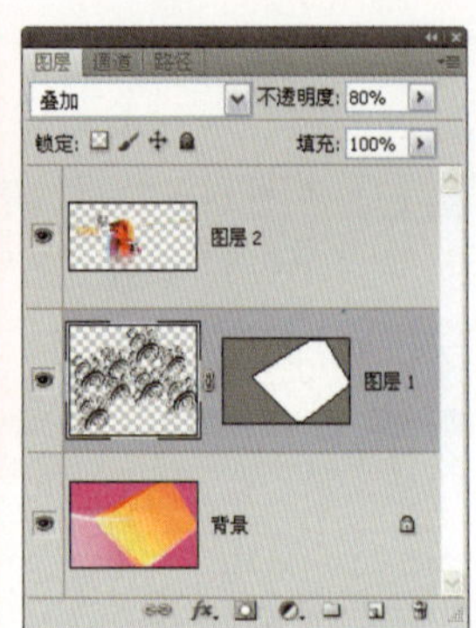

图11.62

11.4.3 编辑矢量蒙版

在前面的学习中，我们已经看到每个矢量蒙版实际上所包含的就是一条条的路径，因此编辑矢量蒙版和编辑路径的操作是完全相同的。由于前面已经有过详细的讲解，故在此不再赘述。

但需要注意的是，若要编辑矢量蒙版，就必须选中矢量蒙版，以确认是在矢量蒙版中编辑路径，这样才可以在工具选项条上激活路径的运算模式，以进行深入的编辑，如图11.63所示。

图11.63

将矢量蒙版转换为选区

按住Ctrl键单击矢量蒙版缩览图就可以载入矢量蒙版的选区。此操作与载入图层蒙版选区的方法相同。

将矢量蒙版转换为图层蒙版

矢量蒙版适合于为图像添加边缘界限明显的蒙版效果，但仅能使用“钢笔工具”、“矩形工具”等工具对其进行编辑。此时可以通过将矢量蒙版栅格化将其转换为图层蒙版，再继续使用其他绘图工具或滤镜命令进行编辑。需注意，此操作是不可逆的。

要将矢量蒙版转换为图层蒙版，可以选择“图层”|“栅格化”|“矢量蒙版”命令，或在要栅格化的蒙版缩览图上右击，在弹出的快捷菜单中选择“栅格化矢量蒙版”命令。

11.4.4 删除矢量蒙版

若要删除矢量蒙版，可以执行下列操作方法之一。

- 选择要删除的矢量蒙版，单击“蒙版”面板底部的“删除蒙版”按钮 。
- 选择要删除的矢量蒙版，直接按Delete键。

如果要删除图层矢量蒙版中的某一条或某几条路径，可以使用工具箱中的“路径选择工具” 将路径选中，然后按Delete键删除。

图层蒙版和矢量蒙版这两种蒙版都是用来显示或隐藏图像的，不同的是，在矢量蒙版中，可以使用路径来限制图像的显示范围，所以能够轻松地制作边缘非常规则的蒙版效果，而在图像蒙版（又名图层蒙版）中，则是使用黑、白、灰色的图像来限制图像的显示范围，所以，图像蒙版可以用来制作具有虚化边缘或包括很多细节的蒙版效果。

11.5 设置混合颜色带

除了使用前面学习过的图层混合模式以及图层蒙版等功能外，还可以使用混合颜色带功能对图像进行操作，以达到像素级混合的效果。

要使用混合颜色带功能，需要选择“图层”|“图层样式”|“混合选项”命令，打开如图11.64所示的“图层样式”对话框。

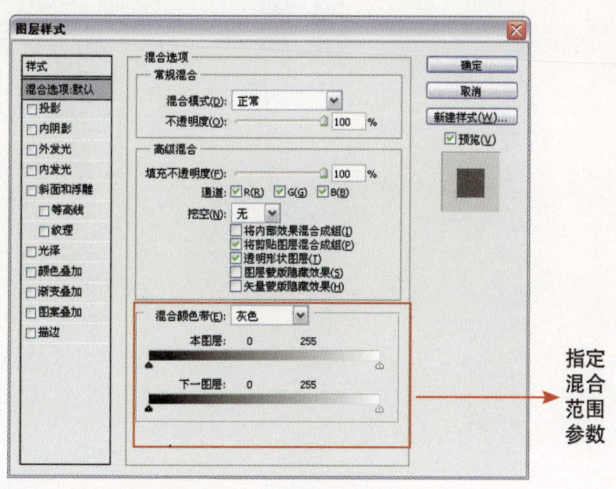

图11.64

关于指定混合范围参数的含义如下。

- 混合颜色带：在此下拉列表中可以选择需要控制混合效果的通道。如果选择“灰色”选项，则按全色阶及通道混合整幅图像。

- 本图层：此渐变条用于控制当前图层从最暗色调的像素至最亮色调的像素的显示情况。向右侧拖动黑色滑块可以隐藏暗调像素，向左侧拖动白色滑块可以隐藏亮调像素。例如，如果将白色滑块拖动到115处，则亮度值大于115的像素保持不混合，并且排除在最终图像之外。
- 下一图层：此渐变条用于控制下方图层的像素显示情况，与“本图层”渐变条不同，向右侧拖动黑色滑块可以显示该图层的暗调像素，而向左侧拖动白色滑块可以显示该图层的亮调像素。例如，如果将黑色滑块拖动到129处，则亮度值低于129的像素保持不混合，并将透过最终图像中的现用图层显示出来。

另外，无论是“本图层”还是“下一图层”渐变条中的黑色及白色滑块，按住Alt键进行单击，可将其分解成为两个三角滑块，拖动三角滑块可以进行更为精细的混合，如图11.65所示。

如图11.66所示为原图像，如图11.67所示分别为两个图层设置“混合颜色带”参数后得到的混合效果，如图11.68所示为放大观察状态下处理前后的图像细节。

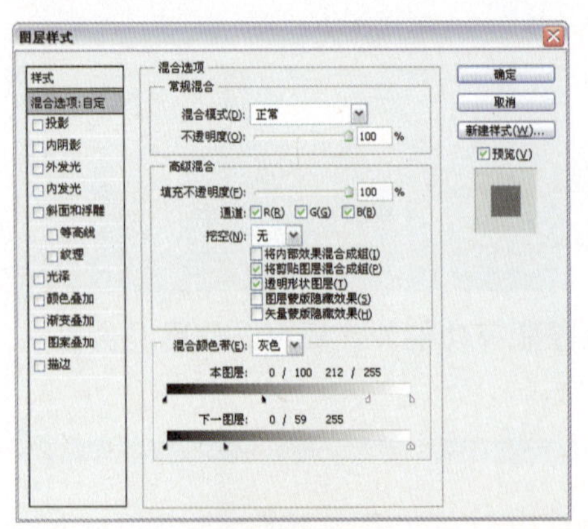

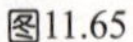

图11.65

图11.66

图11.67

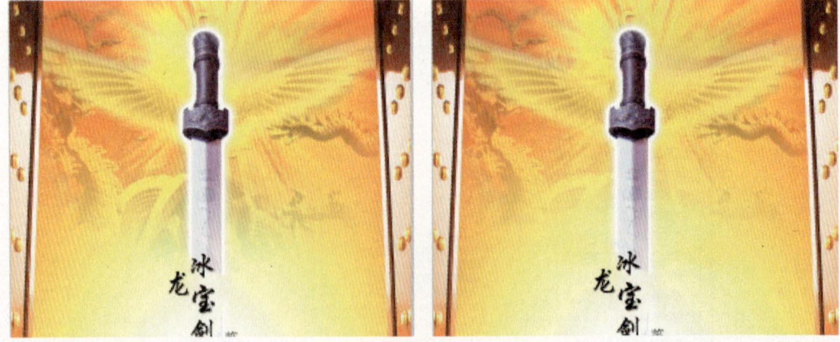

图11.68

Chapter 12 图层样式与智能对象图层

图层样式功能的出现与增强，大大方便了制作诸如投影、斜面浮雕、外发光等多种效果，从而为制作特效图像带来了更加丰富的效果。

智能对象图层不同于前面所讲解的图层，它可以像每个PSD格式图像文件一样装载多个图层的图像，不同的是，智能对象图层是以一个特殊图层的形式来装载这些图层。

本章将主要对“图层样式”对话框中的各选项以及智能对象图层进行详细的讲解和剖析。

12.1 十大图层样式详解

简单地说，"图层样式"就是一系列能够为图层添加特殊效果，如投影、外发光、内发光、浮雕、描边的命令。下面分别介绍一下各个图层样式的使用方法。

12.1.1 了解"图层样式"对话框

需要学习的图层样式命令，基本集中在"图层"|"图层样式"子菜单下，例如"阴影"、"斜面和浮雕"、"外发光"等，虽然这些命令能够实现的效果不同，但其使用方法包括参数都基本相同，因此笔者以"投影"命令为例，讲解"图层样式"对话框中各参数选项的设置。

选择"图层"|"图层样式"|"投影"命令，或单击"图层"面板底部的"添加图层样式"按钮 *fx*，在下拉菜单中选择"投影"命令，可弹出如图12.1所示的"图层样式"对话框，可以看出"图层样式"对话框在结构上分为如下3个区域。

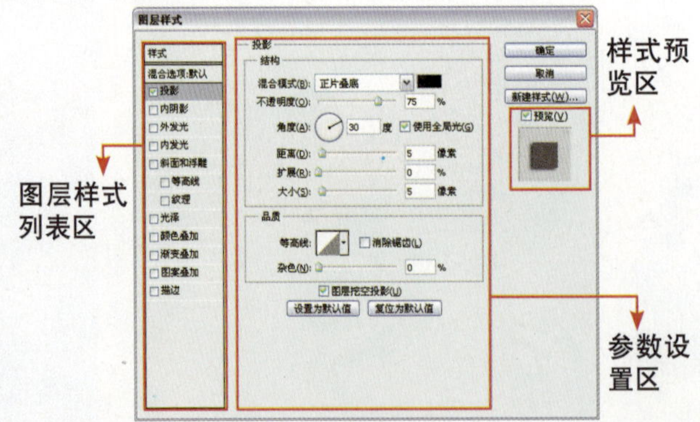

图12.1

- 图层样式列表区：该区域列出了所有的图层样式，如果要同时应用多个图层样式，只需选中图层样式名称左侧的复选框即可，如果要对某个图层样式的参数进行编辑，直接单击该图层样式的名称，即可在对话框中间的参数控制区域显示出其参数。

- 参数设置区：在选择不同图层样式的情况下，该区域会即时显示出与之对应的参数选项。
- 样式预览区：在该区域可以预览当前所设置的所有图层样式叠加在一起时的效果。

下面详细介绍各个重要参数的意义，以便能够更加灵活地运用各个图层样式。

- 混合模式：在此下拉列表中，可以为投影选择不同的混合模式，从而得到不同的投影效果。单击左侧的颜色块，可在弹出的“选择阴影颜色”对话框中为投影设置不同的颜色。
- 不透明度：在此可以输入一个数值，以定义投影的不透明度，数值越大投影效果越清晰，反之越淡。
- 角度：设置此参数可以定义投影的投射方向。
- 使用全局光：如果选中此复选框，则投影使用全局性设置，反之可以自定义角度。
- 距离：在此拖动滑动条上的滑块或输入数值，可以定义投影的投射距离，数值越大，投影的三维空间效果越好，反之投影越贴近投射阴影的图像。
- 扩展：在此拖动滑动条上的滑块或输入数值，可以增加投影的投射强度，数值越大投影的强度越大。
- 大小：此参数控制投影的柔化程度，数值越大，投影的柔化效果越大，反之越清晰，如图12.2和图12.3所示为其他参数值不变的情况下，数值分别为5与25情况下的投影效果。

图12.2

图12.3

- 等高线：使用等高线可以定义图层样式效果的外观，其原理类似于“图像”|“调整”|“曲线”命令对图像的调整。

除了应用Photoshop内置的等高线效果外，也可以自定义等高线。直接单击等高线缩览图，即可进入如图12.4所示的“等高线编辑器”对话框。

创建自定义等高线的方法与在“曲线”对话框操作曲线的方法相同，故在此不再重述，如果需要，可以自行参考相关章节。

- 消除锯齿：选中此复选框，可以使应用等高线后的阴影更加细腻。
- 杂色：设置此参数，可以为阴影增加杂色。
- 设置为默认值、复位为默认值：在Photoshop CS5中，“图层样式”对话框中增加了“设置

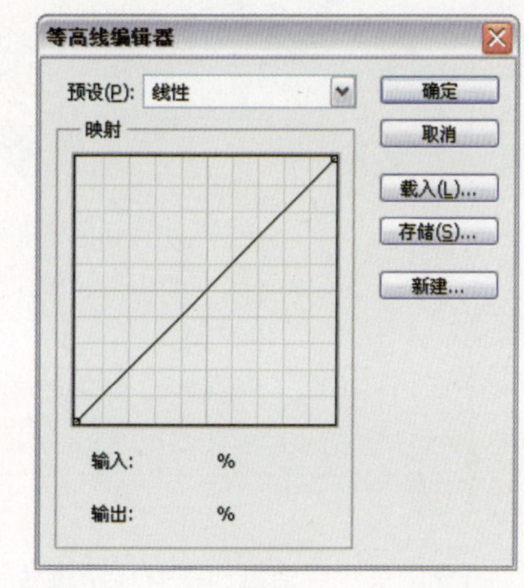

图12.4

为默认值”和“复位为默认值”两个按钮，前者可以将当前的参数保存成为默认的数值，以便后面应用，而后者则可以复位到系统或之前保存过的默认参数。

12.1.2 “投影”图层样式

在“图层”面板底部单击“添加图层样式”按钮 fx，在弹出的菜单中选择“投影”命令，通过设置弹出的对话框，可得到投影效果，图12.5所示为选择“投影”命令前后的效果对比。

图12.5

12.1.3 “内阴影”图层样式

使用“内阴影”图层样式，可以为非背景图层添加位于图层不透明像素边缘内的投影效果，使图层呈凹陷的外观效果。如图12.6所示是为背景中的数字3增加了向内凹陷的效果。

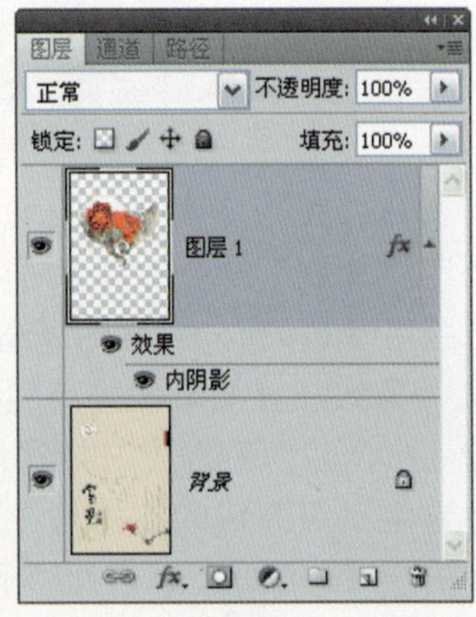

图12.6

该样式对话框与“投影”样式对话框中的参数完全相同，故不再赘述。

此图层样式常被用于制作凹陷效果，通常不会与“投影”图层样式同时使用。

12.1.4 “外发光”图层样式

在“图层”面板底部单击“添加图层样式”按钮 fx.，在弹出的菜单中选择“外发光”命令，通过设置弹出的对话框，可得到外发光的效果，图12.7所示为选择“外发光”命令前后的效果对比。

图12.7

12.1.5 “内发光”图层样式

在“图层”面板底部单击“添加图层样式”按钮 fx.，在弹出的菜单中选择“内发光”命令，通过设置弹出的对话框，可得到内发光的效果，图12.8所示为选择“内发光”命令前后的效果对比。

图12.8

12.1.6 “斜面和浮雕”图层样式

使用“斜面和浮雕”图层样式，可以创建具有斜面或浮雕效果的图像，其对话框如图12.9所示。

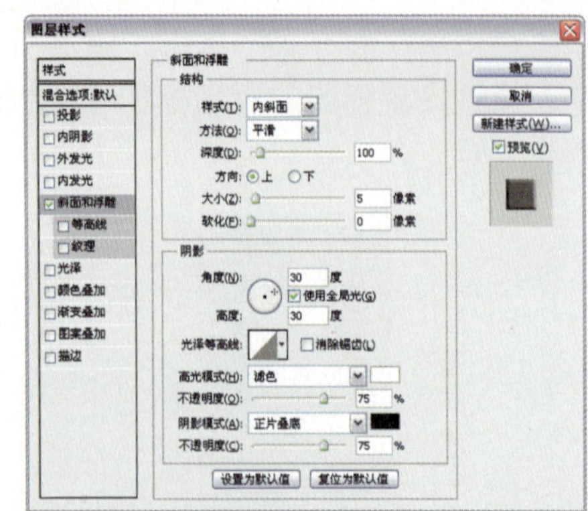

图12.9

- 样式：选择此下拉列表中的选项可以设置各种不同的效果，其中包含了“外斜面”、“内斜面”、“浮雕效果”、“枕状浮雕”和“描边浮雕”5种效果，如图12.10所示。其中在此基础上也可设置“平滑”、“雕刻清晰”和“雕刻柔和”3种效果，其效果如图12.11所示。

外斜面

内斜面

浮雕效果

枕状浮雕

描边浮雕

图12.10

平滑

雕刻清晰

雕刻柔和

图12.11

TIP

很多读者在学习“描边浮雕”命令时都会遇到这样一个问题，即在选择此选项的情况下，无论在对话框中设置什么样的参数，图像都不会发生变化。这是由于在选择此选项时，必须配合“描边”图层样式一起设置参数，才可以让“斜面和浮雕”图层样式中的参数起作用，进而得到不同的浮雕效果。

- 深度：此参数值控制斜面和浮雕效果的深度，数值越大效果越明显。
- 方向：在此可以选择斜面和浮雕效果的视觉方向。选择“上”单选按钮，在视觉上斜面和浮雕效果呈现凸起效果；选择“下”单选按钮，则在视觉上斜面和浮雕效果呈现凹陷效果。
- 软化：此参数控制斜面和浮雕效果亮部区域与暗部区域的柔和程度，数值越大则亮部区域与暗部区域越柔和。
- 高光模式、阴影模式：在这两个下拉列表中，可以为形成斜面或浮雕效果的高光与暗调部分选择不同的混合模式，从而得到不同的效果。如果单击右侧的色块，还可以在弹出的拾色器中为高光或阴影部分选择不同的颜色，因为在某些情况下，高光部分并非完全为白色，可能会呈现某种色调，同样暗调部分也并非完全为黑色。

TIP

相对而言，此图层样式是最常用的图层样式，被广泛应用于创建三维突起的效果，每一个选项都值得各位读者深入研究与尝试。

12.1.7 “光泽”图层样式

使用“光泽”图层样式，可以在图层内部根据图层的形状应用阴影，通常用于创建光滑的磨光及金属效果，图12.12所示为“光泽”对话框。通过设置弹出的对话框，可得到光泽效果，图12.13为选择“光泽”命令前后的效果对比。

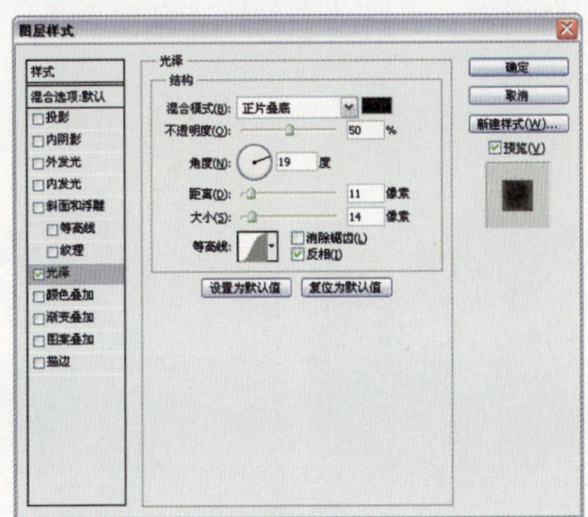

图12.12

图12.13

12.1.8 “颜色叠加”图层样式

选择“颜色叠加”图层样式，可以为图层中的图像叠加某种颜色，选择该命令后，弹出的对话框如图12.14所示。在此对话框中只需要选择一种叠加颜色，并选择所要的混合模式及不透明度。图12.15为使用“颜色叠加”样式的前后效果对比。

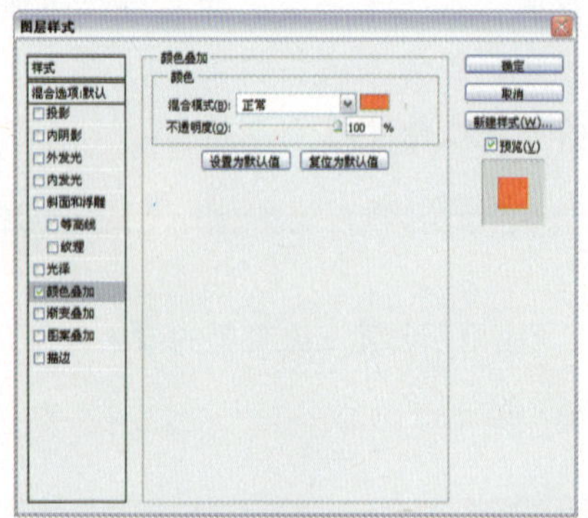

图12.14

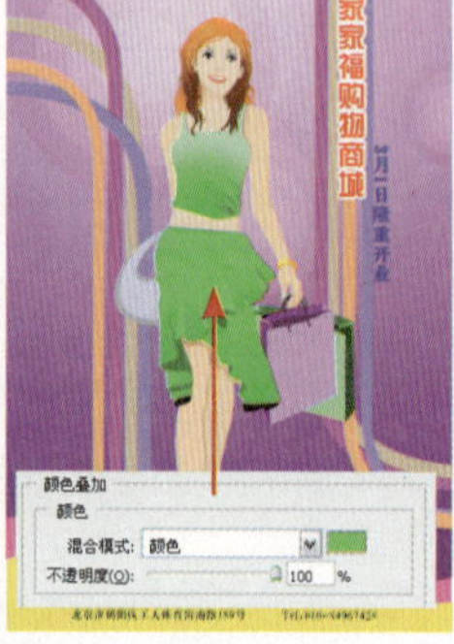

图12.15

12.1.9 “渐变叠加”图层样式

在“图层”面板底部单击“添加图层样式”按钮 fx，在弹出的菜单中选择“渐变叠加”命令，通过设置弹出的对话框，可以为图像添加渐变效果，图12.16所示为选择“渐变叠加”命令的前后效果对比。

图12.16

12.1.10 “图案叠加”图层样式

使用“图案叠加”图层样式，可以在图层上叠加图案，其对话框及操作方法与“颜色叠加”样式相似，如图12.17所示即为“图案叠加”图层样式对话框及原图像。

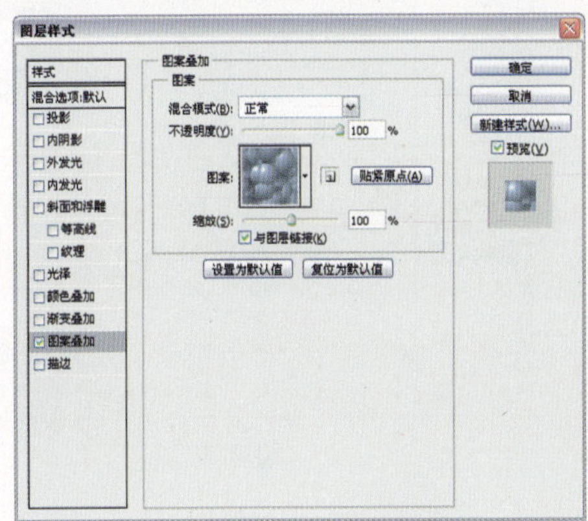

图12.17

如图12.18、图12.19所示为在“图案”下拉列表中选择不同的图案时得到的不同效果。

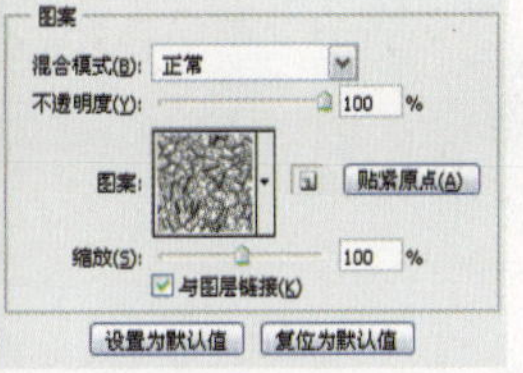

图12.18

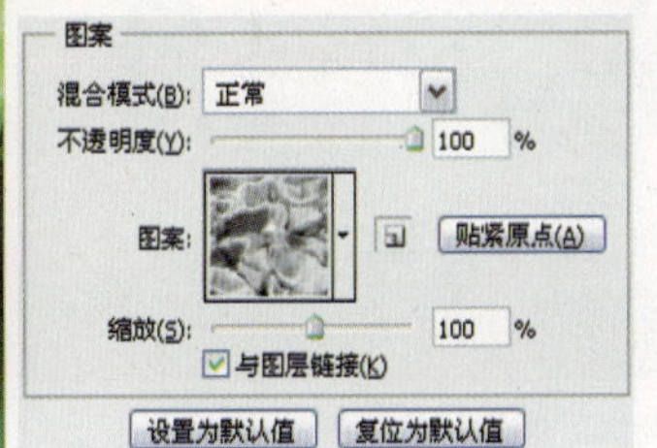

图12.19

12.1.11 “描边”图层样式

使用“描边”图层样式可以用颜色、渐变或图案3种方式为当前图层中的图像勾画轮廓，其对话框如图12.20所示。

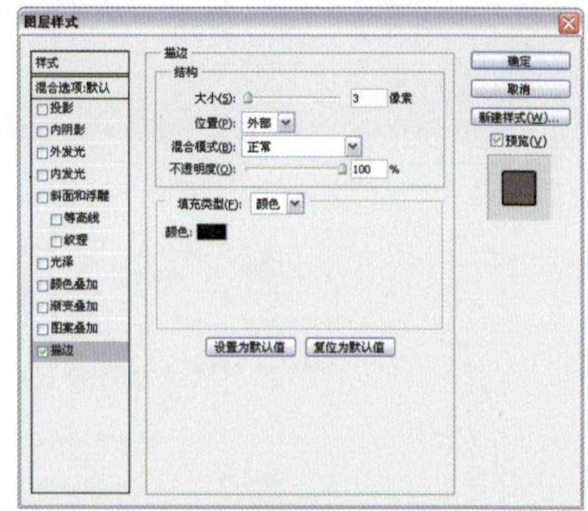

图12.20

- 大小：此参数用于控制描边的宽度，数值越大则生成的描边宽度越大。
- 位置：在此下拉列表中，可以选择“外部”、“内部”和“居中”3种位置。选择“外部”选项，描边效果完全处于图像的外部；选择“内部”选项，描边效果完全处于图像的内部；选择“居中”选项，描边效果一半处于图像的外部，一半处于图像的内部。
- 填充类型：在此下拉列表中，可以设置描边类型，其中有“颜色”、“渐变”和“图案”3个选项。如图12.21所示为原图像和分别选择“颜色”、“渐变”及“图案”选项后得到的描边效果。

原图像

选择“颜色”选项后的描边效果

选择“渐变”选项后的描边效果

选择“图案”选项后的描边效果

图12.21

虽然使用上述任何一种图层样式都可以获得非常确定的效果，但在实际应用中通常同时使用多种图层样式。

许多图层样式都是我们平时会经常用到的，使用这些图层样式不仅可以给图像添加丰富的效果，还可以随时对其参数进行调整。另外，灵活地使用图层样式还可以完成许多其他操作。如使用“投影”和“描边”图层样式都可以为图像添加边框效果，使用“投影”图层样式还可以创建出外发光效果，在此基础上再次应用“外发光”图层样式则可能得到更加丰富的效果。

TIP

许多初学者由于不了解各种图层样式的特性，因此不能熟练地通过为图层添加图层样式得到令人满意的效果。笔者在此推荐一种学习方法，读者可以从光盘中调出若干种精美的图层样式，并分析每一种图层样式效果是由哪几种图层样式组成的，通过分析掌握如何更好地运用图层样式。

Chapter 12 图层样式与智能对象图层

12.2 图层样式基本操作

为图层添加图层样式后，其显示在“图层”面板当前操作图层下方，可以对这些图层样式进行显示、隐藏、复制、缩放等操作。

12.2.1 显示或屏蔽图层样式

图层样式是在图层对象之上的效果，与图层保持独立的显示状态。通过屏蔽图层样式，可以暂时隐藏应用于图层的样式效果。此类操作分为屏蔽某一个图层样式及屏蔽所有图层样式两种。

要屏蔽某一个图层样式，可以在“图层”面板中单击其左侧的按钮，以将其隐藏，如图12.22所示。也可以按住Alt键单击“添加图层样式”按钮 fx.，在弹出的菜单中选择隐藏图层样式的命令。

要屏蔽某一个图层的所有图层样式，可以单击“图层”面板中该图层下方“效果”左侧的按钮，如图12.23所示。

图12.22

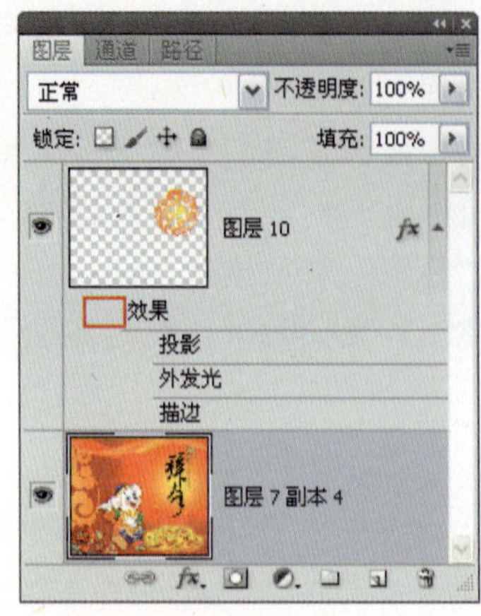

图12.23

某些情况下，可以通过频繁地屏蔽、显示某一种图层样式，来查看这种图层样式是否在整个效果中起到了应有的作用，从而判断是否应该使用这种图层样式。

12.2.2 复制与粘贴图层样式

如果两个图层需要设置相同的图层样式，可以通过复制与粘贴图层样式操作，来减少重复性操作。复制图层样式的操作步骤如下。

1 在“图层”面板中，选择包含要复制图层样式的图层。

2 选择“图层”|“图层样式”|“拷贝图层样式”命令，或在图层上右击，在弹出的快捷菜单中选择“拷贝图层样式”命令。

3 在“图层”面板中选择需要粘贴图层样式的目标图层。

4 选择“图层”|“图层样式”|“粘贴图层样式”命令，或在图层上右击，在弹出的快捷菜单中选择“粘贴图层样式”命令。

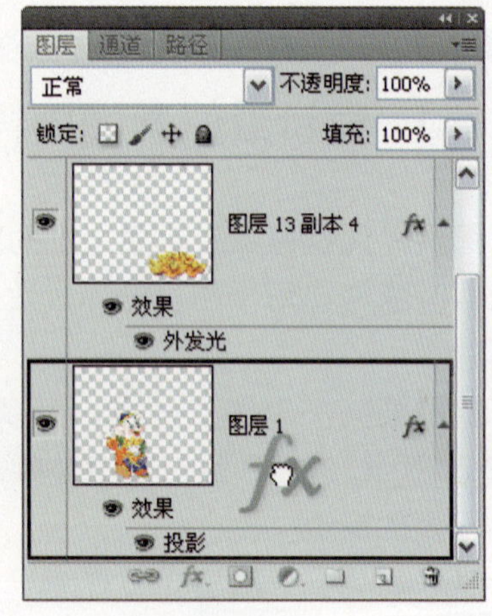

图12.24

除了使用上述方法外，按住Alt键将图层效果直接拖至目标图层中，如图12.24所示，也可以起到复制图层样式的效果。

事实上，在多数情况下，用户并不需要复制图层的所有图层样式。初学者往往是在复制了所有的图层样式后，再打开“图层样式”对话框，将不需要的样式去掉。更简单的方法是在图层样式列表中选择希望复制的任意一种图层样式，按住Alt键的同时拖动到目标图层上，即可完成图层样式的复制。注意一定要按住Alt键，否则完成的将是图层样式的移动操作。一次只能复制一种图层样式，并不能一次性完成几种图层样式的复制。

按住Alt键复制样式的操作虽然方便，但需要注意的是，如果在复制图层样式时，需要将该图层的不透明度、填充不透明度及混合模式属性都复制到目标图层中，那么利用此操作就无法达到目的。此时可以选择原图层，然后选择“图层”|“图层样式”|“拷贝图层样式”命令，再切换至目标图层上，选择“图层”|“图层样式”|“粘贴图层样式”命令即可。

12.2.3 缩放图层样式

选择“图层”|“图层样式”|“缩放效果”命令，可弹出如图12.25所示的“缩放图层效果”对话框，在“缩放”文本框中输入数值，可设置图层样式缩放的比例。

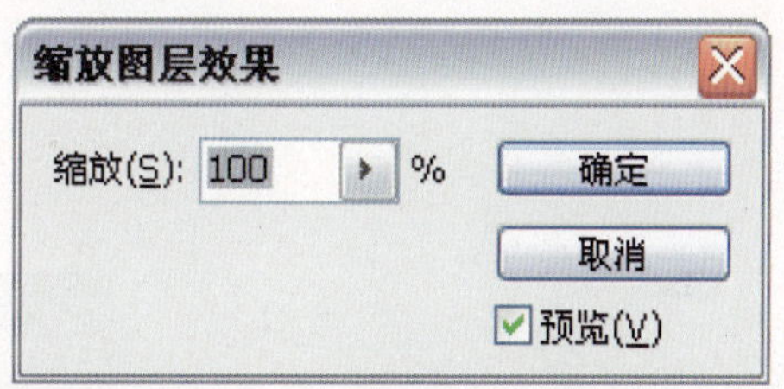

图12.25

在操作过程中可以选中“预览”复选框，在调节参数的同时观看图像的预览效果，满意后单击“确定”按钮退出对话框即可。

如图12.26所示为直接为图像应用某个样式后的效果，如图12.27所示为使用“缩放效果”命令对样式进行缩放后的效果。

图12.26

图12.27

TIP

在光盘中附赠了大量图层样式，各位读者也可以在网络上获得不错的图层样式。这些图层样式在应用后，可能无法得到令人满意的效果，但这并不是图层样式的问题，因为在制作图层样式效果时，不同图像大小将影响图层样式中应用的参数数值。

TIP

当图像大小不同时，应用图层样式就将发生效果变异。解决的方法是缩放图层样式，这样能够比较容易地使图层样式符合当前操作的图像尺寸，从而得到令人满意的效果。

12.2.4 将图层样式转换为普通图层

使用各图层样式命令，可以得到各图层效果样式，但除使用对话框中的各参数外，用户无法对各图层样式效果做更细致的控制。将图层样式转换为图层，可以对各图层样式效果做细致的控制，从而通过绘制、编辑应用滤镜来自定义或调整图层的外观。

选择需要调整的图层，选择“图层”|“图层样式”|“创建图层”命令即可。若某些效果无法转换成图层，选择该命令后，会弹出如图12.28所示的提示对话框。

如图12.29所示为转换前的“图层”面板，如图12.30所示为转换后的“图层”面板。

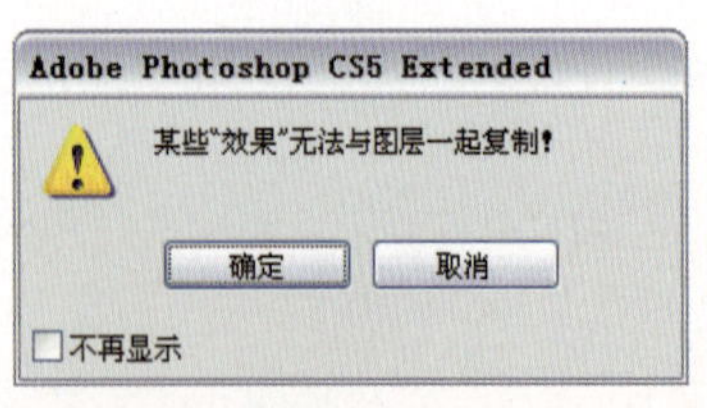

图12.28

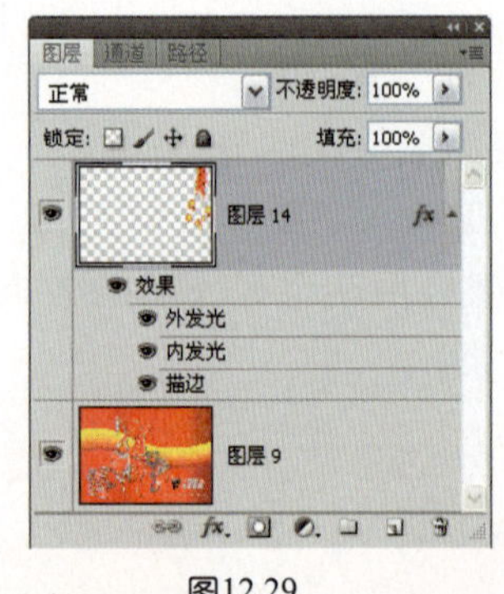

图12.29

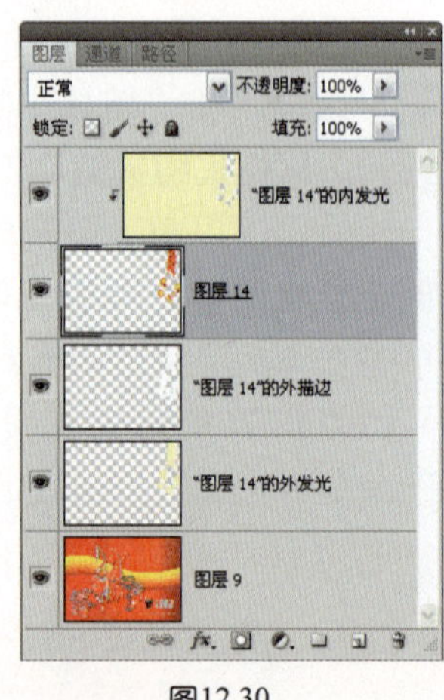

图12.30

观察转换后的“图层”面板可以看出，凡是应用于操作图层的图层样式均被转换为具有相应名称的图层。

许多初学者可能会觉得将图层样式转换为图层这项功能并不实用，而且还将本来可以最小化显示的图层样式全部展开成了剪贴蒙版状态，使“图层”面板显得十分复杂，事实上该功能是十分有意义的。将图层样式转换为图层，不仅可以随时对它的参数进行修改，还可以对样式图层添加图层蒙版，在对图层蒙版进行编辑的同时完成对图层样式更为精细的控制和调整。

12.2.5 删除图层样式

删除图层样式可以减小文件大小，具体操作方法如下。

- 在“图层”面板中将其选中，拖至“删除图层”按钮 上，如图12.31所示，即可删除此图层样式。
- 要删除某个图层上的所有图层样式，可以在“图层”面板中选择该图层，并选择“图层”|“图层样式”|“清除图层样式”命令。也可以在“图层”面板中选择图层下方的“效果”，将其拖至“删除图层”按钮 上，如图12.32所示。

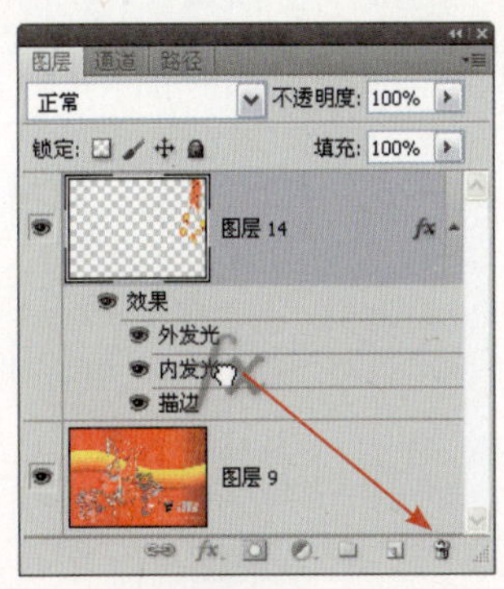

图12.31

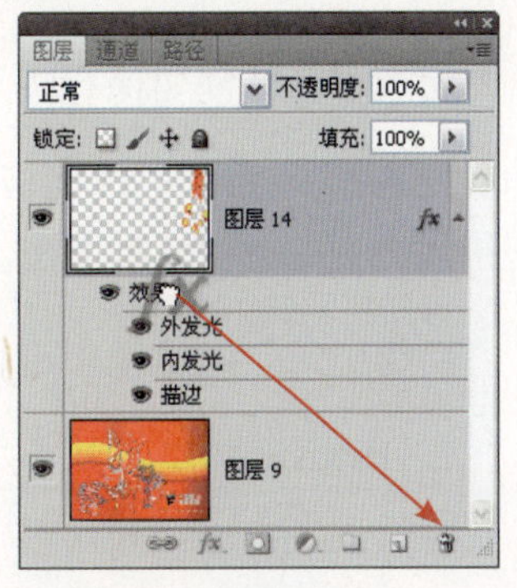

图12.32

12.3 了解“样式”面板

与图层样式命令紧密结合使用的是“样式”面板。使用该面板可以快速地为图层赋予一种或多种图层样式，并可保存精心设置的图层样式，以便于在以后的工作中重复使用。

选择“窗口”|“样式”命令，即可显示如图12.33所示的“样式”面板。

图12.33

12.3.1 自定义新图层样式

为了创建与众不同的效果，用户可以自定义图层样式，并将其保存到“样式”面板中以便于今后使用。将某种图层样式保存到“样式”面板中的操作步骤如下。

1 在“图层”面板中选择需要保存图层样式的图层。

2 显示“样式”面板，并单击该面板底部的“新建样式”按钮，或将光标放于面板空白处，待光标变为状态时单击。

3 在弹出的“新建样式”对话框中进行参数设置，如图12.34所示。

图12.34

“新建样式”对话框中各参数的含义如下。

- 包含图层效果：选择该复选框后，新样式会记录当前图层中所有的图层样式及其参数。
- 包含图层混合选项：选择该复选框后，新样式会将图层的高级混合参数也记录下来，如填充值、图层混合模式等。

要为某图层应用某个自定义的样式，只需要在此图层被选中的情况下，在“样式”面板中单击需要应用的样式即可。

通过自定义样式操作，可以为自己创建一个常用样式库，以便于在以后的工作中经常使用，即使到了一个新的工作场所，也能够通过调用常用样式库，快速创作出优秀的作品。

12.3.2 载入图层样式

Photoshop提供了多种图层样式，要载入这些图层样式，可以执行以下操作中的任意一种。

- 如果要载入Photoshop内置的样式，可以单击面板右上方的面板按钮，在弹出的如图12.35所示的菜单中选择需要载入的样式名称，在接下来弹出的提示对话框中单击“追加”按钮即可。
- 如果要载入外部图层样式，可以单击“样式”面板右上方的面板按钮，在弹出的菜单中选择“载入样式”命令，并在弹出的“载入”对话框中选择需要载入的样式，单击“载入”按钮即可。

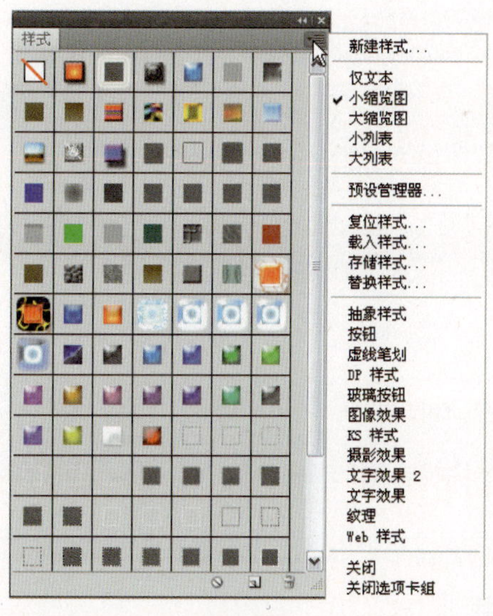

图12.35

12.3.3 重命名图层样式

要在“样式”面板中重命名样式，可以执行以下操作中的任意一种。

- 在需要重命名的样式图标上右击，在弹出的快捷菜单中选择“重命名”命令，然后在弹出的对话框中输入新样式的名称，单击“确定”按钮即可。
- 双击当前需要重命名的样式图标，在弹出的对话框中输入新样式的名称，单击“确定”按钮即可。需要注意的是，如果当前选择了一个可添加图层样式的图层，在双击的同时，该样式会被应用于所选图层。

12.3.4 删除样式

要在“样式”面板中删除图层样式，可以执行以下操作中的任意一种。

- 在需要删除的样式图标上右击，在弹出的快捷菜单中选择“删除样式”命令即可。
- 将需要删除的样式直接拖至“删除样式”按钮上即可，如图12.36所示。

图12.36

12.4 智能对象图层

12.4.1 理解智能对象

读者可以将智能对象理解为一个封装了位图或矢量信息的容器。简单地说，用户能够以智能对象的形式将一个位图文件或矢量文件嵌入到当前工作的Photoshop文件中。

从嵌入这个概念上说，可以将以智能对象形式嵌入到Photoshop文件中的位图或矢量文件理解为当前Photoshop文件的子文件，而Photoshop文件则是其父文件。

以智能对象形式嵌入到Photoshop文件中的位图或矢量文件，与当前工作的Photoshop文件能够保持相对的独立性，当修改当前工作的Photoshop文件或对智能对象执行缩放、旋转、变形等操作时，不会影响到嵌入的位图或矢量文件的源文件。

实际上，当在改变智能对象时，只是在改变嵌入的位图或矢量文件的合成图像，并没有真正改变嵌入的位图或矢量文件。

在Photoshop中智能对象表现为一个图层，类似于文字图层、调整图层或填充图层，如图12.37所示，在图层的缩览图右下方有明显的标志。

下面通过一个具体的实例来认识智能对象。如图12.38所示为使用了智能对象的图像，如图12.39所示为此图像的“图层”面板，在此智能对象即为“图层1”。

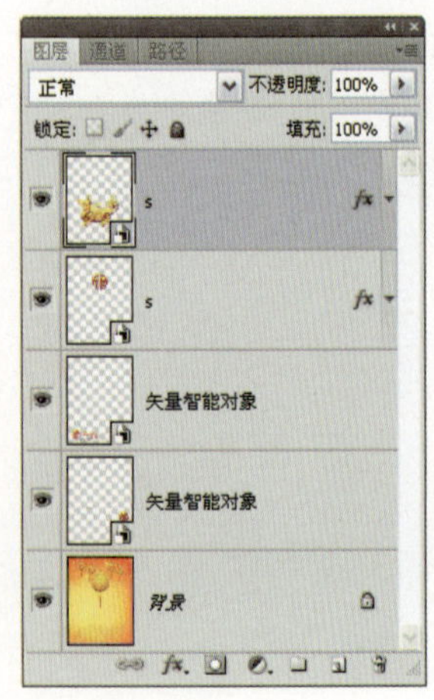

图12.37

图12.38

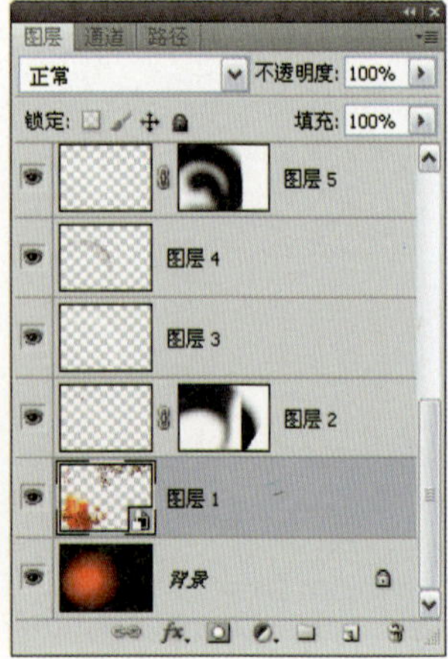

图12.39

双击“图层1”，则Photoshop将打开一个新文件，此文件就是嵌入到智能对象“图层1”中的子文件，可以看出该智能对象由4个图层构成，“图层”面板如图12.40所示，其效果如图12.41所示。

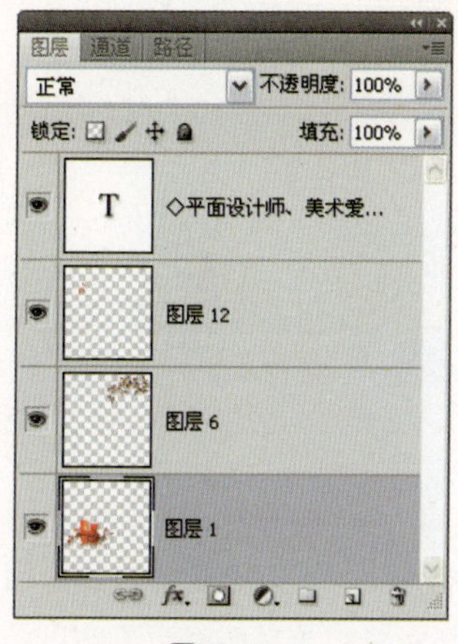

图12.40

图12.41

12.4.2 智能对象优点

智能对象的优点如下。

- 当正在编辑一个较复杂的Photoshop文件时，可以将若干个图层保存为智能对象，从而降低Photoshop文件中图层的复杂程度，使用户更便于管理、操作Photoshop文件。
- 如果在Photoshop中对图像进行频繁缩放，会引起图像信息的损失，最终导致图像变得越来越模糊；但如果将一个智能对象进行频繁缩放，则不会使图像变得模糊，因为并没有改变外部子文件的图像信息。所以可以将那些可能要进行频繁缩放操作的图层转换成为智能对象图层，以避免缩放后发生的图像质量损失。
- 由于Photoshop不能处理矢量文件，因此所有置入到Photoshop中的矢量文件会被位图化。避免这个问题的方法就是以智能对象的形式置入矢量文件，从而既能够在Photoshop文件中使用矢量文件的效果，又保持了外部的矢量文件在发生改变时，Photoshop的效果能够发生相应的变化。
- 在Photoshop CS5中，可以在智能对象图层中使用智能滤镜功能，从而获得对滤镜效果的可逆性编辑。如果在普通图层上使用“滤镜”|“转换为智能滤镜”命令，会弹出相应的提示对话框。

在12.4.1小节所展示的文件中，为智能对象中的某一个图层添加图层样式后得到如图12.42所示的效果。保存并关闭此智能对象文件后，原图像将做相应的改变，如图12.43所示为改变前后的对比效果。

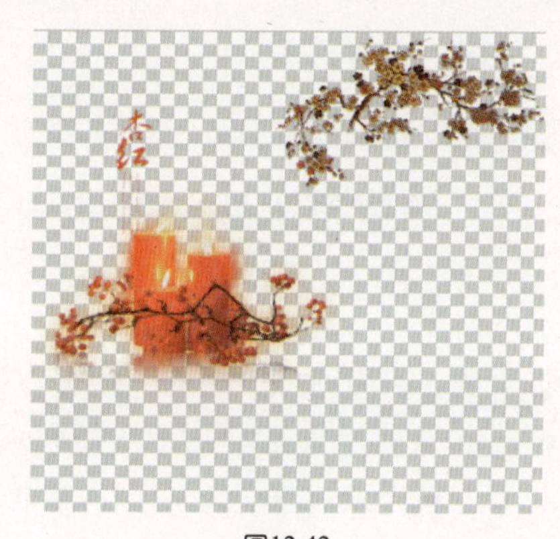

图12.42

图12.43

TIP

由于以智能对象形式嵌入到Photoshop中的子文件并不是以链接形式嵌入的，因此删除该子文件后，不会影响到Photoshop文件中的智能对象，修改外部的子文件时也不会影响到嵌入的智能对象。

12.4.3 创建智能对象方法

可以通过以下方法创建智能对象。

- 使用“置入”命令为当前工作的Photoshop文件置入一个矢量文件或位图文件，甚至是另外一个有多个图层的Photoshop文件。
- 选择一个或多个图层后，在“图层”面板中选择“转换为智能对象”命令或选择“图层”|“智能对象”|“转换为智能对象”命令。
- 在Illustrator软件中复制矢量对象，然后在Photoshop中粘贴对象，在弹出的对话框中选择“智能对象”选项，单击“确定”按钮退出对话框即可。
- 使用“文件”|“打开为智能对象” 命令将一个符合要求的文件直接打开成为一个智能对象。
- 在Photoshop CS5中，从外部直接拖入到当前图像的窗口内，即可将其以智能对象的形式置入到当前图像中。

12.4.4 创建多级嵌套智能对象

智能对象支持多级嵌套，即一个智能对象中可以包含另一个智能对象。要创建多级嵌套的智能对象，可以按照下面的方法进行操作。

- 选择智能对象图层及另外一个或多个图层，在“图层”面板中选择“转换为智能对象”命令或选择“图层”|“智能对象”|“转换为智能对象”命令。
- 选择智能对象图层及另一个智能对象图层，按上述的方法进行操作。

12.4.5 复制智能对象

用户可以在Photoshop文件中对智能对象进行复制，以创建一个新的智能对象图层，新的智能对象与原智能对象可以是一种链接关系，也可以是一种非链接关系。

如果两者保持一种链接关系，则无论修改两个智能对象中的哪一个，都会影响到另一个智能对象；反之两者处于非链接关系时，两者之间没有相互影响的关系。

- 如果希望新的智能对象与原智能对象处于一种链接关系，可执行下面的操作。

1 选择智能对象图层。

2 选择“图层”|“新建”|“通过拷贝的图层”命令，也可以直接将智能对象拖至“图层”面板中的“创建新图层”按钮上。

- 如果希望新的智能对象与原智能对象处于一种非链接关系，可执行下面的操作。

1 选择智能对象图层。

2 选择“图层”|“智能对象”|“通过拷贝新建智能对象”命令。

12.4.6 对智能对象进行操作

受到许多方面的限制，用户能够对智能对象进行的操作是有限的，可以对智能对象进行以下操作。

- 对其进行缩放、旋转、变形等操作。
- 可以改变智能对象的混合模式、不透明度数值，还可以为其添加图层样式。
- 不可以直接对智能对象使用除“阴影/高光”、“HDR色调”以及“变化”外的其他颜色调整命令，但可以通过为其添加一个专用调整图层的方法来迂回解决问题。

12.4.7 编辑智能对象的源文件

如前所述，智能对象的优点是用户能够在外部编辑智能对象的源文件，并使所有改变反映在当前工作的Photoshop文件中。编辑智能对象源文件的操作步骤如下。

1 在“图层”面板中选择智能对象图层。

2 直接双击智能对象图层，或选择“图层”|“智能对象”|“编辑内容”命令，也可直接在“图层”面板菜单中选择“编辑内容”命令，此时弹出如图12.44所示的提示对话框，以提示操作者。

3 直接单击“确定”按钮，进入智能对象的源文件中。

4 在源文件中进行修改操作，然后选择“文件”|“存储”命令，并关闭此文件。

5 执行上面的操作后，则修改后源文件的变化会反应在智能对象中。

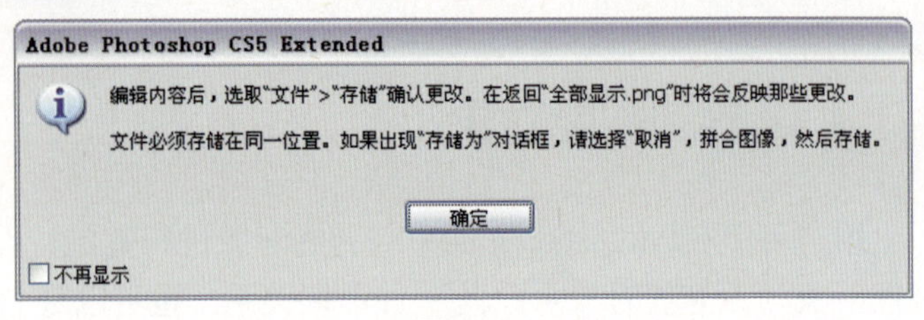

图12.44

如果希望取消对智能对象的修改，可以按Ctrl+Z键。此操作不仅能够取消在当前Photoshop文件中对智能对象的修改效果，而且还能使被修改的源文件也退回至未修改前的状态。

12.4.8 导出智能对象内容

通过导出智能对象操作，可得到一个包含所有嵌入到智能对象中位图或矢量信息的文件。导出智能对象的步骤操作如下。

1 选择智能对象图层。

2 选择“图层”|“智能对象”|“导出内容”命令。

3 在弹出的“存储”对话框中，为文件选择保存位置并对其进行命名。

12.4.9 替换智能对象

用户可以用一个智能对象替换Photoshop文件中的另一个智能对象。其操作步骤如下。

1 选择智能对象图层。

2 选择“图层”|“智能对象”|“替换内容”命令。

3 在弹出的对话框中选择用于替换当前选择的智能对象的文件。

如果在替换之前对智能对象进行缩放、旋转等变换操作，则执行替换操作后，新的智能对象仍然能够保持原变换属性。

12.4.10 栅格化智能对象

由于智能对象具有许多编辑限制，因此如果希望对智能对象进行进一步操作时，若使用滤镜命令对其进行操作，则必须要将其栅格化，即转换成为普通的图层。

选择智能对象图层后，选择“图层”|“智能对象”|“栅格化”命令，即可将智能对象转换成为普通图层。另外，也可以直接在智能对象图层的名称上右击，在弹出的快捷菜单中选择“栅格化图层”命令。

Chapter 13

通道

通道是Photoshop的核心功能之一。简单地说，它是用于装载选区的一个载体。同时，在这个载体中还可以像编辑图像一样编辑选区，从而得到更多的选区状态，并最终制作出更为丰富的图像效果。除了通道，本章还将以Alpha通道为重点，对其编辑、调用、保存等操作进行详细讲解。

Chapter 13 通道

13.1 了解通道

在Photoshop中，通道可以分为原色通道、Alpha通道和专色通道三类，虽然都显示在“通道”面板中，但每一类通道都有其不同的功能与操作方法。

13.1.1 原色通道

原色通道，简单来说是保存图像颜色信息的场所。

对于CMYK颜色模式的图像，具有5个原色通道。其中，图像的青色像素分布的信息保存在青色原色通道中，因此当改变青色原色通道时，就可以改变青色像素分布的情况。同样图像的黄色像素分布的信息保存在黄色原色通道中，因此当改变黄色原色通道时，就可以改变黄色像素分布的情况。其他两个构成图像的原色洋红与黑色像素分别被保存在黄色原色通道及黑色原色通道中，最终看到的就是由这4个原色通道所保存的颜色信息所对应的颜色组合叠加而成的合成效果。因此当打开一幅CMYK颜色模式的图像并显示“通道”面板时，就可以看到有4个原色通道与一个原色合成通道显示于“通道”面板中，如图13.1所示。

而对于RGB颜色模式图像，则有4个原色通道，即红色通道（R）、绿色通道（G）、蓝色通道（B）和一个原色合成通道RGB，如图13.2所示。

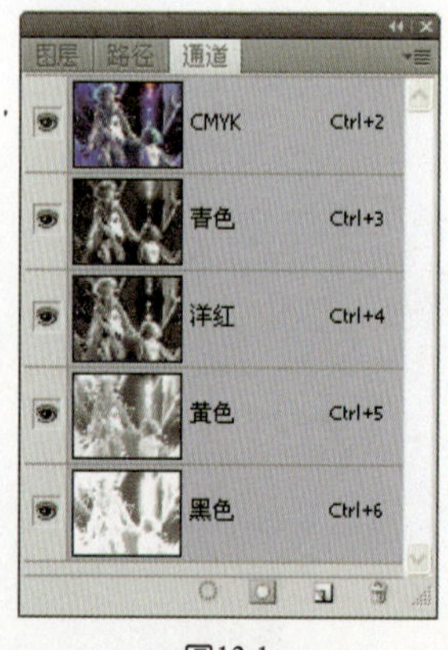

图13.1

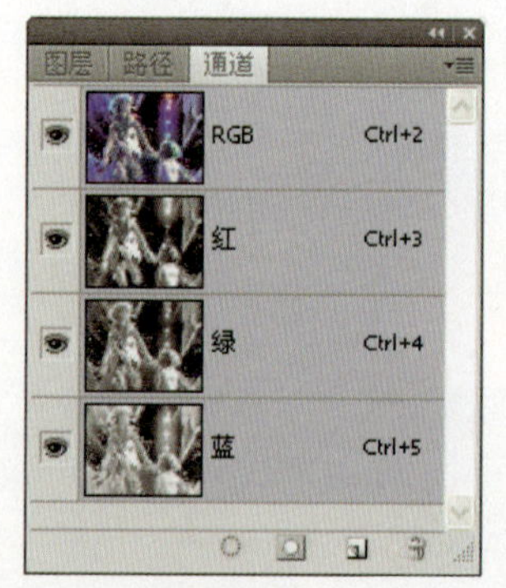

图13.2

图像所具有的原色通道数目取决于图像的颜色模式，位图模式和灰度模式的图像有1个原色通道；RGB颜色模式的图像有4个原色通道；CMYK颜色模式的图像有5个原色通道；Lab颜色模式的图像有3个原色通道；HSB颜色模式的图像有4个原色通道。

为了更好地理解原色通道的作用，读者可以分别在不同的原色通道中填充白色、黑色或灰色，并观察填充后最终图像的变化效果。

13.1.2 Alpha通道

Alpha通道与颜色信息无关，仅用于存放选区信息，其中包括选区的位置、大小、是否具有羽化值或其值的大小等属性，如图13.3左图所示为Alpha通道为保存右图的选区信息得到的效果。

图13.3

Alpha通道是初学者的重点学习内容，也是本章的重点讲述内容。

13.1.3 专色通道

专色通道与“专色”的概念不可分离，专色是指在印刷时使用的一种预制的油墨。使用专色的好处在于，可以获得通过使用CMYK四色油墨无法合成的颜色效果，如金色与银色，此外可以降低印刷成本。

而专色通道可以在分色时输出5块、6块，甚至更多的色片，用于定义需要使用专色印刷或处理的图像局部。

在制作特殊印刷工艺如UV、局部模切时，可以通过专色通道来生成应用特殊工艺的色版，在通道中将要应用特殊工艺的地方设置为白色，其他位置设置为黑色。

13.2 通道的常用操作

在对通道有了一个大致的认识后，下面将开始讲解与通道相关的操作，例如新建、复制、删除通道等。

显示“通道”面板

如前所述，在Photoshop中可以将通道分为4种，即合成通道、原色通道、专色通道与Alpha通道，这些通道都显示于“通道”面板中，如图13.4所示。

使用“通道”面板可以方便地管理通道，选择“窗口”|“通道”命令，即可调出“通道”面板。

在“通道”面板中，显示有当前操作图像的所有通道。例如，图像为RGB模式，将显示RGB混合通道与红、绿、蓝3个原色通道；图像为CMYK模式，则显示CMYK混合通道与青色、洋红、黄色、黑色4个原色通道。

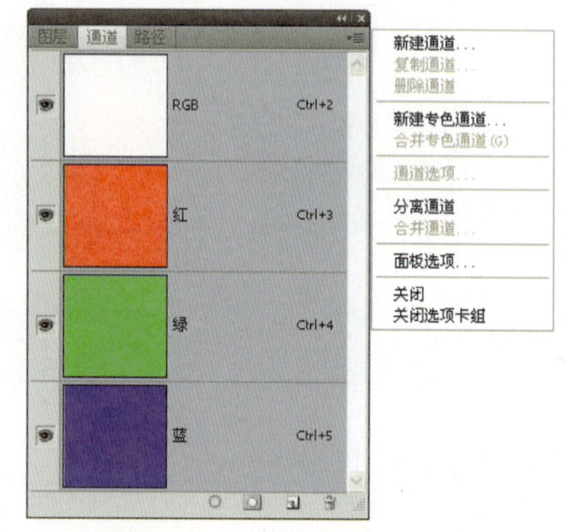

图13.4

由于当前图像是一个RGB模式的图像且具有一个Alpha通道，所以在如图13.4所示的“通道”面板中显示红、绿、蓝3个原色通道及一个Alpha通道。

此面板底部4个按钮的功用如下。

- “将通道作为选区载入”按钮：单击此按钮，可以打开当前选择的通道所保存的选区。
- “将选区存储为通道”按钮：单击此按钮，可以将当前存在的选区保存为一个Alpha通道。
- “创建新通道”按钮：单击此按钮，可以创建一个Alpha通道。
- “删除当前通道”按钮：单击此按钮，可以删除当前选择的通道。

观察通道

单击“通道”面板左边的眼睛图标，可以显示或隐藏通道，按照此方法可以显示2个或3个原色通道，以观察这些通道的复合效果。

例如，在RGB模式的图像中，如果要观察红色通道与蓝色通道复合后的效果，可以单击“红色”通道与“蓝色”通道左侧的眼睛图标，使两个通道处于显示状态。

选择通道

在“通道”面板中单击通道的名称或缩览图，即可选择该通道。在此情况下，“通道”面板仅显示被选择的通道。

复制通道

要复制通道，可以直接将需要复制的通道拖动至“通道”面板底部的“创建新通道”按钮上，或先选择要复制的通道后，单击“通道”面板右上角的面板按钮，在弹出的菜单中选择“复制通道”命令，设置如图13.5所示的对话框。

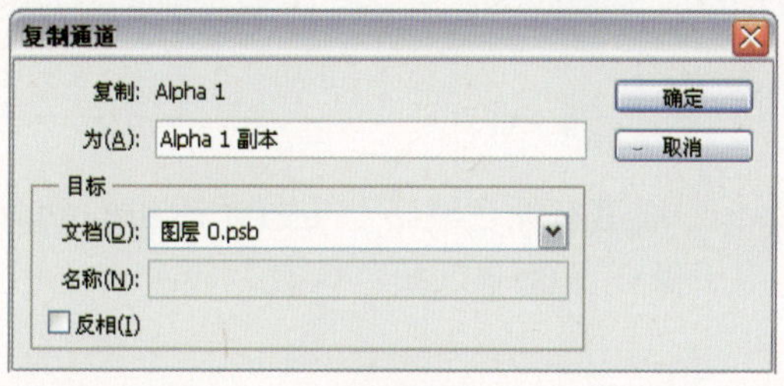

图13.5

此对话框中的重要参数释义如下。

- 为：在此文本框中可以输入按照此方法得到的“复制通道”的名称。
- 目标：在“目标”区域的“文档”下拉列表中选择当前图像的名称，可将通道复制到当前图像中。如果选择“新建”选项，则可将通道复制为一个新文件，需要在“名称”文本框中输入新文件的名称。
- 反相：选择该复选框，可以在复制时将通道反相。

删除通道

要删除无用的通道，可以在“通道”面板中选择要删除的通道，并将其拖动至面板底部的“删除当前通道”按钮上。除Alpha通道外，原色通道也可以被删除，在这种情况下，当前图像的颜色模式将自动转换为多通道模式。

用彩色显示通道

默认情况下，“通道”面板中的原色通道以灰度来显示，如果需要用此通道的原色来显示通道，从而使观察通道时更直观，可以按下述步骤操作。

1 按Ctrl+K键弹出“首选项”对话框，选择“界面”选项。

2 在该对话框中选择“用彩色显示通道”选项，并单击“确定”按钮即可。

13.3 掌握Alpha通道

通过前面的讲解，使读者对各类通道有了一定的了解。Alpha通道涉及到用户的创建方式和技巧，本节将详细讲解。

13.3.1 了解Alpha通道

如前所述，在Photoshop中通道有原色通道、专色通道和Alpha通道，其中原色通道用于保存颜色信息，专色通道用于保存图像专色颜色信息，而Alpha通道是一个特殊的通道，用于保存选择区域的信息。

在将选区保存为Alpha通道时，选区被保存为白色，而非选区被保存为黑色，如果选区具有不为0的羽化数值，则此类选区被保存为具有灰色柔和边缘的通道，选区与Alpha通道间的关系如图13.6所示。

图层中的选区

Alpha通道

图13.6

也可以在Alpha通道中利用作图的方式对其进行编辑，从而获得使用其他方法无法获得的选区，而且可以长久地保存这些选区。

13.3.2 创建Alpha通道

Alpha通道并不是在新建文件时自动出现的，而是需要手工进行创建。下面通过一个案例来讲解Alpha通道与选区的关系。

1 新建一个文件，并创建如图13.7所示的圆形选区，此时的“图层”面板如图13.8所示。

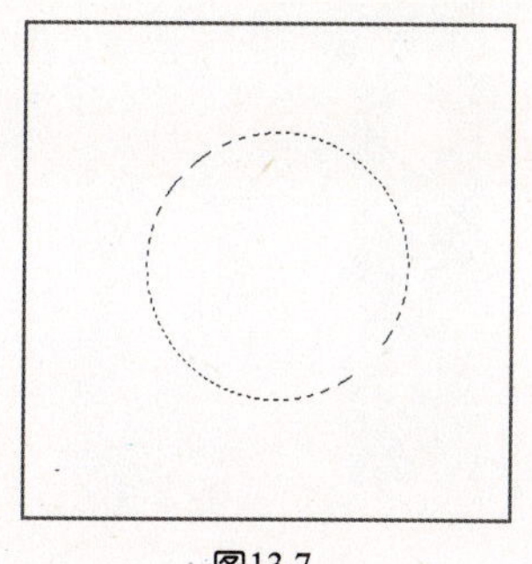

图13.7

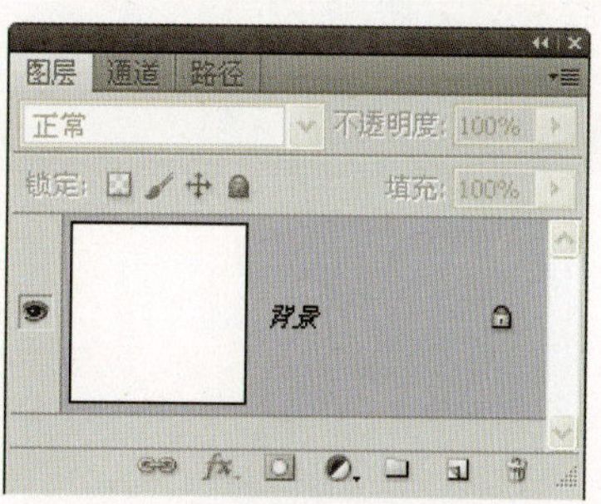

图13.8

2 选择“选择”|“存储选区”命令，设置弹出的对话框，如图13.9所示。

3 按Ctrl+D键取消选区，再创建一个如图13.10所示的牛头形选区。

图13.9

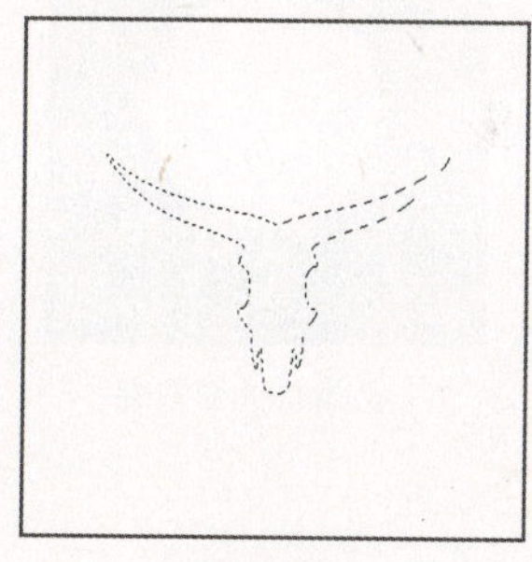

图13.10

4 选择“选择”|“存储选区”命令，设置弹出的对话框如图13.11所示。按Ctrl+D键取消选区。

5 使用“路径”和“自由变换并复制”命令，在图像的中间创建如图13.12所示的五角星形选区。

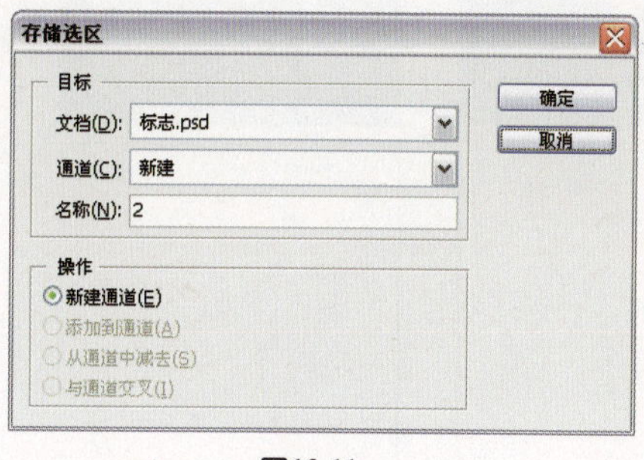

图13.11

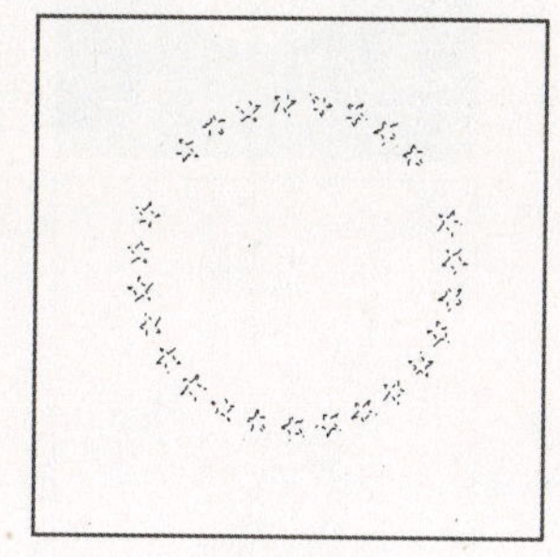

图13.12

6 选择“选择”|“存储选区”命令，设置弹出的对话框如图13.13所示。

7 切换至“通道”面板，可以发现“通道”面板中多了3个Alpha通道，如图13.14所示。

图13.13

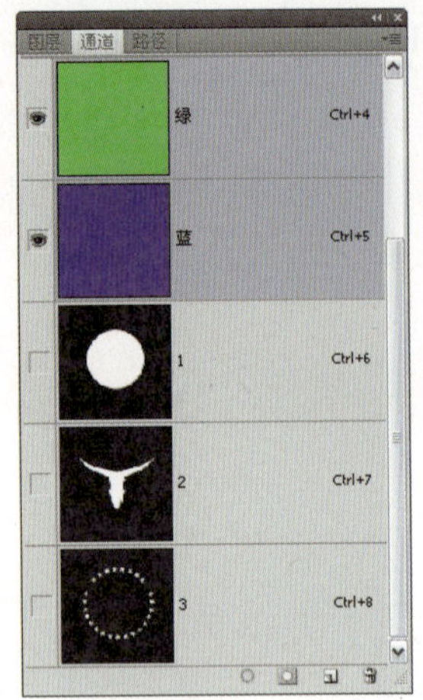

图13.14

8 分别单击各个Alpha通道以查看其状态，如图13.15所示。

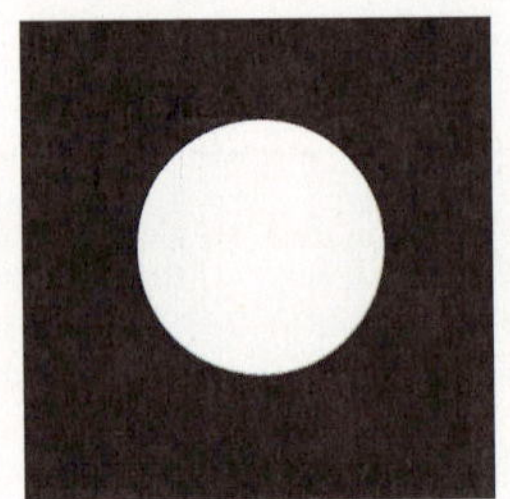
1号Alpha通道效果

2号Alpha通道效果

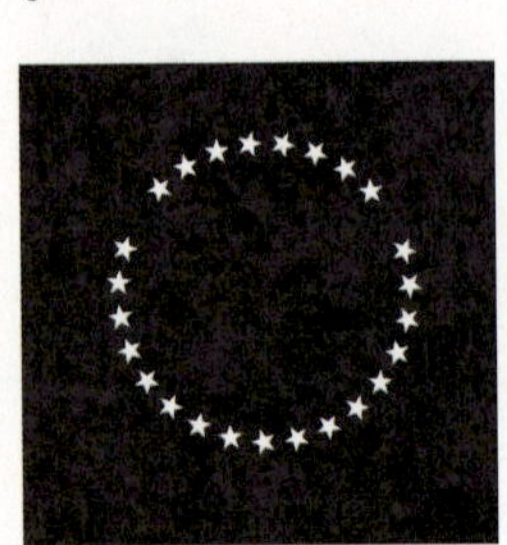
3号Alpha通道效果

图13.15

仔细观察3个Alpha通道可以看出，3个通道中白色部分对应的正是我们创建的3个选区的位置与大小，黑色则对应非选区，两者的对应关系如图13.16所示。

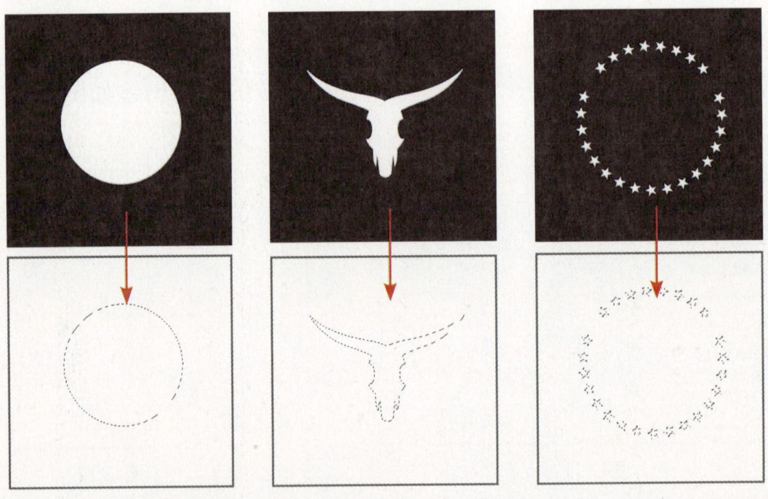

图13.16

通过这个案例，可以看出创建的选区都可以被保存在“通道”面板中，其中选区被保存为白色，非选区被保存为黑色。

读者可以尝试一下，将一个有羽化值的选区保存成为Alpha通道，看看在这种情况下Alpha通道的状态，并思考羽化值与Alpha通道之间的关系。

13.3.3 改变Alpha通道的顺序

默认情况下，新创建的Alpha通道显示在“通道”面板上方，后创建的Alpha通道在下方，但通过下面的操作可以改变Alpha通道的排列顺序。要改变通道的排列顺序，可以在“通道”面板中选择通道并将其拖动至新位置上，当在目标位置出现粗黑线时释放鼠标左键，即可改变通道顺序。如图13.17所示为改变通道排列顺序前后的“通道”面板。

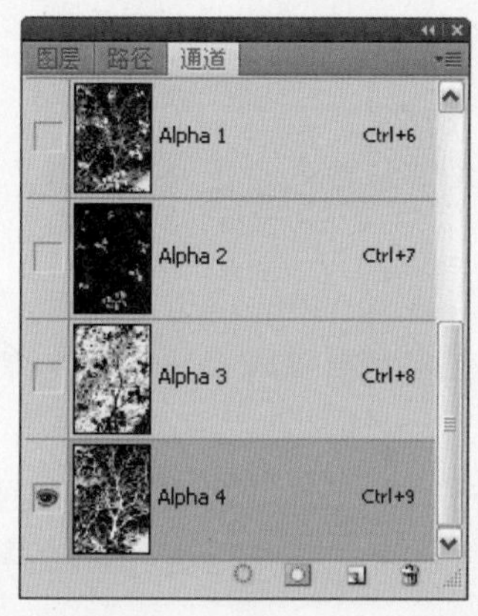

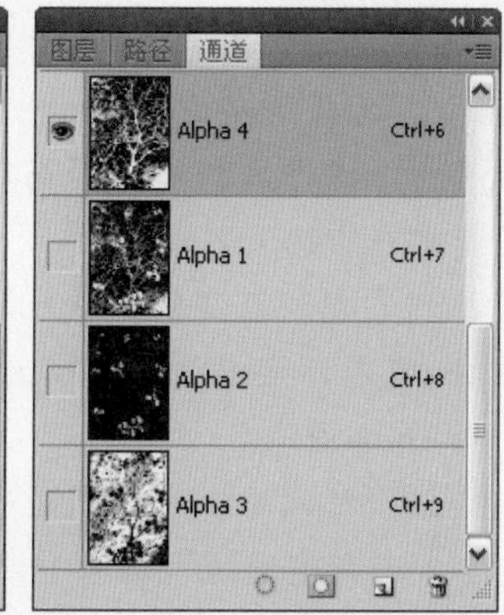

图13.17

13.3.4 通过Alpha通道创建选区的原则

单击“通道”面板底部的“创建新通道”按钮，创建一个新的Alpha通道。

当Alpha通道被创建后，即可用绘图的方式对其进行编辑。例如使用画笔绘图时，使用选择工具创建选区然后填充白色或黑色，还可以用形状工具在Alpha通道中绘制标准的几何形状，总之所有在图层上可以应用的作图手段在此都同样可用。唯一不同的是在Alpha通道中绘制的图像总是以黑、白、灰显示，以表示非选区、选区和羽化选区。

在编辑Alpha通道时需要掌握的原则如下。

- 用黑色作图可以减少选区。
- 用白色作图可以增加选区。
- 用介于黑色与白色之间的任意一级灰色作图，可以获得不透明度值小于100或边缘具有羽化效果的选区。

在掌握编辑通道的原则后，可以使用更多、更灵活的命令与操作方法对通道进行操作。例如，可以在Alpha通道中应用颜色调整命令，改变黑白区域的比例，从而改变选区的大小；也可以在Alpha通道中应用各种滤镜命令，从而得到形状特殊的选区；还可以通过变换Alpha通道来改变选区的大小。

13.3.5 将选区创建为Alpha通道

在Alpha通道中创建的形状可以转换为选区，同样，在图像中存在一个选区的情况下，通过选择“选择”|“存储选区”命令也可以将选区保存为通道。选择此命令后，弹出如图13.18所示的“存储选区”对话框。

图13.18

其中各参数含义如下。

- 文档：该下拉列表中显示了所有已打开的尺寸大小与当前操作图像文件相同的文件的名称，选择这些文件名称可以将选区保存在该图像文件中。如果在下拉列表中选择“新建”命令，则可以将选区保存在一个新文件中。
- 通道：在该下拉列表中列有当前文件已存在的Alpha通道名称及“新建”选项。如果选择已有的Alpha通道，可以替换该Alpha通道所保存的选区；如果选择“新建”命令可以创建一个新Alpha通道。
- 新建通道：选择该项可以添加一个新通道。如果在“通道”下拉列表中选择一个已存在的Alpha通道，“新建通道”选项将转换为“替换通道”，选择此选项可以用当前选区生成的新通道替换所选择的通道。
- 添加到通道：在“通道”下拉列表中选择一个已存在的Alpha通道时，此选项可被激活。选择该选项可以在原通道的基础上添加当前选区所定义的通道。
- 从通道中减去：在“通道”下拉列表中选择一个已存在的Alpha通道时，此选项可被激活。选择该选项可以在原通道的基础上减去当前选区所创建的通道，即在原通道中以黑色填充当前选择区域所确定的区域。
- 与通道交叉：在“通道”下拉列表中选择一个已存在的Alpha通道时，此选项可被激活。选择该选项可以得到原通道与当前选区所创建的通道的重叠区域。

TIP

在选区存在的情况下，直接单击“通道”面板中的“将选区存储为通道”按钮，就可以将当前选区保存为一个默认的Alpha通道，很显然此操作方法比选择“选择”|“存储选区”命令更简单。

13.3.6 将通道调出选区

如前所述，在操作时用户既可以将选区保存为Alpha通道，也可以将通道作为选择区域调出（包括原色通道与专色通道）。在“通道”面板中选择任意一个通道，单击“通道”面板底部的“将通道作为选区载入”按钮，即可将此Alpha通道所保存的选区调出。

除此之外，也可以选择“选择”|“载入选区”命令，设置弹出的如图13.19所示的“载入选区”对话框中的参数。此对话框中的选项与“存储选区”对话框中的选项大体相同，故在此不再重述。

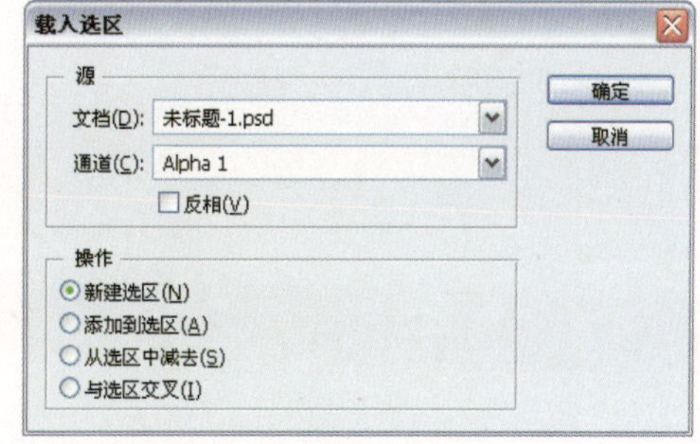

图13.19

- 按住Ctrl键单击Alpha通道的缩览图，可以直接载入此Alpha通道所保存的选区。
- 按住Ctrl+Shift键单击Alpha通道的缩览图，可以增加Alpha通道所保存的选区。
- 按住Alt+Ctrl键单击Alpha通道的缩览图，可以减去Alpha通道所保存的选区。
- 按住Alt+Ctrl+Shift键单击Alpha通道的缩览图，可以得到与Alpha通道所保存的选区相交叉的选区。

TIP

很多初学者在“通道”面板中载入Alpha通道中的选区后，往往要切换回“图层”面板对载入的选区进行各种操作，但是在返回“图层”面板后，却无法通过单击选中“图层”面板中的图层，这种情况往往是发生在“图层”面板中仅有一个图层且该图层为背景图层的情况下。解决的方法是，在切换“图层”面板前先选中RGB通道，通过单击的方法选中该背景图层。

13.4 应用Alpha通道制作典型案例

可以将Alpha通道看做一个灰度模式的图像，通过使用各种图像编辑工具或命令对通道进行处理，就可以得到许多特殊的选区。灵活地使用通道能帮助用户完成使用许多其他操作无法得到的效果。下面通过几个小案例来展示如何灵活地对Alpha通道进行编辑。

13.4.1 雪花牌儿童饮品包装设计

下面利用通道功能，制作包装作品中的彩色半调图案，以丰富整体画面。操作步骤如下。

1 打开随书所附光盘中的文件“第13章\13.4.1-素材.psd”，其状态及相应的“图层”面板如图13.20所示。

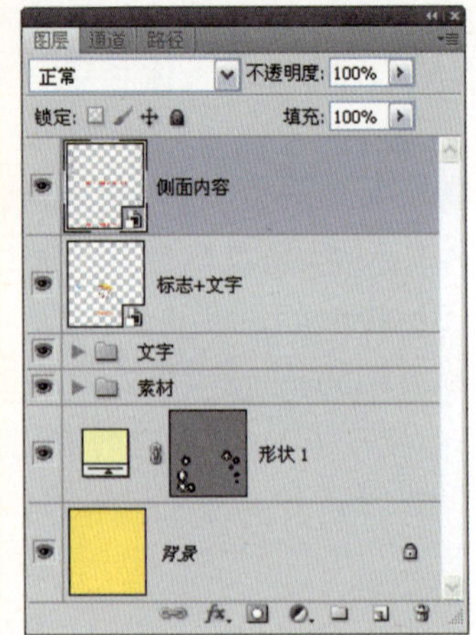

图13.20

TIP

下面开始在通道中利用滤镜制作喷溅图像效果。

2 按Ctrl+；键调出辅助线，切换至“通道”面板，新建一个通道得到“Alpha1”，设置前景色为白色，选择“画笔工具”，在其工具选项条中设置适当的画笔大小及不透明度，在包装盒正面位置进行涂抹，直至得到如图13.21所示的效果。

3 选择“滤镜”|“像素化”|“彩色半调”命令，设置弹出的对话框如图13.22所示，得到如图13.23所示的效果。

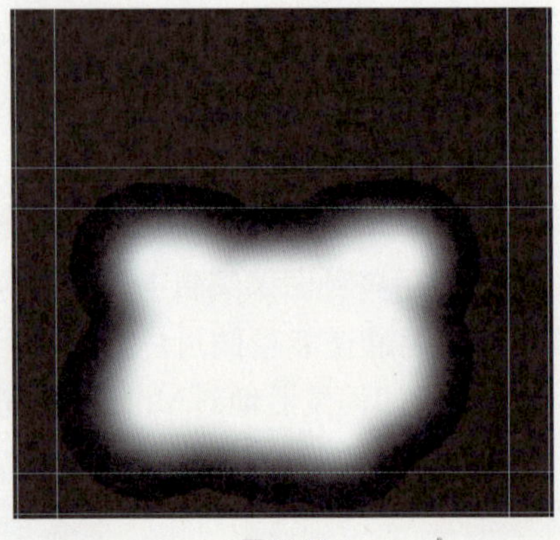

图13.21

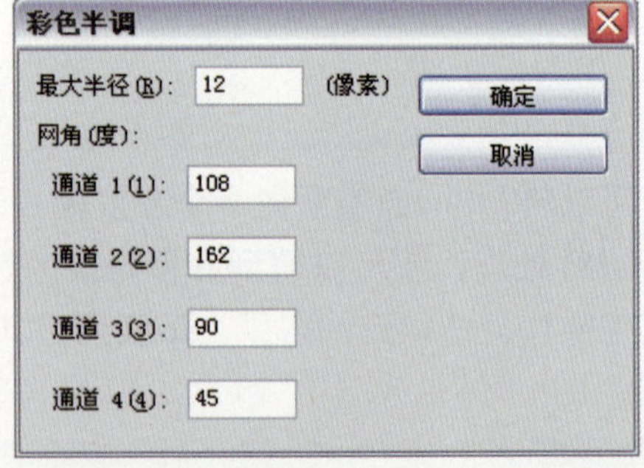

图13.22

4 按住Ctrl键单击“Alpha1”的通道缩览图，以调出选区，切换至“图层”面板，选择“形状1”，新建一个图层，并将得到的图层重命名为“图案”，设置前景色为白色，按Alt+Delete键填充前景色，按Ctrl+D键取消选区，得到如图13.24所示的效果。

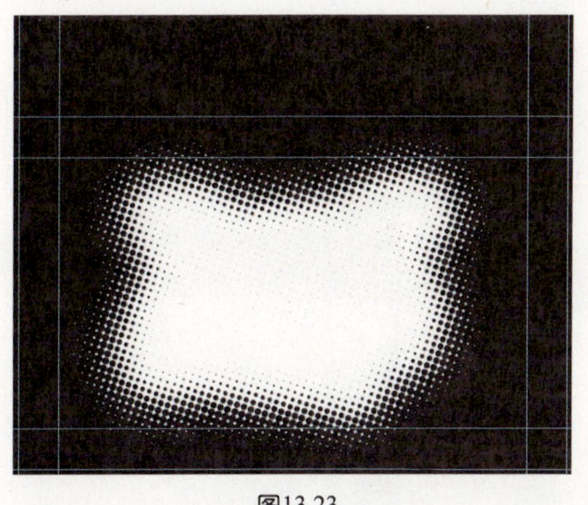

图13.23

图13.24

5 下面利用“盖印”命令制作背面中的图像效果。选择“形状 1”，按住Shift键选择“标志+文字”，以选中它们之间的图层，按Ctrl+Alt+E键执行“盖印”操作，从而将所选组中的图像合并至一个新图层中，并将其重命名为“背面”。

6 按Ctrl+T键调出自由变换控制框，在控制框内右击，在弹出的快捷菜单中选择“垂直翻转”命令，再选择“水平翻转”命令，并调整图像的位置，按Enter键确认操作，得到最终效果如图13.25所示。“图层”面板如图13.26所示。

图13.25

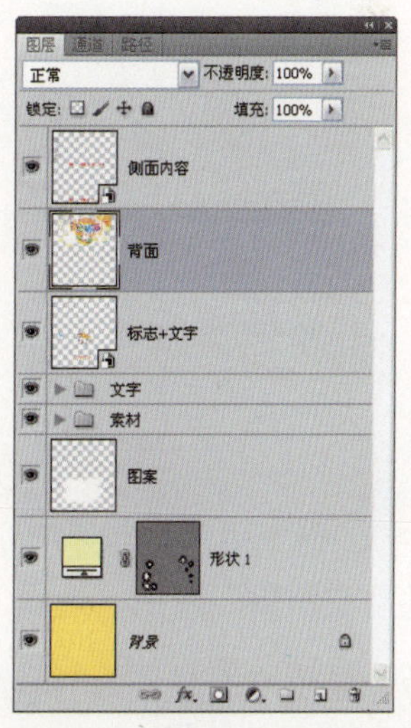

图13.26

13.4.2 抠选燃烧的火焰

本案例主要运用通道功能将燃烧的火焰抠选出来，由于火焰的主色调是红色，所以在操作时主要使用“通道”面板中的“红”通道，通过对其进行色阶调整，进而将图像抠选出来。操作步骤如下。

1 打开随书所附光盘中的文件“第13章\13.4.2-素材.tif”，如图13.27所示。新建一个图层得到“图层1”。设置前景色为白色，按Alt+Delete键填充前景色。隐藏“图层1”，选择“背景”图层。

2 切换到“通道”面板，复制颜色通道“红”得到“红副本”，如图13.28所示。

图13.27

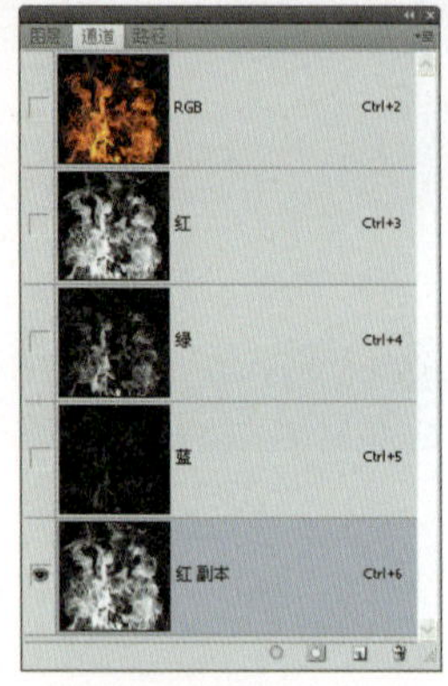

图13.28

3 按Ctrl+L键执行“色阶”命令，设置弹出的对话框如图13.29所示，单击“确定”按钮退出对话框，得到如图13.30所示的效果。

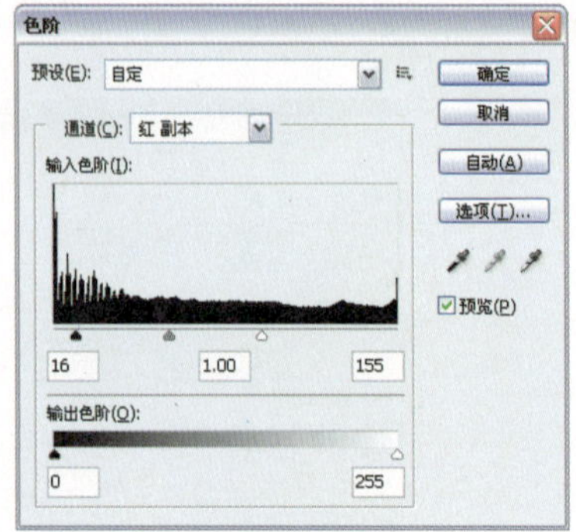

图13.29

图13.30

4 按住Ctrl键单击“红副本”的通道缩览图以载入其选区，得到的选区如图13.31所示。切换至“图层”面板，选择“背景”图层，按Ctrl+C键复制选区中的图像。

5 选择并显示“图层1”，新建一个图层得到“图层2”，按Ctrl+V键粘贴图像，得到如图13.32所示的效果。

图13.31

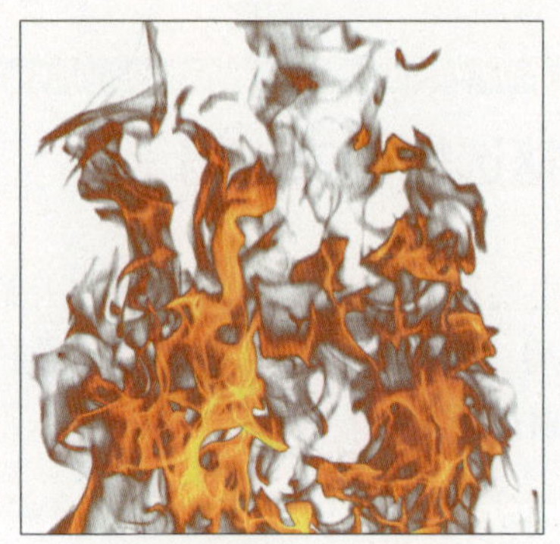

图13.32

6 至此，燃烧的火焰图像已经抠选完成，最终“图层”面板如图13.33所示，最终“通道”面板如图13.34所示。应用效果如图13.35所示。

图13.33

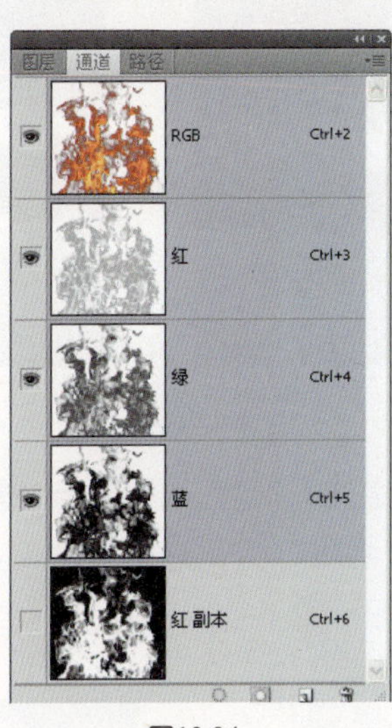

图13.34

图13.35

13.4.3 修正模糊的文字

下面结合通道、滤镜以及“色阶”命令等，修正图片中的模糊文字。操作步骤如下。

1 打开随书所附光盘中的文件“第13章\13.4.3-素材.psd”，如图13.36所示。此时“图层”面板如图13.37所示。从画面中可以看出文字比较模糊，下面利用通道来修正模糊的文字。

图13.36

图13.37

2 下面结合通道和滤镜功能，制作模糊的文字图像状态。按住Ctrl键单击“圣诞快乐”图层缩览图以载入其选区，切换至“通道”面板，单击“将选区存储为通道”按钮，得到“Alpha 1”。按Ctrl+D键取消选区。

3 在“通道”面板中选择“Alpha1”，此时状态如图13.38所示。选择“滤镜”|“模糊”|“高斯模糊”命令，在弹出的对话框中设置“半径”数值为2，得到如图13.39所示的效果。

图13.38

图13.39

4 下面利用“色阶”命令增强文字的对比度。按Ctrl+L键调出“色阶”对话框，在其中设置参数如图13.40所示，单击“确定”按钮退出对话框，得到的效果如图13.41所示。

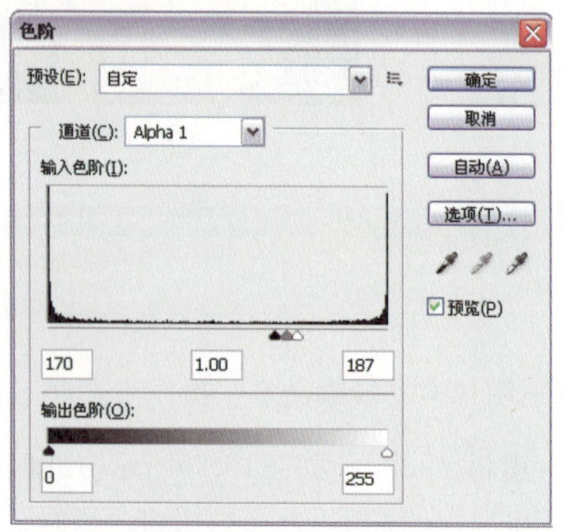

图13.40

图13.41

5 按住Ctrl键单击“Alpha1”通道缩览图以载入其选区，切换回“图层”面板，选择并隐藏图层“圣诞快乐”，新建“图层1”，设置前景色为白色，按Alt+Delete键以前景色填充选区，按Ctrl+D键取消选区，得到的效果如图13.42所示。

6 下面结合“矩形选框工具”、文字工具以及形状工具完善整体的图像效果。选择“图层1”，在工具箱中选择“矩形选框工具”，将文字“2010”框选，按Delete键删除选区中的内容，按Ctrl+D键取消选区，得到的效果如图13.43所示。

图13.42

图13.43

7 下面结合文字工具和形状工具，制作文字“圣”下方的数字“2010”以及两条直线，并完善“快”左下方缺少的区域，如图13.44所示。“图层”面板如图13.45所示。

图13.44

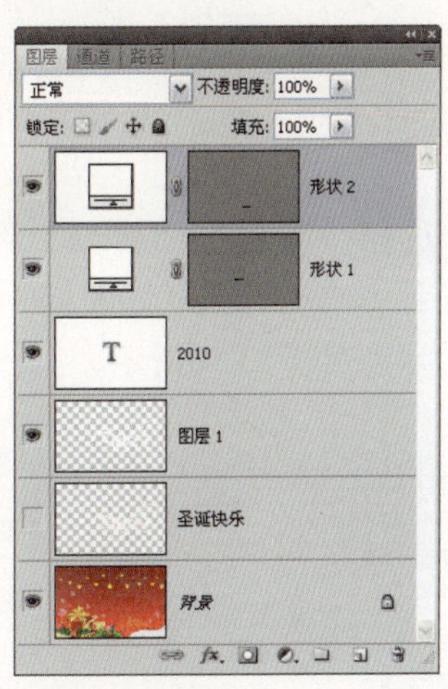

图13.45

13.4.4 抠选人物头发

“计算”命令可以混合两个来自一个或两个源图像的单个通道，然后将结果应用到新图像、新通道或现有图像的选区，此命令为用户创建多样化复杂的通道提供了便利。下面以使用“计算”命令抠选人物头发为例，讲解此命令的使用方法。具体操作步骤如下。

1 打开随书所附光盘中的文件“第13章\13.4.4-素材.tif”，如图13.46所示。在本例中需要利用“计算”命令同时抠选出人物的头发，以及拖在地上的半透明衣服图像。

2 切换至“通道”面板，分别观察其3个原色通道，从中选择头发与背景的对比度最好的一个，依据前面讲解通道抠图技巧时的分析，在此选择“红”通道，如图13.47所示。

图13.46

图13.47

TIP

由于本案例涉及到顶部的头发与底部的衣服两部分主要处理结果，因此在下面进行处理时，为了便于看清楚效果，将分别给出这两部分的效果。

3 选择“图像”|“计算”命令，改为用“色阶”调整，得到基本相同的结果就行了，设置弹出的对话框如图13.48所示，得到如图13.49所示的新通道Alpha1，此时图像的整体状态如图13.50所示。

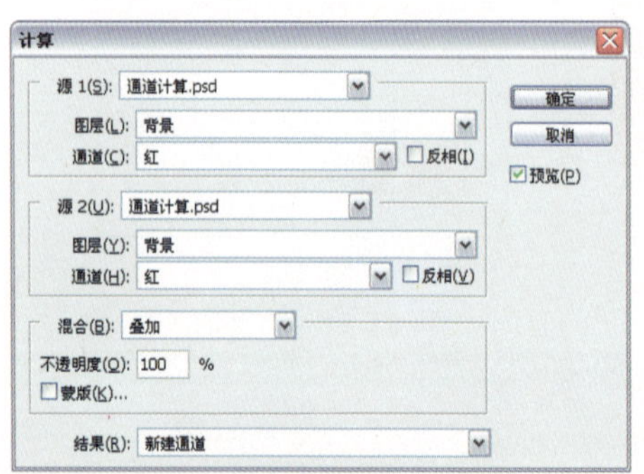

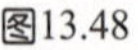
图13.48

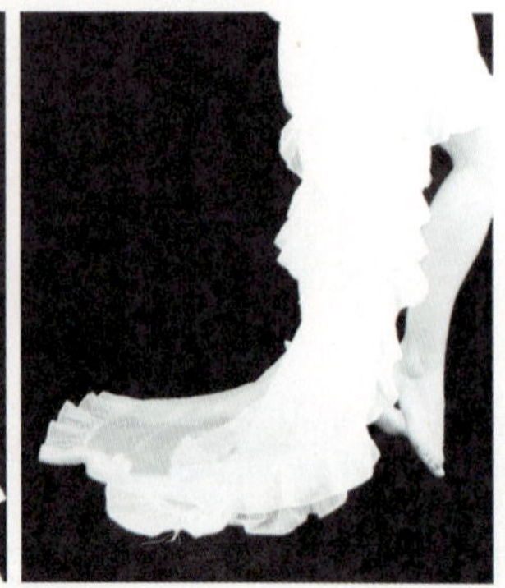
图13.49

TIP

查看图像的整体效果可以看出，其中头发与底部的半透明衣服都已经基本选择出来了，但放大显示比例观察细节内容不难看出，其中仍然存在着大面积的杂色图像，如图13.51所示。这对于抠出图像的质量是有着很大影响的，下面就来将它们修除。

图13.50

图13.51

4 设置前景色为白色，选择“画笔工具”并设置适当的画笔大小，放大图像的显示比例，在图像中人物以外的区域进行涂抹，直至将其完全去除为止，图13.52所示为此时的局部效果图。

图13.52

5 按住Ctrl键单击Alpha通道以调出其存储的选区。切换至“图层”面板，复制“背景”图层得到“背景副本”，单击“添加图层蒙版”按钮为其添加蒙版。在当前图层的下方新建一个图层得到“图层1”，并使用白色填充该图层，得到如图13.53所示的效果，此时的“图层”面板如图13.54所示。

TIP

由于原图像的背景是黑色的，所以此处将抠出的人物背景设置成白色，以便于更好地观察边缘，使其抠选得更干净。

图13.53

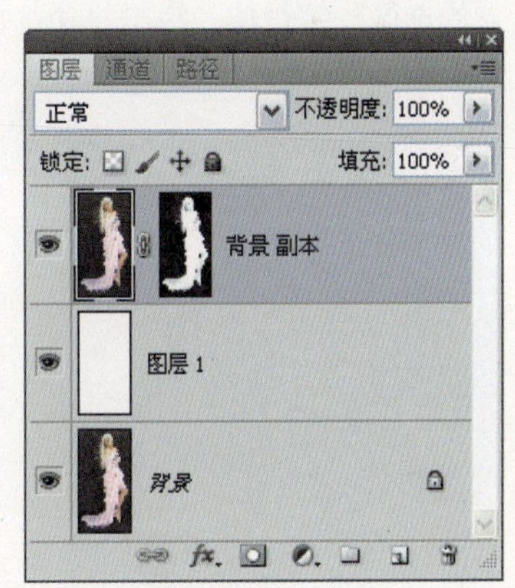

图13.54

6 下面将人物的基本轮廓显示出来，主要就是指被蒙版中黑色区域所隐藏的眼睛、衣服上的线等图像。选择“背景副本”的图层蒙版，设置前景色为白色，选择“画笔工具”并设置适当的画笔大小，在人物身体内部进行涂抹，以将其隐藏，得到如图13.55所示的效果，此时蒙版中的状态如图13.56所示，图13.57所示为此时人物的局部效果图。

图13.55

图13.56

图13.57

观察上面给出的人物局部效果图也可以看出，人物的边缘存在着明显的杂色边缘，下面就来将其修除。

7 选择“钢笔工具”，在其工具选项条上单击“选择路径”按钮，沿着人物的身体边缘绘制路径，如图13.58所示。

8 按Ctrl+Enter键将路径转换为选区，然后选择“选择”|“修改”|“收缩”命令，在弹出的对话框中将参数设置为2，退出对话框后按Ctrl+Shift+I键反选选区，如图13.59所示。

此处设置的选区收缩数值，应根据边缘的杂边粗细而定。

图13.58

图13.59

9 选择“背景副本”的图层蒙版，使用“画笔工具”并设置适当的画笔大小，在人物的身体边缘处进行涂抹，以将杂边修除，按Ctrl+D键取消选区，此时图像的局部效果如图13.60所示。

图13.60

TIP

在去除边缘的杂边时，发现头部的杂边无法去除，本案例将在后面的操作中利用其他方法对其进行处理。

10 同样利用上面绘制的路径，重新将其转换为选区，然后在人物身体的内部进行涂抹，将头部、腿部及脚部等位置完全显示出来，得到如图13.61所示的效果，此时蒙版中的状态如图13.62所示。

TIP

下面来去除人物头顶位置的杂边。由于杂边以外仍然有着一些细节的头发图像，因此不能直接将其擦除，所以将利用颜色替换的方式，将原来的杂色边缘处理成为与头发相近的颜色，从而将其隐藏起来。

11 在“背景副本”的蒙版上右击，在弹出的快捷菜单中选择“应用图层蒙版”命令，然后选择“颜色替换工具”，按住Alt键在头顶杂边附近的头发上吸取颜色，再设置适当的画笔大小，在头顶的杂边上涂抹，直至将其替换为头发的颜色为止，如图13.63所示。

图13.61

图13.62

图13.63

12 此时，最不协调的就是头发周围的灰色图像，这时可以选择“图层”|“修边”|“移去黑色杂边”命令，处理得到如图13.64所示的效果。

TIP

在白色的背景上，头发看起来似乎是被去除了，但实际上，只是由于去除了深色的边缘，从而使头发都变为了浅色，与背景融合在一起，所以才会出现这样的效果，此时如果将背景改为黑色，就可以清晰地看到纤细发丝图像是仍然存在的，如图13.65所示。

图13.64

图13.65

TIP

通过上面的分析，虽然已经知道头发的细节并没有真正消失，但也肯定是失去了原有的明暗立体效果，那么将去除深色边缘前后的效果结合起来，就可以既保留头发的立体感，又可以去除大部分的灰色杂边。

13 按Ctrl+Alt+Z键撤销上一步的“移去黑色杂边”命令，然后复制“背景副本”得到“背景副本2”，然后对该图层重新应用“去除黑色杂边”命令，然后再设置“背景副本”的“不透明度”值为50%左右，得到如图13.66所示的效果，此时的“图层”面板如图13.67所示，图13.68所示为将本例抠出的人物图像，应用于一幅创意作品后的效果。

图13.66

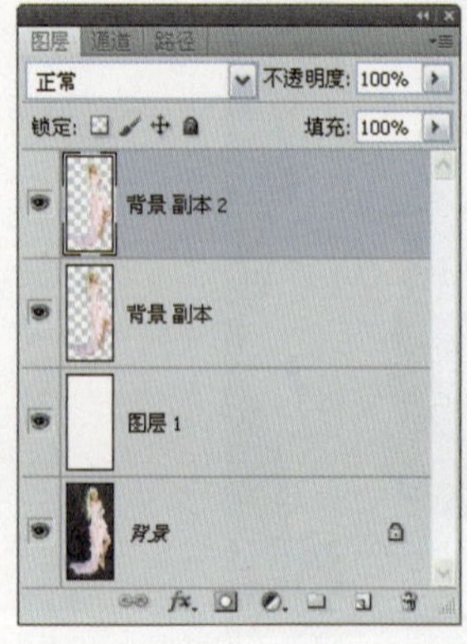

图13.67

图13.68

13.4.5 抠选透明玻璃瓶

本案例将学习如何运用通道抠选出透明玻璃瓶，反复利用通道，配合“色阶”命令，制作出高光和暗部的选区，重点学习通道技术。操作步骤如下。

1 打开随书所附光盘中的文件“第13章\13.4.5-素材.tif”，如图13.69所示，作为“背景”图层。

2 切换到“通道”面板，复制“红”通道得到“红副本”通道，如图13.70所示。按Ctrl+L键应用“色阶”命令，设置弹出的对话框如图13.71所示，单击“确定”按钮退出对话框，得到如图13.72所示的效果。

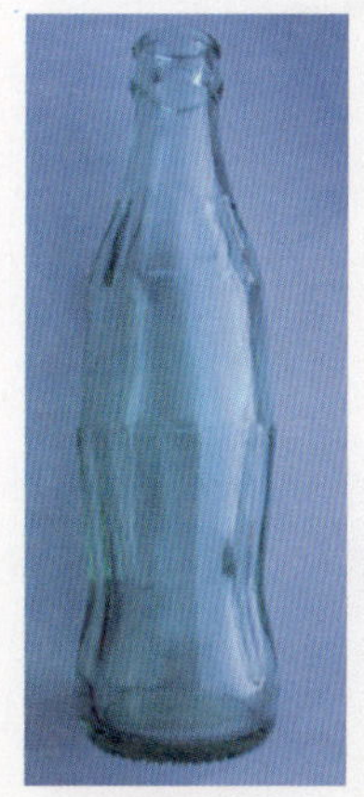

图13.69

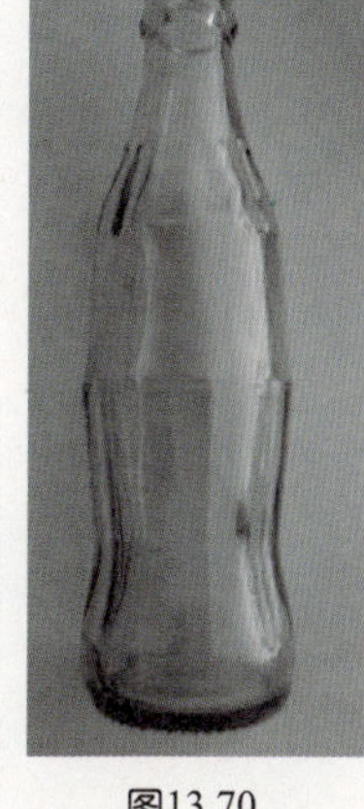

图13.70

图13.71

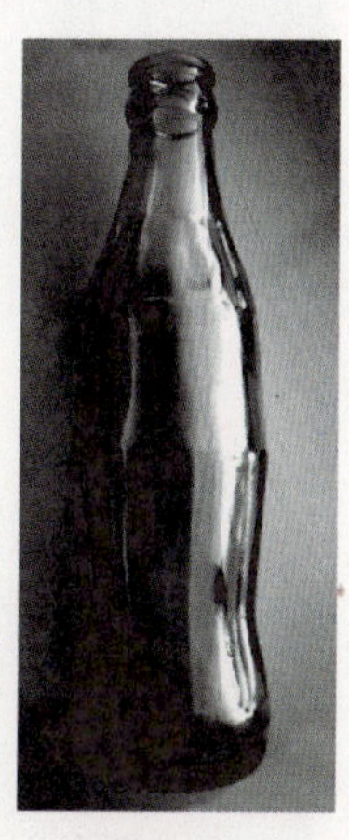

图13.72

选择“红”通道是因为它的颜色对比较强烈。

3 按住Ctrl键单击“红副本”的图层缩览图调出选区，如图13.73所示。切换到“图层”面板，按Ctrl+J键复制“背景”图层得到“图层1”，隐藏“背景”图层后的效果如图13.74所示，得到瓶子的高光部分。

4 选择“背景”图层，切换到“通道”面板，继续复制“红”通道得到“红副本”通道，按Ctrl+I键应用“反相”命令，得到如图13.75所示的效果。按Ctrl+L键应用“色阶”命令，设置弹出的对话框如图13.76所示，单击“确定”按钮退出对话框，得到如图13.77所示的效果。

5 按住Ctrl键单击“红副本”的图层缩览图调出选区，如图13.78所示。切换到“图层”面板，按Ctrl+J键复制“背景”图层得到“图层2”，移动“图层2”的位置到“图层1”的上方，隐藏“背景”图层和“图层1”后的效果如图13.79所示，得到瓶子的暗部。

6 单独显示“背景”图层，选择“钢笔工具”，在工具选项条上单击“选择路径”按钮，沿着瓶子的外轮廓绘制路径，如图13.80所示。切换到“路径”面板，双击“工作路径”的图层名称，在弹出的对话框中单击“确定”按钮确认操作，得到“路径1”。

图13.73

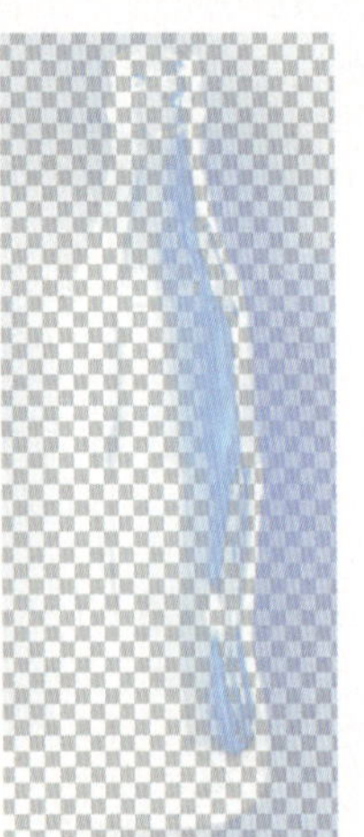
图13.74

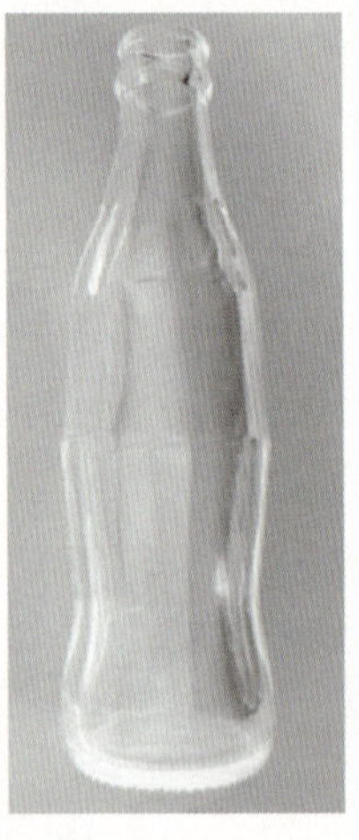
图13.75

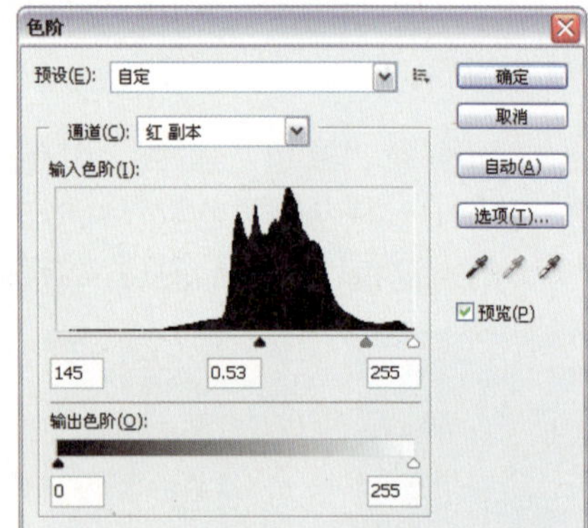

图13.76

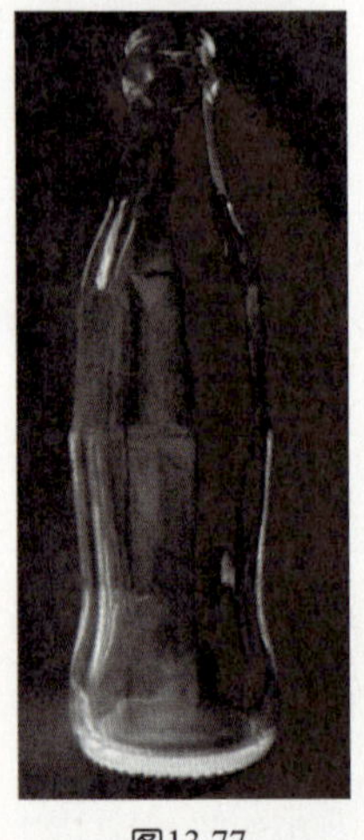
图13.77

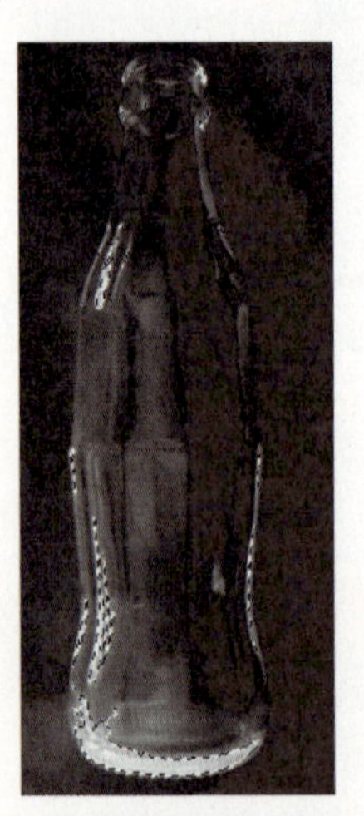
图13.78

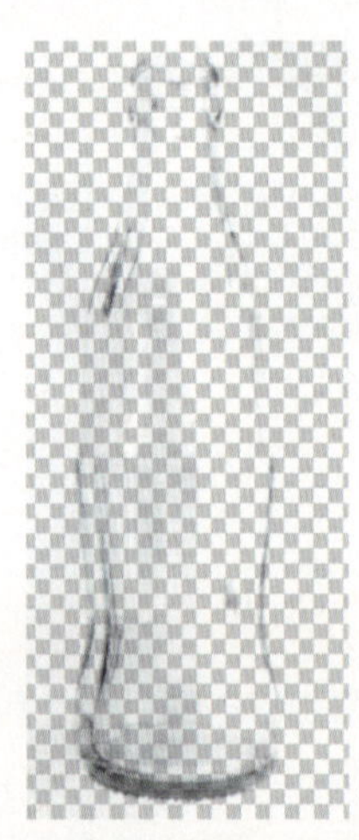
图13.79

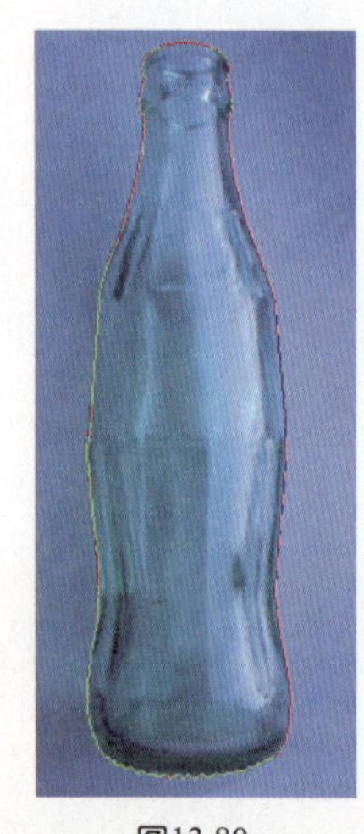
图13.80

7 切换到“图层”面板，单独显示“图层1”，按Ctrl+Enter键将当前路径转换为选区。单击“添加图层蒙版”按钮为“图层1”添加蒙版，得到如图13.81所示的效果，此时蒙版中的状态如图13.82所示。

8 单独显示“图层2”，切换到“路径”面板，调出路径，返回到“图层”面板，按Ctrl+Enter键将当前路径转换为选区。单击“添加图层蒙版”按钮为“图层2”添加蒙版，得到如图13.83所示的效果，此时蒙版中的状态如图13.84所示，同时显示“图层1”和“图层2”的效果如图13.85所示。

9 选择“背景”图层，新建一个图层得到“图层3”，隐藏“背景”图层。设置前景色的颜色值为cfe8fe，按Alt+Delete键填充前景色，得到如图13.86所示的最终效果，“图层”面板如图13.87所示，应用效果如图13.88所示。

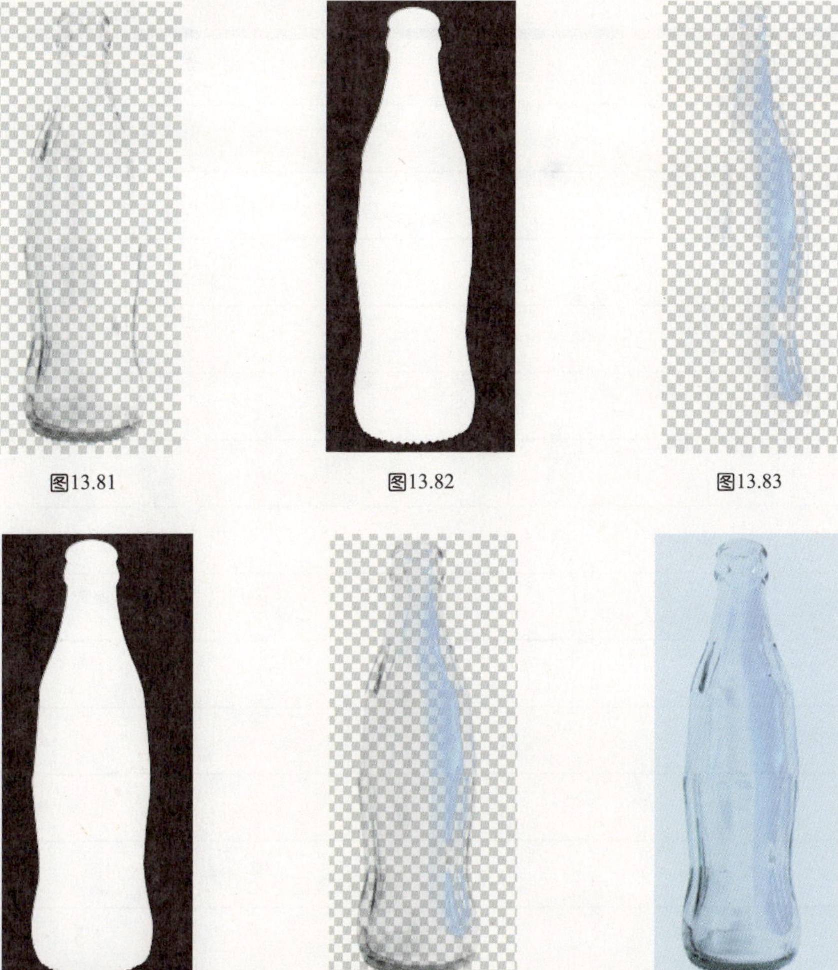

图13.81　图13.82　图13.83

图13.84　图13.85　图13.86

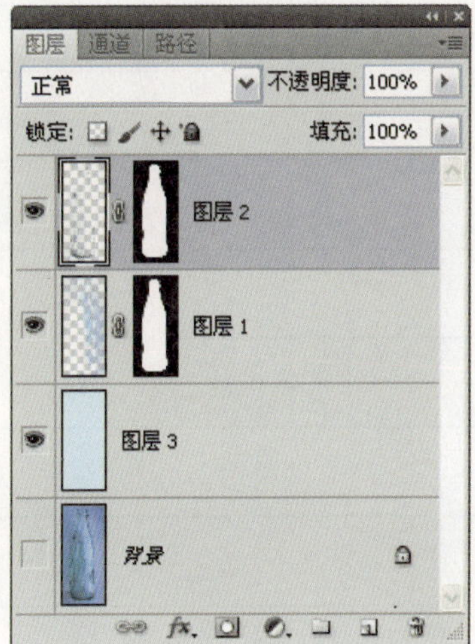

图13.87

图13.88

读书笔记

Chapter 14

文字

文字是文化的重要组成部分及载体。几乎在任何一种视觉媒体中，文字和图片都是两种构成要素，而文字效果将直接影响到设计作品的视觉传达效果。本章将对Photoshop中的各项文字编辑及处理功能进行详细的讲解。

14.1 文字与图层

在Photoshop中输入文字时，可以生成一个对应的文字图层，该图层中保存了所输入的文字内容，但由于文字本身的矢量特性，在文字图层上无法进行绘画或基于像素的编辑，例如无法使用滤镜，但能够根据自己的需要，随时修改文字图层中的文字内容及文字属性。

如图14.1所示为一幅商业作品及对应的“图层”面板。在该作品中，主体的文字图像就是通过输入文字，并配合图层样式渲染效果来完成的。

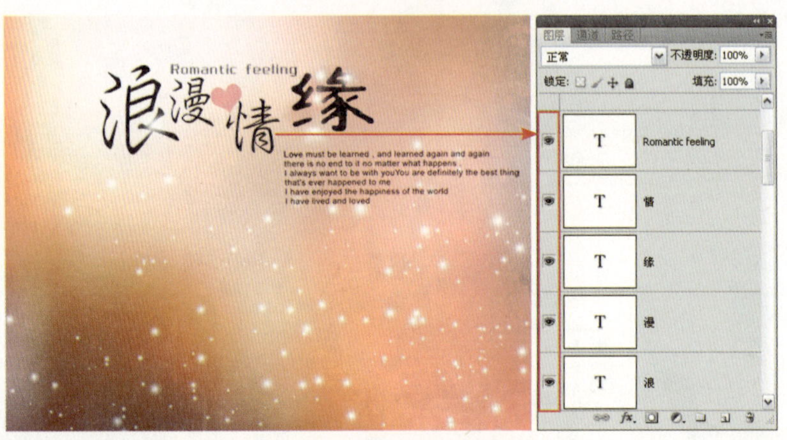

图14.1

14.2 输入并编辑文字

输入文字的工作可以利用任何一种输入法完成。由于文字的字体和大小决定其显示状态，因此需要恰当地设置文字的字体、字号。

除此之外，还需要关注文字的排列形式，如水平、垂直编排形式等，以得到丰富的文字效果。如图14.2所示为水平形式编排的文字。

图14.2

如图14.3所示为海报及商业设计作品中应用了垂直排列文字的实例。

图14.3

如图14.4所示为商业海报及书籍封面设计中应用倾斜排列文字的实例。

图14.4

本节将讲解如何为设计作品添加水平及垂直排列的文字，及如何将水平或垂直排列的文字改变为倾斜排列。

14.2.1 输入水平排列文字

水平状态显示的文字是最常见的文字编排形式。为设计作品添加水平排列文字的操作步骤如下。

1 在工具箱中选择“横排文字工具” T。

2 设置横排文字工具选项条，如图14.5所示。

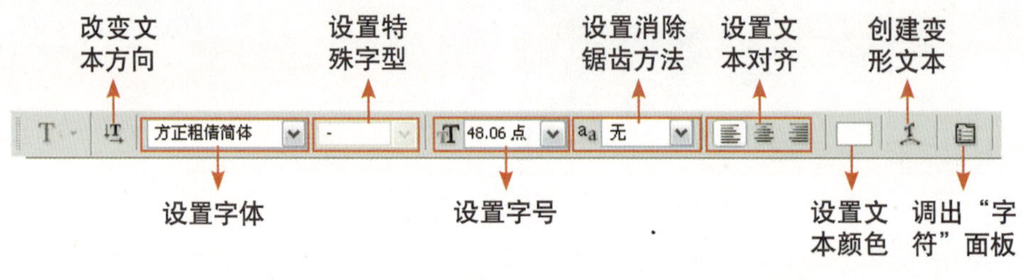

图14.5

3 在图像中要放置文字的位置单击，以在该位置插入一个文本光标，如图14.6所示。在光标后面输入要添加的文字，如图14.7所示。

图14.6

图14.7

4 如果在输入文字时希望文字出现在下一行，可以按Enter键，使文本光标出现在下一行，如图14.8所示，然后再输入其他文字，如图14.9所示。

图14.8

图14.9

5 对于已输入的文字，可以在文字间通过插入文本光标再按Enter键，将一行文字打断成为两行，如在一行文字的不同位置多次执行此操作，则可得到多行文本，如图14.10所示。

6 如果希望将两行文字连接成为一行，可以通过在上一行文字最后面插入文本光标并按Delete键完成操作。如图14.11所示为笔者将文字“望”及其下方两行文字连接起来的实例。

图14.10

图14.11

在输入文字时，工具选项条的右侧将出现“提交所有当前编辑”按钮✓与“取消所有当前编辑”按钮⊘。如果完全输入了文字，可以单击工具选项条中的“提交所有当前编辑”按钮✓确认已输入的文字；如果单击“取消所有当前编辑”按钮⊘，则可以取消输入操作。

TIP

经过前面一段时间的学习，各位读者一定已经习惯使用快捷键，如使用Enter键来确定当前操作，但是在输入文字的过程中，Enter键的作用是换行，而不是确认完成操作。如果要确认完成操作，应该使用小键盘上的Enter键或者按Ctrl+Enter键。

14.2.2 输入垂直排列文字

输入垂直文字与输入水平文字的方法相似，在工具箱中选择“直排文字工具”IT，然后在图像中单击并在光标后面输入文字，则可以得到呈垂直排列的文字，其效果如图14.12所示。

无论在输入水平排列的文字还是垂直排列的文字时，当光标处于文字行区域内则显示为文本光标，如图14.13所示；但如果将鼠标移动到文字行区域外，则文本光标将转变为移动工具光标，如图14.14所示，用此光标可以直接移动正在输入的文字，以改变文字的位置，如图14.15所示。

图14.12

图14.13

图14.14

图14.15

在文字输入状态下，还可以按住Ctrl键使文字的周围显示变换控制句柄，如图14.16所示。在此状态下不仅可以通过拖动控制句柄改变正在输入文字的大小，还可以改变文字的倾斜角度，如图14.17所示，执行完变换操作后释放Ctrl键重新返回文字输入状态。

图14.16

图14.17

TIP

可以使用上述方法对水平文字进行操作。如果在操作时按住Ctrl键拖动控制句柄，则可以放大文字，其作用类似于调整文字的字号。

14.2.3 制作倾斜排列的文字

前面提到在输入文字过程中可以按住Ctrl键使文字的周围显示变换控制句柄以控制文字的角度，其实在完成文字输入后，按Ctrl+T键也可以调出控制框以改变文字的旋转角度。

如图14.18所示为水平排列的文字，如图14.19所示为按Ctrl+T键并改变文字旋转角度的效果，如图14.20所示为确认旋转变换操作后倾斜排列的文字。

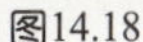
图14.18

图14.19

图14.20

采用同样的方法对垂直排列的文字进行操作，同样可以得到倾斜排列的文字，其操作较为简单，故不再赘述。

14.2.4 相互转换水平及垂直排列的文字

文字的排列方式与创建文字前选择的文字工具有关。在完成文字输入后，用户也可以根据需要相互转换水平文字及垂直文字的排列方向，其操作步骤如下。

1 在工具箱中选择“横排文字工具” T 或“直排文字工具” IT。

2 执行下列操作中的任意一种，即可改变文字方向。

- 单击工具选项条中的“切换文本取向”按钮 T，可转换水平及垂直排列的文字。
- 选择“图层”|“文字”|“垂直”命令，将文字转换成为垂直排列。
- 选择“图层”|“文字”|“水平”命令，将文字转换成为水平排列。

14.2.5 创建文字型轮廓选区

创建文字型选区的方法

在Photoshop中可以以文字轮廓创建选区，以得到更加丰富的图像效果。创建文字选区同样有水平和垂直两种排列方式。

文字型选区是一类特别的选区，此类选区具有文字外形。创建文字型选区的步骤如下。

1 直接在工具箱中选择“横排文字蒙版工具”或“直排文字蒙版工具”。

2 在图像中单击插入一个文本光标。

3 在文本光标后面输入文字，在输入状态中图像背景呈现淡红色且文字为实体，如图14.21所示。

4 在工具选项条中单击“提交所有当前编辑”按钮退出文字输入状态，即可得到如图14.22所示的文字型选区。

图14.21

图14.22

TIP

许多初学者在获得文字型选区时，忽略了文字输入状态的特殊性。实际上，在上面所讲述的步骤3所指出的文字选区输入状态中，可以修改文字的字号、字体等，以便于在确定后得到更符合要求的文字型选区。

★ 使用文字型选区创建图像文字

使用文字型选区可以非常轻松地创建图像型文字，下面通过一个实例讲解操作方法。

1 在工具箱中选择“横排文字蒙版工具”，创建如图14.23所示的文字型选择区域。

TIP

由于图像型文字中图像的显示区域取决于文字型选区的形状，许多初学者选择了字型较为纤细的字体，因此得到的选区很纤细，这极大地限制了图像的显示区域，因此往往得不到较好的效果。在本例中笔者选择的字体就是较粗的Impact字体。

2 打开随书所附光盘中的文件“第14章\14.2.5-素材.jpg”，如图14.24所示，按Ctrl+A键执行“全选”操作，按Ctrl+C键执行“拷贝”操作。

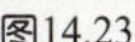
图14.23

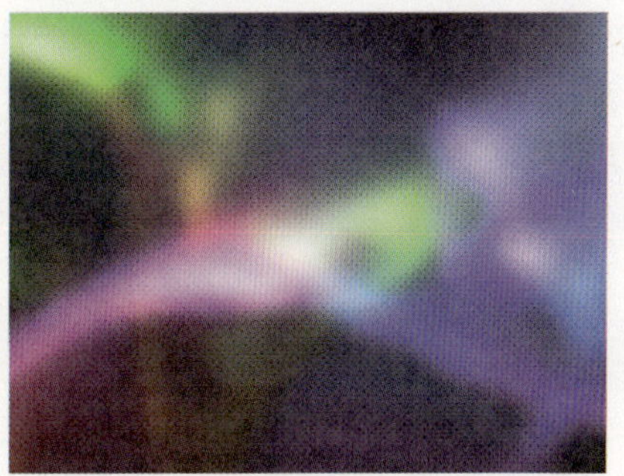

图14.24

3 切换至文字型选区所在图像，选择“编辑”|“选择性粘贴”|“贴入”命令，可得到如图14.25所示的图像型文字效果。

TIP

如果选择“编辑”|“选择性粘贴”|“贴入”命令后，得到的图像没有很好地显示在选区中，可以在工具箱中选择“移动工具”移动粘贴入当前文件中的图像，直至得到较好的显示效果。

4 使用“移动工具”移动粘贴入的文件，直至得到满意的效果，如图14.26所示。

图14.25

图14.26

TIP

在制作类似上面的实例时，可能会有读者产生这样的疑问，为什么要使用“贴入”命令，而不是直接在素材图片上输入文字选区，使用Ctrl+J键复制得到带有图案的文字图层，或者直接使用“移动工具”将带有图案的文字图层拖动过来。当然这样的方法确实是可行的，但使用“贴入”命令可随时选中图案图层进行移动来实现变换图案的操作。

14.2.6 输入点文字

前面概括性地介绍了文字的几种输入方式，在此，用户还需要学习文字的表现形式。

在Photoshop中文字的表现形式有两种：点文字和段落文字，根据输入文字时的操作方式不同而产生不同的文字类型。

点文字的文字行是独立的，即文字行的长度随文本的增加而变长，但不会自动换行，如果需要换行必须按Enter键。输入点文字的操作步骤如下。

1 选择“横排文字工具”T或“直排文字工具”IT。

2 用光标在图像中单击，得到一个文本插入点。

3 在工具选项条或“字符”面板和“段落”面板中设置文字选项。

4 在光标后面输入所需要的文字后，单击“提交所有当前编辑”按钮✓以确认操作。

14.2.7 输入段落文字

段落文字与点文字的不同之处在于文字显示的范围由一个文本框界定。当输入的文字到达文本框的边缘时，文字就会自动换行，当用户改变文字框的边框时，文字会自动改变每一行显示的文字数量以适应新的文本框。输入段落文字的操作步骤如下。

1 选择“横排文字工具”T或“直排文字工具”IT。

2 在页面中拖动光标创建段落文字定界框，如图14.27所示。

3 在工具选项条或“字符”面板和“段落”面板中设置文字属性。

4 在文字光标后输入文字，如图14.28所示，单击“提交所有当前编辑”按钮✓确认。

图14.27

图14.28

如前所述，用户能够通过调整文本框来改变其中文字的排列，其操作方法如下。

首先用文字工具在图像的段落文本中单击以插入一个光标，此时即可显示文本框。

然后将光标放在文本框的控制句柄上，待光标变为双向箭头↗时拖动，通过拖动改变文本框，即可使文字段落的宽度与高度发生变化，如图14.29所示。

图14.29

14.2.8 相互转换点文字及段落文字

点文字和段落文字也可以相互转换，只需选择“图层”|“文字”|“转换为点文本”命令或选择“图层”|“文字”|“转换为段落文本”命令即可。

TIP

许多初学者会觉得点文字和段落文字之间并无太大区别。当然除了点文字不能自动换行而段落文字可以自动换行外，对于段落文字而言，编辑大篇幅的文字时，可以在“段落”面板中调整段落样式以及控制首行缩进等，另外还可以直接拖动文本框以改变每一行的字数。

14.3 格式化字符

使用“字符”面板可以对字符的属性进行全面的设置，其使用方法如下所述。

1 在“图层”面板中双击要设置字符的文字层缩览图，或用文字工具在图像上的文字中双击，以选择当前文字层的所有文字，文字在选中的状态下是以黑色反白状态显示的。

2 在工具选项条中单击“切换字符和段落面板”按钮，弹出如图14.30所示的“字符”面板。

3 设置属性后，单击工具选项条中的“提交当前所有编辑”按钮确认。

“字符”面板功能强大，下面将分别对其中的常用参数进行讲解。

- 字体：单击右侧的下拉按钮，可在弹出的下拉列表中选择不同的字体。
- 字体样式：针对不同的字体，在其下拉列表中可以选择不同的字体样式，例如加粗、斜体等。

- 字号：在此文本框中输入数值，或在下拉列表中选择一个数值，可以设置文字的大小。
- 行距：在此文本框中输入数值，或在下拉列表中选择一个数值，可以设置两行文字之间的距离，数值越大，行间距越大。如图14.31所示为同一段文字应用不同行间距后的效果。

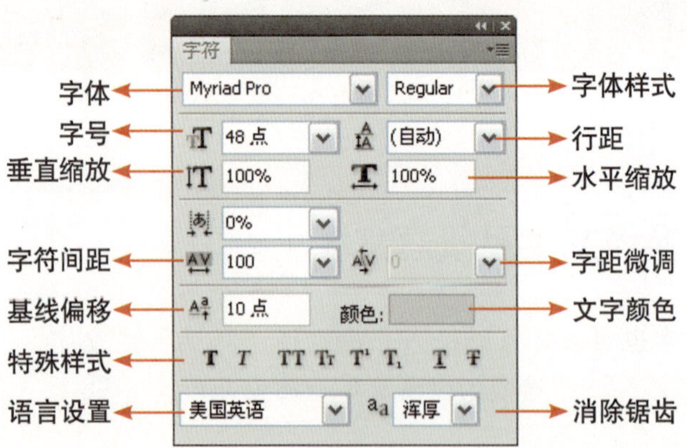

图14.30

图14.31

- 垂直缩放：在此文本框中输入百分比，可以调整字体垂直方向上的比例。
- 水平缩放：在此文本框中输入百分比，可以调整字体水平方向上的比例。
- 字符间距：比例间距按指定的百分比值减少字符周围的空间。
- 字距微调：只有选中文字时此参数才可用，此参数控制所有选中文字的间距，数值越大，间距越大，如图14.32所示是为同一段文字设置不同文字间距的效果。

图14.32

- 字符微调：仅在文字光标插入文字时，字符微调参数才被激活。在文本框中输入数值，或在下拉列表中选择一个数值，可以设置光标距前一个字符的距离。

- 基线偏移：此参数仅用于设置所选文字的基线值，在文本框中输入数值，若为正数则向上移，若为负数则向下移。
- 文字颜色：单击此颜色块，在弹出的“选择文本颜色”对话框中可以设置字体的颜色。
- 特殊样式：单击其中的按钮，可以将所选的字体改变为相应的形式显示。其中的按钮依次代表：粗体、斜体、全部大写、小型大写、上标、下标、下划线和删除线，其中“全部大写”、“小型大写”只对Roman字体有效。如图14.33所示是分别为各段文字设置了不同的字符样式后的效果。
- 消除锯齿：在此下拉列表中选择一种消除锯齿的方法，以设置文字的边缘光滑程度，通常情况下选择“平滑”。

图14.33

14.4 格式化段落

“段落”面板主要用于为大段文本设置对齐方式和缩进等属性，其使用方法如下。

1 选择相应的文字工具，在要设置段落属性的文字中单击插入光标。如果要一次性设置多段文字的属性，可用文字光标选中这些段落中的文字。

2 单击“字符”标签右侧的“段落”标签，显示如图14.34所示的“段落”面板。

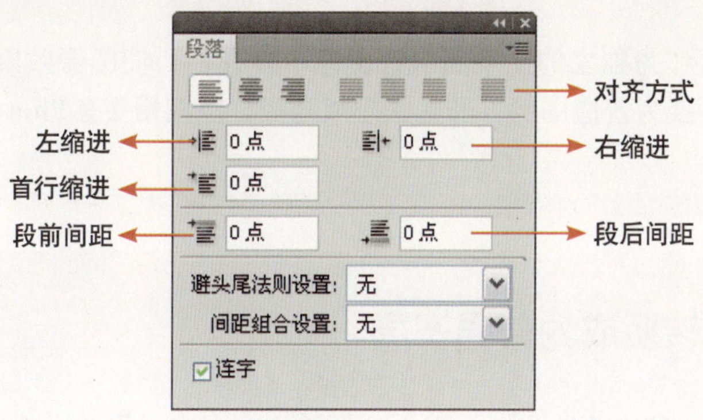

图14.34

- 对齐方式：单击其中的选项，光标所在的段落以相应的方式对齐。
- 左缩进：设置文字段落的左侧相对于左定界框的缩进值。
- 右缩进：设置文字段落的右侧相对于右定界框的缩进值。
- 首行缩进：设置选中段落的首行相对于其他行的缩进值。
- 段前间距：设置当前文字段与上一文字段之间的垂直间距。
- 段后间距：设置当前文字段与下一文字段之间的垂直间距。
- 连字：设置手动或自动断字，仅适用于Roman 字符。

3 完成属性设置后，单击工具选项条中的“提交所有当前编辑”按钮✓确认操作。

如图14.35所示为原文字段落效果，如图14.36所示为改变第2个文字段落的对齐方式及左缩进值、右缩进值、段前间距值、段后间距值后的效果。

图14.35

图14.36

Chapter 14 文字

14.5 文字转换

创建的文字将作为独立的文字图层在图像中存在，为使图像效果更加美观，用户可以将文字图层转换为普通图层、形状图层或路径，以应用更多Photoshop功能，创建更绚丽的效果。

14.5.1 将文字转换成为普通图层

文字图层具有很多编辑的缺陷性，因此如果希望在文字图层中进行绘画或使用颜色调整

命令、滤镜命令对文字图层中的文字进行编辑，可以选择“图层”|“栅格化”|“文字”命令，将文字图层转换为普通图层。

如图14.37所示为原文字图层对应的“图层”面板，如图14.38所示为转换成为普通图层后的效果。

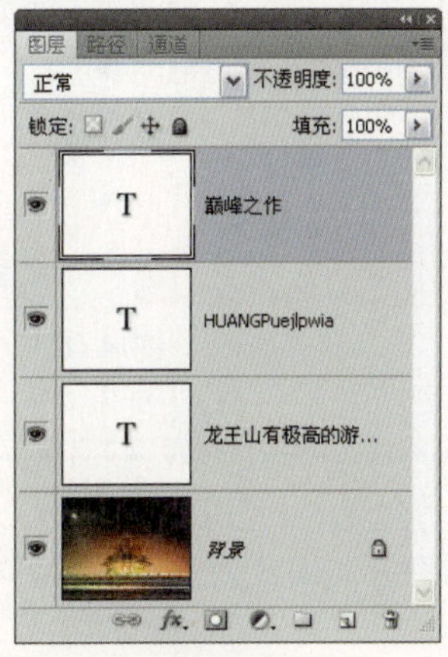

图14.37

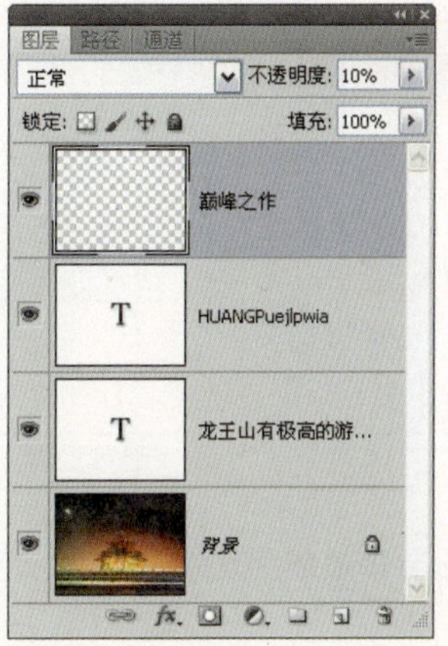

图14.38

TIP

将文字图层转换为普通图层有较多优点，比如对文字图层不能应用滤镜，而调整色彩只能以调整图层的形式来应用等。但当文字图层转换为普通图层后，就可以对其应用前面所介绍的所有操作。更为重要的是，在Photoshop中应用一些较为特殊的字体时，当需要在其他电脑上打开文件时往往会出现字体缺失需要替换的问题，而一旦替换这些字体很可能会影响设计的效果。在这种情况下，建议读者将这样的文字转换为普通图层，以便于此文件在不同的电脑中打开。

14.5.2 将文字转换成为形状

选择“图层”|“文字”|“转换为形状”命令，可将文字转换为与其轮廓相同的形状，文字图层也会被转换成为形状图层。如图14.39所示为将文字图层转换为形状图层后的“图层”面板。

将文字图层转换成为形状图层的优点在于，能够通过编辑形状图层中的形状路径节点得到异形文字效果。如图14.40所示为原图像及“图层”面板，如图14.41所示是转换为形状并编辑路径后的图像效果及“图层”面板。

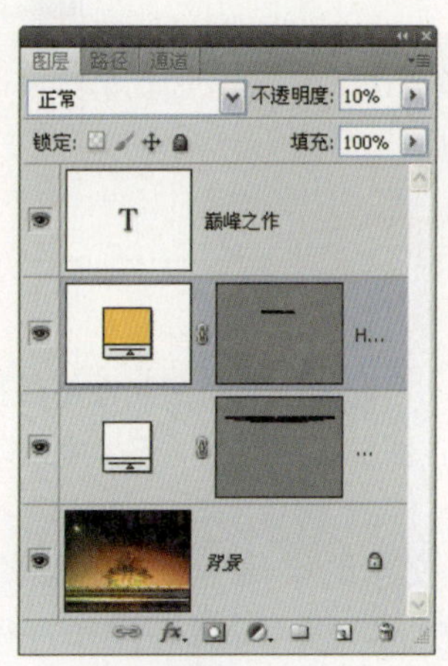

图14.39

图14.40

图14.41

将文字图层转换成为形状图层后文字图层将不再存在，因此无法再进行字体、字号等方面的操作。

14.5.3 将文字转换成为路径

选择"图层"|"文字"|"创建工作路径"命令，可以由文字图层得到与文字外形相同的工作路径。如图14.42所示为由文字图层生成的路径。

图14.42

此操作与将文字图层转换成为形状图层的不同之处在于，文字图层转换成为形状图层后，该图层不再存在。而生成路径后，文字图层仍然存在不会消失。

文字的字体毕竟是有限的、格式化的，从文字生成路径的优点就在于，能够通过对路径进行描边、编辑等操作，得到具有特殊效果的文字。如图14.43和图14.44所示的效果均能够通过先输入标准字体，再将文字转换成为路径，最后对路径进行编辑得到异形字体的方法得到。

图14.43

图14.44

TIP

事实上，一般所创作的艺术文字更多地可能就是将文字图层转换为图像或者形状路径等，再对其进行编辑所得到的效果。

Chapter 14 文字

14.6 了解扭曲变形文字

14.6.1 制作扭曲变形文字效果

对文字图层可以应用扭曲变形操作，利用这一功能可以使设计作品中的文字效果更加丰富。如图14.45所示为使用扭曲变形文字得到的效果。

图14.45

下面以制作如图14.46所示的广告为例，讲解如何制作扭曲变形的文字。

图14.46

1 打开随书所附光盘中的文件“第14章\14.6.1-素材.psd”，如图14.47所示，将前景色值设置为ffffff，背景色值设置为f2f69f。

2 选择“直排文字工具”，并在其工具选项条中设置适当的字体和字号，在图像中单击，输入文字“爱上爱·折上折”等文字，如图14.48所示。

图14.47

图14.48

3 单击工具选项条中的“创建文字变形”按钮，打开“变形文字”对话框。单击“样式”下拉按钮，弹出变形选项，如图14.49所示。

4 在“样式”下拉列表中选择“扇形”选项，设置“变形文字”对话框中的参数如图14.50所示。

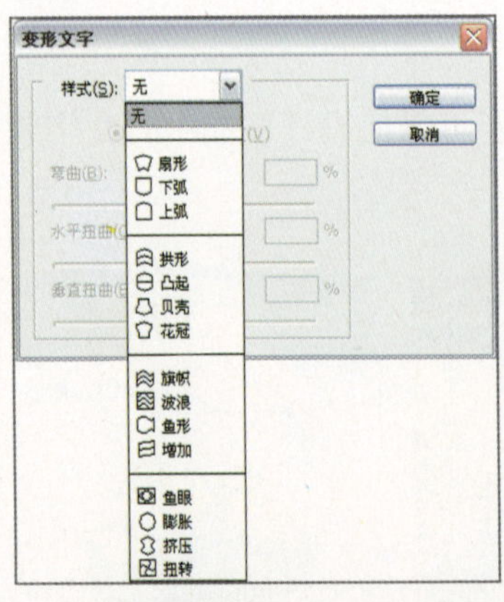

图14.49

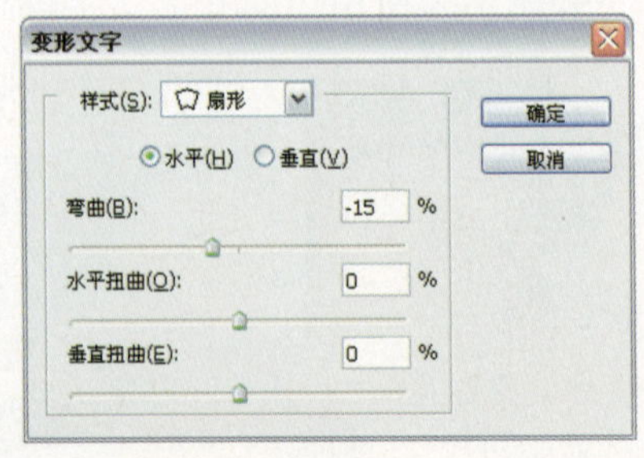

图14.50

5 单击“变形文字”对话框中的“确定”按钮，确认变形效果，得到如图14.51所示的变形文字效果。

6 选择“移动工具”，按Ctrl+T键调出自由变换框，逆时针旋转文字20°，按Enter键确定并适当调整其位置，得到如图14.52所示的效果。

图14.51

图14.52

7 此时文字不突出，下面为其添加一个描边来进行修饰。在“图层”面板底部单击“添加图层样式”按钮 fx，在弹出的菜单中分别选择“渐变叠加”和“描边”命令，在弹出的对话框中进行参数设置，如图14.53和图14.54所示，确认后的效果如图14.55所示。然后使用“横排文字工具” T 输入其他文字完成作品，最终效果如图14.56所示。

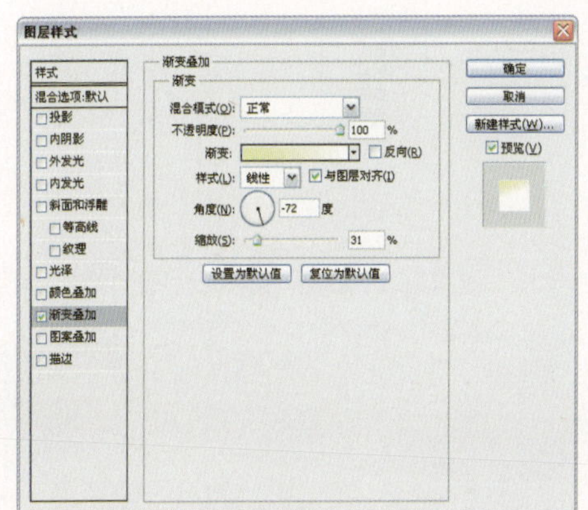

图14.53

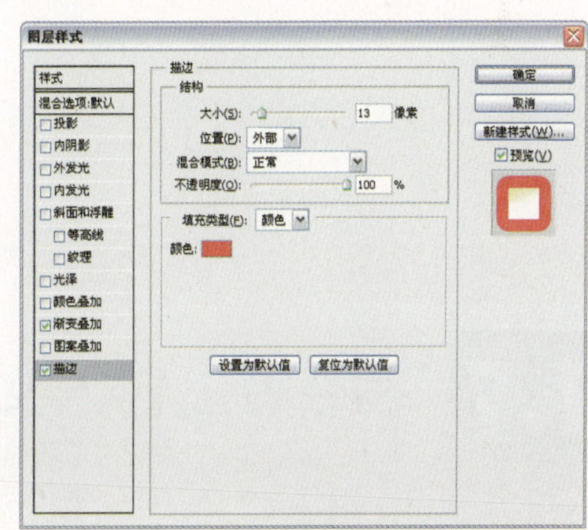

图14.54

图14.55

图14.56

下面讲解“变形文字”对话框中的重要参数。

- 样式：在此下拉列表中可以选择15种不同的文字变形效果。

- 水平/垂直：选择“水平”选项可以使文字在水平方向上发生变形，选择“垂直”选项可以使文字在垂直方向上发生变形。
- 弯曲：此参数用于控制文字扭曲变形的程度。
- 水平扭曲：此参数用于控制文字在水平方向上变形的程度，数值越大则变形的程度也越大。
- 垂直扭曲：此参数用于控制文字在垂直方向上变形的程度。

14.6.2 取消文字变形效果

如果要取消文字变形效果，可以在文字被选中的情况下，在“变形文字”对话框的“样式”下拉列表中选择“无”选项，如图14.57所示。

图14.57

Chapter 14 文字

14.7 在路径上输入文字

路径绕排文字是如今设计中非常常见的一种文字编排手法，本节就来讲解一下路径绕排文字的输入及编辑方法。

14.7.1 制作沿路径绕排文字的效果

Photoshop CS5允许制作沿路径绕排效果的文字，使用户可以像在矢量软件中一样，制作出更加丰富的文字排列效果，下面将通过一个实例来讲解制作沿路径绕排文字的方法。

1 打开随书所附光盘中的文件“第14章\14.7.1-素材.tif”，如图14.58所示。

2 选择“钢笔工具”，在工具选项条上选择“路径”按钮，在画布中沿蓝色线条的曲线绘制一条路径，如图14.59所示。

3 设置前景色为黑色，选择“横排文字工具”T，并设置适当的字体和字号等文字属性，将鼠标指针置于路径的顶端，如图14.60所示。

图14.58

图14.59

图14.60

4 在路径上单击以插入一个文本光标，如图14.61所示，然后输入文字“Just Do Your Best! Come On!!”，如图14.62所示。按Ctrl+Enter键确认输入文字，即完成操作。

图14.61

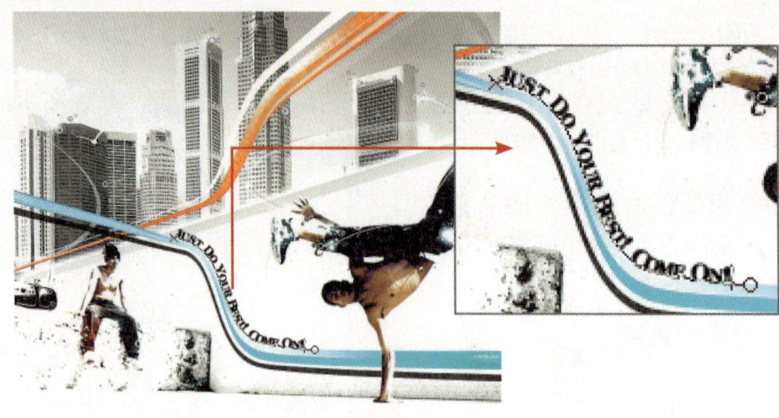

图14.62

5 在刚输入文字的右上方再输入一段文字，确认输入后结合自由变换控制框，将其旋转一定角度，并调整其位置，如图14.63所示，此时的“图层”面板如图14.64所示。

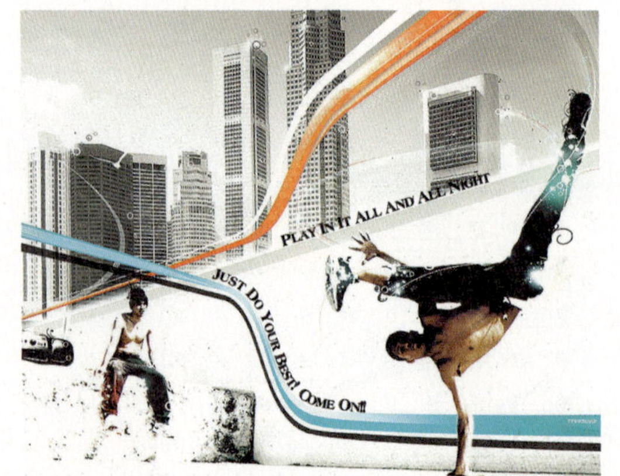

图14.63

图14.64

14.7.2 在路径上移动文字

要移动路径上的文字，可以使用“路径选择工具”将其置于文字的最前端，此时光标变为状态，然后按住鼠标左键沿路径拖动文字，即可调整其位置。另外，还可以在光标变为状态后，直接在路径上单击，此时路径绕排文字的始端文字就会自动移至单击的位置。

图14.65就是将路径上的文字向后拖动得到的效果。

图14.65

14.7.3 在路径上翻转文字

所谓在路径上翻转文字，即指让文字以路径线为基准进行对称性的翻转操作，其操作方法也比较简单，可以使用"路径选择工具"将其置于文字上，此时光标变为状态，然后按住鼠标左键，将其向相反的方向拖动即可。图14.66是笔者将文字翻转以后得到的效果。

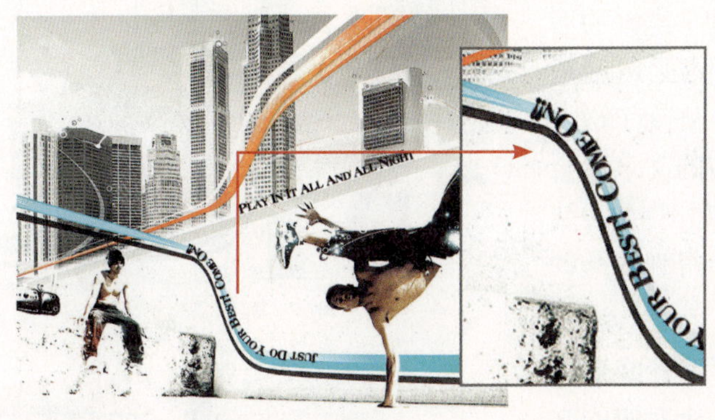

图14.66

14.7.4 更改路径绕排文字的属性

虽然路径绕排文字有其自身的特殊性，但位于路径上的文字仍然具备文字应有的属性，同时也允许用户随时根据需要修改其属性，其操作方法也与改变普通的文字内容完全相同。图14.67是笔者将文字分别修改为不同文字属性以后得到的效果。

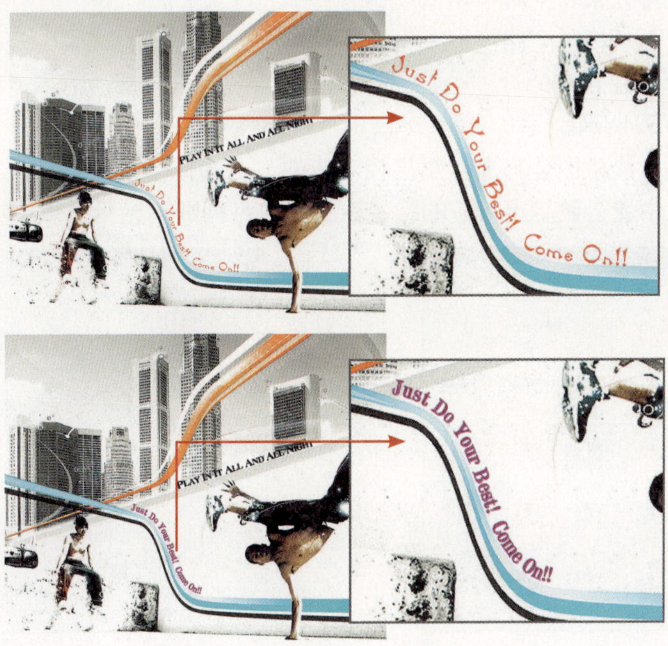

图14.67

14.7.5 修改路径绕排文字的形态

在前面的讲解中，都是关于修改路径绕排文字中的文本内容，实际上，在创建了路径绕排后，同样可以编辑文字绕排的形状，操作方法与编辑普通路径是完全相同的，同时，修改了路径的形态后，与之对应的文字也会发生变化。图14.68和图14.69就是编辑了路径形状后得到的两种不同效果。

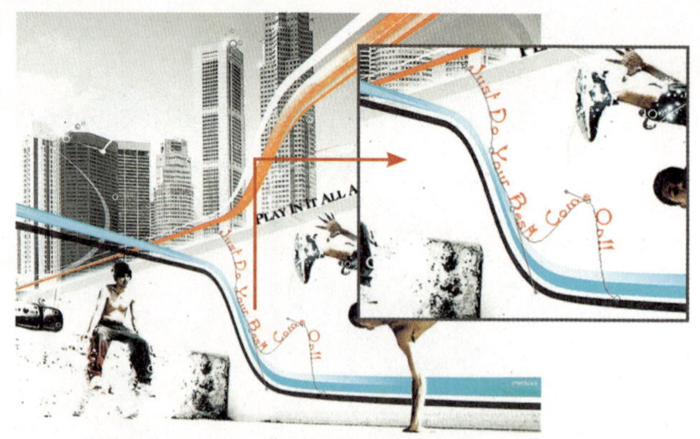

图14.68

图14.69

实际上，创建了路径绕排文字后，不仅会得到一个对应的文字图层，同时在“路径”面板中也会生成一个对应的“路径”，该路径与文字图层的名称是相吻合的，图14.70所示是前面制作的路径绕排文字实例的“图层”面板。其中，文字图层“Just Do Your Best! Come On!!”中的文字就制作了路径绕排效果，此时选择该文字图层，再切换至“路径”面板中，则可以看到一个对应的路径，如图14.71所示。

值得一提的是，该路径是与文字图层相对应的，当选择了路径绕排文字所在的文字图层时，“路径”面板中就会显示出对应的路径，否则该路径则不显示出来。

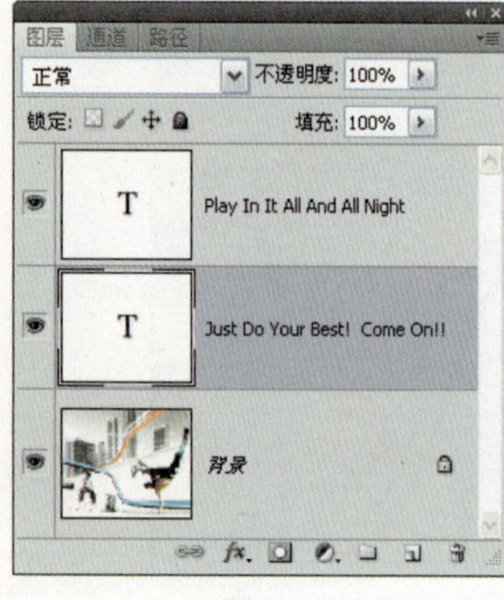

图14.70

图14.71

Chapter 14 文字

14.8 在路径中输入文字制作异形文本块

除了可以使文字沿路径进行绕排外，在Photoshop中还可以将其容纳在一个规则或不规则的路径形状内，从而改变段落文字的外部形状，如图14.72所示。

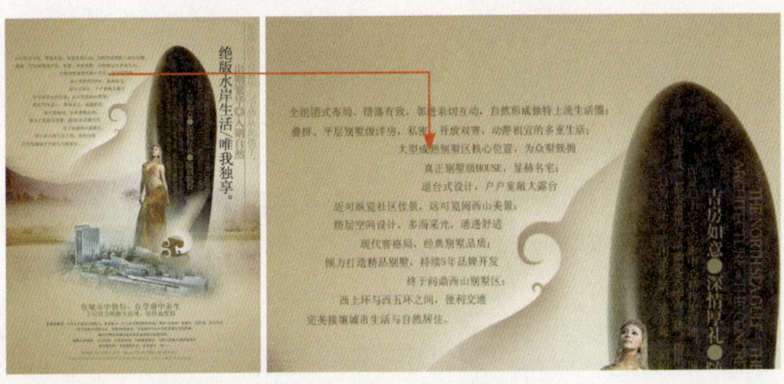

图14.72

下面通过一个实例，讲解如何在Photoshop中将文字置于图形中。

1 打开随书所附光盘中的文件“第14章\14.8-素材.psd”，如图14.73所示。

2 在工具箱中选择“钢笔工具”，绘制需要添加的异形轮廓，如图14.74所示。

图14.73

图14.74

3 在工具箱中选择“横排文字工具”（根据需要也可以选择其他文字工具），并在其工具选项条中设置适当的字体和字号，将工具光标置于步骤2所绘制的路径中间，直至鼠标指针转换成为状态，如图14.75所示。

4 用鼠标指针在路径中单击一下（不要单击路径线），从而得到一个文本插入点光标，直接在光标后面输入所需要的文字，即可得到所需要的效果。

执行上述步骤后，“路径”面板中同样将生成一条新的轮廓路径，其名称即为路径中的文字，如图14.76所示。

图14.75

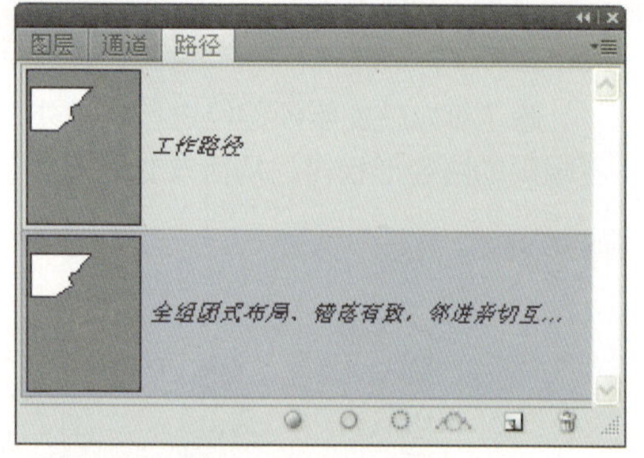

图14.76

图14.77是在路径中输入文字后的局部图像效果。利用Photoshop这一强大功能，能够轻松实现如图14.78所示的文字绕图效果。

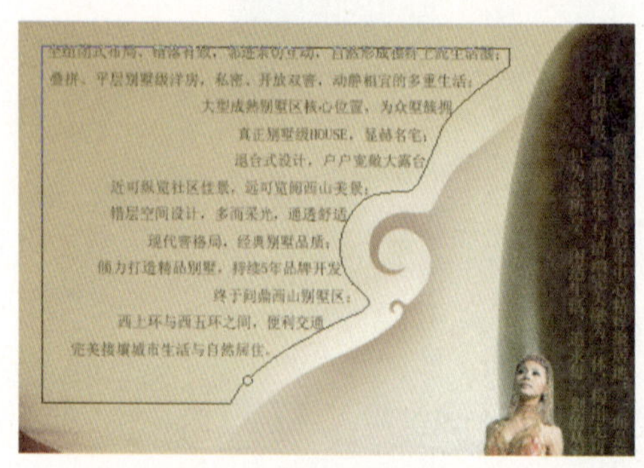

图14.77

图14.78

对于具有异形轮廓的文字，同样可以通过各种方法修改文字的各种属性，其中包括字号、字体、水平或垂直排列方式等。图14.79为将文字修改为其他属性后的效果。

除此之外，还可以通过调整路径的曲率、角度、节点的位置来修改被纳入到路径中文字的轮廓及形状。如果通过修改路径的节点位置及控制句柄的方向改变了路径的形状，则排列于路径中的文字外形也将随之发生变化，如图14.80所示。

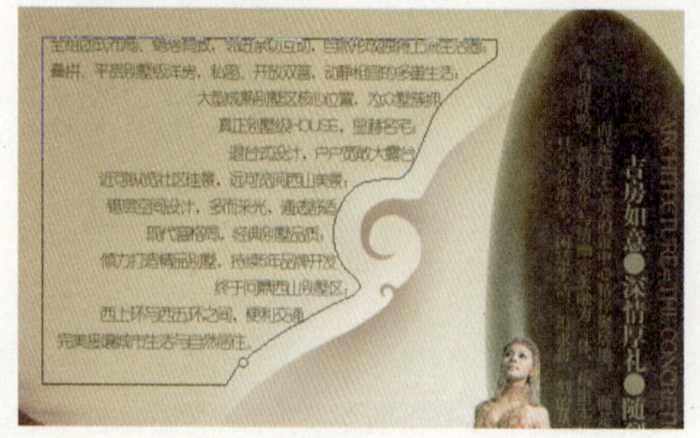

图14.79

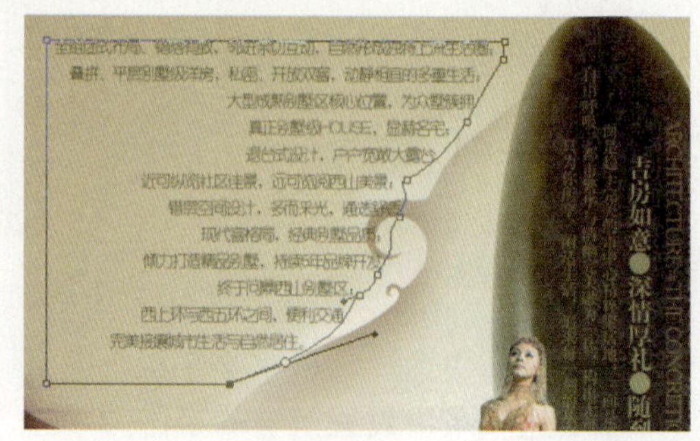

图14.80

Chapter 15

滤镜

Photoshop提供了多达上百种滤镜，而每一种滤镜都代表了一种完全不同的图像效果。可以说，这些滤镜就像一个庞大的图像特效库。本章将对Photoshop中常见的几种滤镜功能及处理得到的图像效果进行详细讲解。

15.1 滤镜的分类

根据Photoshop对滤镜的划分，可以分为以下几类。

- 内置滤镜：此类滤镜是Photoshop自带的滤镜，被广泛应用于纹理制作、图像效果的修整、文字效果制作、图像处理等各个方面。

TIP

关于内置滤镜的讲解，请参见本书附送的“内置滤镜使用手册.pdf”。

- 特殊滤镜：此类滤镜包括“抽出”、“消失点”和“镜头校正”3个滤镜。由于此类滤镜的使用方法有别于内置滤镜，且每个滤镜都有自己的专一用途，因此常被称为特殊滤镜。
- 外挂滤镜：此类滤镜与前两类滤镜的不同之处在于，它需要用户单独购买。其中较为著名的外挂滤镜是MetaCreation公司出品的Kpt系列滤镜及AlianSkin公司出品的BlackBox及AlianSkin系列滤镜。使用这些滤镜，可以得到使用其他滤镜无法得到的天空、土地、镜射、分形火焰、火焰、烟雾、融化、水滴、编织等效果，因此使用也较为广泛。图15.1所示为使用外挂滤镜所得到的效果，由于这些滤镜是独立的软件，因此需要单独安装。如果希望在Photoshop的“滤镜”菜单中列出这些滤镜，在安装时就应该将其安装目录指定在“\Adobe Photoshop CS5\Plug-Ins\”目录下。

TIP

关于外挂滤镜的讲解，请参见本书附送的“外挂滤镜使用手册.pdf”。

图15.1

Chapter 15 滤镜

15.2 滤镜库

滤镜库是一个集成了Photoshop中绝大部分命令的集合体，除了可以帮助用户方便地选择和使用滤镜命令外，还可以通过命令滤镜层来为图像同时叠加多个命令，下面将对滤镜库进行详细的讲解。

15.2.1 认识滤镜库

滤镜库的功能强大，使用此功能时，能够在一个对话框中完成调整滤镜参数、添加多个滤镜、组合使用多个滤镜等多项操作。选择“滤镜”|“滤镜库”命令，弹出的对话框如图15.2所示。

图15.2

可以看出，实际上此对话框是许多滤镜的集成式对话框，因此清楚每一部分的使用方法，掌握此命令并非难事。

此命令的最大特点在于提出了“滤镜层”的概念，即在此命令的对话框中，可以对当前操作的图像应用多个滤镜命令，并将这些滤镜命令得到的效果叠加起来，以得到更加丰富的变化效果。

此功能的具体使用方法如下。

1 选择“滤镜”|“滤镜库”命令，打开“滤镜库”对话框。

2 在对话框中部的命令选择区中，选择需要使用的第1个滤镜命令（如果希望使用多个滤镜命令的话）。

3 在参数调整区进行参数调整，同时在预览区域观察调整的效果，直至满意为止。

4 在滤镜层控制区中添加第2个滤镜层，在对话框中部的命令选择区中，选择需要使用的第2个滤镜命令。

5 在参数调整区进行参数调整，同时在预览区域观察调整的效果，直至满意为止。

6 按照上述方法不断添加新的滤镜层，并将滤镜层变为需要的滤镜命令，经过调整参数等操作，最后得到所需要的效果。

滤镜层的操作也与图层操作一样比较灵活，其中包括添加、删除、修改参数，改变滤镜层的顺序等操作。

15.2.2 滤镜效果图层的操作

要添加滤镜层，可以在参数调整区的下方单击“新建效果图层”按钮，此时所添加的新滤镜层将延续上一个滤镜层的命令及参数，可以根据需要执行以下操作。

- 如果需要使用同一滤镜命令增加该滤镜的效果，无须改变此设置，通过调整新滤镜层上的参数，即可得到满意的效果。
- 如果需要叠加不同的滤镜命令，可以选择该新增的滤镜层，在命令选区中选择一个新的滤镜命令，此时参数调整区域中的参数将同时发生变化，调整这些参数，即可得到满意的效果。
- 如果使用两个滤镜层仍然无法得到满意的效果，可以按照同样的方法再新增滤镜层，并修改命令或参数，直至得到满意的效果为止。

如果尝试查看在某些滤镜层未添加时的图像效果，可以单击该滤镜层左侧的眼睛图标，将其隐藏起来。

对于不再需要的滤镜层，可以将其删除，用鼠标单击将其选中，然后单击“删除效果图层”按钮即可。

15.3 消失点工具

消失点工具用于制作由远至近的具有透视效果的图像，用户可以在保持图像透视角度不变的情况下，对图像进行复制、修复、变换等操作。

选择“滤镜”|“消失点”命令，在弹出的如图15.3所示的“消失点”对话框中进行参数设置。下面分别介绍对话框中各个区域及各工具的功能。

- 工具区：该区域中包含用于选择和编辑图像的工具。

- 工具选项区：该区域用于显示所选工具的参数。
- 工具提示区：在该区域中简单地显示对该工具的提示信息。
- 图像编辑区：在此可对图像进行复制、修复等操作，同时可以即时预览调整后的效果。
- “编辑平面工具”：使用该工具可以选择和移动透视网格。
- “创建平面工具”：使用该工具可以绘制透视网格来确定图像的透视角度。在工具选项区的“网格大小”文本框中可以设置每个网格的大小。

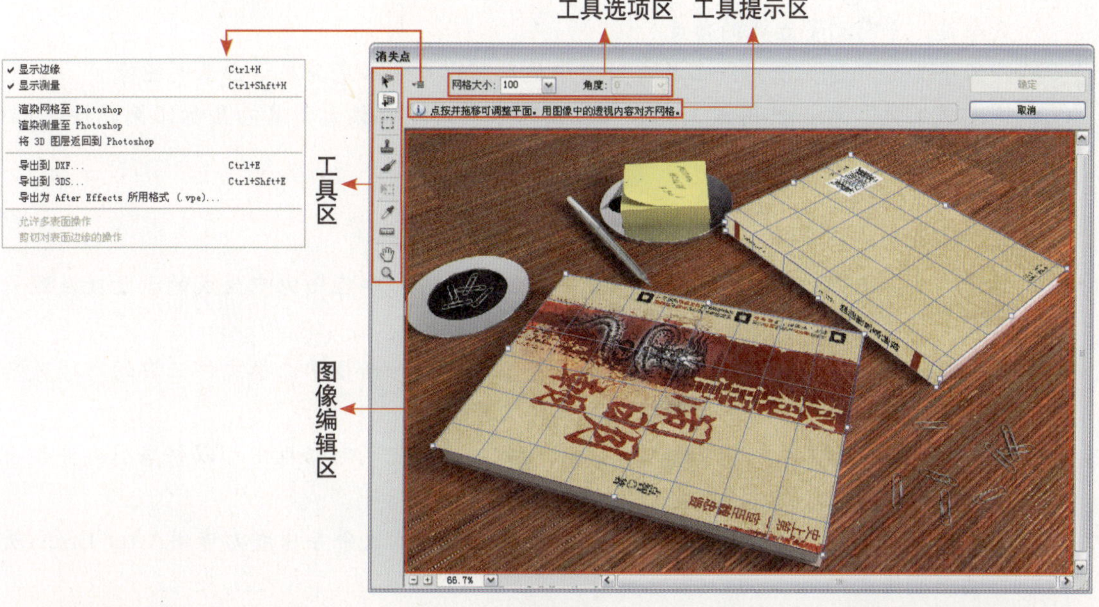

图15.3

TIP

透视网格是随PSD格式的文件存储在一起的，当用户需要再次进行编辑时，再次选择该命令，即可看到以前所绘制的透视网格。

- “选框工具”：使用该工具可以在透视网格内进行选取，以选中要复制的图像，而且得到的选区与透视网格的透视角度是相同的。选择此工具时，在工具选项条的“羽化”和“不透明度”文本框中输入数值，可以设置选区的羽化和透明属性；在“修复”下拉列表中选择“关”选项，可以直接复制图像，选择“明亮度”选项将按照目标位置的亮度对图像进行调整，选择“开”选项则根据目标位置的状态自动对图像进行调整；在“移动模式”下拉列表中选择“目标”选项，则会将选区中的图像复制到目标位置，选择“源”选项则将目标位置的图像复制到当前选区中。但要注意，当没有任何网格时则无法进行选取。
- “图章工具”：按住Alt键，使用该工具可以在透视网格内定义一个源图像，然后在需要的地方进行涂抹，即可将源图像复制到指定位置。在其工具选项条中可以设置仿制图像时的“画笔直径”、“硬度”、“不透明度”、“修复”等参数。
- “画笔工具”：使用该工具可以在透视网格内进行绘制。在其工具选项条中可以设置画笔的“直径”、“硬度”、“不透明度”、“修复”等参数。单击“画笔颜色”右侧的色块，在弹出的“拾色器”对话框中还可以设置画笔的颜色。

- “变换工具”：由于复制图像时图像的大小自动变化，当对图像大小不满意时，即可使用此工具对图像进行放大或缩小操作。选择其工具选项条中的“水平翻转”或“垂直翻转”选项后，可以得到水平或垂直方向上的翻转图像。
- “吸管工具”：使用该工具可以在图像中单击，以吸取画笔绘图时需要的颜色。
- “测量工具”：使用此工具可以测量从一点到另外一点的距离，以及相对于透视关系来说，当前测量直线的角度。
- “抓手工具”：使用该工具在图像中拖动可以查看未完全显示出来的图像。
- “缩放工具”：使用该工具直接在图像中单击可以放大图像的显示比例，按住Alt键在图像中单击即可缩小图像显示比例。

该对话框弹出菜单中各主要命令的功能解释如下。

- 显示边缘：选中此命令时，将显示出透视网格的边缘线。
- 显示测量：选中此命令时，将显示使用“测量工具”在图像中生成的测量线及测量结果。
- 导出到DXF：选择此命令或按Ctrl+E键，在弹出的对话框中选择文件保存的路径及名称，可以将当前内容导出成为DXF格式的文件。
- 导出到3DS：选择此命令或按Ctrl+Shift+E键，在弹出的对话框中可以将当前文件导出成为3DS格式的文件，以供在3ds Max中使用。
- 导出为After Effect所用格式：使用此命令可以将当前文件导出成为专供After Effect软件使用的格式。

下面通过一个具体实例来讲解该命令的使用方法。

1 打开随书所附光盘中的文件“第15章\15.3-素材1.tif”，其图像效果如图15.4所示。可以看到在书籍封面上暂时没有内容，本例将为其添加封面效果。

2 选择“滤镜”|“消失点”命令，在弹出的“消失点”对话框中选择“创建平面工具”，沿着左下方书籍的正面各角点绘制透视网格，如图15.5所示。

3 网格绘制完毕后，单击“确定”按钮退出对话框。

图15.4

图15.5

4 打开随书所附光盘中的文件“第15章\15.3-素材2.tif”，如图15.6所示。使用“矩形选框工具”创建如图15.7所示的选区，按Ctrl+C键复制图像。

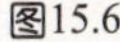
图15.6

图15.7

5 选择步骤1中打开的制作文件，新建图层，得到“图层1”。选择“滤镜”|“消失点”命令，在弹出的对话框中按Ctrl+V键粘贴上一步复制的封面图像，如图15.8所示。将图像拖动至透视网格中，如图15.9所示，使其具有透视的特点。

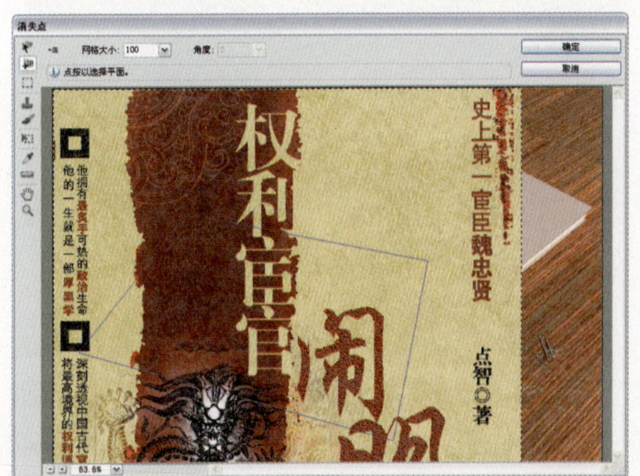

图15.8

图15.9

在粘贴图像后，一定要保证周围的选区没有被取消，否则后面的操作将无法继续执行。

6 将封面图像移出透视网格，使用“变换工具”将其调整为如图15.10所示的效果，再将其拖动至透视网格中，并调整为如图15.11所示的效果，单击“确认”按钮退出对话框，调整后的效果如图15.12所示。将“图层 1”的“填充”数值设置为90%，使其能够自然融合在整个画面中，如图15.13所示。

在调整书籍封面时，需要对工具的大小及角度进行调整，使封面与书籍相匹配。

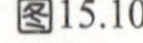
图15.10

图15.11

图15.12

图15.13

7 下面为右上方的书籍添加封底及书脊效果。选择封面素材文件，按Ctrl+Shift+I键反选选区，如图15.14所示。按Ctrl+C键复制图像，然后关闭该文件。选择步骤1中打开的制作文件，新建图层，得到“图层2”，弹出“消失点”对话框，选择“创建平面工具”，在右上方的书籍上绘制透视网格，如图15.15所示。

图15.14

图15.15

8 仍然选择“创建平面工具”，将光标放置在透视网格左侧中间位置的控制句柄上，向下拖动以得到书脊部分的透视网格，效果如图15.16所示。按Ctrl+V键粘贴图像，如图15.17所示。

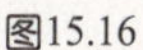

图15.16

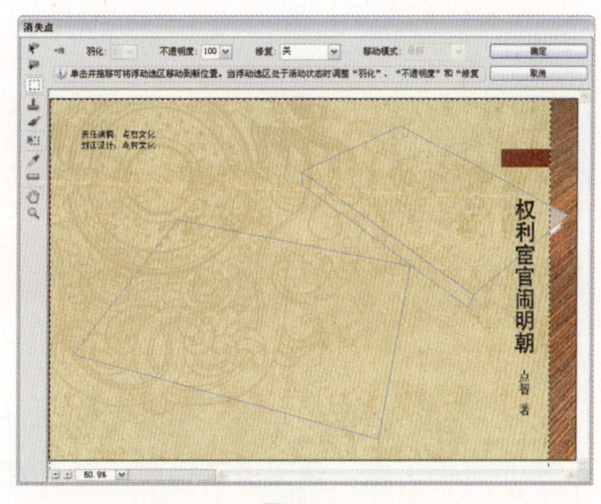

图15.17

9 利用上述操作方法，将粘贴得到的图像进行缩放和位置调整，直至得到如图15.18所示的效果。单击“确定”按钮退出对话框，添加封底及书脊后的效果如图15.19所示。

图15.18

图15.19

10 结合“直线工具”及“高斯模糊”滤镜，在书脊与封底的折角位置添加一条淡淡的线条作为光线，使其效果变得更加逼真，如图15.20所示，此时的“图层”面板如图15.21所示。

图15.20

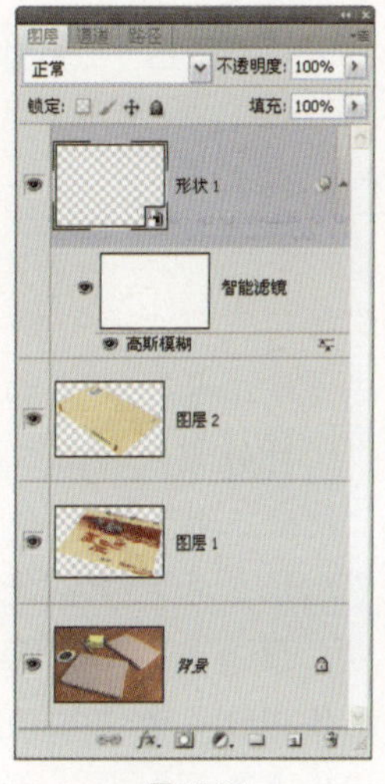

图15.21

15.4 “液化”滤镜

利用“液化”命令，用户可以通过交互方式推、拉、旋转、反射、折叠和膨胀图像的任意区域，使图像变换成所需要的艺术效果。

选择“滤镜”|“液化”命令，弹出如图15.22所示的对话框。

图15.22

下面将按照上图所示的标示，详细讲解各区域中的参数含义。

15.4.1 “液化”滤镜参数

工具箱

- “向前变形工具”：在图像上拖动，可以使图像的像素随着涂抹产生变形。
- “重建工具”：扭曲预览图像之后，使用重建工具可以完全或部分地恢复更改。
- “顺时针旋转扭曲工具”：使图像产生顺时针旋转效果。
- “褶皱工具”：使图像向操作中心点处收缩从而产生挤压效果。
- “膨胀工具”：使图像背离操作中心点从而产生膨胀效果。
- “左推工具”：移动与描边方向垂直的像素。直接拖移使像素向左移，按住Alt键拖移将使像素向右移。
- “镜像工具”：将像素拷贝至画笔区域，然后向与拖动方向相反的方向复制像素。

- “湍流工具”：能平滑地拼凑像素，适合于创建火焰、云彩、波浪等效果。
- “冻结蒙版工具”：用此工具拖过的范围被保护，以免被进一步编辑。
- “解冻蒙版工具”：解除使用冻结工具所冻结的区域，使其还原为可编辑状态。
- “抓手工具”：通过拖动可以显示出未在预视窗口中显示出来的图像。
- “缩放工具”：在预览图像中单击或拖移，可以放大预览图；按住Alt键在预览图像中单击或拖移，将缩小预览图。

工具选项区

工具选项区中的重要参数解释如下。

- 画笔大小：设置使用上述各工具操作时，图像受影响区域的大小。
- 画笔压力：设置使用上述各工具操作时，一次操作影响图像的程度大小。
- 湍流抖动：控制“湍流工具”拼凑像素的紧密程度。
- 光笔压力：此处可以设置在绘图板中涂抹时的压力读数。

重建选项区

重建选项区中的重要参数解释如下。

- 模式：在此下拉列表中选择一种重建模式。
- 重建：要将所有未冻结区域改回它们在打开“液化”对话框时的状态，从“重建选项”区域的“模式”菜单中选择“恢复”选项，并单击“重建”按钮。
- 恢复：要将整个预览图像改回打开对话框时的状态，在对话框的“重建选项”区域单击“恢复全部”按钮。

蒙版选项区

蒙版选项区中的重要参数解释如下。

- 蒙版运算：在此列出了5种蒙版运算模式，其中包括“替换选区”、“添加到选区”、“从选区中减去”、“与选区交叉”及“反相选区”。
- 无：单击该按钮可以取消当前所有的冻结状态。
- 全部蒙住：单击该按钮可以将当前图像全部冻结。
- 全部反相：单击该按钮可以冻结与当前所选相反的区域。

视图选项区

- 显示网格：选择此选项，在对话框预览窗口中显示辅助操作的网格。
- 显示图像：选择此选项，在对话框预览窗口中显示当前操作的图像。
- 网格大小：在此定义网格的大小。
- 网格颜色：在此定义网格的颜色。
- 蒙版颜色：在选择“显示蒙版”选项后，可以在此定义图像冻结区域显示的颜色。
- 显示背景：在此定义背景的显示方式。

● 不透明度：在此定义背景的不透明度显示。

在使用“液化”滤镜对图像进行变形时，可以通过对话框右上角的“存储网格”命令将当前对图像的修改存储为一个文件，当需要时可以单击“载入网格”命令将其重新载入，以便于进行再次编辑。

存储网格后，必须保证当前图像的尺寸不变，否则再将其载入网格后，将无法按照原来的位置进行图像液化处理。

“液化”命令只适用于 RGB 颜色模式、CMYK 颜色模式、Lab 颜色模式和灰度模式的 8 位图像。

15.4.2 使用“液化”滤镜美化人物形体

下面将通过一个简单的案例，来讲解使用“液化”命令美化人物形体的操作方法。

1 选择“文件”|“打开”命令，在弹出的“打开”对话框中选择随书所附光盘中的文件“第15章\15.4.2-素材.jpg”，单击“打开”按钮退出对话框，将看到整个图片如图15.23所示。

2 将“背景”图层拖动至“图层”面板底部的“创建新图层”按钮 上，得到“背景副本”。选择“滤镜”|“液化”命令，弹出“液化”对话框，如图15.24所示。

图15.23

图15.24

3 在“液化”对话框的左侧选择“向前变形工具”，单击左下方的按钮，使图像的显示比例放大到100%，然后在对话框右侧的“工具选项”区域中设置各选项，如图15.25所示。

4 将光标置于人物右侧腰部，如图15.26所示。向左拖动使腰部变细，如图15.27所示。

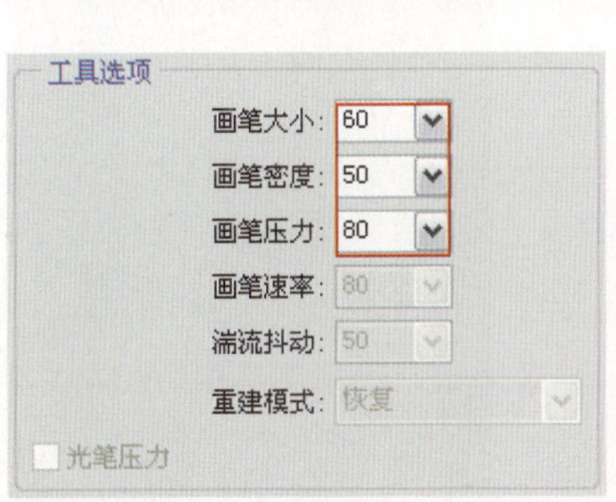

图15.25

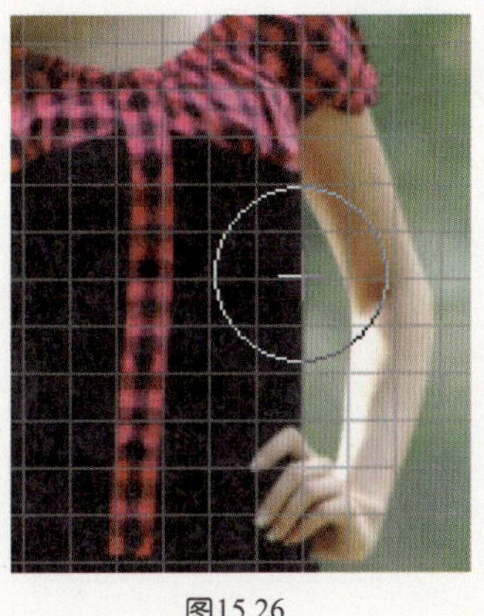

图15.26

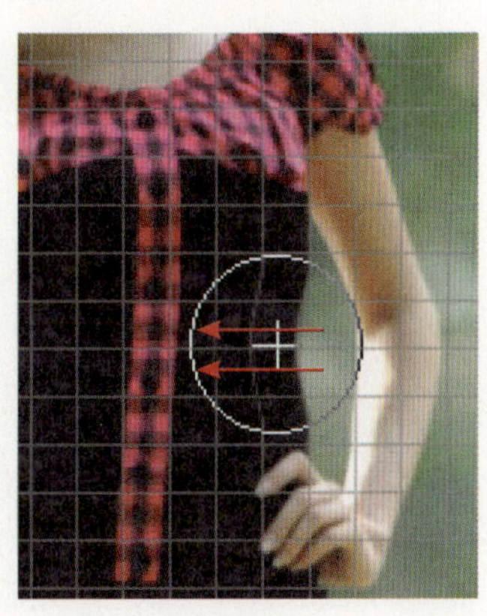

图15.27

5 按照上一步的操作方法继续使用“向前变形工具”对右侧腰部进行液化处理，得到的效果如图15.28所示。

6 对右侧腰部处理完毕后，继续对人物左侧腰部、腿部进行液化处理，如图15.29和图15.30所示。单击“确定”按钮退出对话框。

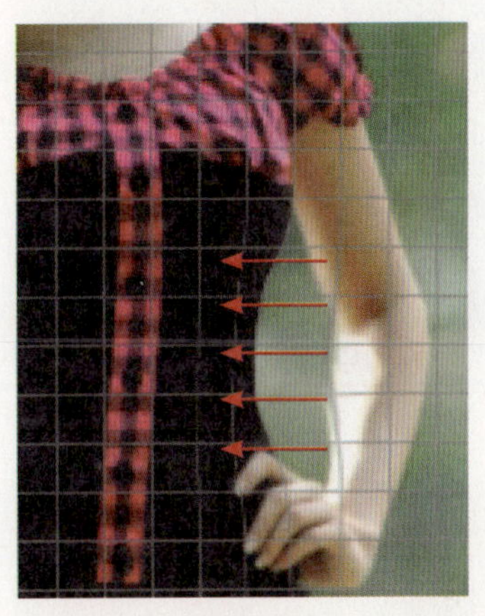

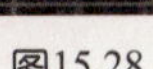

图15.28

图15.29

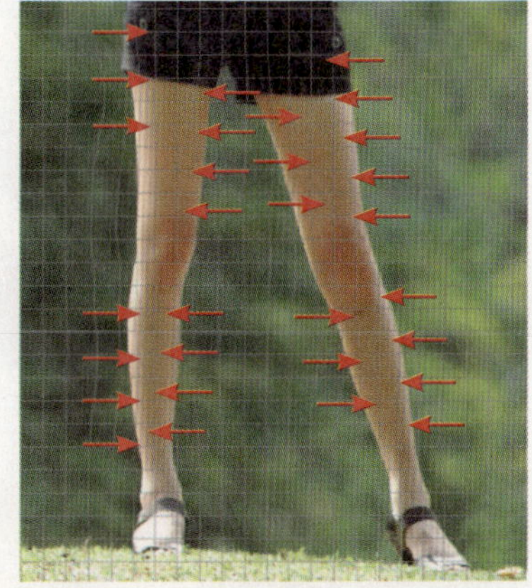

图15.30

TIP

至此，苗条的人物形象已尽显出来。但观看效果发现，对右侧腰部瘦身后，右侧的手臂显得有些过粗。下面继续利用“液化”命令来处理这个问题。

7 选择“滤镜”|“液化”命令，按照步骤3~4的操作方法，应用“向前变形工具”对右手臂进行液化处理，如图15.31所示。单击“确定”按钮退出对话框。

8 锐化图像。选择“滤镜”|“锐化”|“USM锐化”命令，设置弹出的对话框如图15.32所示，单击“确定”按钮退出对话框，得到如图15.33所示的最终效果。

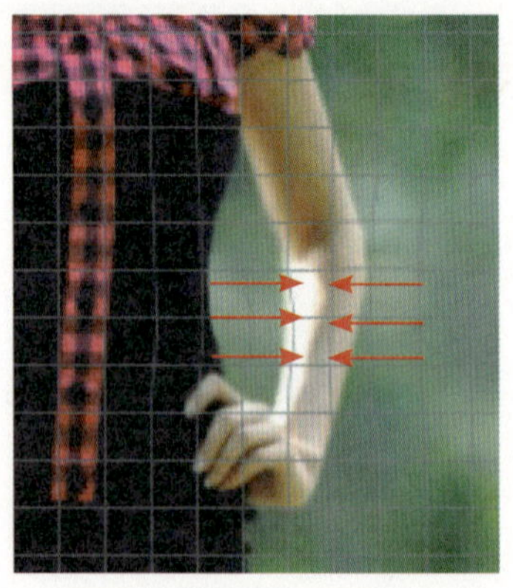

图15.31

图15.32

图15.33

9 如图15.34所示为应用“USM锐化”命令前后的对比效果。“图层”面板如图15.35所示。

图15.34

图15.35

15.5 “镜头校正”滤镜

在Photoshop CS5中，“镜头校正”命令最大的变化就在于，它增加了针对相机与镜头光学素质的配置文件，因而能够通过选择相应的配置文件，对照片进行快速的校正，这对于使用数码单反相机的摄影师而言无疑是极为有利的。

选择“滤镜”|“扭曲”|“镜头校正”命令，弹出如图15.36所示的对话框。

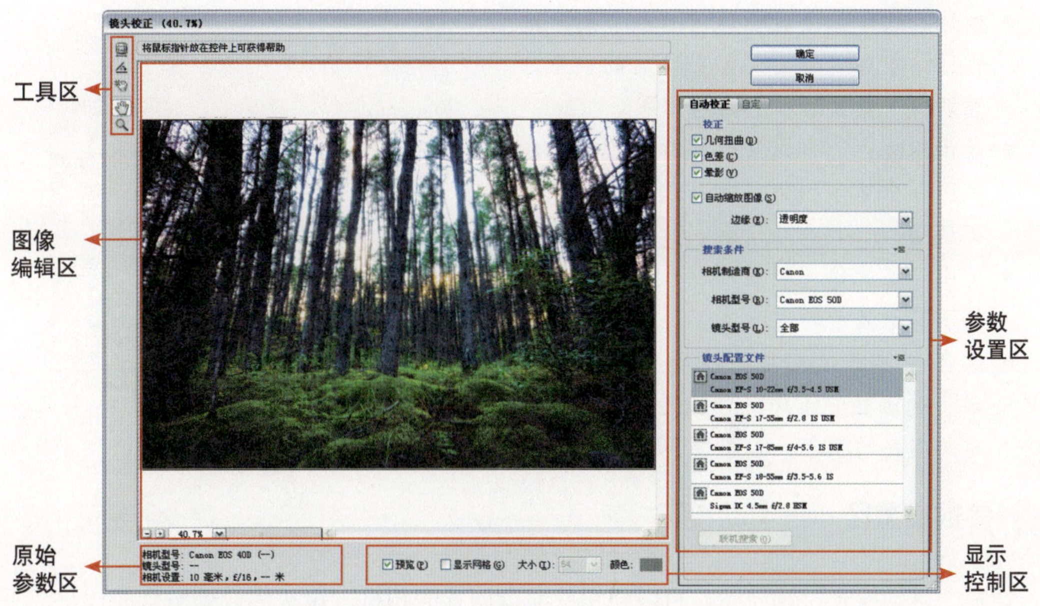

图15.36

下面分别介绍对话框中各个区域的功能。

工具区

工具区中显示了用于对图像进行查看和编辑的工具，下面分别讲解一下各工具的功能。

- “扭曲工具”：使用该工具在图像中拖动可以校正图像的凸起或凹陷状态。
- “角度工具”：使用该工具在图像中拖动可以校正图像的旋转角度。
- “移动网格工具”：使用该工具可以拖动“图像编辑区”中的网格，使其与图像对齐。
- “抓手工具”：使用该工具在图像中拖动可以查看未完全显示出来的图像。
- “缩放工具”：使用该工具在图像中单击可以放大图像的显示比例，按住Alt键在图像中单击即可缩小图像显示比例。

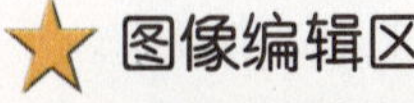

图像编辑区

该区域用于显示被编辑的图像，还可以即时地预览编辑图像后的效果。单击该区域左下角的-按钮可以缩小显示比例，单击+按钮可以放大显示比例。

原始参数区

此处显示了当前照片的相机及镜头等基本参数。

显示控制区

在该区域可以对“图像编辑区”中的显示情况进行控制。下面分别对其中的参数进行讲解。

图15.37

- 预览：选择该复选框后，将在“图像编辑区”中即时观看调整图像后的效果，否则将一直显示原图像的效果。
- 显示网格：选择该复选框则在“图像编辑区”中显示网格，以精确地对图像进行调整。
- 大小：在此输入数值可以控制“图像编辑区”中显示的网格大小。
- 颜色：单击该色块，在弹出的“拾色器”对话框中选择一种颜色，即可重新定义网格的颜色，如图15.37所示。

参数设置区——自动校正

选择“自动校正”选项卡，可以使用此命令内置的相机、镜头等数据做智能校正。下面分别对其中的参数进行讲解。

- 几何扭曲：选中此复选框后，可依据所选的相机及镜头，自动校正桶形或枕形畸变。
- 色差：选中此复选框后，可依据所选的相机及镜头，自动校正可能产生的紫、青、蓝等不同的颜色杂边。
- 晕影：选中此复选框后，可依据所选的相机及镜头，自动校正在照片周围产生的暗角。
- 自动缩放图像：选中此复选框后，在校正畸变时，将自动对图像进行裁剪，以避免边缘出现镂空或杂点等。
- 边缘：当图像由于旋转或凹陷等原因出现位置偏差时，在此可以选择这些偏差的位置如何显示，其中包括“边缘扩展”、“透明度”、“黑色”和“白色”4个选项。
- 相机制造商：此处列举了一些常见的相机生产商供选择，如Nikon（尼康）、Canon（佳能）以及SONY（索尼）等。
- 相机/镜头型号：此处列举了很多主流相机及镜头供选择。
- 镜头配置文件：此处列出了符合上面所选相机及镜头型号的配置文件供选择，选择完成以后，就可以根据相机及镜头的特性自动进行几何扭曲、色差及晕影等方面的校正。

例如图15.38所示是原照片，图15.39所示是选择了 配置文件后的状态，其中最明显的处理结果就是原来周围的暗角已经消失不见了。

图15.38

图15.39

在选择配置文件时，也可以别出心裁地随意尝试一下，说不定能得到比较特殊的效果。例如图15.40所示的照片是使用11mm的镜头拍摄，图15.41所示是选择了Canon EOS 50D Sigma DC 4.5mm f/2.8 HSM配置文件后得到的特殊效果。

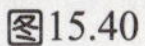

图15.40

图 15.41

参数设置区——自定校正

如果选择“自定”选项卡，在此区域提供了大量用于调整图像的参数，可以手动进行调整，如图15.42所示。

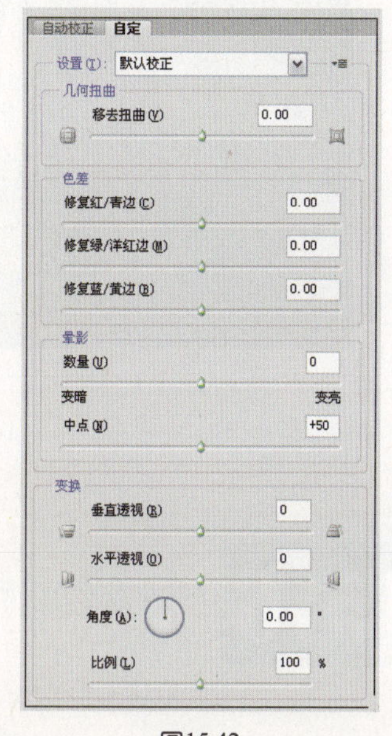

图15.42

下面分别对其中的参数进行讲解。

- 设置：在该下拉列表中可以选择预设的镜头校正调整参数。单击该项后面的管理设置按钮，在弹出的菜单中可以执行存储、载入和删除预设等操作。

只有自定义的预设才可以被删除。

- 移去扭曲：在此输入数值或拖动滑块，可以校正图像的凸起或凹陷状态，其功能与“扭曲工具”相同，但更容易进行精确的控制。
- 修复红/青边：在此输入数值或拖动滑块，可以去除照片中的红色或青色色痕。
- 修复绿/洋红边：在此输入数值或拖动滑块，可以去除照片中的绿色或洋红色痕。
- 修复蓝/黄边：在此输入数值或拖动滑块，可以去除照片中的蓝色或黄色色痕。
- 数量：在此输入数值或拖动滑块，可以减暗或提亮照片边缘的晕影，使之恢复正常。以图15.43所示的原图像为例，图15.44所示是修复暗角晕影后的效果。
- 中点：在此输入数值或拖动滑块，可以控制晕影中心的大小。
- 垂直透视：在此输入数值或拖动滑块，可以校正图像的垂直透视，如图15.45所示。
- 水平透视：在此输入数值或拖动滑块，可以校正图像的水平透视。
- 角度：在此输入数值或拖动表盘中的指针，可以校正图像的旋转角度，其功能与“角度工具”相同，但更容易进行精确的控制。

- 比例：在此输入数值或拖动滑块，可以对图像进行缩小和放大。需要注意的是，当对图像进行晕影参数设置时，最好调整参数后单击“确定”退出对话框，然后再次应用该命令对图像大小进行调整，以免出现晕影校正的偏差。

图15.43

图15.44

图15.45

15.6 智能滤镜

使用过智能对象的用户都知道，若要对智能对象中的内容应用滤镜，必须将其栅格化，但如果需要改变智能对象中的内容，还需要重新执行栅格化命令及滤镜命令，无疑这样操作是非常麻烦的。自Photoshop CS3以来，就专门针对该问题提供了解决方案，即智能滤镜功能。

另外，值得一提的是，智能滤镜本身并非是一个滤镜功能，它只是一个应用滤镜时的辅助功能。下面就来讲解一下智能滤镜的使用方法。

15.6.1 添加智能滤镜

要添加智能滤镜，可以选中要使用智能滤镜的智能对象图层，然后在“滤镜”菜单中选择一个要使用的滤镜命令即可。每使用一个滤镜命令，就会在智能对象图层下面创建一个对应的智能滤镜。

如图15.46所示为原图像及对应的“图层”面板，如图15.47所示是选择“滤镜”|“艺术效果”|“海报边缘”命令和“滤镜”|“艺术效果”|“木刻”命令对图像进行处理后的效果，以及对应的“图层”面板，此时可以看到，在原智能对象图层的下方增加了“智能滤镜”图层，如图15.48所示。

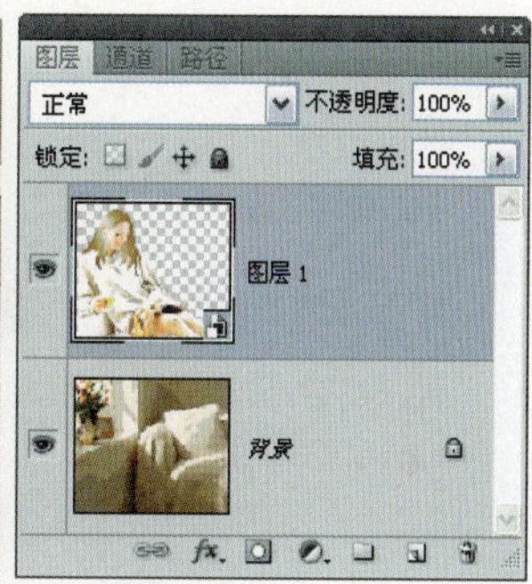

图15.46

图15.47

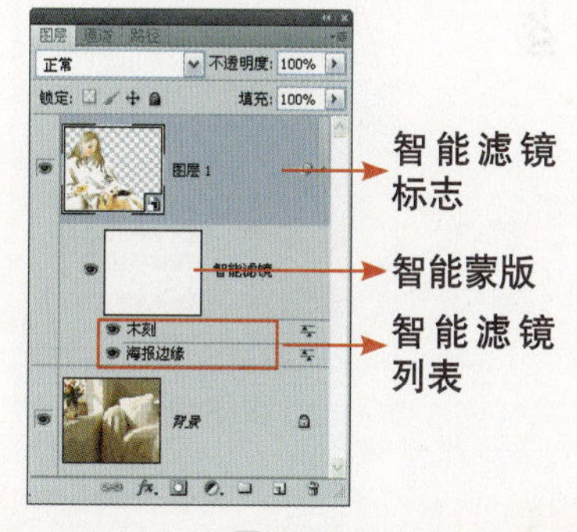

图15.48

一个智能对象图层主要是由智能蒙版以及智能滤镜列表构成，其中，智能蒙版主要用于隐藏智能滤镜对图像的处理效果，智能滤镜列表则显示了当前智能滤镜图层中所应用的滤镜名称。

15.6.2 编辑智能蒙版

智能蒙版与图层蒙版的工作原理是完全相同的，其目的就是为了根据需要来显示或隐藏部分智能滤镜所产生的图像效果。

图15.49是在智能蒙版中绘制黑白渐变后得到的图像效果，以及对应的“图层”面板，可以看出，左上方的黑色，导致了该智能滤镜的效果完全隐藏，并一直过渡到对应的白色区域。

如果要删除智能蒙版，可以直接在蒙版缩览图或“智能滤镜”的名称上右击，在弹出的菜单中选择“删除滤镜蒙版”命令，如图15.50所示。或者选择“图层”|“智能滤镜”|“删除滤镜蒙版”命令。

在删除蒙版后，如果要重新添加蒙版，必须在“智能滤镜”的名称上右击，在弹出的快捷菜单中选择“添加滤镜蒙版”命令，如图15.51所示，或选择“图层”|“智能滤镜”|“添加滤镜蒙版”命令。

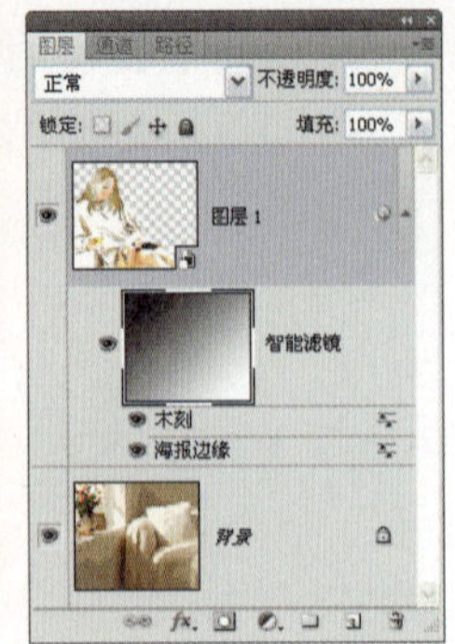

图15.49

图15.50

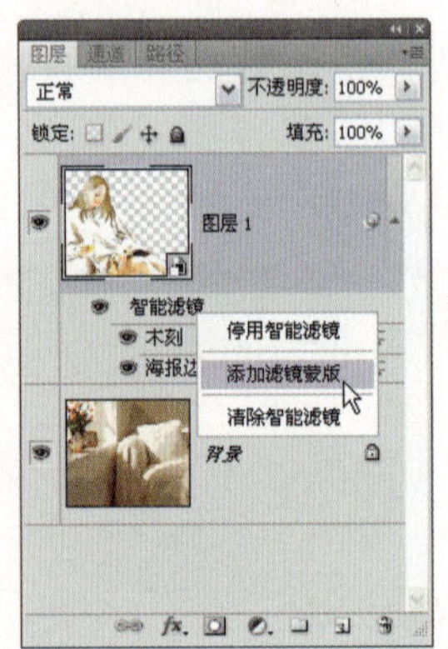

图15.51

15.6.3 编辑智能滤镜

智能滤镜记录了该滤镜的参数信息，用户可以根据需要随时对其进行修改和设置。其操作方法是，直接用鼠标双击要修改参数的滤镜名称，在弹出的对话框中重新设置参数即可。图15.52是仍然以前面使用的图像为例，修改了“海报边缘”滤镜参数前后的效果对比。

图15.52

15.6.4 停用智能滤镜

如果要停用所有的智能滤镜，可以单击智能蒙版前面的眼睛图标，将其变为“隐藏”状态，或在所属的智能对象图层最右侧的图标上右击，在弹出的快捷菜单中选择“停用智能滤镜”命令，即可隐藏所有智能滤镜生成的图像效果。

如果要停用单个智能滤镜，可以直接单击滤镜名称前面的眼睛图标，将其变为“隐藏”状态，或在该滤镜的名称上右击，在弹出的快捷菜单中选择“停用智能滤镜”命令。

与停用智能滤镜操作相对应的要启用所有智能滤镜，可以单击智能蒙版前面的空白方框，使眼睛图标显示出来。

如果要启用单个智能滤镜，可以在其滤镜名称前用鼠标单击，使原本空白的区域显示出眼睛图标，或在该滤镜的名称上右击，在弹出的快捷菜单中选择“启用智能滤镜”命令即可。

15.6.5 更换智能滤镜

要更换智能滤镜，首先需要确认滤镜位于“滤镜库”中，否则将无法完成更换智能滤镜的操作。双击要更换的滤镜名称，弹出相应的对话框。在“滤镜库”对话框中间的滤镜选择框中选择一个新的滤镜命令。设置适当的参数后，单击“确定”按钮，退出该对话框，即完成更换智能滤镜的操作。

图15.53所示是笔者将“木刻”滤镜更换为“胶片颗粒”滤镜后的效果。

图15.53

15.6.6 删除智能滤镜

如果要删除一个智能滤镜，可以直接在该滤镜名称上右击，在弹出的快捷菜单中选择

"删除智能滤镜"命令，或者直接将要删除的滤镜拖动至"图层"面板底部的"删除图层"按钮上。

如果要清除所有的智能滤镜，可以在智能滤镜（即智能蒙版后滤镜列表中的名称）上右击，在弹出的快捷菜单中选择"清除智能滤镜"命令，或直接选择"图层"|"智能滤镜"|"清除智能滤镜"命令。

Chapter 16

3D功能

3D图层是Photoshop CS5中一项卓越的新增功能。使用这一功能，设计师能够很轻松地将三维立体模型引入到当前操作的Photoshop图像中，从而为平面图像增加三维元素。本章将主要讲解如何创建3D模型、3D模型的网格以及调整3D模型的光源等。

16.1 Photoshop 3D功能概述

16.1.1 了解3D功能

从Photoshop CS3到如今的CS5版本，每次升级时，3D功能都明显地让人感觉到其逐步完善、功能逐渐强大的事实。在Photoshop CS5中，除新增了极为强大、实用的凸纹建模方式外，在编辑光源、材质等系统上也都得到了很大的增强，从而使3D功能向着实用性方向跨出了有效的一步。

图16.1展示了导入的原始3D模型，图16.2所示为使用Photoshop的3D功能为该模型赋予金属机身贴图纹理，并渲染生成的效果。

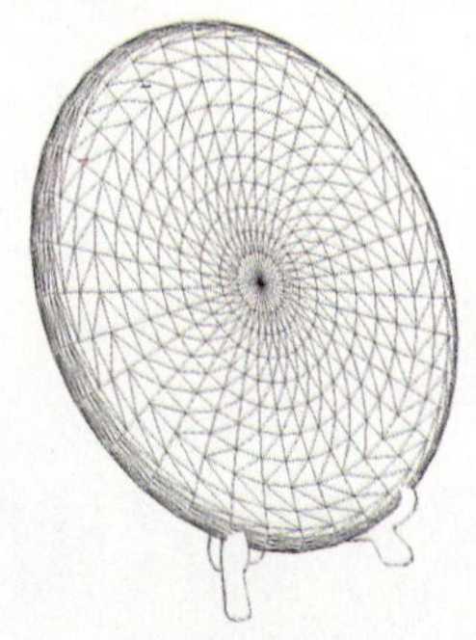

图16.1

图16.2

16.1.2 启用OpenGL绘图

在Photoshop CS5中，必须设定“启用OpenGL绘图”选项，才能正常显示3D场景。

OpenGL是一种软件和硬件标准，可在处理大型或复杂图像（如3D文件）时加速视频处理过程，使Photoshop中的打开、移动、编辑3D模型性能得到极大的提高，但开启OpenGL设置需要电脑上的显卡支持。

选择“编辑”|“首选项”|“性能”命令，在弹出的对话框左侧列表框中选择“性能”选项，再选择“启用OpenGL绘图”复选框，即可完成开启OpenGL设置的功能。

16.1.3 认识3D图层

3D图层属于一类非常特殊的图层，为了便于与其他图层区别开来，其缩览图上存在一个特殊的标识，另外，根据设置的不同，其下方还有不等数量的贴图列表，如图16.3所示。

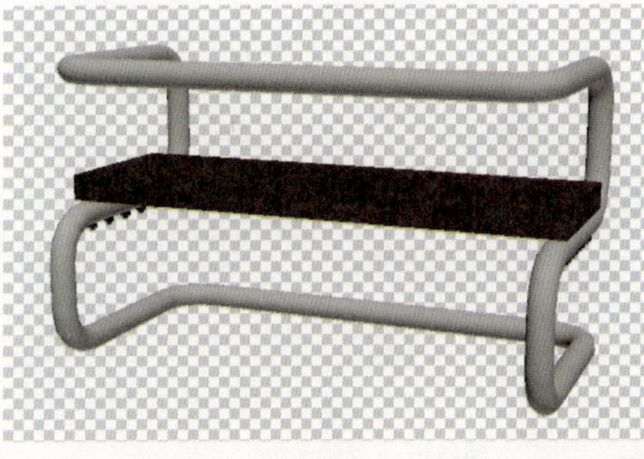

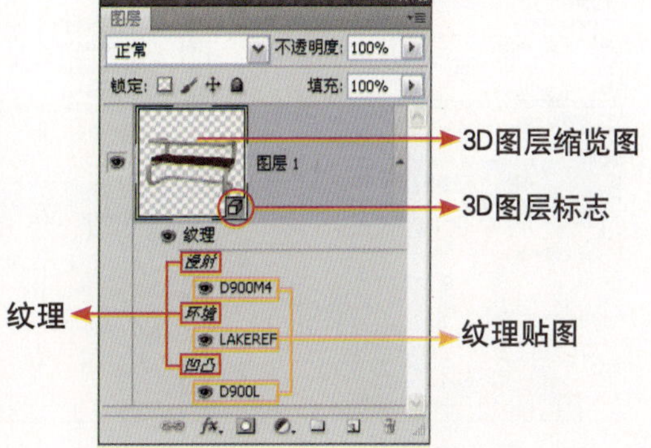

图16.3

下面来介绍一下3D图层各组成部分的功能。

- 双击3D图层缩览图可以调出3D面板，以对模型进行更多的属性设置。
- 3D图层标志：可以方便认识并找到3D图层的主要标识。
- 纹理：Photoshop CS5提供了很多种纹理类型，比如用于模拟物体表面肌理的“漫射”类贴图，以及用于模拟物体表面反光的“环境”类贴图等，每种纹理类型下面都可以为其设置不同数量的贴图。本书将在后面的章节中详细讲解贴图的类型。
- 纹理贴图：此处列出了在不同的纹理类型中所包含的纹理贴图数量及名称，当光标置于不同的贴图上时，还可以即时预览其中的图像内容，如图16.4所示。关于纹理及纹理贴图的详细讲解，请参见本章16.7节的讲解。

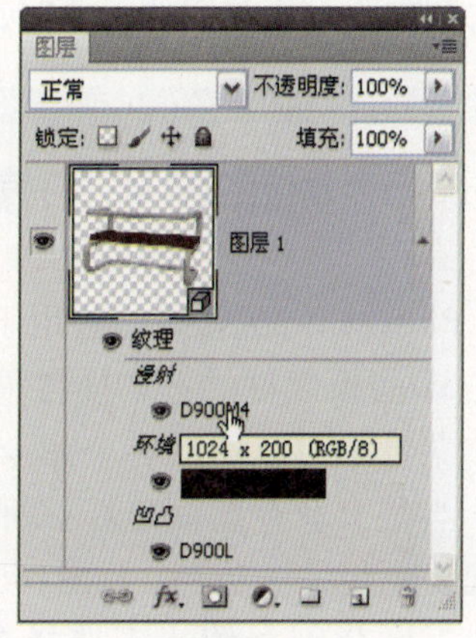

图16.4

TIP

不能在3D图层上直接使用各类变换操作命令、颜色调整命令和滤镜命令，除非将此图层栅格化或转换成为智能对象。

16.1.4 了解3D面板

3D面板是3D模型的控制中心，选择“窗口”|“3D”命令或在“图层”面板中双击某3D图层的缩览图，都可以显示如图16.5所示的3D面板。

3D面板会显示每一个选中的3D图层中3D模型的网络、材质和光源，还可以在此面板对这些属性进行灵活的控制。

图16.6展示了分别单击“网格”按钮、“材质”按钮、“光源”按钮后3D面板的状态。

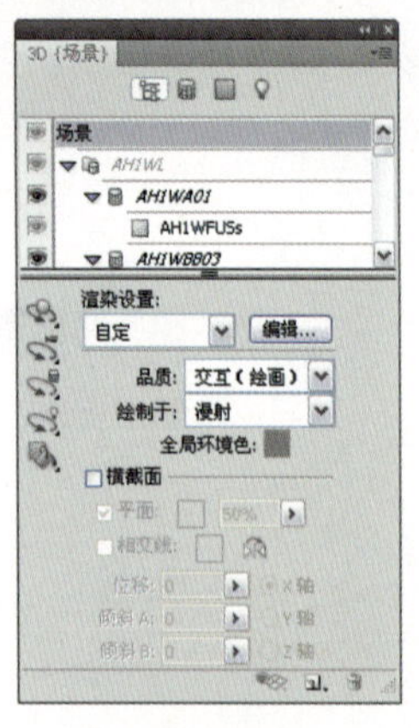

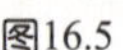

图16.5

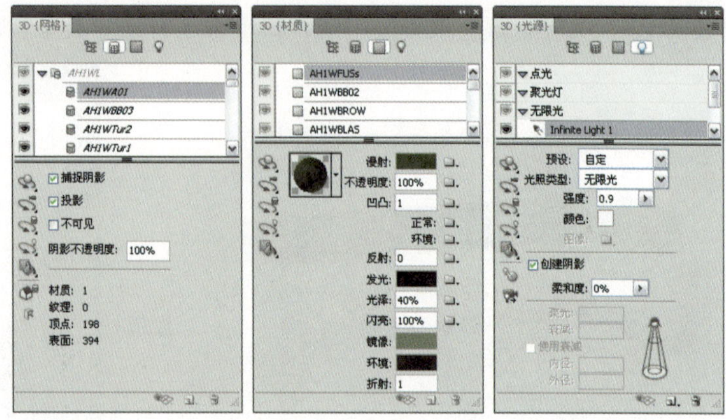

图16.6

在大多数情况下，应该保持按钮被按下，以显示整个3D场景的状态，从而在面板上方的列表中单击不同的对象时，能够显示该对象的控制参数，以方便对其进行控制。

16.1.5 显示/隐藏3D模型辅助功能

Photoshop提供了一些用于辅助进行3D模型操作的功能，单击3D面板底部的“切换各种3D额外内容”按钮，在弹出的菜单中可以选择各个命令，以显示或隐藏相应的辅助功能，当某个命令前面出现✓时，即代表显示了该功能，反之则代表隐藏了该功能，如图16.7所示。

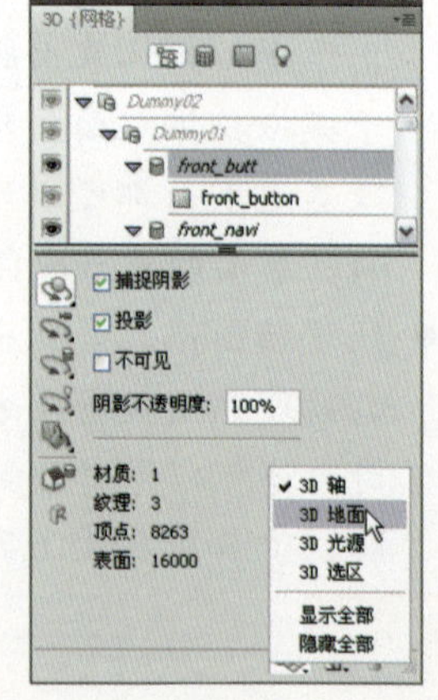

图16.7

下面分别介绍一下选择各个命令时调出的辅助功能的作用。

- 3D轴：选择此命令后，可调出用于辅助进行编辑模型操作的3D轴，其中包括了对局部或整体进行缩放、旋转、推进等操作，如图16.8所示。
- 3D地面：选择此命令后，可显示模型的地面位置，以便于更好地把握整体的透视关系，如图16.9所示。
- 3D光源：选择此命令后，可以显示当前模型的光源，从而进行更直观的查看和编辑，如图16.10所示。

要激活“切换各种3D额外内容”按钮，需要在选择一个3D图层的同时，选择一个3D模型编辑工具。

图16.8

图16.9

图16.10

- 3D选区：选择此命令后，当选择不同的网格、材质等对象时，可以在模型上用不同的颜色标识出来。例如在选择不同的网格时，是使用青色的立体线框进行标识，如图16.11所示；在选择不同的材质时，是使用白色线进行标识，如图16.12所示。

图16.11

图16.12

- 显示/隐藏全部：选择这两个命令后，可以快速设置显示或隐藏上述4种辅助功能。

TIP

除了3D轴功能外，3D地面、3D光源以及3D选区均需要启用OpenGL功能的情况下才能使用。

16.1.6 栅格化3D模型

3D图层是一类特殊的图层，在此类图层中，无法进行绘画等编辑操作，要应用的话，必须将此类图层栅格化。

选择“图层”|“栅格化”|“3D”命令，或直接在此类图层中右击，在弹出的快捷菜单中选择“栅格化”命令，均可将此类图层栅格化。

16.1.7 设置3D模型的输出&预览品质

在选中3D面板中“整个场景”按钮的情况下，在“品质”下拉列表中可以设置当前模型的输出品质，即帮助用户选择以何种品质进行预览，其中各种选项的解释如下。

- 交互（绘画）：此时无论是模型的质量、光线的准确性以及模型的阴影等，都不会显示出来，一切只为了以最快的速度预览模型的大致效果，在此品质下，模型边缘常常会带有较多的锯齿。
- 光线跟踪草图：该品质已经拥有不错的画面质量，甚至可以由此品质下的预览预估到最终输出的效果图，因为此时的光线、贴图、模型等质量都已经很高了，可以预览到比较贴近最终输出的效果。
- 光线跟踪最终效果：在该品质下，即进行最终、品质最高级别的渲染，渲染得到的效果在细节上要比“光线跟踪草图”品质更细腻。当然，这种品质下的渲染也非常耗费时间，根据模型的复杂程度，渲染所需的时间也不一样。

例如图16.13所示就是分别选择这3种品质进行渲染后得到的效果对比。

图16.13

16.1.8 停止与恢复高品质渲染

类似阴影、光线、贴图、不透明度等细节，都必须在“光线跟踪”品质下才能显现出来，即需要使用“光线跟踪草图”与“光线跟踪最终效果”这两种渲染方式，但它们的渲染效果较慢，因此在进行渲染时，如果发现已经了解了渲染结果，可以随时按Esc键停止进行渲染，如果要继续前一次的渲染结果，可以在选择了一个网格或材质的情况下，单击3D面板右上方的面板按钮，在弹出的菜单中选择“恢复连续渲染”命令即可。

Chapter 16 3D功能

16.2 创建3D模型

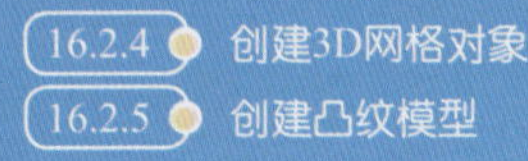

16.2.1 从外部导入3D模型

如果读者拥有一些3D资源或自己会使用一些三维软件，也可以将这些软件制作的模型导出成为3ds、obj、u3D及dae等格式，然后使用下面的方法将其导入至Photoshop中使用。

- 选择“文件”|“打开”命令，在弹出的对话框中直接打开三维模型文件，即可导入3D模型。

TIP

使用“打开”命令导入3D模型的方式，有时候可能因为系统或显示卡驱动等原因，在导入后无法看到任何的模型内容，此时可以采用下面的方法导入3D模型。

- 选择“3D”|“从3D文件新建图层”命令，在弹出的对话框中打开三维模型文件，即可导入3D模型。

图16.14为打开一个3D模型后的状态，此时的“图层”面板如图16.15所示。

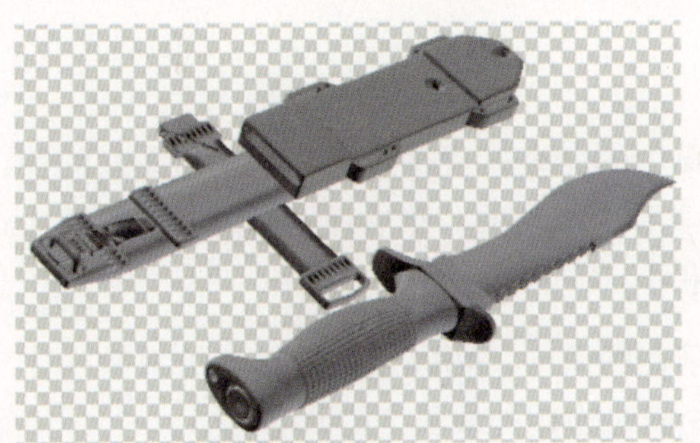
图16.14

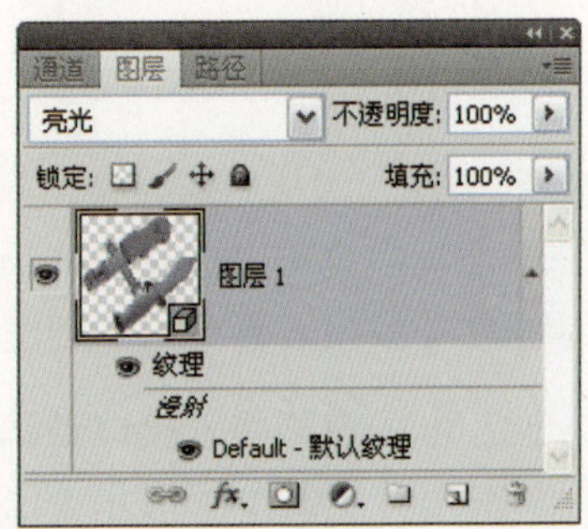

图16.15

16.2.2 创建3D明信片

选择“3D”|“从图层新建3D明信片”命令，或在选择一个普通图层的情况下，在3D面板中也可以选择“3D明信片”选项，单击面板底部的“创建”按钮，可以用来创建3D对象，不同于上面讲解的创建基本3D物体的操作，使用此命令可以将一个平面图像转换为3D明信片的两面的贴图材质，该平面图层也相应被转换成为3D图层。

以图16.16所示的图片为例，图16.17所示为使用此命令将其转换成为3D明信片图层后，对其在3D空间内进行旋转的效果。

图16.16

图16.17

16.2.3 创建3D形状

在Photoshop CS5中，用户可以创建新的3D模型，如锥形、立方体或圆柱体，并在3D空间内移动此3D模型、更改渲染设置、添加光源或将其与其他3D图层合并。

下面讲解创建新的3D模型的基本操作步骤。

1 打开或新建一个平面图像。

2 选择“3D”|“从图层新建形状”子菜单中的命令，或在选择一个普通图层的情况下，在3D面板中也可以选择“从预设创建3D形状”选项，然后在下面的下拉菜单中选择要创建的3D模型，再单击“创建”按钮即可。

3 被创建的3D模型将直接以默认状态显示在图像中，可以通过旋转、缩放等操作对其进行基本编辑，图16.18展示了使用此命令创建的10种最基本的3D模型。

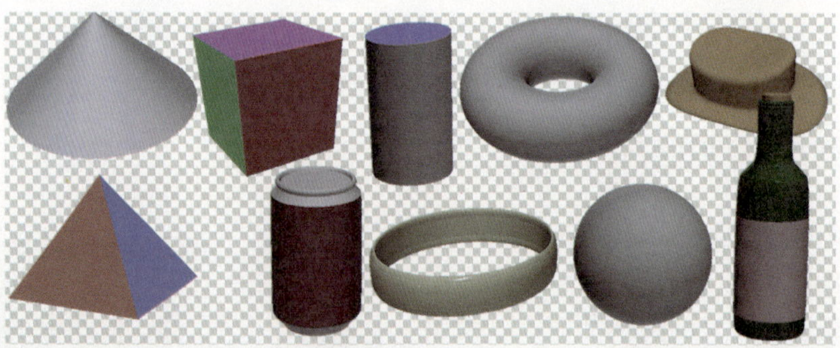

图16.18

16.2.4 创建3D网格对象

选择“3D”|“从灰度新建网格”命令，或在没有选择一个普通图层的情况下，在3D面板中也可以选择“从灰度创建3D网格”选项，然后在下面的下拉菜单中选择合适的选项，再单击“创建”按钮，即可将平面图像映射成为3D模型，其原理是将一幅平面图像的灰度信息

映射成为3D物体的深度映射信息，从而通过置换生成深浅不一的3D立体表面，下面是基本操作步骤。

1 打开随书所附光盘中的文件"第16章\16.2.4-2D素材图像.jpg"，如图16.19所示，并选择图层"背景副本3"，将其确定为要转换成为3D对象的图层。

图16.19

2 选择"图像"|"模式"|"灰度"命令，或选择"图像"|"调整"|"黑白"命令将图像调整成为灰度效果（此操作可以跳过，在此笔者未执行此操作步骤）。

3 选择"3D"|"从灰度新建网格"命令，然后选择如下所述的各网格选项命令，各个选项生成的3D模型对象如图16.20所示。

- 平面将深度映射数据应用于平面表面。
- 双面平面创建两个沿中心轴对称的平面，并将深度映射数据应用于两个平面。
- 圆柱体从垂直轴中心向外应用深度映射数据。
- 球体从中心点向外呈放射状应用深度映射数据。

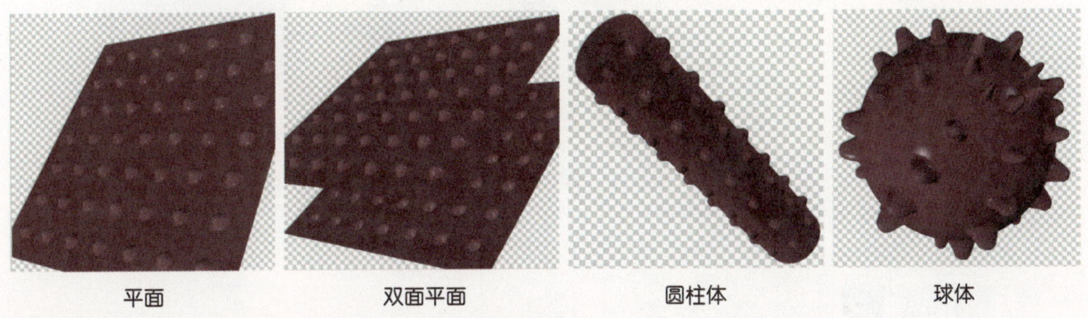

平面　双面平面　圆柱体　球体

图16.20

TIP

如果选择了多个图层，则选择"3D"|"从灰度新建网格"子菜单中的各个命令时，Photoshop以这些图层相互叠加的最终效果生成3D模型。如果使用的平面素材图像具有一定的不透明度，则由此创建的3D模型，也具有一定的透明度。

16.2.5 创建凸纹模型

在Photoshop CS5中，新增了创建凸纹模型功能，其最大的特点就在于，支持了从文字图层、图层蒙版、选区以及路径等对象上创建模型，使得创建模型的工作更加丰富、易用，下面来讲解一些其创建及编辑方法。

创建凸纹模型

在依据不同的对象创建模型时，也需要当前所选中的图层或当前画布中显示了相应的对象，如要依据图层蒙版创建模型，则当前选中的图层应带有图层蒙版，而如果要依据路径创建模型，则当前应显示一或多条封闭路径。

以如图16.21所示的图像为例，其选区是在“通道”面板中，按住Ctrl键单击“Alpha1”的缩览图载入的选区，此时，选择“图层1”并选择“3D”|“凸纹”|“当前选区”命令，或在3D面板的“源”下拉列表中选择“当前选区”选项，单击“创建”按钮后，即可以当前的选区为轮廓、以当前图层中的图像为贴图，创建一个3D模型，此时将弹出如图16.22所示的对话框，默认情况下，将可以制作得到如图16.23所示的三维效果。

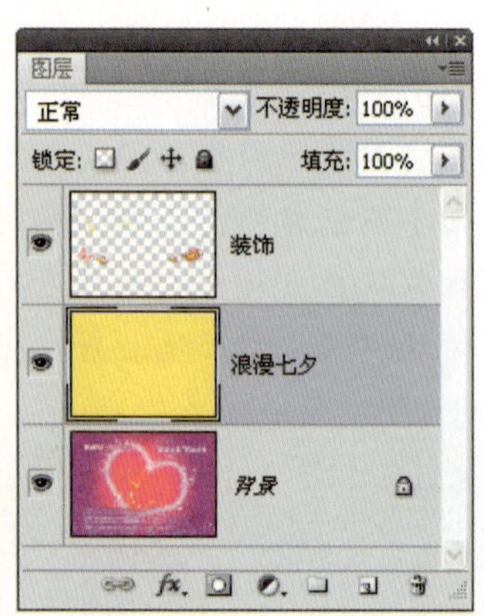

图16.21

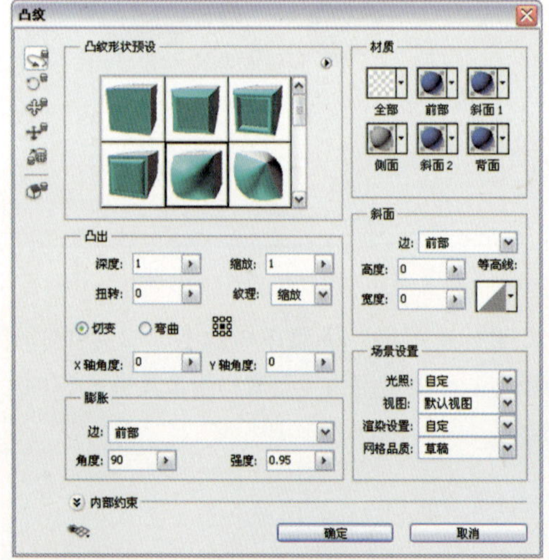

图16.22

图16.23

TIP

在3D面板的“源”下拉列表中，仅支持“工作路径”和“当前选区”两种创建凸纹模型创建方式，而在“3D”|“凸纹”子菜单中，才包括了通过图层蒙版以及文字等方式创建凸纹模型的命令。

 约束凸纹模型

在创建模型后，还可以继续使用约束功能来编辑模型的形态。

例如上面制作的“浪漫七夕”文字中，原本应该带有镂空的地方已经被填满，但由于原来用于镂空的选区仍然存在，因此，可以直接对其进行镂空处理。在此3D图层名称上右击，在弹出的快捷菜单中选择“编辑凸纹”命令，并在弹出的对话框底部选择“旋转3D约束工具”，然后单击选中“浪”字中可用于控制镂空的线条，如图16.24所示。在“凸纹”对话框底部的“类型”下拉列表中选择“空心”选项，即可得到如图16.25右图所示的效果。

选择“从所选路径创建约束”命令后，在底部设置的参数，其中最重要的就是在“类型”下拉列表中选择“空心”选项。

图16.24

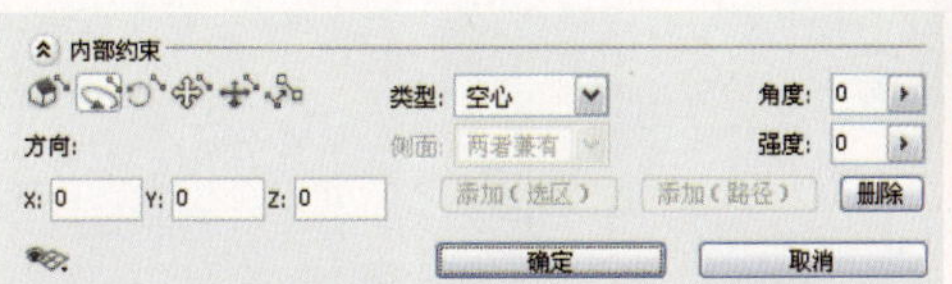

图16.25

图16.26所示是按照上述方法，继续将其他区域也做了内部约束以形成镂空后的效果。

图16.26

值得一提的是，用户可以选择路径或选区进行模型的内部约束，但所绘制的选区和路径必须位于表面的内部，否则将无法创建内部约束。另外，每次用于制作内部约束的选区或路径，只能是一个完整的闭合选区或路径，而不能是多个闭合的选区或路径。如果要制作多个内部约束，可以分别选中或显示相应的路径或选区，然后选择“3D”|“凸纹”|“从选区创建约束”或“从当前路径创建约束”命令即可。

开放式的路径无法制作内部约束。

在“凸纹”对话框中，各主要参数的讲解如下。

 工具箱

此处的工具可以用于编辑画布中的模型，其具体功能和使用方法与工具箱中各模型编辑工具基本相同，其讲解请参见本书第16.3节。

 凸纹形状预设

在默认情况下，此处列有18种三维预设，用户可以直接选择而应用得到特殊的三维模型，例如图16.27所示是选择不同预设时得到的不同效果。

图16.27

单击该区域右上方的按钮▶，在弹出的菜单中可以对形状预设进行新建及删除等管理操作。

 凸出

此区域中的各参数解释如下。

- 深度：此参数控制了模型的厚度。
- 缩放：此参数控制了模型凸出区域的缩放比例，当数值为最小时，则凸出区域变为尖形。
- 扭转：此处可以设置凸出的特异造型，图16.28所示就是设置不同数值时得到的不同效果。

图16.28

- 纹理：在此可以设置凸出区域的纹理表现形式，如缩放、平铺以及填充等。
- 切变/扭曲：选择这两个不同的选项，可以得到完全不同的模型创建结果。例如图16.29所示就是在选择相同预设的情况下，分别选择这两个选项时得到的不同结果。另外，在右侧选择不同的定位点，也可以得到不同的模型结果。

图16.29

- X/Y轴角度：在此处输入数值，可以控制凸出区域的角度。对于一个普通的曲线路径而言，巧妙地设置x与y轴的角度，可以得到非常特殊的模型，例如以图16.30所示的路径为例，在选择“3D”|“凸纹”|“所选路径”命令创建模型后，在弹出的对话框中设置x轴数值为360°，则可以得到如图16.31所示的花瓶效果，更多的模型效果，读者可以自行尝试制作。

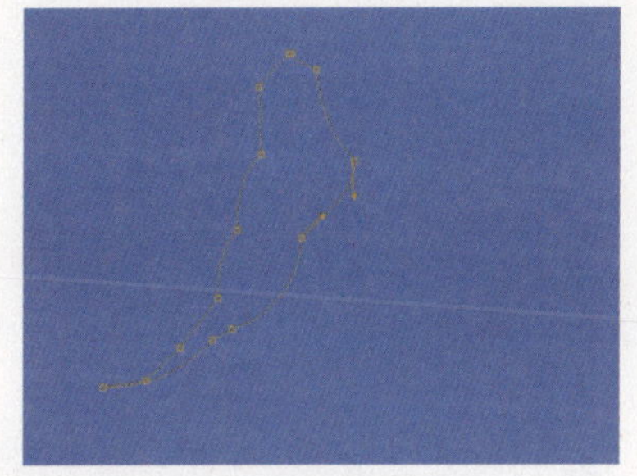

图16.30

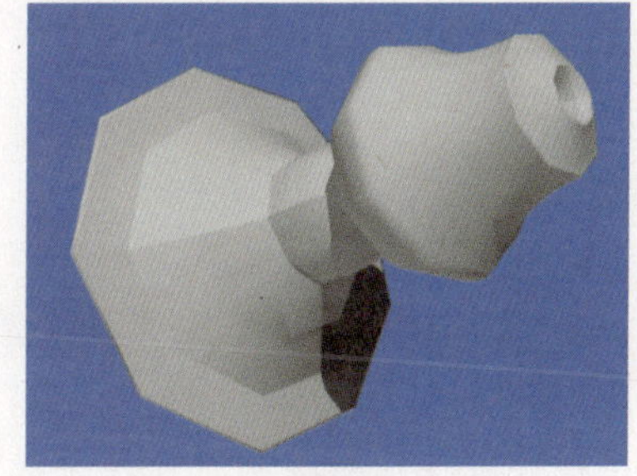

图16.31

膨胀

此区域中的各参数解释如下。

- 边：在此下拉列表中可以选择要膨胀起来的面，其中包括了“前部”、“背面”及“前部和背面”3个选项。
- 角度：此参数控制了膨胀区域的角度。
- 强度：此参数控制了膨胀的程度，数值越大则膨胀的就越强，如图16.32所示。

材质

在此区域可以为所创建的模型选择不同的材质，其中左上第一个标有“全部”文字的材

质，在此设置后，可以为当前的整个模型应用相同的材质，而其他5个材质选项，则分别对应了模型的其他5个区域。图16.33所示就是分别设置了不同材质时得到的结果。

图16.32

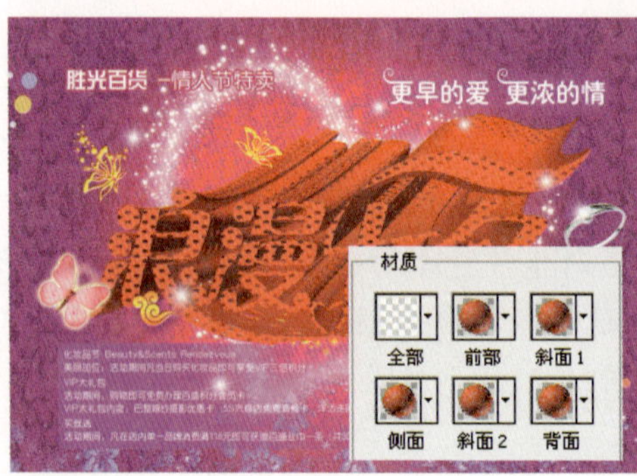

图16.33

斜面

此区域中各参数的解释如下。

- 边：在此下拉列表中可以选择要产生斜面的面，其中包括了“前部”、“背面”及“前部和背面”3个选项。
- 高度：此数值可以控制斜面在原模型基础上凸起的程度。
- 宽度：此数值可以控制斜面的强度。
- 等高线：此处的功能与“斜面和浮雕”对话框中的等高线功能与非常相似，图16.34所示是选择不同等高线时得到的效果。

图16.34

★场景设置

此区域中的参数解释如下。

● 光照：在此下拉列表中可以选择不同的光照类型，以得到不同的效果，如图16.35所示。

图16.35

● 视图：在此下拉列表中可以选择不同的视角方向，如左视图、前视图等。

● 渲染设置：在此下拉列表中可以选择不同的渲染预设，以渲染得到不同的模型结果。

● 网格品质：在此下拉列表中可以选择不同的模型显示质量，以满足不同的预览需求。越好的预览品质则占用的系统资源就越大。

Chapter 16 3D功能

16.3 调整3D模型及相机

16.3.1 改善系统性能

在编辑3D模型的过程中，无论是简单的大小及角度等属性的编辑，还是更为复杂的材质、光源等属性的编辑，都会极大地占用系统资源，此时，可以选择“3D”|“自动隐藏图层以改善性能”命令，这样在编辑模型的过程中，Photoshop会在编辑当前模型的同时，自动隐藏其他所有的图层，以提高系统的运行速度。

如果需要精确定位当前模型与其他模型或图像之间的相对位置，则需要取消选择该命令。

16.3.2 使用3D轴编辑模型

3D轴用于控制3D模型，使用3D轴可以在3D空间中移动、旋转、缩放3D模型。要显示如图16.36所示的3D轴，需要选中一个3D图层。

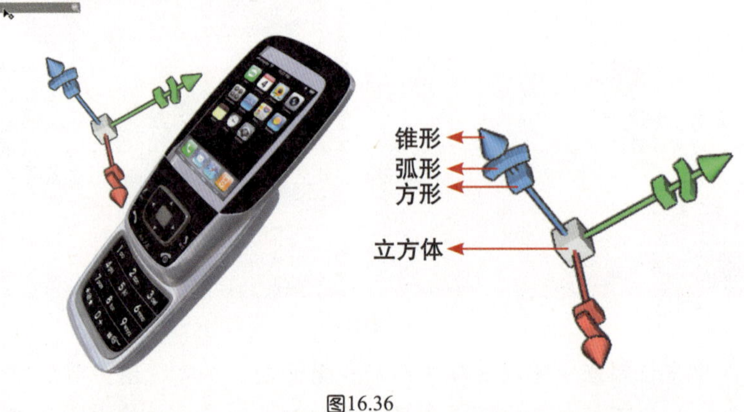

图16.36

TIP

必须启用OpenGL功能以显示3D轴。

 显示/隐藏3D轴

要控制3D轴的显示与隐藏，可以单击3D面板底部的“显示额外内容”按钮，在弹出的菜单中选择“3D轴”命令，使此命令前面出现一个✓即可显示3D轴，反之则可以隐藏3D轴。

 控制3D轴

可以通过下面的操作对3D轴进行灵活控制。

- 要移动3D轴，可拖动灰色的控制栏。
- 要缩放3D轴，可按住控制栏左侧的“比例”按钮进行拖动。
- 要最小化3D轴，可单击“最小化”图标。
- 要恢复3D轴到正常大小，单击“已最小化的3D轴”图标。

 使用3D轴调整模型

要使用3D轴，将光标移至轴控件处，使其高亮显示，然后进行拖动，根据光标所在控件的不同，操作得到的效果也各不相同，详细操作如下所述。

- 要沿着x、y或z轴移动3D模型，将光标放在任意轴的锥形，使其高亮显示，拖动左键即可以任意方向沿轴拖动，状态如图16.37所示。

图16.37

- 要旋转3D模型，单击3D轴上的弧线，围绕3D轴中心沿顺时针或逆时针方向拖动圆环，状态如图16.38所示，拖动过程显示的旋转平面指示旋转的角度。

图16.38

- 要沿轴压缩或拉长3D模型，将光标放在3D轴的方形上，然后左右拖动即可。
- 要缩放3D模型，将光标放在3D轴中间位置的立方体上，然后向上或向下拖动。
- 要将移动限制在某个对象平面，将光标放在3D轴中间位置，待此位置出现黄色扁立方体后，向中心立方体拖动，或远离中心立方体拖动即可完成操作，如图16.39所示。

图16.39

16.3.3 使用工具调整模型

除了使用3D轴对3D模型进行控制外，还可以使用工具箱中的3D模型控制工具对其进行控制，如图16.40所示。

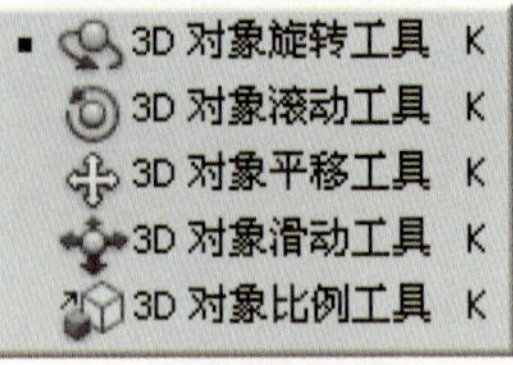

图16.40

选择任何一个3D模型控制工具后，工具选项条显示为如图16.41所示的状态。

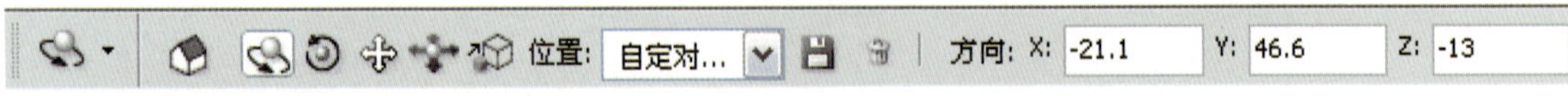

图16.41

工具箱中的5个控制工具与工具选项条左侧显示的5个工具图标相同，其功能及意义也完全相同，下面分别讲解。

- 3D对象旋转工具：拖动此工具可以将对象进行旋转。
- 3D对象滚动工具：此工具以对象中心点为参考点进行旋转。
- 3D对象平移工具：此工具可以移动对象的位置。
- 3D对象滑动工具：此工具可以将对象向前或向后拖动，从而放大或缩小对象。
- 3D对象比例工具：此工具将仅调整3D对象的大小。

16.3.4 为模型设置预设的位置

选择任何一个3D物体控制工具后，工具选项条显示为如图16.42所示的状态。

图16.42

- “返回到初始对象位置”按钮：对于编辑过的对象，如想返回到初始状态，单击此按钮即可。
- 位置：在此下拉列表中可以选择软件预设的模型位置。

如果要将手工调整的位置保存起来，以便于随时调用，可以单击“位置”右侧的“保存”按钮，在弹出的对话框中输入新名称，然后单击“确定”按钮，即可将当前的位置保存起来；如果要删除以前保存的位置，可以单击“位置”后面的“删除”按钮。

16.3.5 使用参数精确设置模型

要通过输入数值来精确控制模型的方向、位置及缩放属性，可以在选择合适的工具的情况下在其工具选项条中设置参数。

- 在选择“3D对象旋转工具”和“3D对象滚动工具”时，其工具选项条右侧将显示“方向”参数，如图16.43所示，其数值代表了在x、y、z三个轴上的旋转角度。
- 在选择“3D对象平移工具”和“3D对象滑动工具”时，其工具选项条右侧将显示“位置”参数，如图16.43所示，其数值代表了在x、y、z三个轴上的位置。
- 在选择“3D对象比例工具”时，其工具选项条右侧将显示“缩放”参数，如图16.43所示，其数值代表了在x、y、z三个轴上的大小。默认情况下，当三个轴的数值均为1时，代表当前模型没有任何缩放，如果要保证模型以等比例进行缩放，应保证x、y、z三个输入框中的数值相等。

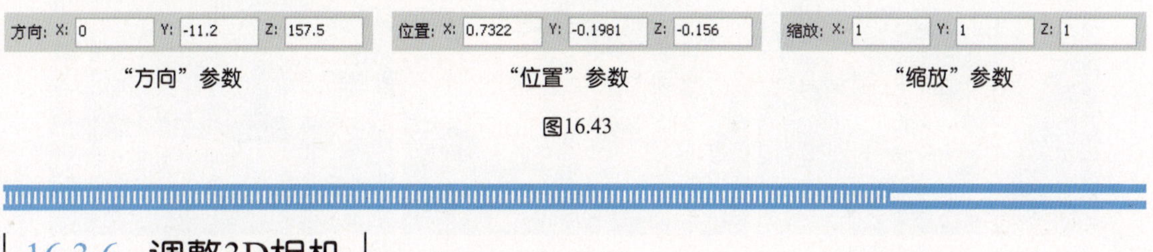

图16.43

16.3.6 调整3D相机

如果希望改变3D模型的观察角度，可以使用工具箱中如图16.44所示的5种调整3D相机工具。

图16.44

选择其中的任何一种工具后，工具选项条如图16.45所示。

图16.45

工具箱中的5个控制工具与工具选项条左侧显示的5个工具图标相同，其功能及意义也完全相同，下面分别讲解。

- “返回到初始相机位置”按钮：对于编辑过的相机，若要返回到初始状态，可单击此按钮。
- “3D旋转相机工具”：选择此工具拖动可以沿x、y轴旋转3D像机。
- “3D滚动相机工具”：选择此工具可以沿z轴旋转3D像机。
- “3D平移相机工具”：使用此工具可以调整3D相机的位置。
- “3D移动相机工具”：使用此工具可以调整3D相机的位置及视角。
- “3D缩放相机工具”：单击此工具可以通过相机变焦控制，缩放3D物体的大小。
- 位置：在此下拉列表中可以选择默认的视角位置。
- 方向：在选择“3D旋转相机工具”和“3D滚动相机工具”的情况下，在此处输入数值，可以调整视角的方向。

- 位置：在选择“3D平移相机工具”和“3D移动相机工具”的情况下，在此处输入数值，可以调整视角的位置。
- 缩放：在选择“3D缩放相机工具”的情况下，在此处输入数值，可以调整视角的远近。

图16.46所示为使用不同工具对三维模型的视角进行改变后的不同状态。

图16.46

16.3.7 调整3D模型与相机的区别

观察调整模型与调整视角的工具图标就不难看出，后者除了每个图标右上方多了一个小摄像机外，其他的都基本相同，而实际上，其功能在视觉效果上也基本一样。

从操作的原理上来说，直接调整模型的属性与本小节中讲解的调整视角，其结果是基本相同的，只不过在实现的方法上有些区别，前者是改变物体（模型）本身的属性，使其发生变化，而后者则是改变眼睛的位置（相机），达到同样的变化结果。

例如使用调整模型的工具将一个仰视角的模型调整成为俯视角的模型，此时变换的是模型本身，而使用调整视角的工具，则是改变了人们观察模型的位置，但模型本身并没有发生任何变化。

16.4 3D模型的网格

16.4.1 3D网格的含义

简单地说，3D网格代表了当前3D图层中这个模型是由哪些独立的对象组合而成。要对网格进行操作，可以在3D面板顶部单击“网格”按钮，使3D面板仅显示当前3D物体的网格。

以Photoshop提供的立方体模型为例，它就是由“左侧”、“右侧”以及“顶部”等6部分组成的，如图16.47所示。

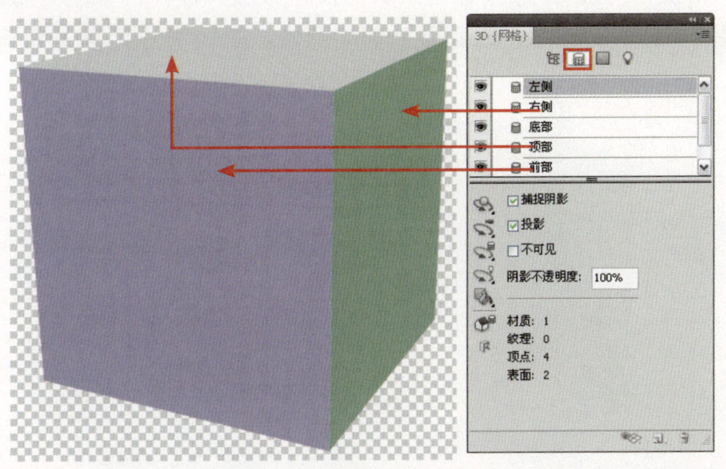

图16.47

图16.48所示是从三维软件中导出的模型，都是由非常复杂的网络组成的。

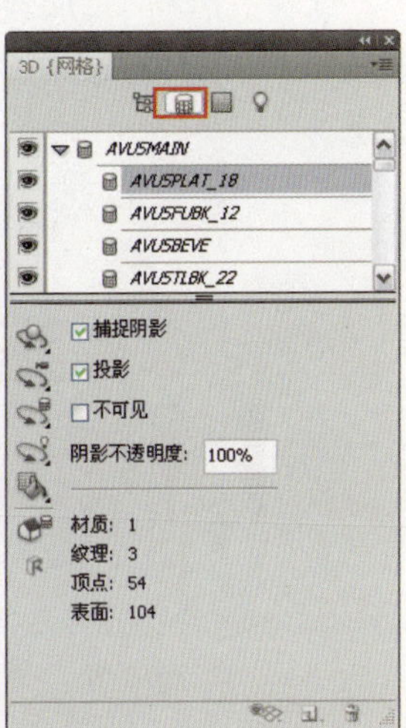

图16.48

16.4.2 重命名3D网格

如果是由Photoshop创建的3D模型，则列表中列出的网格是由Photoshop设定好的，用户不能够修改其网格组成，但可以修改其名称，其操作方法与为普通图层重命名完全相同。

另外，Photoshop CS5的3D功能对外部导入的模型已经有了更大程度的支持，以往在CS4版本中无法进行重命名的网格，在新的版本中大部分都已经可以做重命名处理了，这样更加方便用户管理和使用网格。

16.4.3 显示/隐藏网格

显示/隐藏网格操作与显示/隐藏普通图层的操作方法一样，例如用户可以像隐藏图层那样，通过取消眼睛图标的显示，以隐藏当前的网格，图16.49所示就是将一个立方体的3个网格隐藏后的状态。

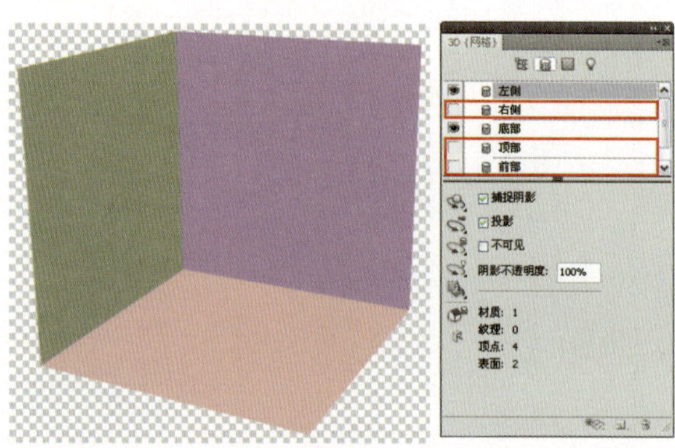

图16.49

另外，选择“3D”|“反转可见表面”命令，可以依据当前显示/隐藏的网格完全逆转过来，例如图16.50所示是隐藏了一部分网格时的模型状态，图16.51所示是使用此命令后得到的模型状态。

图16.50

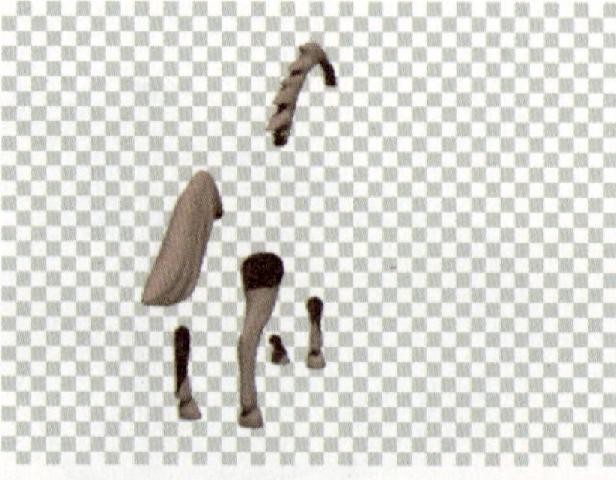

图16.51

选择“3D”|“显示所有表面”命令或按Ctrl+Alt+Shift+X键可以显示所有当前被用户隐藏起来的网格。

16.4.4 编辑与设定网格属性

网格是模型的组成部分，因此其设定直接影响了模型最终的形态以及其他一些基本属性，下面来分别讲解一下其编辑与相关属性设定的方法。

- 对于由Photoshop创建的模型，其网格保留了很大的可编辑性，除了前面提到过的为网格重命名外，还支持对选中的网格进行调整角度、位置以及大小等编辑。要编辑网格，可以在选中某个网格的情况下，使用3D面板下半部分左侧的工具进行调整，其使用方法与直接编辑3D模型的工具是基本相同的，故不再详述。例如图16.52所示是选中车门网格，并使用网格编辑工具调整其位置后的状态。

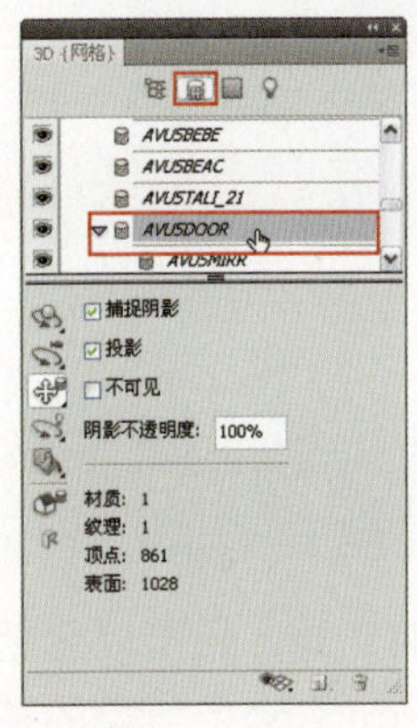

图16.52

- 捕捉阴影：选中此复选框并选择“光线跟踪草图”或“光线跟踪最终效果”品质时，可以渲染出模型中对象之间的阴影，例如图16.53所示是选择易拉罐的“盖子”网格时，选中此复选框前后的效果对比。
- 投影：选中“捕捉阴影”复选框，并进行了“为最终效果渲染”操作后，将根据当前光源的状态生成暗色的阴影效果。
- 不可见：在选中此复选框后，所选中的网格将会消失，但它所产生的阴影等属性会保留下来，如图16.54所示。因此，选中此复选框与直接隐藏网格是有所不同的，如图16.55所示。
- 阴影不透明度：在此输入数值，可以控制阴影的不透明度。图16.56所示是分别设置此数值为30和80时得到的渲染结果。

图16.53

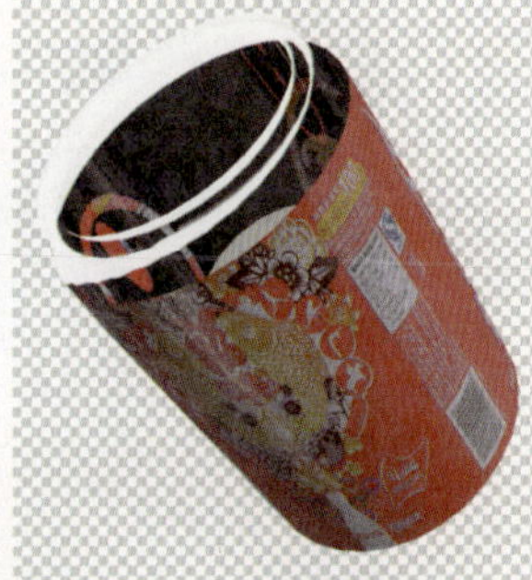

图16.54

图16.55

图16.56

16.5 3D模型的光源

在Photoshop中不仅可以利用导入3D模型时模型自带的光源，还可以全新的方式创建4类不同的光源，包括无限光、聚光灯、点光和Photoshop CS5中新增的基于图像的光源，从而得到复杂的照明效果。

16.5.1 在3D面板中显示光源

可以在3D面板中单击“光源”按钮，使3D面板仅显示当前3D模型的光源，如图16.57所示为一个3D模型，图16.58所示为其光源显示情况。

图16.57

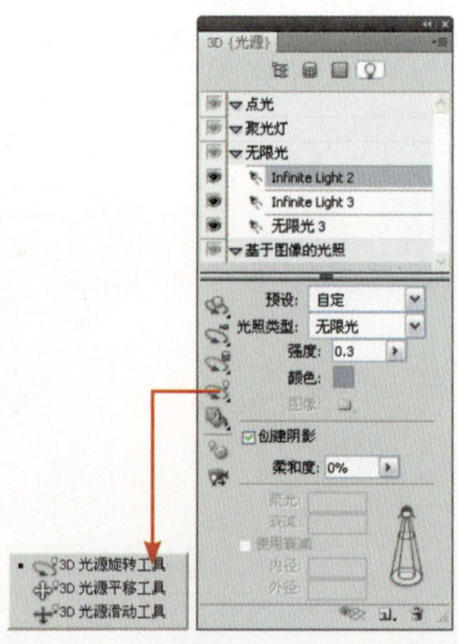

图16.58

16.5.2 添加、删除、改变光源

Photoshop提供了4类光源类型。

- 点光发光的原因类似于灯泡，向各个方向均匀发散式照射。
- 聚光灯照射出可调整的锥形光线，类似于影视作品中常见的探照灯。

- 无限光类似于远处的太阳光，从一个方向平面照射。
- 基于图像的光照可以将所设置的发光图像映射到3D场景中。

要添加光源，可单击3D面板中的“创建新光源”按钮，然后在弹出的菜单中选择一种要创建的光源类型即可。以图16.59所示的模型为例，图16.60所示分别为添加了这4种光源后的渲染效果。

图16.59

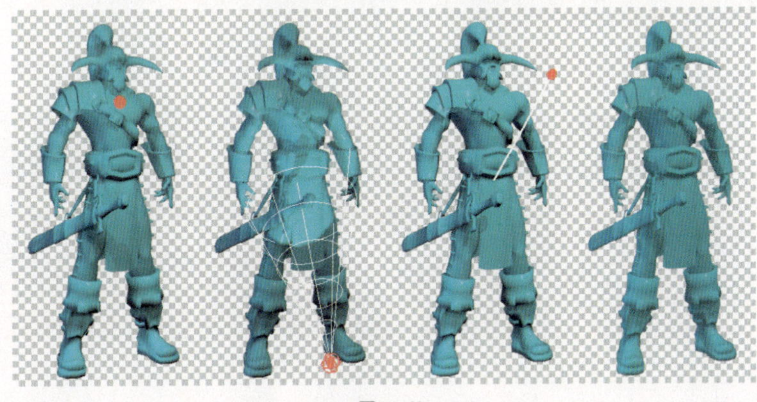

图16.60

要删除光源，可在3D面板上方的光源列表中选择要删除的光源，单击面板底部的“删除”按钮。

每个3D场景都可以设置4种光源类型，其中的点光、聚光灯及无限光这3种之间可以进行相互转换，要完成这一操作，可以在3D面板上方的光源列表中选择要调整的光源，然后在3D面板下方的“光源类型”下拉列表中选择一种新的光源类型。

16.5.3 调整光源位置

每一个光源都可以被灵活地移动、旋转和推拉，要完成此类光源位置的调整工作，可以使用下面讲解的工具。

- “3D光源旋转工具”：此工具用于旋转聚光灯和无限光，同时保持其在3D空间的位置。
- “3D光源平移工具”：此工具用于将聚光灯和点光移动至同一3D平面中的其他位置。
- “3D光源滑动工具”：此工具用于将聚光灯和点光移动到其他3D平面。
- “位于原点处的点光”按钮：选择某一聚光灯后单击此按钮，可以使光源正对模型中心。
- “移至当前视图”按钮：选择某一光源后单击此按钮，可以将光源放置于与相机相同的位置上。

16.5.4 调整光源属性

Photoshop提供了丰富的光源属性控制参数，用户可以设置其强度、颜色、阴影以及阴影的柔和度等，在选中一个光源后，即可在3D面板的下半部分进行设置。下面将以图16.61所示的3D模型为例，讲解一下各参数的作用。

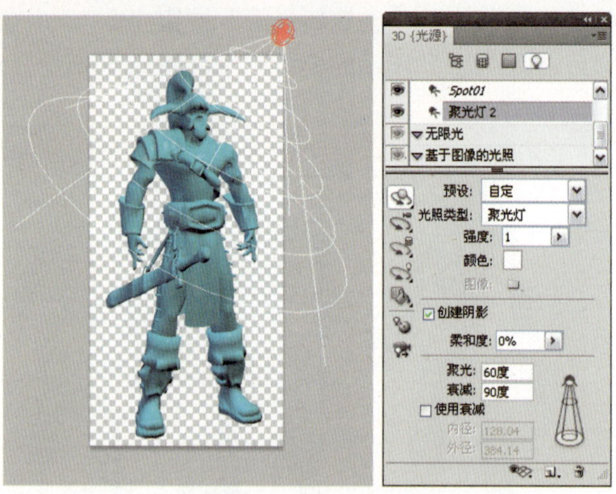

图16.61

- 预设：在此可以选择CS5提供的预设灯光，以快速获得不同的光照效果。
- 强度：此参数调整光源的照明亮度，数值越大，亮度越高，如图16.62所示。
- 颜色：此参数定义光源的颜色，图16.63所示是分别设置此处的色彩为纯红色和纯黄色时得到的效果。

图16.62

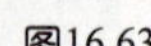

图16.63

- 图像：只有选择基于图像的光照灯光时，该参数才会被激活，在此可以设置一幅图像作为光照。
- 创建阴影：如果当前3D模型具有多个网络组件，选择此复选框，可以创建从一个网格投射到另一个网格上的阴影，如图16.64所示。
- 柔和度：此参数控制阴影的边缘模糊效果，以产生逐渐的衰减，如图16.65所示。
- 聚光（仅限聚光灯）：设置光源明亮中心的宽度。
- 衰减（仅限聚光灯）：设置光源的外部宽度，此数值与“聚光”数值的差值越大，得到的光照效果边缘越柔和，图16.66所示为不同的参数设置得到的不同光源照明效果。

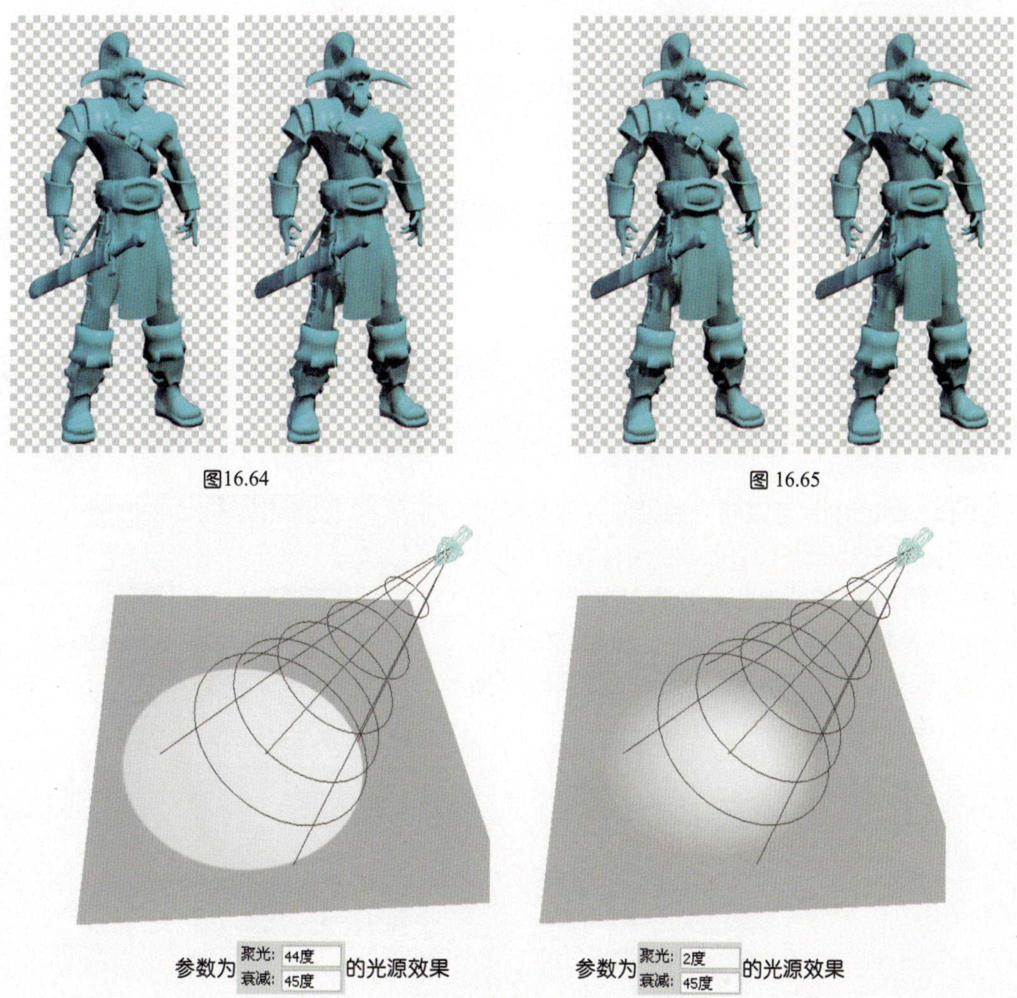

图16.64

图 16.65

图16.66

- 使用衰减（针对光点与聚光灯）：“内径”和“外径”选项决定衰减锥形，以及光源强度随对象距离的增加而减弱的速度。对象接近“内径”数值时，光源强度最大；对象接近“外径”数值时，光源强度为零。处于中间距离时，光源从最大强度线性衰减为零。

16.5.5 为模型添加地面阴影

在前面的讲解中已经提到，Photoshop可以显示模型的地面，同时，通过设置，用户还可以设置模型在该地面上产生的阴影。

在选中要生成地面阴影的模型所在的3D图层后，单击3D面板右上角的面板按钮，在弹出的菜单中选择“地面阴影跟踪器”命令，此时将会弹出提示框，告诉用户必须在“光线跟踪”的渲染品质下才可以看到地面阴影，以图16.67所示的模型为例，图16.68所示是使用此命令添加了地面阴影，并使用“光线跟踪草图”品质进行渲染后的结果。

图16.67

图16.68

16.5.6 管理光源预设

在Photoshop中，可以将光源设置存储为预设并应用于其他3D场景（3D图层）中，用户可以在选择了某个光源的情况下，单击3D面板右上角的面板按钮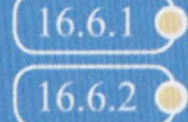，在弹出的菜单中选择相应的预设命令，即可进行添加、存储、删除光源预设等操作，如图16.69所示。

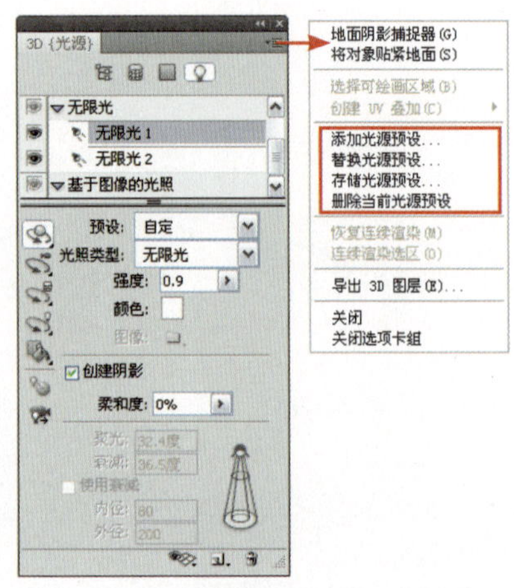

图16.69

Chapter 16 3D功能

16.6 3D模型的材质

16.6.1 材质、纹理及纹理贴图

在Photoshop中，关系到模型表面质感（如岩石质感、光泽感以及不透明度等）的主要包括了材质、纹理及纹理贴图三大部分，而它们之间的联系又是密不可分的。其中材质是指当前3D模型中可设置贴图的区域，一个模型中可以包含多个材质，而每个材质可以设置12种纹理，这12种纹理中的大部分可以设置相应的图像内容，即纹理贴图，如图16.70所示。

下面将分别介绍一下这3个组成部分的作用及关系。

- 材质：指模型中可以设置贴图的区域，例如以上面所示的酒瓶模型来看，它包括了3个材质，即标签、木塞及玻璃，这3部分即代表了可以用于设置贴图的区域。

对于由Photoshop创建的模型来说，其材质的数量及贴图区域由软件自定义生成，用户无法对其进行修改，比如球体只具有1种材质、圆柱体具有3种材质，而立方体则因为其具有6个面，所以具有6种材质；对于从外部导入的模型而言，其材质数量及贴图区域是由三维软件中的设置决定的，虽然它可以根据用户的需要随意进行修改，但难点就在于，它需要用户对三维软件有一定的了解，才能够正确地进行设置。

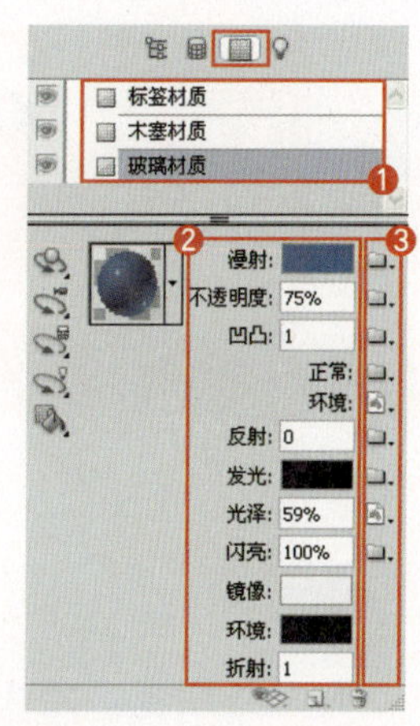

图16.70

- 纹理：Photoshop提供了12类纹理以用于模拟不同的模型效果，比如用于设置材质表面基本质感的“漫射”纹理、用于设置材质表面凸凹程度的“凸凹强度”纹理等，也有些纹理是要相互匹配使用的，比如“环境”与“反射”纹理等。
- 纹理贴图：简单来说，材质的“纹理”是指它的纹理类型，而“纹理贴图”则决定了纹理表面的内容。比如为模型附加“漫射”类纹理，当为其指定不同的纹理贴图时，得到的效果会有很大的差异，例如图16.71所示是分别将“漫射”纹理贴图设置为火焰、金属及布纹时的状态。

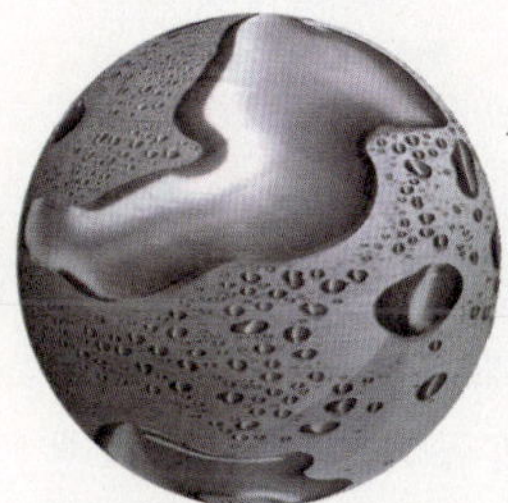

图16.71

16.6.2 12类纹理功能详解

每一种材质都有12种纹理属性，综合调整这些纹理属性，就能够使不同的材质展现出千变万化的效果，下面分别讲解12种纹理的意义。

在前面的讲解中已经提到，Photoshop提供了12种纹理，设置各种纹理都可以得到不同的效果，下面分别讲解这12种纹理的意义。

- 漫射：这是最常用的纹理映射，在此可以定义3D模型的基本颜色，如果为此属性添加了漫射纹理贴图，则该贴图将包裹整个3D模型，如图16.72所示。

图16.72

- 不透明度：此参数用于定义材质的不透明度，数值越大，3D模型的透明度越高。而3D模型不透明区域则由此参数右侧的贴图文件决定，贴图文件中的白色使3D模型完全不透明，而黑色则使其完全透明，中间的过渡色可取得不同级别的不透明度。图16.73所示为一个透明的3D模型及应用的相应贴图文件。

图16.73

- 凹凸强度：在材质表面创建凹凸效果，此属性需要借助于凹凸映射纹理贴图，凹凸映射纹理贴图是一种灰度图像，其中较亮的值创建凸出的表面区域，较暗的值创建平坦的表面区域。下面仍然使用展示“漫射”贴图时的模型及贴图，将两幅纹理贴图再设置为“凹凸强度”纹理的贴图，通过设置显示的参数，得到如图16.74所示的效果，可以看出，模型表面已经具有了非常深的凸凹感，此方法也可以用于模拟各种质地较为坚硬的物体，如金属、岩石等。

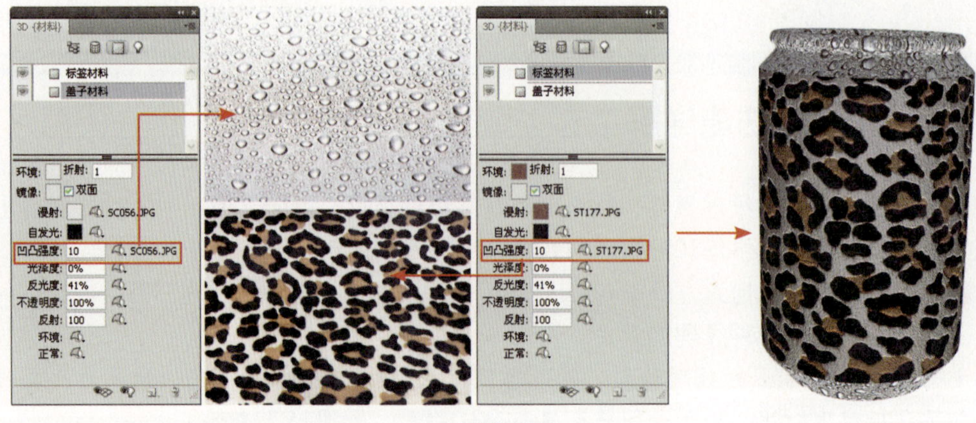

图16.74

- 正常：像凹凸映射纹理一样，正常映射用于为3D模型表面增加细节。与基于灰度图像的凹凸纹理不同，正常映射基于RGB图像，每个颜色通道的值代表模型表面上正常映射的x、y和z分量。正常映射可使多边形网格的表面变得平滑。
- 环境：设置在反射表面上可见的环境光颜色，该颜色与用于整个场景的全局环境色相互作用。
- 反射：此参数用于控制3D模型对环境的反射强弱，需要通过为其指定相对应的映射贴图以模拟对环境或其他物体的反射效果。图16.75所示是某个材质的“环境”纹理贴图，图16.76所示为将“反射”值分别设置10、30、50时的效果。

图16.75

图16.76

图16.77是笔者为易拉罐“标签材质”设置的“环境”纹理贴图，图16.78是为易拉罐的瓶身部分获得的金属效果。

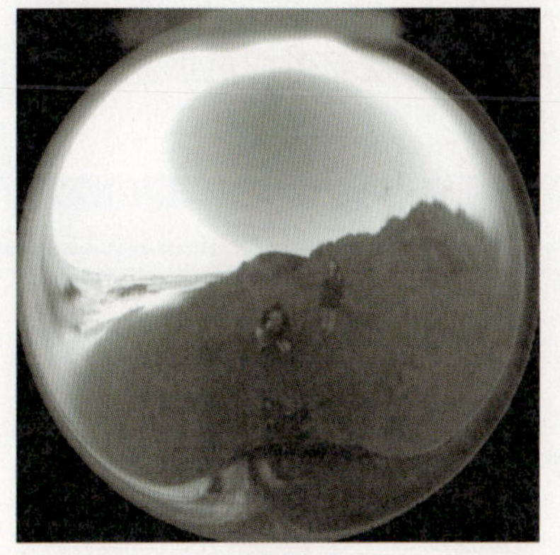

图16.77

图16.78

- 自发光：此处的颜色指由3D模型自身发出的光线的颜色。
- 光泽度：在此定义来自灯光的光线经表面反射折回到人眼中的光线数量。如果为此属性添加了光泽度映射纹理贴图，则贴图图像中的颜色强度控制材质中的光泽度，其中黑色区域创建完全的光泽度，白色区域去除光泽度，而中间值减少高光大小。
- 反光度：定义“光泽度”设置所产生的反射光的散射。低反光度（高散射）产生更明显的光照，而焦点不足。高反光度（低散射）产生较不明显、更亮、更耀眼的高光，此参数通常与“光泽度”组合使用，以产生更多光洁的效果，图16.79所示为不同的参数组合所取得的不同效果。

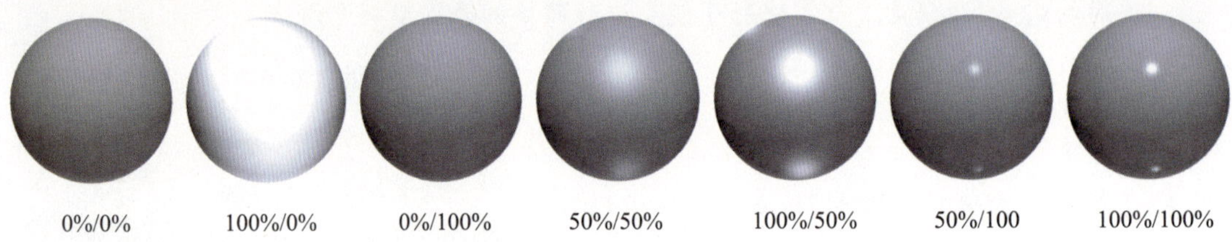

0%/0% 100%/0% 0%/100% 50%/50% 100%/50% 50%/100 100%/100%

图16.79

- 镜像：在此可以定义镜面属性显示的颜色（例如，高光光泽度和反光度）。
- 环境：环境映射模拟将当前3D模型放在一个有贴图效果的球体内，3D模型的反射区域中能够反映出环境映射贴图的效果。
- 折射：在此可以设置折射率，在“表面样式”渲染设置为“光线跟踪”时，“折射”选项被选中。

Chapter 16 3D功能

16.7 为纹理赋加贴图

如前所述，3D面板中的纹理几乎都可以再次叠加纹理贴图，从而形成更加复杂的3D模型外观效果，下面讲解有关纹理所使用的纹理贴图操作。

16.7.1 创建纹理贴图

要为某一个纹理新建一个纹理贴图，可以按下面的步骤操作。

1 在3D面板中单击要创建的纹理类型右侧的“编辑纹理”按钮。

2 在弹出的菜单中选择“新建纹理”命令。

3 在弹出的对话框中，输入新映射贴图文件的名称、尺寸、分辨率和颜色模式，然后单击“确定”按钮。

4 此时新纹理的名称会显示在“材质”面板中纹理类型的旁边。该名称还会添加到“图层”面板中3D图层下的纹理贴图列表中。

16.7.2 打开纹理贴图进行编辑

每一个纹理的贴图文件都可以直接在Photoshop中打开进行编辑操作，其操作方法如下所述。

1 在3D面板中单击要创建的纹理类型右侧的“编辑纹理”按钮。

2 在弹出的菜单中选择“打开纹理”命令。

3 纹理贴图文件将作为“智能对象”在其自身文档窗口中打开，使用各种图像调整、编辑命令编辑纹理后，激活3D模型文档窗口即可看到模型发生的变化。

16.7.3 载入纹理贴图文件

如果贴图文件已经完成了制作，可以按下面的步骤操作载入相关文件。

1 在3D面板中单击要创建的纹理类型右侧的“编辑纹理”按钮。

2 在弹出的菜单中选择“载入纹理”命令。

3 选择并打开纹理文件。

16.7.4 删除纹理贴图文件

如果要删除纹理贴图文件，可以按下面的步骤操作。

1 在3D面板中单击要创建的纹理类型右侧的“编辑纹理”按钮。

2 在弹出的菜单中选择“移去纹理”命令。

3 如果希望再次恢复被移去的纹理贴图，可以根据纹理贴图的属性采用不同的操作方法。

- 如果已删除的纹理贴图是外部文件，可以使用纹理菜单中的“载入纹理”命令将其重新载入。
- 对于3D文件内部使用的纹理，选择“还原”或“后退一步”命令恢复纹理贴图。

16.7.5 在3D对象上绘制纹理贴图

在Photoshop中使用任何一种绘画工具直接在3D模型上绘画，这种操作就像在平面图像上绘画一样。

要在3D模型上绘画，可以按下面的基本步骤操作。

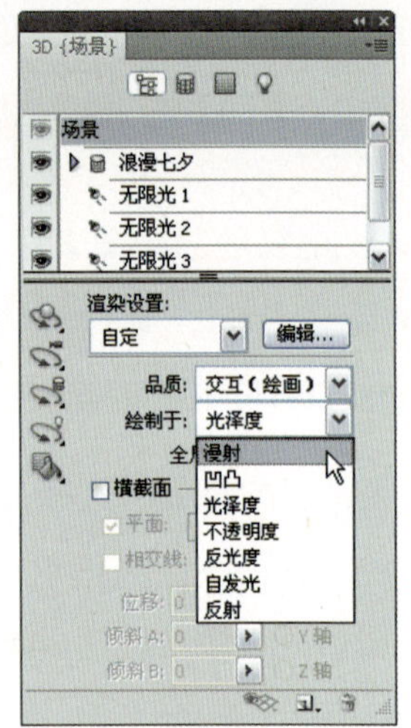

图16.80

1 使用编辑3D对象的工具调整模型的位置及角度，将要绘画的区域朝前。

2 执行下列操作之一，完成绘画纹理类型设置操作。

- 选择“3D”|“3D绘画模式”命令，在其子菜单中选择一种绘画映射类型。
- 在3D面板中，单击按钮，以显示当前3D物体的场景状态，从“绘制于”菜单中选择绘制后绘图的映射类型，如图16.80所示。

3 使用任意一个创建选区的工具，在3D模型上像为平面图像创建选区一样，为3D模型创建选区，以限制绘画操作影响的区域。

4 使用“画笔”或其他能够绘图、润饰的工具，如“油漆桶”、“涂抹”、“减淡”、“加深”或“模糊”等工具，进行绘画或贴图修饰操作。

TIP

在绘画时一定要确认相应的纹理贴图中存在可以进行编辑的图层，比如使用“画笔工具”绘制图像时，如果纹理贴图文件中选择的是一个不支持直接绘制的图层，则无法进行绘制操作。

16.7.6 标识可绘画区域

在为3D模型绘画时，有时绘画操作无法成功，其原因除了可能是由于没有为当前绘画定义的映射类型创建映射纹理贴图外，还有可能是当前绘画的区域是无效的绘画区域，换言之，不是所有可见的3D模型都能够进行有效绘画。

要正确地在3D模型中找出可绘画的区域，可以采取下面的方法。

- 选择“3D”|“选择可绘画区域”命令，则Photoshop将框选当前3D模型中可绘画的最佳区域。
- 显示3D面板的“场景”部分，从“预设”下拉列表中选择“绘画蒙版”选项，则Photoshop将以红色与白色标识出可绘画的区域，如图16.81所示。在此模式下，白色代表该区域为最佳绘画区域，蓝色代表取样不足的区域，红色显示过度取样的区域。

TIP

“绘画蒙版”渲染模式下不可进行绘画，应该将渲染预设模式更改为支持绘画的渲染模式，如“实色”渲染模式。

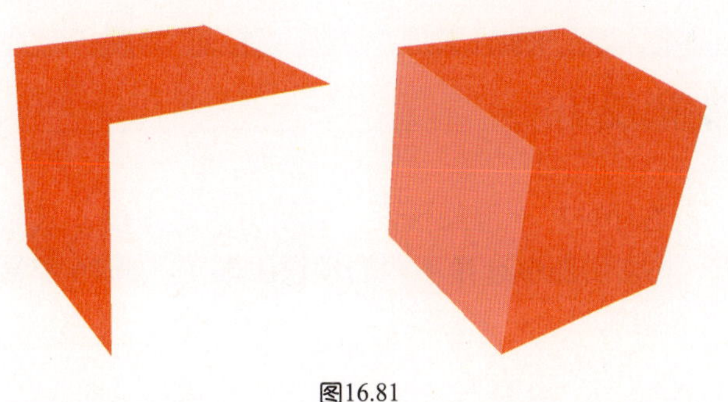

图16.81

16.7.7 应用材质预设

在Photoshop CS5中，当在3D面板中选中了某网格的材质时，即可在面板的下方显示一个材质列表，如图16.82所示，在此可以为当前所选的材质进行设置。

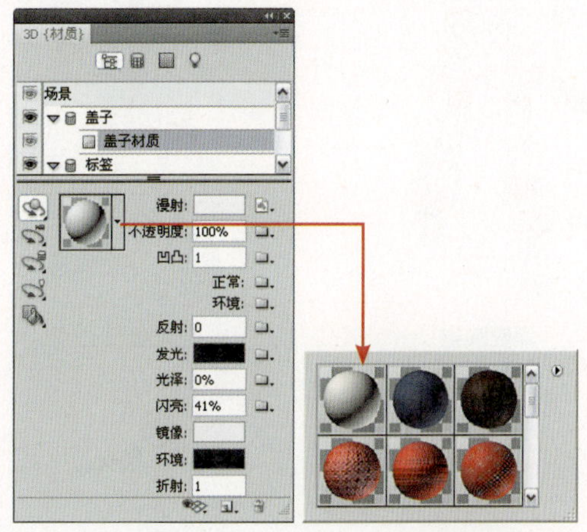

图16.82

Chapter 16 3D功能

16.8 更改3D模型的渲染设置

- 16.8.1 选择渲染预设
- 16.8.2 自定义渲染设置
- 16.8.3 渲染横截面效果

类似于3D类软件，Photoshop也提供了多种模型的渲染效果设置选项，以帮助用户渲染出不同效果的三维模型，下面讲解如何设置并更改这些设置。

渲染设置是针对每一个3D图层进行的，因此一次设置只能修改一个3D图层中模型的渲染效果。

16.8.1 选择渲染预设

Photoshop提供了多达16种标准渲染预设，要使用这些预设，只需要选择3D图层后，在3D面板的“渲染设置”下拉列表中选择不同的预设值即可。图16.83展示了使用其中部分不同的预设所得到的不同渲染效果。

图16.83

16.8.2 自定义渲染设置

除了使用预设的标准渲染设置，也可以在3D面板顶部单击“场景”按钮，然后单击“渲染设置”下拉列表右侧的“编辑”按钮，在弹出的如图16.84所示的对话框中自定义当前的渲染参数，从而取得全新的渲染效果。

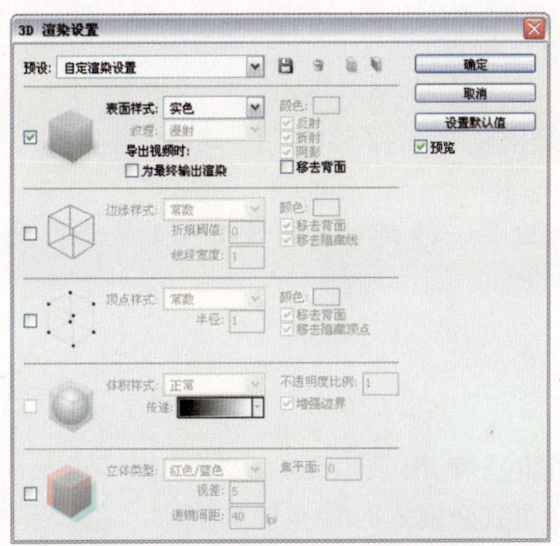

图16.84

下面分别讲解其中最常用的“表面渲染”、“线渲染”和“顶点渲染”3个选项的意义。

启用表面渲染选项

如果希望3D物体以实体面的形式渲染出来，应该启用“表面渲染”选项，然后设置“表面样式”选项，此参数是表面渲染模式下最重要的选项，在其下拉列表中可以选择下面的选项，如图16.85所示，以确定如何渲染3D物体。

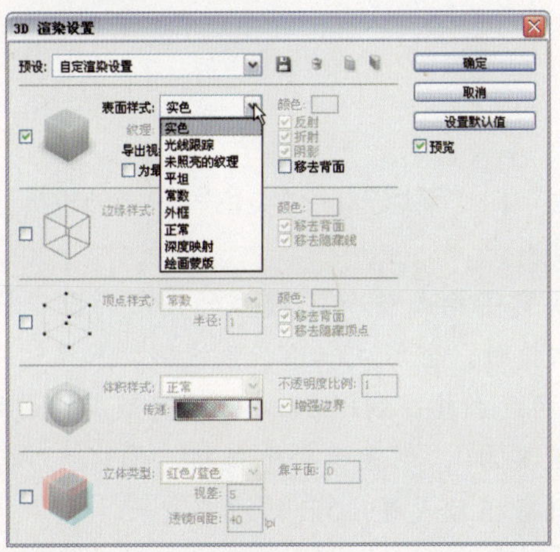

图16.85

- 样式/表面样式：在这两个下拉列表中，前者与上一小节介绍的预设渲染功能相同，而且在此选择各预设选项后，会根据预设的所需要的参数，自动切换至相应的渲染选项中，比如在选择“线条插图”预设时，会同时选中“表面样式”及“边缘样式”两个选项。
- 纹理：选中“未照亮的纹理”选项后，此下拉列表会被激活，在其中可以选择未照亮的纹理类型，以进行渲染。
- 为最终输出渲染：选择该复选框，可以使已导出的视频动画生成更平滑的阴影和逼真的颜色溢出效果。

TIP

在此所指的颜色溢出是指3D物体受环境颜色影响后，使本身的颜色发生变化的情况。

- 移去背面：选择该复选框，隐藏双面模型背面的表面，此选项对3D物体有透明区域时影响明显。

启用边缘渲染选项

如果希望3D物体以线框的形式渲染出来，应该启用“边缘渲染”选项，然后设置“边缘样式”选项，此参数是表面渲染模式时最重要的选项，在其下拉列表中可以选择下面的选项，如图16.86所示，以确定如何渲染3D物体。

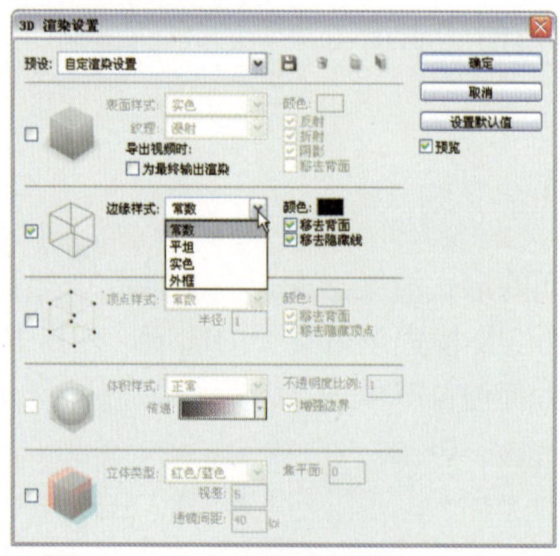

图16.86

由于此选项中的“常数”、“平坦”、“实色”和“外框”选项，与前面所讲述过的同名选项意义相同，故不再重述。

- 折痕阈值：此参数决定了构成整个3D模型的线条的出现状态。当模型中的两个多边形在某个特定角度相接时，会形成一条折痕或线，如果边缘在小于“折痕阈值”设置(0° ~180°)的某个角度相接，则Photoshop会隐藏其形成的线，反之则会显示这条折痕或线，若此参数设置为0，则显示整个线框。图16.87所示为此数值为0时的渲染效果，图16.88所示为此数值被设置为5时的渲染效果。

图16.87

图16.88

● 线段宽度：此参数指定渲染时线条的宽度（以像素为单位）。

启用顶点渲染选项

如果希望3D物体以点的形式渲染出来，应该启用“顶点渲染”选项，然后设置“顶点样式”选项，在其下拉列表中可以选择下面的选项，如图16.89所示，以确定如何渲染3D物体。

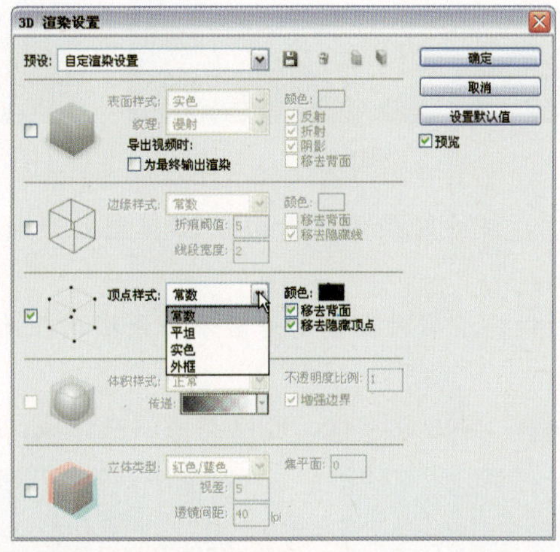

图16.89

由于此选项中的“常数”、“平坦”、“实色”和“外框”选项，与前面所讲述过的同名选项意义相同，故不再重述。

“半径”数值决定每个顶点的像素半径，图16.90所示为不同的数值取得的不同渲染效果。

图16.90

16.8.3 渲染横截面效果

如果希望展示3D模型的结构，最好的方法是启用横截面渲染效果，在3D面板顶部单击“场景”按钮，然后单击选中“横截面”复选框，设置如图16.91所示的“横截面”渲染选项参数即可。图16.92所示为原3D模型效果，图16.93所示为横截面渲染效果。

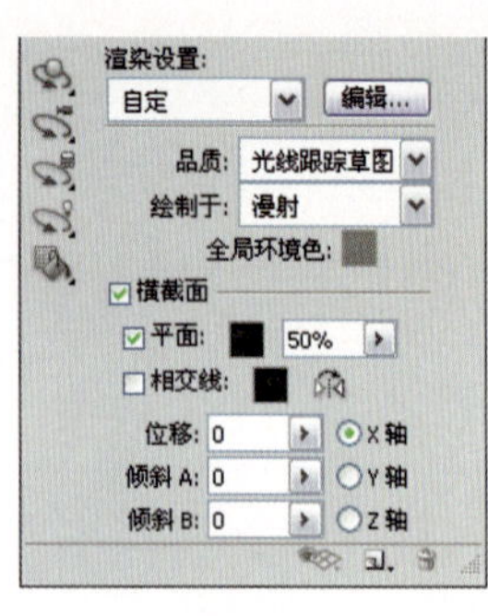

图16.91

图16.92

图16.93

- 平面：选择此复选框，渲染时显示用于切分3D模型的平面。在此右侧可以控制该平面的颜色及不透明度。
- 相交线：选择此复选框，渲染时在剖面处显示一条线，在此右侧可以控制该平面的颜色，如图16.94所示。
- “翻转横截面”按钮：单击此按钮，可以交换渲染区域，如图16.95所示。

图16.94

图16.95

- 位移：如果希望移动渲染剖面相对于3D模型的位置，可以在此参数右侧输入数值或拖动滑块条，其中拖动滑块条就能够看到明显的效果。
- 倾斜：如果希望以倾斜的角度渲染3D模型的剖面，可以控制“倾斜 A”和“倾斜 B”处的参数。
- 轴向：如果希望改变剖面的轴向，可以单击选择“X轴”、“Y轴”、“Z轴”3个单选按钮。此选项同时定义“位移”及两个“倾斜”数值定义的轴向。

Chapter 17

动作、自动化及脚本

Photoshop提供了丰富而强大的自动化处理功能，其中主要包括动作功能、自动化处理命令以及脚本。

使用这些自动化处理功能，可以避免在工作过程中做重复性或多次反复的操作，而只需要选择一个命令再设置一些参数，即可达到目的。

本章将分为动作、自动化以及脚本3个版块，对Photoshop中的常用自动化处理功能进行详细讲解。

17.1 动作功能

在本节中先来了解与动作功能息息相关的"动作"面板，然后讲解与动作相关的各项功能，例如录制动作、应用动作等。

17.1.1 了解"动作"面板

要应用、录制、编辑、删除动作，就必须使用"动作"面板，可以说此面板是"动作"的控制中心。要显示此面板，可以选择"窗口"|"动作"命令或直接按F9键，"动作"面板如图17.1所示，其中各个按钮的功能如下所述。

图17.1

- "创建新动作"按钮：单击该按钮，可以创建一个新动作。
- "删除"按钮：单击该按钮，可以删除当前选择的动作。
- "创建新组"按钮：单击该按钮，可以创建一个新动作组。
- "播放选定的动作"按钮：单击该按钮，可以应用当前选择的动作。
- "开始记录"按钮：单击该按钮，可以开始录制动作。
- "停止播放/记录"按钮：单击该按钮，可以停止录制动作。

从图17.1可以看出，在录制动作时，不仅执行的命令被录制在动作中，而如果该命令具有参数，参数也会被录制在动作中。因此应用动作可以得到非常精确的效果。

如果面板中的动作较多，则可以将同一类动作存放在用于保存动作的组中。例如，用于创建文字效果的动作，可以保存于"文字效果"组；用于创建纹理效果的动作，可以保存于"纹理效果"组。

17.1.2 应用预设动作

Photoshop有许多内置的预设动作，使用它们可以快速得到多种效果。要载入这些动作，可以单击“动作”面板右上角的面板按钮，在弹出菜单的底部选择相应内置动作组的名称，如图17.2所示。

图17.3所示为选择“纹理”类内置动作“冷却岩浆”命令得到的效果。图17.4所示为选择“纹理”类内置动作“木质—松木”命令得到的效果。

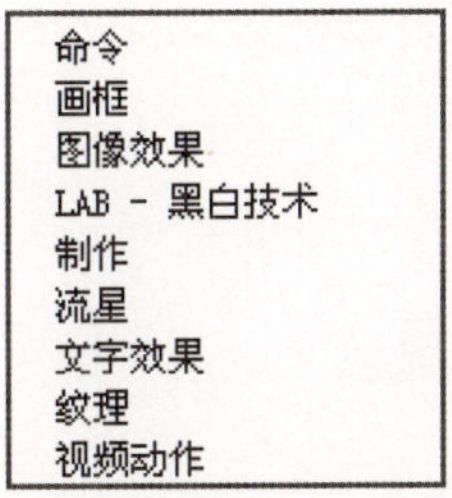

命令
画框
图像效果
LAB - 黑白技术
制作
流星
文字效果
纹理
视频动作

图17.2

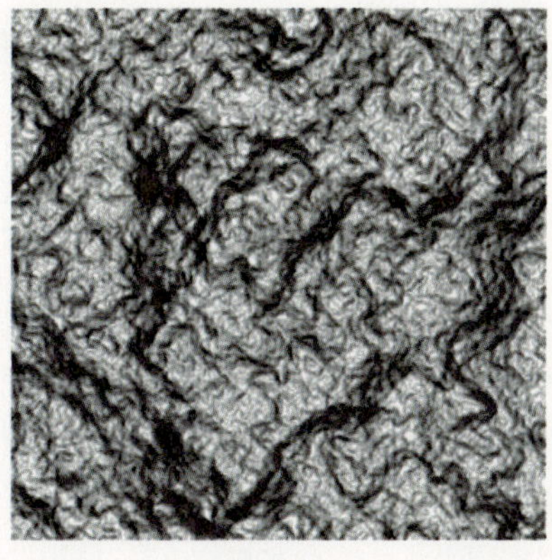

图17.3

图17.4

要应用已完成录制的动作，可在“动作”面板中选择需要播放的动作，然后单击“播放选定的动作”按钮，或单击“动作”面板右上角的面板按钮，在弹出的菜单中选择“播放”命令。

从某个命令开始播放

在播放动作时，可以从某一命令开始应用动作，这时应在“动作”面板中选择要开始播放的动作，然后单击“播放选定的动作”按钮。

跳过某个命令

在播放动作时，可以有选择地跳过某个命令，从而使一个动作能够产生多个不同的效果。操作方法是单击该命令名称左边的“切换项目开/关”按钮，以取消选择。

17.1.3 创建并记录动作

要创建新的动作，可以按下述步骤操作。

1 单击“动作”面板底部的“创建新组”按钮。

2 在弹出的对话框中输入新组名称后，单击“确定”按钮，建立一个新组。

3 单击“动作”面板底部的“创建新动作”按钮，或单击“动作”面板右上角的面板按钮，在弹出的菜单中选择“新建动作”命令。

4 设置弹出的“新建动作”对话框如图17.5所示。

- 组：在此下拉列表中列有当前“动作”面板中所有动作的名称，在此可以选择一个将要放置新动作的组名称。
- 功能键：为了更快捷地播放动作，可以在该下拉列表中选择一个功能键，从而在播放新动作时，直接按功能键即可。

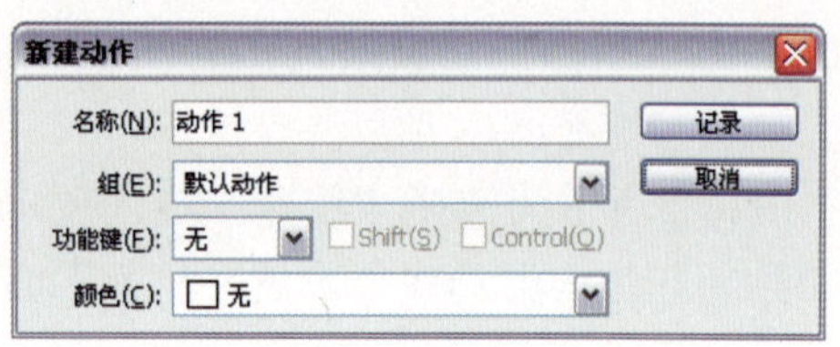

图17.5

5 设置“新建动作”对话框中的参数后，单击“确定”按钮，即可创建一个新动作，同时单击“开始记录”按钮，则按钮自动被激活，显示为红色，表示进入动作的录制阶段。

6 执行需要录制在动作中的命令。

7 所有命令操作完毕，或在录制中需要终止录制过程时，单击“停止播放/记录”按钮，即可停止动作的记录状态。

8 在此情况下，停止录制动作前在当前图像文件中的操作，都被记录在新动作中。

17.1.4 插入停止

在录制动作的过程中，由于某些操作无法被录制，但却必须执行，因此需要插入一个“记录停止”提示对话框，以提示操作者。

下面以一个实例讲解在“动作”中插入“停止”提示对话框的操作步骤。

1 单击“动作”面板底部的“创建新动作”按钮，在弹出的对话框中单击“确定”按钮，从而创建得到“动作1”。

2 利用“椭圆选框工具”绘制一个椭圆形选区，此时选区状态及“动作”面板如图17.6所示。

3 选择“减淡工具”，在其工具选项条中设置“曝光度”值为30%。

4 选择“动作”面板弹出菜单中的“插入停止”命令，设置弹出的“记录停止”对话框，如图17.7所示。

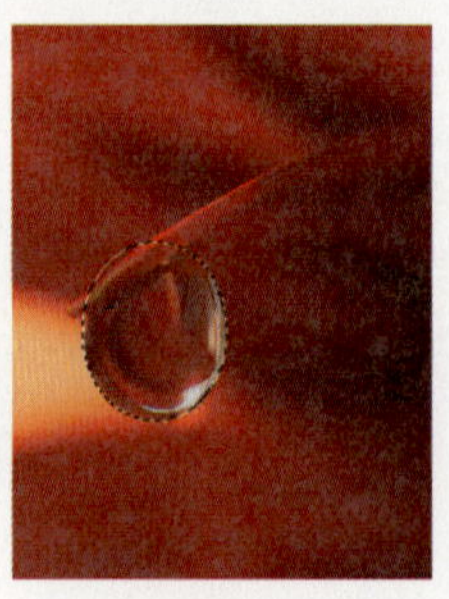

绘制椭圆选区

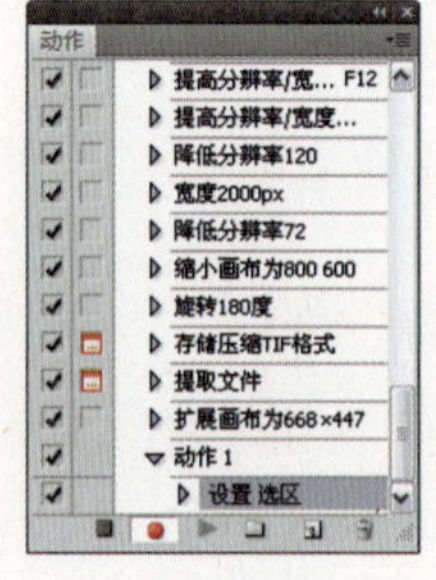

“动作”面板

图17.6

图17.7

“记录停止”对话框中的重要参数解释如下。

- 信息：在下面的文本框中输入提示性的文字。
- 允许继续：选择此复选框，在应用动作时，将弹出如图17.8所示的提示框，在此单击“继续”按钮；否则弹出如图17.9所示的对话框。

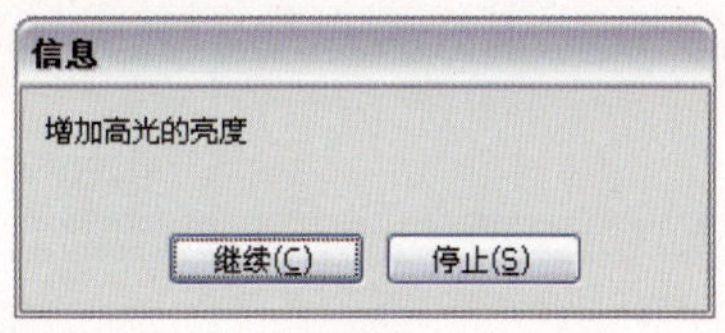

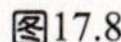

图17.8

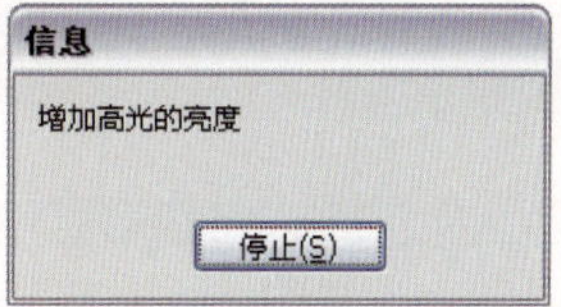

图17.9

5 单击“确定”按钮，此时“动作1”将录制“停止”命令，如图17.10所示。

6 在“动作”面板中单击“停止播放/记录”按钮，完成录制。

当应用录制有“停止”命令的动作时，如果弹出提示框，则用户可以根据当前状态选择是否执行提示的操作。

如果要进行操作，则单击“停止”按钮，执行相应的操作，待操作完成后，单击“应用”按钮，继续应用动作。

如果不需要进行相应的操作，则可以直接单击“继续”按钮，跳过提示框继续应用动作。

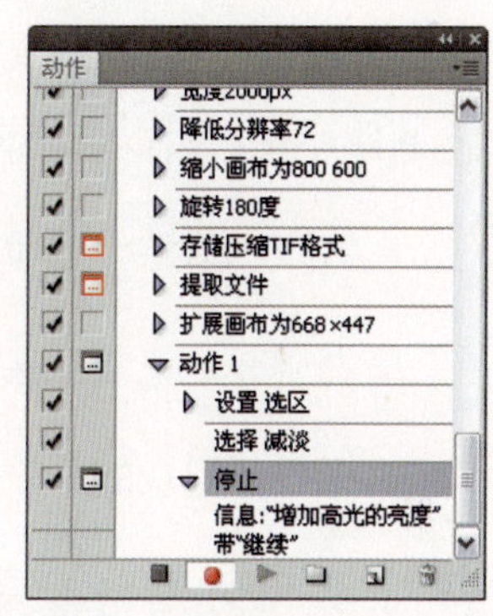

图17.10

17.1.5 设置回放选项

选择“动作”面板弹出菜单中的“回放选项”命令，设置弹出的对话框，如图17.11所示。可以根据需要为动作设置不同的应用速度。

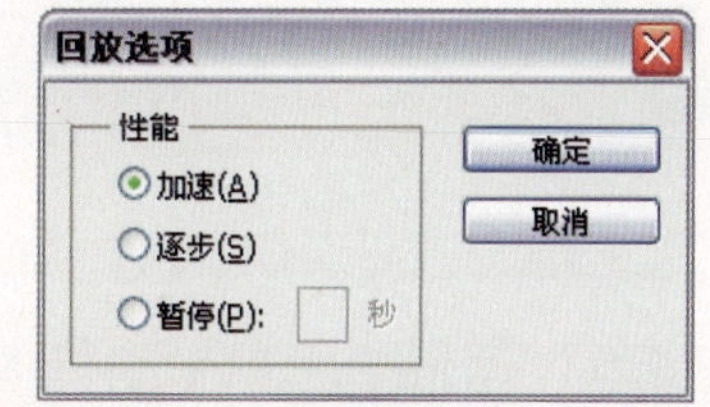

图17.11

“回放选项”对话框中的重要参数解释如下。

- 加速：选择此单选按钮，将以没有间断的速度直接应用动作，此选项为默认设置。
- 逐步：选择此单选按钮，完成每个命令并重绘图像，然后再执行当前动作的下一个命令。
- 暂停：选择此单选按钮，可以在其后面的文本框中输入每个动作间运行的暂停时间。

17.1.6 重定义动作中的命令执行顺序

对话框开关为应用动作提供了很大的自由度，通常情况下，在播放动作时，动作所录制的命令按录制时所指定的参数操作对象。

如果打开对话框开关，则可使动作暂停，并显示对话框，以方便执行者针对不同情况指定不同的参数。在“动作”面板中选择需要暂停并弹出对话框的命令，单击该命令名称左边的切换对话框开关，使其显示为▭状态，即可开启对话框开关，再次单击此位置，使其呈现空格状态，即可关闭对话框开关。

如果要使某动作中所有可设置参数的命令都弹出对话框，可单击动作名称左边的切换对话开关，使其显示为▭状态，同样再次单击此位置，可以取消▭图标，使之变为▭状态。

17.1.7 继续记录其他命令

虽然单击“停止播放或录制”按钮可以结束动作的录制，但仍然可以根据需要在动作中插入其他命令，可以按下述步骤操作。

1 在动作中选择一个命令。

2 单击“开始记录”按钮●。

3 执行需要记录的命令。

4 单击“停止播放/记录”按钮■。

17.1.8 改变某命令参数

对于已录制完成的动作，也可以改变其中的命令参数。

在“动作”面板中双击需要改变参数的命令，在弹出的对话框中输入新的数值，单击“确定”按钮即可。

17.1.9 存储、载入动作组

通过将动作组保存起来，可以在今后的工作中重复使用或与他人交流，要存储动作组，可按下述步骤操作。

1 在“动作”面板中选中该动作组的名称。

2 在面板弹出菜单中选择“存储动作”命令。

3 在弹出的对话框中输入该动作组的名称，并选择合适的文件保存路径。

要载入其他动作，可以从“动作”面板弹出菜单中选择“载入动作”命令，在弹出的对话框中选择动作组文件夹，单击“载入”按钮。

Chapter 17 动作、自动化及脚本

17.2 自动化任务处理

17.2.1 使用“批处理”命令

如果说动作命令能够对单一对象进行某种固定操作，那么“批处理”命令显然更为强大，它能够对指定文件夹中的所有图像文件执行指定的动作。例如，如果希望将某一个文件夹中的图像文件转存成为TIFF格式的文件，只需要录制一个相应的动作，并在“批处理”命令中为要处理的图像指定这个动作，即可快速完成这个任务。

应用“批处理”命令进行批处理的具体操作步骤如下。

1 录制要完成指定任务的动作，选择“文件”|“自动”|“批处理”命令，弹出如图17.12所示的对话框。

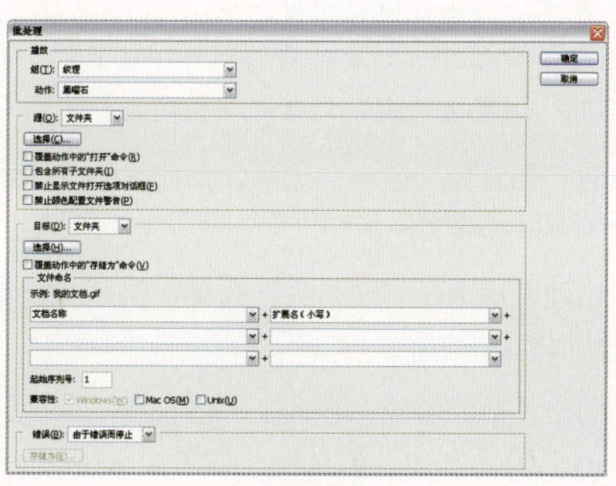

图17.12

2 从“播放”区域的“组”和“动作”下拉列表中选择需要应用动作所在的“组”及此动作的名称。

3 从“源”下拉列表中选择要应用“批处理”的文件，此下拉列表中各个选项的含义如下。

- 文件夹：此选项为默认选项，可以将批处理的运行范围指定为文件夹，选择此选项必须单击“选择”按钮，在弹出的“浏览文件夹”对话框中选择要执行批处理的文件夹。

- 导入：此选项用于对来自数码相机或扫描仪的图像应用动作。
- 打开的文件：如果要对所有已打开的文件执行批处理，应该选中此选项。
- Bridge：此选项用于对显示于“文件浏览器”中的文件应用在“批处理”对话框中指定的动作。

4 选择“覆盖动作中的‘打开’命令”选项，动作中的“打开”命令将引用“批处理”的文件，而不是动作中指定的文件名，选择此选项将弹出如图17.13所示的提示对话框。

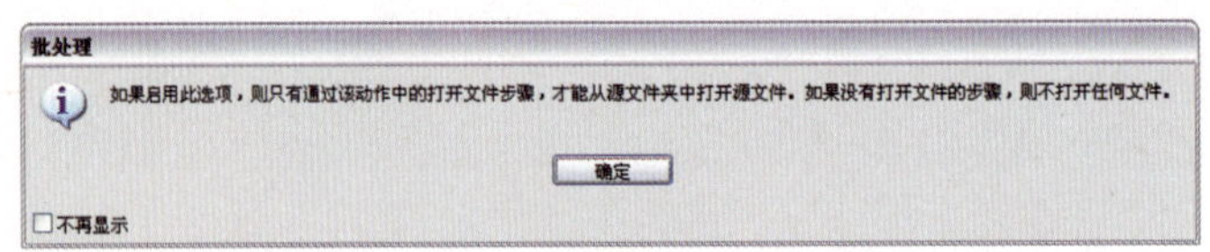

图17.13

5 选择“包含所有子文件夹”选项，可以使动作同时处理指定文件夹中所有子文件夹包含的可用文件。

6 选择“禁止颜色配置文件警告”选项，将关闭颜色方案信息的显示。

7 从“目标”下拉列表中选择执行“批处理”命令后的文件所放置的位置，其中各个选项的含义如下。

- 无：选择此选项，使批处理的文件保持打开而不存储更改（除非动作包括“存储”命令）。
- 存储并关闭：选择此选项，将文件存储至其当前位置，如果两幅图像的格式相同，则自动覆盖源文件，并不会弹出任何提示对话框。
- 文件夹：选择此选项，将处理后的文件存储到另一位置。此时可以单击其下方的“选择”按钮，在弹出的“浏览文件夹”对话框中指定目标文件夹。

8 选择“覆盖动作中的‘存储为’命令”选项，动作中的“存储为”命令将引用批处理的文件，而不是动作中指定的文件名和位置。

9 如果在“目标”下拉列表中选择“文件夹”选项，则可以指定文件命名规范并选择处理文件的文件兼容性选项。

10 如果在处理指定的文件后，希望对新的文件进行统一命名，可以在“文件命名”区域设置需要设定的选项。例如，如果按照如图17.14所示的参数执行批处理后，以JPGE图像为例，则存储后的第一个新文件名为“广告海报gif001.gif”，第二个新文件名为“广告海报gif002.gif”，以此类推。

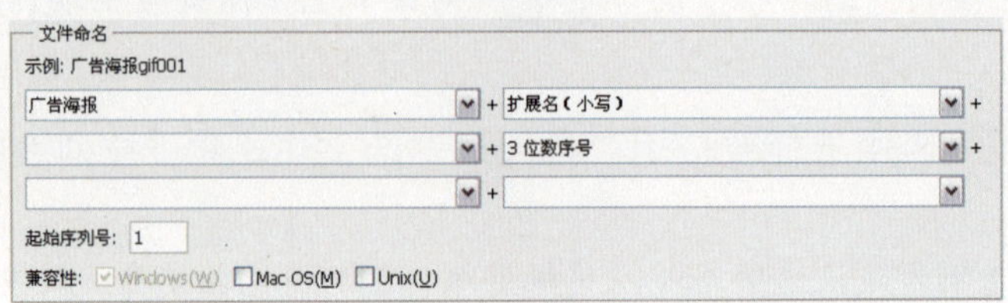

图17.14

此选项仅在“目标”下拉列表中的“文件夹”选项被选中的情况下才会被激活。

11 从“错误”下拉列表中选择处理错误的选项，该下拉列表中各个选项的含义如下。

- 由于错误而停止：选择此选项，在动作执行过程中如果遇到错误将中止批处理，建议不选择此选项。
- 将错误记录到文件：选择此选项，并单击下面的“存储为”按钮，在弹出的“存储”对话框输入文件名，可以将批处理运行过程中所遇到的每个错误记录并保存在一个文本文件中。

12 设置完所有选项后单击“确定”按钮，则Photoshop开始自动执行指定的动作。

在掌握了此命令的基本操作后，可以针对不同的情况使用不同的动作完成指定的任务。例如，如果希望将“F:\超级完全手册\LJF-手册\10.7\WEB”文件夹中的所有图像转换为CMYK模式，并另存为TIFF格式的文件，存储的目标位置为“F:\超级完全手册\LJF-手册\10.7\WEB2”文件夹中，而且要保持每个文件的名称不变，可以按照如图17.15所示的对话框进行设置。

TIP

在进行“批处理”过程中，按Esc键可以中止运行批处理，在弹出的如图17.16所示的对话框中，单击“继续”按钮可以继续执行批处理，单击“停止”按钮则取消批处理。

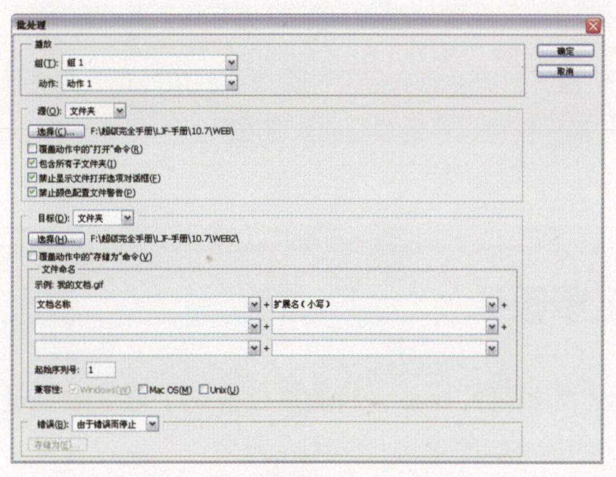

图17.15

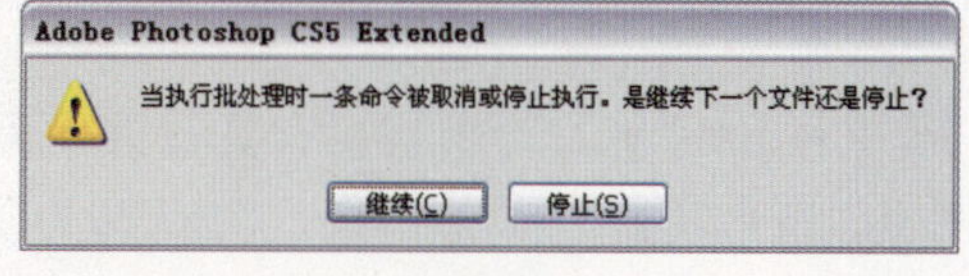

图17.16

17.2.2 使用“裁剪并修齐照片”命令修整照片

“裁剪并修齐照片”命令能够将一次扫描的多个图像分成多个单独的图像文件，根据Photoshop的参考资料，在使用此命令时为了获得最佳结果，要扫描的图像之间应该保持1/8

英寸的间距，而且背景应该是没有什么杂色的均匀颜色。

按下述步骤使用“裁剪并修齐照片”命令，对照片进行裁剪并修齐的操作。

1 打开随书所附光盘中的文件“第17章\17.2.2-素材.tif”，如图17.17所示。

2 选择包含这些图像的图层，或者在一个或多个图像周围绘制一个选区边框，以便只将这些图像生成到单独的文件中。

3 选择“文件”|“自动”|“裁剪并修齐照片”命令，Photoshop将对扫描后的图像进行处理，得到如图17.18所示的一系列裁切并修齐的图片。

图17.17

图17.18

TIP

对于使用低分辨率扫描得到的图像来说，使用“裁剪并修齐照片”命令得到的处理效果并不是很好，而在150dpi或更高分辨率的情况下扫描，则可以得到较好的处理效果。

17.2.3 使用Photomerge命令制作全景图像

Photomerge命令能够拼合具有重叠区域的连续拍摄的照片，将其拼合成一个连续的全景图像，例如图17.19为原图像，图17.20为使用Photomerge命令拼合后的全景图。

图17.19

图17.20

选择“文件”|“自动”|“Photomerge”命令，弹出如图17.21所示的对话框，要自动合成全景图像可以按照如下步骤进行操作。

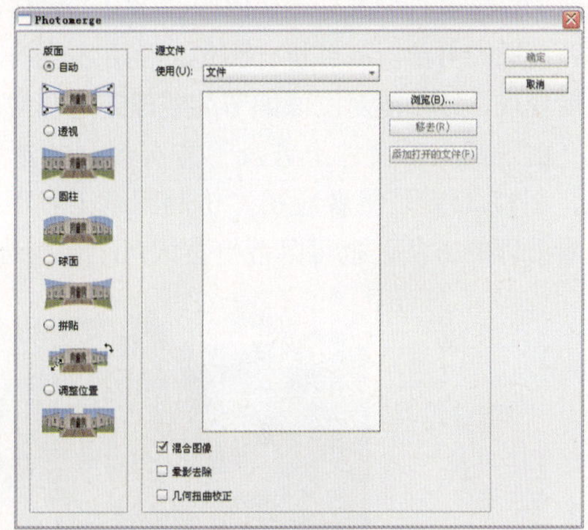

图17.21

1 选择“文件”|“自动”|“Photomerge”命令，在“Photomerge”对话框中，从“使用”下拉列表中选择一个选项。如果希望使用已经打开的文件，可单击“添加打开的文件”按钮。

- 文件：可使用单个文件生成Photomerge合成图像。
- 文件夹：使用存储在一个文件夹中的所有图像来创建Photomerge合成图像。该文件夹中的文件会出现在此对话框中。

2 在对话框左侧的“版面”区域选择一种图片拼接类型，在此笔者选择了“自动”选项。

3 单击“确定”按钮，退出此对话框，即可得到Photoshop按图片拼接类型生成的全景图像，如图17.22所示。

图17.22

4 使用“裁剪工具”对图像进行裁切，直至得到满意的效果，如图17.23所示为裁切后的效果，对应的“图层”面板如图17.24所示。

图17.23

图17.24

在Photoshop CS5中，如果在对话框中选择“混合图像”选项后，可以自动使用图层蒙版对图像的边缘进行融合处理，以隐藏多余的图像内容；反之，如果不选择该选项，则该命令仍会按照所选的方法对齐并拼合图像，但并不会自动添加蒙版来隐藏多余的图像。经笔者多次的尝试后发现，该功能对图像细节的处理还是非常不错的，几乎不需要再进行其他的编辑。

由于裁剪后文件上方及下方有多余的透明区域，因此后期还需要对它进行一些修复处理，图17.25就是笔者应用“仿制图章工具”处理后的效果，读者可以直接调用原文件，查看处理的方法，也可以自行尝试对上面拼合全景图进行处理。

图17.25

在“Photomerge”对话框中，如果在“版面”区域选择了不同的预设拼合全景图选项，则得到的拼合结果也是不尽相同的，图17.26、图17.27和图17.28为使用其他几种版面类型所得到的拼合全景效果，可以看出，几种方式的拼合效果还是有较大区别的，所以在拼合前，一定要确认自己的照片适合哪种预设的拼合方式。

图17.26

图17.27

图17.28

17.2.4 合并到HDR Pro

在本书第7.4.12节中讲解了一个“HDR色调”功能，它可用于对单张图像进行HDR处理，但实际上，这也仅仅是一种模拟而已，而真正的HDR照片合成就需要使用本节讲解的“文件”|“自动”|“合并到HDR PRO”命令了，其对话框如图17.29所示。

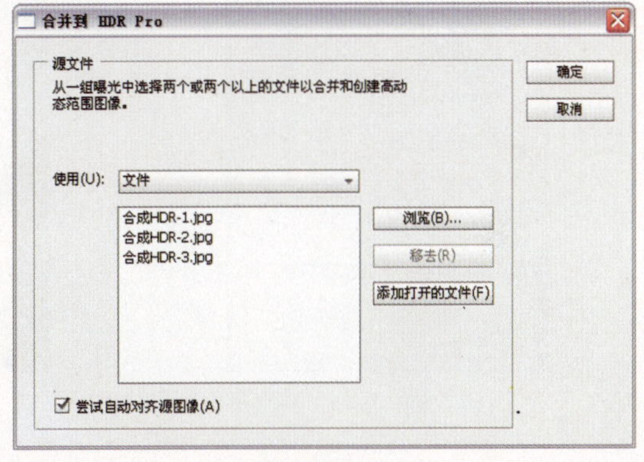

图17.29

下面通过一个小案例讲解此命令的使用方法。

1 在“合并到HDR Pro”对话框中，执行下列方法之一，添加要处理的文件。

- 在“使用”下拉列表中选择“文件”选项，单击右侧的“浏览”按钮，在弹出的对话框中可以选择要合成的照片文件。
- 在“使用”下拉列表中选择“文件夹”选项，单击右侧的“浏览”按钮，在弹出的对话框中可以选择要合成的照片所在的文件夹。
- 如果要合成的照片已经在Photoshop中打开，可以单击右侧的“添加打开的文件”按钮，从而将已打开的文件添加到列表中。
- 在添加的文件列表中，选中一个或多个照片文件，单击右侧的“移去”按钮即可将其移除。

2 为了让Photoshop自动对齐各幅图像，可以在对话框底部选中“尝试自动对齐源图像”选项。

3 设置完成后，单击“确定”按钮即可进行HDR照片的初步合成，并弹出如图17.30所示的对话框。

观察此对话框不难看出，它与“图像”|“调整”|“HDR色调”命令有着极大的相似之处，而实际上，这些相同参数的功能也是完全相同的，因此下面来介绍一下两者并不重合的部分。

- 移去重影：选中此复选框后，可以自动移除前面自动对齐源图像时可能产生的重影。
- 模式：此处可以选择输出图像的位深度。
- 单击照片左下角的☑图标，使之变为□状态，则代表取消该图像的HDR混合，下面可以根据混合的需要进行选择。

4 在对话框右上方的“预设”下拉列表中选择一个合适的预设，或在右侧区域中设置适当的参数，直至得到满意的效果，然后单击“确定”按钮退出对话框即可，如图17.31所示。

图17.30

图17.31

17.2.5 使用“镜头校正”命令校正照片

选择“文件”|“自动”|“镜头校正”命令，可以批量对照片进行镜头的畸变、色差以及暗角等属性的校正，其对话框如图17.32所示。

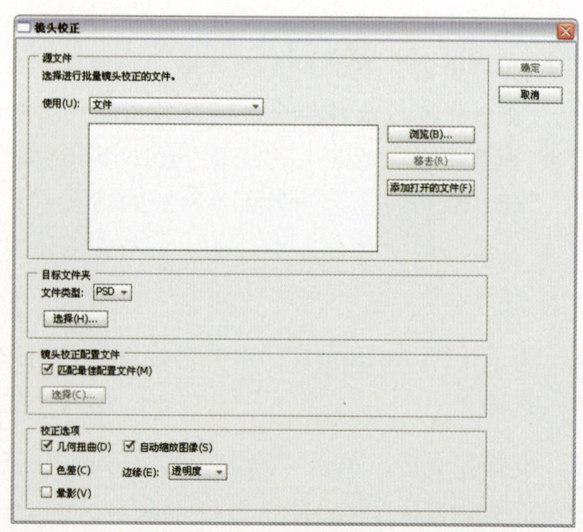

图17.32

在此对话框中，可以参考“滤镜”|“镜头校正”命令的功能进行学习，而实际上，这个命令就相当于是一个“批处理版”的“镜头校正”滤镜，其功能甚至智能到用户只需要轻点几下鼠标就可以对照片批量进行统一的校正处理，其中当然也包括了“匹配最佳配置文件”选项，“校正选项”区域中的几何扭曲、色差以及晕影等选项设置，然后单击“确定”按钮进行处理即可。

Photoshop内置了若干个脚本命令，下面就讲解几个实用的脚本命令。

Chapter 17 动作、自动化及脚本

17.3 使用脚本自动执行操作

在Windows平台上，使用Visual Basic或Java Script所撰写的脚本都能够在Photoshop中调用。使用脚本，能够在Photoshop中自动执行其所定义的操作，操作范围既可以是单个对象也可以是多个文档。

17.3.1 使用“图像处理器”命令处理多个文件

此命令能够转换和处理多个文件，从功能上看有些类似于“批处理”命令，不同的是使用此命令不必先创建动作。

与“批处理”命令相比，此命令的功能有些局限，在工作中主要使用此命令完成以下操作。

1 将一组文件的格式转换为JPEG、PSD或TIFF格式之一，或者将文件同时转换为以上3种格式。

2 调整图像大小，使其适应指定的大小。

要应用此命令处理一批文件，可以参考以下操作步骤。

1 选择“文件”|“脚本”|“图像处理器”命令，打开如图17.33所示的对话框。

2 选择要处理的图像文件，可以选中“使用打开的图像”单选按钮，以处理任何打开的文件，也可以单击“选择文件夹”按钮，在弹出的对话框中选择要处理文件夹中的文件。

3 选择图像文件保存的位置，可以选中“在相同位置存储”单选按钮，以在相同的文件夹中保存文件，也可以单击“选择文件夹”按钮，在弹出的对话框中选择一个文件夹，用于保存处理后的图像文件。

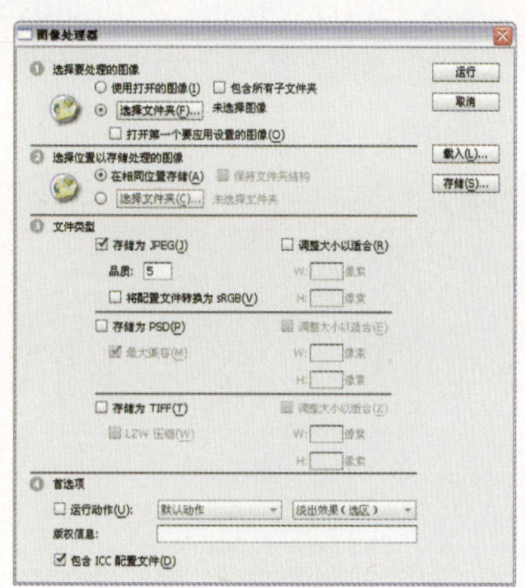

图17.33

4 选择要存储的文件类型和选项，在“文件类型”区域可以选择将处理的图像文件保存为JPEG、PSD、TIFF中的一种或几种格式。如果选中“调整大小以适合”复选框，则可以分别在“宽度”和“高度”文本框中输入尺寸，使处理后的图像恰合此大小。

5 如果还需要对处理的图像运行动作中定义的命令，则选中“运行动作”选项，并在其右侧的下拉列表中选择要运行的动作。选中“包含 ICC 配置文件”选项可以在存储的文件中嵌入颜色配置文件。

6 设置完所有选项后，单击“运行”按钮。

17.3.2 将图层导出为单个图像文件

选择“文件”|“脚本”|“将图层导出到文件”命令，将弹出如图17.34所示的对话框，它与“图层复合导出到文件”命令不同，后者用于将图像中的每一个图层导出成为以“当前文件名称+图层名称”命名的一个单独图像文件，对于习惯将操作素材保存在图像文件中的读者，可以使用此命令一次性将所有保存素材图像的图层导出成为单独的图像文件，从而避免进行将图层一个个另存为图像文件的操作。

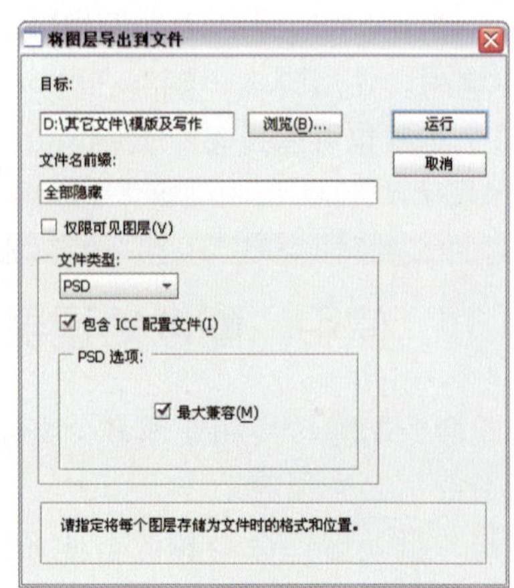

图17.34

要使用此命令可以参考以下操作步骤。

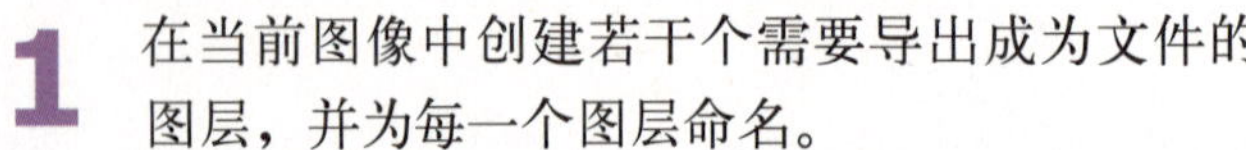

1 在当前图像中创建若干个需要导出成为文件的图层，并为每一个图层命名。

2 选择“文件”|“脚本”|“将图层导出到文件”命令，在弹出的对话框中单击“浏览”按钮，然后在弹出的对话框中确定由图层生成的文件保存的位置及其名称。

3 设置对话框中的“文件名前缀”、“文件类型”等其他参数。

4 单击“运行”按钮，则Photoshop开始自动运行，在运行结束后弹出如图17.35所示的提示框。如图17.36所示为保存在笔者指定的文件夹中的生成的PSD格式文件。

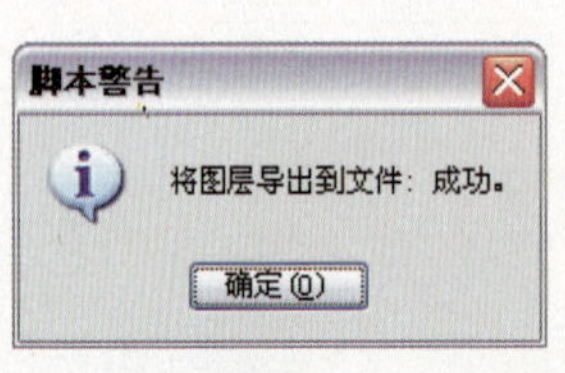

图17.35

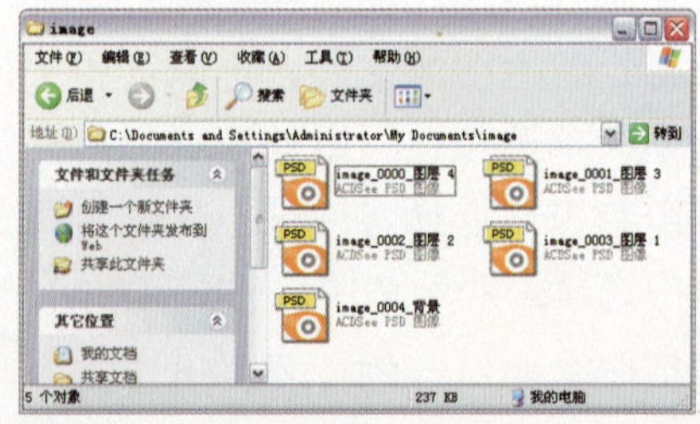

图17.36

17.3.3 删除所有空白图层

选择“文件”|“脚本”|“删除所有空图层”命令，可以将当前图像文件中所有不包含任何图像像素的图层删除，从而起到管理和精减多余图层的作用。

Chapter 18

网页设计

由于Adobe公司成功收购了Macromedia公司，所以其下拥有网页三剑客之称的三大网页设计软件也被收纳于Adobe Design Premium CS5这一套件中。原来Photoshop所附带的ImageReady软件就被顺理成章地淘汰了，而该软件所具备的功能则由Flash及Dreamweaver等软件分别来实现。

虽然由此看来Photoshop在网页方面的设计能力被削弱了，但它仍然保留了最基本的网页设计功能（如切片、动画以及图像输出等），用以保证和其他网页软件功能能够良好地衔接在一起。本章将详细介绍Photoshop CS5版本中关于网页方面的功能。

18.1 网页设计简述

18.1.1 Photoshop与网页设计

很多人认为使用Photoshop设计网页，与使用Dreamweaver这类专业软件来设计网页是相同的，但实际上二者有着本质上的区别。

简单来说，Photoshop在设计网页时是指对网页效果图的设计，以及将一幅完整的网页作品切分为不同的小块图像（即本章后面要讲解的使用切片切分图像的功能），然后再通过一系列的优化设置将其输出。至此，操作者完成的仅是一个完整的网页设计的前一部分，而这时Photoshop的使命已经基本结束；对于后一部分的工作，则是利用Dreamweaver这类专业软件，利用表格、层以及CSS等技术，结合前面输出的图像文件，将其真正地制作成为一个网页文件（即HTML文件）。当然，另外还有一种形式就是利用Flash来制作具有动画效果的网页，但这也同样离不开使用Photoshop设计网页效果图以及切分图像用于网络的切片技术。

18.1.2 使用Photoshop设计网页的适用范围

在人们的审美要求越来越高的今天，除了一些政府、机关、企业单位等较为严肃、正规的领域外，其他领域的网页设计在特效化、新颖化、个性化等方面，都已成为众多网页设计师追求的重要目标。如图18.1所示就是几款优秀的网页界面设计作品。

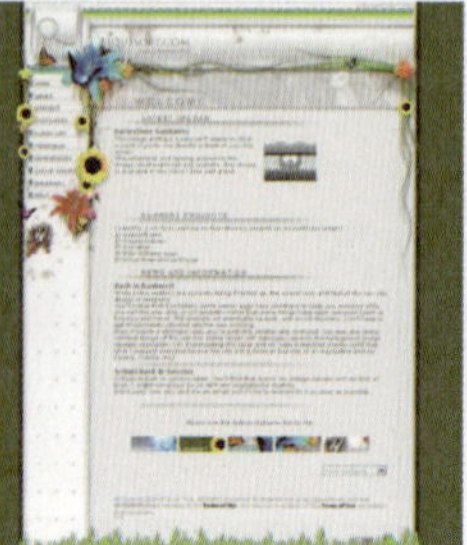

图18.1

18.1.3 Photoshop在网页设计中的常用技术

以前的网络速度是设计师们在网页设计过程中最为头痛的问题，因此很多网页作品看起来非常“朴素”。现在随着硬件设备的逐步完善和网络技术的日渐发展，在这方面的限制越来越少，所以越来越多的网页设计因此逐渐趋向图像的视觉表现——只不过依然带有一些诸如网站名称、导航系统以及超链接设置区域等具有代表性的网页元素。

对于目前的网页设计来说，所运用的技术越来越丰富。下面将介绍一些偏重视觉类的网页设计作品所常用的技术。

路径和形状

路径和形状功能更多地被应用于早期的网页设计中，主要就是借助于使用这些功能绘制出来的矩形、圆形等图形来划分网页区域——即用于规划网页的构架。虽然现在的网页设计技术越来越多样化，但这仍然是众多网页设计师所常用的设计手法，甚至通过使用大量精美的矢量花纹来设计出极为优秀的网页作品，如图18.2所示就是此类作品的典型。

图18.2

混合模式和蒙版

现在的网页设计越来越趋向于图像视觉的表现，所以在使用的技术上自然也有很大的相同之处。混合模式与蒙版技术的应用就是典型的代表之一，它们常被用于为网页中的图像叠加纹理、模拟图像的质感以及各种或唯美或极酷的图像效果。如图18.3所示的网页作品中，逼真的砖墙纹理、岩石纹理以及表面的环境光效果都可以利用混合模式功能制作出来。而如图18.4所示的网页作品中，其表面残破的金属纹理以及人物身体上的铁线图像，可以结合图层蒙版、混合模式以及其他辅助功能共同制作完成。

图18.3

图18.4

 图层样式

图层样式在网页设计中起着非常重要的作用，它可以帮助操作者快速完成一些简单、精致的装饰性特效（如各种描边效果、内阴影效果以及淡淡的投影效果等），这些都是在网页设计中经常用到的，甚至前面提到的个性化网页设计也一样。

如图18.5所示的网页作品中，左下方4幅小图像的效果可以利用“投影”以及“描边”图层样式来完成。如图18.6所示的网页作品中，各部分图像间的投影效果可以利用“投影”图层样式来完成，而部分图像的立体效果则可以利用“斜面和浮雕”图层样式模拟得到；另外，位于网页顶部的特效文字，可以用“斜面和浮雕”以及“内阴影”图层样式等制作得到。

图18.5

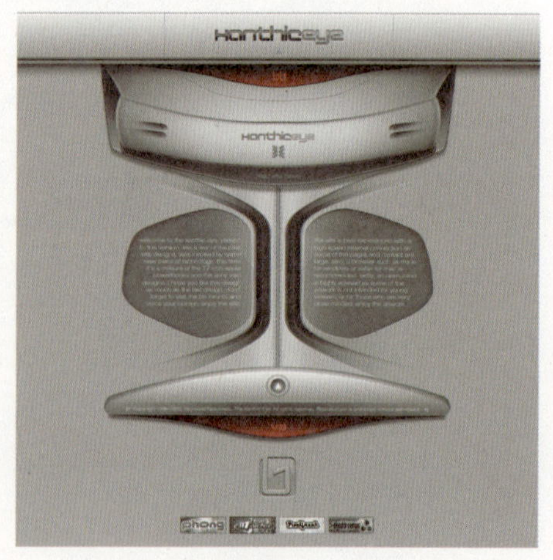
图18.6

Chapter 18 网页设计

18.2 Photoshop网页设计流程简述

18.2.1 设计网页效果图

在向客户提供网站设计方案时，通常都是以网站中的几个典型页面作为代表，利用Photoshop制作出完整的效果图以供客户参考。在此阶段，基本上就是根据设计者即定的设计风格及设计思路，结合前面讲解的各种Photoshop技术，设计出一个至少包括主页的设计方案——即网页效果图。

如图18.7所示是一个设计完成后的网页效果图。从技术层面上来说，本例属于比较简单的网页作品，主要是结合了非常精美的图片，配合一些简单的图形绘制及文字输入而成。另外，为了增加页面的立体感，也可以使用“投影”等图层样式增加一些图像的投影效果。

图18.7

18.2.2 切分网页效果图

使用Photoshop设计出的网页只是一个效果图，而如果要真正将其转换成为HTML格式的网页并展现在互联网上，就需要对这样一整幅网页图片进行详细的切分并进行优化设置，然后再导入到网页设计软件中制作成HTML格式的网页——切片功能是实现这一目的必不可少的功能，而且经过切分并优化后的图像可以在保证图像质量基本不变的情况下，最大程度地将图像压缩至最小，从而便于网络传输。

如图18.8所示就是在图18.7的效果图基础上，进行网页切片后的状态。

图18.8

值得一提的是，一个优秀的网页设计作品除了在设计方面的卓越表现外，更应该注意实际操作时的可执行性。以本小节中的切片网页为例，实际上早在设计网页效果图的时候就应该开始考虑——依据现有的页面布局以及各元素摆放的位置是否有利于切片操作或者至少保证不会由于布局的问题导致切片图像时的工作难度被放大等，一旦作品被认可后就将进入切片处理阶段。

另外，Photoshop还为切片提供了一些简单的网页链接功能设定，所以在要求不高的情况下，可以利用文件导出功能将当前图像直接导出为HTML文件，然后放置在互联网上。当然，这样做会在一定程度上增加网页的大小，并且非常不利于后期的编辑调整。

18.2.3 输出文件

不难看出，要将Photoshop设计的网页效果图转换为HTML格式的网页，除了要将一整幅网页效果图切分外，最重要的就是要将其完美地输出成为小块图像，以便于在Dreamweaver这类网页软件中进行最终的设计。

在Photoshop中要输出切分后的图像，就必须选择“文件”|“存储为Web和设备所用格式”命令，从而依据切片将图像划分为多个小图像，并对所划分区域中的图像和图像质量进行优化设置，用以提高在网页中浏览该页面时的速度。同时，如果需要在网页编辑软件中重新编排网页（主要是指用表格或层功能按照原来的布局重新制作网页文件等），那么此时生成的图片文件就可以直接使用了，这也是目前网页设计中最为常用的一种手法。

需要注意的是，效果图文件中的文字都是在Photoshop中键入的，但实际上，一旦输出到Dreamweaver等软件中准备制作HTML文件后，除了一些带有特殊效果的标题文字外，其他所有文字都是在网页编辑软件中完成的，其目的就在于可以更好地降低网页大小，同时也具有更高的可编辑性。如图18.9所示就是隐藏了多余文字内容后的图像状态，如图18.10所示是在“存储为Web和设备所用格式”对话框中设置图像优化时的状态。

图18.9

图18.10

18.2.4 重建网页

除了极少数要求很低的情况外，从Photoshop中输出的文件都需要在网页编辑软件中进行重建，即依据现有的布局以及切片状态，在网页编辑软件中使用表格或者层等技术重新实现。当然，在重建过程中也不乏前期切片未处理好而导致需要后期改动的情况，此时就需要回到Photoshop中重新进行合理的切片处理，在要求不高的情况下，也可以先在网页编辑软件中重新划分表格，再在Photoshop中裁切好合适的图片，然后将其置入表格中即可，读者在工作过程中，可以根据实际需要，选择最快捷、方便的处理方法。

18.3 优化输出图像

通过优化切片中的图像，能够在降低一定图像质量的情况下大幅度提高网页的下载速度。

在Photoshop中，要优化图像就需要选择“文件”|“存储为Web和设备所用格式”命令，弹出如图18.11所示的“存储为Web和设备所用格式”对话框。

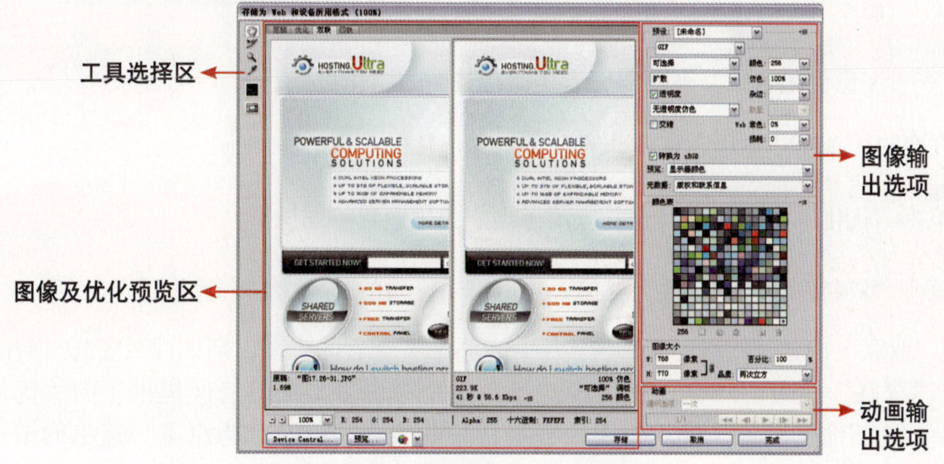

图18.11

根据图18.11中的标示，讲解“存储为Web和设备所用格式”对话框各组成部分的功能。

- 工具选择区：在此可以选择一些设置和编辑切片的工具。
- 图像及优化预览区：在此可以查看原图像及优化后的图像的效果对比。
- 图像输出选项：在此可以设置输出的图像类型及对应的参数设置。在选择不同的输出图像格式时，该区域中的状态也不同。

- 动画输出选项：如果输出的文件为动画格式，就可以在图像输出选项区中设置优化参数，并在此处控制动画的播放，以实时查看优化后的效果。

18.3.1 查看优化图像

在“存储为Web和设备所用格式”对话框中，可以直接在文件窗口中查看切片或者图像的优化效果，最多可以同时查看图像的4个优化效果版本，如图18.12所示。

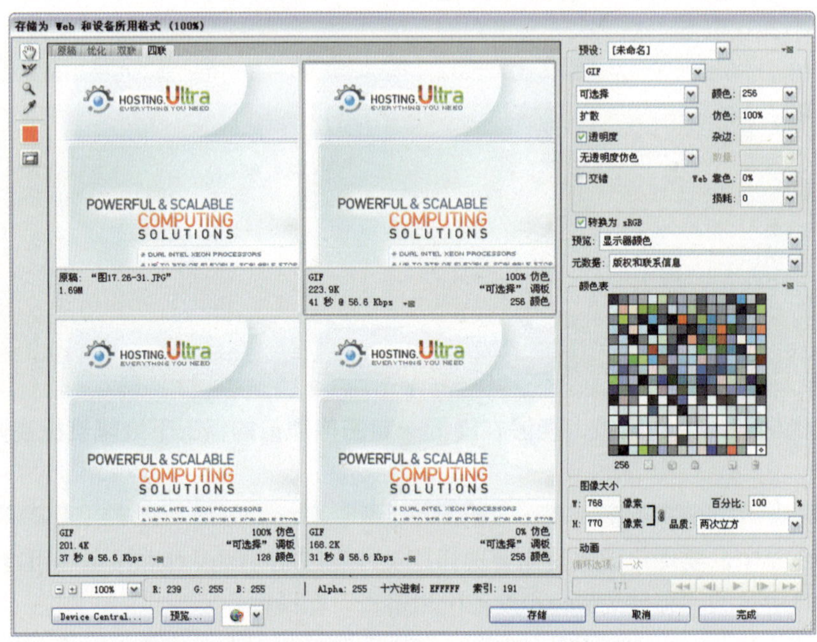

图18.12

要查看图像优化效果，可以根据需要执行下面的操作之一。

1 在窗口中单击“原稿”标签，可以查看未优化的图像。

2 单击“优化”标签，可以查看应用了当前优化设置的图像。

3 单击“双联”或者“四联”标签，可以查看图像的2个或者4个优化版本。

在“双联”或者“四联”视图模式下，单击需要查看的视图，则该视图变为当前视图。

在“双联”或者“四联”视图模式下，每个视图下方的信息区提供了有关优化的重要信息，包括优化设置、优化后图像或者切片的大小，以及如果以某一速率的调制解调器下载所需要的时间长度等，如图18.13所示，可以看出以JPEG格式优化的图像其下载速度最快。

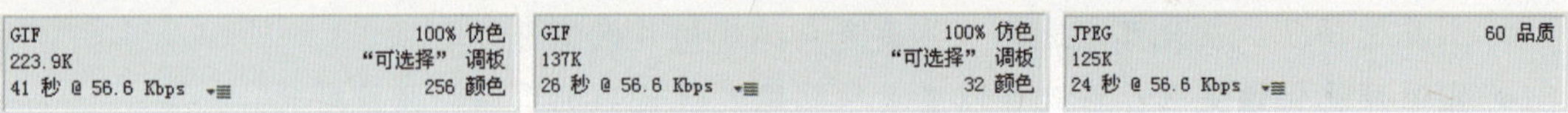

图18.13

另外，在Photoshop CS5中，在每个视图的下载时间后面新增了一个功能按钮，单击按钮，即可弹出如图18.14所示的下载速度设置菜单。

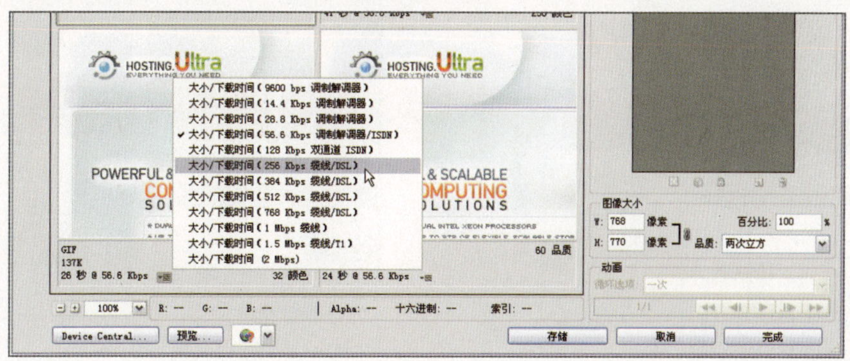

图18.14

18.3.2 GIF优化设置

GIF是用于压缩具有单调颜色和清晰细节图像的标准格式。通过减少文件中的颜色数量，可以减小 GIF 图像的大小。如图18.15所示是在“格式”下拉列表中选择“GIF”选项时的参数设置。

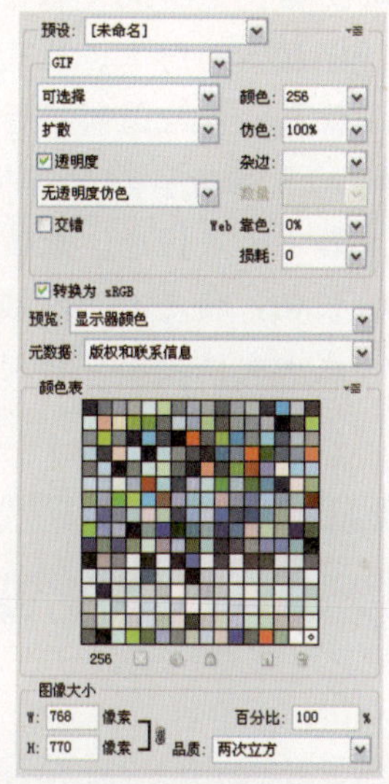

图18.15

下面对优化GIF格式图像时的参数设置进行讲解。

- 预设：在此下拉列表中可以选择Photoshop自带的多个GIF格式图像的输出方案。
- 减低颜色深度算法、颜色：从“减低颜色深度算法”下拉列表中选择用于生成颜色表的算法，然后在“颜色”下拉列表中指定颜色的最大数量。如果希望根据图像中的颜色自动确定颜色表的颜色数量，可以先在“减低颜色深度算法”下拉列表中选择“受限”选项，其右侧的“颜色”下拉列表中显示“自动”选项，将其选择即可。
- 指定仿色算法：在此下拉列表中有4个选项。选择“无仿色”选项，不对图像应用仿色效果；选择“扩散”选项，使用不太明显的随机图案扩散于图像中相邻的像素间，但同时需要指定“仿色”百分比以控制应用于图像的仿色量，如果数值高则图像中出现的颜色与细节多，但同时会增大文件的大小；选择“图案”选项，则使用类似半调的方块图案模拟颜色表中没有的颜色；选择“杂色”选项，使用与选择“扩散”选项得到的随机图案相似的图案模拟颜色表中没有的颜色，但不在相邻像素间扩散图案。
- 仿色：是指模拟电脑颜色显示系统中未提供的颜色的方法，尤其对于图像中存在的颜色渐变图像，需要仿色以防止出现颜色条带现象。例如，在“指定仿色算法”下拉列表中选择了“扩散”选项的情况下，如图18.16所示为设置“仿色”数值为0%时的效果，如图18.17所示为设置“仿色”数值为100%时的效果。

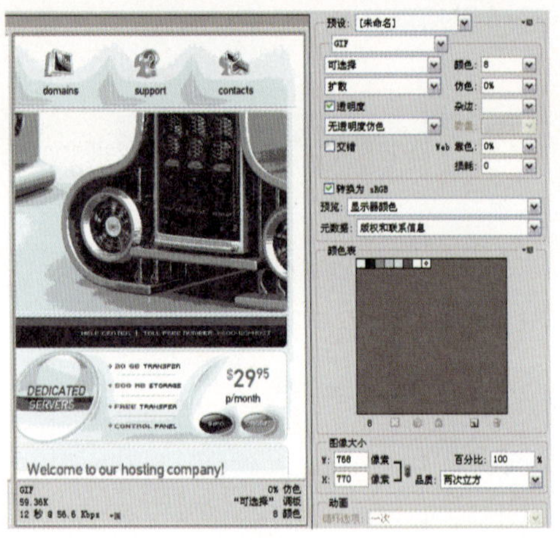

图18.16

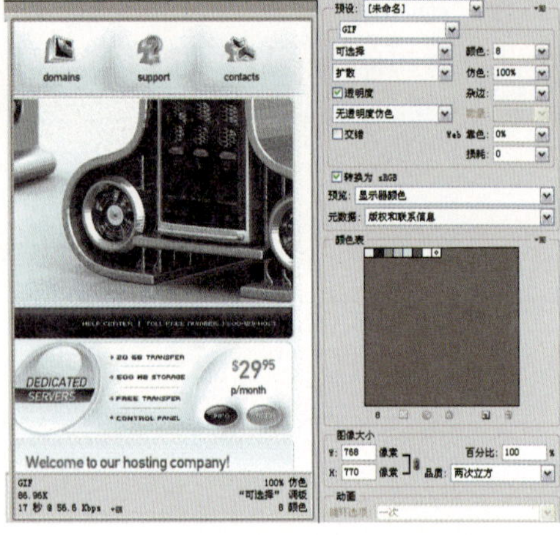

图18.17

- 透明度：选择此选项，则图像在输出时可以保留透明区域，否则图像原透明区域将使用白色进行填充。
- 杂边：在选中“透明度”复选框后，可以在此处设置透明图像的边缘颜色。
- 交错：选择此复选框，可以在整个图像文件的下载过程中，创建在浏览器中以低分辨率显示的图像。此选项可以使图像的下载时间显得较短，并使浏览者确认正在下载的信息，但此选项将增大文件大小。
- Web 靠色：指定将颜色转换为最接近的 Web 面板颜色的容差级别并防止颜色在浏览器中出现仿色。数值越大，则转换的颜色越多。
- 损耗：指定有损压缩所允许的损耗值，有损压缩可以通过有选择地删除图像的数据来减少文件大小。损耗值设置得越高，则被删除的数据越多。使用“损耗”参数通常可以使文件大小减少5%～40%。

18.3.3 JPEG优化设置

JPEG 是用于压缩连续色调图像（如照片等）的标准格式。在“存储为Web和设备所用格式”对话框中，选择“JPEG”选项后的参数设置如图18.18所示。

- 压缩品质、品质：在下拉列表中选择一个选项，或者在其右侧的“品质”数值框中指定一个数值。“品质”数值设置得越高，压缩后图像保留的细节越多，但同时文件将增大。
- 连续：选择此复选框，可以使该图像在下载时连续显示图像，以使浏览者在整个图像下载完毕之前能够看到图像的低分辨率版本。
- 模糊：指定应用于图像的模糊量。此选项与“高斯模糊”滤镜具有相似的效果，并允许进一步压缩文件，以获得更小的文件大小。

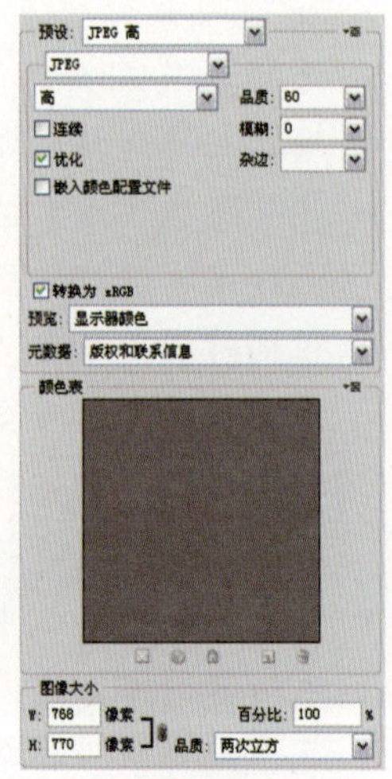

图18.18

- 优化：选择此复选框，可以创建文件大小稍小的增强型JPEG。
- 杂边：在此可以单击色块，在弹出的“拾色器”对话框中选择一种颜色，用以指定原图像中透明像素的填充色。
- 嵌入颜色配置文件：选择此复选框，可以将图片的颜色配置文件与文件保留在一起。颜色配置文件由某些浏览器用于色彩校正。

18.3.4 指定优化到文件大小

在只需要将文件缩小到某一大小而图像的质量可以忽略的情况下，可以单击“存储为Web和设备所用格式”对话框选项区右上方的按钮▾≡，在弹出的菜单中选择“优化到文件大小”命令，弹出如图18.19所示的“优化到文件大小”对话框。

在该对话框中键入限定的文件大小，然后选择适当的选项，单击“确定”按钮退出对话框，即可完成对图像的优化设置。

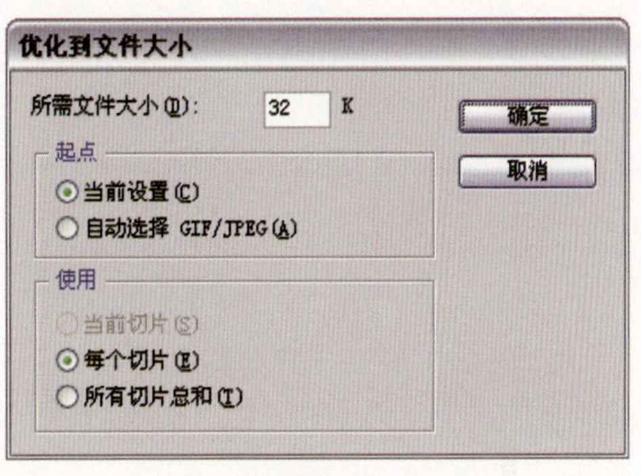

图18.19

18.3.5 存储和删除优化设置

当用户在“存储为Web和设备所用格式”对话框中改变参数后，在“预设”下拉列表中将显示“未命名”选项，表示当前设置的优化参数未被保存。

如果希望将设置的参数保存成为一个在日后工作中可以调用的设置，单击对话框选项区右上方的按钮▾≡，在弹出的菜单中选择“存储设置”命令，然后在弹出的“保存优化设置”对话框中键入新的文件名称及文件保存的路径，单击“保存”按钮即可完成存储优化设置的操作。

如果希望在“预设”下拉列表中删除某一项设置，可以选择要删除的设置，然后在选项区弹出菜单中选择“删除设置”命令。

18.3.6 在浏览器中预览优化结果

如果需要在浏览器中预览优化的结果，可以在“存储为Web和设备所用格式”对话框底部单击“在默认浏览器中预览”按钮，此时将使用系统默认的浏览器打开当前的优化结果。

18.3.7 将优化结果导出为HTML文件

在确认优化结果设置完成后，可以单击“存储”按钮将当前图像输出成为HTML文件，此时将弹出如图18.20所示的“将优化结果存储为”对话框。

在“保存类型”下拉列表中，可以选择同时输出HTML和图像文件，也可以选择单独输出图像或者HTML文件。

需要注意的是，在“文件名”文本框中键入的文件名称，将影响到输出的切片图像的命名方式。例如，以“index”为文件名进行保存，那么得到的HTML文件名称即为“index.html”，而同时被输出的图像文件则被命名为“index_XX”（其中，“XX”代表数字的编号）。

当然，如果读者在设置切片选项时指定了各个切片的名称，那么在输出后这些图片就将以切片名称作为图片的文件名，如图18.21所示。

图18.20

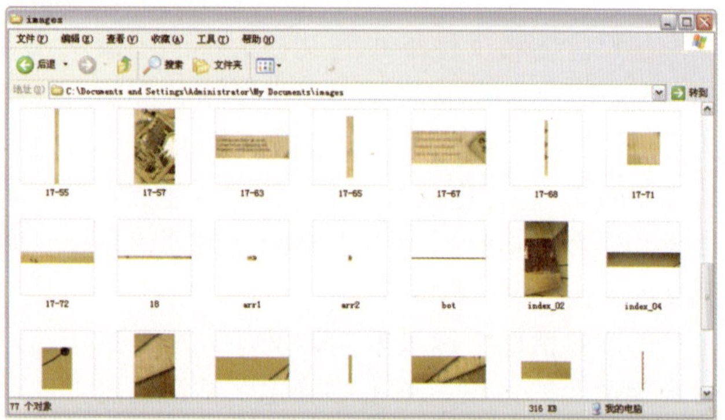

图18.21

Chapter 18 网页设计

18.4 制作网页动画

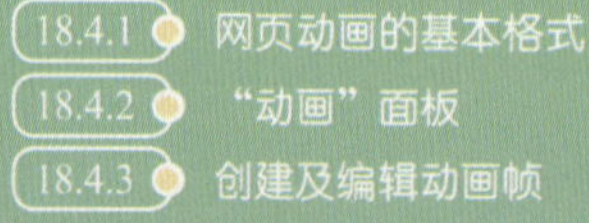

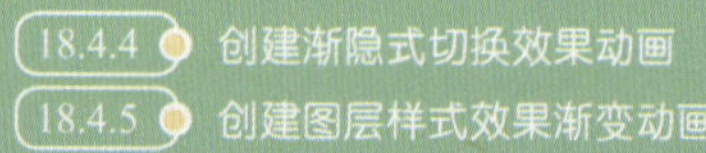

动画，实际上是人眼在短时间内看到连续的静止画面时视觉残留形成的错觉。在动画制作过程中，这些连续的静止画面被称为“帧”。在通常情况下，如果在1秒的时间内看到25个连续帧，人眼就能够感受到动画效果。

下面来了解一下使用Photoshop制作网页动画时所涉及到的相关知识及各功能的使用方法。

18.4.1 网页动画的基本格式

在网页中，最为常见的动画就属SWF和GIF格式的文件了。其中，SWF格式的文件是由

Flash软件所生成的专属文件格式，其特点是输出的文件小、动画编辑能力强，因此成为了网页动画中首选的动画格式之一，甚至现在越来越多的网页已经采用了完全由Flash技术来实现的网站，这也证明了SWF格式动画除了上述的优点之外，还具有非常好的交互特性。

而对于GIF格式动画，则可以由Photoshop提供的动画功能来制作。它虽然完全不具备与浏览者的交互功能，但其特点是输出的文件小、操作非常简单，甚至很多初学者都可以摸索着制作出效果不错的动画来。

18.4.2 “动画”面板

使用“动画”面板可以创建、查看和设置动画中的帧的参数，还可以使用较小的缩览图以减小面板所需的空间，并在默认的面板宽度上显示更多的帧。选择“窗口”|“动画”命令即可弹出“动画”面板，但在默认情况下，弹出的是“动画（时间轴)”面板，如图18.22所示。

在此状态下，可以对一些视频文字进行编辑处理，并可以加入一些如字幕、影片切换等简单的视频效果。由于此功能在网页动画中极少用到，故不再赘述。

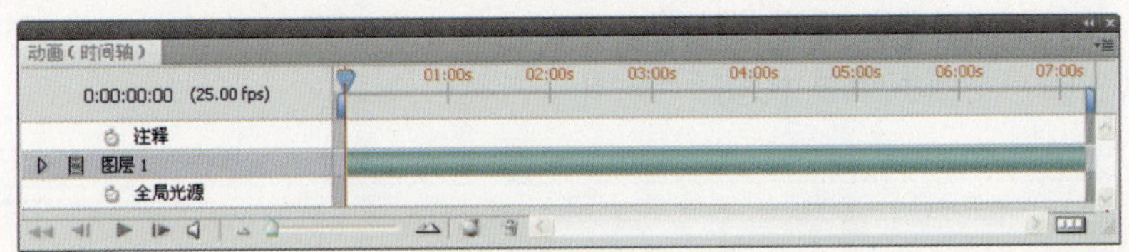

图18.22

单击面板右下角的“转换为时间轴动画”按钮，即可切换至“动画（帧)”面板。如图18.23所示是打开了一个动画文件时的面板状态，这也是利用Photoshop制作网页动画时所运用的功能。

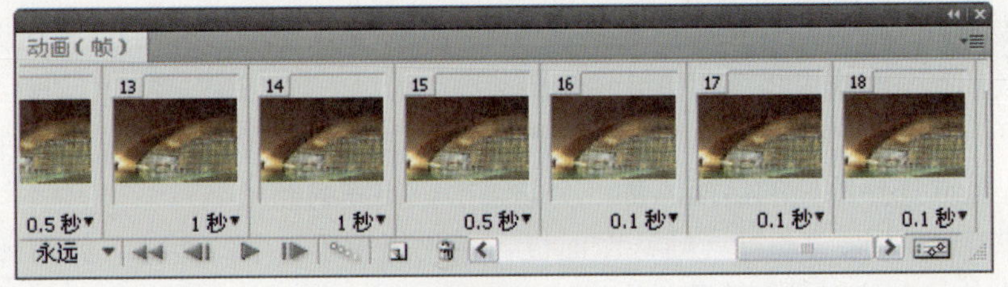

图18.23

下面将对“动画（帧）”面板中的参数进行讲解。

- “选择循环选项”按钮 永远 ：单击此按钮，在弹出的菜单中选择“永远”选项，则一直播放动画，直至单击“停止动画”按钮；如果选择“一次”选项，则播放一次动画后自动停止；如果选择“其他”选项，在弹出的“设置循环计数”对话框中可以设置循环播放的次数。
- “选择第一帧”按钮：单击此按钮，将返回至动画的第一帧。
- “选择上一帧”按钮：单击此按钮，可以选择当前帧的上一帧。
- “播放动画”按钮：单击此按钮，可以播放动画，此时该按钮变为“停止动画”按钮，单击即可停止播放动画。

- “选择下一帧”按钮：单击此按钮，可以选择当前帧的下一帧。
- “动画帧过渡”按钮：单击此按钮，在弹出的“过渡”对话框中可以设置图像之间的过渡。
- “复制当前帧”按钮：单击此按钮，可以复制当前选中的所有帧。
- “删除选中的帧”按钮：单击此按钮，将删除当前选中的帧。
- “面板切换按钮”：单击此按钮，可以在时间轴和帧这两种编辑模式之间进行切换。

18.4.3 创建及编辑动画帧

选择帧

在“动画（帧）”面板中，单击需要选择为当前帧的帧缩览图即可将其选中，被选择的帧反蓝显示，当前选中帧的效果将显示于文件窗口中；按住Shift键单击其他帧，可以选择多个连续的帧；按住Ctrl键直接单击其他帧，可以选择多个不连续的帧。如果要选择全部帧，可以在“动画（帧）”面板菜单中选择“选择全部帧”命令。

即使选择多个帧，也只有最先选择的帧的效果显示于文件窗口中。

添加帧

动画是由一系列连续的静止帧形成的，因此添加帧是创建动画的第1步。因为在打开图像后，“动画（帧）”面板仅将该图像显示为新动画中的第一帧，所以要制作动画必须添加帧。

在“动画（帧）”面板菜单中选择“新建帧”命令，或者单击“复制选中的帧”按钮，即可在当前选择的帧的后面添加一个与当前帧相同的新帧。

如图18.24所示为原“动画（帧）”面板，在此选择了其中的两帧，如图18.25所示是单击“复制选中的帧”按钮后得到的新帧。

图18.24

图18.25

重新排列帧

要更改某一帧的位置，可以单击选择需要移动的帧，并将其拖动至新的位置，直到黑线条出现时释放鼠标，被移动的帧将被放置在黑线条之后。

如图18.26所示是选中前4帧后将其拖动至最末尾时的状态，如图18.27所示是释放鼠标后发生位置变化的帧的状态。

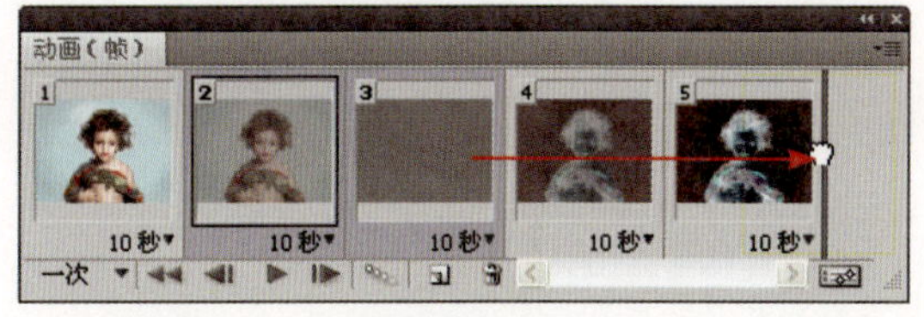

图18.26

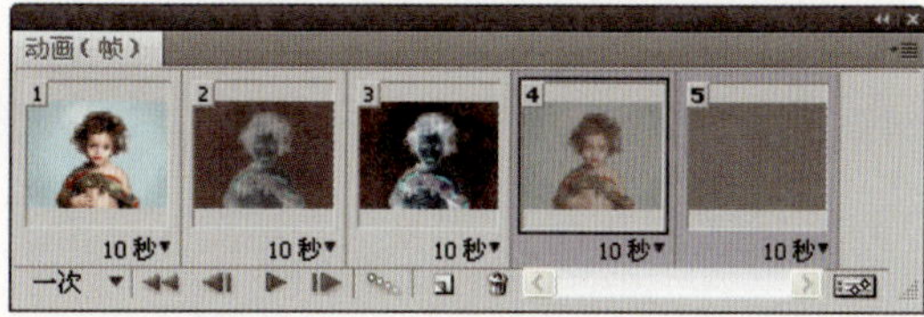

图18.27

如果拖动多个不连续的帧，被拖动的帧将连续地被放置在新位置。

如果需要反转动画的所有帧，或者反转选择的连续或者不连续的某些帧的顺序，可以在“动画（帧）”面板菜单中选择“反向帧”命令。

 删除帧

在要删除的帧被选中的情况下，执行下列操作之一可以删除选择的帧。

- 在“动画（帧）”面板菜单中选择“删除帧”命令。
- 单击“删除选中的帧”按钮。
- 将所选择的帧拖动至“删除选中的帧”按钮上。

要删除整个动画，可以在“动画（帧）”面板菜单中选择“删除动画”命令。

 复制和粘贴帧

为了理解复制和粘贴帧的操作，可以将帧认为是具有当前图层设置的图像副本。复制帧就是复制每一图层的可视性设置、位置以及其他属性；粘贴帧就是将这些属性应用到目标帧。

选择要应用于复制的帧，从“动画（帧）”面板菜单中选择“拷贝多帧”命令；在当前动画或者另一动画中选择目标帧，再从“动画（帧）”面板菜单中选择“粘贴多帧”命令（如果当前仅选择了一个帧，那么在“动画（帧）”面板菜单中显示的就是“拷贝单帧”和“粘贴单帧”命令)，弹出如图18.28所示的“粘贴帧”对话框，在对话框中可以选择粘贴帧的方法。

“粘贴帧”对话框中的参数如下。

- 替换帧：可以用复制的帧替换当前所选择的帧；如果将帧粘贴至同一图像，则没有新图层添加到该图像；如果是在不同图像之间粘贴帧，则将在图像中添加新图层。
- 粘贴在所选帧之上：可以将粘贴的帧的内容添加至图像中的新图层。
- 粘贴在所选帧之前、粘贴在所选帧之后：可以在目标帧之前或者之后添加复制的帧。
- 链接添加的图层：可以在“图层”面板中链接粘贴帧的图层。

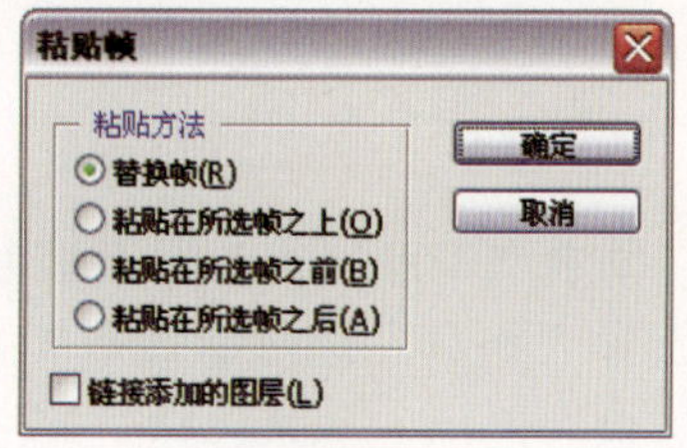

图18.28

过渡帧

执行“动画（帧）”面板菜单中的“过渡”命令，可以自动添加或修改两个现有帧之间的一系列帧，均匀改变所选帧之间的图层属性以创建动画效果。“过渡”对话框如图18.29所示。

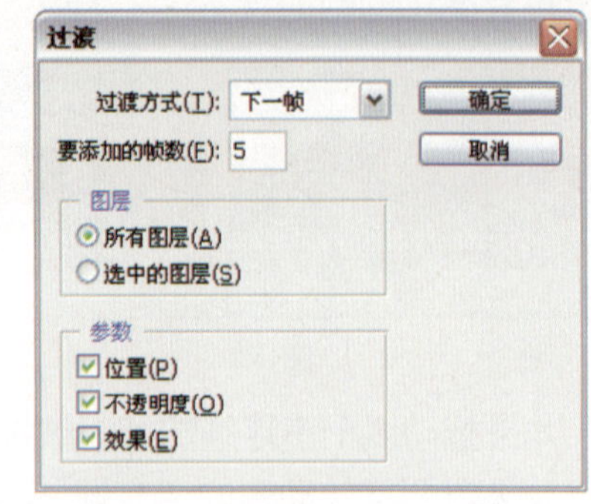

图18.29

“过渡”对话框中的参数如下。

- 过渡方式：如果在“动画（帧）”面板中只选择第一帧，在此下拉列表中有“下一帧”和“最后一帧”两个选项，选择其中的选项，即可在第一帧与其下一帧或者第一帧与最后一帧之间添加过渡帧；如果选择的是两个连续帧，在此下拉列表中仅有“选区”选项，即在该两帧之间添加相应数量的过渡帧；如果选择的是多于两个的连续帧，在此下拉列表中也仅有“选区”选项，但其下面的“要添加的帧数”选项不可用，此时将在第一个被选中帧与最后一个被选中帧之间创建默认的渐变过渡效果。
- 要添加的帧数：只有在选择单一帧和两个连续帧时，该选项才被激活。在此键入数值，可以设置在选中的帧之后或者选中的两帧之间添加的帧数。
- 图层：单击“所有图层”单选按钮，可以改变所选帧中的全部图层；单击“选中的图层”单选按钮，则只改变所选择帧中当前选中的图层。
- 参数：可以指定需要改变的图层属性。选择“位置”复选框，可以在起始帧和结束帧之间均匀地改变图层中的图像在新生成的帧中的位置；选择“不透明度”复选框，可以在起始帧和结束帧之间均匀地改变新生成的帧的不透明度；选择“效果”复选框，可以在起始帧和结束帧之间均匀地改变图层效果的参数设置。

指定帧延迟

节奏感是一个好的动画不可缺少的因素。在Photoshop中，可以通过设置动画的帧延迟时间得到有节奏感的动画。

单击“动画（帧）”面板中每一帧下面的数值，即可从弹出的菜单中选择一个延迟时间。延迟时间以秒为单位显示，分数形式的秒以小数显示，例如，1/4秒显示为“0.25”。

如果同时选择了多个帧，当为其中的一个帧指定延迟时间时，其他所有被选择的帧均会应用该延迟时间。

动画循环方式

单击“动画（帧）”面板左下角的“选择循环选项”按钮 永远 ▾，在其弹出菜单中选择“循环”选项，用以指定动画在播放时的循环方式，包括“一次”、“永远”和“其他”选项。如果选择“其他”选项，可以在弹出的“设置循环计数”对话框中键入循环数值。

 新图层与帧

当创建新图层时，该图层在动画的所有帧中都是可见的。如果要在特定帧中隐藏此图层，则必须在“动画（帧）”面板中选择该帧，然后在“图层”面板中隐藏要隐藏的图层。

反之，在“动画（帧）”面板菜单中选择“为每个新建帧创建新图层”命令后，每次创建新帧时，将自动为当前图像创建一个新图层，新图层在新帧中是可见的，但在其他帧中是隐藏的。

 跨帧匹配图层

使用“图层”面板编辑图层时，对图层所作的更改只应用于所选的帧。如果要将图层更改应用于动画中所有的帧，可以在选择要改变的图层后，在“动画（帧）”面板菜单中选择“跨帧匹配图层”命令，在弹出的“匹配图层”对话框中设置适当的参数即可。

 将帧拼合到图层

可以将动画的帧拼合到图层中，为每一帧创建一个复合图层。复合图层包含该帧中的所有图层，该帧中原来的图层被隐藏，但仍保留在“图层”面板中。

在“动画（帧）”面板菜单中选择“将帧拼合到图层”命令，即可将帧拼合到图层中。

18.4.4 创建渐隐式切换效果动画

渐隐式切换效果动画，是指一个画面渐渐变淡而另一个画面渐渐出现的效果。在此以在如图18.30所示的3幅图像间创建渐隐式切换动画为例，讲解其操作步骤。

图18.30

1 打开随书所附光盘中的文件“第18章\18.4.4-素材.psd”。

2 在工具箱中选择“移动工具”，按照动画的显示顺序，将其中的两幅图像拖动至另一幅图像中，此时的“图层”面板如图18.31所示。

3 选择“窗口”|“动画”命令，弹出“动画（帧）”面板。在第1帧缩览图的底部单击“选择帧延迟时间”按钮，在弹出的菜单中选择“0.5”选项，如图18.32所示。

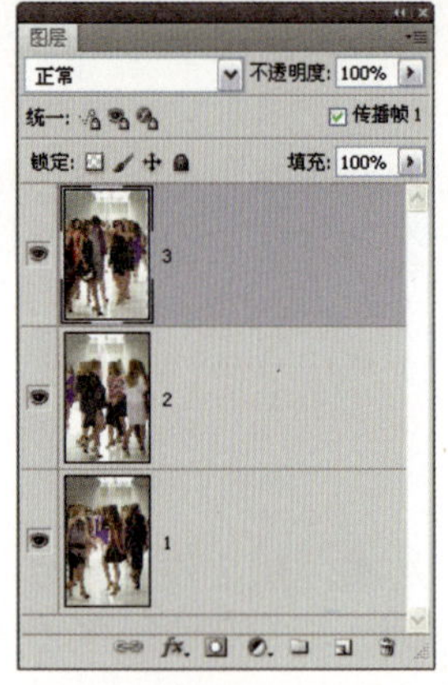

图18.31

图18.32

4 单击“复制选中的帧”按钮复制当前帧，效果如图18.33所示。

5 在“图层”面板中，单击图层“3”左侧的图标以将其隐藏，此时的“动画（帧）”面板如图18.34所示。

图18.33

图18.34

6 重复步骤4的操作，参照步骤5的操作，隐藏图层“2”，此时的“动画（帧）”面板如图18.35所示。

图18.35

7 下面开始在各帧之间添加过渡效果。在“动画（帧）”面板中选择第2帧，单击“动画帧过渡”按钮，在弹出的“过渡”对话框中设置参数，如图18.36所示，此时的“动画（帧）”面板如图18.37所示。

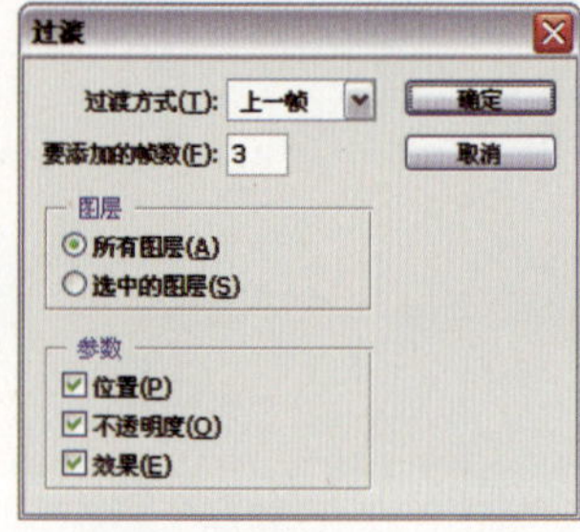

图18.36

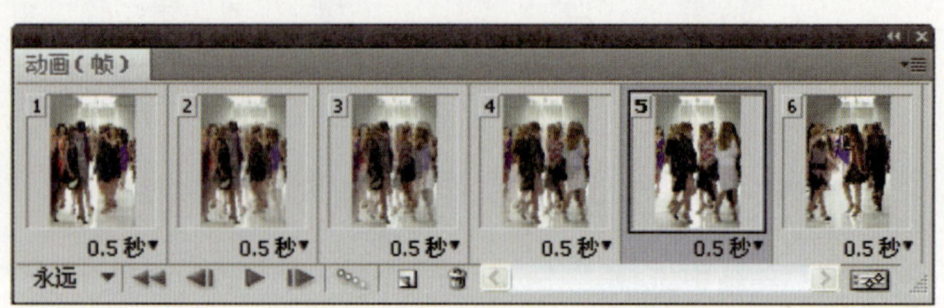

图18.37

8 在“动画（帧）”面板中，选择最后一帧（即步骤7操作前的第3帧）。重复步骤7的操作，此时的“动画（帧）”面板如图18.38所示。

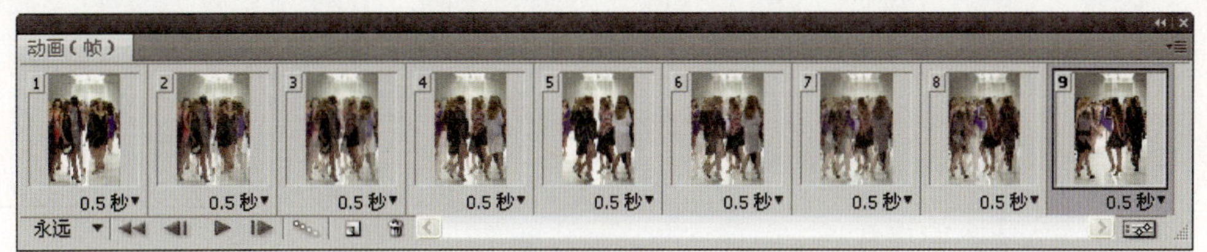

图18.38

TIP

此时在“动画（帧）”面板中单击“播放/停止动画”按钮，即可欣赏动画。重复播放该动画不难看出，当从最后一帧播放至第一帧时，会出现明显的画面跳转。下面将在最后一帧与第一帧之间添加过渡效果。

9 在“动画（帧）”面板中，选择最后一帧（即步骤7操作前的第3帧）。重复步骤7的操作，弹出“过渡”对话框，在“过渡方式”下拉列表中选择“第一帧”选项，其他参数保持不变，如图18.39所示。

TIP

单击“动画（帧）”面板中的“播放/停止动画”按钮查看播放效果。可以看出，由于每帧中的延迟时间都是0.5秒，所以看起来非常没有节奏感，且播放速度偏慢。下面将针对此问题对各帧的播放时间进行调整。

10 按住Shift键选择第2～4帧（即由第1幅图像向第2幅图像过渡时所产生的帧），如图18.40所示。

图18.39

图18.40

11 单击第2～4帧中任意一帧的“选择帧延迟时间”按钮，在弹出的菜单中选择“0.1秒”。按照同样的方法，将第6～8帧及第10～12帧的帧延迟时间也设置为0.1秒，此时的“动画（帧）”面板如图18.41所示。

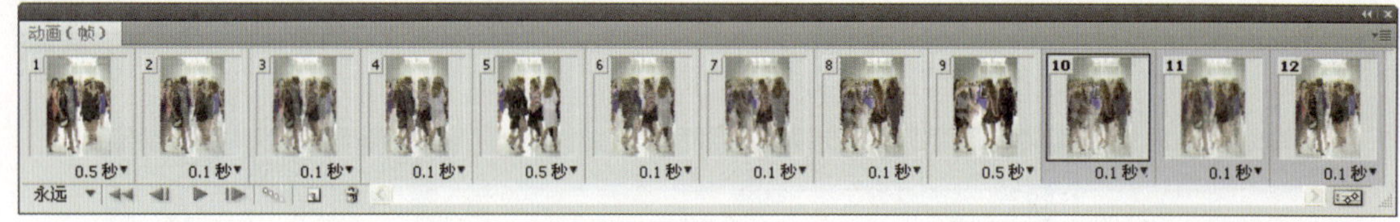

图18.41

在“动画（帧）”面板中单击“播放/停止动画”按钮，即可欣赏动画。按照同样的操作，可以创建在多个图像及文字间切换的动画效果。

随意打开一个图像文件，连续单击“复制选中的帧”按钮以复制得到多个帧，然后选择最后一帧，并对其中的图像执行“反相”操作。选中此时“动画（帧）”面板中的所有帧，再单击“动画帧过渡”按钮，看看会出现什么样的效果。

18.4.5 创建图层样式效果渐变动画

使用图层样式也能够创建精美的动画效果。在此以为一个按钮添加发光渐变动画效果为例，讲解如何通过图层样式效果创建动画。

1 打开随书所附光盘中的文件“第18章\18.4.5-素材.psd”，其图像效果如图18.42所示，此时的“图层”面板如图18.43所示。

图18.42

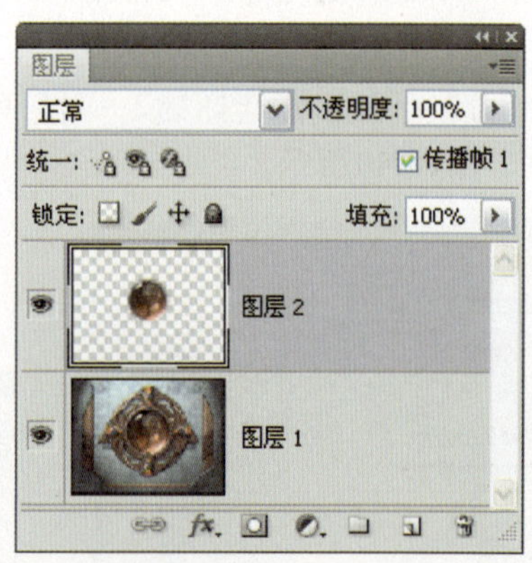

图18.43

2 单击“图层”面板底部的“添加图层样式”按钮，在弹出的菜单中选择“外发光”命令，在弹出的“图层样式”对话框中设置参数，如图18.44所示，单击“确定”按钮退出对话框，效果如图18.45所示。

3 单击“动画（帧）”面板底部的“复制选中的帧”按钮以复制当前帧。

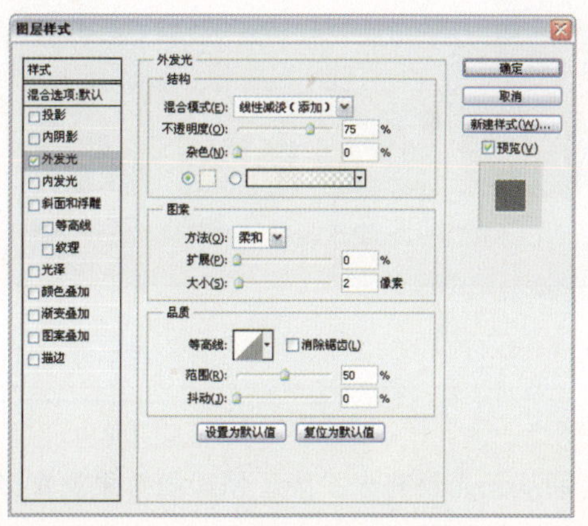

图18.44

图18.45

在“外发光”参数设置中，色块的颜色值为#faf2ed。

4 在“图层”面板中，双击“图层2”的“外发光”图层样式名称，在弹出的“图层样式”对话框中重新设置参数，如图18.46所示。

5 单击“确定”按钮退出对话框，效果如图18.47所示。

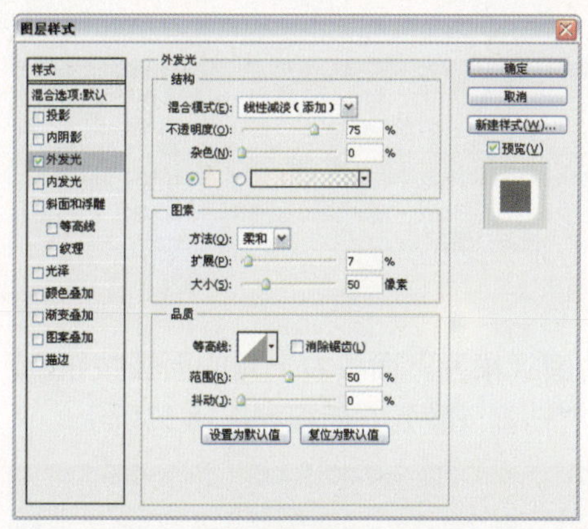

图18.46

图18.47

6 在“动画（帧）”面板中选择第2帧，单击“动画帧过渡”按钮，在弹出的“过渡”对话框中设置参数，如图18.48所示，此时的“动画（帧）”面板如图18.49所示。

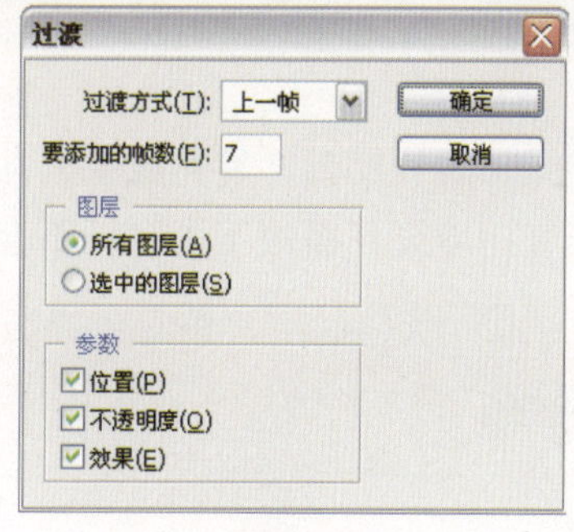

图18.48

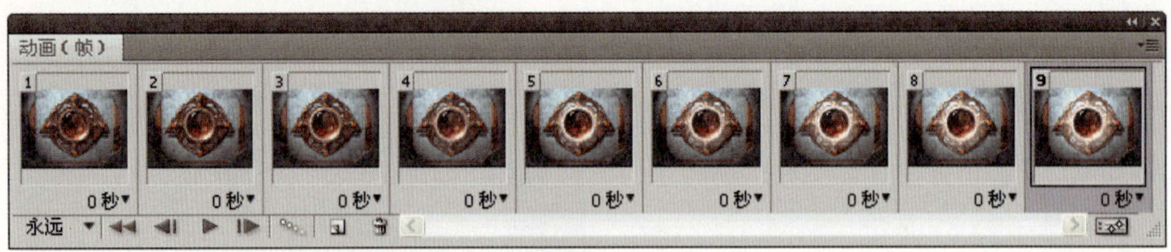

图18.49

TIP

至此，按钮动画已经有了单方向的发光变化，即从无光到有光。为了使动画效果更加逼真，下面将继续制作从有光到无光的变化，使该动画可以循环播放。

7 按住Shift键选中“动画（帧）”面板中的全部帧，然后单击面板右上角的面板按钮，在弹出的菜单中选择“拷贝多帧”命令，在面板菜单中再选择“粘贴多帧”命令，在弹出的“粘贴帧”对话框中设置参数，如图18.50所示。

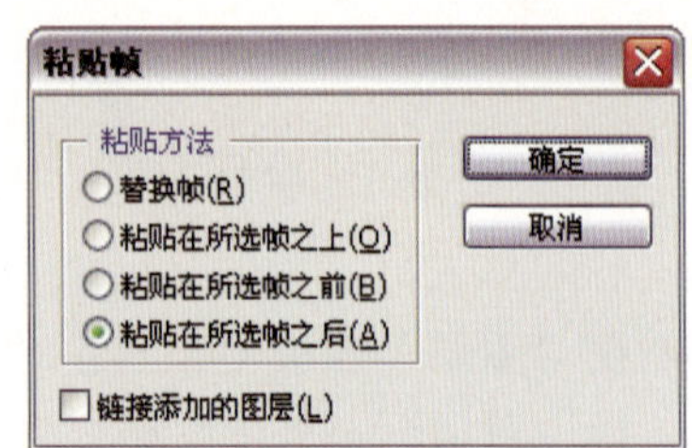

图18.50

8 单击“确定”按钮退出对话框，则刚复制的9个帧被粘贴至第9帧的后面，得到第10～18帧，效果如图18.51所示。

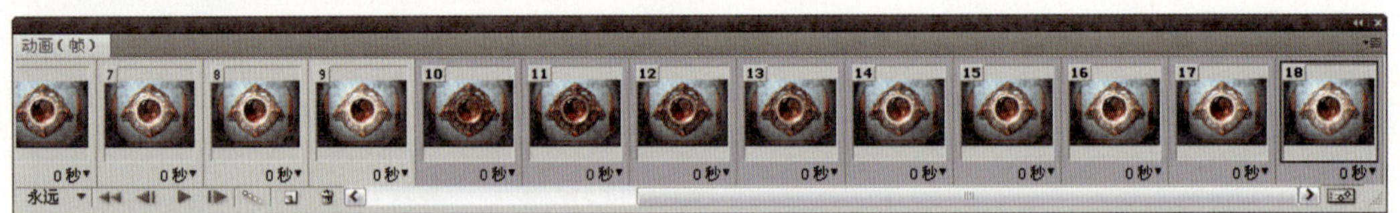

图18.51

9 保持粘贴得到的帧的选中状态，再次单击“动画（帧）”面板右上角的面板按钮，在弹出的菜单中选择“反向帧”命令，此时的“动画（帧）”面板如图18.52所示。

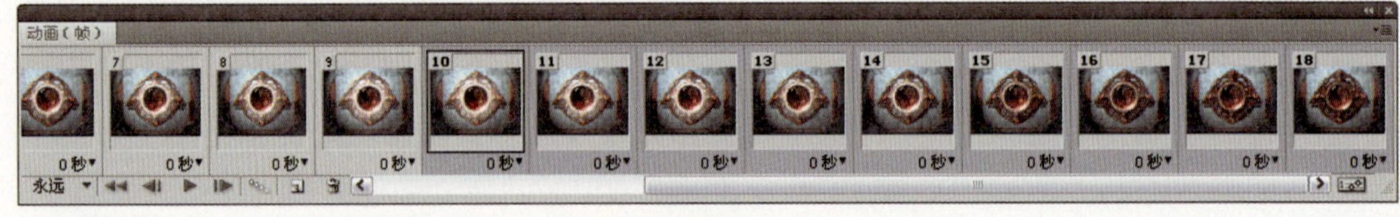

图18.52

此时播放动画，发光效果会从无光过渡到有光，然后再恢复为无光，这样可以使该动画周而复始地循环播放下去，而不会有任何的跳动感。

Chapter 19

综合案例

在本书第1~18章的讲解中，读者已经学习了Photoshop中的常用知识。本章将通过多个案例，来实践和深度理解前面所学习的内容。

值得一提的是，本章的案例绝不是为了实用而存在的，而是完全为了帮助读者巩固前面所学习的知识，例如画笔涂抹、动态画笔、渐变绘图、混合模式、图层蒙版、图层样式、路径与形状、滤镜等，所以希望读者能够在学习本章案例时，细心结合本书前面讲解的知识来掌握，达到深入学习和巩固的目的。

19.1 精通蒙版技术——美人鱼照片合成

在本例中，将以一幅美人出水的照片图像为基础，结合头发、鱼尾以及溅起的水花等素材，合成得到一幅美人鱼创意作品，并通过对背景及整体色调的渲染，让图像给人以梦幻、唯美、逼真的视觉感受。

1 打开随书所附光盘中的文件“第19章\19.1\19.1-素材1.psd ”，如图19.1所示。下面对人物及其水面上的图像进行色彩调整。

2 在“图层”面板中选择“图层2”，单击“创建新的填充或调整图层”按钮，在弹出的菜单中选择“渐变映射”命令，得到图层“渐变映射1”，按Ctrl+Alt+G键创建剪贴蒙版，然后在面板中设置参数，如图19.2所示，并设置当前图层的混合模式为“强光”，从而为图像叠加颜色，得到如图19.3所示的效果。

图19.1

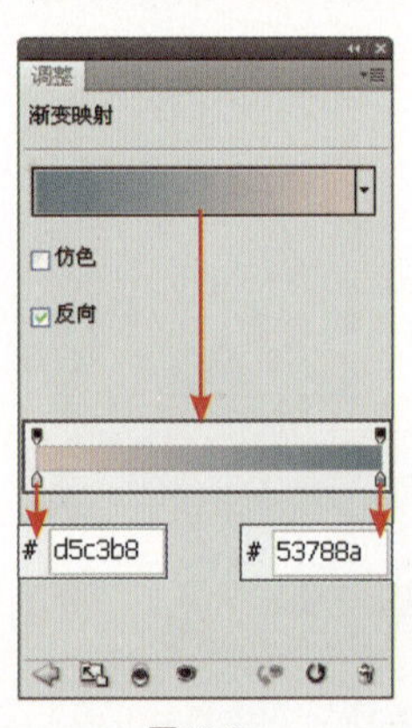

图19.2

图19.3

3 选择“渐变映射1”的图层蒙版，设置前景色为黑色，选择“画笔工具”并设置适当的画笔大小及不透明度，在水面图像上涂抹以隐藏其调整效果，如图19.4所示，此时蒙版中的状态如图19.5所示。

4 在“图层”面板底部单击“创建新的填充或调整图层”按钮，在弹出的菜单中选择“亮度/对比度”命令，得到图层“亮度/对比度1”，按Ctrl+Alt+G键创建剪贴蒙版，在面板中设置参数，以调整图像的亮度和对比度，得到如图19.6所示的效果。

5 按照步骤3的方法编辑“亮度/对比度1”的蒙版，隐藏对水面的调整，得到如图19.7所示的效果，相应的蒙版状态如图19.8所示。

6 在“图层”面板底部单击“创建新的填充或调整图层”按钮，在弹出的菜单中选择“可选颜色”命令，得到图层“选取颜色1”，按Ctrl+Alt+G键创建剪贴蒙版，在面板中设置参数，以调整图像的颜色，得到如图19.9所示的效果。

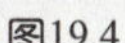

图19.4

图19.5

图19.6

图19.7

图19.8

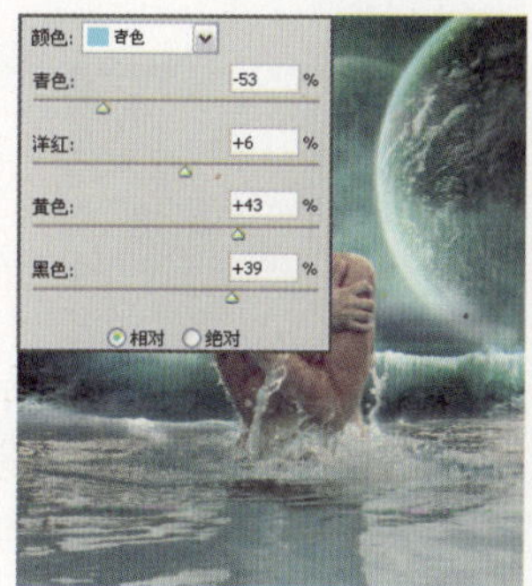

图19.9

7 在“图层”面板底部单击“创建新的填充或调整图层”按钮，在弹出的菜单中选择“亮度/对比度”命令，得到图层“亮度/对比度2”，按Ctrl+Alt+G键创建剪贴蒙版，在面板中设置参数，以调整图像的亮度和对比度，得到如图19.10所示的效果。

8 按照步骤3的操作方法编辑“亮度/对比度2”的蒙版，以隐藏对人物图像的调整，如图19.11所示，此时蒙版中的状态和“图层”面板状态如图19.12所示。

图19.10

图19.11

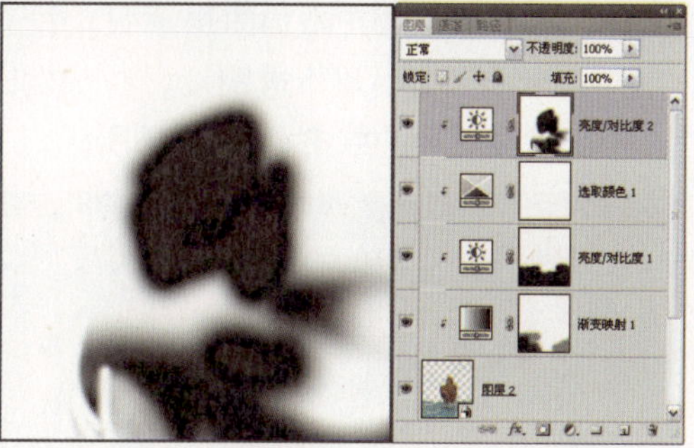

图19.12

至此，已经基本完成了对人物图像的色彩处理。为了让人物看起来更具艺术感，下面为其增加飞舞而起的头发图像。

9 打开随书所附光盘中的文件“第19章\19.1\19.1-素材2.psd”，使用“移动工具”将其拖动至本例操作的文件中，得到“图层3”，并将其拖动至“图层2”的下方，使用“移动工具”将图像置于人物背后的位置，按Ctrl+T键调出自由变换控制框，按住Shift键缩小图像至合适的大小，按Enter键确认变换操作，如图19.13所示。

10 在“图层”面板底部单击“添加图层蒙版”按钮，为“图层3”添加图层蒙版，设置前景色为黑色，选择“画笔工具”并设置适当的画笔大小及不透明度，在头发的硬边图像上涂抹以将其隐藏，如图19.14所示。

11 复制“图层3”两次，分别调整其中头发图像的位置及大小，直至得到如图19.15所示的效果。

图19.13

图19.14

图19.15

12 下面将向图像中增加溅起的水花图像。打开随书所附光盘中的文件“第19章\19.1\19.1-素材3.psd”，使用“移动工具”将其拖动至本例操作的文件中，得到“图层4”，并将图像置于人物头发之上，如图19.16所示。

13 设置“图层4”的混合模式为“滤色”，在“图层”面板底部单击“添加图层蒙版”按钮为其添加图层蒙版，设置前景色为黑色，选择“画笔工具”并设置适当的画笔大小及不透明度，在头发以外的图像上涂抹以将其隐藏，如图19.17所示，此时蒙版中的状态如图19.18所示。

图19.16

图19.17

图19.18

14 打开随书所附光盘中的文件“第19章\19.1\19.1-素材4.psd”，使用“移动工具”将其拖至本例操作的文件中，得到“图层5”，并将图像置于人物头发的右侧位置，然后按照上一步的方法设置混合模式并使用图层蒙版隐藏多余的图像，直至得到如图19.19所示的效果。

15 选择“图层3”，然后按住Shift键选择“亮度/对比度2”图层，从而将两者之间的图层选中。按Ctrl+G键将选中的图层编组，并将其重命名为“美人”，此时的“图层”面板如图19.20所示。

至此，已经基本完成了对人物图像的处理，下面来增加人鱼的尾巴图像。

16 打开随书所附光盘中的文件“第19章\19.1\19.1-素材5.psd”，使用“移动工具”将其拖至本例操作的文件中，得到“图层6”，并将其拖至“图层1”的上方，然后将图像置于画面左侧的位置，如图19.21所示。

图19.19

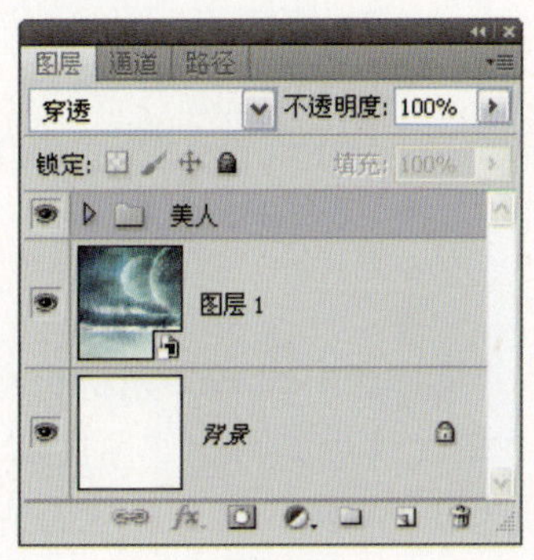

图19.20

图19.21

17 在“图层”面板底部单击“创建新的填充或调整图层”按钮，在弹出的菜单中选择“色彩平衡”命令，得到图层“色彩平衡1”，按Ctrl+Alt+G键创建剪贴蒙版，在面板中设置参数，以调整图像的颜色，得到如图19.22所示的效果。

18 复制“图层4”两次，并将副本图层中的图像置于人物的尾巴位置，然后设置适当的不透明度，使它们能够融合在一起，得到如图19.23所示的效果。此时的“图层”面板如图19.24所示。

图19.22

图19.23

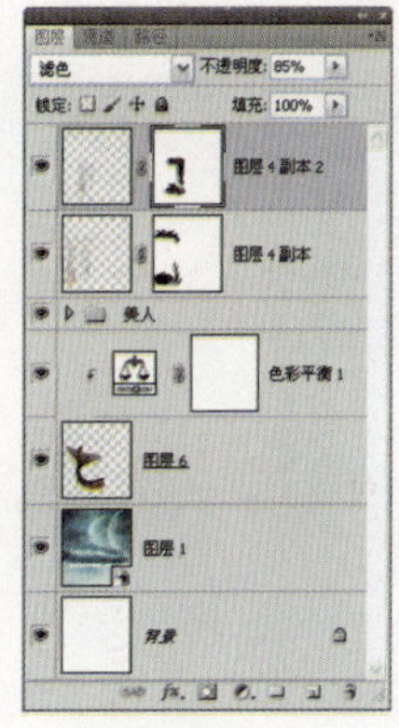

图19.24

19.2 精通图像合成——烈焰女郎照片合成

除了对照片进行最大限度的美化修饰外，根据不同的需求，还需要进行从简单到复杂等不一而足的创意合成处理。在本例中就以一个女郎为载体，以火焰特效作为合成的重点，将其融合在女郎的身体上。

1 打开随书所附光盘中的文件“第19章\19.2\19.2-素材1.psd”，如图19.25所示。

TIP

本步骤是以组的形式给出的素材，由于并非本例讲解的重点，读者可以参考源文件进行参数设置，展开组即可观看到操作的过程。下面将从头发开始向其身体上融合火焰图像。

2 打开随书所附光盘中的文件“第19章\19.2\19.2-素材2.psd”，如图19.26所示。使用“移动工具”将其拖至本例操作的文件中，得到“图层1”，在该图层的名称上右击，在弹出的快捷菜单中选择“转换为智能对象”命令，从而将其转换为智能对象图层。

TIP

将图层转换为智能对象后，可以记录下变换信息，以便于进行反复的编辑，在后面的操作中，也有很多图层转换成了智能对象图层，到时将不再说明其操作方法。

3 将图像置于人物头部的右上方，设置“图层1”的混合模式为“滤色”，得到如图19.27所示的效果。

图19.25

图19.26

图19.27

此时，融合后的火焰图像边缘带有生硬的边缘，下面就来解决这个问题。

4 在“图层”面板底部单击“添加图层蒙版”按钮 为“图层1”添加图层蒙版，设置前景色为黑色，选择“画笔工具” 并设置适当的画笔大小及不透明度，在火焰的硬边图像上涂抹以将其隐藏，如图19.28所示。

5 下面调整火焰图像的亮度。在“图层”面板底部单击“创建新的填充或调整图层”按钮 ，在弹出的菜单中选择“亮度/对比度”命令，得到图层“亮度/对比度4”，按Ctrl+Alt+G键创建剪贴蒙版，在面板中设置参数，如图19.29所示，以调整图像的亮度，得到如图19.30所示的效果。

图19.28

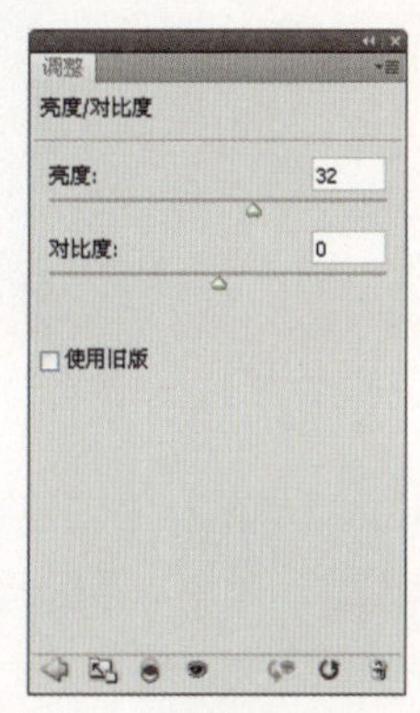

图19.29

图19.30

6 选择“图层1”和“亮度/对比度4”，按Ctrl+Alt+E键执行“盖印”操作，从而将当前所选图层中的图像合并至新图层中，将得到的图层重命名为“图层2”，将其转换为智能对象图层，并设置其混合模式为“滤色”。

7 选择“编辑”|“变换”|“水平翻转”命令，以水平翻转图像。按Ctrl+T键调出自由变换控制框，调整图像的大小及旋转角度等，然后将图像置于人物的左侧头发上，如图19.31所示，按Enter键确认变换操作。

8 在“图层”面板底部单击“添加图层蒙版”按钮 为“图层2”添加图层蒙版，设置前景色为黑色，选择“画笔工具” 并设置适当的画笔大小及不透明度，在生硬的图像边缘上涂抹以将其隐藏，如图19.32所示，此时蒙版中的状态如图19.33所示。

图19.31

图19.32

图19.33

9 下面来对左右两侧的头发增加红色光泽，使之与火焰的色调更加匹配。在“图层”面板中新建一个图层得到“图层3”，将其拖至“图层1”下方，分别设置前景色值为e90101和ffe400，选择“画笔工具”并设置适当的画笔大小及不透明度，在左右两侧的头发图像上进行涂抹，直至得到如图19.34所示的效果。

10 设置“图层3”的混合模式为“柔光”，得到如图19.35所示的效果。

图19.34

图19.35

11 在“图层”面板中选择“图层2”，单击“创建新的填充或调整图层”按钮，在弹出的菜单中选择“亮度/对比度”命令，得到图层“亮度/对比度5”，在面板中设置参数，如图19.36所示，以调整图像的亮度及对比度，得到如图19.37所示的效果，将与火焰头发相关的图层编组，此时的“图层”面板如图19.38所示。

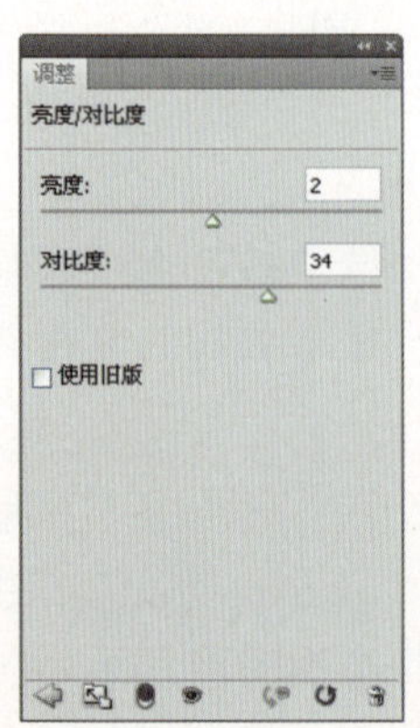

图19.36

图19.37

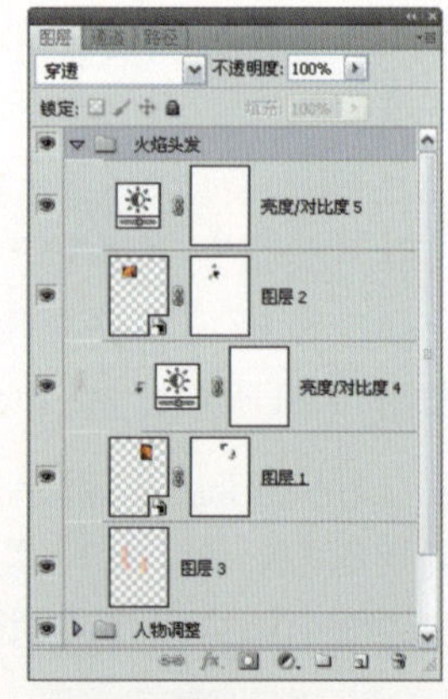

图19.38

此处的调整图层并没有创建剪贴蒙版，所以在后面添加的图像中，凡是位于该图层下面的图像，都会被该图层调整。

12 选择组“人物调整”，打开随书所附光盘中的文件“第19章\19.2\19.2-素材3.psd”～“第19章\19.2\19.2-素材5.psd”，结合前面介绍的方法对这3幅图像进行处理，以制作人物左、右手中的火焰及右臂上的“火”字，如图19.39所示，对应的“图层”面板如图19.40所示。

13 打开随书所附光盘中的文件“第19章\19.2\19.2-素材6.psd”，按照前面所讲解的方法，将图像融合到人物的背景中，直至得到如图19.41所示的效果，对应的“图层”面板如图19.42所示。

图19.39

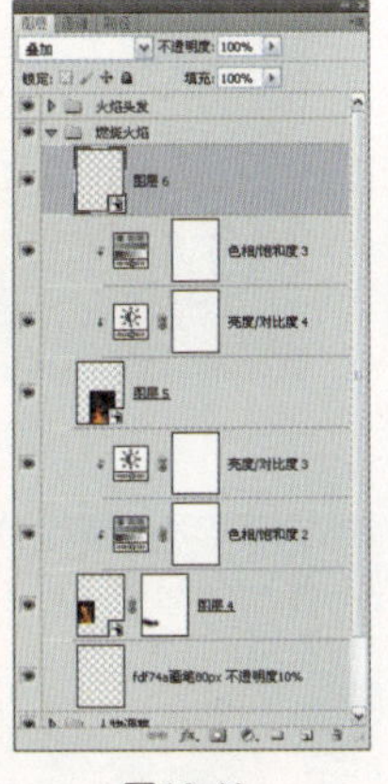

图19.40

图19.41

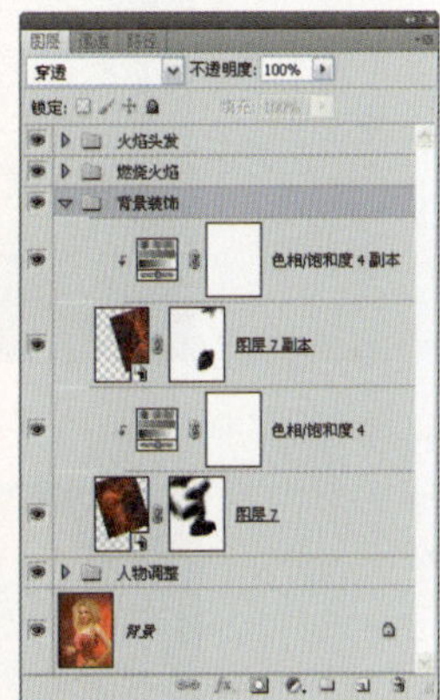

图19.42

Chapter 19 综合案例

19.3 精通文字变形——立体文字特效表现

本例是以立体文字为主题的文字特效表现作品。在制作过程中，以红色调作为设计的主色调，通过各种技术手段，保证各部分之间的吻合，绘制的图形过大或过小都会影响整体立体感。

1 打开随书所附光盘中的文件“第19章\19.3\19.3-素材1.psd”，如图19.43所示，将其作为本例的背景图像。

2 设置前景色值为ec1e0b，选择“钢笔工具”，在工具选项条上选择“形状图层”按钮，在画面中绘制如图19.44所示的文字形状，得到“形状1”。在图层名称上右击，在弹出的快捷菜单中选择“转换为智能对象”命令，从而将其转换为智能对象图层。

3 选择“滤镜”|“杂色”|“添加杂色”命令，在弹出的对话框中设置参数，得到如图19.45所示的效果。

4 在“图层”面板中选择“渐变填充1”，选择“钢笔工具”，在工具选项条上选择“路径”按钮，在文字的上方绘制如图19.46所示的路径。

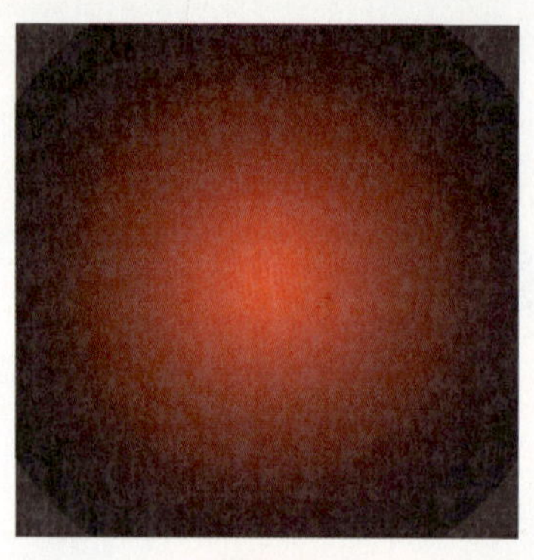
图19.43

图19.44

图19.45

图19.46

5 在“图层”面板底部单击“创建新的填充或调整图层”按钮，在弹出的菜单中选择“渐变”命令，设置弹出的对话框如图19.47所示，隐藏路径后的效果如图19.48所示，同时得到图层“渐变填充2”。

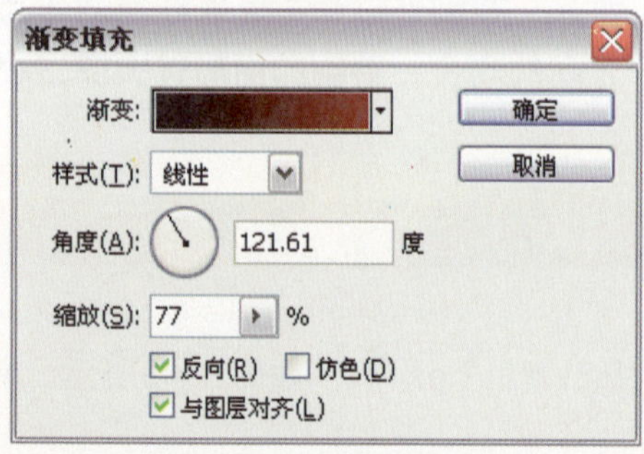

图19.47

图19.48

在“渐变填充”对话框中，设置渐变颜色为“从811917到170202”。

6 结合形状工具、“钢笔工具”以及渐变填充图层功能，制作文字右侧及下方的立体效果，如图19.49所示。“图层”面板如图19.50所示。

图19.49

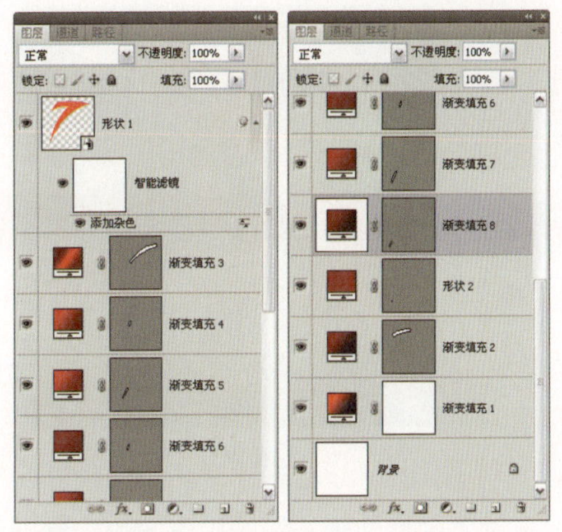

图19.50

7 下面制作文字的投影效果。在“图层”面板中选中“渐变填充2”～“形状1”，按Ctrl+G键执行“图层编组”操作，将得到的组重命名为“文字”。按Ctrl+Alt+E键执行“盖印”操作，从而将所选图层中的图像合并至一个新图层中，并将其重命名为“图层1”，将其拖至组“文字”的下方。

8 按住Ctrl键并单击“图层1”的图层缩览图以载入其选区，设置前景色为黑色，按Alt+Delete键以前景色填充选区，按Ctrl+D键取消选区。使用“移动工具”向右下方移动稍许，得到的效果如图19.51所示。将当前图层转换为智能对象图层，并执行“高斯模糊”命令，得到的效果如图19.52所示。

图19.51

图19.52

9 选择组“文字”。新建“图层2”，设置前景色值为fa8e6a，按住Ctrl键并单击“形状1”图层缩览图以载入其选区，选择“画笔工具”，并在其工具选项条中设置适当的画笔大小及不透明度，在文字边缘进行涂抹，按Ctrl+D键取消选区，得到的边缘反光效果如图19.53所示。

10 按照上一步的操作方法，新建“图层3”，设置前景色为黑色，载入“形状1”选区，使用“画笔工具”在选区中进行涂抹，以制作暗色调效果，取消选区后的效果如图19.54所示。

图19.53

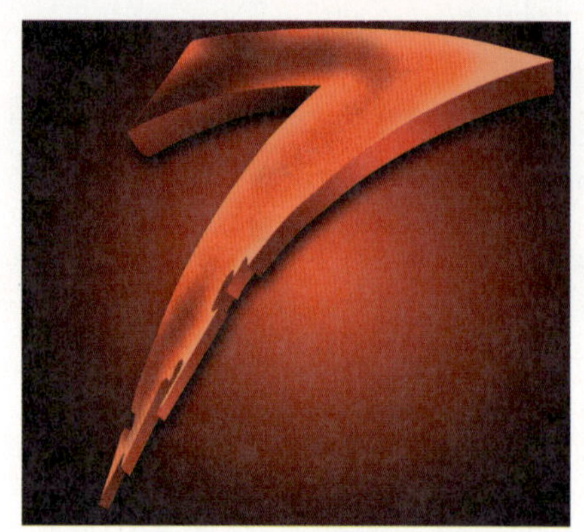

图19.54

11 按照步骤3～4的操作方法，使用“钢笔工具”在文字的左侧绘制形状，并转换为智能对象图层，然后再使用“添加杂色”滤镜，得到如图19.55所示的效果。

12 结合“画笔工具”、“钢笔工具”、形状工具、渐变填充图层以及滤镜等功能，进一步完善文字上方的立体效果，如图19.56所示。将制作文字上方的立体效果的图层编组，并重命名为“上面立体效果”，图19.57为单独显示该组的图像状态。“图层”面板如图19.58所示。

图19.55

图19.56

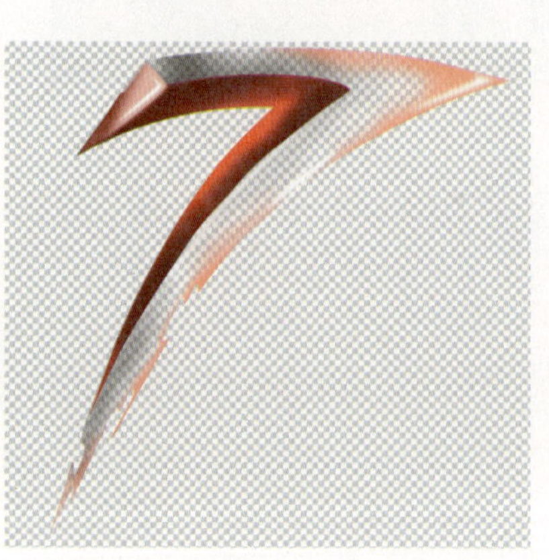

图19.57

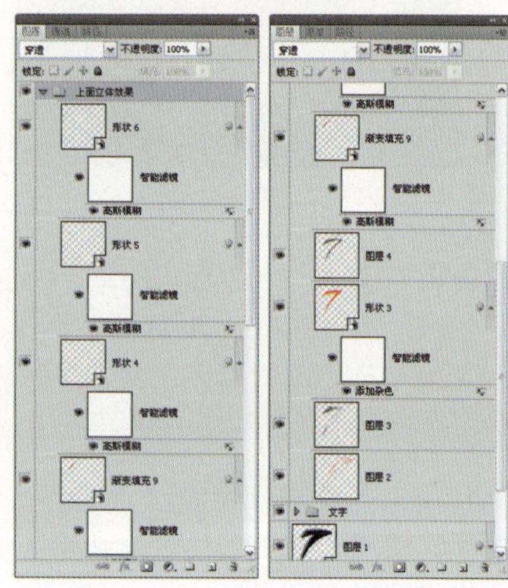

图19.58

13 选中组“上面立体效果”，选择“画笔工具”，打开随书所附光盘中的文件“第19章\19.3\19.3-素材2.abr”，在画布中右击，在弹出的画笔显示框中选择刚刚打开的画笔。

14 在“图层”面板中新建“图层5”，设置前景色值为f4c400，应用上一步打开的画笔，在文字的右侧及下方进行涂抹，直至得到如图19.59所示的效果。

15 结合文字工具和形状工具，在立体文字的右下方输入相关说明文字，并绘制叶子形状，完成最终制作，如图19.60所示。“图层”面板如图19.61所示。

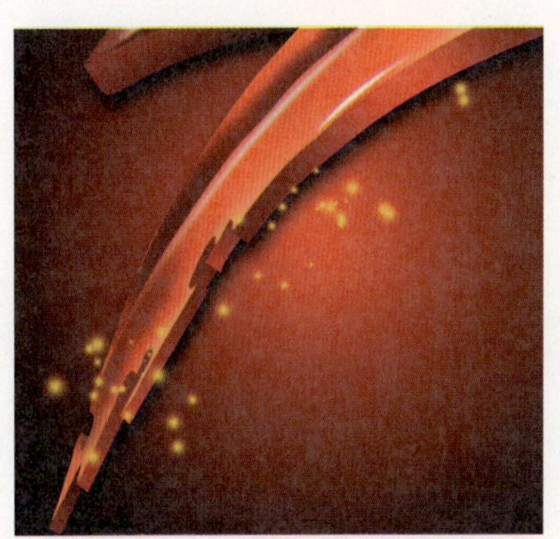

图19.59

图19.60

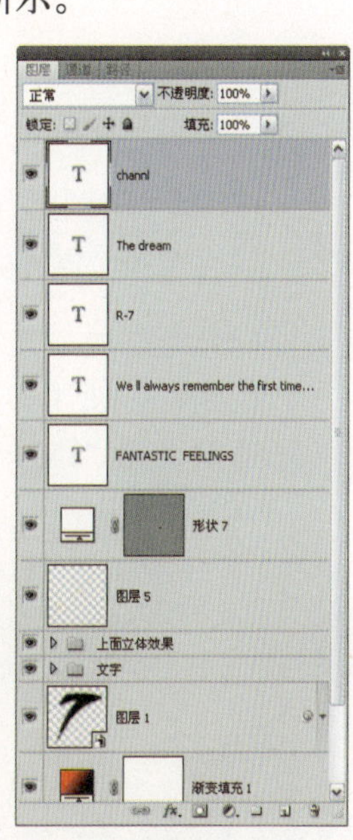

图19.61

19.4 精通质感模拟——琥珀质感模拟制作

琥珀通常呈半透明状，为橙黄或更暗的颜色，经过加工后表面光滑。由于琥珀具有独特的历史气息，使其质感被广泛应用在平面设计的各个领域中，体现一种稀有、尊贵、独特的气质。本例在制作过程中，通过使用“云彩”命令得到细节丰富的背景，并通过描边与设置图层样式获得光滑、立体的琥珀质感图像。

1 按Ctrl+N键新建一个文件，在弹出的对话框中设置文件的大小为1024×872像素，分辨率为72像素/英寸，背景色为白色，颜色模式为8位的RGB模式，单击“确定”按钮退出对话框。

2 在“图层”面板中新建一个图层得到“图层1”，设置前景色和背景色的颜色值分别为2f2010和a6723b，使用“矩形选框工具”绘制一个如图19.62所示的选区，选择“滤

镜”|“渲染”|“云彩”命令，按Ctrl+D键取消选区，得到如图19.63所示的效果。

图19.62

图19.63

3 按Ctrl+T键调出自由变换控制框，按住Shift+Alt键，用鼠标拖动自由变换控制柄以将图像放大至整个画布，按Enter键确认操作，如图19.64所示。新建一个图层得到“图层 2”。

4 打开随书所附光盘中的文件“第19章\19.4\19.4-素材1.psd”，得到如图19.65所示的路径素材，使用“路径选择工具”将其拖至新建的文件中，在“路径”面板中将其重命名得到“路径1”，如图19.66所示。

图19.64

图19.65

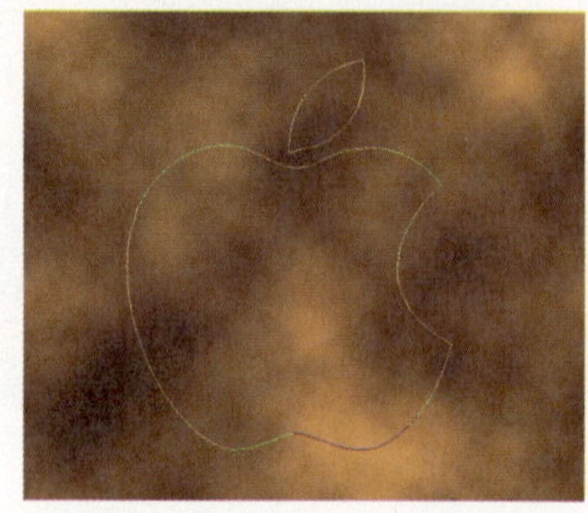
图19.66

5 选择“涂抹工具”，如所示设置其工具选项条，按F5键打开“画笔”面板，设置其参数如图19.67所示。

6 单击“路径”面板右上角的面板按钮，在弹出的菜单中选择“描边路径”命令，设置弹出的对话框如图19.68所示，单击“路径”面板的空白区域释放路径选择，得到如图19.69所示的效果。

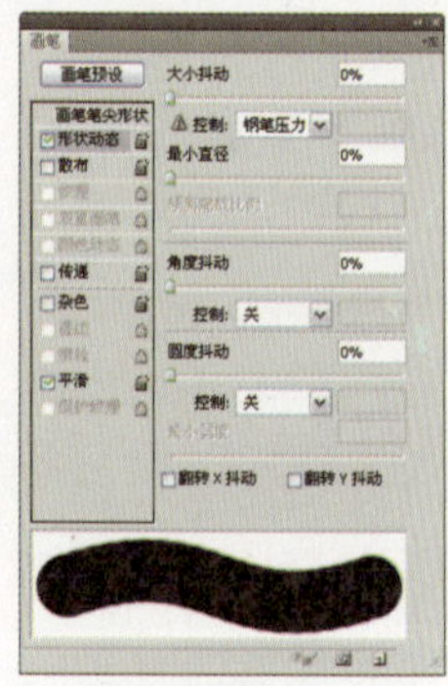
图19.67

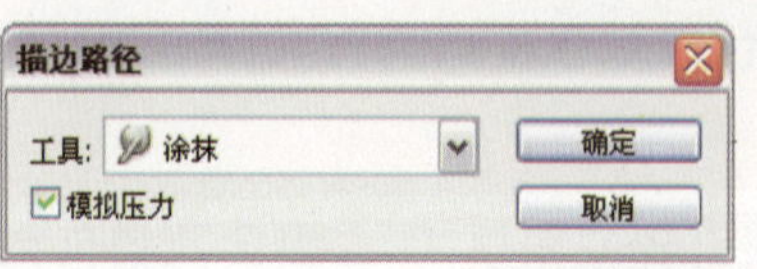

图19.68

图19.69

7 在“图层”面板中新建一个图层得到“图层 3”，按D键使前景色和背景色恢复为默认的黑色和白色，按Ctrl+Delete键用背景色填充，选择“移动工具” 将“图层 2”拖动至“图层 3”的上方，得到如图19.70所示的效果，此时的“图层”面板如图19.71所示。

8 打开随书所附光盘中的文件“第19章\19.4\19.4-素材2.asl”，选择“窗口”|“样式”命令，打开“样式”面板，选择刚打开的样式（通常在面板中最后一个）为“图层2”应用样式，此时图像效果如图19.72所示。

图19.70

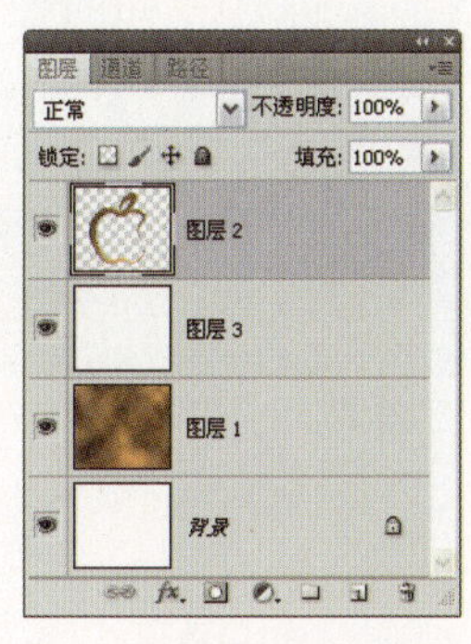

图19.71

图19.72

9 复制“图层2”得到“图层2副本”，设置此图层的“填充”值为0%。删除除“斜面和浮雕”命令外的全部效果，同时重新设置“斜面和浮雕”参数如图19.73所示，在该对话框中选择“等高线”选项，设置其对话框如图19.74所示，得到如图19.75所示的最终效果，此时的“图层”面板如图19.76所示。

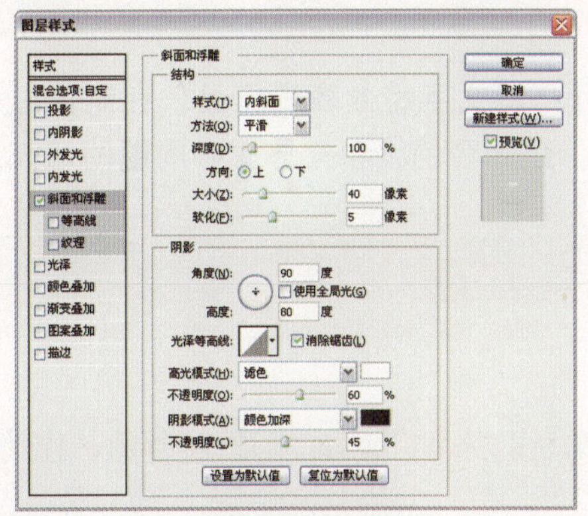

图19.73

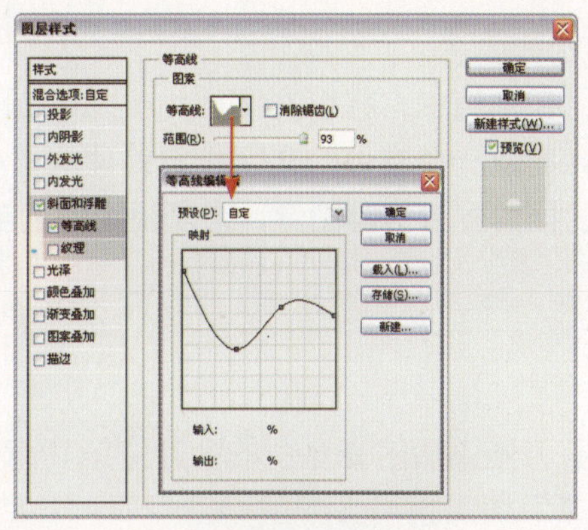

图19.74

图19.75

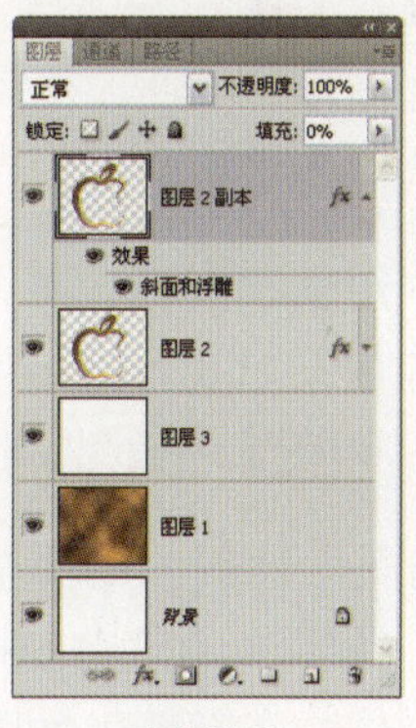

图19.76

10 图19.77所示为将本例的琥珀苹果图像应用于海报中的效果。

图19.77

Chapter 19 综合案例

19.5 精通特效文字——Vista风格立体文字特效表现

在本例中，将以文字“tito”为主题，设计一幅文字特效表现作品。在制作过程中，将以一个立体的文字作为处理的核心内容，还结合围绕着立体文字周围的炫光图像、同时配合烟雾图像，来表现画面的丰富感。

1 打开随书所附光盘中的文件“第19章\19.5\19.5-素材.tif”，如图19.78所示，作为“背景”图层。

2 选择“钢笔工具”，在工具选项条上单击“路径”按钮，在当前画布中绘制“t”路径，如图19.79所示。切换至“路径”面板，双击工具路径，在弹出的对话框中，输入路径名称为“路径 1”。

3 切换至“图层”面板，单击“创建新的填充或调整图层”按钮，在弹出的菜单中选择“纯色”命令，然后在弹出的“拾取实色”对话框中设置其颜色值为fd7205，得到如图19.80所示的效果，同时得到图层“颜色填充1”。

4 选择“背景”图层，切换至“路径”面板，选中“路径1”，按Ctrl+T键调出自由变换控制框，按住Shift键向变换控制框外部拖动控制句柄，以等比放大路径，按Enter键确认变换操作，直至得到如图19.81所示的路径效果。

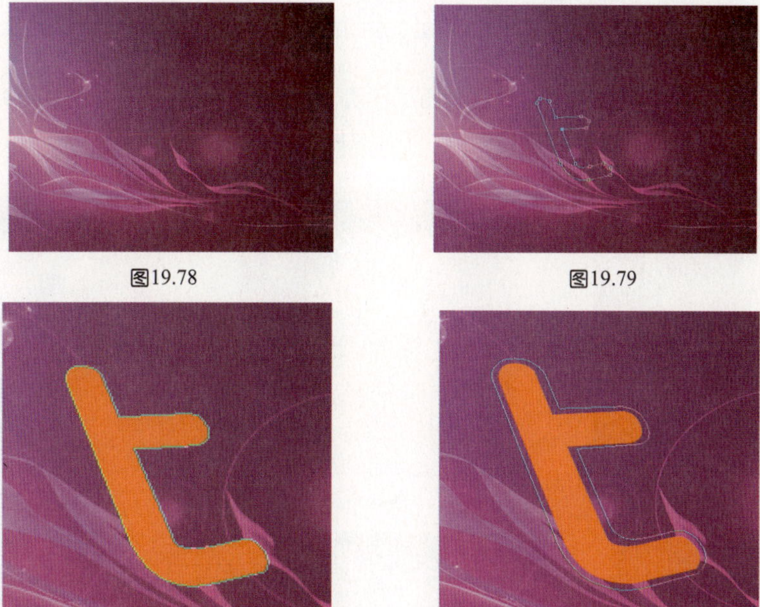

图19.78　图19.79

图19.80　图19.81

5 切换至“图层”面板，单击“创建新的填充或调整图层”按钮，在弹出的菜单中选择“渐变”命令，然后在弹出的对话框中设置各参数，如图19.82所示，得到如图19.83所示的效果，同时得到图层“渐变填充1”。

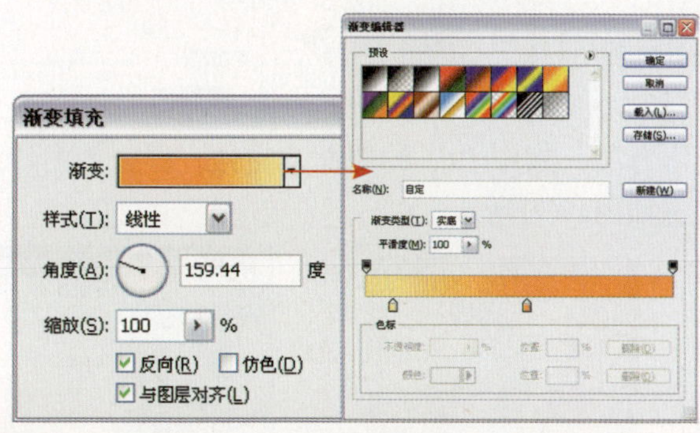

图19.82

图19.83

在“渐变编辑器”对话框中，渐变类型的各色标颜色值从左至右分别为fee48e和fe821e。

6 选择“背景”图层，按照步骤4的操作方法调整路径，如图19.84所示。按照步骤3的操作方法创建“颜色填充”图层，设置颜色值为fff7ad，得到如图19.85所示的效果，同时得到图层“颜色填充2”。

7 选择图层“颜色填充1”，按照步骤4和步骤5的操作方法，制作文字的最表面，得到如图19.86、图19.87所示的效果，同时得到图层“渐变填充2”和“渐变填充3”。此时的“图层”面板状态如图19.88所示。

TIP

还为“渐变填充2”添加了“描边”图层样式，设置弹出的对话框如图19.89所示，描边颜色值为fffac8。“t”的正面已经制作完毕，下面来制作“t”的侧面。

图19.84

图19.85

图19.86

图19.87

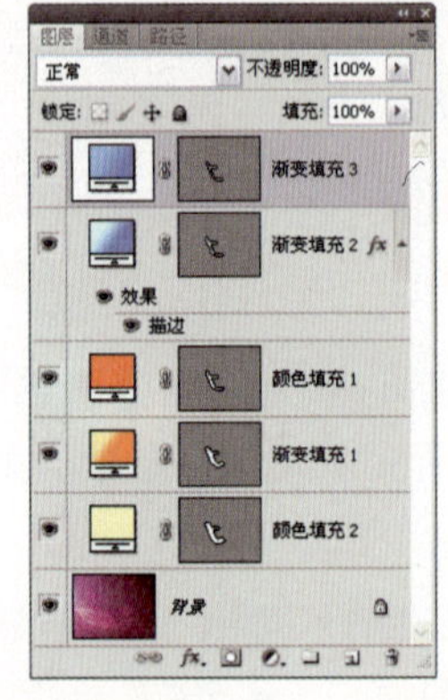

图19.88

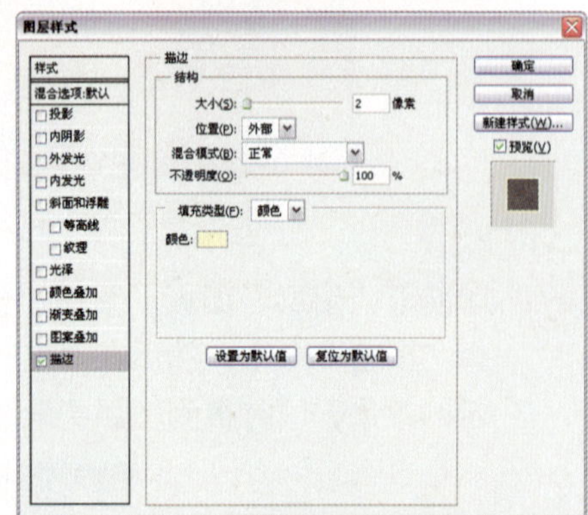

图19.89

8 选择“背景”图层，按照前面的操作方法，制作“t”的侧面及高光，得到如图19.90所示的效果，此时的“图层”面板状态如图19.91所示。

制作“t”的侧面及高光1

制作“t”的侧面及高光2

制作“t”的侧面及高光3

制作“t”的侧面及高光4

制作“t”的侧面及高光5

图19.90

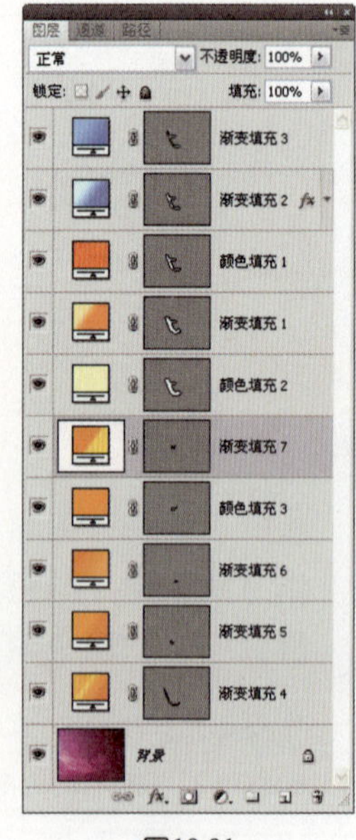

图19.91

9 选择“渐变填充3”，按住Shift键单击“渐变填充4”的图层名称，以将二者之间的图层选中，按Ctrl+G键将选中的图层编组，得到“组 1”。

10 按照前面制作“t”的正面、侧面及高光立体效果的方法，来制作“i”、“t”、“o”立体文字，得到如图19.92所示的最终效果，此时的“图层”面板状态如图19.93所示，图19.94～图19.96所示为单独显示“i”、“t”、“o”文字的效果。

图19.92

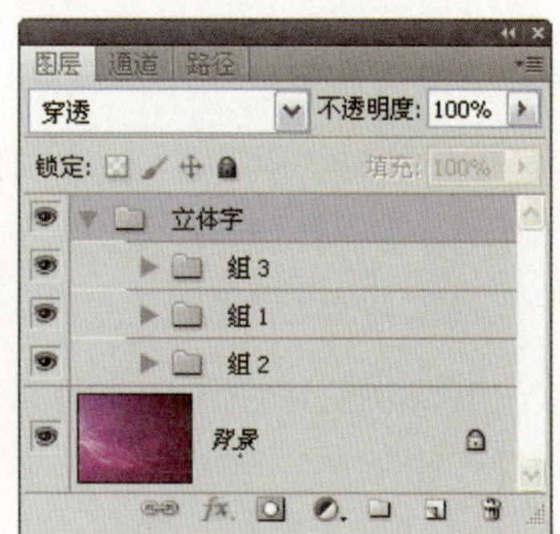

图19.93

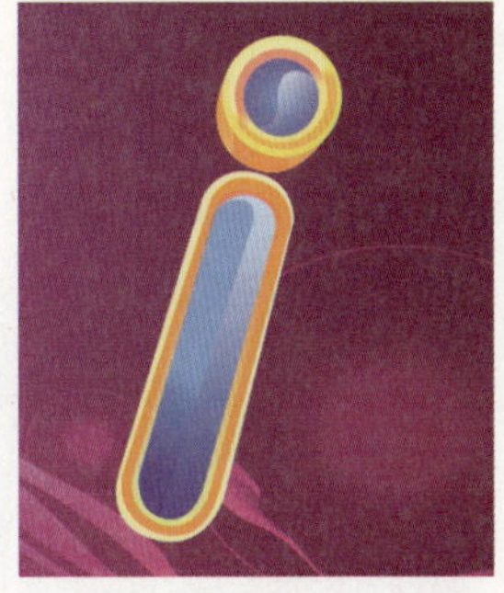

图19.94

图19.95

图19.96

11 如图19.97所示为将最终效果结合滤镜以及图层属性等功能艺术化处理后的效果。

图19.97

19.6 精通通道抠图——使用Alpha通道抠出玻璃瓶

玻璃瓶一般呈透明或半透明状，图像本身也有明暗的变化，因此其抠选方法有些特殊。下面将通过一个小案例来讲解抠选玻璃瓶图像的操作方法。

1 打开随书所附光盘中的文件“第19章\19.6\19.6-素材.psd”，如图19.98所示。在本例中，将把其中的3个瓶子从背景中抠选出来。

2 首先需要将瓶子图像选择出来，由于瓶子图像本身的质量很高，为了保证抠出图像的质量，将使用“钢笔工具”进行抠选图像处理。选择“钢笔工具”并在其工具选项条中单击“路径”按钮，然后沿着3个瓶子的边缘绘制路径，直至完全将它们选中，如图19.99所示。

3 按Ctrl+Enter键将当前路径转换成为选区，然后选择“绿”通道并按Ctrl+C键复制该通道中的图像，然后新建一个通道“Alpha1”，再按Ctrl+V键将其粘贴进去，按Ctrl+D键取消选区，得到如图19.100所示的效果。

图19.98

图19.99

图19.100

4 下面来调整图像的对比度。按Ctrl+L键应用“色阶”命令，设置弹出的对话框如图19.101所示，以提高图像的对比度，从而将要抠选出来的高光图像都调整成为白色，得到如图19.102所示的效果。

5 载入“Alpha1”的选区，切换至“图层”面板并选择“背景”图层，然后按Ctrl+J键将选区中的图像复制到新图层中，得到“图层1”。再在该图层下方新建“图层2”，并填充深紫色作为背景，此时图像的效果如图19.103所示。

6 载入步骤2所绘制路径的选区并选择“绿”通道，然后按照步骤3的方法复制其中的图像，新建“Alpha2”并将图像粘贴至该通道中，按Ctrl+I键反相图像，然后取消选区，得到如图19.104所示的效果。

7 按照步骤4的方法应用“色阶”命令对图像进行处理，设置弹出的对话框如图19.105所示，得到如图19.106所示的效果。

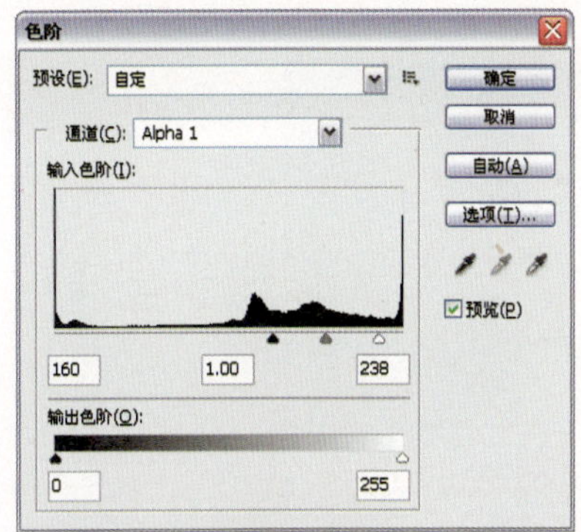

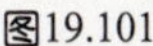

图19.101

图19.102

图19.103

图19.104

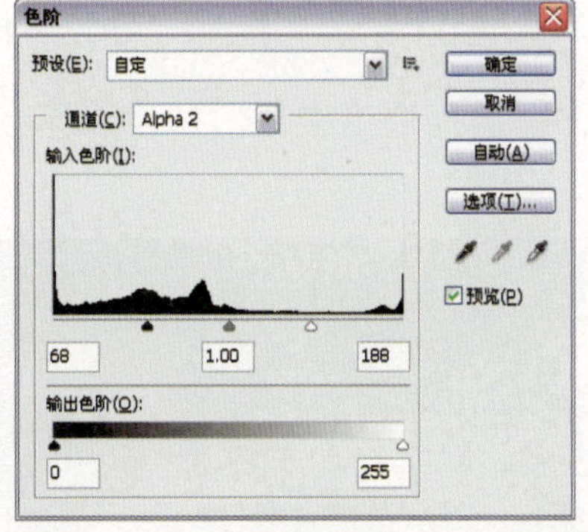

图19.105

图19.106

8 按照步骤5的方法载入“Alpha2”的选区，然后将“背景”图层中的图像复制至新图层中，得到“图层3”，并将其置于“图层2”的上方，得到如图19.107所示的效果。

9 隐藏“背景”图层以外的其他图层，使用“矩形选框工具”并按住Shift键绘制3个选区，将原图像中的瓶盖选中，如图19.108所示。

图19.107

图19.108

10 按住Ctrl+Shift+Alt键单击步骤2绘制的路径缩览图，得到两者相交后的选区，然后选择“背景”图层，并按Ctrl+J键将图像复制至新图层中，得到“图层4”，将其拖至“图层2”上方，再显示出所有其他的图层，得到如图19.109所示的效果，此时的“图层”面板如图19.110所示。

图19.109

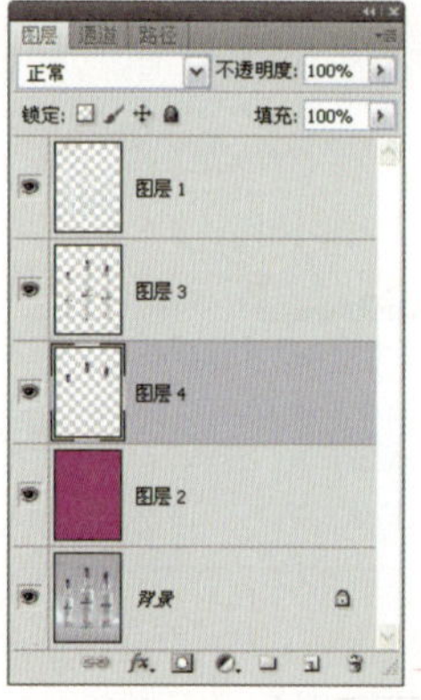

图19.110

11 至此，已经将整个瓶子图像抠选出来，图19.111所示是将其应用于视觉作品后的效果。

图19.111

Chapter 19 综合案例

19.7 精通3D技术——点智新业务宣传广告设计

本例是以点智新业务为主题的宣传广告作品。在制作过程中，主要利用3D图像，通过编辑三维图像，突出整体结构的立体效果，然后又对立体文字的色彩及光泽进行调整，加上不同的花朵及舞动的文字，为画面整体添加几分精彩。

1 打开随书所附光盘中的文件“第19章\19.7\19.7-素材1.psd”。选择“3D”|“从3D文件新建图层”命令，在弹出的对话框中打开随书所附光盘中的文件“第19章\19.7\19.7-素

材2\素材2.3ds”，并将得到的图层重命名为“图层1”。

2 结合“3D旋转工具”等模型编辑工具，调整字母模型的大小及角度，将其置于画布的中间位置，如图19.112所示，此时“图层”面板如图19.113所示。

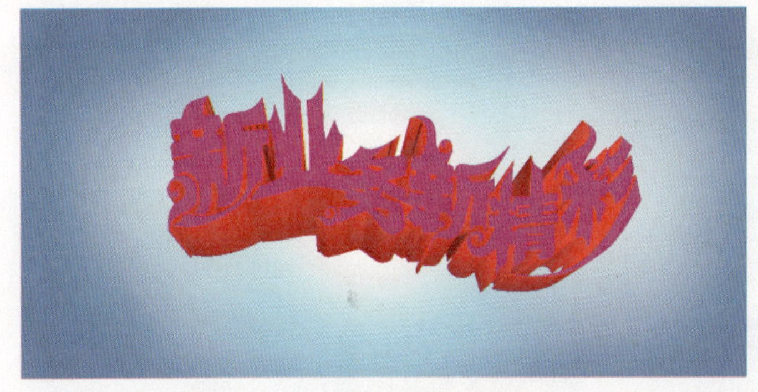

图19.112

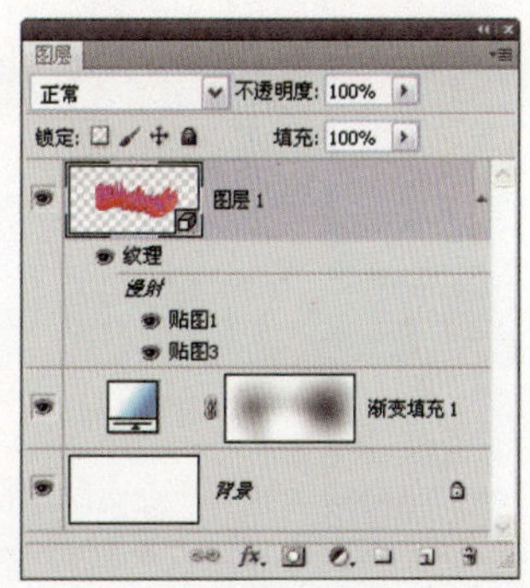

图19.113

3 下面来更改贴图效果。双击“图层”面板中通道贴图名称“贴图1”，打开一个格式为PSB的文档，然后单击“创建新的填充或调整图层”按钮，在弹出的菜单中选择“渐变”命令，设置弹出的对话框如图19.114所示，得到如图19.115所示的效果，同时得到图层“渐变填充1”。

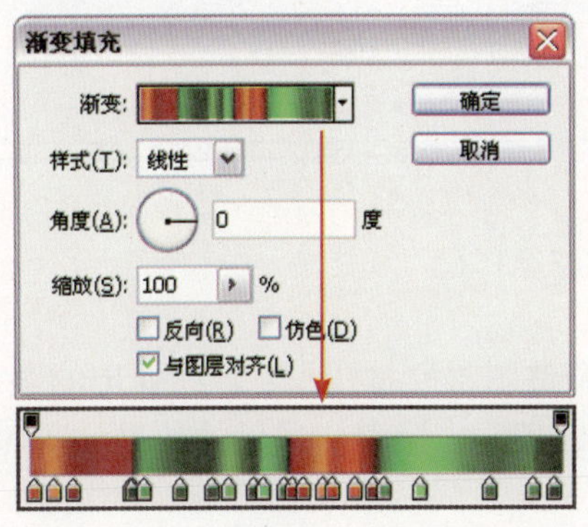

图19.114

图19.115

4 按Ctrl+S键保存图像，再按Ctrl+W键关闭文档。可发现三维模型上的纹理贴图已经反映出最新的修改，如图19.116所示。

5 下面来更改上面的贴图效果。按照步骤3和步骤4的操作方法，双击“贴图3”，创建“渐变填充”图层，设置其对话框如图19.117所示，单击“确定”退出对话框，保存并关闭PSB文件，得到的效果如图19.118所示。

TIP

在“渐变填充”对话框中，渐变类型的各色标值从左至右分别为f08b00、00a83b、f08b00和008340。下面来调整整体3D图像，并对其中的文字重新设计。

6 选择“钢笔工具”，在工具选项条上单击“路径”按钮，将文字“新”的外轮廓勾画出来，然后在工具选项条中单击“从路径区域减去”按钮，将文字内的轮廓勾画出来，如图19.119所示。

图19.116

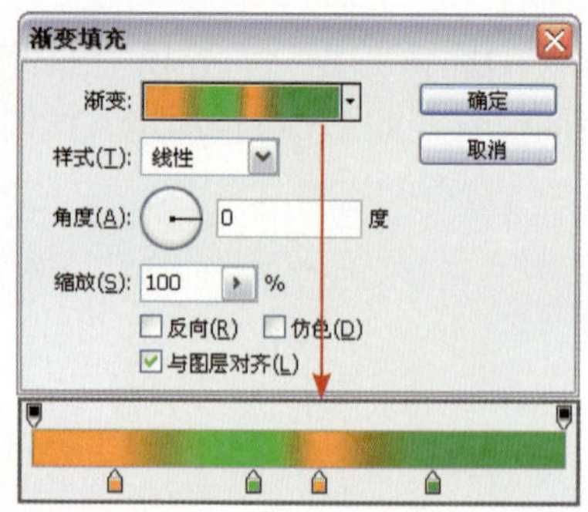

图19.117

图19.118

图19.119

本步骤所绘制的路径可参考“路径”面板中的“路径1”。

7 在“图层”面板底部单击“创建新的填充或调整图层”按钮，在弹出的菜单中选择“渐变”命令，设置弹出的对话框如图19.120所示，隐藏路径后的效果如图19.121所示，同时得到图层“渐变填充2”。

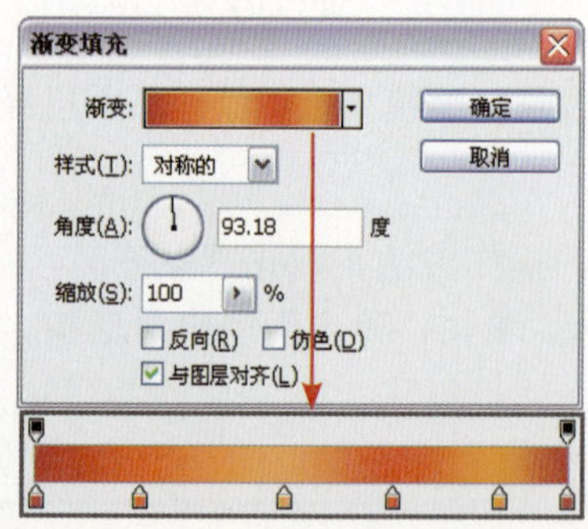

图19.120

图19.121

8 按住Ctrl键单击“渐变填充2”图层缩览图以载入其选区，选择“选择”|“修改”|“收缩”命令，在弹出的对话框中设置“收缩量”值为3，单击“确定”按钮退出对话框。选择“选择”|“修改”|“平滑”命令，在弹出的对话框中设置“取样半径”值为2，单击“确定”按钮退出对话框。

9 保持选区，新建“图层2”，设置前景色为白色，按Alt+Delete键填充前景色，按Ctrl+D键取消选区，如图19.122所示。

10 打开随书所附光盘中的文件“第19章\19.7\19.7-素材3.asl”，然后显示“样式”面板，并选择刚刚载入的样式，得到如图19.123所示的效果。

图19.122

图19.123

11 按照步骤6～10的操作方法，使用“钢笔工具”绘制路径，创建“渐变填充”图层，然后创建选区，新建图层并填充白色，以及添加图层样式，制作文字“业务精彩”的文体效果，如图19.124所示。“图层”面板如图19.125所示。

图19.124

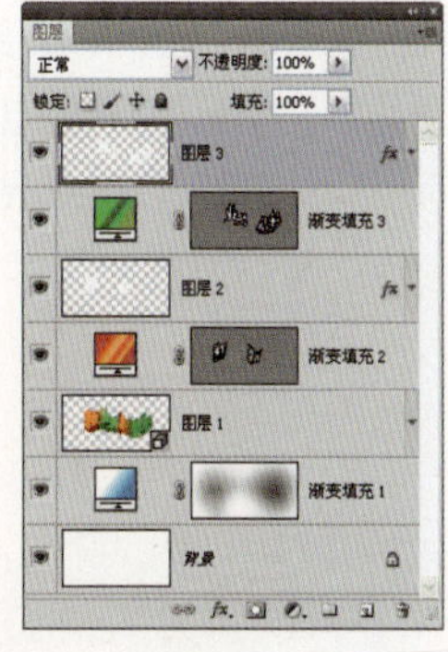

图19.125

12 结合“第19章\19.7\19.7-素材4.psd～19.7-素材9.psd”，以及设置图层属性等功能，制作画面中的装饰图像及文字，直至得到如图19.126所示的最终效果，此时的“图层”面板如图19.127所示。

图19.126

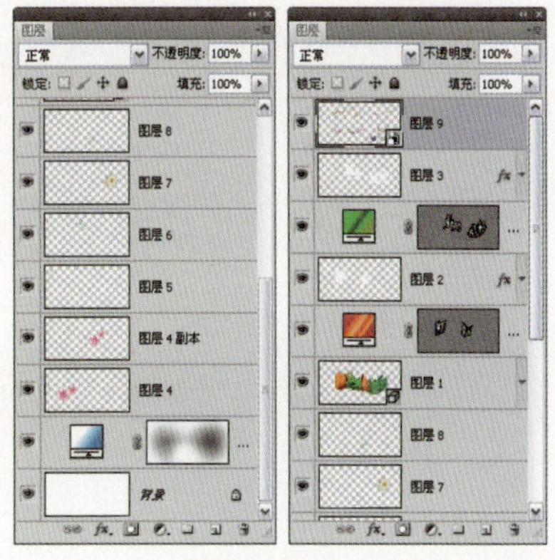

图19.127

19.8 精通LOGO设计——玻璃质感标志设计

在本例中将设计一款具有透明玻璃质感的标志。在制作过程中，将以表现标志的透明质感作为处理重点，在色彩、透明度等属性的设置，以及对整体质感的把握上，是读者需要重点学习的内容。

1 按Ctrl+N键新建一个文件，在弹出的对话框中设置文件的大小为19.7×23.4厘米，分辨率为72像素/英寸，背景色为白色，颜色模式为8位的RGB模式，单击“确定”按钮退出对话框。

2 设置前景色值为f36523，选择“椭圆工具”，并在其工具选项条上单击“形状图层”按钮，然后按住Shift键在画布中绘制正圆，如图19.128所示，同时得到一个图层“形状1”。

3 在“图层”面板底部单击“添加图层样式”按钮，在弹出的菜单中选择“内阴影”命令，设置弹出的对话框如图19.129所示，然后再选择“描边”选项，设置其对话框如图19.130所示，得到如图19.131所示的效果。

图19.128

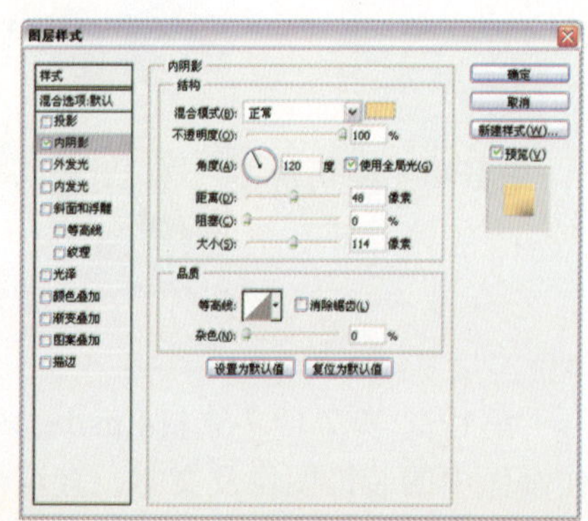

图19.129

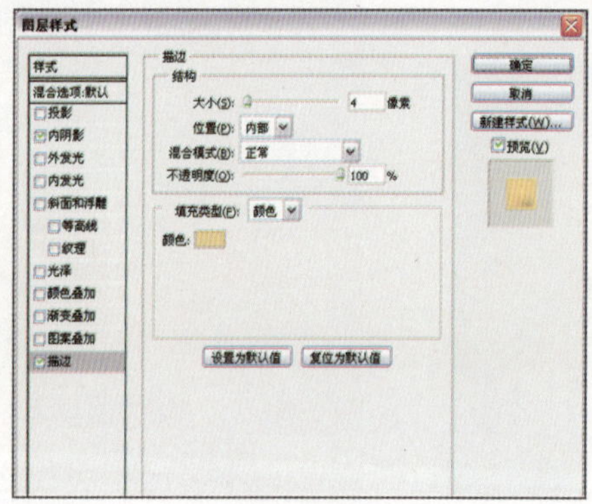

图19.130

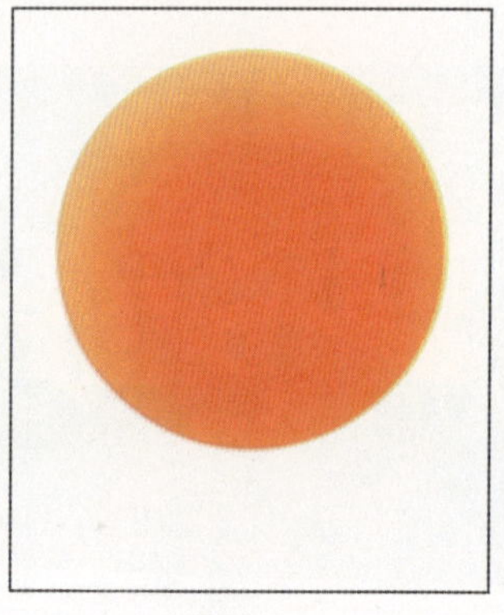

图19.131

TIP

在“内阴影”参数设置中，色块的颜色值为fed482。在“描边”参数设置中，色块的颜色值为efd389。

4 切换至“路径”面板，新建一个路径得到“路径1”，选择“椭圆工具”，并在其工具选项条上单击“路径”按钮，按住Shift键在画布中绘制正圆形路径，如图19.132所示。

5 在“图层”面板底部单击“创建新的填充或调整图层”按钮，在弹出的菜单中选择“渐变填充”命令，设置弹出的对话框如图19.133所示，然后在未退出对话框的情况下，将渐变向左下方位置拖动，得到如图19.134所示的效果，同时得到图层“渐变填充1”。

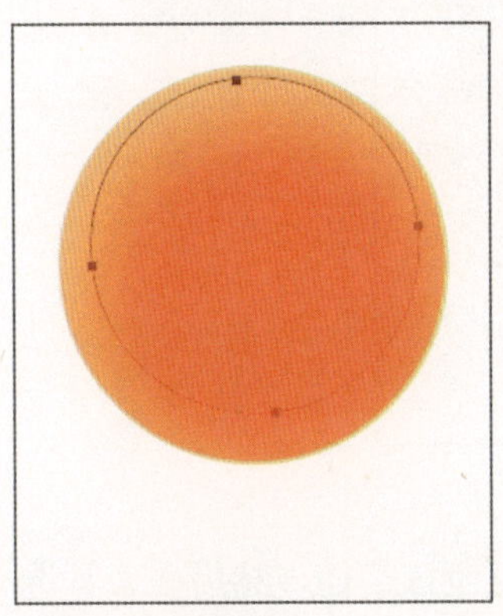

图19.132

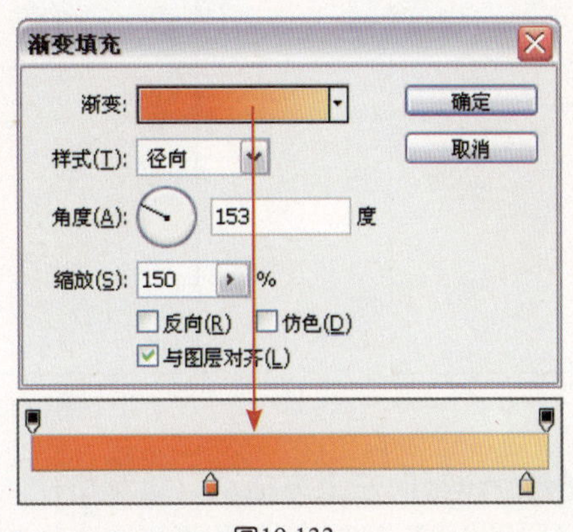

图19.133

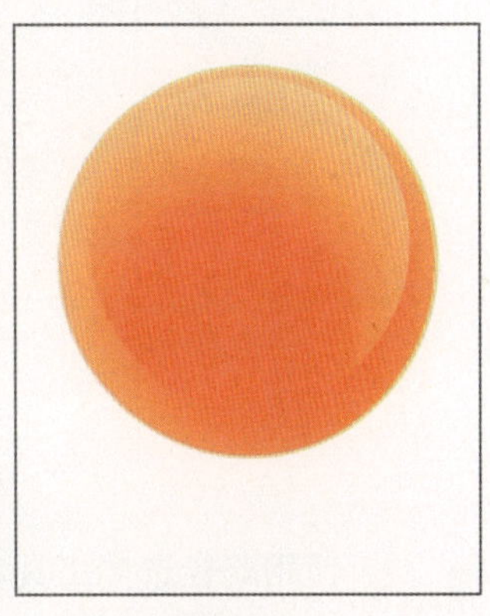

图19.134

在“渐变填充”对话框中，所使用的渐变从左至右各个色标的颜色值依次为f36523和fed482。

6 下面制作标志上方的光泽图形。设置前景色值为ff7f18，选择“钢笔工具”并在其工具选项条上单击“形状图层”按钮，在画布中绘制一个类似于椭圆的形状，如图19.135所示，同时得到对应的图层“形状2”。

7 在“图层”面板底部单击“添加图层样式”按钮，在弹出的菜单中选择“内发光”命令，设置弹出的对话框如图19.136所示，得到如图19.137所示的效果。

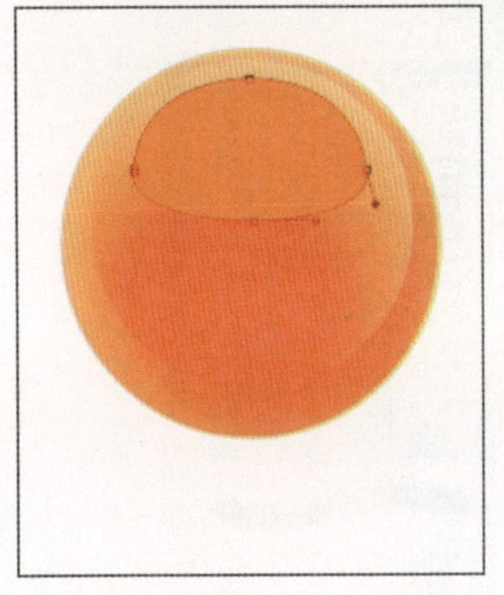

图19.135

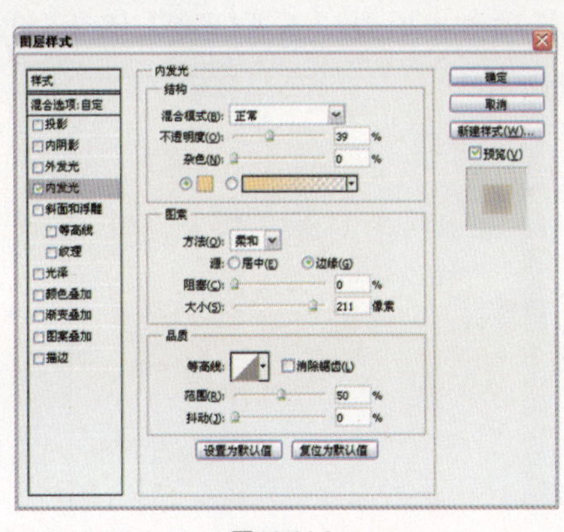

图19.136

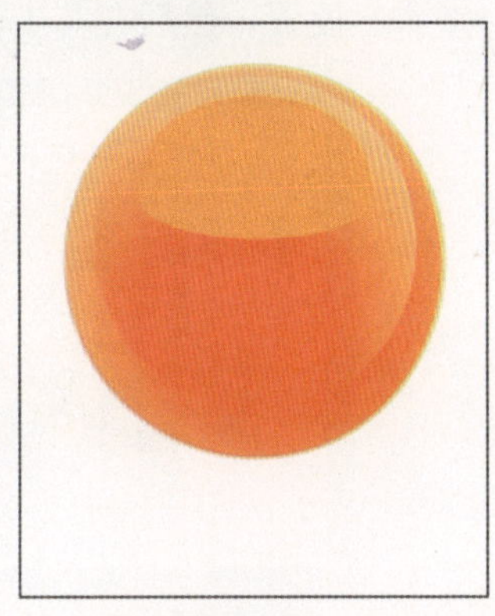

图19.137

TIP

在“内发光”参数设置中，颜色块的颜色值为fed482。

8 设置“形状2”的“不透明度”值为60%，“填充”值为55%，得到如图19.138所示的效果。

9 下面绘制标志右下方的透明图形。设置前景色值为f36523，选择“椭圆工具”，并在其工具选项条上单击“形状图层”按钮，然后按住Shift键在画布上绘制一个比标志略小一些的正圆，如图19.139所示，同时得到一个图层“形状3”。

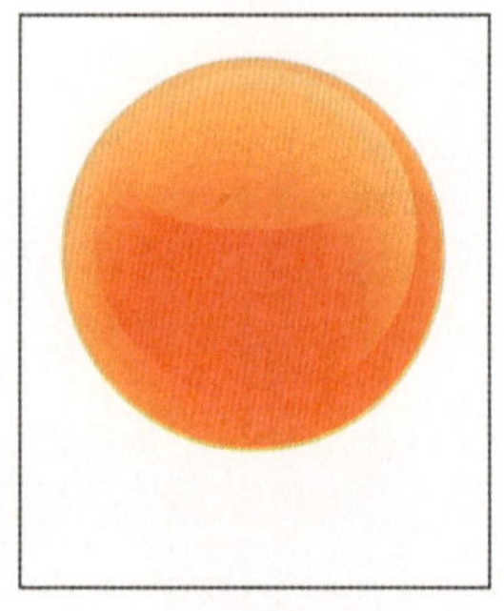

图19.138

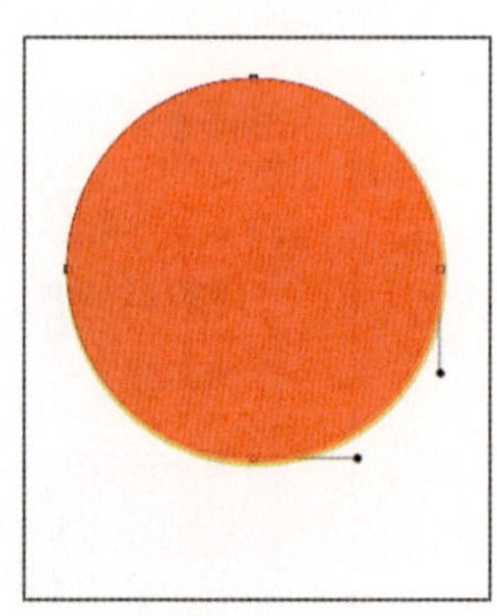

图19.139

10 使用路径选择工具，按住Alt键向左上方拖动以绘制路径，复制该路径，然后在工具选项条上单击“从形状区域减去”按钮，再调整该路径的位置，直至得到如图19.140所示的效果。

11 设置“形状3”的“不透明度”值为68%，“填充”值为60%，得到如图19.141所示的效果。

TIP

至此，已经完成了大部分的标志内容，为了更好地观察画面整体的立体感，下面将在其下方增加阴影图像。

12 选择“画笔工具”，并按F5键显示“画笔”面板，按照如图19.142所示进行参数设置，然后在其工具选项条中设置“不透明度”值为35%左右。

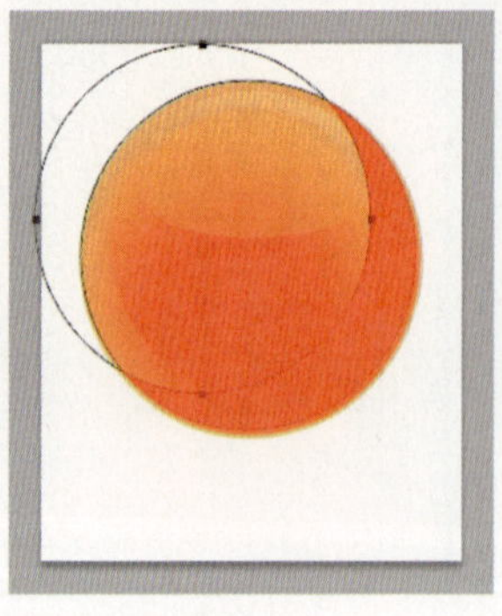

图19.140

图19.141

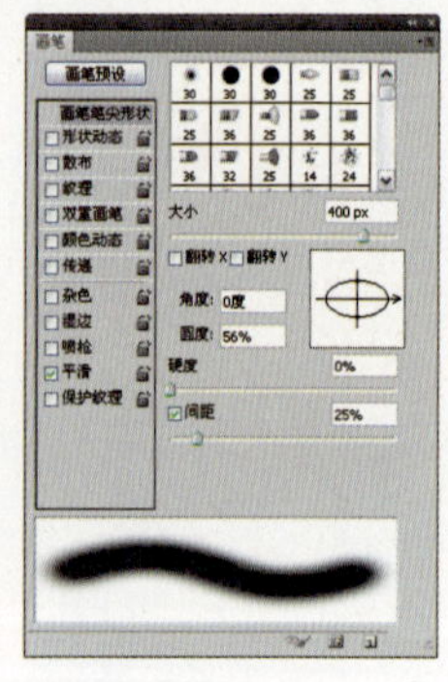

图19.142

13 在“背景”图层上方新建得到“图层1”，设置前景色为黑色，在标志的下方单击以绘制阴影图像，如图19.143所示。

14 下面将在已经绘制好的球体上绘制得到标志的主体图形。结合“钢笔工具”及“椭圆工具”等，在标志图像上绘制如图19.144所示的路径。

15 在“图层”面板底部单击“创建新的填充或调整图层”按钮，在弹出的菜单中选择“渐变”命令，设置弹出的对话框如图19.145所示，得到如图19.146所示的效果，同时得到图层“渐变填充2”，此时的“图层”面板如图19.147所示。

图19.143

图19.144

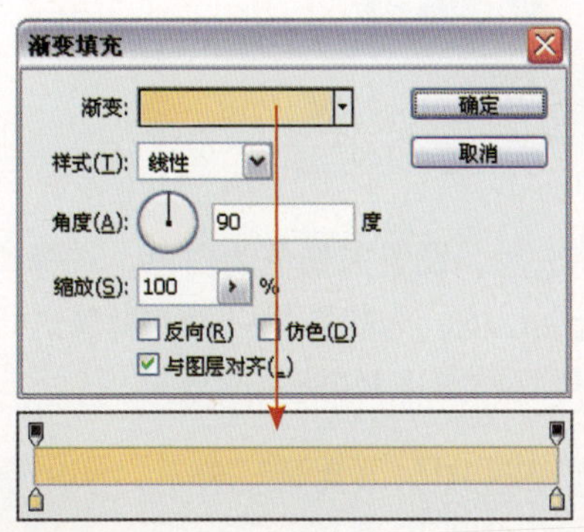

图19.145

图19.146

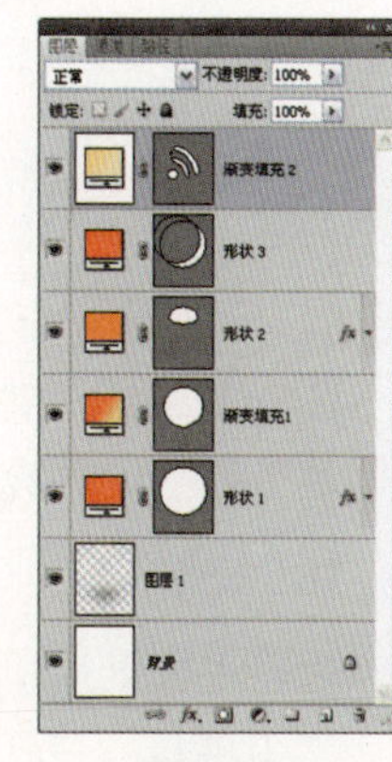

图19.147

TIP

在“渐变填充”对话框中，所使用的渐变从左至右各个色标的颜色值依次为fedb8a和fee9ba。

19.9 精通照片修饰——商业人像照片修饰与润色

一般我们在各种杂志或广告中看到的图像，除了一些面部的瑕疵要修除外，场景也有一些要修饰的内容。在本例中，将针对照片的场景、人物及整体的色调进行处理。

1 打开随书所附光盘中的文件“第19章\19.9\19.9-素材.jpg”图像，如图19.148所示。

TIP

首先将对环境中多余的图像进行修除处理，在处理之前，由于左侧的男人图像与背景要修除的区域融合在一起，所以先要将这个区域选择出来，以避免误操作。

2 选择“磁性套索工具”，并在其工具选项条上设置适当的参数 羽化: 0 px 消除锯齿 宽度: 10 px 对比度: 10% 频率: 97 调整边缘...，沿着左侧男人图像的上半身位置的边缘绘制选区以将其选中，如图19.149所示。

图19.148

图19.149

3 按Ctrl+Shift+I键执行“反向”操作，以反向选择当前选区。设置前景色为白色，选择“画笔工具”并设置适当的画笔大小及不透明度，在选区以内、人物图像以外的背景进行涂抹，以将其全部处理成白色，按Ctrl+D键取消选区，得到如图19.150所示的效果。

4 处理完背景后，下面来对人物的皮肤进行平滑处理。按Ctrl+J键复制“背景”图层得到“图层1”，按Ctrl+I键将图像反相，得到如图19.151所示的效果。

5 选择“滤镜”|“模糊”|“高斯模糊”命令，在弹出的对话框中设置“半径”值为1.1，单击“确定”按钮退出对话框，得到如图19.152所示的效果。

图19.150

图19.151

图19.152

6 选择“滤镜”|“其它”|“高反差保留”命令，在弹出的对话框中设置“半径”值为4.8，单击“确定”按钮退出对话框，得到如图19.153所示的效果。

7 设置“图层1”的混合模式为“叠加”，得到如图19.154所示的效果。

图19.153

图19.154

8 按住Alt键，单击“图层”面板底部的“添加图层蒙版”按钮，为“图层1”添加图层蒙版，从而将当前图层中的图像隐藏起来，然后设置前景色为白色，选择“画笔工具”并设置适当的画笔大小及不透明度，在人物的皮肤图像上涂抹以显示出部分内容，如图19.155所示，此时蒙版中的状态如图19.156所示。图19.157所示是处理前后的效果对比。

图19.155

图19.156

图19.157

9 下面来处理人物表面的立体感。按住Alt键并单击“图层”面板中的“创建新图层”按钮，设置弹出的对话框如图19.158所示。

10 选择“画笔工具”并设置适当的画笔大小及不透明度等参数，然后分别以黑色和白色在人物面部进行涂抹，其中白色用于提亮，而黑色则用于降暗，从而增强人物皮肤的立体感，如图19.159所示。图19.160是单独显示“图层2”时的状态，图19.161和图19.162是人物面部在处理前后的效果对比。

新建图层
名称(N): 图层 2　确定
使用前一图层创建剪贴蒙版(P)　取消
颜色(C): 无
模式(M): 叠加　不透明度(O): 100 %
填充叠加中性色(50% 灰)(F)

图19.158

图19.159

图19.160

图19.161

图19.162

11 利用调整图层功能中的“色彩平衡”命令和“色阶”命令，对照片整体进行调色处理，如图19.163所示。然后再结合“画笔工具”以及图层属性功能，提亮图像，最终效果如图19.164所示。“图层”面板如图19.165所示。

图19.163

图19.164

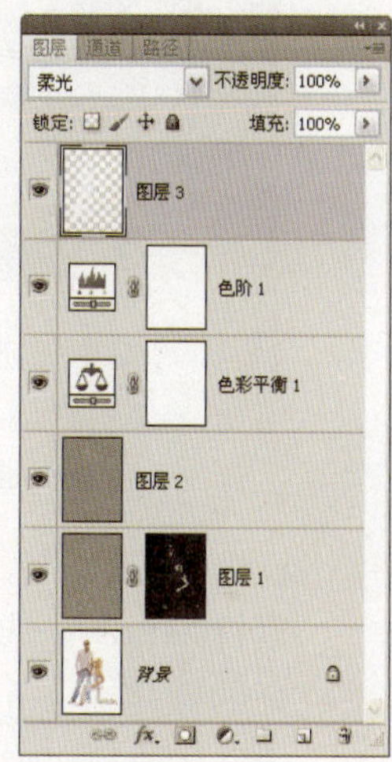

图19.165

Chapter 19 综合案例

19.10 精通婚纱照设计——夜色玫瑰主题婚纱照片设计

本例在设计中使用了紫红色与白色的婚纱相映衬，较好地衬托了新娘纯洁、美丽的气质，在设计元素方面选择的也是具有美好寓意的星光、心形、花瓣、水晶气泡等，装饰及美化效果强烈。

1 打开随书所附光盘中的文件“第19章\19.10\19.10-素材1.psd”，确认选中的是“图层4”，按Ctrl+T键调出自由变换控制框，按住Shift键向内拖动右上角的控制句柄，以缩小图像并移动位置，按Enter键确认操作，得到的效果如图19.166所示。

TIP

本步骤中是以组的形式给出的素材，读者可以参考最终效果文件进行参数设置，展开组即可观看到操作的过程。

2 在“图层”面板中设置“图层4”的混合模式为“线性加深”，“不透明度”值为40%，以混合图像，得到的效果如图19.167所示。

图19.166

图19.167

3 新建“图层5”，设置前景色为白色，打开随书所附光盘中的文件“第19章\19.10\19.10-素材2.abr”，选择“画笔工具”，在画布中右击，在弹出的画笔显示框中选择刚刚打开的画笔（一般在最后一个），然后在画笔工具选项条中调整画笔的大小为“15像素”，使用“画笔工具”在画布的左下方进行涂抹，得到的效果如图19.168所示。

4 按照上一步的操作方法，结合随书所附光盘“第19章\19.10\19.10-素材3”文件夹中的画笔素材及“画笔工具”等功能，制作画面中的气泡、树叶、蝴蝶以及蝴蝶尾部的圆点图像，如图19.169所示。“图层”面板如图19.170所示。

图19.168

图19.169

TIP

本步骤中关于图像的颜色值、使用的画笔以及画笔大小的设置，请参见最终效果文件中相关图层上的文字信息。另外，为了图层的管理，在此将制作装饰的图层进行了编组操作。下面制作爱心图像。

5 收拢组“装饰”，结合素材图像以及图层属性等功能，制作爱心人物、爱心周围的红、白散点、蝴蝶以及渐变线图像，如图19.171所示。如图19.172所示为单独显示本步骤的图像状态，“图层”面板如图19.173所示。

TIP

本步骤中所应用到的素材为随书所附光盘中的文件“第19章\19.10\19.10-素材4.psd”~“第19章\19.10\19.10-素材6.psd”；关于图层属性的设置请参考最终效果文件。另外，在制作的过程中，还需要注意各个图层间的顺序。下面制作紫光效果。

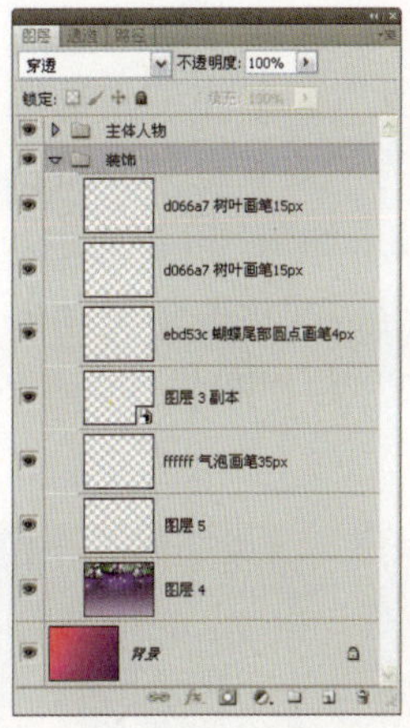

图19.170

图19.171

图19.172

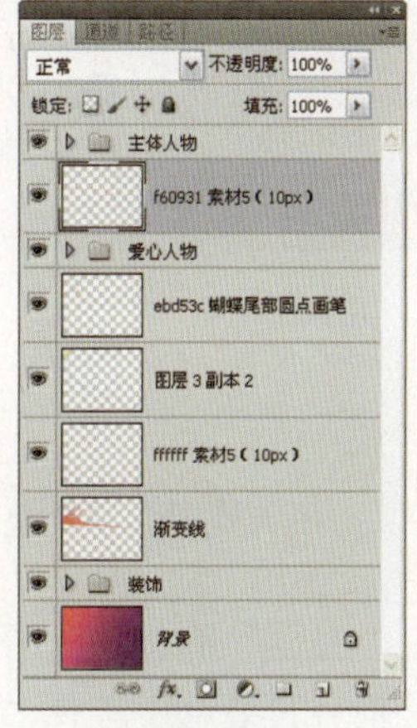

图19.173

6 选择组“主体人物”，设置前景色为白色，选择“钢笔工具”，在工具选项条上选择“形状图层”按钮，在画布中绘制如图19.174所示的形状，得到“形状1”。设置此图层的“不透明度”值为20%，以降低图像的透明度。

7 选择“滤镜”|“模糊”|“高斯模糊”命令，在弹出的提示对话框中单击“确定”按钮退出，然后在弹出的对话框中设置“半径”值为1.9，得到如图19.175所示的效果。

图19.174

图19.175

8 在“图层”面板底部单击“添加图层蒙版”按钮 为“形状1”添加蒙版，按D键将前景色和背景色恢复为默认的黑、白色，选择“渐变工具”，并在工具选项条中选择“线性渐变工具” ，单击渐变显示框，设置渐变类型为“前景色到背景色渐变”，在蒙版中绘制渐变，以将右侧的图像隐藏起来，得到的效果如图19.176所示。

9 按照前面所讲解的操作方法，结合形状工具、图层属性以及图层蒙版等功能，制作左侧的两道紫光效果，如图19.177所示。同时得到“形状2”和“形状3”。“图层”面板如图19.178所示。

图19.176

图19.177

TIP

下面使用调整图层调整整体图像的对比度，并利用素材图像制作文字图像，完成制作。

10 在“图层”面板中选择组“紫光”，单击“创建新的填充或调整图层”按钮 ，在弹出的菜单中选择“亮度/对比度”命令，得到图层“亮度/对比度1”，在弹出的面板中设置参数，得到如图19.179所示的效果。

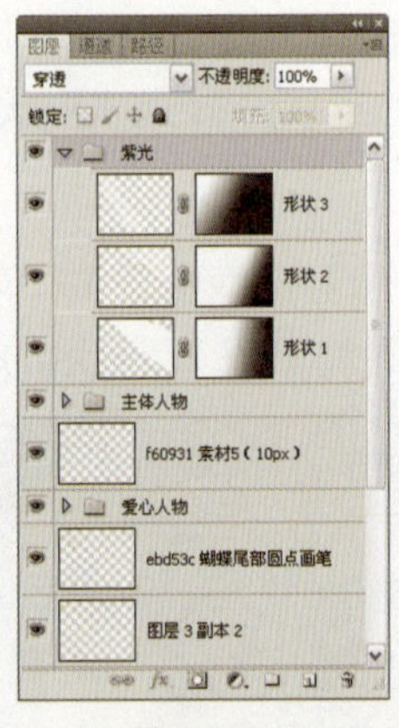

图19.178

图19.179

11 重复上一步的操作方法，创建“亮度/对比度”调整图层，在弹出的面板中设置“对比度”为56，得到的效果如图19.180所示。

12 打开随书所附光盘中的文件“第19章\19.10\19.10-素材7.psd”，按住Shift键，使用“移动工具” 将其拖动至上一步制作的文件中，得到的最终效果如图19.181所示。“图层”面板如图19.182所示。

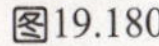
图19.180

图19.181

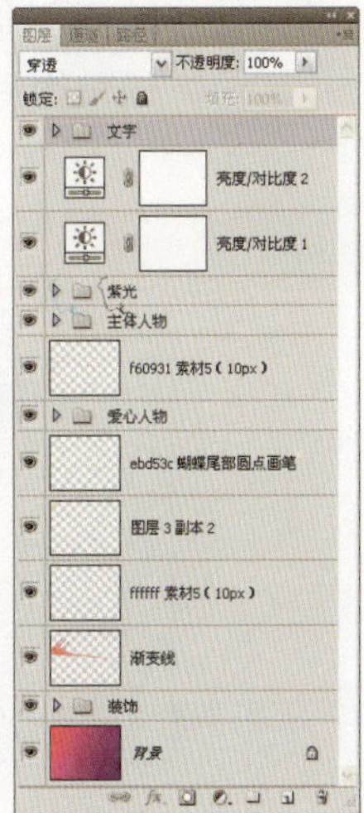

图19.182

19.11 精通广告设计——城中印象房地产广告设计

本例是一个房地产广告设计作品。在制作过程中，主要以画面中的花朵图像为处理的核心。无论从质感、光泽以及立体感等方面来看，这幅作品无疑是非常成功的。希望读者认真操作每一步，制作出更加优秀的作品。

1 打开随书所附光盘中的文件“第19章\19.11\19.11-素材1.psd”，如图19.183所示。

2 下面制作主题花瓣图像。选择组“枝叶”，在工具箱中选择“钢笔工具”，在其工具选项条中选择“路径”按钮，在左侧枝叶的右侧绘制如图19.184所示的路径。

图19.183

图19.184

3 在“图层”面板底部单击“创建新的填充或调整图层”按钮，在弹出的菜单中选择“渐变”命令，设置弹出的对话框如图19.185所示，隐藏路径后的效果如图19.186所示，同时得到图层“渐变填充4”。

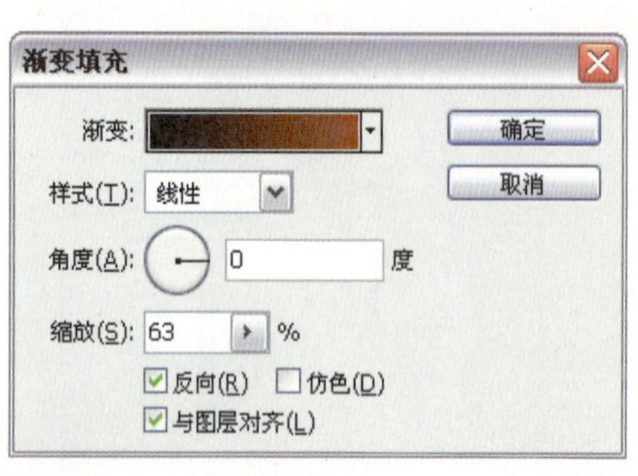

图19.185

图19.186

在“渐变填充”对话框中，渐变类型为“从95470a到060100”。

4 按照上一步的操作方法，结合路径及渐变填充图层功能，制作花瓣上的高光效果，如图19.187所示，同时得到图层“渐变填充5”。

TIP

本步骤设置“渐变填充”对话框中的参数如图19.188所示，渐变类型为“从d59a3f到透明”。

5 在“图层”面板中单击“添加图层蒙版”按钮为“渐变填充5”添加蒙版，设置前景色为黑色，选择“画笔工具”，在其工具选项条中设置适当的画笔大小及不透明度，在图层蒙版中进行涂抹，以将下方的部分图像隐藏起来，直至得到如图19.189所示的效果。

图19.187

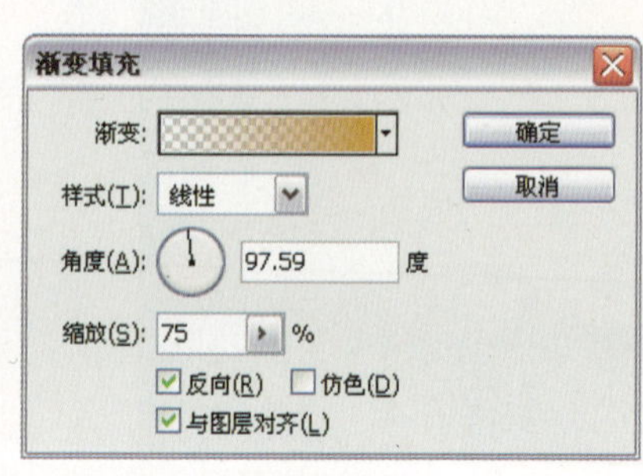

图19.188

图19.189

6 在“图层”面板底部单击“添加图层样式”按钮 fx，在弹出的菜单中选择“描边”命令，设置弹出的对话框如图19.190所示，然后继续在“图层样式”对话框中选择“混合选项”，设置如图19.191所示，得到的效果如图19.192所示。

在“描边”参数设置中，设置颜色块的颜色值为d59a3f。

7 复制“渐变填充5”得到“渐变填充5副本”，使用“移动工具”调整图像的位置，得到的效果如图19.193所示。

8 复制“渐变填充5副本”得到“渐变填充5副本2”，删除“描边”图层样式，双击当前图层缩览图，在弹出的对话框中更改渐变类型为“从f9de49到透明”（其他设置不变），得到的效果如图19.194所示。

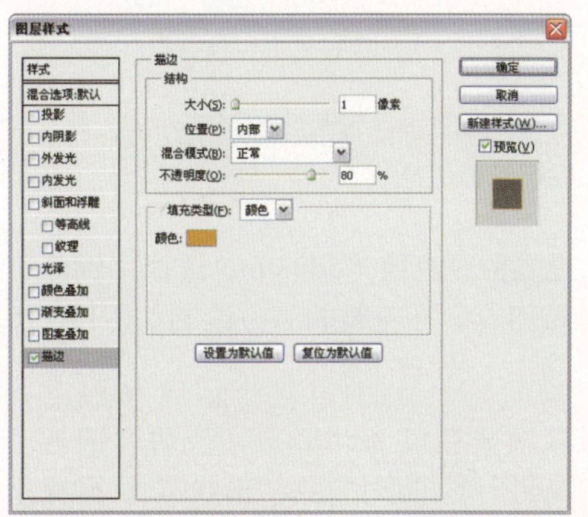

图19.190

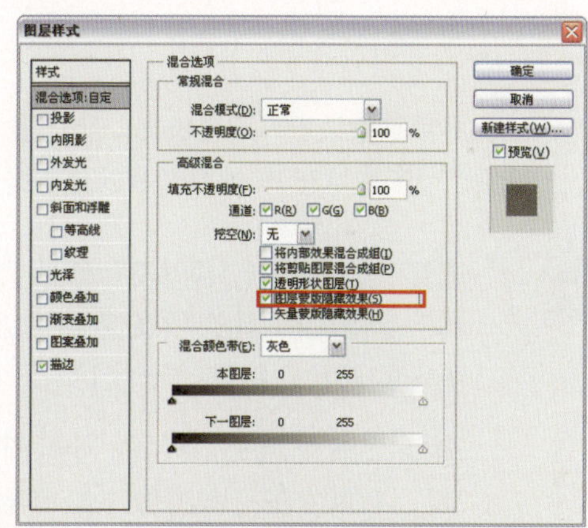

图19.191

图19.192

图19.193

图19.194

9 选择“渐变填充5副本2”图层蒙版缩览图，设置前景色为黑色，选择“画笔工具”，在其工具选项条中设置适当的画笔大小及不透明度，在图层蒙版中进行涂抹，以将下方的部分图像隐藏起来，直至得到如图19.195所示的效果。

10 根据前面所介绍的操作方法，结合路径、渐变填充、“描边”命令以及复制图层等功能，制作其他花瓣图像，如图19.196所示。“图层”面板如图19.197所示。

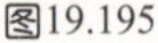

图19.195

图19.196

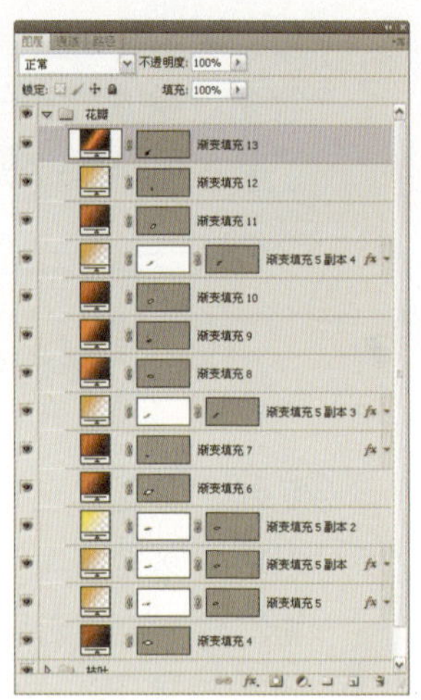

图19.197

TIP

本步骤中关于“渐变填充”和“描边”对话框中的参数设置请参考最终效果文件。另外，设置了“渐变填充9”的混合模式为“强光”。下面来完善花瓣图像。

11 选择“渐变填充5副本2”作为当前工作层，设置前景色值为5d330b，选择“钢笔工具”，在工具选项条上单击“形状图层”按钮，在花瓣的下方绘制如图19.198所示的形状，得到“形状1”。

12 选择“渐变填充10”作为当前工作层，设置前景色值为cd832f，使用“钢笔工具”继续在花瓣图像上绘制形状，如图19.199所示。同时得到“形状2”。设置此图层的混合模式为“柔光”，以混合图像，得到的效果如图19.200所示。

图19.198

图19.199

图19.200

13 选择“渐变填充13”作为当前工作层，设置前景色值为e4af3f，结合形状工具和图层蒙版的功能，完善花茎的制作，如图19.201所示，同时得到“形状3”。

下面结合“画笔工具”、图层属性以及图层样式功能，加强花瓣的质感。

14 新建“图层3”，设置前景色值为ffb400，选择“画笔工具”，在其工具选项条中设置适当的画笔大小及不透明度，在花瓣的上方进行涂抹，得到的效果如图19.202所示。设置此图层的混合模式为“颜色减淡”，以混合图像，得到的效果如图19.203所示。

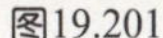
图19.201

图19.202

图19.203

15 在“图层”面板中单击“添加图层样式”按钮，在弹出的菜单中选择“外发光”命令，然后在弹出的对话框中设置参数，得到的效果如图19.204所示。

16 选择组“花瓣”，按Ctrl+Alt+E键执行“盖印”操作，从而将所选图层中的图像合并至一个新图层中，并将其重命名为“图层4”。然后利用变换功能，制作右侧的花瓣图像，如图19.205所示。

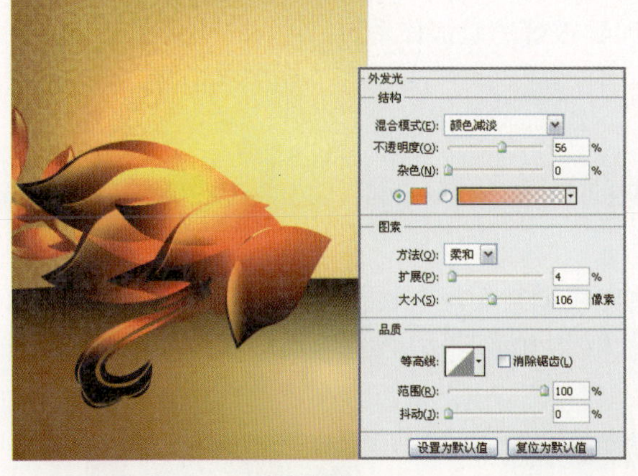

图19.204

图19.205

TIP

在“外发光”参数设置中，色块的颜色值为ff7200。至此，主题花瓣图像已制作完成。下面制作其他装饰图像。

17 打开随书所附光盘中的文件“第19章\19.11\19.11-素材2.psd”，按住Shift键，使用“移动工具”将其拖至上一步制作的文件中，将组“倒影及光晕”拖动至组“枝叶”的下方，得到的最终效果如图19.206所示。“图层”面板如图19.207所示。

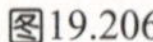

图19.206

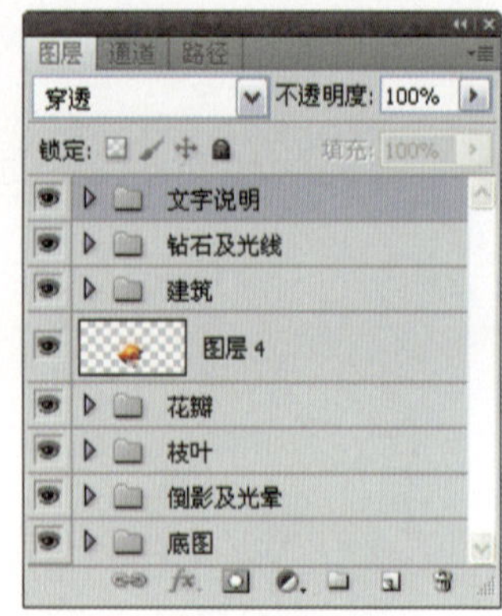

图19.207

Chapter 19 综合案例

19.12 精通海报设计——波普艺术海报设计

本例将制作波普艺术风格的海报设计作品。在制作过程中，主要利用Photoshop软件中的各种功能，对画面中的人物图像进行设计，以达到波普风格的艺术效果。人物周围的喷溅、杂点、肌理以及文字图像也起着很好的装饰作用。

1 打开随书所附光盘中的文件“第19章\19.12\19.12-素材1.psd”，如图19.208所示，将其作为本例的背景图像。

2 在“图层”面板底部单击“创建新的填充或调整图层”按钮，在弹出的菜单中选择“色相/饱和度”命令，得到图层“色相/饱和度1”，设置弹出的面板如图19.209所示，得到如图19.210所示的效果。

图19.208

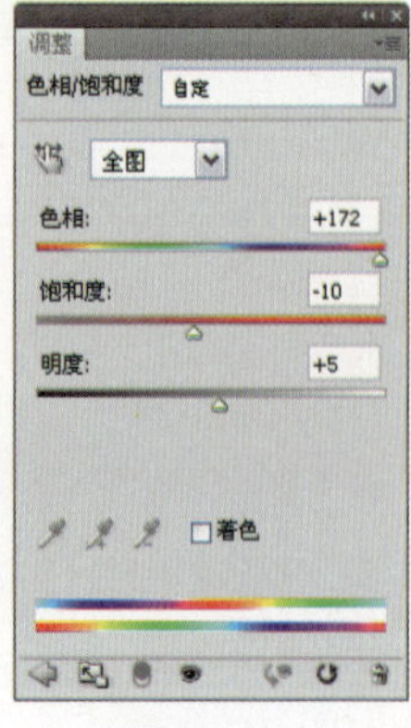

图19.209

图19.210

TIP

下面结合复制图层、调整命令、选区、图层属性以及形状工具等功能，制作人物图像。

3 复制“背景”图层得到“背景副本”，将此图层拖动至“色相/饱和度1”上方，选择“图像”|“调整”|“阈值”命令，在弹出的对话框中设置“阈值色阶”值为60，得到如图19.211所示的效果。

4 选择“魔棒工具”，并在其工具选项条中设置“容差”值为10，并确认“连续”复选框未选中，在黑色区域单击以创建选区，新建“图层1”，设置前景色值为a305a5，按Alt+Delete键填充前景色，按Ctrl+D键取消选区，隐藏“背景副本”，得到如图19.212所示的效果。

5 设置“图层1”的混合模式为“变亮”，以混合图像，得到的效果如图19.213所示。

图19.211

图19.212

图19.213

6 设置前景色值为fffc04，选择“钢笔工具”，在工具选项条上单击“形状图层”按钮，在人物的上方绘制如图19.214所示的形状，得到“形状1”。“图层”面板如图19.215所示。

TIP

本步骤中为了方便图层的管理，在此将制作人物的图层选中，按Ctrl+G键执行“图层编组”操作得到“组1”，并将其重命名为“人物”。在下面的操作中，笔者也对各部分进行了编组操作，在步骤中不再叙述。下面制作装饰图像。

7 在所有图层上方新建“图层2”，设置前景色值为ff1604，打开随书所附光盘中的文件“第19章\19.12\19.12-素材2.abr”，选择“画笔工具”，在画布中右击，在弹出的画笔显示框中选择刚刚打开的画笔，在画布中单击，得到的效果如图19.216所示。

8 按Ctrl+T键调出自由变换控制框，按住Shift键向内拖动控制句柄以缩小图像、逆时针旋转3°左右并移动位置，按Enter键确认操作，得到的效果如图19.217所示。复制“图层2”得到“图层2副本”，利用自由变换控制框调整图像的大小及位置，得到的效果如

图19.218所示。

9 在“图层”面板底部单击“添加图层蒙版”按钮 为“图层2副本”添加蒙版，设置前景色为黑色，选择“画笔工具” ，在其工具选项条中设置适当的画笔大小及不透明度，在图层蒙版中进行涂抹，以将下方的红色图像隐藏起来，直至得到如图19.219所示的效果。

图19.214

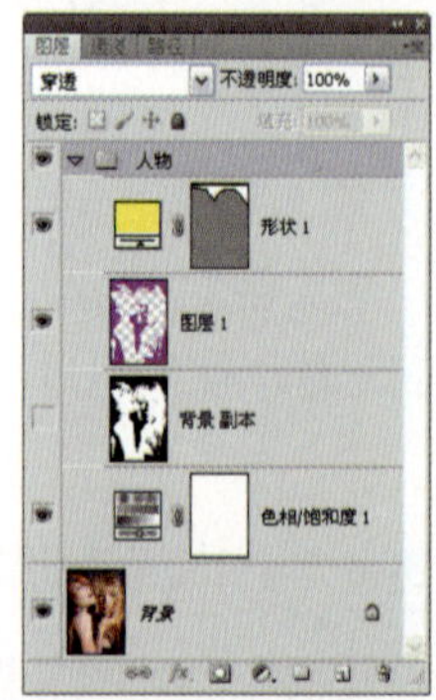
图19.215

图19.216

图19.217

图19.218

图19.219

10 设置前景色值为ff0404，选择“自定形状工具”，在画布中右击，在弹出的形状显示框中选择“会话1”形状，在画布中绘制并利用自由变换控制框调整图像的大小、角度及位置，得到的效果如图19.220所示，同时得到“形状2”。

11 按照步骤7~9的操作方法，打开随书所附光盘“第19章\19.12\19.12-素材3”文件夹中的相关画笔，制作画面中的装饰图像，效果如图19.221所示。“图层”面板如图19.222所示。

图19.220

图19.221

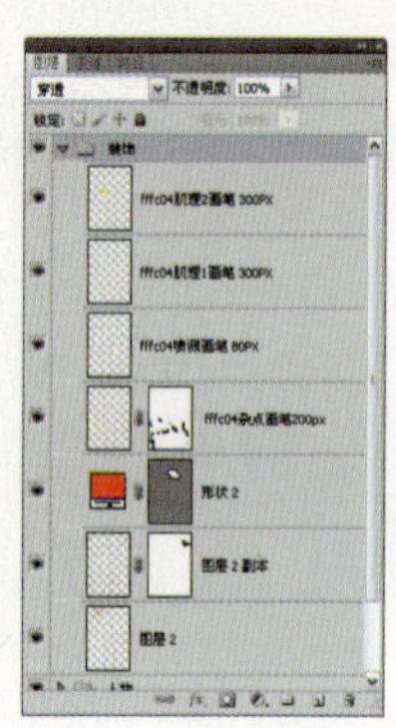
图19.222

TIP

本步骤中关于图像的颜色值、应用的画笔请参考最终效果文件（图层名称上也有相应的文字信息）。下面制作文字图像，完成制作。

12 选择“横排文字工具”T，设置前景色值为ff0404，并在其工具选项条上设置适当的字体和字号，在画布顶部输入文字，如图19.223所示，并得到相应的文字图层“ABDUZEEDO”。

13 结合文字工具和变换功能，制作画面中的其他文字图像，完成制作最终效果，如图19.224所示，此时“图层”面板如图19.225所示。

图19.223

图19.224

图19.225

Chapter 19 综合案例

19.13 精通图像特效——飞蛾扑火创意表现

本例是以飞蛾扑火为主题的创意表现作品。本案例所制作的火焰效果常被应用于各种海报及电影中。另外，蝴蝶的合成操作较为简单，难点在于其颜色、质感与整体图像的对比统一。

1 打开随书所附光盘中的文件“第19章\19.13\19.13-素材1.psd”。选择“图层2”，按Ctrl+T键调出自由变换控制框，按住Shift键向内拖动控制句柄以缩小图像并移动位置，按Enter键确认操作，得到的效果如图19.226所示。

2 设置“图层2”的混合模式为“滤色”，以混合图像，得到的效果如图19.227所示。

图19.226

图19.227

3 按照上一步的操作方法，利用随书所附光盘中的文件“第19章\19.13\19.13-素材2.psd”和“第19章\19.13\19.13-素材3.psd”，结合“移动工具”、变换及设置图层混合模式等功能，添加火焰图像，如图19.228所示，同时得到“图层3”和“图层4”。

TIP

本步骤中设置“图层3”和“图层4”的混合模式为“滤色”。

4 在“图层”面板底部单击“添加图层蒙版”按钮为“图层4”添加蒙版，设置前景色为黑色，选择“画笔工具”，在其工具选项条中设置适当的画笔大小及不透明度，在图层蒙版中进行涂抹，以将两侧部分火焰图像隐藏起来，直至得到如图19.229所示的效果，此时蒙版中的状态如图19.230所示。

图19.228

图19.229

5 选中“图层2”～“图层4”，按Ctrl+G键执行“图层编组”操作，得到“组1”，并将其重命名为“火”。

TIP

在后面的操作中，也对各部分进行了编组操作，在步骤中不再叙述。

6 按照步骤4的操作方法，为组“火”添加图层蒙版，以将右侧及下方部分图像隐藏起来，如图19.231所示。“图层”面板如图19.232 所示。

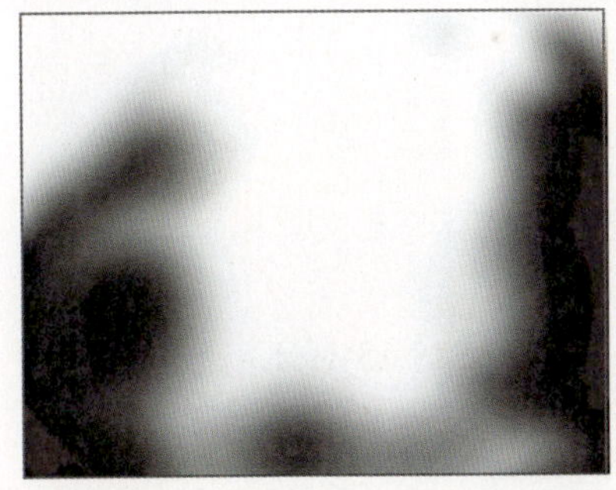

图19.230

图19.231

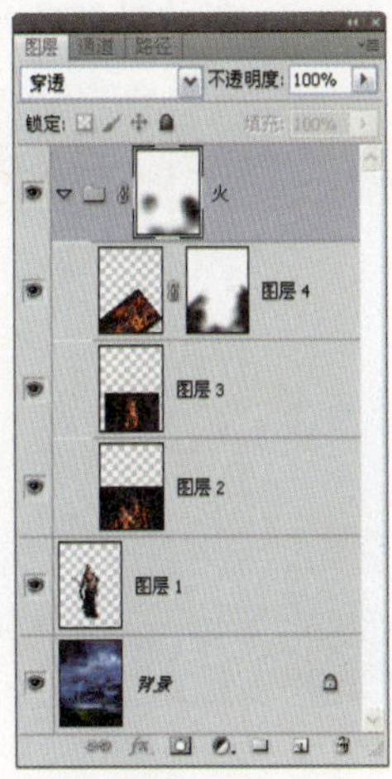

图19.232

TIP

至此，火焰图像已制作完成。下面制作飞蛾图像。

7 选择组“火”，打开随书所附光盘中的文件“第19章\19.13\19.13-素材4.psd”，使用“移动工具”将其拖动至刚制作的文件中，得到“图层5”。结合自由变换控制框调整图像的大小和位置，如图19.233所示。选择“滤镜”|“模糊”|“动感模糊”命令，设置弹出的对话框如图19.234所示，得到如图19.235所示的效果。

图19.233

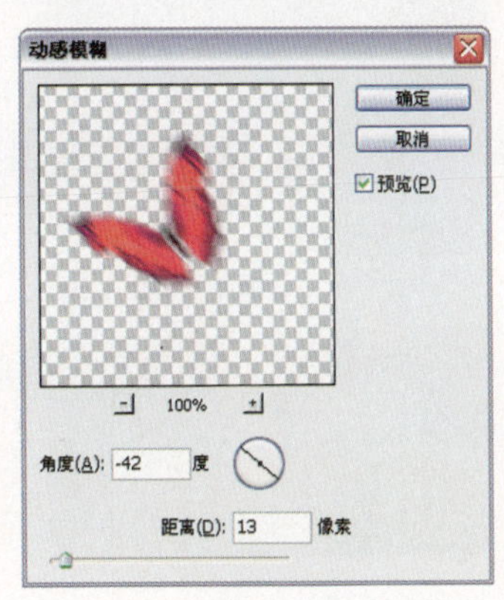

图19.234

图19.235

8 打开随书所附光盘中的文件“第19章\19.13\19.13-素材5.psd”，使用“移动工具”将其拖动至刚制作的文件中，得到“图层6”。右击此图层的名称，在弹出的快捷菜单中选择“转换为智能对象”命令，将其转换成为智能对象图层，以便后面反复编辑变形操作。

9 结合自由变换控制框调整图像的大小、角度和位置，在画布中右击，在弹出的快捷菜单中选择“变形”命令，然后在控制框内拖动，状态如图19.236所示，按Enter键确认操作。

10 双击“图层6”名称上的灰色区域，设置弹出的对话框如图19.237所示，得到如图19.238所示的效果。按照步骤4的操作方法，应用“画笔工具”，配合添加图层蒙版的功能为当前图层添加蒙版，以将两侧部分图像隐藏起来，如图19.239所示。

图19.236

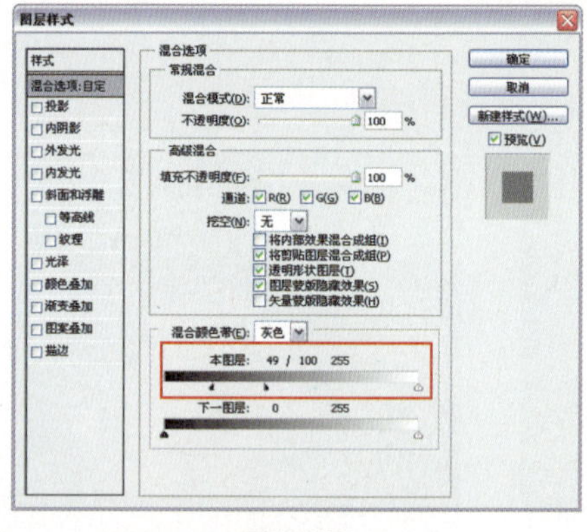

图19.237

图19.238

对于“图层样式”对话框中下方的混合颜色带，只有按住Alt键才能分开三角按钮。

11 选中“图层5”和“图层6”，按Ctrl+Alt+E键执行“盖印”操作，从而将所选图层中的图像合并至一个新图层中，并将其重命名为“图层7”。结合自由变换控制框调整图像的大小、角度及位置（人物的右侧），如图19.240所示。选择“滤镜”|“模糊”|“动感模糊”命令，在弹出的对话框中设置参数，得到如图19.241所示的效果。

图19.239

图19.240

图19.241

至此，两个比较大的飞蛾图像已制作完成。下面制作其他飞蛾、星球和光圈图像。

12 打开随书所附光盘中的文件“第19章\19.13\19.13-素材6.psd”，按住Shift键，使用“移动工具”将其拖动至刚制作的文件中，并将组“星球和光”拖动至“背景”图层上方，得到的最终效果如图19.242所示。“图层”面板如图19.243所示。

图19.242

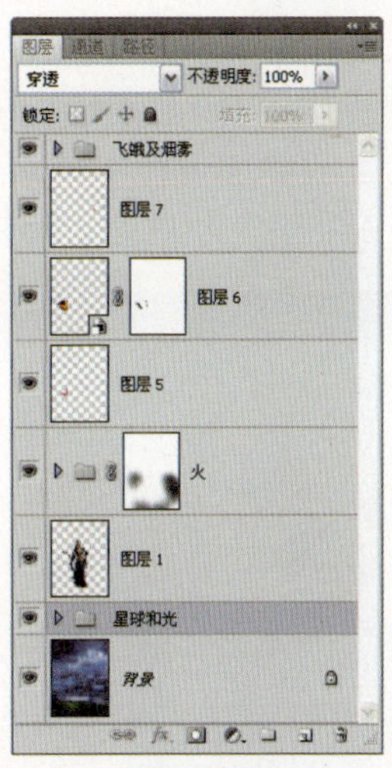

图19.243

19.14 精通视觉表现——飞翔文字

本节是一个典型的通过对文字的外形进行变化、对文字进行创新的案例，其创意与设计方法属于形变类型，为了降低文字外形的变化对文字识别性的影响，笔者为每一个文字增加与其字意相关的辅助图像，例如，为“飞”字增加了翅膀，为“翔”字增加了羽毛，为了增加文字的美观程度，还为每一个文字增加了修饰图形。

1 打开随书所附光盘中的文件“第19章\19.14\19.14-素材1.tif”，如图19.244所示。设置前景色值为870d0b，选择“横排文字工具” T，并在其工具选项条中设置适当的字体和字号，在图像的左侧输入“飞”字，得到一个“飞”的文字图层，并得到如图19.245所示的效果。

图19.244

图19.245

2 在“图层”面板中选择“飞”文字图层，选择“图层”|“文字”|“转换为形状”命令，从而将文字转换为可编辑文字外观的形状图层，此时的文字效果如图19.246所示。

3 使用“直接选择工具”，选择“飞”字的两点上的所有节点，按Delete键删除节点，得到如图19.247所示的效果。结合使用“删除锚点工具”和“直接选择工具”，调整“飞”字最右下角的一点至如图19.248所示的效果，在这里调整下方的节点是为了使其看起来更加紧凑。

图19.246

图19.247

图19.248

4 打开随书所附光盘中的文件“第19章\19.14\19.14-素材2.psd”，使用“移动工具”将其拖动至刚制作的文件中，得到“图层 1”。

5 按Ctrl+T键调出自由变换控制框，按住Shift键拖动自由变换控制句柄以缩小图像，应用自由变换控制框对图像进行逆时针旋转50°，按Enter键确认变换操作，并使用“移动工具”将其置于如图19.249所示的位置，从视觉上可以感觉到有一条龙在飞的效果。

6 按住Ctrl键单击“飞”图层的图层缩览图以载入其选区，设置前景色值为870d0b，按Alt+Delete键用前景色填充选区，按 Ctrl+D键取消选区，并将“图层1”拖动至“背景”图层的上方，得到如图19.250所示的效果。

7 打开随书所附光盘中的文件“第19章\19.14\19.14-素材3.psd”，结合“移动工具”及变换功能，调整图像的大小及位置，得到的效果如图19.251所示，同时得到“图层2”。

图19.249

图19.250

图19.251

8 在“图层”面板底部单击“添加图层蒙版”按钮为“图层2”添加图层蒙版，设置前景色为黑色，选择“画笔工具”，并在其工具选项条中设置适当的画笔大小，在翅膀的左侧与“飞”字相交处涂抹以将其隐藏，使其更好地融合在一起，得到如图19.252所示的效果。

9 复制“图层2”得到“图层2副本”，应用自由变换控制框对图像进行顺时针32°的旋转，按Enter键确认变换操作，并使用“移动工具”将其置于如图19.253所示的位置。

10 选择“图层2副本”的图层蒙版缩览图，设置前景色为黑色，选择“画笔工具”，并在其工具选项条中设置适当的画笔大小，在翅膀与字相交处涂抹以将其隐藏，得到如图19.254所示的效果。

图19.252

图19.253

图19.254

11 按Ctrl+M键应用“曲线”命令，设置弹出的对话框如图19.255所示，得到如图19.256所示的效果，此时的“图层”面板如图19.257所示，在此应用“曲线”命令加深图像，主要是为了使其看起来更有层次感。

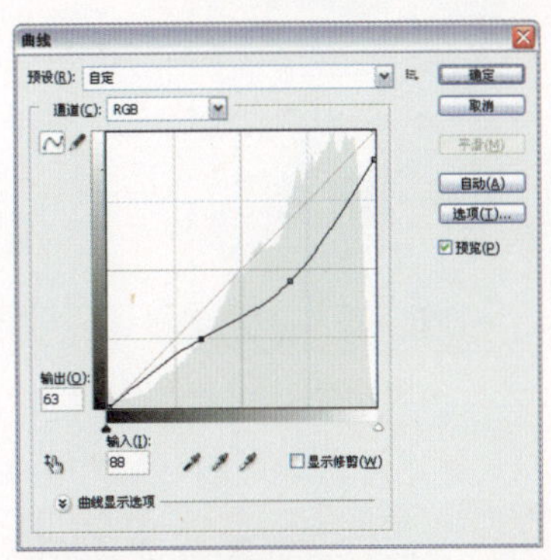

图19.255

图19.256

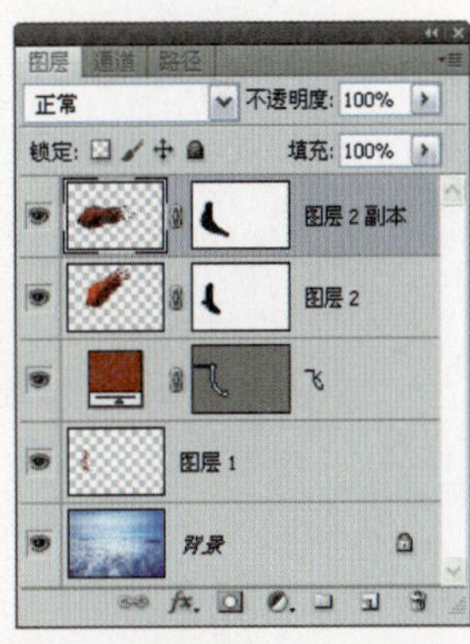

图19.257

12 设置前景色值为0b79ba，根据前面所讲的方法，结合文字工具、素材图像、变换、更改图像色彩、图层蒙版以及复制图层等功能，制作艺术文字“翔”，如图19.258所示。“图层”面板如图19.259所示。

图19.258

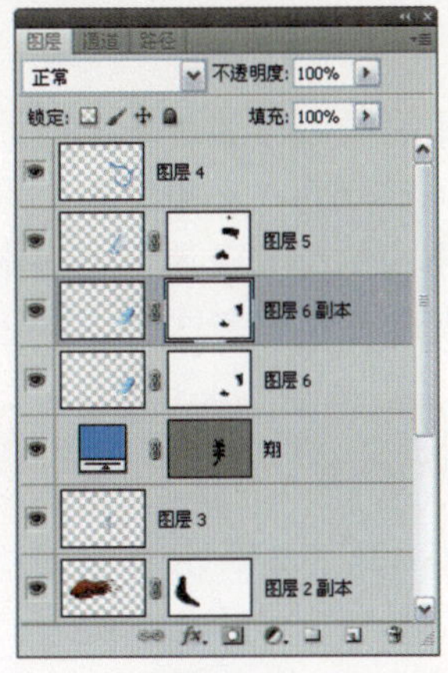

图19.259

TIP

本步骤中应用到的素材图像为随书所附光盘中的文件“第19章\19.14\19.14-素材4.psd”至“第19章\19.14\19.14-素材7.psd”。另外，在制作的过程中，还需要注意各个图层间的顺序。下面制作雾、云彩以及相关文字信息。

13 在“图层”面板中选择“图层4”，打开随书所附光盘中的文件“第19章\19.14\19.14-素材8.psd”，按住Shift键使用“移动工具” 将其拖动至刚制作的文件中完成制作，此时图像效果如图19.260所示。“图层”面板如图19.261所示。

图19.260

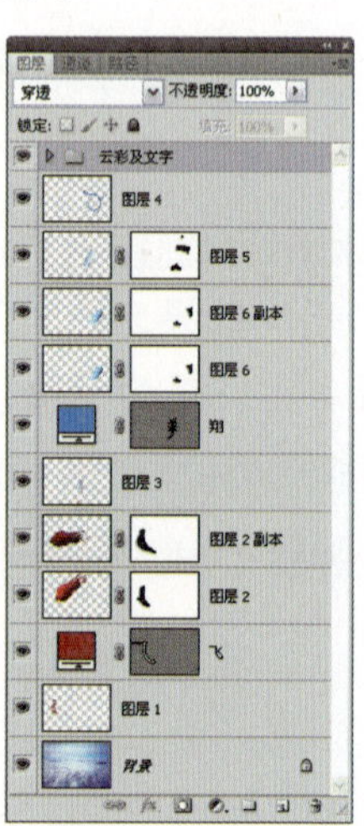
图19.261

19.15 精通包装设计——橙汁饮料包装设计

本案例制作的是一个橙汁饮料包装设计方案。在主色选用方面，采用了被最多数人认可的颜色——橙黄色，可以说这是一个较为保守的颜色应用方案，因为随着人们审美层次的提高及消费者对张扬个性的个性化产品的需求，许多消费者已经能够接受使用其他颜色来表达甜味的设计手法。

1 按Ctrl+N键新建一个文件，设置弹出的对话框如图19.262所示，设置前景色值为fff7e0，按Alt+Delete键用前景色填充“背景”图层，按Ctrl+R键调出标尺，从侧面拖出两条如图19.263所示的辅助线来划分正面和侧面。

2 设置前景色值为eaa540，选择“钢笔工具”，并在其工具选项条中单击“形状图层”按钮，在背景右侧绘制如图19.264所示的形状，得到“形状1”。为了便于观看图像效果，下面将按Ctrl+；键来隐藏辅助线。

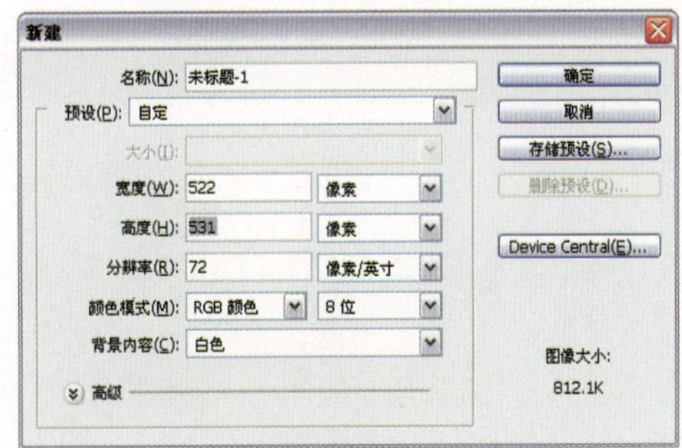

图19.262

图19.263

图19.264

3 在“图层”面板中复制“形状1”得到“形状1副本”，双击其图层缩览图，在弹出的拾色器中设置颜色值为ff7e00，单击“确定”按钮退出对话框，使用“直接选择工具”调整其锚点的位置，得到如图19.265所示的效果。

4 打开随书所附光盘中的文件“第19章\19.15\19.15-素材1.tif”，使用“移动工具”将其移动至上一步制作的文件中，得到“图层1”，按Ctrl+Alt+G键创建剪贴蒙版，得到如图19.266所示的效果，设置图层混合模式为“差值”，得到如图19.267所示的效果。

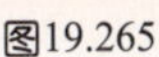

图19.265

图19.266

图19.267

5 在“图层”面板底部单击“创建新的填充或调整图层”按钮，在弹出的菜单中选择“通道混合器”命令，得到图层“通道混合器1”，按Ctrl+Alt+G键创建剪贴蒙版，设置弹出的面板如图19.268所示，得到如图19.269所示的效果。

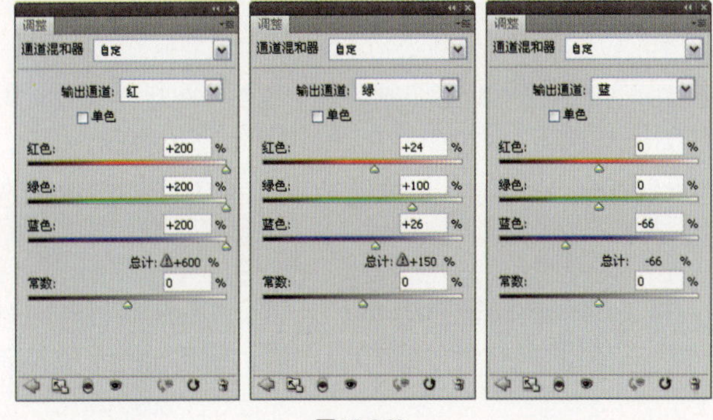

图19.268

图19.269

6 打开随书所附光盘中的文件“第19章\19.15\19.15-素材2.psd”，使用“移动工具”将其移动到文件中央，得到“图层2”，其效果如图19.270所示。

7 在“图层”面板底部单击“创建新的填充或调整图层”按钮，在弹出的菜单中选择“曲线”命令，得到图层“曲线1”。按Ctrl+Alt+G键执行“创建剪贴蒙版”操作，设置弹出的面板如图19.271所示，得到如图19.272所示的效果。

图19.270

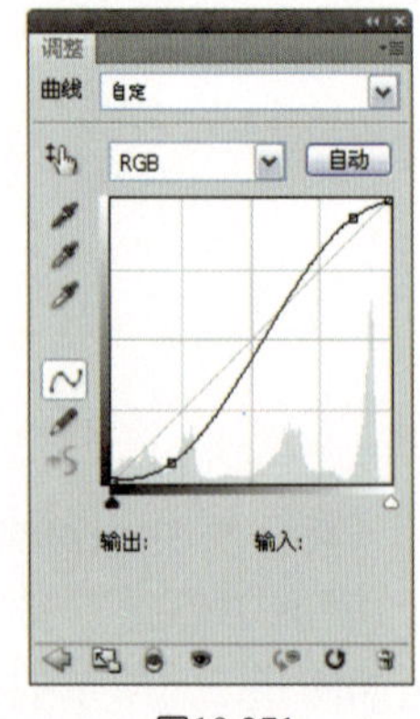

图19.271

图19.272

8 设置前景色为白色，选择“横排文字工具”并设置适当的字体和字号，在橙子图像下方输入“orange”，得到相应的文本图层，其效果如图19.273所示。

9 在“图层”面板底部单击“添加图层样式”按钮，在弹出的菜单中选择“描边”命令，并在弹出的对话框中设置参数，得到如图19.274所示的效果。

图19.273

图19.274

10 设置前景色值为36004d，新建“图层3”，并将其拖动到“orange”下方，按住Ctrl键单击“orange”的图层缩览图以调出其选区，按Alt+Delete键用前景色填充选区，选择“移动工具”，按住Alt键分别按向下和向右光标键数次，按Ctrl+D键取消选区，得到如图19.275所示的效果。

11 在“图层”面板中选择“图层3”，按住Ctrl键单击“orange”的图层名称以将其同时选中，按Ctrl+T键调出自由变换控制框，将其逆时针旋转20°左右，得到如图19.276所示的效果，按Enter键确认变换操作。

图19.275

图19.276

12 选择文字图层“orange”作为当前的工作层，根据前面所介绍的操作方法，结合文字工具、图层样式以及图层属性等功能，制作其他文字以及右侧的边框图像，如图19.277所示。“图层”面板如图19.278所示。

图19.277

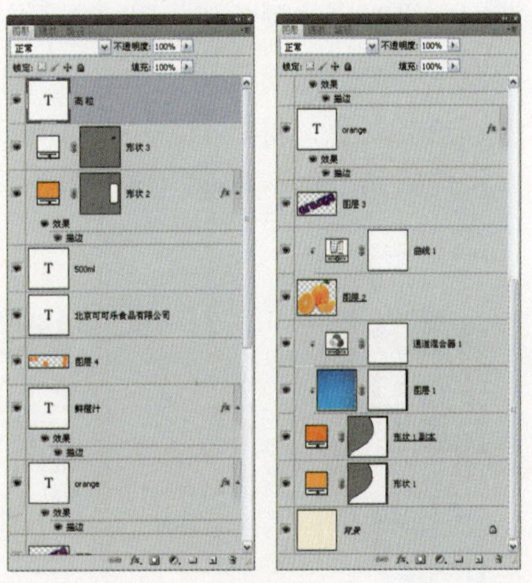

图19.278

TIP

本步骤中关于图像的颜色值以及图层样式的设置请参考最终效果文件。设置“形状2”的混合模式为“柔光”。“鲜橙汁”图像中的黄色圆点，可设置适当大小的画笔进行绘制。

13 选择文本图层“鲜橙汁”，按住Ctrl键单击“图层4”的图层名称以将其选中，按Ctrl+Alt+E键执行“盖印”操作，得到“图层4（合并）”，并将其拖动到所有图层上方，利用自由变换控制框将其缩小、调整形状，将其放到“高粒”下方，得到如图19.279所示的效果。

14 设置前景色为黑色，选择“横排文字工具” T，在“鲜橙汁”下方输入如图19.280所示的说明文字，得到相应的文本图层。

15 选择最上方的图层，按住Shift键单击“形状2”的图层名称以将其同时选中，按住Alt键将其拖动到所有图层上方并复制，得到所有选中图层的副本，使用“移动工具”将其移动到橙子左侧，得到如图19.281所示的效果，此时的“图层”面板如图19.282所示。

图19.279

图19.280

图19.281

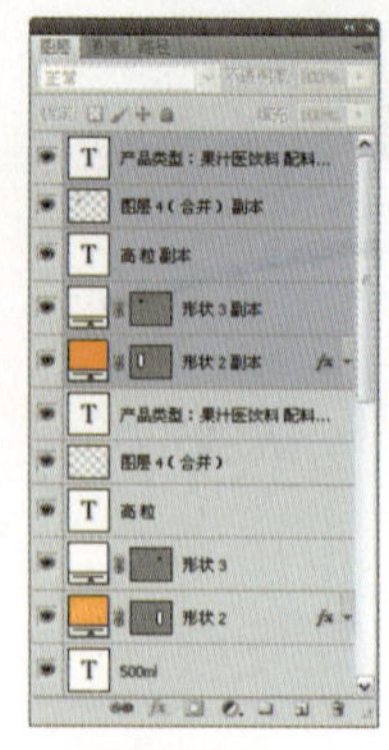
图19.282

16 选择“形状2副本”，修改其图层混合模式为“正常”，双击其图层缩览图，在弹出的“拾取实色”对话框中设置颜色为白色，双击其“描边”图层样式，在弹出的对话框中修改描边颜色值为ff8a00，得到如图19.283所示的效果。

17 按照上一步的方法，修改“形状3副本”的颜色值为ff8400，文字图层“高粒副本”的颜色为白色，得到如图19.284所示的效果，将“形状2副本”拖动到“图层 2”下方，使圆角矩形不再遮挡橙子图像，得到如图19.285所示的效果。

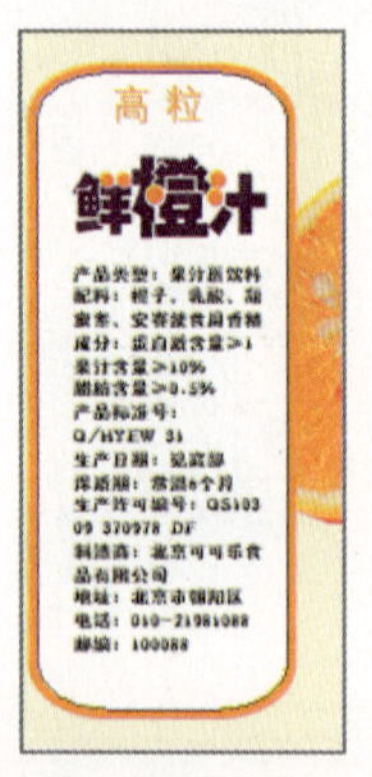
图19.283

图19.284

图19.285

18 选择“高粒副本”和“形状3副本”，按Ctrl+Alt+E键执行“盖印”操作，得到“高粒副本（合并）”，将其移至橙子左上方，得到如图19.286所示的效果，最终效果如图19.287所示，此时“图层”面板如图19.288所示。

图19.286

图19.287

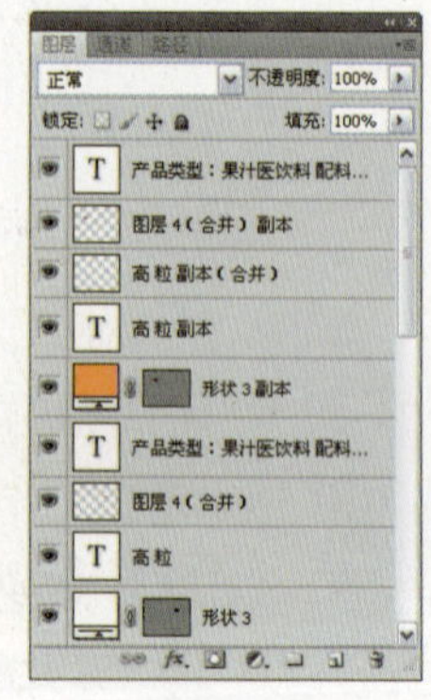

图19.288